W0394455

Kohlhammer

Kohlhammer Edition Marketing

Begründet von:	Prof. Dr. Dr. h.c. Dr. h.c. Richard Köhler Universität zu Köln
	Prof. Dr. Dr. h.c. mult. Heribert Meffert Universität Münster
Herausgegeben von:	Prof. Dr. Dr. h.c. Hermann Diller Universität Erlangen-Nürnberg
	Prof. Dr. Dr. h.c. Dr. h.c. Richard Köhler Universität zu Köln

Lothar Müller-Hagedorn/Martin Natter

Handelsmarketing

5., aktualisierte und überarbeitete Auflage

Verlag W. Kohlhammer

5., aktualisierte und überarbeitete Auflage 2011

Gesamtherstellung:
W. Kohlhammer Druckerei GmbH + Co. Stuttgart
Printed in Germany

ISBN 978-3-17-021123-0

Vorwort der Herausgeber

Die „Kohlhammer Edition Marketing“ stellt eine Buchreihe dar, die in mehr als 20 Einzelbänden die wichtigsten Teilgebiete des Marketing behandelt. Jeder Band soll eine Übersicht zu den Problemstellungen des jeweiligen Themenbereichs geben und wissenschaftliche sowie praktische Lösungsbeiträge aufzeigen. Als Ganzes bietet die Edition eine Gesamtdarstellung der zentralen Führungsaufgaben des Marketing-Managements. Ebenso wird auf die Bedeutung und Verantwortung des Marketing im sozialen Bezugsrahmen eingegangen. Corporate Social Responsibility gehört heute zu den Basisanforderungen an gute und erfolgreiche Unternehmensführung.

Als Autoren dieser Reihe konnten namhafte Fachvertreter an den Hochschulen gewonnen werden. Sie gewährleisten eine problemorientierte und anwendungsbezogene Veranschaulichung des Stoffes. Angesprochen sind mit der Kohlhammer Edition Marketing zum einen die Studierenden an den Hochschulen. Ihnen werden die wesentlichen Stoffinhalte des Faches dargeboten. Zum anderen wendet sich die Reihe auch an Institutionen, die mit der Aus- und Weiterbildung von Praktikern auf dem Spezialgebiet des Marketing befasst sind, und nicht zuletzt unmittelbar an Führungskräfte des Marketing. Der Aufbau und die inhaltliche Gestaltung der Edition ermöglichen es ihnen, einen Überblick über die Anwendbarkeit neuer Ergebnisse aus der Forschung sowie über Praxisbeispiele aus anderen Branchen zu gewinnen.

Prof. Dr. M. Natter von der Wolfgang-Goethe-Universität Frankfurt tritt in der vorliegenden fünften Auflage des Bandes „Handelsmarketing“ als Koautor an die Seite von Prof. Dr. L. Müller-Hagedorn. Der bewährte „Markenkern“ des Buches hat sich dadurch nicht verändert. Wichtige Marketingentscheidungen von Unternehmen, die im funktionellen Sinne Einzelhandel betreiben – dazu zählen beim Direktvertrieb auch Hersteller von Konsumgütern – werden unter Zuhilfenahme eines entscheidungstheoretischen Grundgerüstes und spezifischer verhaltenswissenschaftlicher Erkenntnisse strukturiert, diskutiert und mit den zugehörigen Entscheidungsmethoden vorgestellt. Die strategischen und die laufenden Entscheidungen werden sukzessiv in getrennten Teilen behandelt. Dieses Konzept erleichtert insbesondere Studierenden den Zugang zum Stoff und lenkt den Fokus auf die jeweils wesentlichen Aspekte.

In der vorliegenden fünften Auflage sind zahlreiche Überarbeitungen und Ergänzungen vorgenommen worden, welche das Werk up to date halten, was bei der bekannten Dynamik des Handels besonders begrüßenswert ist. So wird die Diskussion der Betriebsformenwahl durch eine Betrachtung des immer häufiger praktizierten Multi-Channel-Konzeptes ergänzt. Bei der Standortwahl wird z.B. jetzt auch auf die Möglichkeiten Geographischer Informationssysteme (GIS) eingegangen und die Ausführungen zum Category Management vertiefen jetzt auch die strategischen Entscheidungsfelder dieses Konzeptes, und bei der Preispolitik wird der Leser auch in die modernen Systeme des Revenue Managements eingeführt.

Im Ganzen ergibt sich daraus eine sehr systematische und fundierte Darstellung der handelsspezifischen Marketingaufgaben, welche die Zusammenhänge verdeutlicht und Entscheidungshilfen anbietet.

Neu in das Werk aufgenommenen wurden in dieser Neuauflage Internet-Links, Vorschläge für Aktivitäten der Studierenden und Fragen zur Diskussion, was vor allem für die akademische Ausbildung eine wertvolle Hilfe darstellt. Nichts ist faszinierender und damit motivierender für Studierende, als die Relevanz des Gelernten an aktuellen Unternehmensbeispielen nachzuvollziehen.

Der fünften Auflage dieses Standardwerkes ist zu wünschen, dass es erneut eine weite Verbreitung und gute Resonanz beim Leser findet.

Nürnberg und Köln, November 2010 Hermann Diller, Richard Köhler

Vorwort zur 5. Auflage

„Handelsmarketing" liegt jetzt in fünfter Auflage vor. Gegenüber den vorhergehenden Auflagen ist mit Univ.-Prof. Dr. M. Natter ein neuer Autor hinzu gekommen. Er ist Inhaber der Hans Strothoff-Stiftungsprofessur für BWL, insbesondere Handel, an der Johann Wolfgang Goethe Universität in Frankfurt am Main. Die beiden Autoren haben sich zusammengefunden, weil sie in den Prinzipien, die schon für die erste Auflage dieses Buches vorangestellt worden waren, übereinstimmen. Dort hieß es zum Konzept:

1. Entsprechend der Zielsetzung der „Kohlhammer Edition Marketing" ist das Buch für die theoriebezogene Ausbildung von Studenten und Praktikern gedacht. Ziel ist nicht, möglichst viele einzelne Wissenselemente anzuhäufen, sondern mit dem entscheidungstheoretischen Konzept der Betriebswirtschaftslehre einen Denkrahmen für die eigenständige Behandlung handelsbetrieblicher Probleme zu vermitteln. ...
2. Das Buch befasst sich mit der Planung der einzelnen absatzpolitischen Instrumente im Handelsbetrieb, es handelt sich mithin nicht um ein Lehrbuch zur Handelsbetriebslehre. Probleme des Einkaufs, der Warenwirtschaft, der Finanzierung, der vertikalen Kooperation, des Rechnungswesens und der Organisation werden nicht behandelt. ...
3. Viele Gedanken, die zum Standardprogramm des Marketings gehören (z. B. die Möglichkeiten zur Bildung von Marktsegmenten), sind auch für die Planung im Handelsbetrieb zu verwenden. Da anzunehmen ist, dass der Leser weitere Bücher über Marketing einsehen oder kennen wird, wurde im vorliegenden Buch besonderer Wert darauf gelegt, die für den Handel gegenüber anderen Wirtschaftszweigen charakteristischen Umstände zu erfassen, besonders jene im Einzelhandel.
4. In mehreren Kapiteln wird besonderer Wert darauf gelegt zu zeigen, wie bedeutsam es ist, den Entscheidungskalkül mit verhaltenswissenschaftlichen Theorien zu fundieren.

Diese Prinzipien gelten auch für die vorliegende fünfte Auflage, die gegenüber der vierten Auflage jedoch deutlich weiter entwickelt wurde. So wurden mehrere Kapitel der vorliegenden Auflage grundsätzlich überarbeitet, die restlichen wurden durchgesehen. Beispielsweise wurde im ersten Kapitel der (institutionelle) Handel in das System der verschiedenen Distributionskanäle eingebettet, womit auch dem zunehmenden Direktvertrieb der Industrie Rechnung getragen wird – auch die Industrie betreibt Einzelhandelsmarketing. Außerdem wurde in diesem Kapitel auf das in letzter Zeit auch in der Praxis verstärkt diskutierte Problem einer Corporate Social Responsibility eingegangen. Die Ausführungen zur Gestaltung von Betriebsformen (Formaten) wurden u. a. um Aspekte des aktuell gewordenen Multi-Channeling erweitert. In das Kapitel über Standortplanung wurden Ausführungen zu Geographischen Informationssystemen eingefügt, das Kapitel zur Preisgestaltung wurde u. a. um Revenue Management Systeme erweitert.

Aus didaktischen Gründen wurden jedem Kapitel Internet-Links, Vorschläge für Aktivitäten der Studierenden und Fragen zur Diskussion hinzugefügt. Die Autoren erhoffen sich davon eine Belebung des akademischen Unterrichts und sind auf die Reaktionen gespannt.

Für Dozenten werden die Abbildungen aller Kapitel in Powerpoint bzw. PDF-Format auf dem Web-Portal zum Buch (http://www.vorlesung-handelsmarketing.de) zur Verfügung gestellt. Leser und Dozenten werden auf dem Web-Portal auch herzlich zu Kommentaren zum Buch eingeladen.

Die technische Aufbereitung des Manuskripts lag dieses Mal in den Händen der wissenschaftlichen Mitarbeiter und studentischen Hilfskräfte an der Universität Frankfurt. Ihnen sei herzlich gedankt. Dank gebührt Dipl.-Kffr. Ana-Marija Ozimec, Markus Koetzle und Frau Ursula Malzacher.

Köln und Frankfurt a.M., im Oktober 2010 L. Müller-Hagedorn, M. Natter

Inhaltsverzeichnis

ERSTER TEIL – EINFÜHRUNG 15

1 Marketing im Handel 15

1.1 Der Handel als Element von Distributionswegen 16

1.2 Komponenten von Marketing 23

1.2.1 Marketing als Maßnahmenprogramm 24
1.2.2 Marketing als marktorientierter Führungsstil 29
1.2.3 Beziehungsorientiertes Marketing 30
1.2.4 Nachhaltige Bedürfnisbefriedigung 31
1.2.5 Marktorientierte Gestaltung der Wertschöpfungskette 36
1.2.6 Zusammenfassung 38

1.3 Wichtige Problemstellungen im Handelsmarketing 39

ZWEITER TEIL – BASISENTSCHEIDUNGEN 43

2 Strategische Marketingplanung 43

2.1 Merkmale einer strategischen Marketingplanung 44

2.2 Marktsegmentierung als Basis einer strategischen Marketingplanung 48

2.2.1 Das Erkennen von Marktsegmenten 50
2.2.2 Einzelne Zielgruppen-Konzepte 55
2.2.3 Die Zielgruppenwahl 60

2.3 Instrumente zum Erkennen von Marketingstrategien 63

2.3.1 Porters Basisstrategien 63
2.3.2 Die Ansoff-Matrix 67
2.3.3 Marktanalyse mit Hilfe des Abell-Schemas 69
2.3.4 Die Wertkette als Instrument der Strategischen Analyse .. 71

2.4 Die Festlegung von Zielen 74

2.4.1 Traditionelle Zielgrößen 75
2.4.2 Der Shareholder-Value 76
2.4.3 Marketingorientierte Zielsysteme 78
2.4.4 Die Balanced Scorecard 79
2.4.4.1 Die finanzwirtschaftliche Perspektive 79
2.4.4.2 Die Kundenperspektive 79
2.4.4.3 Die Innovations- und Lernperspektive 81

2.5 Die Bewertung und Auswahl strategischer Alternativen 83

2.6 Einzelne strategische Marketingmaßnahmen 85

2.7 Zusammenfassung 86

3 Die Wahl der Betriebsform 88

3.1 Überblick über Betriebsformen und ihre Marktbedeutung 89

3.1.1 Überblick über Betriebsformen 89
3.1.1.1 Zur Marktbedeutung einzelner Betriebsformen 93

3.2 Ein Rahmen zur Beurteilung von Betriebsformen 94

3.2.1 Analyse der Kostenstrukturen einzelner Betriebsformen .. 97
3.2.2 Akquisitorisches Potenzial einzelner Betriebsformen als Basis der Erlöserzielung 101

3.3 Theorien zur Betriebsformenwahl 104

3.3.1 Marktsegmentierung nach dem Lebenszykluskonzept 106
3.3.2 Die Erklärung der Betriebsformenpräferenz mit Einstellungen 112
3.3.2.1 Definition von Einstellungen und multiattributive Einstellungsmodelle 112
3.3.2.2 Varianten multiattributiver Einstellungsmodelle 117
3.3.2.3 Ein Beispiel zum Zusammenhang von Einstellung und bevorzugter Betriebsform 119
3.3.2.4 Die Ermittlung von Marktanteilen aus den Einstellungswerten 123
3.3.2.5 Probleme der Verwendung von Einstellungen bei der Erklärung der Betriebsformenwahl 126
3.3.3 Discrete Choice Modelle 129
3.3.4 Weitere Ansätze 132
3.3.4.1 Conjointanalytische Ansätze 132
3.3.4.2 Ansätze zur Messung von Dienstleistungsqualität 133
3.3.4.3 Einstellungsähnliche Ansätze als Strukturgleichungsmodelle 134
3.3.5 Zum Stand des Wissens über zentrale Erfolgsfaktoren 136

3.4 Multi-Channeling 140

3.5 Betriebsformen als Marke 148

3.6 Zu den Versuchen, den Wandel im Handel durch ein „Gesetz von der Dynamik der Betriebsformen“ erklären zu wollen (Zwang zum Trading-up) 153

3.6.1 Darstellung des sog. „Gesetzes von der Dynamik der Betriebsformen“ 153
3.6.2 Beurteilung des „Gesetzes von der Dynamik der Betriebsformen“ 155

3.7 Zusammenfassung ... 157

Anhang: Erläuterungen wichtiger Betriebsformen ... 158

4 Entscheidungen über den Standort ... 161

4.1 Elemente einer Standortentscheidung ... 163

4.1.1 Mögliche Standorte ... 163
4.1.2 Gesetzliche und verwaltungsrechtliche Bestimmungsfaktoren der Standortwahl ... 164
4.1.3 Ziele der Standortplanung: Die Standortplanung als Investitionsproblem ... 167

4.2 Die Phasen der Standortplanung ... 172

4.3 Methoden und Theorien zur Prognose der erzielbaren Umsätze ... 174

4.3.1 Die Kreismethode ... 178
4.3.2 Die Streckendistanz- und die Zeitdistanzmethode ... 179
4.3.3 „Rule of Thumb" („Daumenregel") ... 181
4.3.4 Die „Nearest Center Hypothese" ... 181
4.3.5 Die Checklist-Methoden ... 183
4.3.6 Die Analog-Methode ... 190
4.3.7 Regressionsanalytische Verfahren ... 193
4.3.8 Gravitationsmodelle ... 196
4.3.8.1 Deterministische Gravitationsmodelle ... 196
4.3.8.2 Probabilistische Gravitationsmodelle ... 199
4.3.9 Multinominale Logit-Modelle ... 209

4.4 Standortplanung mithilfe von Geographischen Informationssystemen (GIS) ... 217

4.5 Zusammenfassung ... 229

DRITTER TEIL – LAUFENDE ENTSCHEIDUNGEN ... 231

5 Category Management ... 231

5.1 Überblick über den Category Management-Prozess ... 232

5.2 Zur Unterscheidung von Categories ... 234

5.2.1 Zur Definition von „Sortiment" und „Sortimentsteilen" (Warengattung, Warengruppe, Warenart, Artikel, Sorte) ... 235
5.2.2 Zur Bildung von Categories ... 238

5.3 Die Bewertung von Categories (Sortimentscontrolling) ... 245

5.3.1 Klassische Kennzahlen zur Beurteilung von Sortimentsteilen ... 245
5.3.2 Die Ermittlung der Vorteilhaftigkeit einzelner Warengruppen mit Hilfe der Kostenrechnung ... 245

5.3.2.1 Die Behandlung von Gemeinkosten in Bezug auf einzelne Sortimentsteile ... 247
5.3.2.2 Die Ergänzung der Deckungsbeitragsrechnung durch eine Kapazitätsverteilungsrechnung ... 250
5.3.3 Nachfragerbezogene Kennzahlen ... 254

5.4 Die Potenzialanalyse und die Zuweisung von Rollen zu den Categories ... 256

5.5 Die Formulierung von Category-Strategien ... 259

5.6 Weitere Planungsschritte ... 261

5.7 Zusammenfassung ... 261

6 Sortimentspolitik ... 263

6.1 Elemente einer Sortimentspolitik ... 263

6.1.1 Sortimentspolitische Alternativen ... 263
6.1.2 Ziele und Umweltgrößen als Bestimmungsfaktoren der Sortimentspolitik ... 268

6.2 Analyse des Erfolgsbeitrags einzelner Sortimentsteile ... 271

6.2.1 Klassische Kennzahlen zur Sortimentsbeurteilung ... 271
6.2.1.1 Einzelne Kennzahlen ... 272
6.2.1.2 Kennzahlenpyramiden und Portfolios ... 275
6.2.1.3 Ressourcenbezogene Kennzahlen ... 277
6.2.2 Kennzahlen mit explizitem Bezug auf Nachfrager ... 279
6.2.3 Warenkorbanalysen für die Messung eines Absatzverbundes ... 282
6.2.3.1 Die Messung des Kaufverbundes ... 282
6.2.3.2 Verbundbeziehungen als Grundlage von Planung und Kontrolle ... 285

6.3 Ausgewählte sortimentspolitische Entscheidungen ... 289

6.3.1 Die Gestaltung der Sortimentstiefe ... 289
6.3.1.1 Eine Querschnittsanalyse zum Einfluss der Sortimentstiefe ... 290
6.3.1.2 Weitere Studien zur Wirkung der Sortimentstiefe ... 293
6.3.2 Entscheidungen über die Aufnahme neuer Produkte (Sortimentsvariation) ... 296
6.3.3 Strategische Aspekte der Sortimentsplanung ... 298

6.4 Zusammenfassung ... 299

Anhang: Zur Messung von Verbundbeziehungen ... 300

7 Preispolitik ... 306

7.1 Preismanagement im Handel ... 307

7.1.1 Preispolitische Optionen ... 309

7.1.2 Bestimmungsfaktoren für Preise und Preisstrategien 313
7.1.3 Ziele und Ersatzziele der Preispolitik 316
7.1.4 Die Verknüpfung der Elemente 317

7.2 Die Wirkung preispolitischer Maßnahmen auf den Konsumenten 319

7.2.1 Statistische Messung der Nachfragewirkung von Preisen .. 319
7.2.2 Verhaltenswissenschaftliche Aspekte der Preispolitik 324
7.2.2.1 Von der Wahrnehmung von Artikelpreisen zur Beurteilung der Günstigkeit der Einkaufsstätte 325
7.2.2.2 Preisschwellen und der Bereich akzeptabler Preise 339
7.2.2.3 Preisoptik und die Wirkung runder Preise 341

7.3 Einzelne preispolitische Entscheidungsbereiche 344

7.3.1 Dauerniedrigpreise oder Sonderangebote 344
7.3.2 Sonderangebote (Preisreduktionen) 346
7.3.2.1 Der Primäreffekt von Sonderangeboten 348
7.3.2.2 Der Sekundäreffekt von Sonderangeboten 350
7.3.3 Preisreduktionen bei Preisbündelung 350
7.3.4 Die Wirkung von personenspezifischen Preisreduktionen (CRM) 352
7.3.5 Lebenszykluspreisgestaltung und Abverkauf (Markdown Pricing) 353

7.4 Revenue Management Systeme zur Preisgestaltung 356

7.5 Zusammenfassung 363

8 Die Kommunikationspolitik 366

8.1 Aktionsparameter, Ziele und Umweltgrößen der Werbeplanung 369

8.2 Zur Wirksamkeit von Werbemaßnahmen 375

8.2.1 Einfache umsatzbezogene Analysen 376
8.2.2 Varianz- und regressionsanalytische Untersuchungen 380
8.2.3 Verhaltenswissenschaftliche Untersuchungen 386

8.3 Die Gestaltung von Werbemitteln 389

8.3.1 Überblick über Probleme bei der Gestaltung von Werbemitteln 389
8.3.2 Formale Probleme bei der Gestaltung von Anzeigen und Prospekten 391
8.3.3 Die Gestaltung von Katalogen und Web-Seiten 397
8.3.4 Die Schaufenstergestaltung 400

8.4 Die Streuplanung 400

8.4.1 Zur Auswahl einzelner Werbeträger 401
8.4.2 Die Streuung der Werbemittel in zeitlicher Hinsicht 404

8.5 Zusammenfassung 408

9 Der Einsatz von Verkaufspersonal 410

9.1 Überblick über Ansatzpunkte für eine kundengerichtete Personalpolitik 410

9.2 Die Entscheidung über das Bedienungssystem 411

9.3 Die Personaleinsatzplanung im Verkaufsbereich 419

9.3.1 Die Aktionsparameter der Personaleinsatzplanung 419
9.3.2 Umweltvariablen und Ziele einer Personaleinsatzplanung 421
9.3.3 Verfahren der Personaleinsatzplanung 423

9.4 Die Steuerung des Verkaufsgesprächs 424

9.5 Zusammenfassung 432

10 Die Gestaltung des Verkaufsraums 434

10.1 Aktionsparameter, Ziele und Umweltgrößen der Verkaufsraumgestaltung 434

10.2 Entscheidungen über die Gestaltung der Einkaufsatmosphäre .. 438

10.2.1 SR-Analysen 439
10.2.2 Beiträge aus der Umweltpsychologie 440
10.2.3 Beiträge aus der „positiven" Psychologie 446

10.3 Entscheidungen über die Bildung und Anordnung von Platzierungseinheiten 447

10.3.1 Die Bildung von Platzierungsgruppen 447
10.3.2 Die Zuteilung von Flächenkapazitäten 449
10.3.3 Entscheidungen über die Zuteilung von Regalflächen 451

10.4 Zusammenfassung 454

Abkürzungsverzeichnis 457

Literaturverzeichnis 459

Stichwortverzeichnis 487

ERSTER TEIL – EINFÜHRUNG

1 Marketing im Handel

Die Marketingpolitik wird in allen Unternehmungen als wichtiger Bestimmungsfaktor des Erfolgs gesehen. Dies gilt auch für den Handel. Er stellt in jeder Volkswirtschaft einen bedeutenden Wirtschaftssektor dar. In der Amtlichen Statistik rangiert er neben der Land- und Forstwirtschaft, dem Verarbeitenden Gewerbe, dem Baugewerbe, Verkehr und Nachrichtenübermittlung sowie dem Kredit- und Versicherungsgewerbe, um einige wichtige Wirtschaftsbereiche zu nennen (insgesamt werden die wirtschaftlichen Institutionen in 18 Abschnitte eingeordnet – vgl. hierzu Statistisches Bundesamt, Hrsg., 2008). Im Handel ist ein Großteil der Erwerbstätigen beschäftigt, hier werden hohe Anteile der Bruttowertschöpfung erzielt. Marketing ist gleichermaßen für die Großen im Handel, die oft weltweit tätig sind, wie auch für die vielen kleineren Handelsunternehmungen von Bedeutung; neben den Handelsunternehmungen finden sich aber auch andere Unternehmungen, die Distributionsaufgaben übernehmen. Dieses einführende Kapitel hat mehrere Ziele:

- Als erstes soll es die Stellung der Handelsunternehmungen in den Distributionskanälen vor Augen führen. Der Handel besteht nicht nur aus dem jedermann vertrauten Einzelhandel, sondern er ist in verzweigter Weise und in unterschiedlichsten Formen als Bindeglied in die gesamte Volkswirtschaft eingebunden. Dies deuten auch die Begriffe aus dem Electronic Commerce an, wo von Business-to-Consumer (B2C) und Business-to-Business (B2B) gesprochen wird. Neben dem Handel wirken aber auch das Handwerk, die Industrie und sonstige Unternehmungen an der Versorgung der Konsumenten mit und haben mithin Vermarktungsaufgaben zu übernehmen. Das wird in Abschnitt 1.1 näher erläutert.
- Das Kapitel soll darüber hinaus zeigen, welche Merkmale eine marketingorientierte Unternehmenspolitik aufweist. Durchweg wird es immer schwieriger, die Bedürfnisse der Nachfrager zu erkennen; der Wettbewerb nimmt auch auf Grund der Globalisierung des Handels weiter zu, und immer differenzierter werden die Möglichkeiten, Handel zu betreiben. Das Kapitel will den Begriff Marketing näher konkretisieren, d. h. zentrale Komponenten von Marketing aufzeigen.

Gleichzeitig vermitteln die Ausführungen einen Einblick in aktuelle Trends und Entwicklungen.

1.1 Der Handel als Element von Distributionswegen

Wirtschaftliche Güter müssen nicht nur produziert werden, sondern es muss auch Sorge dafür getragen werden, dass sie in den Verfügungsbereich der Nachfrager gelangen. Dazu haben sich in der Wirtschaft zahlreiche Distributionswege entwickelt, auf denen die wegen der Arbeitsteilung getrennt agierenden Wirtschaftssubjekte ihre Leistungen austauschen. Handelsunternehmungen spielen dabei eine große Rolle.

Die Vielfalt der Distributionswege

Abbildung 1.1 zeigt in vereinfachter Form verschiedene Distributionswege und macht deutlich, wie Groß- und Einzelhandel eingeschaltet sein können.

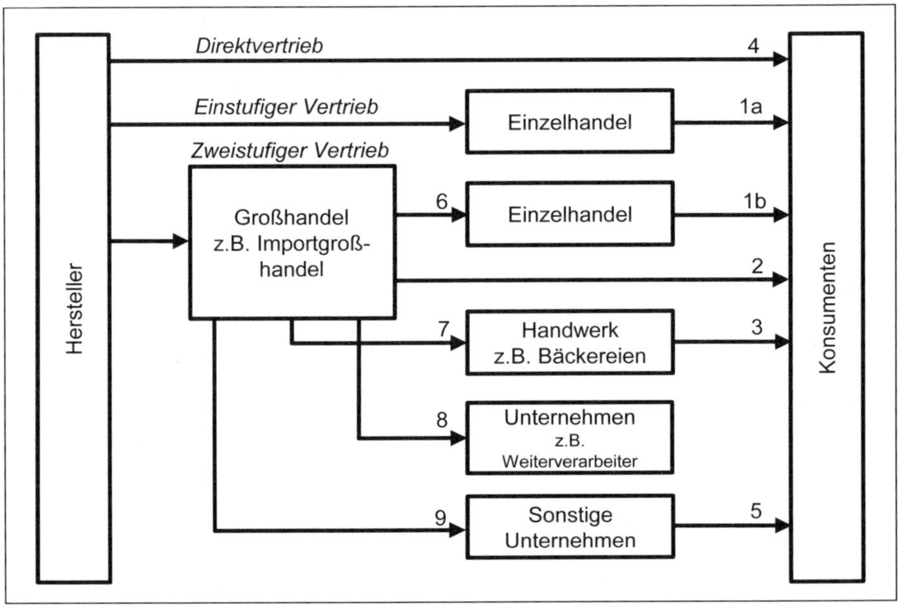

Abb. 1.1: Distributionswege

Einzelne Segmente dieser Distributionswege sollen im Folgenden näher betrachtet werden:

Strecken 1a und b: Die mit „1a“ in Abbildung 1.1 gekennzeichnete Strecke repräsentiert die Versorgung der Konsumenten durch den sog. institutionellen Einzelhandel, der seinerseits durch die Industrie beliefert wird. Der Distributionsweg wird als einstufig bezeichnet, weil gegenüber dem unter Nummer 4 aufgeführten Direktvertrieb der Industrie an die Konsumenten mit dem Einzelhandel eine zusätzliche Stufe in den Distributionsweg einbezogen ist. Auch bei Strecke 1b übernimmt der institutionelle Einzelhandel die Versorgung, jetzt ist er aber Teil eines zweistufigen Distributionskanals, denn der Einzelhandel kauft jetzt beim Großhandel ein. Mit den Strecken 1a und 1b sind die derzeit bedeutendsten Versorgungswege für Konsumenten angesprochen, denn Konsumenten decken ihren Bedarf überwiegend im institutionellen Einzelhandel.

Mit dem institutionellen Einzelhandel sind jene Unternehmungen gemeint, die überwiegend Güter, die sie in der Regel nicht selbst be- oder verarbeiten (Handelswaren), von anderen Marktteilnehmern beschaffen und an Endverbraucher (Konsumenten) absetzen (Ausschuss für Definitionen zu Handel und Distribution, Hrsg., 2006, S. 27, mögliche andere Definitionen finden sich bei L. Müller-Hagedorn, W. Toporowski und S. Zielke 2011). Im Lebensmittelbereich sind das z. B. REWE, die Metro mit Real, Edeka, Kaisers, Lidl, Aldi (international Wal-Mart, Tesco, Carrefour, Migros), bei Textilien C&A, Peek und Cloppenburg, H&M, bei Schuhen Deichmann, bei Baumarktartikeln Hornbach, Praktiker, OBI, Baumax (in USA Home Depot) usw. Die Vielfalt ist außerordentlich groß, denn die einzelnen Unternehmungen unterscheiden sich in ihrem Erscheinungsbild gegenüber dem Konsumenten (was auch als Betriebsform oder Format bezeichnet wird), in ihrer Organisationsstruktur (zentral gesteuerter Filialbetrieb, Franchiseorganisation, Genossenschaft, vertikale Kette).

Wenn mit dem hier vorliegenden Buch Hinweise gegeben werden, wie für Unternehmungen ein „Handelsmarketing" entwickelt werden kann, dann zielt es vor allem auf jene Unternehmungen, die in dem einstufigen und zweistufigen Distributionssystem als Einzelhandel bezeichnet sind. Aber die Ausführungen sind auch, wie jetzt gezeigt wird, für andere Unternehmungen relevant.

Strecke 2: Nach Abbildung 1.1 kann auch der Großhandel seine Waren an Endverbraucher (Konsumenten) absetzen, wenn dies im Regelfall auch die Ausnahme ist, denn überwiegend zählen Einzelhändler und andere Organisationen, wie Weiterverarbeiter, Kantinen, Krankenanstalten, Behörden, Gaststätten usw., zu seinen Kunden. Versteht man Handelsmarketing als Vermarktung an Endverbraucher, wird deutlich, dass ein auf Endverbraucher ausgerichtetes Einzelhandelsmarketing auch für Großhandelsunternehmungen nützlich sein kann. So ist z. B. im Sanitärgroßhandel zu beobachten, dass er oft große Ausstellungen unterhält, die sich auch an Endverbraucher richten. Einige Unternehmungen firmieren sogar als „Groß- und Einzelhandlung".

Strecke 3: Mit diesem Segment wird zum ersten Mal darauf hingewiesen, dass Konsumenten nicht nur von Handelsunternehmungen, sondern auch von anderen Institutionen mit Waren versorgt werden können. Hier ist insbesondere an das Lebensmittelhandwerk zu denken, zu dem insbesondere Metzger und Bäcker gehören. Im Non-Food-Bereich zählen die Optiker zu den Handwerkern, aber es ist klar, dass auch sie ihre Kundschaft vor allem bei den Konsumenten finden. Bei den Kunden des sog. Handwerkhandels handelt es sich (überwiegend) um Endverbraucher, sodass auch sie wie Einzelhandelsunternehmungen ein konsumentengerichtetes Marketing entwickeln müssen.

Strecke 4: Einige Hersteller verkaufen auch an Konsumenten. Früher entfiel auf diesen Distributionsweg, der auch als Direktvermarktung bezeichnet wird, ein relativ unbedeutender Teil, weil sich nur wenige Unternehmungen dieses einstufigen Vertriebs bedienten. Direktvermarktung findet sich in Form des sog. Haustürverkaufs, durch den Verkauf

auf Verbraucher-Ausstellungen (Verbrauchermessen) oder über den Verkauf in Factory-Outlets. So hat Vorwerk seine Staubsauger immer schon vorwiegend im Haus-zu-Haus-Verkauf angeboten, Tupperware und Avon (Kosmetik) sind weitere Beispiele hierfür. Traditionell hat der Direktvertrieb auch für Landwirte und Winzer immer schon eine wichtige Rolle gespielt. Auch gibt es Automobilhersteller, die neben einem Händlernetz eigene Verkaufsniederlassungen unterhalten haben (z. B. Mercedes). Seit einiger Zeit ist jedoch zu beobachten, dass der Direktvertrieb der Industrie an Bedeutung gewinnt: Hersteller eröffnen eigene Läden oder mieten Shops in den Verkaufsstellen des institutionellen Einzelhandels oder sie vertreiben ihre Produkte über das Internet. Beispiele hierfür sind die Textilgeschäfte von Gerry Weber, die Haushaltswarengeschäfte von Villeroy und Boch oder WMF, die sog. Flagship-Stores von Nike, adidas oder NIVEA.

Strecke 5: Aus Abbildung 1.1. ist zu ersehen, dass neben dem institutionellen Einzelhandel, dem Handwerk, dem Großhandel und dem Handwerk eine vierte Gruppe von Unternehmungen einen Beitrag zur Versorgung der Konsumenten leistet. In der Abbildung 1.1 ist allgemein von „sonstigen Unternehmungen“ die Rede, um die Vielfalt anzudeuten. Im Lebensmittelbereich (Food-Sektor) ist an den Außer-Haus-Verzehr zu denken (z. B. Gaststätten, Kantinen, Imbissstände, Heime, Krankenanstalten, Hotels), im Non-Food-Sektor gibt es sowohl ein breites Angebot von Waren außerhalb der bisher genannten Institutionen (z. B. Nahrungsergänzungsmittel in Sportstudios) als auch vielfältige Dienstleistungen, z. B. Kosmetik-Studios oder Reisebüros.

Gemeinsam ist den Strecken 1 bis 5, dass Konsumenten als Abnehmer der angebotenen Leistungen in Frage kommen. Als Anbieter treten nicht nur Handelsbetriebe auf, sondern auch Handwerker, Hersteller und sonstige Unternehmungen. Zwar gibt es große Unterschiede zwischen ihnen, aber trotzdem empfiehlt es sich, sie nicht nur isoliert zu betrachten, denn sie wenden sich alle an die Endverbraucher und können dabei zu Konkurrenten werden, kurzum: Sie können sich auf dem gleichen Markt befinden. Zwar kommt den Einzelhandelsunternehmungen bei den folgenden Ausführungen besondere Aufmerksamkeit zu, aber die Aktivitäten der übrigen Anbieter verdienen ebenso Aufmerksamkeit. Die folgenden Beispiele verdeutlichen die Relevanz für das Management:

- Einzelhandelsunternehmungen haben sich zu fragen, ob die unmittelbare Konkurrenz durch den Direktvertrieb der Industrie zunehmen wird und wie sie sich darauf einstellen können.
- Einzelhandelsunternehmungen haben zu prüfen, ob sich aus dem Wachstum des Dienstleistungssektors und dem wachsenden Außer-Haus-Verzehr Konsequenzen für ihr eigenes Angebot ergeben.

Eine Beschränkung auf die jeweils eigene Branche kann sich als eine zu enge Sichtweise erweisen.

Die Strecken 6–9: In Abbildung 1.1 verdeutlichen die Strecken 6–9, über welche Kanäle Großhandelsunternehmungen absetzen können. Während bisher nur von einem konsumentengerichteten Marketing die Rede war, wird jetzt deutlich, dass auch Business-to-Business-Beziehungen zu betrachten sind, wenn Handelsmarketing auch das Marketing von Großhandelsunternehmen einschließen soll. Das soll hier der Fall sein, wenngleich dies hier nicht systematisch erfolgt. Da aber Großhandelsunternehmungen ebenso wie Einzelhandelsunternehmungen Handelsunternehmungen darstellen, sind viele Erkenntnisse aus dem Einzelhandelsmarketing übertragbar.

Die Vielfalt der Handelsunternehmungen

Bisher sind Groß- und Einzelhandelsunternehmungen als wichtige Institutionen im Distributionskanälen vorgestellt, aber nicht näher gekennzeichnet worden. In der Systematik der Wirtschaftszweige gilt als ihr zentrales Kennzeichen, dass sie die abgesetzten Waren nicht selbst herstellen, sondern beschaffen. Darüber hinaus sollen folgende Eigenschaften von Handelsbetrieben hervorgehoben werden, die gleichzeitig Ansatzpunkte bieten, die Vielfalt der Handelsunternehmungen deutlich werden zu lassen (vgl. auch Abbildung 1.2):

Kern-Leistungen	Handelsfunktionen: Logistische Funktionen Akquisitorische Funktionen	Seltener: Produktion	In Konkurrenz mit Produktionssektor, Handwerk, Logistikdienstleistern, Dienstleistungsbetrieben
Leistungs-objekte	Immer: Waren, z. B. Stahl, Presseobjekte, Pharma, Lebensmittel, Textilien, Baustoffbedarf	Seltener: Von Waren unabhängige Dienstleistungen, Versicherungen, Reisen, Verleih von Geräten	Nicht: Devisen, Wertpapiere, Grundstücke
Vertrags-gestaltung	Meistens: Eigenhandel (Händler wird Eigentümer der Ware)	Gelegentlich: Kommissionshandel, Agenturhandel	
Abhängigkeit von der Industrie	Im Regelfall selbständig	Häufig Einschränkungen der Autonomie durch Mitgliedschaft in einer Verbundgruppe bzw. Franchiseorganisation oder durch Vertriebsbindung	Seltener: Teil der Vertriebsorganisation eines Herstellers (Niederlassung; Herstellershop)

Abb. 1.2: Eigenschaften von Handelsunternehmungen

Die Leistung der Handelsbetriebe

Handelsbetriebe stellen nicht her, d. h. sie wirken nicht an der Veränderung physischer Produkteigenschaften mit, vielmehr verändern sie die Eigenschaften der Güter in räumlicher, zeitlicher und quantitativer Hinsicht (**logistische Komponente**). So machen sie Produkte an bestimmten Orten verfügbar (der Importgroßhändler bietet australischen Wein ab Bremen an), sie bieten Waren zu Zeiten an, die sich mehr oder weniger deutlich vom Zeitpunkt der Produktion dieses Gutes unterscheiden, und stellen entweder kleine Lose zu größeren zusammen (wie z. B. im kollektierenden Obstgroßhandel) oder lösen große Produktionsmengen in kleine Lose auf (wie z. B. im Lebensmittelhandel). Des Weiteren nehmen sie Einfluss auf die Vorstellungen, die die Verbraucher von den betreffenden Gütern haben; sie wecken Bedürfnisse, wozu auch gehört, Nachfrager ausfindig zu machen, ihren Bedarf zu erkennen und Marktpreise zu ermitteln (**akquisitorische Komponente**). Dazu gehört auch, dass sie Sortimente zusammenstellen, Verkaufsräume gestalten, informieren und werben. Allerdings ist diese Beschränkung auf die logistische und/oder akquisitorische Komponente eine idealtypische Sicht. Schon immer haben sich Handelsunternehmungen auch in der Produktion betätigt, z. B. wenn Lebensmittelfilialbetriebe eigene Kaffeeröstereien oder Schokoladenfabriken betrieben oder sich in der Fleischverarbeitung engagierten. Im Stahlgroßhandel wird von der Anarbeitung gesprochen, wenn Eisen und Bleche zugeschnitten oder geformt werden. In der Textilbranche gibt es die sog. Vertikalisten, die gleichermaßen für Vermarktung und Produktion zuständig sind. Das zeigt, dass sich in der Praxis eine produzierende und eine händlerische Tätigkeit oft mischen und die Abgrenzung der Wirtschaftsbereiche nicht so einfach ist, wie es auf den ersten Blick scheint. Aus einer Marketingperspektive kann es sinnvoll sein, die Grenzen der ansonsten getrennt betrachteten Wirtschaftsbereiche zu überspringen. Auch die in letzter Zeit immer bedeutsamer werdenden Handelsmarken sind ein Anzeichen dafür, dass die idealistische Vorstellung, dass der Handel nicht produziert, nicht zutreffend sein muss, auch wenn Handelsbetriebe die Fertigung ihrer Handelsmarken oft spezialisierten Herstellbetrieben übertragen. Manchmal ähneln sich die Handelsunternehmungen in einer Branche stark. Sowohl für die Pressegroßhändler wie für die Pharmagroßhändler gilt, dass sie der logistischen Leistungskomponente eine große Bedeutung zuordnen. In Textil- und Schuhhandelsbetrieben stehen dagegen Sortimente und Preise im Vordergrund, die jeweils stark differenziert werden, denn Discounter unterscheiden sich deutlich von Fachgeschäften oder Warenhäusern (z. B. kik versus P&C). Später wird von den verschiedenen Betriebsformen (Formaten) die Rede sein.

Die Objekte

Handel kann mit unterschiedlichen Gütern getrieben werden. Die Vielfalt der Güter gibt einen Hinweis auf die Vielgestaltigkeit des Handels. So spricht man beispielsweise vom Lebensmittelhandel, vom Textilhandel, dem Pharmagroßhandel oder dem Stahlhandel. Die Ausrichtung auf einen bestimmten Kreis von Gütern, die sog. Handelswaren, stellte lange Zeit ein besonderes Charakteristikum vieler Handelsbetriebe dar. Auch in der handelsbetrieblichen Literatur wird der Blickwinkel häufig auf bestimmte wirtschaftliche Güter eingeengt, und zwar auf Gebrauchsgüter (wie Gebäude, Maschinen, Einrichtungen) und Umsatzgüter (wie Rohstoffe, Hilfsstoffe, Materialien, Waren, Fertigfabrikate). Der Handel mit anderen Gütern, wie z. B. mit Nominalgütern (Geld, Wertpapiere), mit Nutzungsgütern (Grundstücke), mit Rechten (wie Patente, Lizenzen) und mit Dienstleistungen (wie Versicherungen, Speditionsleistungen), wird heute in der Wissenschaft überwiegend in eigenen Disziplinen behandelt (z. B. der Bank- oder Versicherungsbetriebslehre), sie sind nicht Gegenstand von „Handelsmarketing“, obwohl auch hier Handel betrieben wird. Die Art der Güter ist immer noch bestimmend für die Einteilung der einzelnen wissenschaftlichen Disziplinen, was auch als **Commodity Approach** bezeichnet wird.

Besonderer Erwähnung bedürfen die Dienstleistungen. Zu den Dienstleistungen (Diensten) zählen u. a. diejenigen des Transports, der Lagerung, der Versicherung und der Vermittlung. Häufig erbringen Handelsunternehmungen solche Dienstleistungen; so wird z. B. vom lagerführenden Großhändler gesprochen, aber es ist auch denkbar, dass spezialisierte Unternehmungen solche Dienstleistungen erbringen, was die Frage aufwirft, wie Handelsbetriebe von Dienstleistungsunternehmen abgegrenzt werden können. In der wirtschaftlichen Realität wird keine scharfe Trennlinie zwischen Händlern und Dienstleistern gezogen. So haben viele Einzelhandelsorganisationen Reisebüros angegliedert, Baumärkte verleihen Geräte, Großhändler übernehmen die Finanzierungsfunktion gegenüber ihren Abnehmern, Reifenhändler montieren nicht nur Reifen, sondern bieten Achsvermessung und Stoßdämpferaustausch usw. an. Insofern wird auch hier sichtbar, dass es sich um eine idealtypische Sicht handelt, wenn gesagt wird, dass Handelsbetriebe bewegliche Sachgüter absetzen, denn in der Realität kombinieren sie diese Leistung mit einem mehr oder weniger großen Kranz an Dienstleistungen. Wiederum wird deutlich, dass es für eine zielgerichtete Marketingpolitik angemessen sein kann, die traditionellen Grenzen zwischen dem übergekommenen Verständnis von einem Handelsbetrieb, einem Dienstleister, einer Bank, einem Logistiker usw. aufzugeben und einen neuartigen Aufgabenkern zu definieren.

Träger des Warenrisikos oder Vermittler?

Ein Handelsbetrieb kann den Absatz der Güter in unterschiedlicher Form bewirken. Entsprechend der Vertragsgestaltung, mit der die Verfügungsrechte zwischen Anbieter und Nachfrager festgelegt werden, lassen sich

- der **Eigenhandel**, bei dem die Ware in eigenem Namen und auf eigene Rechnung veräußert wird,
- der **Kommissionshandel**, bei dem die Ware in eigenem Namen und auf fremde Rechnung veräußert wird und
- der **Agenturhandel**, bei dem die Ware in fremdem Namen und auf fremde Rechnung abgesetzt wird (Absatz durch Handelsvertreter),

unterscheiden. Gutenberg rechnet nur den Eigenhandel zum Handel, weil er der Meinung war, dass dem Kriterium des sog. Preisrisikos besondere Bedeutung zukommen müsse (E. Gutenberg 1984, S. 142 f.). Weder Handelsvertreter noch Kommissionäre trügen, wenn man vom Selbsteintritt absehe, das Preisrisiko, denn sie kauften und verkauften nicht auf eigene Rechnung. Mithin sollten sie nicht zum Handel gezählt werden. Unter marketingpolitischer Perspektive wird deutlich, dass es im Umgang mit dem Preisrisiko verschiedene Formen gibt, eine Handelsunternehmung zu betreiben. Insofern sollen hier alle drei genannten Formen dem Handel zugerechnet werden. Entsprechend wird auch eine Markentankstelle als eine Handelsunternehmung angesehen, obwohl am Eingang steht „Verkauf im Namen und auf Rechnung von …“), der Tankstellenpächter also nicht das eigene Benzin verkauft, sondern als Agent tätig ist.

Zur Unabhängigkeit von der Industrie

Eine Verkaufsstelle kann rechtlich und wirtschaftlich von einem Produktionsbetrieb abhängig sein. Dies gilt beispielsweise für eine werksgebundene Vertriebsgesellschaft, bei der eine produzierende Unternehmung den Vertrieb ausgliedert und einer rechtlich selbstständigen Unternehmung überträgt. So gibt es beispielsweise Automobilhersteller, die für den Vertrieb ihrer Produkte eigene Niederlassungen gegründet haben, während andere Automobilhersteller ihre Produkte nur über selbstständige Händler vertreiben. Auch bei einem Verkaufssyndikat handelt es sich um eine rechtlich selbstständige Vertriebsorganisation; in ihr bündeln mehrere Unternehmungen ihre vertrieblichen Aktivitäten. Solche Unternehmungen haben zwar eine bestimmte unternehmerische Autonomie, aber einen eventuell eintretenden Verlust übertragen sie an die Muttergesellschaft; außerdem sind sie im Regelfall an Weisungen des oder der Hersteller(s) gebunden. Zwischen den herstellenden und den vertreibenden Unternehmen liegen enge Verbindungen vor. Insofern könnte die Zuordnung einer Unternehmung zum Handelssektor auch an die Bedingung gebunden werden, dass keine gesellschaftsrechtliche Abhängigkeit von einem herstellenden Unternehmen vorliegt. Eine solche Differenzierung mag durchaus angezeigt sein, um zu untersuchen, ob Handel und Industrie miteinander verflochten sind, im Hinblick auf die Ausgestaltung der Marketingpolitik muss diese Unterscheidung jedoch nicht relevant sein. Nach dem Merkmal **„Art des wirtschaftlichen Betriebsträgers“** können drei mögliche Typen unterschieden werden:

- vom Händler getragener Handelsbetrieb,
- vom Produzenten getragener (Handels-)Betrieb: Verkaufsfilialen der Fabriken,
- vom Konsumenten getragener Handelsbetrieb: Konsumgenossenschaften, Werkskonsumanstalt.

Die Ausführungen zeigen, dass es, herkommend von einer idealtypischen Einteilung der Unternehmungen, Vorstellungen über **zentrale Eigenschaften einer Handelsunternehmung** gibt, die insbesondere darin bestehen, dass

- ein Handelsbetrieb nicht produziert (im Sinne einer Umwandlung physischer Gütereigenschaften),
- ein Handelsbetrieb mit beweglichen Sachgütern (Waren) handelt,
- ein Handelsbetrieb das „Preisrisiko“ trägt,
- ein Handelsbetrieb nicht die ausgelagerte Vertriebsabteilung eines herstellenden Unternehmens darstellt, also autonom ist.

In allen vier Dimensionen können Handelsunternehmungen aber von der idealtypischen Definition abweichen. Insofern kann Handel im institutionellen Sinn entsprechend der idealtypischen Sicht eng definiert werden, es sind aber auch Lockerungen der Bedingungen denkbar, die den Kreis der Handelsbetriebe ausweiten.

Es ist nicht sinnvoll, Handelsunternehmungen generell definieren zu wollen, vielmehr sind Definitionen so vorzunehmen, dass sie sich zur Behandlung der ins Auge gefassten Problemstellungen eignen. In einem Lehrbuch streuen die anzusprechenden Problemstellungen allerdings noch breit, sodass die Definition von Handelsbetrieben schwerlich auf bestimmte Problemstellungen ausgerichtet werden kann. Sollte z. B. überprüft werden, ob der selbstständige Handel durch den Direktvertrieb der Industrie verdrängt wird, so wäre es naheliegend, die Gutenbergsche Definition von Handelsbetrieb zu wählen und etwa die werksgebundene Vertriebsgesellschaft, die Verkaufsniederlassung oder das Verkaufssyndikat nicht zu den Handelsbetrieben zu zählen, da hierin schon eine Form der Verdrängung des selbstständigen Handels gesehen werden kann. Besteht andererseits das Problem darin, Werbemaßnahmen für einen Handelsbetrieb zu planen, so kann (!) es gleichgültig sein, ob es sich bei dem Betrieb um eine werksgebundene Gesellschaft oder um einen unabhängigen Handelsbetrieb handelt. Der Handel sollte also nicht generell von anderen Bereichen einer Volkswirtschaft abgegrenzt werden.

Die Ausführungen zeigen, in welch vielfältiger Form Handelsbetriebe auftreten können.

In Kapitel 3 wird außerdem ausführlich auf die Unterteilung der Handelsbetriebe nach Betriebsformen eingegangen. Danach werden

- Betriebsformen des Einzelhandels (z. B. Discounter, Warenhaus, Fachgeschäft, Fachmarkt, Versandhandel),
- Betriebsformen des Großhandels (z. B. Cash-and-Carry, Sortimentsgroßhandel, Streckengroßhandel, Produktionsverbindungshandel, Spezialgroßhandel),
- Betriebsformen der Handelsvermittlung (Handelsvertreter, Handelsmakler, Kommissionäre)

unterschieden. Das Wissen um die Vielfalt der Handelsbetriebe ist nicht nur wichtig, um bei der Entwicklung einer Marketingstrategie die Ausgangssituation des jeweiligen Handelsunternehmens richtig einzuschätzen, sondern weil die Vielgestaltigkeit des Handels auch Hinweise für strategische Optionen im Handelsmarketing sichtbar werden lassen kann.

1.2 Komponenten von Marketing

Handelsmarketing wird einmal verstanden als das Marketing der Industrie gegenüber den Handelsunternehmungen (auch als vertikales Marketing oder Trade Marketing bezeichnet), zum anderen – und das ist die hier verwendete Sichtweise – als das Marketing der Handelsbetriebe gegenüber ihren Kunden oder das Marketing von Herstellern, Handwerksbetrieben oder sonstigen Unternehmungen gegenüber Endverbrauchern. Was ist Marketing? Hierauf will der folgende Abschnitt eine Antwort geben, indem auf verschiedene Facetten von Marketing hingewiesen wird. Gleichzeitig wird damit eine Prüfliste vorgegeben, mit der jedes Handelsunternehmen überprüfen kann, ob es Marketing anwendet. Abbildung 1.3 zeigt als erstes, dass mit Marketingmaßnahmen der Erfolg der Unternehmung gewährleistet werden soll. Einen Überblick über mögliche Marketingmaßnahmen liefert Abschnitt 1.2.1. Mögliche Erfolgsgrößen werden in allen Abschnitten des Buches thematisiert, denn neben den üblichen finanziellen Erfolgszielen wie Gewinn, Kapitalrentabilität und Unternehmenswert erfordert eine Marketingplanung vorgelagerte Erfolgsgrößen, die sich auf die Marktstellung, den Bekanntheitsgrad, das Image u. a. beziehen können.

Von zentraler Bedeutung sind die Bedingungen, unter denen einzelne Maßnahmen zu Erfolg führen. Abbildung 1.3 weist auf externe und interne Gegebenheiten hin, die es zu beachten gilt. Die Beachtung einzelner dieser Bestimmungsfaktoren ist für Marketing konstituierend:

- So wird in Abschnitt 1.2.2 näher erläutert, dass Marketing als marktorientierte Unternehmensführung sich intensiv mit den Nachfragern und den Konkurrenten zu beschäftigen hat.
- In Abschnitt 1.2.3 wird hervorgehoben, dass Marketing nicht nur zum kurzfristigen, sondern auch zum langfristigen Erfolg beitragen soll. Dem dienen Kundenbindungsprogramme.

- Seit einiger Zeit wird Nachhaltigkeit ein hoher Stellenwert zugeordnet. Zum Teil hat dies mit langfristigem Erfolg zu tun, zum Teil kommen hier auch die Interessen von anderen Stakeholdern zum Ausdruck, wie sie oft von Non-Governmental Institutions (NGOs) vertreten werden. Es geht hier um die Abwägung von Interessen der Kapitalgeber auf der einen Seite und von verschiedenartigen Interessengruppen auf der anderen Seite (Naturschutz, Umwelt, Klima, Gesellschaft). Das ist Gegenstand von Abschnitt 1.2.4.
- Der institutionelle Handel kann in bestimmten Fällen durch den Direktvertrieb der Industrie bedroht sein. Der Handel muss also auch die Interessen der Lieferanten berücksichtigen. Das ist Gegenstand von Abschnitt 1.2.5.

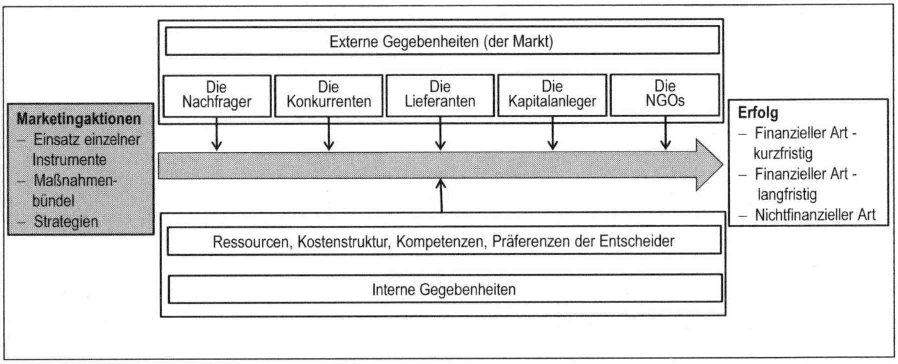

Abb. 1.3: Mit Marketing zum Erfolg

1.2.1 Marketing als Maßnahmenprogramm

Im Handel wird oft von Einkauf und Verkauf als den zentralen Funktionsbereichen gesprochen. Sie können um weitere Bereiche ergänzt werden, insbesondere um Logistik, Finanzierung und Rechnungswesen (einschließlich dem Controlling). Marketing kommt bei einer solchen Betrachtung zunächst nicht vor. Dies ist damit zu erklären, dass der Begriff Marketing erst ab etwa 1970 in der deutschsprachigen Praxis und Wissenschaft verwendet wurde. Bis dahin wurde in der Industrie vorwiegend von Absatz oder Vertrieb gesprochen, im Handel von Verkauf. Das bis dahin verwendete Denken in Funktionsbereichen wurde auf den neuen Begriff „Marketing" in zwei Varianten übertragen: Einige verstehen darunter bis heute Tätigkeiten in einer Unternehmung, mit denen der Verkauf unterstützt werden sollte. Dazu zählen vor allem die Bereitstellung von Informationen über aktuelle und potenzielle Kunden (Absatzmarktforschung), aber auch die Werbeplanung und die Öffentlichkeitsarbeit. In diesem Sinne wird Marketing als Absatzvorbereitung bzw. Verkaufsunterstützung gesehen. Das spiegelt sich noch heute in Redewendungen von Personalverantwortlichen, wenn sie sagen, fast alle Universitätsabsolventen wollten ins Marketing, kaum einer in den Verkauf oder Vertrieb. Andere setzen Marketing mit Absatz- bzw. Verkaufspolitik gleich. Dies äußert sich in Definitionen der folgenden Art:

Marketing umfasst die Planung und Kontrolle der dem Handelsbetrieb zur Verfügung stehenden Marketing-Mix-Elemente (absatzpolitische Instrumente). Unter den Marketing-Mix-Elementen (absatzpolitischen Instrumenten) werden alle Größen verstanden, die durch die Unternehmung festgelegt werden können (Aktionsparameter) und die Einfluss auf das Einkaufsverhalten der Nachfrager ausüben.

Durch diese Definition wird der Blick auf die **Marketing-Instrumente** oder Elemente des Marketing-Mix gelenkt. In der Wissenschaft wurden Überlegungen angestellt, wie die Marketing-Mix-Instrumente des Handelsbetriebs systematisiert werden können und inwieweit sie sich von den Instrumenten der Unternehmungen in anderen Sektoren, insbesondere der Industrie, unterscheiden. Das Denken in Marketing-Instrumenten stellt auch heute ein Kernelement jeder Marketingpolitik dar.

Abb. 1.4 präsentiert für den Handelsbetrieb einen Katalog von sechs Marketing-Mix-Instrumenten. In der Abbildung werden für diese sechs Instrumentalbereiche zunächst Oberbegriffe verwendet, nämlich Ware (Sortiment), Personal, Standort, Preise und Konditionen, Werbung sowie Verkaufsraum, die dann durch ausgewählte einzelne Maßnahmen veranschaulicht werden. So geht es im Bereich Werbung um die Wahl der Werbemittel (z. B. Schaufenster, Prospekte, Anzeigen). Darüber hinaus ist aber auch festzulegen, welche Geldbeträge für Werbemaßnahmen bereitgestellt (Werbebudget) und welche Aussagen in den Mittelpunkt der werblichen Maßnahmen gerückt werden sollten (Werbebotschaft). Hinter jeder Sammelbezeichnung stehen also weitere Entscheidungsparameter.

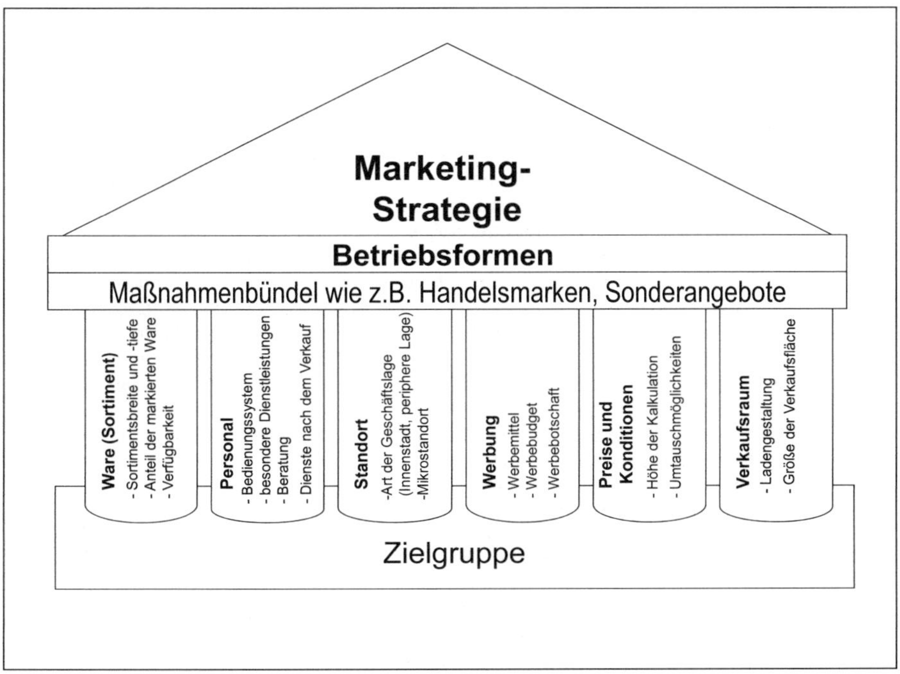

Abb. 1.4: Marketing-Mix-Instrumente des Handelsbetriebs

Marketing-Mix-Elemente (Absatzpolitische Instrumente) stellen „Aktionsparameter" dar, ein Begriff, mit dem in der Entscheidungstheorie jene Größen gemeint sind, die ein Entscheidungssubjekt im Rahmen einer Entscheidung festlegen kann. Im Regelfall werden mehrere Aktionsparameter zu einer Aktion kombiniert. Auf solche Bündelungsmöglichkeiten, wie z. B. Sonderangebote oder Handelsmarkenpolitik, wird erst später eingegangen. In Abbildung 1.4 ist bereits angedeutet, wie die einzelnen Instrumente gebündelt werden können; in der Abbildung werden drei Ebenen der Bündelung genannt: Maßnahmenbündel, wie z. B. Sonderangebote (als Kombination von sortiments-, preis-, werbe- und präsentationspolitischen Maßnahmen), Betriebsformen (z. B. Discounter versus Fachgeschäft) und die in Kapitel 2 vorgestellten Marketing-Strategien (z. B. Erlebnishandel).

In der Literatur finden sich unterschiedliche Einteilungen für die **absatzpolitischen Instrumente** (vgl. die Übersicht in Abbildung 1.5). Während Barth, Hartmann und Schröder drei absatzpolitische Instrumentalbereiche unterscheiden, gliedert Berekoven in zehn. Darunter gibt es Instrumente, über die fortlaufend entschieden werden muss, z. B. über die Sortiments- und Preispolitik, über andere Instrumente ist nur gelegentlich und in einigen Fällen nur fakultativ zu befinden (z. B. den Einsatz von Kundenkarten, Ladenöffnungszeiten). Es lohnt durchaus einen Blick auf diese Kataloge zu werfen, weil sie auf Handlungsmöglichkeiten hinweisen, die unbedacht bleiben können, wenn die Marketing-Mix-Elemente nur auf einer aggregierten Ebene betrachtet werden (z. B. Beschwerdepolitik, Ladenöffnungszeiten, Kundenkarten).

Autor	**Absatzpolitische Instrumente**	
Hansen (1990)	• Standortpolitik • Sortimentspolitik • Produktpolitik, insbesondere Eigenmarkenpolitik • Verkaufsgestaltung	• Preispolitik • Absatzfinanzierung • Absatzwerbung • Kundenservice • Beschwerdepolitik
Tietz (1993)	• Waren- und dienstleistungsbezogene Instrumente (Produktgestaltung, Sortimentsprogramm, Mengenpolitik) • Entgeltbezogene Instrumente (Preise, leistungsbezogene Konditionen, finanzielle Konditionen) • Nebenleistungsbezogene Instrumente (Kundendienst) • Informations- und kommunikationsbezogene Instrumente (Sachwerbung, persönliche Werbung, Public Relations, Kontaktintensität und Präsentation, zeitliche Kontaktbereitschaft)	• Institutionenorientierte Instrumente (Handelswege) • Warenprozessinstrumente: Waren- und dienstleistungsgebundene Instrumente der Zeitverfügbarkeit (Lagerhaltung) und der Raumverfügbarkeit (Transport), und zwar Liefertermin, Lieferhäufigkeit, Bestell- und Liefermenge, Leistungsbereitschaft und Leistungsservice
Barth u. a. (2002)	• Leistungspolitik (Sortimentspolitik, Quantitätspolitik, Überbrückungspolitik, Sicherungspolitik, Umsatzdurchführungspolitik, Sachgüteraufbereitungs- bzw. Komplettierungspolitik) • Entgeltpolitik (Preispolitik, Rabattpolitik, Konditionenpolitik)	• Beeinflussungspolitik (Präsentationspolitik, Werbepolitik, Öffentlichkeitsarbeit)

Autor	Absatzpolitische Instrumente	
Bere-koven (1995)	• Sortimentspolitik • Handelsmarkenpolitik • Qualitäts- und Qualitätssicherungspolitik • Servicepolitik • Preispolitik	• Werbepolitik • Verkaufsförderungspolitik • Verkaufsraumgestaltung und Warenpräsentation • Verkaufspersonalpolitik • Standortpolitik
Levy/ Weitz (2009)	• Customer service • Store design & display • Communication mix	• Location • Merchandise assortments • Pricing

Abb. 1.5: Systematisierung der Marketing-Mix-Elemente durch verschiedene Autoren

Die Kataloge der absatzpolitischen Instrumente unterscheiden sich bei den einzelnen Autoren nicht fundamental. Es sei darauf verzichtet, sie explizit miteinander zu vergleichen, wobei ein Vergleich sich vor allem auf die Vollständigkeit, die Überschneidungsfreiheit, die Verständlichkeit und die Übersichtlichkeit zu beziehen hätte. Stellenweise kommen in den Systematisierungen auch die Vorlieben der einzelnen Autoren zum Ausdruck. So hat sich Hansen intensiv mit den Beschwerden von Kunden und ihrer Behandlung durch die Unternehmen beschäftigt, und es erscheint nicht verwunderlich, dass sie diese Form der Beziehung zwischen Unternehmung und Kunden in der Gliederung besonders hervorhebt. Berekoven hat sich ausführlich mit dem Markenartikel beschäftigt und nennt wahrscheinlich deshalb die Handelsmarkenpolitik als eigenständiges Instrument neben der Sortimentspolitik.

Eine weitere Zusammenstellung von absatzpolitischen Instrumenten enthält Abb. 1.6, die sich auch zum Ziel setzt, handelsspezifische Besonderheiten zum Ausdruck zu bringen. Die Zusammenstellung in Abbildung 1.5 will auch die Verhältnisse im Großhandel explizit erfassen.

Bezugsgröße	Qualitative Aspekte	Quantitative Aspekte	Zeitliche Aspekte	Räumliche Aspekte
Warenstrom	Sortiment, Handelsmarken, spez. Verpackungsformen, Entsorgungen, Eigentumsübergang	Liefermengen, Vorrätigkeit, Sortimentstiefe	Liefergeschwindigkeit, Zustellzeitpunkt	Standorte von Lägern, Größe des Auslieferungsgebietes
Selbstständige Dienstleistungen	Verleih von Werkzeug, Montage, Planung		Schnelligkeit der Ausführung	Größe des Vertriebsgebietes
Zahlungsstrom	Akzeptierte Zahlungsmittel	Preisniveau, Rabattsysteme	Zahlungsziele	
Informationsstrom	Werbemittel, Beratungssystem, Umgang mit Reklamationen, Internet-Auftritt	Kommunikationsbudget, Besuchshäufigkeit durch Außendienst	Timing von Kommunikationsmaßnahmen, Öffnungszeiten	Streugebiet

Abb. 1.6: Eine alternative Systematisierung der Instrumente des Handels

Die Übersicht gliedert die Ansatzpunkte zur Gestaltung der Marketingpolitik, indem an den **Strömen**, die zwischen der anbietenden Großhandelsunternehmung und den Nachfragern „fließen“, angeknüpft wird. Es werden drei elementare Fragen gestellt:

- Welche Leistungen können zwischen der Unternehmung und ihren Kunden „fließen“? Dabei kann zwischen dem Warenstrom und dem Strom der selbstständigen Dienstleistungen unterschieden werden. Mit den selbstständigen Dienstleistungen sind jene Dienstleistungen gemeint, mit denen die Handelsunternehmung nicht „nur“ den Absatz der Waren fördern will, sondern die explizit in Rechnung gestellt werden.
- Welche Gegenleistung erwartet die Unternehmung von ihren Abnehmern? Im Regelfall wird das auf die Bezahlung der vereinbarten Preise (Zahlungsstrom) hinaus laufen.
- Welche Informationen tauscht die Unternehmung mit ihren Nachfragern aus?

Bei jedem der genannten vier Ströme kann zwischen qualitativen, quantitativen, zeitlichen und räumlichen Aspekten unterschieden werden. Wendet sich eine Unternehmung im Rahmen einer Direct Mailing-Aktion an ihre Kunden, dann hat sie sich für ein bestimmtes Werbemittel entschieden (qualitativer Aspekt), sie hat darüber zu befinden, wie umfangreich das Mailing-Paket sein sollte bzw. wie häufig sie ihre Kunden anschreiben will (quantitativer Aspekt), sie hat zu entscheiden, wann die Aktion durchgeführt werden soll (zeitlicher Aspekt) und in welchem Gebiet die Kunden angeschrieben werden sollen (räumlicher Aspekt). Die in die Abbildung 1.6 eingetragenen Beispiele sollen wichtige Ansatzpunkte erkennen lassen.

Von einer betriebswirtschaftlichen Theorie darf nun nicht erwartet werden, dass sie alle Aktionsparameter sozusagen auf Vorrat aufzählt. So sah sich z. B. vor achtzig Jahren noch kein Händler vor das Problem gestellt, einen Selbstbedienungsmarkt statt eines Geschäftes mit Bedienung zu eröffnen, weil eine solche Geschäftsform in der damaligen Zeit noch unbekannt war (u. a. weil die Waren noch nicht in einer selbstbedienungsgerechten Art und Weise angeboten werden konnten). Mit großem Einfallsreichtum werden also zu jeder Zeit neue Handlungsmöglichkeiten entdeckt. Um bislang verborgene Handlungsmöglichkeiten aufzuspüren, wurden Kreativitätstechniken entwickelt.

Einzelne absatzpolitische Instrumente können auch gebündelt werden. So ist beispielsweise über die Sonderangebotspolitik (als Kombination von Sortiments- Preis-, Kommunikations- und Platzierungspolitik), den Einsatz von Kundenkarten (als Kombination von Preis- und Kommunikationspolitik), Verkaufsförderungsaktionen und die Eigenmarkenpolitik zu befinden. Auch die in Abbildung 1.4 bereits angeführte Betriebsformenpolitik (auch als Auswahl eines Formates bezeichnet) kann als Bündelung verschiedener Marketing-Instrumente verstanden werden. Schließlich enthalten Marketing-Strategien (z. B. eine Kostenstrategie) Aussagen über den Einsatz mehrerer Marketing-Instrumente. Einzelne Marketing-Strategien und Betriebsformen werden in separaten Kapiteln vertieft behandelt werden. Ansonsten wird auf jedes einzelne in Abbildung 1.4 erwähnte absatzpolitische Instrument in je einem Kapitel eingegangen.

Marketing im Sinne von Absatz- bzw. Verkaufspolitik betont den Instrumentalcharakter des Marketings, indem auf die zu gestaltenden Aktionsparameter bzw. Aktionen hingewiesen wird. Von gänzlich anderer Natur ist die jetzt zu erläuternde zweite Sichtweise von Marketing.

1.2.2 Marketing als marktorientierter Führungsstil

Eine zweite Sichtweise von Marketing nimmt auf den Umstand Bezug, dass eine Austauschbeziehung zwischen der anbietenden Unternehmung und ihren Abnehmern angestrebt wird. Es wird auch von transaktionsorientiertem Marketing gesprochen. Im Gegensatz zur ersten Sichtweise wird nicht mehr nur analysiert, welche Maßnahmen der Handelsunternehmung zur Verfügung stehen, sondern der Nachfrager wird explizit in die Analyse mit einbezogen und es wird berücksichtigt, dass man im Wettbewerb mit anderen Anbietern steht. Mithin gilt es zu erfassen, mit welchen Nachfragern und Konkurrenten es die anbietende Unternehmung zu tun hat, wie sich diese verhalten und von welchen Bestimmungsfaktoren ihr Verhalten beeinflusst wird. Solche Informationen liefern die Grundlage für Prognosen zur Wirksamkeit der eigenen absatzpolitischen Maßnahmen. Die Frage, wie der Nachfrager das eigene Angebot und das der Konkurrenten wahrnimmt und beurteilt, wird zum Ausgangspunkt für die Gestaltung der eigenen absatzpolitischen und sonstigen betrieblichen Maßnahmen.

Die **Orientierung an den Gegebenheiten des Absatzmarktes** äußert sich im Einzelnen in folgenden Fragen:

- Ist die Gesamtmenge der potenziellen Nachfrager in Segmente zu unterteilen, und wie kann dies geschehen (Marktsegmentierung)?
- Welches Bild haben die Nachfrager von den Angeboten einzelner Anbieter (Analyse des Verhaltens der Konsumenten und anderer Nachfrager)?
- Welche Anbieter sind entsprechend der Sichtweise der Nachfrager als Konkurrenten anzusehen (Konkurrenzanalyse)?
- Wie reagieren Nachfrager voraussichtlich auf den Einsatz einzelner Marketing-Instrumente (Wirkungsanalysen)?

Marktsegmentierung, Zielgruppendefinition, Bedürfnisanalyse, Marktforschung, Maßnahmen der Konkurrenz, Zufriedenheit der Kunden, Marktpotenzial, Marktvolumen sowie Elastizitäten stellen zentrale Begriffe einer Marketingpolitik im Sinne eines marktorientierten Führungsstils dar, weil die Verhaltensweisen der Marktpartner zum zentralen Bestimmungsfaktor der eigenen Maßnahmen werden.

Die Auseinandersetzung mit dem Verhalten der Nachfrager hat auf wissenschaftlichem Gebiet dazu geführt, dass Theorien zum Verhalten der Nachfrager, insbesondere zum Verhalten der Konsumenten, in bedeutendem Maße weiter entwickelt worden sind. Theorien zum Konsumentenverhalten erweisen sich in der Tat als unverzichtbares Element einer Marketingpolitik. Die verhaltenstheoretische und die politikorientierte Ausrichtung von Marketing kommen auch in der folgenden Definition von Marketing zum Ausdruck:

> *„Marketing will erklären, wie Austauschprozesse zwischen Unternehmungen bzw. zwischen Unternehmungen und Konsumenten zu Stande kommen, und will hierauf aufbauend Hinweise zur Ausgestaltung dieser Austauschbeziehungen ableiten.“*

In einem so verstandenen Marketing werden zwei Forschungsrichtungen aufgerufen. Erstens geht es darum, nach Gesetzmäßigkeiten im Verhalten von Menschen zu suchen. Dem dient vor allem die Auseinandersetzung mit Theorien des Käuferverhaltens. Zweitens geht es darum, Kalkülformen zu entwickeln, die zur Steuerung des Marketings eingesetzt werden können. Die Kombination beider Forschungsrichtungen ist auch bestimmend für die Ausführungen in diesem Buch.

1.2.3 Beziehungsorientiertes Marketing

Mit dem beziehungsorientierten Marketing soll betont werden, dass Unternehmungen im Regelfall nicht nur das Ziel haben, einmalig in eine Austauschbeziehung einzutreten, sondern dass es zu einer dauerhaften Kundenbeziehung kommen soll. In den meisten Fällen sind Unternehmungen darauf angewiesen, dass Nachfrager wiederholt bei ihnen kaufen. Im Handel wird immer schon von dem **Stammkunden** gesprochen. Insofern wird durch diese Sichtweise die zeitliche Dimension in das Blickfeld gerückt: Wie wirken sich die Maßnahmen der Unternehmung auf das langfristige Verhältnis zu ihren Kunden aus?

Das Phänomen **Kundenbindung** kann über sechs Fragen erschlossen werden (L. Müller-Hagedorn 2001):

- Was ist unter Kundenbindung zu verstehen, und wie kann Kundenbindung gemessen werden?
- In welchem Ausmaß ist es einer Unternehmung gelungen, Kunden zu binden?
- In welcher Situation sind Kundenbindungsprogramme für einen Handelsbetrieb besonders wichtig? Welcher Stellenwert sollte diesem Phänomen zukommen?
- Welche Instrumente stehen für die Kundenbindung zur Verfügung?
- Welches sind die Bestimmungsfaktoren für Kundenbindung? In welchem Verhältnis stehen Kundenbindung und Kundenzufriedenheit?
- Wie sind die einzelnen Maßnahmen im Hinblick auf ihre Kundenbindung zu beurteilen?

Abbildung 1.7 zeigt, wie der Begriff Kundenbindung definiert werden kann.

Weinberg/Terlutter (2005, S. 46)	Aus Kundenperspektive kann Kundenbindung als ein psychisches Konstrukt der Verbundenheit oder Verpflichtung einer Person gegenüber einer anderen Person oder einem Unternehmen verstanden werden.
Diller (1996, S. 84)	... System von Aktivitäten des Anbieters zur Verbesserung des Transaktionsgeschehens ... auf der Grundlage positiver Einstellungen der Kunden und daraus resultierender Bereitschaft zu Folgekäufen.
Homburg/Bruhn (2005, S. 8)	Kundenbindung umfasst sämtliche Maßnahmen eines Unternehmens, die darauf abzielen, sowohl die Verhaltensabsichten als auch das tatsächliche Verhalten eines Kunden gegenüber einem Anbieter oder dessen Leistungen positiv zu gestalten, um die Beziehung zu diesem Kunden für die Zukunft zu stabilisieren bzw. auszuweiten.

Abb. 1.7: Definitionen des Begriffes Kundenbindung

Die Definition von Weinberg versteht Kundenbindung als eine Prädisposition des Kunden. Diller betont, dass bei Kundenbindung an Maßnahmen eines Anbieters zu denken ist, und Homburg/Bruhn verbinden schließlich beide Aspekte. Das gewünschte Verhalten des Kunden lässt sich in mehreren Dimensionen konkretisieren und umfasst dabei sowohl beobachtbares Verhalten als auch Prädispositionen (vgl. auch Abb. 1.8).

Wie groß die Anstrengungen einer Unternehmung sein sollen, einen Kunden zu binden, hängt auch von dem sog. **Kundenwert** ab. Damit ist der Barwert aller erwarteten künftigen Erfolgsbeiträge aus der Geschäftsbeziehung mit einem Kunden gemeint.

Kundenbindung	
Tatsächliches Verhalten	**Verhaltensabsicht**
• Kaufverhalten	• Wiederkaufabsicht
• Weiterempfehlung	• Cross-Buying-Absicht

Abb. 1.8: Ebenen einer nachfrageorientierten Kundenbindung

Eine Definition, die den Umstand anspricht, dass in die Marketingpolitik auch eine langfristige Perspektive eingebracht werden soll, indem die Auswirkungen auf die zukünftigen Geschäftsbeziehungen bedacht werden sollen, lautet:

> *„Marketing kann definiert werden als Erklärung einmaliger und der für die Zukunft erwarteten Transaktionen zwischen Unternehmen bzw. zwischen Unternehmen und Nachfragern und die darauf aufbauende Gestaltung dieser Geschäftsbeziehungen."*

1.2.4 Nachhaltige Bedürfnisbefriedigung

Durch den in Abschnitt 1.2.2 angesprochenen Kunden- und Wettbewerbsbezug soll auch eine Ausrichtung der Unternehmenspolitik auf die Bedürfnisse der Nachfrager erfolgen. Bedürfnisse werden allgemein als Empfindung eines Mangels, verbunden mit dem Wunsch, diesen zu beseitigen, verstanden. Von Bedarf spricht man, wenn das Bedürfnis auf ein Gut (Artikel oder Warengruppe) ausgerichtet ist. Aufgrund der Marktorientierung werden im Marketing große Anstrengungen unternommen, „consumer insights" zu ermitteln, um so den Bedarf zu erkennen. Ohne Zweifel ist in Deutschland und in vielen anderen Ländern ein leistungsfähiges Distributionssystem entstanden, das bei den Nachfragern in den meisten Fällen auch hohe Anerkennung findet. Aber trotzdem wird ein nach den Abschnitten 1.2.2 und 1.2.3 formuliertes Marketingverständnis kritisiert, wobei die Kritik an folgenden Punkten ansetzt:

- Eine Bedürfnisbefriedigung mit Gütern stelle kein an sich erstrebenswertes Ziel dar. Auch ohne materiellen Wohlstand könne ein glückliches oder erfülltes Leben gestaltet werden.
- Eine Bedürfnisbefriedung sei erstrebenswert, aber durch das Marketing der Unternehmungen würden die Nachfrager von ihren „natürlichen" Bedürfnissen abgebracht, der Konsument erscheine als Marionette an Fäden, die in den Unternehmungen bedient werden (Galbraith 1970). Marketing könne zu einer Lebensweise führen,

die sich längerfristig als unerwünscht herausstelle (z. B. zu ungesunder Ernährung mit entsprechenden Folgen).

- Konsumenten hätten nicht nur Bedürfnisse nach Gütern, sondern auch andere Bedürfnisse, deren Befriedigung durch ein güterbezogenes Marketing beeinträchtigt werden könne (z. B. Sparsamkeit, Sonntagsruhe).
- Marketing führe zu einer Überbeanspruchung knapper Ressourcen in der Natur.
- Die Bedürfnisbefriedigung einer Personengruppe könne die Bedürfnisbefriedigung einer anderen einschränken.

Die ersten beiden Punkte sind sehr fundamental, weil sie auf die Frage nach den Lebenszielen Bezug nehmen. „Wozu sind wir auf Erden?“ Diese Frage kann sehr unterschiedlich beantwortet werden, wobei auch ein Leben in materieller Armut denkbar ist, wie die Gelöbnisse einiger Orden der christlichen Kirchen zeigen. In der Ökonomie wird es im Regelfall als Vorrecht des Einzelnen angesehen, wie er sich entscheidet; man folgt dem Bild vom Konsumenten als autonomen Entscheider. Dies gilt auch für den zweiten Punkt. Auch hier entscheidet der einzelne, inwieweit er sich den „Einflüssen von außen“ hingibt. Durch Vorschriften wird diese Autonomie in bestimmten Fällen und bei bestimmten Gruppen (Kinder und Jugendliche) beschränkt, wenn z. B. Zigaretten und alkoholische Getränke nur an Erwachsene abgeben werden. Nach dem dritten und vierten Punkt kann es zu Konflikten zwischen unternehmerischen und anderen Vorstellungen kommen. Konflikte können sich dann ergeben, wenn die Maßnahmen einer Unternehmung nicht nur die Lebensumstände der jeweiligen Kunden bestimmen, sondern darüber hinaus auf die Lebensumstände Dritter wirken. Viele dieser Konflikte werden durch Gesetze und Verordnungen geregelt. Das Ladenschlussgesetz oder das Gesetz gegen unlauteren Wettbewerb (UWG) sind Beispiele hierfür. Wenn aber in letzter Zeit verstärkt ein nachhaltiges Marketing auch von Handelsunternehmungen gefordert wird, dann geht dies über die gesetzlich geregelten Sachverhalte hinaus. Aus diesem Grund sind in Abbildung 1.3 die Non-Governmental Organizations (NGOs) erwähnt, weil sie einzelne dieser Interessen aufgreifen und versuchen, die Marketingpolitik der Unternehmungen in ihrem Sinn zu beeinflussen. Dies kann zu Konflikten mit den Interessen der Kapitalgeber führen. Die Erwartungen der Kapitalgeber werden sich in erster Linie auf eine Verzinsung des eingesetzten Kapitals richten. Was dagegen eine nachhaltige Marketingpolitik kennzeichnet, bedarf einer eingehenderen Betrachtung.

Der Begriff **Nachhaltigkeit** (sustainability) stammt aus der Forstwirtschaft. Mehrmals gab es Zeiten, in denen in großem Stil die Wälder abgeholzt wurden, um entweder den Schiffbau der Römer zu ermöglichen, um die Handelsflotten der Holländer bauen zu können (z. B. mit Hilfe des Holländer-Michels) oder um den Bedarf der Gruben an Holzstempeln zu decken, sodass die Gefahr der Vernichtung von Waldgebieten und der Verkarstung aufkam. Forstleute forderten eine nachhaltige Waldwirtschaft, nach der nicht mehr entnommen werden sollte, als nachwachsen konnte. Dieser Begriff Nachhaltigkeit ist inzwischen erweitert worden und steht allgemein für eine Vermeidung von langfristig eintretenden unerwünschten Effekten. Für das Wirtschaftsleben hat er inzwischen eine hohe Bedeutung erlangt. Verschiedener Gruppen formulieren ihre Ansprüche an die Unternehmensführung und mithin das Marketing. Als solche Gruppen können insbesondere hervorgehoben werden:

- natürlich die Nachfrager, im Speziellen die Konsumenten, aber auch
- die Arbeitnehmer im Inland,

- die Arbeitnehmer im Ausland,
- die Lieferanten,
- das Management
- die Anwohner,
- die Natur-(Umwelt)schützer.

Betroffener	**Erwartung/Anspruch**
Arbeitnehmer im Inland	• Arbeitgeber sollen keine Daten über die Art der Erkrankung der Arbeitnehmer sammeln • Ladenpersonal soll nicht heimlich von Kameras oder Sicherheitspersonal überprüft werden
Arbeitnehmer im Ausland	• Kinder sollen nicht beschäftigt sein • Arbeitnehmer sollen hinreichende Löhne erhalten • Arbeitnehmer sollen unter erträglichen Bedingungen arbeiten
Lieferanten	• „Faire“ Preise für Lieferanten in Entwicklungsländern • Exportmöglichkeiten • Kein Einsatz von Pestiziden
Umwelt	• Sparsamer Umgang mit Ressourcen (Rohstoffe, Wasser) • Müllvermeidung • Geringe Emissionen
Konsumenten	• Keine Waren mit verdeckten Mängeln • Keine abgesprochenen (überhöhte) Preise

Abb. 1.9: Ansprüche an das Verhalten von Unternehmungen (Beispiele)

Die Ansprüche dieser Gruppen können sehr vielfältiger Natur sein. Arbeitnehmer wünschen sich den Erhalt ihrer Arbeitsplätze auch in Zeiten der Rezession, Nachfrager wünschen Informationen und die Einhaltung bestimmter Regeln bei den ihnen angebotenen Produkten. Die Ressourcen der Natur sollen geschont werden usw. Wie auch in Abbildung 1.9 an Beispielen veranschaulicht wird, gibt es unterschiedliche Erwartungen an Unternehmungen.

Teilweise sind die Aktivitäten der Unternehmungen durch Rechtsnormen geregelt, wobei Verstöße gravierende Folgen für die Unternehmen haben können. So hatte ein Handelsunternehmen Hackfleisch über die zulässige Zeit gelagert, umetikettiert und in den Verkauf gebracht. Die Öffentlichkeit erfuhr davon, und es kam nicht nur zu gerichtlichen Klagen, sondern auch zu einer erheblichen Abwanderung von Kunden. Die Verstöße können vielfältiger Art sein, man spricht von „**Fraud**“ und meint damit beabsichtigte Handlungen einer oder auch mehrerer Personen aus dem Kreis der gesetzlichen Vertreter, der Mitglieder des Aufsichtsorgans, der Mitarbeiter oder Dritter, um sich durch diese Handlungen ungerechtfertigte oder rechtswidrige Vorteile zu verschaffen. Um solches zu vermeiden, sind Maßnahmen vorzusehen, die ein entsprechendes Verhalten verhindern, z. B. ein entsprechendes Commitment des Managements, Handbücher für die Mitarbeiter, ein **Code of conduct**, Ombudsleute, wofür auch der Begriff **Corporate Compliance** verwendet wird.

Die Forderungen nach Nachhaltigkeit gehen über die Unterlassung von verbotenen Maßnahmen hinaus. Insbesondere Umweltschützer fordern, dass die Unternehmungen Beiträge zur Schonung der Umwelt über die bestehenden Vorschriften hinaus leisten sollen. So stellt sich etwa die Frage, ob ein Unternehmen von Kindern gefertigte Waren importieren sollte, auch wenn Kinderarbeit in dem jeweiligen Land zulässig sein sollte, ob Flüsse in einem Entwicklungsland, aus dem importiert wird, durch Abwasser weit stärker belastet werden als dies im Heimatland der Fall ist, ob Holz aus einem Land importiert werden sollte, in dem die Verödung der Landschaft droht, ob gefährdete Tiere, z. B. Fische, angeboten werden sollten, ob Pelze aus Tierfarmen angeboten werden sollten usw. Fragen dieser Art werden unter dem Stichwort **Corporate Social Responsibility** diskutiert. Es wird die Frage aufgeworfen, inwieweit das Profitstreben der Unternehmungen nicht nur durch gesetzliche Vorgaben geregelt werden soll, sondern inwieweit es zu freiwilligen Maßnahmen der Unternehmungen kommen soll, die im Interesse bestimmter Gruppen liegen. Konkret geht es um Maßnahmen, die auf die Situation der Mitarbeiter abzielen (z. B. Arbeitsbedingungen, Weiterbildung), auf die Umwelt (z. B. Verpackungspolitik, Klimaschutz), die Produkte (Sicherheit, Qualität), die Gesellschaft (z. B. Bildungsinitiativen, Unterstützung gemeinnütziger Vereine), die sog. Diversity (Gleichberechtigungsalternativen) und die Beschaffungssituation betreffend (z. B. keine Kinderarbeit, keine Verletzungen der Menschenrechte, lokale Beschaffung). Diese Erwartungen (Sen und Bhattacharya 2001), die fast alle Lebensbereiche betreffen, betonen die umfassende Verantwortung der Unternehmungen; die Weite der Forderungen kommt auch in der Definition von CSR als „a company's commitment to minimizing or eliminating any harmful effects and maximizing its long-run beneficial impact on society" (Mohr, Webb und Harris 2001, S. 47) zum Ausdruck. Promotoren dieser Diskussion sind Organisationen wie

- Transparency International (TI),
- Deutsches Netzwerk Wirtschaftsethik (DNWE),
- The Global Compact (GC).

Zunächst ist anzumerken, dass solche Forderungen teilweise auch von Handelsunternehmungen erhoben werden, insbesondere von den Eigentümern. So hat E. Haub, der Eigentümer von Tengelmann, schon in den 1980er Jahren u. a. angeordnet, dass in den Supermärkten keine Schildkrötensuppen mehr angeboten werden, Deichmann, der Gründer des Schuhfilialunternehmens gleichen Namens, hat vielfältige Projekte der Krankenversorgung in Entwicklungsländern finanziert, G. Duttweiler, der Gründer der Migros in der Schweiz, hat aus gesellschaftspolitischen Gründen auf das Angebot von Alkohol in seinen Läden verzichtet, Essl, Inhaber der baumax-Gruppe, beschäftigt in jeder Filiale mindestens einen geistig Behinderten. Eigentümer können so handeln, Manager benötigen Kriterien, anhand derer sie entscheiden, welchen Forderungen sie folgen sollen. Als solche Kriterien kommen in Frage:

- Kann durch entsprechende Maßnahmen der Umsatz gesteigert werden? Solches ist zu vermuten, wie das Beispiel Biomärkte belegt: Das Bedürfnis nach schadstofffreien Lebensmitteln und einer artgerechten Tierhaltung fördert die Chancen eines entsprechenden Angebotes. Mit LOHAS, einem Akronym für Lifestyle of Health and Sustainability, wird auf einen Lebensstil und Verbraucher hingewiesen, die durch eine entsprechende Produktauswahl Gesundheit und Nachhaltigkeit fördern wollen.

- Senkung von Kosten: Tengelmann hat 2009 einen neuen Markt eröffnet, indem der Energieverbrauch gesenkt wurde, indem in das Dach Lichtkuppeln eingelassen wurde, indem alle Kühlregale mit Türen versehen wurden und indem die Beleuchtung an die natürlichen Lichtverhältnisse angepasst wurden. In vielen Fällen werden entsprechende Maßnahmen die Kosten erhöhen, z. B. wenn den Bauern in Entwicklungsländern höhere Preise für ihre Produkte gezahlt werden, wie das bei Fair Trade der Fall ist.
- Sicherung des Umsatzes: Das Auftreten einzelner Interessengruppen kann so massiv sein, dass heftige Reaktionen der Verbraucher eintreten können. Solches widerfuhr Shell, als weite Teile der Öffentlichkeit Anstoß daran nahm, dass eine nicht mehr benötigte Ölplattform in der Nordsee versenkt werden sollte.
- Ansehensverlust: Bei Verzicht auf Maßnahmen zur CSR können Ansehensverluste verbunden sein, die langfristig auch zu ökonomischen Verlusten führen.
- Daneben ist zu berücksichtigen, dass Geschäftsbeziehungen dauerhaft beeinträchtigt sein können, dass die Regulierung zeitaufwendig sein kann und dass die Kosten für einen Rechtsstreit erheblich sein können.

Handelsunternehmungen können Beiträge zu einer Nachhaltigkeit leisten. Dies veranschaulicht Abbildung 1.10, in der Maßnahmen der Metro AG aufgelistet sind. In dem Nachhaltigkeitsbericht der Metro Group finden sich neben Maßnahmen zum Bereich „Lieferkette und Produkte" Ausführungen zu

- den kundenbezogenen Maßnahmen (Analyse von Kundenbedürfnissen, Entwicklung kundenorientierter Sortimente, Bindung von Kunden, zum Service und zur Behandlung von Kundenanfragen),
- den Auswirkungen auf die Umwelt (Klimabilanz, Energiemanagement an den einzelnen Sandorten, zu den Auswirkungen der Logistikkonzepte auf die Umwelt, die Optimierung der Kühleinrichtungen, den Papiereinkauf und das Abfallmanagement),
- personalbezogenen Maßnahmen (Berufs- und Karriereoptionen), Ausbildungsangebote, Arbeitsbedingungen, Mitarbeiterbindung) und
- zu Maßnahmen, die in Gesellschaft und Soziales hineinwirken (Lebensmittelspenden für Bedürftige, Förderung eines aktiven Lebensstils).

Nachhaltigkeitsaspekte werden von vielen Unternehmungen beachtet, insbesondere von jenen Unternehmungen, die auf den Kapitalmarkt zurückgreifen. Nachhaltigkeit ist dort zu einem Beurteilungskriterium geworden, wahrscheinlich weil in fehlender Nachhaltigkeit ein Risiko gesehen wird (so hat sich gezeigt, dass sich Papiere, die zum Dow Jones Sustainability Index gehören, zwischen 1994 und 2009 besser entwickelt haben als MSCI World).

Bezieht man die Nachhaltigkeit der Bedürfnisbefriedigung in eine Definition von Marketing mit ein, kann man so definieren:

> *Bei Marketing handelt es sich um jene Maßnahmen einer Unternehmung, mit denen in einem bestimmten Wettbewerbsumfeld die Bedürfnisse der Nachfrager erkannt und so befriedigt werden, dass einerseits die Ansprüche der Kapitalgeber an die Verzinsung des von ihnen zur Verfügung gestellten Kapitals befriedigt werden, andererseits ein positiver Beitrag zur Befriedigung der Ansprüche anderer Anspruchsgruppen geleistet wird; es sollen soziale Kosten vermieden werden.*

Bezugs-gruppe	**Maßnahme**
Lieferanten von Agrar-produkten	Nachhaltige Produktionsbedingungen in der Landwirtschaft durch Eurep-GAP (Gute Agrarpraxis): Forderung, den Einsatz von Pflanzenschutzmittel zu reduzieren. Zertifizierungshilfen für Bauern in Entwicklungsländern (Vietnam) Einhaltung des International Food Standard (IFS) bei der Auditierung von Eigenmarken-Verarbeitungsbetrieben.
Lieferanten	80–90 Prozent des Lebensmittelsortimentes werden von einheimischen Lieferanten bezogen; Einschaltung unabhängiger Institute zur Überprüfung der Qualität von Wasser und Boden (China).
Fisch-bestände	Anpassung der Sortimente, Vermeidung der Überfischung durch Anwendung des Logo des Marine Stewardship Council (MSC); Trainingsprogramme für lokale Fischereiwirtschaft in Indien und Pakistan.
Textilien, Kunststoffe	Keine Produkte mit Phthalate, Eingrenzung von polyzyklischen aromatischen Kohlenwasserstoffen PAK). Anwendung des Consumer Product Standards des British Retail Consortiums (BRC). Verwendung des Prüfsiegels „Textiles Vertrauen“ nach dem Öko-Tex Standard 100.
Elektro-geräte	Angebot an energieeffizienten Geräten; Angabe des Stromverbrauchs auf Preisschildern.
Arbeitsbe-dingungen	Verbot von Zwangsarbeit, Kinderarbeit oder Ausbeutung seit 1997 Bestandteil der Einkaufsbedingungen der Metro Group; Beteiligung an der Business Social Compliance Initiative (BSCI) zur Sicherung von sozialen und ökologischen Standards unter Berücksichtigung des international anerkannten Sozialstandard SA8000 der Social Accountability International (SAI).

Abb. 1.10: Maßnahmen der Metro AG im Bereich „Lieferkette und Produkte“ (Metro Group 2007)

1.2.5 Marktorientierte Gestaltung der Wertschöpfungskette

Die Lieferanten des Handels entscheiden permanent, ob sie den Handel in den Vertrieb ihrer Produkte einschalten oder ob sie Wege zur Direktvermarktung suchen sollen. Die Gefahr der Ausschaltung ist wahrscheinlich für den Großhandel größer als für den Einzelhandel, aber spätestens seit dem Aufkommen von Electronic Commerce ist zu beobachten, dass auch versucht wird, den Einzelhandel auszuschalten. Dem kann der Handel nur entgegenwirken, indem er sowohl dem Abnehmer als auch dem Lieferanten als nützliches Distributionsorgan erscheint. Neben der Abnehmerbeziehung gewinnt also die Lieferantenbeziehung im Handel einen besonderen Stellenwert. Der Handelsbetrieb hat zu belegen, dass seine Einschaltung mit Vorteilen verbunden ist.

- So hat jedes Handelsunternehmen gegenüber den Lieferanten den Nachweis zu erbringen, dass es die Vertriebsleistung effizienter durchführen kann als dieses selbst (vgl. L. Müller-Hagedorn 1997, S. 257). Gleichzeitig ist dem Wunsch der Abnehmer entgegenzuwirken, die Ware direkt vom Lieferanten des (Groß-) Händlers beziehen zu wollen. Es geht um die Frage, unter welchen Bedingungen der (Groß-)Handel ein- bzw. ausgeschaltet wird (**Exklusionsthese**, These von der **Disintermediation**). Notwendige Voraussetzung für die Einschaltung des Handels ist bei einem als vorgegeben angenommenen Transaktionsvolumen, dass die Kosten bei Einschaltung des Handels niedriger sind als bei Ausschaltung.
- Es lässt sich zeigen, dass sich unter bestimmten Bedingungen die Transportkosten senken lassen, wenn die Sendungen eines Herstellers den Abnehmern nicht direkt zugestellt, sondern beim (Groß-)Händler gebündelt und als solche Bündel versandt werden.
- Die Wettbewerbsfähigkeit des (Groß-)Handels kann sich auch daraus ergeben, dass es nicht vorteilhaft ist, die Warenbestände zentral bei den Herstellern zu lagern, sondern dass sich ein System regionaler Läger (bei den Großhändlern) empfiehlt. Zwar sinken die bei Unsicherheit vorzusehenden Sicherheitsbestände mit steigender Zentralisierung, jedoch ist zu erwarten, dass ein System mit Zentrallägern die Kosten der Zustellung erhöhen wird. Auch hier ist zu berücksichtigen, dass die Kosten von der Größe der Läger abhängig sein können.
- Wie ausgeführt worden ist, können (Groß-)Handelsunternehmen auch Produktionsaufgaben übernehmen. Zunächst könnte es scheinen, dass die Höhe der Produktionskosten unabhängig davon ist, ob die Produktion im Verfügungsbereich einer Industrie- oder einer Handelsunternehmung vorgenommen wird, weil man denken könnte, dass jeweils in gleicher Höhe Material, Maschinen und Personal eingesetzt werden müssen. Dennoch sind Fälle denkbar, in denen Kostenunterschiede auftreten können, etwa weil der Handelsunternehmung kostengünstigere Standorte zur Verfügung stehen oder weil sie eine zersplitterte Angebotsstruktur bündeln kann (economies of scale).
- Unterscheidet man bei den Kontakten zwischen akquisitorischen und logistischen Phasen, dann sind dem Handel Kostenersparnisse möglich durch die Bündelungsmöglichkeiten, die sich für ihn daraus ergeben, dass er den Abnehmern mehrere Produkte gleichzeitig vorstellen kann.

Insgesamt kann der Handel aber nur eine wirtschaftlich attraktive Position einnehmen, wenn es ihm gelingt, sowohl dem Hersteller als auch dem Abnehmer die durch seine Einschaltung bewirkten Vorteile deutlich vor Augen treten zu lassen. Eine besondere Schwierigkeit liegt darin, dass sowohl für den Hersteller als auch für den Abnehmer ein Anreiz besteht, systemwidrig zu handeln. So kann es in kurzfristiger Perspektive auch für einen Hersteller interessant sein, dem Belieferungsansinnen eines Abnehmers zu entsprechen, denn erstens ist er sicher, dass er diesen Abnehmer nicht an einen Konkurrenten verliert und zweitens kann hinzukommen, dass dieser Abnehmer einen besseren Preis zahlt als ihn der Hersteller beim Absatz an den (Groß-)Händler erzielen könnte. Als kurzfristig wird diese Perspektive bezeichnet, weil die Vorteilhaftigkeit solcher Abschlüsse daran gebunden ist, dass die Marktbearbeitung ansonsten von dem Großhändler übernommen wird, und die Vorteilhaftigkeit nicht mehr gegeben wäre, wenn es zum Ausscheiden des Großhandels käme. Zusammenfassend kann diese Marketingperspektive so definiert werden:

Marketing in dem vorgestellten Sinne analysiert die für die Existenz einer Handelsunternehmung zentralen Beziehungen zu den Abnehmern und zu den Lieferanten, um durch eine geeignete Geschäftspolitik sicher zu stellen, dass die Vetriebsleistungen effizienter erbracht werden können als in alternativen Distributionsformen.

Zu den die Effizienz möglicherweise steigernden Maßnahmen gegenüber den Lieferanten zählen auch jene Maßnahmen, die unter dem Begriff **Efficient Consumer Response** (ECR) subsumiert werden. Im Einzelnen werden dazu die folgenden Instrumente gezählt:

- Efficient Assortment,
- Efficient Promotion,
- Efficient Product Introduction,
- Efficient Replenishment.

In der vorliegenden Schrift werden diese Aspekte jedoch weitgehend ausgeklammert (weitere Ausführungen finden sich bei L. Müller-Hagedorn et al. 1999, D. Ahlert und S. Borchert 2000, L. Müller-Hagedorn, W. Toporowski und S. Zielke 2011, Kap. 3).

1.2.6 Zusammenfassung

Der Begriff „Marketing" ist anhand mehrerer Sichtweisen erläutert worden. Es kann wie folgt zusammengefasst werden:

- Marketing soll nicht mit Unternehmenspolitik gleichgesetzt werden. Es soll nicht darum gehen, die Gestaltung der Gesamtheit der Aktionsparameter einer Handelsunternehmung zu behandeln, sondern nur der sog. Marketing-Instrumente (absatzpolitischen Instrumente). Marketing wird somit aber auch nicht auf die Aktivitäten, die unter Absatz- oder Verkaufsvorbereitung zusammengefasst werden (Werbung, Preisplanung), eingeengt, sondern es geht um die Gestaltung aller Beziehungen zu den Abnehmern. Diese Sichtweise betont die Handlungsorientierung.
- Marketing fordert auf, die Marktsituation zu berücksichtigen: In einer bestimmten Konkurrenzsituation gilt es zu erkennen, welche Bedürfnisse das Nachfragerverhalten steuern und wie die Nachfrager auf einzelne Maßnahmen der Unternehmung reagieren.
- In vielen Fällen verfolgt Marketing eine längerfristige Bindung der Nachfrager an das Unternehmen (Kundenbindung).
- Es kann angezeigt sein, auch die Ansprüche weiterer Gruppen zu berücksichtigen. Dazu zählen insbesondere soziale und umweltbezogene Aspekte (Nachhaltigkeit).
- Marketing als marktbezogene Unternehmensführung bedeutet im Handel schließlich auch, die Situation der Lieferanten (ihre Interessen, ihre Fähigkeiten) zu berücksichtigen. Der institutionelle Handel kann nur bestehen, wenn auch seine Lieferanten ihn als den effizienten Vertriebsweg ansehen.

1.3 Wichtige Problemstellungen im Handelsmarketing

Mit den Methoden des Handelsmarketing soll den Entscheidungsträgern in der Praxis geholfen werden, anstehende Probleme zu bewältigen. Wo liegen diese? Bevor mit den folgenden Kapiteln im Detail auf solche Probleme eingegangen wird, seien zur Einführung an dieser Stelle einige Herausforderungen genannt.

Im Einzelhandel ist in fast allen Branchen zu beobachten, dass sich unterschiedliche **Betriebsformen** etablieren. Oft haben sich Discounter stürmisch entwickelt, z. B. ALDI und Lidl im Lebensmittelhandel, Adler im Textilhandel. Daneben gibt es aber eine Vielzahl von anderen Betriebsformen, wie z. B. die Fachmärkte, die Warenhäuser, die Fachgeschäfte usw. H&M sowie IKEA sind gute Beispiele für Unternehmen, denen es gelungen ist, mit einem neuen Konzept große Erfolge zu erzielen. Die einzelnen Konzepte ringen um Marktanteile. Wie ist ihre Markteignung zu beurteilen? Wie hoch sind die Erfolgschancen für einzelne Konzepte in verschiedenen regionalen Märkten oder in einzelnen Branchen? Eine große unternehmerische Aufgabe ist in dem Auftrag zu sehen, neue Betriebsformen zu entwickeln. In der Wissenschaft wird von der Dynamik der Betriebsformen gesprochen, weil immer wieder neue Betriebsformen auftreten, was die schon am Markt befindlichen Betriebsformen zwingt, ihre Politik den neuen Bedingungen anzupassen. Manchmal kommt der Eindruck auf, der schon existierenden Vielfalt ließen sich keine neuen Konzepte mehr hinzufügen, aber dann zeigt die Erfahrung, dass doch wieder neue Betriebsformen auftauchen. In jüngster Zeit hat die Frage, wo sich E-Commerce etablieren kann, große Aufmerksamkeit auf sich gezogen. Welche Marktanteile kann E-Commerce im Business-to-Consumer-Bereich erringen, welche im Business-to-Business-Bereich? Entsprechende Prognosen erfordern, den Einkaufsstättenwahlprozess des Kunden zu erklären; insbesondere geht es darum, die Bedingungen zu erkennen, unter denen Innovationen akzeptiert werden (zu E-Commerce vgl. auch L. Müller-Hagedorn, Hrsg., 2000). Der Betriebsformenproblematik ist Kapitel 3 gewidmet.

Das Erscheinungsbild eines Landes wird in bedeutendem Maße vom Handel geprägt. Oft zählen einzelne Einzelhandelsgeschäfte zu den Höhepunkten einer Reise, wie z. B. das KaDeWe in Berlin oder Harrods in London. Traditionell waren Einzelhandelsgeschäfte in den Innenstädten angesiedelt. Daneben haben sich aber weitere Standortlagen herausgebildet, so insbesondere in den Vororten und in den Wohngebieten, aber auch in peripheren Lagen, so auf der sog. Grünen Wiese. Welche Standorte sollten gewählt werden? Wie kann die Eignung eines Standortes beurteilt werden? Welche Bedeutung haben einzelne Faktoren, wie z. B. die Erreichbarkeit eines Standortes mit dem privaten PKW oder mit dem öffentlichen Personennahverkehr (N. Ziehe 1998). Das ist eine für Einzelhandelsbetriebe besonders wichtige Frage, aber auch Großhandelsbetriebe haben abzuwägen, wie nah sie sich bei ihren Kunden ansiedeln wollen. Die **Standortpolitik** ist Gegenstand von Kapitel 4.

Im Mittelpunkt des Handelsmarketing stehen aber auch Fragen zur **Sortimentspolitik** und zur **Preispolitik.** Generell ist zu beobachten, dass sich Branchengrenzen auflösen. Während sich früher insbesondere die Fachgeschäfte auf den Warenkreis einer Branche spezialisiert hatten (z. B. Geschäfte für Textilien, Haushaltswaren, Bücher, Lebensmittel, Schuhe), ist heute zu beobachten, dass Sortimente oft nach neuen Gesichtspunkten zusammengestellt werden. Am deutlichsten ist das bei den Tankstellen zu beobachten, die einen Großteil ihres Umsatzes und Bruttoertrages mit Lebensmitteln, Zeitschriften und Freizeitartikeln erwirtschaften; Schuhgeschäfte haben Lederwaren und Sportartikel angegliedert, einige Buchhandlungen haben nicht nur Tonträger in das Sortiment aufgenommen, sondern sogar elektronische Geräte, wie Videorecorder, CD-Player usw. Das führt zu der Frage, wie Sortimente marktgerecht gestaltet werden können. Es verwischen sich nicht nur die Branchengrenzen, sondern sogar die Grenzen zwischen einzelnen Wirtschaftssektoren. Aber auch die Preispolitik hat in den letzten Jahren große Aufmerksamkeit auf sich gezogen. Dabei geht es nicht nur um die Schärfe des Wettbewerbs, soweit er sich im Preisniveau spiegelt, sondern auch um die Art der Preisstellung. Was ist sinnvoller, Sonderangebote oder Dauerniedrigpreise? Geht von gebrochenen Preisen eine Wirkung aus? Sollte ein kalkulatorischer Ausgleich praktiziert werden, dass also einige Produkte bewusst niedriger kalkuliert werden, um den Absatz anderer Produkte anzuregen? Die Sortimentspolitik wird in Kapitel 5 und 6, die Preispolitik in Kapitel 7 behandelt.

Handelsbetriebe vermitteln aber nicht nur das Eigentum an Waren an ihre Kunden. Dieser Vermittlungsprozess geht mit informatorischen und Emotionen auslösenden Prozessen einher. Einige Textilgeschäfte veranstalten für ihre Kunden Modeschauen, Warenhäuser bestechen oft durch ihre aufwendige Architektur und Ladengestaltung. Einige Geschäfte sind werbeintensiv, sie nutzen City-Light-Poster oder Plakatanschlagswände, legen den Zeitungen aufwändige Prospekte bei oder nutzen sogar die TV-Werbung. Andere Betriebe legen wiederum vorwiegend Wert darauf, die Qualität ihrer Beratung zu sichern. Es ist jeweils zu entscheiden, in welchem Ausmaß finanzielle Mittel in die einzelnen Bereiche investiert und welche Varianten im Einzelnen realisiert werden sollten. Wie geeignet sind die einzelnen Maßnahmen, um kurzfristig Erfolge zu erzielen oder um langfristige Kundenbindung zu erreichen? Auf Fragen dieser Art wird in den Kapiteln über **Werbung** (Kapitel 8), **Personaleinsatz im Verkaufsbereich** (Kapitel 9) und Gestaltung des **Verkaufsraums** (Kapitel 10) eingegangen.

Die genannten Fragestellungen finden sich in der Gliederung des vorliegenden Buches wieder. Sie entsprechen einer Sichtweise nach absatzpolitischen Instrumenten.

Internetadressen

- Globalgap: www.globalgap.org
- International Food Standard (IFS)
- Consumer Product Standard des British Retail consortiums (BRC): www.brc.org.uk
- www.bsci-eu.org
- Statistisches Bundesamt: www.destatis.de

Aktivitäten

- Ermitteln Sie, welche Handelsunternehmungen einen Nachhaltigkeitsbericht erstellt haben und welche Bereiche dort angesprochen werden.
- Aldi und Lidl zählen beide zu den Lebensmitteldiscountern. Stimmt ihre Marketingpolitik überein? Erstellen Sie eine vergleichende Übersicht.

- Erstellen Sie eine Liste von Herstellern, die mit eigenen Stores im Einzelhandel auftreten (z. B. durch Begehungen von Innenstädten oder Einkaufszentren).

Fragen zur Diskussion

- Der Handel wird oft von anderen Wirtschaftsbereichen abgegrenzt. Kann man das überhaupt und macht dies einen Sinn?
- Bieten Direktvermarkter aus der Industrie und aus dem institutionellen Handel die gleichen Leistungen? Wie können die Leistungen des Handels überhaupt konkretisiert werden?
- Wenn Sie an ihre letzten Einkäufe denken, vermissen Sie dann bestimmte Leistungen des Handels?
- Können Handelsunternehmungen einen Beitrag zur Nachhaltigkeit leisten? Auf welchen Gebieten? Sollten sie dazu verpflichtet sein oder sollten solche Leistungen in ihr Belieben gestellt sein.

ZWEITER TEIL – BASISENTSCHEIDUNGEN

2 Strategische Marketingplanung

Seit etwa drei Jahrzehnten werden innerhalb des Managements eine strategische und eine operative Planung unterschieden. Je stärker der Wettbewerb, desto wichtiger wird eine strategische Planung angesehen. Sie soll die Überlebensfähigkeit bzw. den langfristigen Erfolg sichern und damit helfen, eine Verschwendung von Ressourcen zu vermeiden. Gern wird in diesem Zusammenhang ein unbekannter Militärhistoriker zitiert, der gesagt hat: „Das eigentliche Ziel besteht nicht darin, den Kampf zu suchen, sondern eine vorteilhafte strategische Situation anzustreben, die, wenn sie die Entscheidung nicht selbst herbeiführt, einen nachfolgenden Kampf doch aussichtsreich erscheinen lässt." Allerdings wird der Begriff „strategisch" inflationär gebraucht; gern wird ein Sachverhalt als strategisch bezeichnet, weil damit seine Bedeutung wächst. So geht es im folgenden Abschnitt 2.1 zunächst darum, die wesentlichen Elemente einer strategischen Marketingplanung darzustellen. Dann wird auf die wesentlichen Phasen einer solchen Marketingplanung eingegangen. Dazu gehört eine Analyse der Märkte, insbesondere des Bedarfs der Nachfrager, um so Chancen (aber auch Gefahren) zu erkennen, desweiteren sind die in Frage kommenden strategischen Optionen im Hinblick auf die Ziele des Unternehmens zu bewerten. Dies ist Gegenstand der folgenden Abschnitte.

Einen Überblick über die zentralen Phasen des gesamten Managementprozesses vermittelt auch Abbildung 2.1, in der sich die ersten drei Elemente auf die strategische Marketingplanung beziehen.

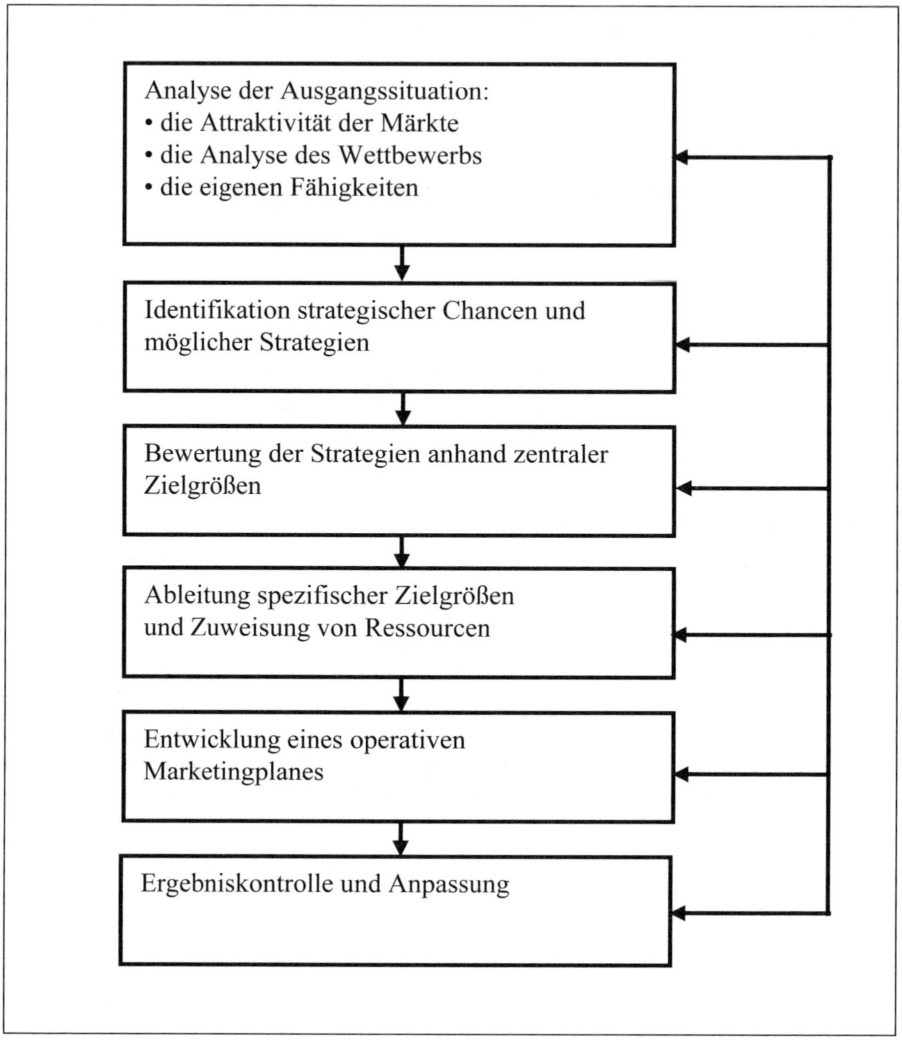

Abb. 2.1: Strategische Planung als Teil des Managementzyklus

2.1 Merkmale einer strategischen Marketingplanung

Der zunächst unbestimmt erscheinende Begriff „strategisch" soll mit den folgenden Hinweisen auf die zentralen Aufgaben und Eigenschaften einer strategischen Marketingplanung näher präzisiert werden (zur ausführlicheren Darstellung vgl. L. Müller-Hagedorn, W. Toporowski und S. Zielke 2011; F. X. Bea und J. Haas 2001):

- Es wird abgeschätzt, welche Konsequenzen sich aus Entscheidungen für die zentralen Erfolgsgrößen einer Unternehmung in der absehbaren Zukunft ergeben. Das kann heißen, die Entwicklung des Marktanteils und des Gewinns zu prognostizieren, aber auch der erwartete Kapitalbedarf wird im Regelfall von großer Bedeutung sein. Auf jeden Fall erfordert eine strategische Planung die Festlegung solcher zentraler Erfolgsgrößen und die Prognose ihrer Entwicklung.
- Es gilt die Voraussetzungen zu erkennen, unter denen Erfolge erzielt werden können. Insbesondere Porter hat darauf hingewiesen, dass nur derjenige Anbieter Erfolg haben kann, der es versteht, sich an die Marktbedingungen anzupassen. Auf diesen wichtigen Denkrahmen wird in Abschnitt 2.3 eingegangen.
- Der sog. ressourcenorientierte Ansatz betont eine andere zentrale Aufgabe der strategischen Planung: Sie habe sich auf die sog. Erfolgspotenziale, auf die die Unternehmung in der Zukunft ihre Wettbewerbsfähigkeit stützen will, zu beziehen (vgl. C. Pümpin 1992).
- Schließlich hat eine strategische Marketingplanung Bandbreiten für den Einsatz des betriebspolitischen Instrumentariums vorzugeben, ohne dieses im Einzelnen zu fixieren. Man muss sich ja vergegenwärtigen, dass in Handelsunternehmungen Arbeitsteilung vorherrscht und die Aktivitäten der zahlreichen Entscheidungsträger in Einkauf, Logistik, Verkauf, Finanzierung und Controlling aufeinander abgestimmt sein müssen.
- Strategische Entscheidungen werden von der obersten Geschäftsleitung getroffen. Ein strategisches Unternehmenskonzept muss gewährleisten, dass die einzelnen Funktionsbereiche aufeinander abgestimmt sind. Dabei ist eine gesamtunternehmensbezogene Sicht anzulegen, in der kundengerichtete Maßnahmen mit internen Prozessen und lieferantengerichteten Maßnahmen abgestimmt sind.

Planen bedeutet, einen Grundriss zu entwerfen, wie etwas zu tun oder auszuführen ist. Den Gegensatz zu Planen bildet das Improvisieren (ad hoc entscheiden, etwas dem Zufall überlassen, ohne Verarbeitung von Informationen entscheiden). **Planen** umfasst somit drei Merkmale:

- Eine Beschäftigung mit der Zukunft (insbesondere das Vorausdenken von künftigen Nachfrager- und Konkurrenzsituationen),
- das konkrete Prüfen von Handlungsalternativen im Hinblick auf ihre Wirkungen auf die Zielgrößen der Unternehmung bei künftigen Umweltsituationen,
- das zielgerichtete Auswählen einer Handlungsalternative im Sinne einer Entscheidungsfestlegung.

Unschwer sind in diesen Merkmalen die allgemein gültigen Grundelemente der Entscheidungstheorie zu erkennen: die Handlungsmöglichkeiten, die Ziele und die Umweltzustände. Diese Merkmale gelten auch für die strategische Marketingplanung. Die strategische Marketingplanung ist Teil der strategischen Unternehmensplanung. Etwa ab 1980 ist versucht worden, die Besonderheiten einer strategischen Planung im Handel herauszuarbeiten (G. Drexel 1981 u. 1983; J. S. Krulis-Randa und R. Ergenzinger Hrsg., 1990; D. P. Russi 1993; L. Müller-Hagedorn 1998a; R. Mattmüller und R. Tunder 2004). Obwohl strategische Entscheidungen zu einzelnen Funktionsbereichen auf das Engste miteinander verknüpft sind, wird im Folgenden nur auf die strategische Marketingplanung eingegangen.

Strategische Marketingentscheidungen beziehen sich vor allem auf das Verhältnis einer Unternehmung zu den Nachfragern oder Konkurrenten. Die Abgrenzung von strategischen Unternehmensentscheidungen und strategischen Marketingentscheidungen fällt nicht leicht, weil fast alle strategischen Entscheidungen in einer Handelsunternehmung im Erscheinungsbild der Unternehmung gegenüber den Abnehmern sichtbar werden. Das gilt z. B. auch für die Entscheidung über die Zugehörigkeit zu einer Wirtschaftsstufe (Großhandel, Einzelhandel, die Aufnahme einer industriellen Tätigkeit) und für Entscheidungen über die Internationalisierung oder die Diversifizierung. In geringerem Maße gilt das für Entscheidungen über das logistische System, über Beschaffungswege, über die Art der Finanzierung (zum Verhältnis von strategischer Marketing- und Unternehmensplanung vgl. R. Köhler 1981, S. 264; R. Hartmann 1992, S. 26; H. Raffée 1989, S. 10).

Grundsätzlich soll eine Marketingstrategie dem Unternehmen einen **Wettbewerbsvorteil** liefern, denn von der strategischen Marketingplanung wird erwartet, dass sie einen Beitrag dazu liefert, wie sich die Unternehmung im Wettbewerb gegen die anderen Anbieter behaupten kann. D.h. das Unternehmen soll in den Augen der Nachfrager die gegenüber der Konkurrenz überlegene Leistung anbieten. Dieser zentrale Gedanke wird sehr anschaulich auch mit dem Strategischen Dreieck veranschaulicht (Abbildung 2.2).

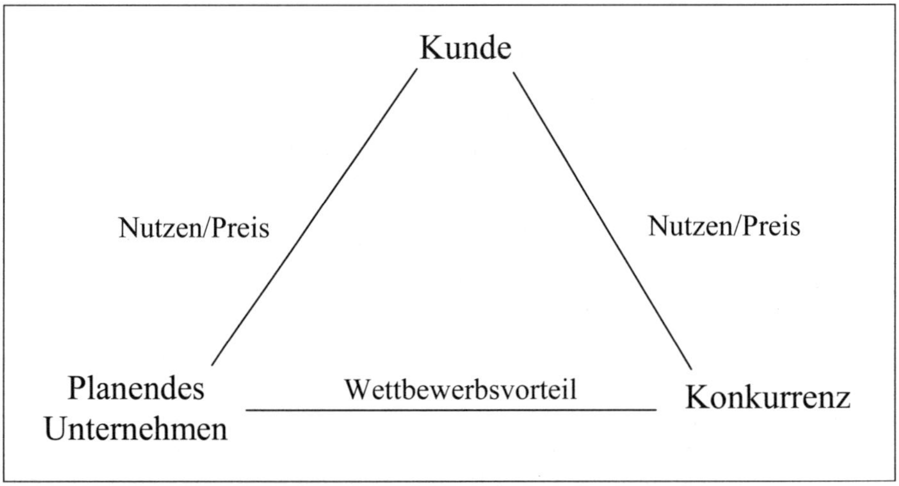

Abb. 2.2: Das Strategische Dreieck

Der Wettbewerbsvorteil soll angeben, warum ein Kunde das jeweilige Unternehmen gegenüber konkurrierenden Betrieben bevorzugen sollte. Der Kunde kann entscheiden, wo er einkauft und er wird dabei Vorteile (Nutzen) und Nachteile (Kosten) gegeneinander abwägen und sich für jenen Anbieter entscheiden, bei dem der Saldo am günstigsten für ihn ausfällt. Insofern erscheint es für jedes Handelsunternehmen hilfreich, die Frage zu beantworten, aus welchen Gründen ein Nachfrager gerade bei ihm kaufen sollte, welches also sein Wettbewerbsvorteil ist.

Da der Wettbewerbsvorteil eines Unternehmens den Kunden sichtbar werden muss und da das Erscheinungsbild der Unternehmung durch den Einsatz der absatzpolitischen

Instrumente geprägt wird, ist es Aufgabe der Marketingstrategie, die Bandbreite jener absatzpolitischen Instrumente vorzugeben, denen besondere Bedeutung für die Wettbewerbsposition und damit den Erfolg der Unternehmung zukommt. Eine geeignete Marketingstrategie kann auf unterschiedlichen Wegen gefunden werden:

- durch Übertragung von Porters Basisstrategien auf den Handel,
- durch die Anwendung der Produkt-Markt-Matrix auf die Situation eines Handelsbetriebes,
- durch die Nutzung der Zielgruppen-Bedürfnis-Technologie-Kombinationen von Abell und
- durch eine Analyse der Wertschöpfungskette.

Diese Ansatzpunkte sind Gegenstand von Abschnitt 2.3. Die Marketingstrategie kann aber auch gefunden werden, wenn die einzelnen Marketing-Mix-Elemente (absatzpolitische Instrumente) zum Ausgangspunkt der Überlegungen genommen werden. In vielen Fällen kommt unter strategischen Gesichtspunkten den folgenden Instrumenten eine besonders wichtige Rolle zu:

- **der Sortimentspolitik:** Der Handel bietet vielfältige Beispiele dafür, wie mit einer Neubündelung von Artikeln eine beachtliche Resonanz im Markt gefunden wurde. So zeichnen sich z. B. Baumärkte dadurch aus, dass sie das zuvor auf viele Fachgeschäfte verteilte Angebot (z. B. Malerbedarf, Werkzeuge, Elektrogeräte usw.) zusammengefasst haben. Auch im Möbelhandel war zu beobachten, dass das Angebot von Möbeln mit dem Angebot von Haustextilien und Haushaltswaren kombiniert wurde. Im Reifenhandel wurden zuvor geltende Branchengrenzen übersprungen, da viele Handlungen ihr Leistungsprogramm ausgeweitet haben, indem sie Reparaturdienstleistungen angeboten haben oder indem sie ihr Warenangebot auch in autoferne Sortimente ausgedehnt haben. Ein besonders markantes Beispiel ist auch die Sortimentspolitik der Tankstellen. Auf der anderen Seite haben sich Geschäfte herausgebildet, die ihre Sortimente in bemerkenswerter Weise beschränkt haben. So bietet z. B. The Body Shop nur Artikel an, die bestimmten ökologischen Gesichtspunkten entsprechen. Es zeigt sich, dass die Bündelung von Artikeln zu Sortimenten zu den zentralen Entscheidungen des Handels zählt.
- **der Preispolitik:** Handelsunternehmungen unterscheiden sich nicht nur in den Preislagen, die sie anbieten, sondern auch in ihrer Preisgünstigkeit. Die Preislagen charakterisieren das Angebot eines Handelsbetriebes durch die Häufigkeitsverteilung der absoluten Preise, die Preisgünstigkeit setzt die Preise ins Verhältnis zu den gleichen oder zu ähnlichen Preisen anderer Betriebe. Bekanntlich ist die Realität des Handels in den meisten Bereichen durch ein breites Spektrum in diesen preispolitischen Dimensionen gekennzeichnet. In diesem Zusammenhang ist auch an die Anzahl der Preisänderungen im Zeitablauf zu denken. Eine Reihe von Handelsunternehmen bedient sich der Dauerniedrigpreisstrategie (EDLP), so zum Beispiel Discounter wie Aldi oder Lidl, während andere Unternehmen durch regelmäßige Sonderangebote (sog. HILO-Pricing) versuchen, Kunden zu gewinnen. Kapitel 7 betrachtet diese Entscheidung näher.
- **dem Andienungssystem:** Mit dem Andienungssystem ist die Art und Weise gemeint, mit der den Kunden die Waren angeboten werden. Als Varianten werden die persönliche Bedienung, die mediale Andienung und die Selbstbedienung unterschieden (R. Mattmüller 1997, S. 38f.).

Solche an den Marketing-Mix-Elementen ansetzende Strategien sind allerdings nicht unabhängig von den zuvor genannten Strategien bzw. Strategiefindungsinstrumenten, denn auch allgemeiner definierte Strategien müssen sich in den Marketing-Mix-Elementen wiederfinden. Auf strategische Aspekte, die sich auf einzelne absatzpolitische Instrumente beziehen, wird in den jeweiligen Kapiteln zu den Instrumenten eingegangen.

Schließlich lassen sich Marketingstrategien im Handel auch auf der Ebene der **Betriebsformen** ableiten. Bekanntlich ergibt sich im Großhandel, vor allem aber im Einzelhandel, das vielfältige Angebotsbild aus der Vielzahl der Betriebsformen. Bei Betriebsformen handelt es sich um absatzpolitische Konzepte, die im Regelfall Bandbreiten für den Einsatz mehrerer einzelner absatzpolitischer Instrumente angeben und auf den Stellenwert der einzelnen Instrumente hinweisen. Insofern könnte Marketingplanung auch Betriebsformenplanung bedeuten. Andererseits hat sich die Planung der Betriebsform nicht nur auf kundenbezogene und damit erlösbezogene Aspekte zu erstrecken, sondern auch kosten- und finanzwirtschaftliche Gesichtspunkte einzubeziehen. Aus diesem Grunde wird der Betriebsformenpolitik ein eigenes Kapitel (3) gewidmet.

2.2 Marktsegmentierung als Basis einer strategischen Marketingplanung

Als Ausgangspunkt für eine strategische Marketingplanung empfiehlt es sich, den Bedarf der Nachfrager als Ausgangspunkt zu nehmen. Wie schon in Abbildung 2.1 aufgelistet, bezieht sich die Analyse der Ausgangssituation auf die Attraktivität der Märkte, die Konkurrenz (den Wettbewerb) und auf die eigenen Ressourcen und Fähigkeiten. Während in der Volkswirtschaftslehre der Begriff „Markt“ als Zusammentreffen von Anbietern und Nachfragern verstanden wird, zielt der Begriff in der Betriebswirtschaftslehre oft nur auf die Nachfrager und ihren Bedarf ab. Beim Bedarf handelt es sich um ein auf ein Gut ausgerichtetes Bedürfnis; ein Bedürfnis liegt vor, wenn ein Mangel empfunden wird und der Wunsch vorliegt, diesen Mangel zu beseitigen (so auch Katalog E, 2006, S. 90). In Zeiten der Knappheit wurde nur von dem Markt als der Gesamtheit aller Nachfrager mit ihrem Bedarf gesprochen, wobei der gesamte Einzelhandelsmarkt im Regelfall nach Warengruppen unterteilt wurde. Abbildung 2.3 vermittelt einen Eindruck von der unterschiedlichen Größe einzelner Märkte, wobei auch regionale Unterschiede angedeutet werden.

Unter Berücksichtigung der jeweiligen Bevölkerung lässt sich so das Marktvolumen ermitteln. Für praktische Zwecke wird man auf feiner unterteilte Angaben zurückgreifen, wie sie von der Amtlichen Statistik und einzelnen Marktforschungsinstituten (Nielsen, GfK, aber auch EHI) zur Verfügung gestellt werden. Bei der Beurteilung der Märkte wird man nicht nur auf das Marktvolumen schauen, sondern auch auf dessen Entwicklung im Zeitablauf und die Schwankungen in der Nachfrage.

Warenbereich	Deutschland	Österreich
Insgesamt*	17100 €	18400 €
Nahrungs- und Genussmittel	15,0	13,2
Bekleidung und Schuhe	5,4	6,6
Wohnung, Energie und Instandhaltung	31,3	28,0
Gesundheit	4,6	3,2
Verkehr	13,6	12,5
Nachrichtenübermittlung	2,8	2,5
Freizeit und Kultur	9,5	11,8
Restaurant und Hotels	5,3	12,3
Versch. Waren und Dienstleistungen	12,0	9,1

* Private Konsumausgaben/Kopf/Jahr in € (für 2008) (Quelle: EHI Retail Institut (Hrsg.): Handel aktuell 2007/2008, S. 42ff.)

Abb. 2.3: Größe einzelner Märkte im Einzelhandel

Etwa ab 1960 erzwang der Wettbewerb eine feinere Betrachtung der Bedarfsmärkte. Die Märkte zerfielen, der Markt für Bekleidung z. B. in Berufskleidung, Sportkleidung, Freizeitkleidung, Businesskleidung, Abendgarderobe, Kinderbekleidung, Brautmoden, Kleidung für Übergrößen usw. Oft bildeten sich unterschiedliche Stilrichtungen, Preislagen und Qualitätsstufen heraus. Gleichzeitig stieg das Angebot an unterschiedlichen Einkaufsstätten, in denen Bekleidung eingekauft werden konnte. Noch heute löst es oft Erstaunen aus, wenn ALDI als einer der zehn größten Textilhändler in Deutschland genannt wird. So sieht kaum ein Handelsunternehmen noch einen gesamten Warenbereich (wie Textilien) als seinen Markt an; teilweise bestehen überhaupt keine Wettbewerbsbeziehungen zu anderen Unternehmungen, die Waren aus demselben Warenbereich anbieten, teilweise nur eingeschränkte. Abbildung 2.4 veranschaulicht dies an Beispielen.

Warenbereich	Anbieter 1	Anbieter 2	Wettbewerbsintensität
Textilien	Kik (Discounter)	SØR (Fachgeschäft)	Kein Wettbewerb
Lebensmittel	Aldi (Discounter)	Penny (Discounter)	intensiv
Lebensmittel	REWE Supermarkt	Aldi (Discounter)	beachtlich
Bücher	Weltbild (Buchhandlung)	Universitätsbuchhandlung	gering

Abb. 2.4: Unterschiedliche Wettbewerbsgrade (Einschätzungen)

Zu dem Markt eines einzelnen Handelsunternehmens gehören jene Nachfrager, die bereit sind, diesen Anbieter in Erwägung zu ziehen, wenn durch einen Kauf ein bestimmtes Bedürfnis befriedigt werden soll, also Bedarf gedeckt werden soll.

Marktsegmentierung und Zielgruppenplanung gehören also etwa ab 1960 im Konsumgütermarketing zu den selbstverständlichen Planungsinstrumenten. Im Handel wurde der Begriff Zielgruppenkonzept dagegen lange Zeit kaum verwendet, es galt: „Verkauf an jedermann“, d. h. keiner der potenziellen Bedarfsträger sollte aus der Kundschaft ausgeschlossen werden. Man bot bestimmte Waren oder Leistungen an und hoffte, dass sich durch die Selbstselektion der Nachfrager hinreichend viele Kunden finden würden. Erst später wurde die Frage aktuell, ob auch im Handel Marktsegmente unterschieden werden sollten und wie Zielgruppen definiert werden können (vgl. H. Büttner 1986). Bis heute wird die Frage diskutiert, in welcher Form der Handel von dem Zielgruppenkonzept Gebrauch machen kann bzw. soll. Um die Nützlichkeit dieses Instrumentes diskutieren zu können, soll zunächst auf die Möglichkeiten, Segmente zu bilden, eingegangen werden. Dabei sei ein Segment als jene Gruppe von Nachfragern definiert, die sich in mindestens einem Merkmal ähneln, während sie sich von den Mitgliedern anderer Segmente unterscheiden. Segmente können grundsätzlich bei den Nachfragern des Großhandels wie des Einzelhandels unterschieden werden.

2.2.1 Das Erkennen von Marktsegmenten

Die für eine Marktsegmentierung grundlegende Frage bezieht sich darauf, inwieweit sich der Bedarf der Nachfrager in einem Markt unterscheidet. Wäre der Bedarf aller Nachfrager gleich, würde dies in einen reinen Preiswettbewerb einmünden, in dem wahrscheinlich der Anbieter mit den niedrigsten Kosten obsiegen würde. In der Realität ist dagegen zu beobachten, dass sich der Bedarf in vielfältiger Hinsicht unterscheidet, so etwa in der Art der nachgefragten Waren, ihrem Qualitätsniveau, in den Ansprüchen an die Auswahl, die Beratung und die Ladenatmosphäre. Da Handelsbetriebe Waren anbieten und dieses Angebot mit einem unterschiedlichen Kranz an Dienstleistungen verbinden, müssen sie erkennen, auf welche Güter und auf welche Dienstleistungen sich der Bedarf richtet und welche unterschiedlichen Segmente dabei zu beobachten sind. Die Bedarfskomponente hat also im Handel zwei Facetten,

- die Art der nachgefragten Güter,
- die Modalitäten des Einkaufs (z. B. Art der Beratung, Atmosphäre, Auswahl).

Nachfragersegmente können dabei mit Hilfe einer Vielzahl von Merkmalen gebildet werden. Im Marketing hat sich eingebürgert, die dabei in Frage kommenden Merkmale drei Gruppen zuzuweisen.

Kriterien zur Segmentierung von Märkten

1. Angaben zum sozioökonomischen Status
   Mit Merkmalen des sozioökonomischen Status wird die Einordnung eines Nachfragers in das gesellschaftliche und ökonomische System abgebildet. So lassen sich mit Hilfe des Alters Gruppen bilden, wie z. B. Kinder, Jugendliche, Erwachsene unterschiedlicher Altersklassen oder Senioren. Bezüglich des Wohnorts kann z. B. sehr grob zwischen einer Stadt- und einer Landbevölkerung unterschieden werden. Gerade für den großflächigen Einzelhandel sind Überlegungen anzustellen, aus welchen Regionen er seine Nachfrage gewinnen will; aber auch der Großhandel muss sich fragen, ob er regional oder überregional tätig sein soll. Ausbildung, Berufstätigkeit, Rolle in der Familie, Höhe des verfügbaren Einkommens, Familienstand,

Zahl der Kinder, Wohn- und Besitzverhältnisse sind weitere Beispiele. Bei den Kunden des Großhandels ist an die Zahl der Beschäftigten, den Umsatz oder an die Branche zu denken.

2. Psychografische Merkmale
Hier handelt es sich um die zahlreichen Merkmale, mit denen das Insystem von Nachfragern gekennzeichnet werden kann. Dazu gehören Bedürfnisse, Motive, Einstellungen, Interessen, Absichten, Involvement, Kenntnisse, Zufriedenheitsgrade usw.
3. Aspekte des Verhaltens
Das Verhalten der Nachfrager äußert sich in zahlreichen Aspekten, z. B. in der von ihnen bevorzugten Betriebsform, in der Häufigkeit, mit der Einkaufsgänge erledigt werden, in ihrer Markentreue, in der Menge, die von einzelnen Gütern konsumiert wird usw. Jedes dieser Merkmale kann auch herangezogen werden, um die Nachfrager zu segmentieren. So können Stammkäufer, Selten-Käufer und Noch-Nie-Käufer unterschieden werden, oder es können Nachfrager danach differenziert werden, ob sie ihre Einkäufe auf ein Geschäft konzentrieren oder sich in zahlreichen Geschäften informieren bzw. dort einkaufen.

Während man die soziökonomischen Merkmale von Nachfragern und ihre Verhaltensweisen zu den relativ leicht beobachtbaren Merkmalen zählt, bedarf es aufwendigerer Verfahren, das sog. Insystem der Nachfrager zu erkennen, also was sie wissen, denken, fühlen, für gut heißen, wünschen usw. Zum Teil verwendet man die genannten Merkmale nur, um die Nachfrager zu erfassen und unterteilen zu können, weswegen man auch von deskriptiven Indikatoren spricht, überwiegend wird aber angestrebt, solche Merkmale zu verwenden, mit denen das Einkaufsverhalten der Nachfrager erklärt werden kann. Das ist der Gegenstand entsprechender Verhaltenstheorien, wobei sich die meisten Untersuchungen auf das Verhalten von Konsumenten beziehen (z. B. V. Trommsdorff, 7. Aufl., 2009; W. Kroeber-Riel, P. Weinberg und A. Gröppel-Klein, 9. Aufl., 2009); Studien zum Verhalten von gewerblichen Nachfragern sind seltener.

M. Wedel und W. Kamakura (2000) unterteilen die grundsätzlich in Frage kommenden Größen zur Segmentierung noch weiter. Sie fragen zum einen danach, ob eine Größe direkt zu beobachten und damit häufig auch einfach zu erheben ist. Zum anderen unterteilen sie danach, inwieweit die Größen einen konkreten Objektbezug aufweisen (Abbildung 2.5).

	Objektunabhängig	**Auf ein bestimmtes Objekt bezogen (z. B. Einkaufsstätte, Betriebsform etc.)**
Beobachtbar	Kulturelle, geografische, demografische und sozioökonomische Variablen	Nutzungsstatus, Nutzungshäufigkeit, Einkaufsstättentreue, Einkaufssituation
Unbeobachtbar	Psychografische Variablen, Werte, Persönlichkeitsvariablen, Lebensstile	Psychografische Variablen, Nutzen, Empfindungen, Elastizitäten, Eigenschaften, Präferenzen, Absichten

Abb. 2.5: Klassifikation von möglichen Segmentierungsvariablen (Quelle: M. Wedel und W. Kamakura (2000), S. 7)

Diese systematisierte Darstellung von Merkmalen, die zur Erfassung von einzelnen Segmenten im Gesamtmarkt herangezogen werden können, darf nicht darüber hinweg täuschen, dass es im gegebenen Falle zahlreiche Faktoren sind, von denen das Verhalten der Nachfrager abhängt. Das wird deutlich, wenn z. B. dargestellt werden sollte, wie groß das Segment der Bio-Käufer ist und von welchen Faktoren es abhängt, ob Konsumenten Bio-Produkte kaufen oder spezialisierte Einkaufsstätten bevorzugen. Man wird hierbei u. a. an das Alter, das Einkommen, den Familienstand und die Zahl der minderjährigen Kinder denken (soziodemographische Angaben), aber auch an das Gesundheitsbewusstsein, die Angst vor Krankheiten, das Wissen um Anbaumethoden und ihre Folgen, das Umweltbewusstsein, Einstellungen zu unterschiedlichen Bereichen, das Involvement, das Risikobewusstsein (als psychographische Merkmale) und schließlich ihr Einkaufs- und Konsumverhalten.

Die Vielzahl der zur Verfügung stehenden Merkmale lässt die Frage aktuell werden, auf welche Merkmale im konkreten Fall zurückgegriffen werden soll. Das ist Gegenstand der folgenden Ausführungen.

Kriterien für die Eignung einzelner Merkmale zur Marktsegmentierung

Die Eignung einzelner Merkmale ist zunächst nach formalen Kriterien zu beurteilen:

- So ist z. B. daran zu denken, welcher **Aufwand** notwendig ist, um ein bestimmtes Merkmal zu erheben.
- Auch ist zu berücksichtigen, wie **stabil** sich die Merkmale im Zeitablauf verhalten.
- Schließlich ist daran zu denken, dass einige Merkmale in unterschiedlichem Grad **genau**, **valide** und **reliabel** gemessen werden können.

Neben diesen formalen Kriterien sind zwei weitere von besonderer Bedeutung,

- die **Diskriminierungsfähigkeit** eines Merkmals in Bezug auf bestimmte Verhaltensweisen und
- der **Nutzen** für die Marketingplanung.

Die Diskriminierungsfähigkeit zeigt an, in welchem Ausmaß Verhaltensunterschiede mit einer Variation des betreffenden Merkmals einhergehen. So könnte es sein, dass das Alter gut geeignet ist, die Käufer von Bier und von französischem Rotwein zu unterscheiden. Abbildung 2.6 zeigt im Bildteil a), dass das Segment 1 (Bierkäufer) vorwiegend den jüngeren Altersklassen angehört, Segment 2 (Weinkäufer) den höheren. Im Bildteil b) ist dagegen dargestellt, dass dieselbe Variable sich als ungeeignet erweist, das Einkaufsverhalten bei Zahnpasta zu differenzieren. Daneben sind die Merkmale daraufhin zu prüfen, welche Hinweise sie auf die Ausgestaltung der Marketingpolitik erlauben. Nutzt es einem Unternehmen zu wissen, dass einzelne Merkmale, wie z. B. das Alter, mit bestimmten Aspekten des Verhaltens in einem Zusammenhang stehen? Ursprünglich steuerte das Zielgruppenkonzept nur die Werbeträgerauswahl. Die Belegung jener Medien, die von Gruppen genutzt werden, zu denen die Käufer der beworbenen Marke gehören, sichert, dass diese Käufer werblich erreicht werden und die erhoffte Bindungswirkung eintritt. Dieses Beispiel macht deutlich, dass die Segmentierungsvariablen nur eine Mediatorenrolle spielen, indem sie es ermöglichen, den Einsatz der absatzpolitischen Instrumente so zu steuern, dass die erwünschten Reaktionen der Nachfrager eintreten. Segmentierungskonzepte sind aus betriebswirtschaftlicher Sicht auch daran zu messen, inwieweit sie Hinweise auf den erfolgreichen Einsatz der absatzpolitischen Instrumente erlauben. Sie haben ihre Berechtigung dann, wenn die Reaktionen einzelner Nachfragergruppen auf den Einsatz unterschiedlich ausfallen, der Markt also in Bezug auf die einzelnen absatzpolitischen Instrumente uneinheitlich reagiert.

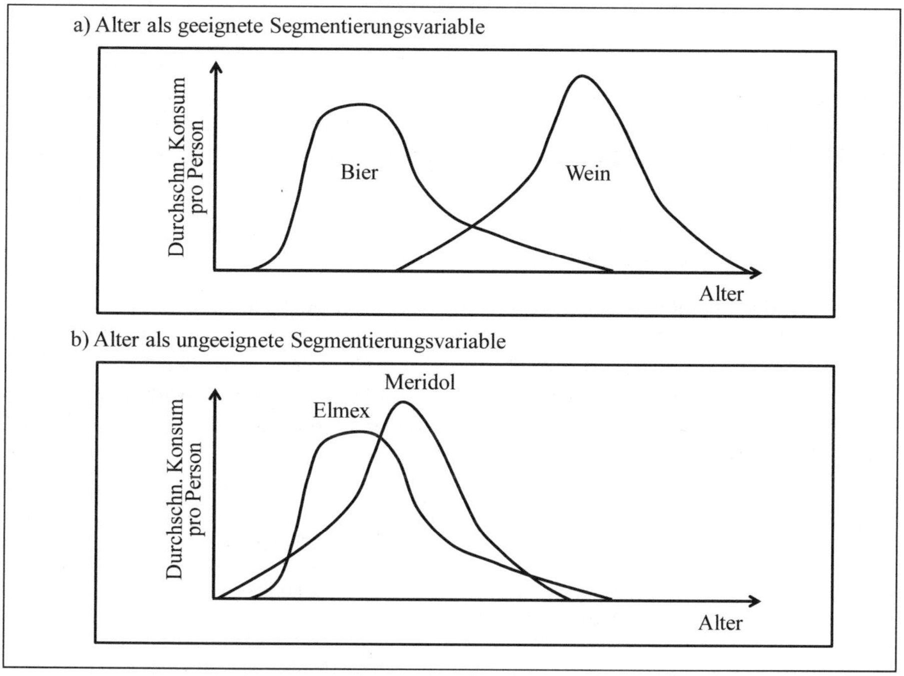

Abb. 2.6: Diskriminierungsfähigkeit der Variable *Alter*

Heterogenität der Reaktion stellt also die Voraussetzung für Marktsegmentierungsstudien dar. M. Wedel und W. Kamakura (2000, S. 16, vgl. auch P. Kotler und F. Bliemel (2001), S. 451ff.) weisen auf sechs Kriterien zur Beurteilung von Segmentierungen hin:

- Identifizierbarkeit bzw. Messbarkeit: Die verwendeten Merkmale sollten einfach zu erheben sein.
- Substantialität: Es sollten sich substantielle Segmente ergeben, d. h. sie sollten ausreichend groß sein, dass eine Bearbeitung lohnenswert erscheint.
- Erreichbarkeit: Die ermittelten Segmente sollten für das betreffende Unternehmen auch bearbeitbar bzw. ansprechbar sein.
- Stabilität: Die Segmentlösung muss eine gewisse Stabilität im Zeitablauf aufweisen, damit eine Bearbeitung lohnt.
- Handlungsfähigkeit: Die Lösung muss Hinweise für die Marktbearbeitung geben.
- Ansprechempfindlichkeit: Die Segmente sollten sich in ihrer Reaktion auf Maßnahmen voneinander unterscheiden.

Die mangelnde oder falsch praktizierte Anwendung des Zielgruppenkonzeptes ist auf Lücken im Verständnis des Konzeptes zurückzuführen. So ist beispielsweise der Einwand, dass in einer bestimmten Unternehmung ein Zielgruppenkonzept nach dem Alter nicht in Frage kommt, weil man beobachtet habe, dass schon in der Vergangenheit Kunden aus den unterschiedlichsten Altersschichten dort gekauft hätten, zurückzuweisen. Als Erstes vernachlässigt der Einwand die Anteile der einzelnen Altersklassen, denn es kann durchaus der Fall sein, dass einzelne Altersklassen deutlich überproportional repräsentiert sind. Zum Zweiten vernachlässigt er, dass die einzelnen Altersklassen in unterschiedlicher Weise auf einzelne absatzpolitische Maßnahmen reagieren können. Richtig ist, dass ein Zielgruppenkonzept nicht mechanisch auf einzelne leicht beobachtbare Merkmale zurückgreifen darf, sondern dass hierfür nur Merkmale in Frage kommen, die sich in der Theorie des Konsumentenverhaltens als diskriminierungsfähige Variablen erwiesen haben und aus denen betriebspolitische Schlüsse gezogen werden können.

Methoden zur Marktsegmentierung

Dem planenden Handelsunternehmen steht mittlerweile eine Vielzahl von Verfahren zur Segmentierung seiner (potenziellen) Nachfragerschaft zur Verfügung. Da eine detailliertere Darstellung im Rahmen dieses Buches nicht geleistet werden kann, soll mit Abbildung 2.7 nur ein systematischer Überblick gegeben werden. Der interessierte Leser sei für eine ausführliche Diskussion der Konzepte und Methoden insbesondere auf das Buch von M. Wedel und W. Kamakura (2000) verwiesen.

	A Priori	**Post Hoc**
Deskriptiv	Kontingenztabellen Log-Lineare Modelle	Clustermethoden Fuzzy Techniken Mixture Modelle Neuronale Netze
Prediktiv	Kreuztabellen Regressionsanalysen Logit-Modelle Diskriminanzanalysen	AID/CHAID CART Clusterweise Regression Mixture Modelle Neuronale Netze

Abb. 2.7: Überblick über mögliche Segmentierungsmethoden (Quelle: M. Wedel und W. Kamakura 2000, S. 17)

Die in Abbildung 2.7 vorgenommene Unterscheidung in A Priori und Post Hoc Segmentierung stellt darauf ab, dass bei den A Priori-Ansätzen vorab festgelegt wird, welche und wie viele Segmente ermittelt werden. Im Gegensatz dazu werden die Anzahl der Segmente und deren Charakteristika bei den Post Hoc-Methoden durch die Daten und die verwendeten Methoden festgelegt. Die Unterteilung in deskriptiv und prediktiv stellt auf die verwendete Methodik ab. Die prediktiven Ansätze unterscheiden zwischen unabhängigen und abhängigen Variablen und nutzen die Beziehung zwischen diesen beiden Arten von Variablen zur Segmentierung. Es wird deutlich, dass der Anwender unter einer Vielzahl verschiedener Verfahren mit unterschiedlichen Eigenschaften eine begründbare Auswahl zu treffen hat.

2.2.2 Einzelne Zielgruppen-Konzepte

Im Handel gibt es einige Beispiele für Unternehmungen, die explizit Zielgruppen formuliert haben und damit von dem Anspruch, alle potenziellen Nachfrager beliefern zu wollen, abgerückt sind. Im Möbelmarkt hat sich IKEA bei seinem Eintritt in den deutschen Markt auf die Bearbeitung des Segmentes der jüngeren Nachfrager beschränkt, während ansonsten bis zu diesem Zeitpunkt fast alle Möbelhäuser den Gesamtmarkt abzudecken versuchten. Die Ausrichtung von IKEA auf seine Zielgruppe äußerte sich dann nicht nur in der besonderen werblichen Ansprache, sondern auch in der Sortimentsgestaltung und dem Verkaufssystem.

Möbel Franz (Hrsg., 1992, S. 6–11), ein inzwischen aus dem Markt ausgeschiedenes Möbelhaus, hat sich bemüht, schon bei der Kataloggestaltung Zielgruppen anzusprechen und dabei folgende Gruppen explizit genannt,

- die weltoffenen Ästheten,
- die innovativen Kunstfreunde,
- die kultivierten Stilsicheren,
- die jugendlichen Zeitgeistigen,
- die gemütlich Harmonischen,
- die verwöhnten Repräsentativen,
- die designorientierten Avantgardisten,
- die modern Klassischen.

Hier werden zwei Sachverhalte deutlich: Es ist nicht mehr unmittelbar ersichtlich, wie die einzelnen Segmente voneinander abgegrenzt werden. Nicht nur für den Externen ist unklar, wie der weltoffene Ästhet von dem kultivierten Stilsicheren abgegrenzt ist, sondern auch dem Kunden selbst wird die Zuordnung schwer fallen. Zum Zweiten ist ersichtlich, dass die Firma mit acht Segmenten den Markt relativ fein unterteilt hat und sich zudem an ein breites Spektrum von Nachfragern wendet. Zwar ist im vorliegenden Fall unbekannt, wie viele Segmente der Markt insgesamt aufweist, jedoch handelt es sich bei der Ansprache von acht Zielgruppen ohne Zweifel nicht mehr um die Ausrichtung auf präzise definierte Segmente.

In der Theorie sind einzelne Konzepte zur Segmentierung von Nachfragern untersucht worden, ohne dass es jedoch zu intensiveren vergleichenden Analysen gekommen wäre. Vielmehr sind einzelne Merkmale eher beispielhaft herangezogen worden, um Möglichkeiten zur Zielgruppenbildung aufzuzeigen. Im Folgenden werden exemplarisch ausgewählte Studien vorgestellt, die sich deutlich voneinander unterscheiden. Die Unterschiede liegen in den einbezogenen Merkmalen, der Anzahl der erhaltenen Gruppen und der betriebspolitischen Verwertbarkeit:

- Müller-Hagedorn (1978a) mit soziodemografischen Angaben (Lebenszyklusmodell),
- Diller (1990) mit Angaben zum Kaufverhalten und den Erwartungen der Kunden,
- Gröppel (1990; 1991) mit Persönlichkeitsmerkmalen.

Die Studien vermitteln Einsichten, wie Segmentierungen von Nachfragern im Kontext einer Marketingplanung für Handelsbetriebe zu beurteilen sind.

Lebenszykluskonzepte

Nach dem Lebenszykluskonzept werden die Lebensabschnitte, die Nachfrager durchlaufen, mit Hilfe von soziodemographischen Variablen (vor allem dem Lebensalter, dem Familienstand, der Berufstätigkeit, der Zahl und dem Alter der Kinder) je nach Konzept in etwa 7 bis 15 Lebensabschnitte eingeteilt. Müller-Hagedorn hat schon früh bei einer Vielzahl von Warengruppen gezeigt, dass die einzelnen Segmente mit unterschiedlichen Betriebsformen in unterschiedlichem Maße erreichbar sind. Zwar finden die einzelnen Betriebsformen im Regelfall Kunden in allen definierten Segmenten, jedoch sind bestimmte Segmente in geringerem Maße, andere in stärkerem Maße unter den Kunden vertreten.

Das Modell wird in Abschnitt 3.2 noch näher dargestellt. Das Lebenszyklusmodell gehört inzwischen zum Standardrepertoire der Marktforschung. Abbildung 2.5 zeigt das Lebensweltenmodell aus der Typologie der Wünsche. Die durchgezogenen Linien in Abbildung 2.8 geben die gesellschaftlich akzeptierte Reihung der Lebenswelten an.

Vier Verbrauchergruppen bei Diller

H. Diller (1986) hat für den Textilhandel vier Verbrauchergruppen benannt:

- die Hedonisten (30,1 %),
- die preisorientierten „Modemuffel“ (25,1 %),
- die Alles-Forderer (26,5 %),
- die angepassten Gleichgültigen (18,3 %).

Diese vier Gruppen sind aus einer Cluster-Analyse hervorgegangen, die auf insgesamt zehn Merkmalen aufbaut. Eine Analyse der verwendeten Merkmale zeigt, dass es sich um eine Mischung von Angaben zum Kaufverhalten und zur Bedeutung einzelner Sachverhalte bei der Auswahl der Geschäfte handelt:

- Angaben zum Kaufverhalten: Anlass zum Einkauf, Anzahl der aufgesuchten Geschäfte, Kauf in preiswerten Geschäften, Aufsuchen exklusiver Geschäfte,
- Erwartungen/Ansprüche: Beratung, Übereinstimmung mit dem eigenen Stil, Markenorientierung, Aktualität der Mode, Beurteilung durch Dritte, Spaß.

Mit Hilfe dieser zehn Merkmale werden nicht nur die vier genannten Käufertypen clusteranalytisch ermittelt, sondern auch beschrieben. Aus den ermittelten Profilen ist beispielsweise zu ersehen, dass der Hedonist der Aussage bzw. dem Item, dass Kleidung zu bestimmten Gelegenheiten gekauft wird, nur unterdurchschnittlich zustimmt, während der Spaß am Einkauf eine überdurchschnittliche Bedeutung hat. Anders ist das bei dem preisorientierten Modemuffel: Der Spaß am Einkauf liegt nur unterdurchschnittlich vor, bezüglich des Kaufanlasses denkt er wie der Durchschnitt aller Befragten. Die Untersuchung von H. Diller macht deutlich, dass Nachfrager sich sowohl in ihrem Kaufverhalten (z. B. Zahl der aufgesuchten Geschäfte) als auch in ihren Erwartungen an ein Geschäft unterscheiden.

Betriebspolitisch können die Erkenntnisse für Marktpotenzialanalysen genutzt werden, indem aus der Größe der Cluster Hinweise auf die Nachfrage abgeleitet werden. Die

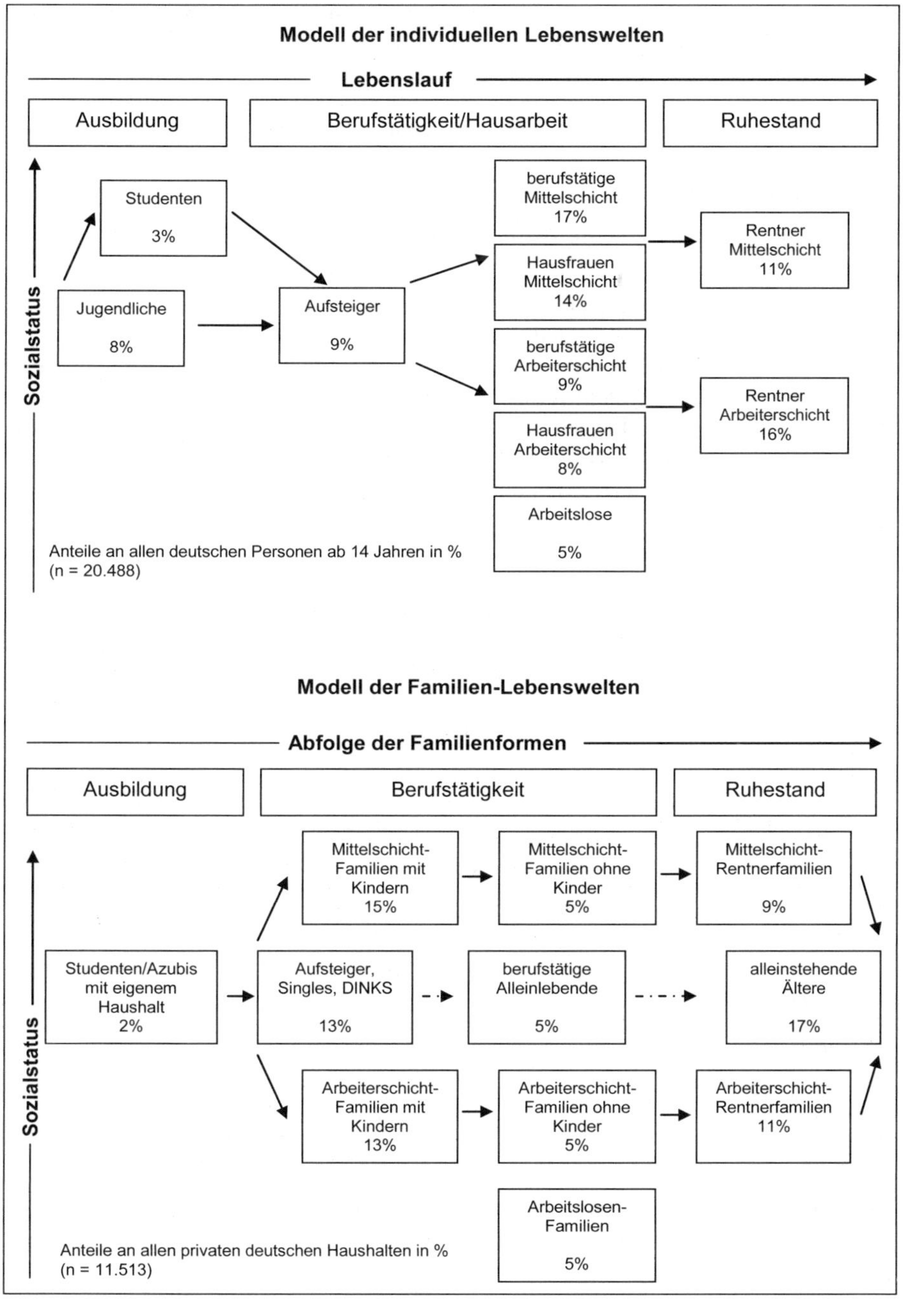

Abb. 2.8: Lebenswelten aus der Typologie der Wünsche 2000/01 (Quelle: TdW Intermedia GmbH & Co. KG, Hrsg., 2000, S. 34.)

Brücke zur Gestaltung einzelner absatzpolitischer Instrumente lässt sich nur in einem sehr allgemeinen Sinn schlagen. So wird beispielsweise das Ausmaß der Markenorientierung angesprochen; wenn aber im Rahmen der Sortimentspolitik zu entscheiden ist, welche Marken für das Sortiment gewonnen werden sollten und welchen Stellenwert einzelne Marken im Sortiment einnehmen sollten, werden weitergehende Informationen benötigt.

Die Typologie von Gröppel

Auch A. Gröppel (1990) hat die Textilbranche gewählt, um zu erkunden, ob sich Kundentypen unterscheiden lassen. Sie kommt zu drei Gruppen,

- den Indolenten (sie meint damit Desinteressierte, die Reizen aus zahlreichen Bereichen gleichgültig bis ablehnend gegenüberstehen),[1]
- den Sensualisten, die gegenüber vielfältigen Aktivitäten aufgeschlossen sind und neue und ungewohnte Dinge erleben möchten,
- die jungen Extremen, die sich in einer Zwitterstellung befinden und einzelnen Aussagen entweder euphorisch zustimmen oder sie gänzlich ablehnen.

Während in der Studie von H. Diller die der Gruppenbildung zu Grunde gelegten Merkmale noch relativ nahe an das beobachtbare Kaufverhalten bzw. die Erwartungen der Kunden an ein Textilgeschäft angelehnt waren, holt A. Gröppel weiter aus, indem sie auch Merkmale heranzieht, die nicht unmittelbar auf das Einkaufen bezogen sind, z. B. das Kulturinteresse, die Geselligkeit, das Entspannen (z. B. durch Lesen). Es werden nicht mehr nur Kauf- oder Erwartungstypen gebildet, sondern Persönlichkeitstypen. Es wird nachgewiesen, dass sich die Gruppen unterscheiden (wenn auch die Signifikanz der Differenzen nicht explizit erwähnt wird). Der verhaltenswissenschaftliche Wert dieser Typologie ergibt sich aus ihrer Erklärungskraft.

Unabhängige / Abhängige	Mittelwert Cl.1 Indolent	Mittelwert Cl.2 Sensual	Mittelwert Cl.3 Extrem	Anzahl Personen bzw. Clustergöße			Signifikanz Vergleich Cl.1–Cl.2	Signifikanz Vergleich Cl.2–Cl.3
				Cl.1	Cl.2	Cl.3		
Emotionaler Eindruck	-0,1492	0,2944	-0,2578	101	91	57	0,002	0,001
Sortimentsbeurteilung	-0,2437	0,2947	-0,1416	106	95	59	0,000	0,007
Preis-Leistungs-Verhältnis	-0,1614	0,3490	-0,2783	106	95	59	0,000	0,000
Stimmungsbilder:								
Vertrauen	1,8981	2,7789	2,1167	108	95	60	0,000	0,003
Freude/Spaß	1,9444	3,1053	2,5000	108	95	60	0,000	0,005
Aktivität	2,4766	3,0737	2,6000	107	95	60	0,002	0,034

Abb. 2.9: Ergebnisse der Untersuchung von A. Gröppel (Cl.=Cluster; Quelle: A. Gröppel 1990, S. 129)

1 Der Begriff ist unglücklich gewählt, denn *dolenter* bedeutet im Lateinischen „mit Schmerz, Betrübnis, Trauer", indolent also „gleichgültig gegenüber Schmerzen". Die Wortbedeutung scheint sich dann zu „geistig träge und gleichgültig, keine Gemütsbewegung erkennen lassen" erweitert zu haben.

Hier konnte A. Gröppel zeigen, dass sensualistische Kundinnen ein erlebnisorientiert gestaltetes Textilhaus bezüglich des emotionellen Eindrucks, bezüglich der Sortimentsbeurteilung und des Preis-Leistungsverhältnisses signifikant besser beurteilen als alle anderen Kundengruppen. Die Ergebnisse im Einzelnen enthält Abbildung 2.9.

Wie auch an die anderen Konzepte sind drei Fragen zu stellen:

- Wie eindeutig sind die Gruppen voneinander abgegrenzt und wie groß sind die Unterschiede zwischen ihnen?
- Welche Verhaltensweisen der Verbraucher können mit der Gruppeneinteilung erklärt werden?
- Lassen sich aus der Kenntnis der Struktur der einzelnen Marktsegmente Hinweise auf den Einsatz der absatzpolitischen Instrumente ableiten?

Die Schwächen der Segmentierungsmethode liegen insbesondere in dem dritten Bereich, denn aus den Merkmalen kann nur in sehr allgemeiner Form auf den erfolgreichen Einsatz der absatzpolitischen Instrumente geschlossen werden. Einige Merkmale erlauben zwar konkrete Hinweise (z. B. Einstellung zum Verkaufspersonal), andere dagegen kaum (z. B. die Angaben zur Entspannung).

Verlagstypologien

Während es sich bei den zuvor genannten Segmentierungsstudien von Diller und Gröppel-Klein um Studien mit relativ kleiner Stichprobe handelt, die zudem auf die Textilbranche beschränkt blieben, stellen große Verlagshäuser umfassendere Studien zur Verfügung. Sie werden deswegen auch als Verlagstypologien bezeichnet.

Interessenhorizonte	48 Bereiche, wie z. B. Wandern, Rad fahren, Fußball spielen, Partys feiern, Bücher lesen, Gartenarbeit
Soziökonomische Segmente	Nielsen-Gebiet, Bundesland, Gebiet, Wohnortgrößenklassen, Regierungsbezirk, Kreis, Geschlecht, Alter, Haushaltsgröße, Kinder, Familiensand, Partner, Schulabschluss, Haupteinkommensbezieher, Stellung im Haushalt, Konfession, Berufstätigkeit
Einstellungen	Modebewusstsein, Präferenz für Ökoprodukte, Aufgeschlossenheit für Werbung, Kochen und Backen, Optimistische Lebenseinstellung, Technik-Interesse, Marken-/Qualitätsbewusstsein, Konsumfreude, Schnäppchenjäger, Convenience-Orientierung, Gesundheitsbewusstsein, Probierbereitschaft für neue Produkte
Milieuzugehörigkeit	SIGMA-Milieus, Sinus-Milieus, LOHAS (Lifestyle of health and Sustainability)
Soziale Werte	Großer Freundeskreis, Erfolg, Glaube, Arbeit, Sicherheit, schöne Wohnung
Produkt-Informationsinteresse	33 Warengruppen, wie z. B. Bioprodukte, Haushaltsgeräte, Dekorative Kosmetik
Preis- versus Markenpräferenz	27 Warengruppen

Abb. 2.10: Übersicht über konsumentenbezogene Angaben in der Verbraucheranalyse 2009 – Auswahl (Axel Springer AG/Bauer Media Group 2009).

Sie werden in regelmäßigen Abständen erneuert und stehen Interessenten zur Verfügung (vgl. die Links im Anhang). In der Praxis finden sie bei Industrie und Handel Beachtung. Aus der Vielzahl der Studien seien genannt:

- die Allensbacher Werbeträgeranalyse (AWA),
- die Typologie der Wünsche von Intermedia (TdWI),
- die Verbraucheranalyse (VA).

Durch die Fülle an Informationen (z. B. zur Markenbekanntheit und Kaufhäufigkeit) liefern die Studien auch Hinweise zur Ausgestaltung der Absatzpolitik, insbesondere zur Sortimentspolitik. Es wird deutlich, dass sich die Verbraucher in zahlreichen Aspekten unterscheiden. Die Vielzahl der Informationen soll mit der Übersicht in Abbildung 2.10 über Angaben aus der Verbraucheranalyse 2009 veranschaulicht werden.

Weitere Typologien

Über die genannten Segmentierungsalternativen hinaus haben folgende Ansätze besondere Beachtung gefunden:

- Wissenstypen (Anfänger, Laien, Amateure, Profis – vgl. C. A. Schmitz und B. Kölzer 1996; U. Koppelmann 2001),
- Milieu-Typen (Sinus-Milieus, SIGMA-Milieus – vgl. die Darstellung in Verbraucheranalyse 2009, S. 182 und zu www.sinus-milieus.de und www.sigma-online.de; eine wissenschaftliche Diskussion dieses Konzepts findet sich bei B. B. Flaig, T. Meyer und J. Ueltzhöffer 1994 sowie P. H. Hartmann 1999),
- die zwölf Lifestyles nach *Conrad* und *Burnett* (drei traditionelle, drei gehobene und sechs moderne Lebensstile – vgl. auch T. E. Banning 1987; C. A. Schmitz und B. Kölzer 1996).
- Beispiele für Segmentierungen auf dem amerikanischen Markt finden sich bei M. Wedel und W. Kamakura (2000, S. 8ff. und S. 239ff.)

2.2.3 Die Zielgruppenwahl

Wenn Informationen vorliegen, in welchem Ausmaß sich die Erwartungen der Nachfrager an eine Handelsunternehmung unterscheiden, also bekannt ist, in welche Segmente der Markt zerfällt, ist zu entscheiden, welche Marktsegmente die Unternehmung als Zielgruppe ansehen will. Die Alternativen lassen sich analog zum Konsumgütermarketing angeben, wo darauf abgestellt wird, welche Kundensegmente angesprochen werden und wie groß die Zahl der angebotenen Leistungsbereiche (Warengruppen) ist; die Leistungsbereiche können dabei weiter in Warensegmente unterteilt werden:

1. **Markt- und Leistungsspezialisierung:** Ein ausgewähltes Segment wird in einem relativ eng begrenzten Leistungsbereich angesprochen (es werden z. B. nur Polstermöbel der oberen Qualitätsstufe angeboten).
2. **Marktspezialisierung:** Einem ausgewählten Segment von Nachfragern werden unterschiedliche Leistungen angeboten. So ist im Handel mit Einrichtungsgegenständen zu beobachten, dass sich Geschäfte etabliert haben, die einer designorientierten Nachfragerschaft Angebote aus unterschiedlichen Warenbereichen offerieren, z. B. Kleinmöbel, Elektroartikel, Haushaltswaren.

3. Die **vollständige Marktabdeckung:** Sie ist sowohl durch die Ansprache unterschiedlicher Nachfragersegmente als auch durch das Angebot zahlreicher Leistungsbereiche gekennzeichnet. Am ausgeprägtesten galt diese Politik für die Warenhäuser, als sie noch von dem Verständnis „Alles unter einem Dach" getragen waren. Inzwischen wird dieser Anspruch nicht mehr aufrecht erhalten. Auch bei den SB-Warenhäusern ist trotz ihrer oft außerordentlich großen Verkaufsfläche zu beobachten, dass sie nicht mehr alle Segmente ansprechen wollen und sich auch in der Auswahl der Leistungsbereiche beschränken.
4. Die **Spezialisierung auf einen Leistungsbereich:** Eine solche Konzeption findet man z. B. im Sortimentsbuchhandel, der sich auf Bücher beschränkt, dort aber sowohl den Käufer für Fachliteratur wie auch für Schulbücher, Belletristik oder andere Buchbereiche anspricht.
5. Die **Pick-Strategie:** Seit einiger Zeit ist zu beobachten, dass einige Handelsunternehmen sich von dem traditionellen Denken in Spezialisierungsmöglichkeiten lösen und sich Leistungsbereiche herauspicken. Dies findet sich in ausgeprägter Form bei Tchibo, die in ihren Geschäften Waren aus unterschiedlichsten Warenbereichen in einem ständigen Wechsel für unterschiedliche Bevölkerungsgruppen anbieten.

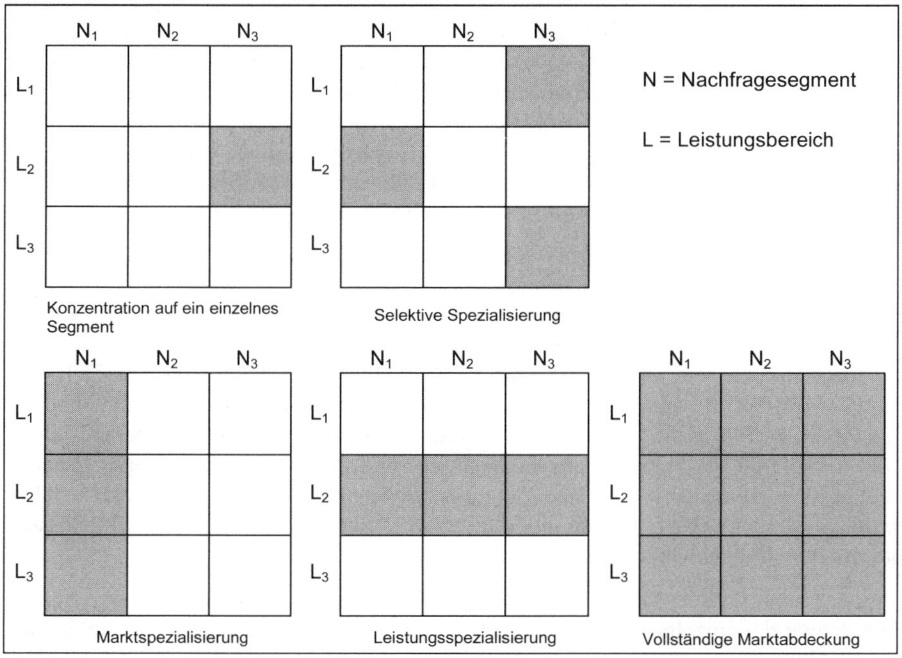

Abb. 2.11: Fünf Muster der Marktabdeckung (Quelle: in Anlehnung an P. Kotler und F. Bliemel 2001, S. 454)

Die einzelnen Alternativen sind auch in Abbildung 2.11 grafisch veranschaulicht. Die Auswahl einer Strategie der Marktabdeckung hat alle wesentlichen Gesichtspunkte zu berücksichtigen. Von besonderer Bedeutung sind hierbei die Präferenzen der Nachfrager. Einige Warenbereiche werden zweckmäßigerweise im Verbund angeboten, weil der Verbraucher ein Interesse an einem gemeinsamen Angebot hat. Für andere Warenbereiche gilt das weniger, z. B. für das gemeinsame Angebot von Möbeln und Bekleidung. Allerdings ist zu beobachten, dass traditionelle Sortimentseinteilungen, die vor allem warenorientiert sind (z. B. Bekleidung, Spielwaren, Bücher, Lebensmittel), an Bedeutung verlieren. So werden Spielwaren im Spielwarenfachgeschäft angeboten, daneben aber auch in Warenhäusern, Supermärkten, Verbrauchermärkten, an Tankstellen usw. Dies gilt für viele weitere Warenbereiche.

Die Zahl der sinnvollen Kombinationen scheint zu steigen. Insofern ist es angezeigt, Überlegungen zur Kombinierbarkeit einzelner Warenbereiche anzustellen. Dabei ist darauf zu achten, dass durch die Kombination unterschiedlicher Warenbereiche die Auswahl nicht so beschränkt wird, dass der Nachfrager die Sortimentstiefe als unzureichend ansieht. Bei beschränkten Raumkapazitäten ist diese Gefahr groß. Generell ist festzustellen, dass bei dem stetig wachsenden Angebot der Industrie an Produktvarianten und Produktneuerungen sowie starkem Wettbewerb der Handelsunternehmungen die Anforderungen an eine nachfragergerechte Auswahl steigen. Insofern ist die Bedeutung der Sortimentstiefe als absatzpolitisches Instrument gestiegen.

Die Spezialisierung auf einen Leistungsbereich oder sogar ein Leistungs- und Kundensegment kann Vorteile eröffnen. Die Unternehmung kann bei den Nachfragern aus dem jeweiligen Segment Präferenzen schaffen, indem sie ein Angebot offeriert, das bedürfnisgerechter als das anderer Anbieter angesehen wird, und sie kann die notwendigen Prozesse kostengünstiger gestalten. Die Zahl der Lieferanten, zu denen Geschäftsbeziehungen unterhalten werden, ist überschaubarer, die Konkurrenzanalyse kann sich auf relativ wenige Anbieter beschränken usw. Spezialisierungsstrategien eröffnen also häufig sowohl Präferenzvorteile beim Nachfrager als auch Kostenvorteile.

Allerdings kann auch die Bearbeitung mehrerer Marktfelder Vorteile eröffnen. Dabei wird von Economies of Scope gesprochen, womit jene Wettbewerbsvorteile gemeint sind, die sich durch die Abgrenzung des Geschäftsfeldes ergeben. Kenntnisse aus der Marktforschung, seien sie nun kunden- oder lieferantengerichtet, Erfahrungen in der Ladengestaltung, Verbundkäufe der Kunden usw. können es geraten erscheinen lassen, von der Bearbeitung einzelner Segmente zur Bearbeitung mehrerer Segmente überzugehen. So stellt sich die Positionierung zwischen den Polen der reinen Spezialisierung und der totalen Marktabdeckung als wichtiges und gleichzeitig schwieriges Problem dar, bei dem kundengerichtete, lieferantengerichtete und konkurrenzgerichtete Gesichtspunkte beachtet werden müssen und die Auswirkungen auf die Kosten- und Erlössituation oft nicht leicht abzuschätzen sind.

Entsprechend dem in Abbildung 2.2 dargestellten strategischen Dreieck sind bei der Bewertung der einzelnen Segmente auch die Möglichkeiten zu bedenken, wie die planende Unternehmung vor dem Hintergrund der eigenen Ressourcen und der Konkurrenzsituation die ausgewählten Zielgruppen bedienen kann. Insofern ist der Planungsprozess, der aus den Elementen Erkennen von Marktsegmenten, Auswahl einer Zielgruppe, Erkennen der Konkurrenzsituation, Erkennen von Strategien, Bewertung einzelner Strategien und Auswahl einer solchen besteht, kein linearer, sondern ein interdependenter Prozess.

2.3 Instrumente zum Erkennen von Marketingstrategien

Das Studium einzelner Marktsegmente öffnet den Blick auf Marktchancen. Sie müssen aber durch eine geeignete Geschäftspolitik erschlossen werden. Wie in Abschnitt 2.1 dargestellt wurde, geht es zunächst darum, ein strategisches Marketingkonzept zu entwickeln, das anschließend in geeignete operative Maßnahmen umzusetzen ist.

Abschnitt 2.3 zeigt, welche Marketingstrategien für den Handel in Frage kommen und mit welchen Instrumenten strategische Alternativen generiert werden können, so

- die generischen Strategien von Porter,
- die Ansoff-Matrix,
- das Abell-Schema,
- die Wertkettenanalyse.

Auf diese Analysemethoden wird im Folgenden eingegangen.

2.3.1 Porters Basisstrategien

M. E. Porter (2000) weist darauf hin, dass grundsätzlich die folgenden Strategien zur Verfügung stehen, um sich auf Dauer im Wettbewerb behaupten zu können (vgl. auch Abschnitt 2.2.1):

- die Kostenführerschaft, im Handel auch als Discountstrategie bezeichnet,
- die Differenzierungsstrategie (Anbieten einer überlegenen Leistung),
- die Segmentierungsstrategie (Ausrichtung auf Marktsegmente).

Im Folgenden soll zunächst ein Überblick über diese Strategien gegeben werden. Die erste **Strategie** ist die **der niedrigen Kosten** (Strategie I). Meistens bedeutet das eine Strategie der Kostensenkung. Diese wirkt sich zum einen unmittelbar aus, da aus niedrigeren Kosten ein höherer Gewinn folgt, zum anderen wird sie, wenn sie zum Kostenvorsprung innerhalb der Branche führt, zum Wettbewerbsvorteil, weil jetzt eine Preispolitik möglich wird, die mehr und mehr Kunden von der Konkurrenz abzieht. Kostenführerschaft und **Preisführerschaft** stehen in einem engen Verhältnis, weil der Preis für die Höhe des Absatzes umso bedeutsamer wird, je vollkommener die Märkte sind. M. E. Porter schreibt, dass bei der Strategie I niedrigere Kosten im Verhältnis zu den Konkurrenten zum roten Faden der gesamten Strategie werden (M. E. Porter 1999). Als Ansatzpunkte für niedrige Kosten bieten sich im Handel zunächst alle Kostenbereiche an. Oft sind es:

- Niedrige Personalkosten, indem auf einzelne Personalleistungen verzichtet wird oder diese auf sonstige Leistungsträger (z. B. Kunden) übertragen werden, ohne dass der Kunde hierin einen nicht mehr tragbaren Qualitätsverlust sieht,
- niedrige Raumkosten,
- niedrige Warenkosten,
- niedrige Logistikkosten usw.

Ein Unternehmer wird so alle Kostenarten durchdenken und prüfen, ob er die Möglichkeit sieht, Kostenersparnisse realisieren zu können. Bei vielen Gütern zeigt sich, dass der Verbraucher die Preisgünstigkeit als besonders wichtiges Einkaufskriterium ansieht (Abbildung 2.12).

Dementsprechend haben sich Betriebstypen gebildet, die den preisorientierten Verbraucher ansprechen (Discounter, Fachmärkte, Ein-Euro-Shops, Partievermarkter). Wem es gelingt, auf Grund bestimmter Faktoren einen Wettbewerbsvorteil in der Preispolitik zu erringen, der wird es im Regelfall (d. h. wenn sich die Präferenzen der Konsumenten nicht grundlegend ändern und wenn nicht in größerem Maß hemmende Faktoren vorliegen) leicht haben, Marktanteile zu gewinnen.

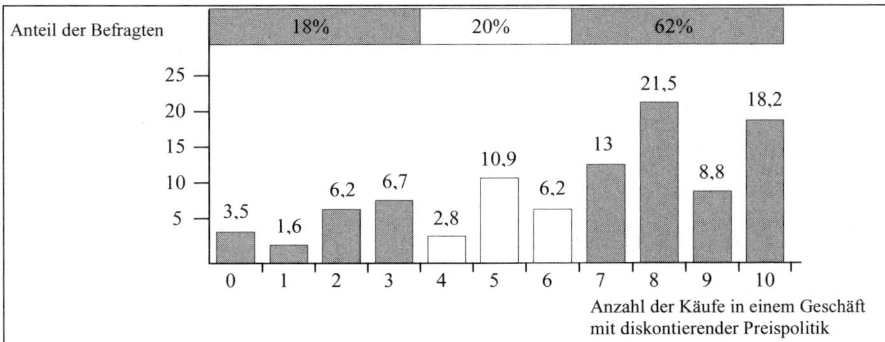

* Anmerkung: Die Befragten hatten anzugeben, wie viele von insgesamt zehn Käufen sie in einem Geschäft vornehmen würden, das die Preise so niedrig wie möglich hält, dabei an der Innenausstattung und am Bedienungspersonal spart und nur die gängigen Artikel führt.

Abb. 2.12: Das Interesse der Verbraucher an Einkäufen in Geschäften mit diskontierender Preispolitik

Aus der Gewinngleichung „Gewinn = Umsatz ./. Kosten" ergibt sich der Ansatzpunkt für eine zweite Strategie, die M. E. Porter die **Differenzierungsstrategie** nennt und die darin besteht, das Produkt oder die Dienstleistung des Unternehmens zu differenzieren und damit „etwas zu schaffen, was in der ganzen Branche als einzigartig angesehen wird" (Strategie II). Die Einzigartigkeit der Leistung gewährt Schutz vor den Konkurrenten. Wie die Einzigartigkeit gefunden wird, ist ein Akt der Kreativität oder des systematischen Suchens. Die Einzigartigkeit muss sich auf etwas beziehen, was den Nachfragern oder anderen Subjekten, mit denen die Unternehmung in einer Geschäftsbeziehung steht, als wertvoll und nützlich erscheint. Grundsätzlich kann jeder Faktor, den der Verbraucher bei der Wahl seiner Einkaufsstätte berücksichtigt, zum Wettbewerbsvorteil ausgebaut werden, so zum Beispiel

- der preisgünstigere Einkauf,
- der nähere Einkauf,
- der Mehr-Alternativen-bietende-Einkauf,
- die Möglichkeit zu Ergänzungskäufen,
- das höhere Qualitätsniveau der angebotenen Leistung,

- die Einkaufsatmosphäre oder
- die bessere Beratung.

In einigen Bereichen ist zu beobachten, dass neben den Handelsbetrieben, die den preisgünstigen Einkauf anbieten, Geschäfte entstanden sind, die die Auswahl (den mehr-Alternativen-bietenden-Einkauf) in den Vordergrund stellen. So sind riesige Möbelhäuser (z. B. von Porta oder Dodenhof) entstanden, Hugendubel hat in mehreren Städten Buchhandlungen mit mehr als 3000 qm Verkaufsfläche eröffnet, Sport-Kaufhäuser haben sich etabliert. Die Möglichkeit zu Ergänzungskäufen dokumentiert sich eindrucksvoll in Baumärkten, aber auch in Apotheken mit Sortimenten, die über verschreibungspflichtige Medikamente weit hinausgehen, und in Tankstellen-Shops. Insgesamt stellen die genannten Nutzendimensionen von Verbrauchern wichtige Ansatzpunkte dar, um Porters Qualitätsstrategie zu konkretisieren.

In vielen Fällen wird auch die **Erlebnisorientierung** als besonderes Leistungsmerkmal eines Handelsbetriebes hervorgehoben. Häufig wird versucht, die Erlebnisorientierung mit allgemeinen gesellschaftlichen Wandlungen oder Verweisen auf andere Wirtschaftsbereiche (Erlebnistourismus, Erlebnisgastronomie, Erlebnisbäder) plausibel erscheinen zu lassen. Die Diskussion leidet darunter, dass die Wissenschaft augenblicklich noch auf der Suche nach einer schärferen begrifflichen Fassung ist. G. Silberer definiert Erlebnishandel als jene Form der Distribution von Gütern,

> *„die bei den Besuchern, Interessenten oder potenziellen Abnehmern relativ intensive, und zwar angenehme Wahrnehmungen und Empfindungen erzeugt“ (vgl. G. Silberer 1989).*

Ähnlich weit ist auch Weinbergs Definition:

> *„Unter einem Erlebniswert versteht man den subjektiv erlebten, durch das Produkt, die Dienstleistung, das Verkaufsgespräch oder die Einkaufsstätte vermittelten Beitrag zur Lebensqualität der Konsumenten. Es handelt sich dabei um sinnliche Erlebnisse, die in der Gefühls- und Erfahrungswelt der Konsumenten verankert sind und einen realen Beitrag zur Lebensqualität der Konsumenten leisten“ (vgl. P. Weinberg 1992).*

Pieper (2009, S. 23–49) gibt einen Überblick über verschiedene Sichtweisen auf Erlebnisse in verschiedenen Disziplinen (Pädagogik, Psychologie, Soziologie) und definiert in Anlehnung an Müller (2002, S. 31):

> *„Ein Erlebnis ist ein subjektiv außergewöhnliches und situationsbezogenes emotionales Ereignis im Leben des Menschen, das ihm Freude vermittelt. Die Rahmenbedingungen können zwar phänomenfördernd gestaltet werden, Erlebnisse entziehen sich jedoch teilweise einer zielgerichteten Selbst- oder Fremdsteuerung.“*

Diese Definition weist auf die Bedeutung von Emotionen hin, insbesondere auf die Frage, wie Freude beim Einkauf ausgelöst werden kann. Einigen Handelsunternehmungen ist dieser Gesichtspunkt außerordentlich wichtig, wie etwa an dem Geschäftskonzept von Globetrotter abzulesen ist (bemerkenswert ist insbesondere die Ladenraumgestaltung in der Kölner Filiale).

auf Gegenstände bezogen	**auf die Phasen des Kaufprozesses bezogen**	**auf die menschlichen Sinne bezogen:**	**auf psychische Konstrukte bezogen**
• Erlebnisse, die aus dem Besitz der gekauften Güter rühren • Erlebnisse, die aus den Umständen des Einkaufs resultieren	• Bewusstmachen von Bedürfnissituationen • leichter Zugang zum Warenangebot • Information über das Angebot (Auswahl) und Beratung • Entscheidungshilfen • günstige Einkaufskonditionen • Hilfe bei Transport und Nutzung	angenehme Eindrücke • für das Auge • für das Gehör • für den Tastsinn • für den Geruchssinn • für den Geschmack	• Empfindungen • Emotionen • Zufriedenheit

Abb. 2.13: Ansatzpunkte für die Konkretisierung von Erlebnissen

Abbildung 2.13 soll verdeutlichen, wo Ansatzpunkte für eine Konkretisierung und Differenzierung der Einkaufserlebnisse gesucht werden können. Inzwischen liegen mehrere empirische Studien vor, die den Wert einer erlebnisorientierten Gestaltung von Handelsbetrieben überprüfen. Sie sind nach dem in Abbildung 2.14 dargestellten Muster aufgebaut:

Elemente einer erlebnisorientierten Verkaufsstellengestaltung, insbes.:		**Beeinflussung des Insystems von Konsumenten, insbes.:**		**Beeinflussung des Käuferverhaltens, insbes.:**
• Standort • Ladengestaltung • Personal • Sortiment • Verkaufsförderung	➔	• Aktivierung • Emotionen • Stimmungen • Einstellungen • Wiederkommensabsicht	➔	• Verweildauer der Kunden im Geschäft • Besuchshäufigkeit • Kaufbetrag • Anzahl gekaufter Artikel

Abb. 2.14: Beispiel für einen Stimulus-Organismus-Response (SOR)-Ansatz

Es ist ersichtlich, dass diesem Untersuchungsaufbau der in der Konsumentenverhaltensforschung häufig herangezogene Stimulus-Organismus-Response (SOR)-Ansatz zu Grunde liegt. Im Rahmen der Ausführungen zur Gestaltung der Einkaufsatmosphäre wird in Kapitel 10 auf die verschiedenen empirischen Untersuchungen näher eingegangen.

Die deutliche Positionierung eines Handelsbetriebes in der Preis- oder einer der Leistungsdimensionen ist eine zentrale Basisentscheidung, um im Wettbewerb bestehen zu können. Ihre Bedeutung leitet sich daraus ab, dass Konsumenten einzelne Betriebe danach beurteilen werden, inwieweit sie einen Beitrag zu ihrer persönlichen Bedürfnisbefriedigung leisten. Es ist nicht unbedingt zwangsläufig, aber im Regelfall gilt doch, dass die Differenzierung über die „einmalige Leistung“ die Kostenposition beeinträchtigt, weil Kundenbetreuung, eine aufwendige Ausstattung der Geschäftsräume und weitere Leistungen teuer sind. Die Einmaligkeit der Leistung kann auch über eine Dienstleistung erzielt werden. Strategie I ist ausgerichtet auf die Nachfrager, die das Interesse haben, ein bestimmtes Gut möglichst preisgünstig zu kaufen, Strategie II bietet die einmalige Leistung. Die Wahl einer erfolgreichen Betriebsform setzt voraus, festzustellen, ob es eine hinreichend große Zahl von Nachfragern mit entsprechenden Bedürfnissen gibt. Insofern kommt Überlegungen zur Zahl und der Mächtigkeit einzelner Marktsegmente eine erhebliche Bedeutung zu.

A. Gröppel-Klein (1996, S. 73f) hat die Erfolgswirksamkeit der von Porter empfohlenen Strategien im Handel überprüft, indem sie zwei Hypothesen zur Ausgangsbasis gewählt hat:

Aus Sicht der Einzelhändler:

> *„Wenn Einzelhändler sich entweder konsequent zu der Preis- oder zu der Differenzierungsstrategie bekennen, dann sind sie erfolgreicher als Einzelhändler, die zwischen den Stühlen sitzen."*

Aus Sicht der Konsumenten:

> *„Konsumenten beurteilen diejenigen Einzelhändler, die entweder die Preis- oder die Differenzierungsstrategie konsequent umsetzen, signifikant positiver als diejenigen Einzelhändler, die aus Sicht der Kunden zwischen den Stühlen sitzen."*

Von beiden Hypothesen konnte nur die erste bestätigt werden. Insgesamt kommt A Gröppel-Klein zu dem Ergebnis, dass die Unterscheidung der Strategien von M. E. Porter – auch wenn verfeinerte Typologien vorgeschlagen werden können – im Handel sinnvoll ist und dass diejenigen Unternehmen, die sich zwischen die Stühle setzen („stuck in the middle") eine schlechtere Wettbewerbsposition einnehmen.

M. E. Porter selbst weist noch auf die Möglichkeit hin, sowohl die Kosten- als auch die Differenzierungsstrategie auf dem Gesamtmarkt oder einem Teilmarkt (Nische) anwenden zu können. Dies erfordert zunächst, den Gesamtmarkt gedanklich in Segmente zu zerlegen und dann zu entscheiden, welche **Segmente** als Zielgruppen angesehen werden sollen. Auf diesen wichtigen Sachverhalt wird im Folgenden eingegangen.

2.3.2 Die Ansoff-Matrix

Im Produktmarketing ist eine Systematisierung von strategischen Handlungsalternativen sehr bekannt geworden, die ursprünglich von H. I. Ansoff zusammengestellt worden ist (1957 und 1966). H. I. Ansoff unterscheidet vier Handlungsbereiche:

1. **Die Marktdurchdringung:** Die Unternehmung bemüht sich, den Absatz des oder der einzelnen Produkte des bisherigen Vertriebsprogrammes zu steigern. Hierfür kommen Maßnahmen in Frage, die für das Produkt neue Verwendungsmöglichkeiten erschließen, die auf einen erhöhten Verbrauch durch die Nachfrager zielen oder die zu Lasten der Konkurrenz gehen. Kennzeichen einer solchen Politik ist, dass die Maßnahmen auf die bisherigen Nachfrager („alte Märkte") ausgerichtet sind.

2. **Die Produktentwicklung:** Auch hier zielen die Maßnahmen auf die bisherigen Abnehmer. Ihnen werden jetzt jedoch nicht nur die bisherigen Produkte angeboten, sondern auch neu entwickelte.
3. **Die Marktentwicklung:** Hier richten sich die Bemühungen darauf, das traditionelle Produktions- bzw. Vertriebsprogramm an neue Abnehmer (neue Zielgruppen, neue Verkaufsgebiete) abzusetzen.
4. **Die Diversifikation:** Bei einer Strategie der Diversifikation engagiert sich die Unternehmung auf neuen Feldern, die in horizontaler Sicht die traditionelle Produktpalette erweitern und an neue Kundenkreise gerichtet sind, die sich aber in vertikaler Sicht auch auf vorgelagerte oder nachgelagerte Wirtschaftsstufen beziehen können.

Zwar wirft das Schema von H. I. Ansoff einige Abgrenzungsschwierigkeiten auf (den Neuigkeitsgrad von Produkt und Markt betreffend), insgesamt können aus den vier Feldern dieses Schemas jedoch zahlreiche strategische Optionen abgeleitet werden. Seine Verwendung im Handel erfordert jedoch, dass die Produktdimension angepasst wird; für den Handel empfiehlt es sich, statt von Produkten von Leistungen zu sprechen (vgl. D. Knee und D. Walters 1985, S. 11). Abbildung 2.15 zeigt, wie die Ansoff-Matrix auf Gegebenheiten im Handel übertragen werden kann.

Zu den Marktdurchdringungsstrategien zählen alle Maßnahmen, die zu einem erhöhten Absatz der im Sortiment geführten Artikel oder Dienstleistungen im bisherigen Verkaufsgebiet führen (vgl. B. Dobler und S. Jacobs 1989, S. 6). Dazu zählt neben Ladenerneuerungsmaßnahmen der Einsatz aller absatzpolitischen Instrumente, also z. B. auch preispolitischer Maßnahmen oder die Aufnahme eines Zustelldienstes (wobei allerdings auch deutlich wird, dass hier die Grenze zur Entwicklung neuer Leistungen schnell überschritten sein kann). Oft geht mit einer solchen Politik die Definition differenzierter Markt- bzw. Zielgruppensegmente einher.

	Bisherige Kunden/ Kundensegmente	**Neue Kunden-segmente in bisherigen Regionen**	**Kunden(-segmente) in neuen Regionen**
Sortiment, Services und Dienstleistungen in bisherigem Ausmaß	Marktdurchdringung	Markterweiterung (bez. auf Segmente)	Markterweiterung (regional, international)
Sortiments-änderung	Marktgerechtere Sortimente	Kombinierte Kunden- und Sortimentsdiversifikation	Multiplikation mit Sortimentsanpassung
Änderung der Services	Leistungserweiterung durch neue Services	Betriebstypen-variation	Multiplikation mit Serviceniveauänderung
Änderung der selbstständigen Dienstleistungen	Leistungserweiterung durch neue Dienstleistungen	Markterweiterung durch neue Dienstleistungen	Markterweiterung mit angepassten Dienstleistungen

Abb. 2.15 : Anpassung der Produkt-Markt-Matrix an die Gegebenheiten im Handel

Neue Leistungen erfassen im Handel sowohl neue Sortimente als auch die Gestaltung der Angebotsmodalitäten, wobei noch einmal danach unterschieden werden kann, ob es sich um selbstständige Dienstleistungen handelt, für die ein Entgelt angesetzt wird, oder um nicht selbstständige Dienstleistungen (Services), mit denen der Warenabsatz erleichtert werden soll. Die Änderungen können so weitreichend sein, dass ein Wandel der Betriebsform vorliegt.

Der Fall, dass mit dem bisherigen Leistungsprogramm in neue Märkte eingetreten wird, äußert sich im Handel in der Ausdehnung des Marktgebietes. So kann aus einem regionalen Anbieter ein überregionaler oder nationaler Anbieter werden, aus einem nationalen ein internationaler oder sogar ein globaler. Die Ansprache neuer Zielgruppen erfordert dagegen meistens eine Modifikation des Leistungsangebotes, so dass hier eher der Fall der Diversifikation vorliegt (z. B. Verkauf von Schreib- und Bürowaren nicht nur an private Haushalte, sondern über ein Zustellgeschäft auch an gewerbliche Organisationen). Treten die neuen Leistungen zu den alten Leistungen hinzu (also z. B. Fachmärkte zu den Warenhäusern, Discountgeschäfte zu den Fachgeschäften, die dauerhafte Erweiterung von Sortimenten), kann von Diversifikation bzw. Markterweiterung gesprochen werden, wenn hierdurch neue Segmente angesprochen werden. Dabei ist denkbar, dass sogar die bisherige Wirtschaftsstufe verlassen wird, indem in den Großhandel oder in den Bereich der Industrie eingetreten wird.

2.3.3 Marktanalyse mit Hilfe des Abell-Schemas

D. F. Abell hat zur Bestimmung des Tätigkeitsbereiches („business“) ein dreidimensionales Beschreibungsschema entwickelt. Er geht von der Annahme aus, dass es unzureichend sei, Betätigungsfelder nur durch die Angabe von Produkten (Objekten) auf der einen Seite und Märkten auf der anderen Seite abzugrenzen und unterteilt daher in Abnehmerdimensionen (Zielgruppen), Bedürfnisarten und verwendete Technologien (D. F. Abell unterscheidet zwischen Abnehmergruppen, Abnehmerfunktionen und Technologien; vgl. D. F. Abell 1980, S. 17. Erläuterungen zum Abell-Schema finden sich auch bei U. Hansen 1990, S. 555 und R. Köhler 1993, S. 25f.):

1. **Abnehmerdimension (Zielgruppen)**
   Eine Unterteilung der Abnehmer ist gleichbedeutend mit der Marktsegmentierung und umfasst somit die Bestimmung bzw. Abgrenzung von Marktsegmenten anhand nachfrage-(kauf)-relevanter Kriterien. Bekanntlich gibt es zahlreiche Merkmale, anhand derer Nachfragergruppen unterschieden werden können, z. B.
   - nach dem institutionellen Status: private Haushalte, Unternehmungen, nicht erwerbswirtschaftliche Organisationen,
   - nach dem sozioökonomischen Status: z. B. des Alters der Verbraucher, die Branchenzugehörigkeit bei institutionellen Abnehmern,
   - nach psychografischen Merkmalen: z. B. nach dem vorrangigen Bedürfnis (eher eine Hinwendung zur Preisorientierung oder zum Marken- oder Qualitätsbewusstsein),
   - nach beobachtbaren Verhaltensweisen: z. B. Nichtverwender, seltene, häufige Verwender.

Das Abell-Schema liefert keine unmittelbaren Hinweise, wie die Märkte in einer bestimmten Situation segmentiert werden sollen oder welche Segmente eine Unternehmung zu Zielgruppen erklären sollte, es will jedoch zur differenzierten Sicht auf heterogene Nachfragestrukturen anregen.

2. **Art der anstehenden Bedürfnisse bzw. Funktionen**
   Nachfragergruppen können unterschiedliche Bedürfnisse aufweisen, denen eine anbietende Unternehmung mit einzelnen Funktionen entsprechen kann. Informieren über vorhandene Angebote, Verfügbarmachen der entsprechenden Waren, Zustellung, Wartung und Reparatur sind Beispiele. Zwar beschränken sich viele Verkaufsstellen des Einzelhandels darauf, den Nachfragern die Möglichkeit zu eröffnen, einzelne Waren direkt erwerben zu können, dies darf aber nicht den Blick darauf verstellen, dass die Funktionsübernahme des Handels in bestimmten Fällen ausgedehnt werden kann.
3. **Technologien**
   Für die gegenüber den einzelnen Zielgruppen zu erbringenden Funktionen können in vielen Fällen unterschiedliche Technologien in Frage kommen, wie die folgenden Beispiele verdeutlichen:
   - Technologie der Information über das Angebot: Ausstellung, traditionelle Kataloge, elektronische Medien,
   - Technologie der Beratung: persönlich, durch entsprechende Ladengestaltung, Medien,
   - Technologie der Zustellung: Selbstabholung, Anlieferung.

Das dreidimensionale Raster unterstützt die strategische Betriebstypenplanung, da die Suche nach neuen Betriebstypen-Konzepten strukturiert wird. Hierzu liefern neue Ausprägungen auf den Achsen oder neue Kombinationen bereits belegter Achsenausprägungen vielfältige Ansatzpunkte (vgl. G. Müller-Stewens 1990, S. 77). Durch das zunächst bewusst grob gehaltene Raster bleibt auch Raum für unkonventionelle Zukunftsüberlegungen. Das Abell-Schema stellt somit eine stufenweise zu vertiefende Denkhilfe dar, die kreative Ausgestaltungsüberlegungen zu einer Betriebstypenplanung anregt.

Abbildung 2.16 zeigt eine Anwendung des Schemas für eine Apotheke. Es werden systematisch die Alternativen hinsichtlich Funktionserfüllung und dafür verwendeter Technik aufgeführt. In Bezug auf die Kundengruppen weist die Abbildung 2.16 auf die unterschiedlichen Gliederungsmöglichkeiten hin. In dem so aufgespannten Raum kann nun eine Apotheke markieren, wie sie sich positionieren will.

Entscheidend für den Erfolg eines Betriebstypen-Konzepts dürfte die vom Nachfrager als wichtig wahrgenommene Variation eines beliebigen Parameters der drei Dimensionen angesehen werden. Bei Um- oder Neupositionierungen von Betriebstypen bedarf es daher einer Berücksichtigung der Wirkung des Betriebstyps auf den Nachfrager (= „Outside-in-Perspektive“, vgl. G. Heinemann 1989). Das Abell-Schema hilft, Handlungsmöglichkeiten zu erkennen, die dann allerdings in einer Folgeanalyse noch zu bewerten sind.

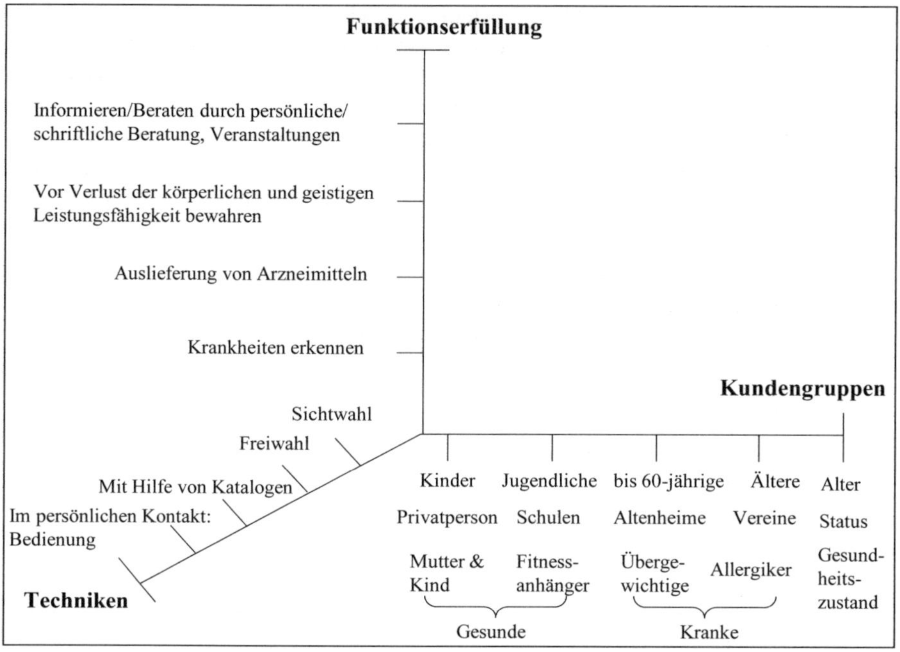

Abb. 2.16: Anwendung des Abell-Schemas für Apotheken

2.3.4 Die Wertkette als Instrument der Strategischen Analyse

Die Wertkette ist ein Denkansatz zur Suche und Sicherung nachhaltiger Wettbewerbsvorteile für das Unternehmen. Das Konzept der Wertkette ist auf M. E. Porter zurückzuführen (vgl. M. E. Porter 1999; 2000) und wurde u. a. von W. Esser (1989) auf den Handel angewendet. Kennzeichen erfolgreicher Unternehmen ist die Erzielung nachhaltiger Wettbewerbsvorteile aus Sicht ihrer Kunden. Wettbewerbsvorteile entstehen im Wesentlichen aus dem Wert, den ein Unternehmen für seine Abnehmer schaffen kann, soweit dieser die Kosten der Wertschöpfung für das Unternehmen übersteigt.

Wettbewerbsvorteile können aus vielen einzelnen Teilaktivitäten (Wertaktivitäten) erwachsen, wie z. B. der Beschaffung, der Logistik oder der Informationstechnologie. Folgende Fragen hilft das Instrument der Wertkette zu beantworten:

- In welchen Aktivitäten der Leistungserstellung sind Wettbewerbsvorteile zu erlangen?
- Kann das eigene Leistungssystem besser auf die Systeme der Leistungserstellung vor- und nachgelagerter Marktstufen (Lieferanten, Großhändler und Kunden) abgestimmt werden?

Die Wertkette des einzelnen Unternehmens ist in ein System vor- und nachgelagerter Wertketten der Lieferanten, Großhändler und Abnehmer eingebettet. Gemeinsam bilden diese Wertketten das Wertschöpfungssystem innerhalb einer Branche bzw. eines Marktes. Bei der Wertkette handelt es sich um ein Instrument der strategischen Analyse zur Suche nach Wettbewerbsvorteilen (Kostenvorteile/Differenzierungsmöglichkeiten) in einzelnen Aktivitäten (Prozessen) der Unternehmenstätigkeit. Eine Wertkette gliedert die Aktivitäten bzw. Prozesse der unternehmerischen Leistungserstellung in jene strategisch relevanten Tätigkeiten (Wertaktivitäten), die Kosten- oder Differenzierungsvorteile gegenüber den Wettbewerbern bieten oder die an Dritte übertragen werden können (Outsourcing).

Neben den primären Aktivitäten, die sich auf Prozesse beziehen, die die Ware betreffen (Einkauf, Logistik, Verkauf), können auch die unterstützenden Aktivitäten (z. B. Personalwirtschaft) Gegenstand strategischer Überlegungen sein.

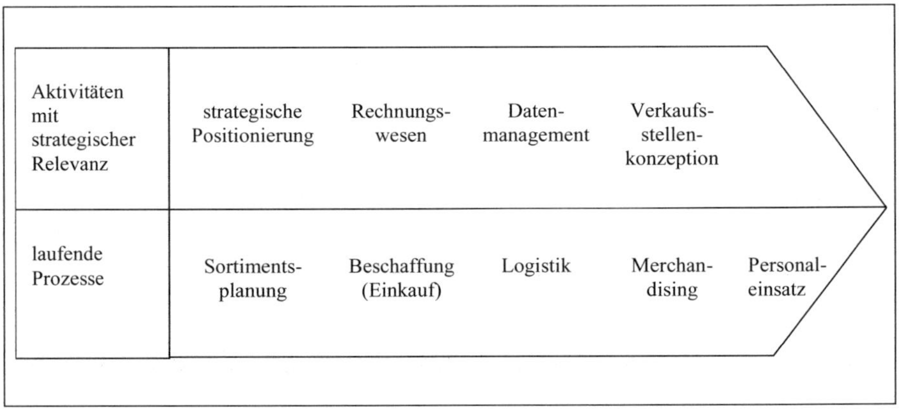

Abb. 2.17: Prozesskette für ein Handelsunternehmen

Abbildung 2.17 zeigt eine Auflistung von einzelnen Prozessen, denen in der Handelsunternehmung oft besondere Bedeutung zukommt. Jeder Prozess ist durch Input und Output gekennzeichnet. Für jeden Prozess lassen sich Überlegungen anstellen, ob er selbst durchgeführt oder ob er in die Hände von Dritten gelegt werden soll; so ist häufig zu beobachten, dass logistische Aufgaben entsprechenden Dienstleistern übertragen werden. Einzelne Prozesse können auch Gegenstand von Benchmark-Analysen sein, vor allen Dingen sollen sie aber im Hinblick auf die Frage, inwieweit über sie Kosten- oder Differenzierungsvorteile erlangt werden können, betrachtet werden.

Das in Abbildung 2.18 dargestellte Beispiel macht deutlich, dass sich Reno in einer Reihe von Aspekten von anderen Anbietern unterscheidet. Auch Abbildung 2.19 soll den Gedanken, dass die Suche nach Kostenvorteilen und Differenzierungsmöglichkeiten in verschiedenen Unternehmensbereichen ansetzen kann, verdeutlichen. Je nach Branche können die Wertaktivitäten für die Erlangung und Sicherung nachhaltiger Wettbewerbsvorteile von unterschiedlicher Bedeutung sein. Demzufolge ist eine branchentypische Wertkette adäquat zu definieren, zu analysieren und zu vergleichen.

	Einkauf	**Lagerung**	**Präsentation**	**Verkaufsraum**	**Bedienung**	...
Reno	Kaum Marken, über Zentrale	Verkaufsraum = Lager	Schuhe als „Hängeware“	Schlichte Halle, häufig in Randlagen	Keine Bedienung, zentraler Checkout	
Trad. Schuhfachgeschäft	Markenware, dezentral	Trennung von Verkaufsraum und Lager	Ansprechend , z. T. mit Dekoration	Einladendes Ambiente, Spiegel, Sessel	Beratung und Hilfe bei Anprobe	

Abb. 2.18: Strukturen und Prozesse, aus denen Wettbewerbsvorteile im Schuhhandel erwachsen können

Abb. 2.19: Potenzielle Ansatzpunkte zur Strategiebestimmung im Handelsunternehmen (Quelle: in Anlehnung an J. McGee 1987, S. 98)

Bei der Definition einer Wertkette können die primären und unterstützenden Aktivitäten in weitere Unteraktivitäten unterteilt werden. Das Ausmaß der Aufgliederung ist abhängig vom

- wirtschaftlichen Zusammenhang der Aktivitäten,
- dem Differenzierungspotenzial der Aktivitäten,
- und dem ansteigenden Kostenanteil bei Abgrenzung einzelner Aktivitäten.

Die Ableitung einer unternehmensspezifischen Wertkette gestaltet sich in mehreren Schritten. Im ersten Schritt erweist es sich häufig als zweckmäßig, sich an der aufbau- und ablauforganisatorischen Gestaltung des Unternehmens zu orientieren. Geschäftsbereiche, Hauptabteilungen und Abteilungen eines Unternehmens spiegeln dabei die einzelnen Leistungsbereiche und ihre Bedeutung für die damit zusammenhängenden Wertaktivitäten im Unternehmen wider. Zur Definition der Wertkette empfiehlt es sich zunächst, die primären Aktivitäten zu unterteilen und schematisch darzustellen, wobei der Grundsatz „Vollständigkeit vor Detailliertheit“ gilt.

Im zweiten Schritt ist die gegenwärtige Schwerpunktbildung herauszuarbeiten. Je nach Informationsbasis und Rechenaufwand kann ein Unternehmen hierzu einen qualitativen oder quantitativen Ansatz wählen. Bei einem mehr qualitativen Ansatz wird die Bedeutung einzelner Glieder der Wertkette beispielsweise durch den Grad an Aufmerksamkeit im Unternehmen (wie Bindung von Managementkapazität) gemessen. Bei einem mehr quantitativen Ansatz wird der relative Anteil der einzelnen Wertaktivitäten am gesamten Ressourcenbedarf bzw. an der Wertschöpfung des Unternehmens ermittelt. Voraussetzung hierfür sind Informationen über Ressourcenverzehr und Leistungen der einzelnen Glieder der Wertkette sowie ihre Aufbereitung zu Kennzahlen. Die Definition und Beurteilung der einzelnen Kategorien der Wertkette entspricht dabei einer Rekonstruktion der bisherigen strategischen Ausrichtung des jeweiligen Unternehmens.

Im dritten Schritt ist die Struktur der Wertketten der Wettbewerber zu rekonstruieren. Hierdurch erhält man strategische Hinweise darauf, durch welche eigenen Wertaktivitäten man sich vom Wettbewerb abheben kann. Auch wenn sich die Datenbeschaffung als problematisch erweist, ist dieser Schritt zur Suche und Sicherung von eigenen dauerhaften Wettbewerbsvorteilen notwendig. Die Art und Weise, wie konkurrierende Unternehmen die Aktivitäten der Leistungserstellung innerhalb ihrer Wertketten verknüpfen, entscheidet über mögliche Wettbewerbsvorteile bzw. -nachteile.

Bei einer Strategie des Kostenvorsprungs steht das Kostenverhalten der einzelnen Wertaktivitäten im Vordergrund und bei einer Differenzierungsstrategie sind es die Leistungsmerkmale zur Unterscheidung vom Wettbewerb. Hieraus resultieren je nach Grundstrategie unterschiedliche Gewichte und Gestaltungsformen der einzelnen Aktivitäten innerhalb der Wertketten. Entscheidend für den Erfolg bei der Suche nach Wettbewerbsvorteilen ist die Abstimmung der eigenen Wertkette mit den Anforderungen der Abnehmer. Hierzu sind die einzelnen Entscheidungskriterien der Kunden beim Kauf und ihre Rangfolge im definierten Marktgebiet zu ermitteln. Um die einzelnen Kaufkriterien mit der eigenen Wertkette abzugleichen, sind diese einander gegenüberzustellen, d. h. man stimmt die eigene Wertkette mit den Anforderungen der Abnehmer ab. Hieraus lässt sich unmittelbar der strategische Handlungsbedarf ableiten.

Ob ein Unternehmen in der eigenen Wertkette die strategisch erfolgreichen Schwerpunkte setzt, hängt eng mit der Beziehung des eigenen Unternehmens zu den vor- und nachgelagerten Wertketten zusammen, so dass eine optimale Abstimmung der eigenen Wertkette eine Einbeziehung der Markt- und Wertschöpfungsstufen der Branche erfordert. In diesem Sinne kann die eigene Marktposition durch strategische Kooperationen und Allianzen gestärkt werden, indem die eigene Leistungserstellung besser auf die vor- oder nachgelagerten Wertschöpfungsstufen abgestimmt wird (vertikaler Leistungsverbund).

2.4 Die Festlegung von Zielen

Jede Beurteilung von Maßnahmen erfordert eine Vorgabe von Kriterien, die aus den Zielen des oder der Entscheidungssubjekte abgeleitet sind. Die Bedeutung der Formulierung von Zielen im Rahmen eines Managementprozesses kommt sehr schön in einem chinesischen Sprichwort zum Ausdruck, nach dem es heißt, dass für denjenigen, der kein Ziel hat, alle Wege richtig sind. Das gilt auch für strategische Maßnahmen. Bei den Zielgrößen handelt es sich um zukünftige, erwünschte Zustände.

Die Formulierung von Zielsystemen stellt eine wichtige Managementaufgabe dar. Anschließend ist zu ermitteln, wie sich die Handlungsmöglichkeiten auf diese Zielgrößen auswirken werden; insofern kann von der Ermittlung der Konsequenzen der jeweiligen Handlungsmöglichkeiten gesprochen werden.

Zielsysteme haben auch eine organisatorische Komponente: Es soll deutlich werden, wie die Zielvorstellungen einzelner Entscheidungssubjekte (z. B. Vorstand, Bereichsleiter, Geschäftsstellenleiter, Abteilungsleiter, Verkäufer) untereinander verknüpft sind. Ein instruktives Beispiel für das Zielsystem einer Handelsorganisation gibt G. Drexel (1981, S. 143) an, indem er einerseits in Ziele der obersten Unternehmungsebene, Ziele der strategischen Geschäftseinheiten (z. B. Geschäftseinheit „Verbrauchermärkte"), Ziele einzelner Betriebe und Ziele einzelner Betriebsbereiche unterteilt, andererseits finanzwirtschaftliche, leistungswirtschaftliche und soziale Ziele unterscheidet.

Im Hinblick auf die Entwicklung von Zielsystemen werden im Folgenden drei Bausteine vorgestellt, traditionelle Zielgrößen, der Shareholder-Value und die Business-Balanced-Scorecard.

2.4.1 Traditionelle Zielgrößen

Traditionelle Zielgrößen sind auf das Rechnungswesen einer Unternehmung ausgerichtet und stellen vorwiegend auf den Gewinn und die Liquiditätslage (Cashflow) ab. Neben dem **Gewinn**, dem in einer Marktwirtschaft in der Tat eine zentrale Bedeutung zukommt, müssen jedoch für eine konkrete Planung weitere Zielgrößen benannt werden. Erstens ist der Gewinn eine nach handels- oder steuerrechtlichen Vorschriften ermittelte Größe und somit auf andere Zwecke als die der Betriebssteuerung hin konzipiert, zweitens ist der Gewinn nicht in der Lage, alle wichtigen Ergebnisse widerzuspiegeln, und drittens ist es häufig unmöglich, die Auswirkungen einzelner Maßnahmen auf den Gewinn zu messen. So kommen je nach Problemstellung folgende Ziele (Ersatzziele) in Frage (vgl. auch E. Gerth 1969):

- Umsatz- oder Absatzsteigerungen bei einzelnen Artikeln, Warengruppen oder dem gesamten Sortiment,
- Veränderung des Marktanteils,
- Bekanntheitsgrad oder Image bei den Konsumenten,
- Einkaufskonditionen,
- Zahl der Stammkunden,
- Verringerung des in Lagerbeständen gebundenen Kapitals,
- Verbesserung der Liquiditätslage.

Solche Ziele lassen sich nach verschiedenen Kriterien systematisieren:

1. **nach der Art der Rechengröße** in
    - erlöswirtschaftliche Ziele,
    - kostenwirtschaftliche Ziele;
2. **nach der Personengruppe**, auf die hin die Ziele formuliert sind, in betriebsinterne Ziele (z. B. Erhöhung des Lagerumschlags durch bessere Bestellpolitik),
    - konsumentenorientierte Ziele,

- lieferantenorientierte Ziele,
- handelsorientierte Ziele (nachgeschaltete Einzelhändler),
- personalorientierte Ziele;

3. **nach dem Zeitraum**, auf den sich die Zielformulierungen erstrecken, in
   - kurzfristige Ziele,
   - langfristige Ziele.

Die Aufzählung gibt bereits zahlreiche Hinweise, wie einzelne Maßnahmen beurteilt werden können, indem jeweils gefragt wird, wie sie sich auf Kosten, Erlöse, Finanzen usw. auswirken. Die Liste möglicher Zielgrößen macht auch deutlich, dass der Gewinn allein kein hinreichendes Zielkriterium sein kann, sondern dass mehrere Zielbereiche unterschieden werden müssen. Desweiteren wird auch nicht näher betrachtet, wie die einzelnen Zielbereiche untereinander vernetzt sind. Das ist Gegenstand von Überlegungen zu sog. Kennzahlenpyramiden, bei denen eine Spitzenkennzahl fortlaufend in Bestimmungsfaktoren aufgegliedert wird. So wird bei dem bekannten ROI-System (return on investment) die Kapitalrentabilität als Gewinn auf das eingesetzte Kapital in die beiden Bestimmungsfaktoren Umschlaghäufigkeit (Umsatz/Gesamtkapital) und Umsatzrentabilität (Gewinn/Umsatz) aufgespalten. Auf dieses und ähnliche Systeme (z. B. ZVEI) wird hier nicht näher eingegangen (vgl. hierzu L. Müller-Hagedorn, W. Toporowski und S. Zielke 2011, Kap. 32). Stattdessen wird im Folgenden auf den Shareholder-Value, marketingorientierte Zielsysteme und auf die sog. Business Scorecard eingegangen.

2.4.2 Der Shareholder-Value

Mit dem Shareholder Value ist der Unternehmenswert aus der Sicht der Anteilseigner gemeint. Damit steht er in enger Beziehung zu dem Kapitalwert von Investitionen, denn auch hier wird die Vorteilhaftigkeit von Investitionen aus der Perspektive von Eigentümern und unter Vernachlässigung von nicht-finanziellen Zielen wie Macht oder Prestige festgestellt. Danach sind Investitionen dann durchzuführen, wenn sie einen positiven Nettokapitalwert erzeugen. Diese Regel wurde damit gerechtfertigt, dass es sich bei Annahme eines idealen Kapitalmarktes bei dem Nettokapitalwert um einen Vermögenszuwachs handelt. Verfügt der Investor über Eigenkapital, zeigt der Nettokapitalwert an, wie groß die Ersparnis aus der zugehörigen Investition gegenüber einem Nachbau der Zahlungen am Kapitalmarkt ist. Muss sich der Investor verschulden, beschreibt der Nettokapitalwert den Mittelzufluss im Zeitpunkt der Realisierung der Investition, der zusätzlich konsumiert werden kann. Da es insofern zwingend ist, sich bei Investitionsentscheidungen am Nettokapitalwert zu orientieren, war es naheliegend, die Idee vom individuellen Investor, der seinen Konsumstrom optimieren will, auf die Unternehmung, in der sich die Interessen verschiedener Investoren bündeln, zu übertragen. Manager sollten den Shareholder Value im Sinne des Unternehmenswertes für die verschiedenen Eigentümer maximieren. Investoren, die in naher Zukunft konsumieren wollen, profitieren, weil sie bei einem Verkauf ihrer Anteile höhere Preise erzielen ebenso wie Investoren, die erst in späteren Perioden konsumieren wollen. Dennoch ist die Beurteilung von Maßnahmen am Shareholder-Value unterschiedlicher Kritik ausgesetzt.

So ist zunächst zu beachten, dass die theoretische Rechtfertigung des Shareholder Values einen idealen Kapitalmarkt unterstellt, auf dem die Beteiligten ihre Anteile zu einem Einheitszinssatz für Kapitalaufnahme und -anlage und ohne Transaktionskosten veräußern können. Außerdem würde von Anspruchsgruppen, Interessengegensätzen, Anreizen, Abstimmungsprozessen und Kontrollen abstrahiert (zum Überblick vgl. Ballwieser 2009). Auch wird darauf hingewiesen, dass Vertreter der Wirtschaft, die grundsätzlich für ein Shareholder-Value-Konzept eintreten, dies nicht sinnvoll anwenden, wenn sie eine relativ hohe Verzinsung des Eigenkapitals anstreben (z. B. 25 %) oder wenn sie Maßnahmen vorsehen, die kurzfristig das Betriebsergebnis verbessern, langfristig sich jedoch negativ auswirken (vgl. zur Kritik an der Anwendung des Shareholder-Value-Prinzips L. Knoll und E. Wenger 2007). Im ersten Fall ist zu fragen, ob die Maximierung einer Rentabilität ein sinnvolles unternehmerisches Ziel darstellt, im zweiten Fall wird darauf abgestellt, dass die Planungsperiode nicht zu kurz gewählt werden darf: Dies zeigen folgende Beispiele:

- Wenn eine Handelsunternehmung ihre Immobilien verkauft und das freigesetzte Kapital an anderer Stelle einsetzt, dann kann in dem Handelsunternehmen die Eigenkapitalrentabilität auch dann gesteigert werden, wenn die im Anschluss zu zahlenden Mieten höher sind als die zuvor kalkulatorisch verrechneten Mieten. Langfristig kann es aber sein, dass nach Auslaufen der Mietverträge die Kündigung droht oder deutlich höhere Mieten gezahlt werden müssen.
- Entsprechende Effekte können auch bei Auslagerung der Logistik angeführt werden.

Die Beispiele zeigen, dass es einerseits sinnvoll sein kann, im Unternehmen vorhandene Ressourcen zu veräußern, damit stille Reserven aufzudecken, außerordentliche Erträge zu generieren und die benötigten Ressourcen auf anderem Weg bereitzustellen, dass es andererseits zu Belastungen in der Zukunft kommen kann. Ein sinnvoll angewendetes Shareholder-Value-Konzept hat auch die langfristigen Wirkungen in Rechnung zu stellen. Je höher die erfolgsabhängigen Zahlungen an das Management sind, umso größer ist die Gefahr, dass nur auf kurzfristige Erfolge abgestellt wird.

Weitergehend ist jene Kritik, in der bemängelt wird, dass wichtige Anspruchsgruppen (z. B. Anwohner, Bürger, Vertreter des Naturschutzes usw.) nicht an den Entscheidungen im Unternehmen beteiligt werden; Mitbestimmungsrechte seien nur den Arbeitnehmern zugestanden.

In diesem Zusammenhang wird oft auch gefordert, dass Manager nicht nur ökonomische Gesichtspunkte, sondern auch ethische bei ihren Entscheidungen zu berücksichtigen hätten. So fordern z. B. Steinmann und Löhr eine „dialogische Verständigung“ zwischen den Betroffenen (H. Steinmann und A. Löhr 1995). H. Hax (1995) z. B. bezweifelt, dass eine solche unvoreingenommene, zwanglose und nicht-persuasive Verständigung zwischen den sachverständigen Gesprächspartnern überhaupt möglich sei. Er verweist darauf, dass in einer Marktwirtschaft die Unternehmungen auf ein Gewinnstreben angewiesen seien und dass ihr Handeln von unterschiedlichen gesellschaftlichen Gruppen beobachtet würde und sie auf Vertrauen bei diesen Gruppen nicht verzichten könnten. Er verweist auf das Gefangenendilemma, wo das beste Ergebnis für alle eintritt, wenn sich alle an ethische Normen halten; mithin regle auch hier ein Eigennutzstreben das Verhalten in erwünschter Weise. Sollten die Koordinationsmechanismen der arbeitsteiligen Wirtschaft dennoch Mängel aufweisen, müssten besser geeignete Rahmenbedingungen gesucht werden. Es gibt viele Beispiele, die zeigen, wie Unternehmungen ihre Rolle in einer pluralen Welt definieren.

Auf die Bedeutung von CSR-Maßnahmen für Handelsunternehmen weisen Zentes und Schramm-Klein (2009) hin. Ballwieser zeigt allerdings auf, dass ein Stakeholder Value kein operationales Ziel sei, an dem der Erfolg gemessen werden könne und dass nur die Eigentümer das Residualrisiko trügen, während die anderen Anspruchsgruppen sich vertraglich schützen könnten (Ballwieser 2009, S. 95). Gleichzeitig weist er auch darauf hin, dass zwar häufig von den Unternehmungen behauptet würde, sie wollten den Shareholder Value steigern, daran jedoch Zweifel aufkämen, wenn diese auch schwer zu belegen seien.

2.4.3 Marketingorientierte Zielsysteme

Ein Beispiel für eine marketingorientierte Formulierung eines Zielsystems liefern Homburg und Krohmer (vgl. auch Abbildung 2.20).

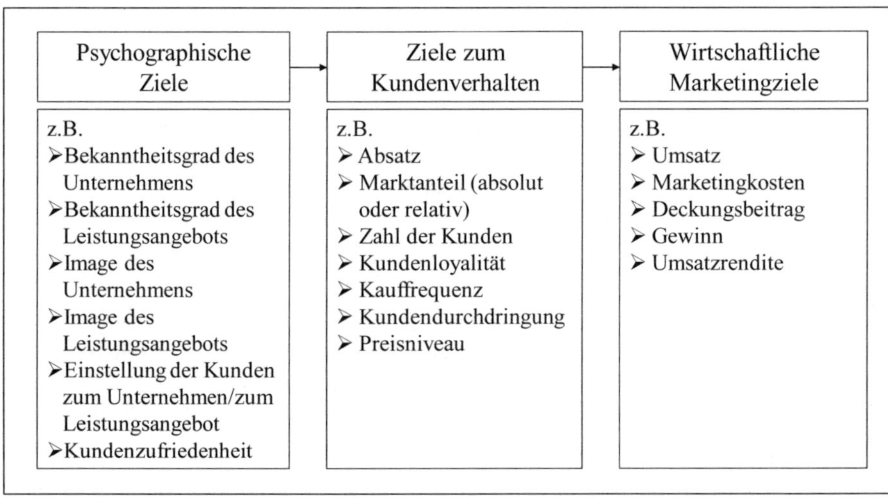

Abb. 2.20: Strategische Marketingziele (in Modifikation zu C. Homburg und H. Krohmer 2003.)

Sie weisen darauf hin, dass die unterschiedlichen Zielgrößen in einem Wirkungszusammenhang stehen: Die wirtschaftlichen Marketingziele hängen davon ab, in welchem Ausmaß einzelne Ziele zum Kundenverhalten erreicht worden sind, diese wiederum vom Erreichen bestimmter psychographischer Ziele.

Die Entwicklung solcher Zielsysteme birgt zwei Schwierigkeiten. Einzelne Zielgrößen können zunächst sehr unbestimmt sein und bedürfen der Konkretisierung, z. B. Kundenloyalität; vor allen Dingen sind die Beziehungen zwischen einzelnen Zielgrößen nicht leicht zu präzisieren, z. B. zwischen Bekanntheitsgrad und Zahl der Kunden oder Kauffrequenz.

2.4.4 Die Balanced Scorecard

Als Hilfsmittel zur Formulierung von Zielsystemen hat sich die **Balanced Scorecard** bewährt (vgl. R. S. Kaplan und D. P. Norton 1996; L. Müller-Hagedorn und D. Büchel 1999). Sie will gewährleisten, dass einzelne Zielvorstellungen untereinander und mit der Gesamtstrategie des Unternehmens verknüpft sind. Abbildung 2.21 verdeutlicht an einem Beispiel, dass erstens verschiedene Perspektiven eingebracht werden (neben der finanzwirtschaftlichen Perspektive vor allem eine kundenbezogene) und dass zweitens zwischen einzelnen Zielformulierungen Abhängigkeiten bestehen können.

2.4.4.1 Die finanzwirtschaftliche Perspektive

Finanzielle Ziele und die damit verbundenen Leistungskennzahlen wie Profitabilität, Cashflow, Shareholder Value, RoI (Return on Investment), RoCE (Return on Capital Employed) etc. sind auch im Rahmen der Balanced Scorecard unabdingbare Größen zur Beurteilung des Unternehmenserfolges. Als strategisches Ziel im Bereich Finanzwirtschaft lässt sich beispielsweise die Profitabilität definieren, die über die Umsatzrentabilität gemessen werden könnte.

2.4.4.2 Die Kundenperspektive

Die Kundenperspektive widmet sich der Frage „Wie sehen uns die Kunden?“ Zunächst wird das Management durch diesen Teil der Scorecard angehalten, die Kunden- und Marktsegmente, auf die das Unternehmen abzielt bzw. künftig abzielen wird, zu analysieren. Die strategischen Ziele und Maßgrößen sind festzulegen, und die Maßgrößen sind auf die entsprechenden Zielgruppen auszurichten. Im Hinblick auf die Positionierung der Unternehmung im Wettbewerb stellt sich die Frage, inwieweit die Kunden das zentrale Leistungsversprechen eines Unternehmens erkannt haben und es akzeptieren. Durch die Scorecard wird die Unternehmung veranlasst, nach geeigneten Maßgrößen Ausschau zu halten. Diese Maßgrößen können sich auf die Basisdimensionen eines Leistungsversprechens beziehen, wie

- die Zeit: „Wie schnell hat sich die Unternehmung auf die Bedürfnisse der Kunden eingestellt?“,
- Qualitätsmängel: „In welchem Ausmaß sind Fehler im Umgang mit Kunden vorgekommen?“,
- die Leistung: „In welchem Ausmaß schafft die Unternehmung mit ihren Produkten und ihren Dienstleistungen Nutzen für ihre Kunden?“,
- Kosten, die dem Kunden entstehen, wenn er mit dem Anbieter zusammenarbeitet.
- Ausgehend von relativ abstrakten Leistungsbereichen können konkrete Maßgrößen festgelegt werden.

Häufig werden dabei die Steigerung der Kundenzufriedenheit und der Kundenrentabilität, die Forcierung der Neukundengewinnung, die Erhöhung des Marktanteils im anvisierten Zielsegment und die Steigerung der Kundenbindung als strategische Ziele definiert. Die E. Breuninger GmbH & Co. hat als Maßgröße hierfür den Happy Customer Index (HCI) entwickelt. Viermal im Jahr beurteilen Testkaufkunden mittels eines standardisierten Fragebogens die hierfür ausgewählten Abteilungen in den Bereichen Fachkompetenz, Freundlichkeit, Aufmerksamkeit/Engagement und Wunsch nach Wiederberatung.

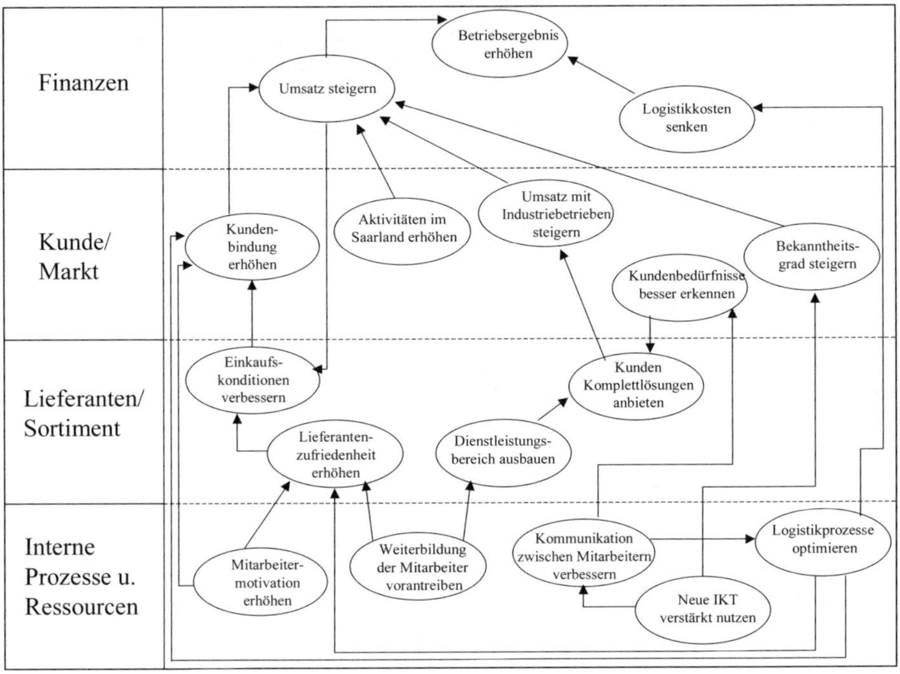

Abb. 2.21: Beziehungen zwischen Elementen der Balanced Scorecard (Quelle: D. Schmitt 2003, S. 12)

Auch wenn sich der Zusammenhang von Kundenzufriedenheit bzw. Dienstleistungsqualität und Kundenbindung in verschiedenen empirischen Studien bewährt hat (vgl. A. Parasuraman, V. A. Zeithaml, L. L. Berry 1996; J. Bloemer und K. de Ruyter 1998; G. Macintosh und L. S. Lockshin 1997; N. Sirohi, E. W. McLaughlin und D. R. Wittink 1998; E. Sivadas und J. L. Baker-Prewitt 2000) darf die Maßgröße Kundenzufriedenheit aber auch nicht überbewertet werden, denn sie führt wahrscheinlich nicht automatisch zu Kundenbindung. Lediglich besonders hohe Werte bei der Kundenzufriedenheit lassen den Schluss zu, dass solche Kunden wahrscheinlich auch loyale Kunden sind (vgl. R. Horstmann 1998; C. Homburg 1999; auf weitere Bestimmungsfaktoren der Kundenbindung geht T. Goerdt 1999 bzw. der Beitrag von H. Diller und T. Goerdt 2000 ein).

Dem Ziel der Neukundengewinnung kommt ebenfalls in vielen Unternehmen ein bedeutender Rang zu. Als Maßgrößen können beispielsweise der Umsatz, der mit neuen Kunden gemacht wurde, oder die Anzahl an neuen Kunden genannt werden. Abbildung

2.21 stellt ein solches Beziehungsgeflecht aus Zielgrößen für ein mittelständiges Großhandelsunternehmen dar. Die Beziehungen werden grafisch durch Pfeile veranschaulicht, bei der Gestaltung der Balanced Scorecard ist auf eine entsprechende Begründung der jeweiligen Zielbeziehungen zu achten.

Im Rahmen der internen Geschäftsprozesse geht es darum, die Kernkompetenzen eines Unternehmens so auszubilden, dass die vom Kunden gewünschten Leistungen marktgerecht erfüllt werden können. Marktgerecht heißt hier auch, dass ein Vergleich mit den Wettbewerbern nicht gescheut werden muss. Dabei macht es Sinn, sich auf die Leistungen zu konzentrieren, die einen großen Einfluss auf die Kundenzufriedenheit bzw. Kundenbindung haben und gleichzeitig zur Erreichung der finanziellen Ziele des Unternehmens, d. h. zum Shareholder Value, beitragen.

Die Balanced Scorecard dient insbesondere dazu, neue und innovative Prozesse zu forcieren und zu implementieren. Einige Beispiele sollen verdeutlichen, was mit der Fokussierung auf die internen Geschäftsprozesse gemeint ist:

- Bei einem Handelsbetrieb, bei dem modische Textilien einen zentralen Bestandteil des Sortimentes ausmachen, kann dies die Fähigkeit sein, frühzeitig zu erkennen, welche Trends sich durchsetzen; auch die Fähigkeit, die Zusammenarbeit mit den Herstellern so zu gestalten, dass kurzfristig reagiert werden kann, kann von besonderer Bedeutung sein.
- Bei einem Großhandelsbetrieb kann es die Fähigkeit sein, den Kunden auch in technischen Angelegenheiten zu beraten oder ihm Komplettlösungen anzubieten.
- Bei einem Einzelhandelsunternehmen, das sich dem Erlebniskonzept verschrieben hat, könnte beispielsweise die Fähigkeit, Frequenz zu schaffen, zu diesen Größen gehören, was auch zeigt, dass eine Messgröße sich nicht nur auf das Unternehmen insgesamt, sondern auch auf einzelne Bereiche, wie z. B. einzelne Filialen, beziehen kann. Durch die Vorgabe der Frequenz als Messgröße wird der jeweils Verantwortliche angehalten, jene Maßnahmen zu planen und durchzuführen, die die Frequenz stützen – „what you measure is what you get". Sollten die Werte den „grünen Bereich" verlassen, geben sie Anlass, den Gründen hierfür nachzugehen.

2.4.4.3 Die Innovations- und Lernperspektive

Für Unternehmungen, die sich in dynamischen Feldern bewegen, ist es besonders wichtig, über Fähigkeiten zu verfügen, sich mit Produkten, Leistungen und Prozessen an geänderte Anforderungen anpassen zu können. Dies geht mit der Fähigkeit einher, den Kunden neue Leistungen, die von diesen als Bereicherung empfunden werden, anzubieten. Bei einem Handelsbetrieb kann sich dies auf die Entwicklung von neuen Betriebsformen beziehen, im Großhandel auf neue Dienstleistungen, auf neue Lieferanten oder auch nur auf neue Sortimente. Aber auch die bestehenden Prozesse können daraufhin überprüft werden, ob sie effizienter durchgeführt werden können, z. B. die Unterrichtung der Kunden über neue Produkte oder einzelne Eigenschaften dieser Produkte.

Viele Unternehmen definieren als strategisches Ziel in diesem Bereich eine hohe Mitarbeiterzufriedenheit. Dahinter steht die Hypothese, dass zufriedene Mitarbeiter sich kundengerecht verhalten und Anstöße für eine Verbesserung der Geschäftsabläufe geben. Neu an der Balanced Scorecard ist nicht nur, dass traditionelle finanzwirtschaftliche

Größen um weitere Größen ergänzt werden, sondern dass sog. Leistungstreiber mit einbezogen werden, also solche Größen, die im Wettbewerb als Schlüsselgrößen angesehen werden, um zukünftigen Erfolg zu sichern. Insofern ist es berechtigt davon zu sprechen, dass die Scorecard den Schwerpunkt eher auf Impulse für die künftige Rentabilität als auf vergangene Erfolge legt (Gentia Software, Hrsg., 1998, S. 6; vgl. auch die explizite Verknüpfung von Zielgrößen in der Business Scorecard und den Erfolgsfaktoren in Handelsbetrieben durch Kügler in L. Müller-Hagedorn, W. Toporowski und S. Zielke 2011, Kap. 32).

Die einzelnen Perspektiven einer Balanced Scorecard existieren nicht unabhängig voneinander, sondern es bestehen logische und organisatorische Verknüpfungen zwischen ihnen. Definiert man beispielsweise im Bereich **„Innovationen und Lernen"** als strategisches Ziel die Mitarbeiterzufriedenheit, so wirkt sich dies wiederum auf die **Kundenperspektive** aus, wenn unterstellt wird, dass ein zufriedener Mitarbeiter die Kunden freundlicher bedient und somit die Kundenbindung positiv beeinflusst. Die erhöhte Kundenbindung wirkt sich durch einen steigenden Umsatz auf die Finanzperspektive aus. Bevor ein strategisches Ziel in die Scorecard aufgenommen wird, gilt es diese Verknüpfungen sorgfältig zu untersuchen und unter Wirtschaftlichkeitsgesichtspunkten zu hinterfragen. Die Zusammenhänge werden auch durch Abbildung 2.21 veranschaulicht.

Insgesamt sollte deutlich werden, dass die Formulierung abgestimmter Ziele einen wichtigen Bestandteil betrieblicher Planung ausmacht. Die Balanced Scorecard kann dafür einen geeigneten Rahmen darstellen, der vom Planenden mit dem entsprechenden Inhalt gefüllt wird. So finden sich in der betrieblichen Praxis zahlreiche Varianten der Anwendung. Abbildung 2.22 zeigt exemplarisch auf, welche unterschiedlichen Perspektiven für die Balanced Scorecards jeweils gewählt wurden. Es wird deutlich, dass das Konzept der Balanced Scorecard unternehmensindividuell angepasst werden kann und angepasst werden muss.

Unternehmen	**Verwendete Perspektiven**
Real	Kunden, Finanzen, Mitarbeiter, Abläufe
Obi	Kunden, Finanzen, Mitarbeiter, Lieferanten/Prozesse
Breuninger	Kunde/Markt, Finanzen, Interne Prozesse/Ressourcen, Ware/Lieferant
Lufthansa	Kunden, Anleger, Mitarbeiter
Literatur	**Vorgeschlagene Perspektiven**
Kaplan und Norton (1996)	Kunden, Finanzen, Prozesse, Mitarbeiter/Lernen
Total Quality Modell bzw. EFQM Modell	Ressourcen, Prozesse, Ergebnisse (ökonomische und vorökonomische)

Abb. 2.22: Segmente einer Balanced Scorecard

2.5 Die Bewertung und Auswahl strategischer Alternativen

Die Bewertung und Auswahl strategischer Alternativen ist mit besonderen Schwierigkeiten verbunden, da nicht wie bei vielen operativen Planungsproblemen auf einfache Wirkungsfunktionen zurückgegriffen werden kann. So sind bei der Bewertung einer strategischen Handlungsalternative häufig eine Vielzahl qualitativer und quantitativer Kriterien zu berücksichtigen. Da mit der strategischen Positionierung auch das relevante Wettbewerbsumfeld festgelegt wird, können solche Kriterien beispielsweise unter Rückgriff auf Porters Branchenstrukturanalyse die folgenden Bereiche betreffen (vgl. auch M. E. Porter 1999):

1. Existieren Eintrittsbarrieren? Diese können bei einer Kostenführerschaftsstrategie beispielsweise in der Notwendigkeit bestimmter Einkaufsvolumina, bei einer Differenzierungsstrategie in Imagefaktoren liegen.
2. Wie stark ist die Rivalität unter den bestehenden Wettbewerbern? Geht es darum, Marktsegmente auszuwählen, kann die Rivalität in Marktnischen geringer sein als auf dem Massenmarkt.
3. Droht das Auftauchen von Ersatzsortimenten, -diensten oder neuen Betriebsformen? Besteht im Markt die Tendenz, dass zentrale Differenzierungskriterien durch andere substituiert werden (z. B. Beratungsqualität durch multimediale Informationssysteme)?
4. Wie stark ist die Verhandlungsposition der Lieferanten? Diese ist beispielsweise bei einer Kostenführerschaftsstrategie im Hinblick auf Konditionenverhandlungen von Bedeutung, bei Differenzierungsstrategien kann die Frage im Vordergrund stehen, inwieweit die Möglichkeit besteht, mit bestimmten imagebildenden Marken beliefert zu werden.
5. Wie stark ist die Verhandlungsstärke der Abnehmer? Von dieser hängt es ab, welche Margen erzielt werden können. Häufig ist die Verhandlungsposition besonders auf Massenmärkten stark, da hier standardisierte Handelsleistungen angeboten werden (z. B. im Lebensmittelhandel). In Marktnischen sind dagegen eher hohe Margen zu erzielen, da hier weniger Ausweichmöglichkeiten auf andere Anbieter bestehen.

Es stehen verschiedene Instrumente zur Evaluation der strategischen Optionen zur Verfügung, auf die im Folgenden eingegangen werden soll.

Die Bewertung der in Frage kommenden Strategien kann auf der Basis eines **Scoring-Modells** erfolgen. Hierzu werden die Ausprägungen der einzelnen Kriterien ermittelt und mit Hilfe einer Ratingskala bewertet. Die sich hierbei ergebenden Punktwerte werden mit Gewichtungsfaktoren versehen und können anschließend zu einem Gesamtscore zusammengefasst werden. Scoring-Modelle haben den Vorteil, dass sie eine Vielzahl unterschiedlicher qualitativer und quantitativer Informationen zur Entscheidungsfindung heranziehen, das Entscheidungsergebnis aber dennoch transparent und nachvollziehbar bleibt. Probleme von Scoring-Modellen liegen insbesondere in subjektiven Elementen bei der Bewertung und Gewichtung der Kriterien sowie in der kompensatorischen Verknüpfungsregel, die K.O.-Kriterien ausschließt.

Die Ansätze zur **SWOT-Analyse** (Strengths, Weaknesses, Opportunities, Threads) verknüpfen Umweltanalysen mit den entsprechenden Analysen der Stärken und Schwächen des Unternehmens und prüfen den Fit zwischen der Umweltentwicklung und der strategischen Ausrichtung des Unternehmens. Fallen die prognostizierten Umweltentwicklungen eher mit den Stärken des Unternehmens (Strengths) zusammen, so kann dies als Chance für das Unternehmen gewertet werden. Betreffen die Umweltentwicklungen dagegen eher diejenigen Bereiche des Unternehmens, die als Schwäche erkannt worden sind (Weaknesses), so geht man von einer Bedrohung für das Unternehmen aus (Threads). Geht ein Händler beispielsweise davon aus, dass die Verarbeitung von Informationen in Zukunft im Handel immer wichtiger wird (Umweltentwicklung) und verfügt er über gut ausgebildetes Personal (Stärke), so kann dies als Chance im Sinne der SWOT-Analyse verstanden werden. Die Ressource Personal passt gut zur Entwicklung in der Unternehmensumwelt.

Umweltentwicklung bzw. Trend	**Beurteilung der vorhandenen Ressourcen**	**Fit zwischen Umwelt und Ressource**	**Konsequenz**
Stärkere Durchdringung mit Technologie, zunehmende Automatisierung	gut ausgebildetes Personal steht zur Verfügung	gut	Chance
Zunehmende Macht der Herstellerunternehmen	geringer Anteil Handelsmarken	schlecht	Bedrohung
Zunehmende Bedeutung der Innenstädte für den Einzelhandel	attraktive Standorte in 1a-Lagen vorhanden	gut	Chance
Zunehmende (Niedrig-)Preisorientierung der Kunden	große Beschaffungskompetenz (z. B. in Asien)	gut	Chance
Wachsende Ansprüche der Kunden	ausgeprägte Kundenorientierung der Unternehmensprozesse	gut	Chance
	geringe Marktforschungskompetenz	schlecht	Bedrohung

Abb. 2.23: Das Verhältnis von Umwelttrends zu den vorhandenen Ressourcen

Insgesamt sind bei der Bewertung einer Strategie möglichst alle relevanten kosten- und erlösbestimmenden Einflussfaktoren zu berücksichtigen. Besondere Bedeutung kommt dabei auch der Frage zu, inwieweit das strategische Konzept auf sog. **Erfolgsfaktoren** zugeschnitten ist, die mit Hilfe der Erfolgsfaktorenforschung gewonnen werden (vgl. hierzu z. B. L. Hildebrandt 1986; L. Hildebrandt und V. Trommsdorff 1989; P.-J. Patt 1987; H. Schröder 1994; R. Kalka 1996; einen ausführlichen Überblick über die Erfolgsfaktorenforschung im Handel enthält L. Müller-Hagedorn, W. Toporowski und S. Zielke 2011, Kap. 7). In der Erfolgsfaktorenforschung wird versucht, jene Elemente zu isolieren, die besonders erfolgreiche Unternehmen von weniger erfolgreichen unterscheiden. Das deuten die Titel folgender Studien an:

- Erfolgsforschung im Bekleidungseinzelhandel (M. Eickhoff 1997),
- Erfolgsdeterminanten im Einzelhandel (P. Wahle 1991),
- Erfolgsfaktoren in Filialsystemen (C. Kube 1991).

Die Erfolgsfaktoren werden im Einsatz der absatzpolitischen Instrumente gesucht, zum Teil aber auch in allgemeineren Faktoren, wie z. B. der Managementqualität oder der Kreativität. Als wichtig hat sich erwiesen, die jeweiligen Hypothesen hinreichend zu begründen, die benötigten Daten valide und reliabel zu erheben und geeignete Auswertungsverfahren zu verwenden.

2.6 Einzelne strategische Marketingmaßnahmen

In Abschnitt 2.3 ist gezeigt worden, dass Porters Basisstrategien auch auf den Handel angewendet werden können. Ebenso ist deutlich geworden, dass mit dem gedanklichen Rahmen von Abell strategische Konzepte erkannt werden können, indem auf Zielgruppen, deren Bedürfnisse und auf die Technologien zu ihrer Befriedigung abgestellt wird. Neben diesen fundamentalen strategischen Festlegungen lassen sich weitere Maßnahmen benennen, die für die Wettbewerbsposition einer Handelsunternehmung ebenfalls von zentraler Bedeutung sind und über die Planung eines einzelnen absatzpolitischen Instrumentes hinausgehen. Mit den folgenden Ausführungen soll ein knapper Überblick über aktuelle strategische Herausforderungen im Marketing von Handelsbetrieben gegeben werden.

1. **Betriebsformen/Handelsformate**
   Der Handel tritt sowohl im stationären wie auch im elektronischen Bereich in vielfältigen Formen auf. Man spricht von Betriebsformen oder Formaten. Die Geschichte des Handels ist so zu einem großen Teil durch die Entwicklung neuer Betriebsformen gekennzeichnet. In der zweiten Hälfte des 19. Jahrhunderts waren das zunächst die Warenhäuser (z. B. Karstadt und Kaufhof), nach dem Zweiten Weltkrieg wurde dann der Supermarkt entwickelt, ab etwa 1965 entstanden die Verbrauchermärkte und SB-Warenhäuser (z. B. Kaufland). Zu erwähnen ist u. a. auch der Aufstieg der Discounter seit nunmehr rund 50 Jahren. Es ist zu erwarten, dass sich dieser Innovationsprozess fortsetzen wird. Die Wahl einer zeitgemäßen Betriebsform (Einschließlich der Entwicklung neuer Betriebsformen) gehört zu den zentralen strategischen Aufgaben jedes Handelsunternehmens. Dies ist Gegenstand von Kapitel 3.
2. **Handelsmarkenpolitik**
   Früher war es üblich, dass die Industrie Produkte entwickelte, produzierte und Marken gestaltete. In nur wenigen Fällen übernahm der Handel Produktionsaufgaben, z. B. in der Wurstproduktion oder beim Rösten von Kaffee. Unter einem Markenartikel wurden lange Zeit nur solche Artikel verstanden, die von der Industrie entwickelt worden waren und an denen die Industrie die Rechte am Namen und am Zeichen hatten. Seit einiger Zeit ist zu beobachten, dass sowohl im Food-Bereich wie

auch im Non-food-Sektor der Handel seine Aktivitäten verstärkt, eigene Marken zu etablieren. Das führt zu der Frage, welche Gründe solche Maßnahmen rechtfertigen, in welchen Produktbereichen solche Aktivitäten erfolgreich sind und wie die Marken positioniert werden sollten.

3. **Kundenzufriedenheit und Kundenbindung**
In vielen Fällen sind Handelsunternehmungen darauf angewiesen, dass Nachfrager wiederholt bei ihnen einkaufen und u. U. einen großen Anteil ihrer Ausgaben bei ihnen tätigen. Ein Weg wird hierbei in einer Sicherung der Kundenzufriedenheit gesehen. Es wird auch gefragt, ob ein spezielles Kundenbindungsinstrumentarium eingesetzt werden kann, z. B. Kundenkarten sowie individualisierte und personalisierte Ansprachen.
4. **Sonderangebote**
Der Preis ist im Regelfall ein mächtiges Instrument. Einige Unternehmungen meinen, es sei vorteilhaft, eine Dauerniedrigpreispolitik zu realisieren, andere favorisieren eine laufend wechselnde Sonderangebotspolitik. Dies wird auch unter den Schlagworten Dauerniedrigpreispolitik (every day low prices – EDLP) und Sonderangebotspreispolitik (high-low-prices – HILO) diskutiert. Dies wird auch Gegenstand des Kapitels über Preispolitik sein.
5. **Service**
Sowohl dem Groß- als auch dem Einzelhandel stehen zahlreiche Ansatzpunkte für eine aktive Servicepolitik zur Verfügung, so z. B. die Produktberatung, die Zustellung, der Umtausch, die Installation, die Inspektion und Wartung, die Stellung von Ersatzgeräten, die Schulung, die Unterstützung von Betriebsprozessen, die Kreditgewährung (vgl. die ausführliche Auflistung bei F. Gerstung (1978, S. 114). Nachdem in der älteren Literatur vor allem dargestellt worden ist, welche Services eingesetzt werden können und wie diesbezügliche Entscheidungen strukturiert werden können, wird neuerdings im Rahmen der Erfolgsfaktorenforschung versucht, empirisch zu ermitteln, unter welchen Bedingungen der Einsatz von Services zu überdurchschnittlichen Erfolgen führt.

2.7 Zusammenfassung

Der zunehmende Wettbewerb hat es erzwungen, dass sich Handelsunternehmungen im Rahmen einer strategischen Planung positionieren müssen. Sie haben festzulegen, in welcher Arena sie auftreten wollen, d. h. welchen Nachfragern sie sich zuwenden wollen und welche Bedürfnisse sie mit ihrem Angebot befriedigen wollen; sie sind aufgefordert, einen Wettbewerbsvorteil zu formulieren. Gleichzeitig wird dadurch festgelegt, welchen Wettbewerbern sie sich gegenüber sehen.

Als zentrales Element einer strategischen Planung wurde im vorliegenden Kapitel zunächst die Wahl einer Zielgruppe behandelt. Allgemein und anhand von Beispielen wurde gezeigt, wie dies geschehen kann. Für ein strategisches Konzept sind aber auch strategische Maßnahmen notwendig. In Abschnitt 2.3 wurden zahlreiche Ansatzpunkte zur Formulierung von solchen Maßnahmen aufgezeigt. Um sie zu bewerten, ist es unumgänglich, Ziele zu formulieren. Der Hinweis auf eine beabsichtigte Gewinnmaximierung genügt nicht. Schließlich ist zu entscheiden, welches strategische Konzept verfolgt werden soll.

Den Abschluss bilden einzelne Problemfelder, die noch einmal verdeutlichen sollen, auf welchen Feldern im Handel ein strategisches Konzept gefordert ist.

Internetadressen

- Typologie der Wünsche von Intermedia: www.TdWi.com
- www.sociovision.de/loesungen/sinus-milieus.html
- Allensbacher Markt- und Werbeträger-Analyse: www.awa-online.de
- Outfit 5 (Textilmarkt): www.spiegelgruppe.de/spiegelgruppe/home.nsf/PMWeb/3929D0637910EF8CC1256F9500443A87
- Verbraucher Analyse: www.verbraucheranalyse.de

Aktivitäten

- Wählen Sie eine Branche aus (z. B. Möbel, Lebensmittel, Textilien) und zeigen Sie anhand Ihnen bekannter Geschäfte, ob diese Unternehmungen unterschiedliche strategische Konzepte verfolgen.

Fragen zur Diskussion

- Welche Marketing-Strategien bieten sich auf schrumpfenden (z. B. durch Bevölkerungsrückgang, Wirtschaftskrise) Märkten an?
- Welche strategische Bedeutung hat die Bevölkerungsalterung?

3 Die Wahl der Betriebsform

Durch die Betriebsform (manchmal auch als Betriebstyp oder Format bezeichnet) wird das Erscheinungsbild eines Handelsbetriebes gegenüber den Nachfragern in seinen wesentlichen Dimensionen geprägt, denn sie unterscheiden sich im Einsatz der Marketing-Mix-Elemente. So führen beispielsweise die Warenhäuser Karstadt und Kaufhof Waren aus mehreren Sortimentsbereichen (z. B. Textilien, Haushaltswaren, Parfümerie, Lebensmittel, Bücher, Spielwaren), Textilkaufhäuser (z. B. C&A, P&C) beschränken dagegen ihr Sortiment weitgehend auf Textilien, die man in kleinerer Auswahl, in anderen Qualitäten und zu anderen Preisen aber auch beim Textildiscounter (z. B. kik) kaufen kann; bei Textilien muss außerdem auf die große Zahl der Fachgeschäfte hingewiesen werden, die auf begrenzter Fläche, aber im Regelfall mit guter Beratung einer bestimmten Zielgruppe ausgewählte Marken anbieten. Was für Textilien beispielhaft ausgeführt wurde, gilt auch für alle anderen Warengruppen: immer gibt es eine Vielfalt unterschiedlicher Betriebe, in denen die jeweilige Warengruppe erworben werden kann. So sind im Groß- und Einzelhandel sowie bei den Handelsvermittlungen vielfältige Betriebsformen entstanden.

Die Wahl einer Betriebsform gehört zu den wichtigsten strategischen Entscheidungen in einer Handelsunternehmung, denn damit werden nicht nur die Kosten festgelegt (wie noch gezeigt werden wird, unterscheiden sich die einzelnen Betriebsformen erheblich in ihren Kosten), sondern sie verfügen auch über eine unterschiedliche Anziehungskraft auf einzelne Nachfrager. Mit der Entscheidung für eine bestimmte Betriebsform wird die Akzeptanz einer Handelsunternehmung am Absatzmarkt und in der Folge ihr Erfolg wesentlich beeinflusst.

Oft konnte beobachtet werden, dass jene Unternehmer, denen es gelungen war, Betriebsformen zu entwickeln, die besonders gut den Anforderungen des Marktes entsprachen, den Grundstein für große Handelsunternehmungen gelegt haben. Dies gilt beispielsweise

- für die Gründung der **Warenhäuser** durch Leonhard Tietz (Kaufhof), Rudolph Karstadt und Theodor Althoff in den Jahren um 1880,
- für die Einführung von **Lebensmitteldiscountgeschäften** durch die Brüder Albrecht (ALDI) um 1960,
- für die Etablierung von **Abholmärkten (Cash-and-Carry)** durch Otto Beisheim (Metro),
- für **Electronic Commerce**, in den insbesondere durch Jeff Bezos große Kapitalbeträge investiert worden sind (Amazon).

Die Beispiele zeigen, dass das Phänomen „Betriebsformen im Handel“ auch eine wirtschaftshistorische Dimension hat (zur Geschichte des Handels vgl. z. B. P. Deutsch 1968; R. Nieschlag und G. Kuhn 1980; E. Dichtl und M. Lingenfelder Hrsg., 1999). Insbesondere in den letzten 150 Jahren hat sich das System der Betriebsformen im Handel sehr ausdifferenziert. Neue Betriebsformen entstehen fortlaufend, erkämpfen sich eine bestimmte Marktposition, einige andere verlieren an Bedeutung. Diese Entwicklungen werden manchmal als „Wheel of Retailing“ bezeichnet, Nieschlag hat von der Dynamik der Betriebsformen gesprochen. Die Beispiele machen aber auch deutlich, welche Durchschlagskraft innovativen Konzepten zukommen kann.

Im Folgenden wird zunächst ein kurzer Überblick über bedeutende Betriebsformen gegeben. Vor allen Dingen wird aber ein Denkrahmen vorgestellt, anhand dessen die Attraktivität einzelner Betriebsformen beurteilt werden kann. Dabei kommt der (verhaltenswissenschaftlichen) Frage, wie Nachfrager ihre Einkaufsstätte auswählen, große Bedeutung zu. Die zentrale Herausforderung liegt in der Beantwortung der Frage, ob eine bestimmte Betriebsform den Anforderungen bestimmter Nachfrager (Zielgruppe) entspricht.

3.1 Überblick über Betriebsformen und ihre Marktbedeutung

Nach dem Grundmodell der Entscheidungstheorie gilt es jeweils,

- verschiedene Handlungsmöglichkeiten zu erkennen,
- die Ziele festzulegen, an denen die Maßnahmen beurteilt werden sollen und
- zu prognostizieren, wie sich jene Bestimmungsfaktoren entwickeln und auswirken, die neben den betrachteten Aktionsparametern die Zielerreichung beeinflussen (Umweltvariablen).

Die Frage nach den Handlungsmöglichkeiten beantwortet sich im vorliegenden Zusammenhang zunächst leicht, indem auf die verschiedenen Betriebsformen im Handel verwiesen wird. Sie werden im Folgenden kurz vorgestellt, und es wird auf ihre Marktgeltung hingewiesen.

3.1.1 Überblick über Betriebsformen

Der Auflistung verschiedener Betriebsformen sei eine Definition voran gestellt:

> *Unter einer **Betriebsform** sei das Erscheinungsbild eines Handelsbetriebes in seinem Absatzmarkt verstanden, so wie es sich im Einsatz der Marketing-Mix-Elemente (absatzpolitische Instrumente) äußert. Ähnliche Betriebe werden zu einer Gruppe zusammengefasst.*

Zu einer Betriebsform werden mithin alle Handelsbetriebe gezählt, die sich im Einsatz ihrer absatzpolitischen Instrumente relativ stark ähneln und sich so relativ deutlich von anderen Handelsbetrieben abheben. In Abbildung 3.1 sind vorwiegend jene Betriebsformen aufgelistet, die auch von dem Ausschuss für Definitionen aus Handel und Distribution (2006) im sog. Katalog E definiert worden sind.

im Großhandel und in der Handelsvertretung	**im Einzelhandel**
• die Sortimentsgroßhandlung, • die Spezialgroßhandlung, • die Zustellgroßhandlung, • der Cash-and-Carry-Betrieb, • der Rack Jobber, • die Großhandlung im Rahmen einer freiwilligen Kette, • der Aufkaufgroßhandel, • der Handelsvertreter, • das Handelsvertreterzentrum, • das Werkshandelsunternehmen, • der Streckengroßhandel, • die Exportgroßhandlung, • die Importgroßhandlung, • die Transitgroßhandlung, • die Einkaufsverbundgroßhandlung, • der Konsumgütergroßhandel, • der Produktionsgütergroßhandel (Produktionsverbindungshandel), • die Werkhandelsunternehmung, • Zentralen von Verbundgruppen, • die elektronischen Marktplätze, • die Versandgroßhandlung.	• das Fachgeschäft, • der ambulante Handel, • das Gemeinschaftswarenhaus, • das Kaufhaus, • das Spezialgeschäft, • die Boutique, • der Versandhandel, • das Diskontgeschäft (Diskonter), • der Supermarkt, • der Verbrauchermarkt, • das Selbstbedienungswarenhaus, • der Katalogschauraum, • der Automatenverkauf, • der Duty-Free-Shop, • der Nachbarschaftsladen, • der Convenience Store, • der Drugstore, • der Fachmarkt, • das Teleshopping, • der Off-Price-Store, • das Factory-Outlet (Fabrikladen) • der Handwerkshandel, • der Sammelbesteller, • der Drive-thru-Store, • E-Commerce, • das Warenhaus, • der Tankstellenshop

Abb. 3.1: Betriebsformen im Handel

Abbildung 3.2 ordnet die einzelnen Formen danach, ob es sich um Versandhandel, stationären oder ambulanten Handel handelt. Eine kurze Erläuterung wichtiger Betriebsformen des Einzelhandels findet sich auch im Anhang zu diesem Kapitel. In den USA werden teilweise andere Bezeichnungen verwendet. Zu den dort anzutreffenden Formen des Einzelhandels zählen (eine kurze Erläuterung findet sich im Anhang zu diesem Kapitel):

- Category Specialist,
- Department Store,
- Discount Store,
- Drugstore,
- Extreme Value Retailer,
- Hypermarket
- Specialty Store,
- Supercenter,
- Warehouse Club.

Die Unterschiede zwischen den einzelnen Betriebsformen sollen deutlich werden, wenn in den Definitionen Bezug auf wechselnde Merkmale (hier die Marketing-Mix-Elemente) genommen wird. Teilweise wird das durch die Bezeichnung schon angedeutet. So unterscheidet sich der Sortimentsgroßhandel vom Spezialgroßhandel in Sortimentsbreite und -tiefe; der Sortimentsgroßhandel deckt weitgehend den gesamten Bedarf seiner Kunden (z. B. im Malergroßhandel), der Spezialgroßhandel hat sich auf bestimmte Warenbereiche spezialisiert (z. B. Getränkegroßhandel).

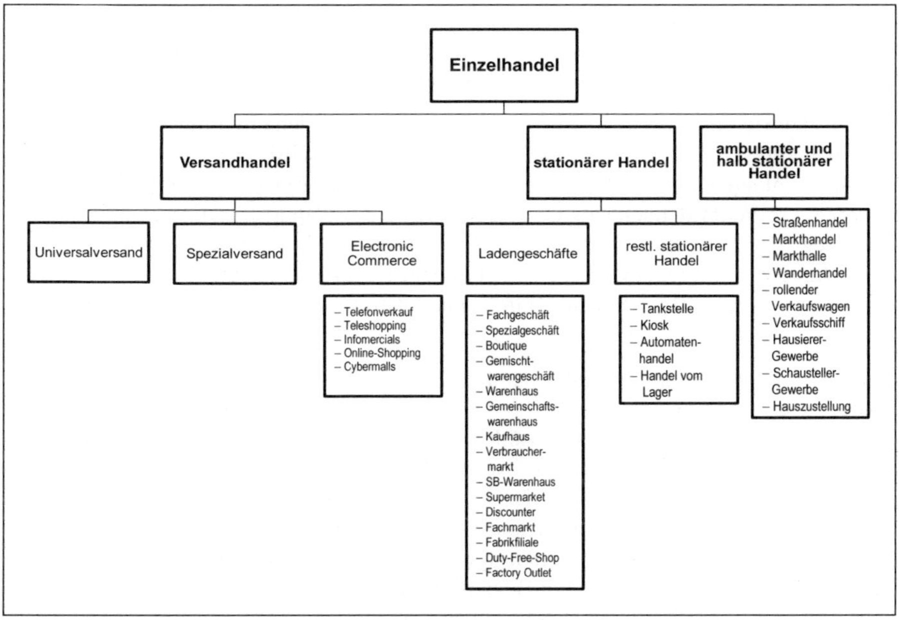

Abb. 3.2: Klassifikation von Formen des Einzelhandels

Bei den Betriebsformen des Einzelhandels wird besonders häufig auf folgende Merkmale zurückgegriffen:

- die Art des Standortes (City, Wohngebiet, Stadtrand, außerhalb),
- die Größe der Verkaufsfläche,
- die Größe und Zusammensetzung des Sortiments,
- die Art des Kundenkontaktes (unpersönlich, persönlich),
- die Art der Preisstellung (z. B. mittleres Preisniveau, diskontierend).

Beispielhaft sei die Art der begrifflichen Präzisierung und deren Schwierigkeit anhand der Definition des Supermarktes veranschaulicht (Katalog E, 2006, S. 56):

> *Der Supermarkt ist ein Einzelhandelsbetrieb (Einzelhandel im institutionellen Sinne), der auf einer Verkaufsfläche von mindestens 400 qm Nahrungs- und Genussmittel einschließlich Frischwaren (z. B. Obst, Gemüse, Südfrüchte, Fleisch) und ergänzend Waren des täglichen und des kurzfristigen Bedarfs (problemloses Gut) anderer Branchen vorwiegend in Selbstbedienung anbietet.*
>
> *Nach der amtlichen Statistik hat der Supermarkt höchstens eine Verkaufsfläche von 1.000 qm und nach Panelinstituten von höchstens 800 qm. Das EuroHandelsinstitut*

hat keine Obergrenze in absoluten Quadratmeterzahlen festgelegt. Der Supermarkt ist – laut EuroHandelsinstitut – primär dadurch gekennzeichnet, dass der Anteil der für Non-Food vorgesehenen Fläche nicht über 25 Prozent liegt.

Wie deutlich wird, fußt diese Definition auf Kennzeichen der Geschäftspolitik (Größe der Verkaufsfläche, Sortimentsstruktur, Bedienungssystem). Die Wahl einer Betriebsform ist also gleichbedeutend mit der Fixierung eines Bündels von Aktionsparametern, wobei vor allem auf jene Merkmale zurückgegriffen wird, die die für den Kunden erkennbare Art der Marktbearbeitung aufgreifen.

Die in Theorie und Praxis verwendeten Definitionen weichen häufig voneinander ab, weil auf unterschiedliche Merkmale Bezug genommen wird oder weil die Grenzen in einem einzelnen Merkmal bei unterschiedlichen Werten fixiert werden (z. B. 400, 500 oder 600 qm Verkaufsfläche als Untergrenze für einen Supermarkt). Der unterschiedlichen Begriffsverwendung will die sog. Katalogkommission mit den von ihr formulierten Definitionen entgegenwirken; sie hat in dem **Katalog E** Definitionen von Betriebsformen und anderen Begriffen aus Handel und Distribution niedergelegt (vgl. Ausschuss für Definitionen Hrsg., 2006).

Während bei den obigen Ausführungen zur Definition von Betriebsformen an den objektiven Gegebenheiten angesetzt wurde, können alternativ auch die Wahrnehmungen der Kunden als Ausgangspunkt gewählt werden. Man orientiert sich dann an der Sichtweise und den Klassifikationen der Nachfrager (G. Purper und P. Weinberg, 2007). So könnte es beispielsweise sein, dass Konsumenten von Billigläden oder Exklusivgeschäften reden, sie also andere Begriffe und andere Einteilungen als die Fachwelt wählen. Dieser Ansatz soll hier jedoch nicht aufgegriffen werden. Auch soll nicht dem Sprachgebrauch gefolgt werden, mit dem Begriff „Betriebsform" die Stellung eines Handelsbetriebes in der Distributionskette zwischen Urerzeugung und Konsument (also Großhandelsbetriebe kollektivierender und distribuierender Art, Außenhandels- und Einzelhandelsbetriebe) anzugeben (so K. Barth, M. Hartmann und H. Schröder 2002, S. 44f). Mit „Betriebsform" soll auch nicht die organisatorische Einbindung in ein größeres System oder einen Verbund gemeint sein. So unterteilte das Ifo-Institut in die genossenschaftlichen Einkaufsverbände bzw. Verbundgruppen, die freiwilligen Ketten, den nicht organisierten Einzelhandel usw. und bezeichnete diese Formen als „Betriebsformen". Jede dieser Organisationen kann unterschiedliche Betriebsformen im hier gemeinten Sinn betreiben (z. B. Fachgeschäfte, Verbrauchermärkte usw.), so dass es notwendig ist, das Marktbearbeitungskonzept von der organisatorischen Einbindung (dem sog. Handelssystem) deutlich zu trennen (zu einer ausführlicheren Darstellung von Betriebsformen – auch im amerikanischen Markt – und von Handelssystemen vgl. L. Müller-Hagedorn, W. Toporowski und S. Zielke 2011, Kap. 2).

Da mit allen Definitionen von Betriebsformen doch immer nur ein mehr oder weniger präziser Rahmen der Geschäftspolitik abgesteckt wird, besteht das Bedürfnis, auch für detaillierte Ladenkonzepte einen Begriff verfügbar zu haben. Es soll deswegen von „**Betriebstyp**" gesprochen werden, wenn innerhalb einer Betriebsform eine bestimmte Spielart entwickelt wird. Solche Konzepte, in denen vor allem Ladenbau, Sortimente und Erscheinungsbild sehr detailliert ausgearbeitet und aufeinander abgestimmt werden, werden in allen Bereichen des Handels fortlaufend entwickelt und getestet (so hat z. B. C&A eine Diskontlinie Avanti entwickelt, die 20 in Deutschland eröffneten Läden jedoch 2010 wieder in C&A-Geschäfte umgewandelt, REWE hat 2010 eine neue Betriebsform für Biokost unter dem Namen Temma eingeführt usw.).

3.1.1.1 Zur Marktbedeutung einzelner Betriebsformen

Betriebsformen stehen oft in einem heftigen Wettbewerb miteinander. Dies verdeutlichen am Beispiel des Lebensmittelmarktes (in einem weiten Sinn, weil auch andere sog. Fast moving consumer goods eingeschlossen werden – FMCG) die in Abbildung 3.3 angegebenen Zahlen.

	2005	2006	2007	2008
Verbrauchermärkte				
Anzahl	5.822	5.940	6.118	6.163
Umsatz in Mrd. €	55,3	57,0	58,8	59,9
Discounter (inkl. Aldi, Lidl, Norma)				
Anzahl	14.785	15.154	15.468	15.573
Umsatz in Mrd. €	49,7	51,9	55,1	59,0
Supermärkte				
Anzahl	16.440	15.387	14.082	13.098
Umsatz in Mrd. €	24,5	23,3	22,2	21,9
Drogeriemärkte				
Anzahl	14.098	14.072	14.005	13.492
Umsatz in Mrd. €	11,0	11,5	12,0	12,3

Anmerkung: Zum Lebensmitteleinzelhandel werden von Nielsen alle Geschäfte mit einer Fläche von mindestens 100 qm Fläche gezählt. Der Gesamtumsatz für den Lebensmitteleinzelhandel und Drogeriemärkte wird für 2008 mit 153 Mrd. € angegeben.

Abb. 3.3: Entwicklungen einzelner Betriebsformen im FMCG-Markt in Deutschland (Quelle: Nielsen (Hrsg., 2009), S. 25f.)

Die Angaben in Abbildung 3.3 verdeutlichen das stetige Wachstum der Discounter (nach Anzahl und Umsatz) sowie den Rückgang der Supermärkte. Stellenweise wird versucht, das Phänomen, dass einzelne Betriebsformen an Marktgeltung gewinnen, andere verlieren, mit einem Rückgriff auf eine Lebenszykluskurve zu verallgemeinern. Ein Beispiel findet sich in Abbildung 3.4.

Die Abbildung 3.4 weist darauf hin, dass jeweils neue Betriebsformen entstehen (nach der Abbildung z. B. der Online-Handel), diese kurz nach der Einführung zunächst noch einen relativ geringen Umsatz erzielen, jedoch mit einem weiteren Anstieg rechnen können. Andere Betriebsformen haben ihr Umsatzmaximum bereits überschritten, mit einem weiteren Sinken des Umsatzes ist zu rechnen (hier z. B. bei den Warenhäusern und den Supermärkten). Die Abbildung ist nicht in dem Sinne zu verstehen, dass alle Betriebsformen jeweils einen gleich hohen Umsatzgipfel erreichen, bevor ihr Umsatz wieder zurückgeht, sondern für jede einzelne Betriebsform soll ein mehr oder minder s-förmig ausgeprägter Verlauf gelten. Es handelt sich um eine Übertragung des sog.

Produktlebenszyklus auf den Lebenszyklus von Betriebsformen. Ohne Zweifel gibt es Veränderungen in der Marktbedeutung einzelner Betriebsformen.

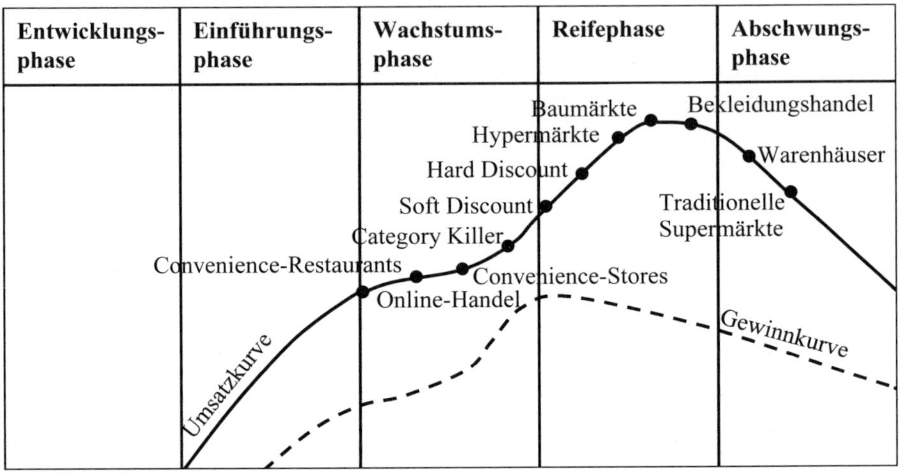

Abb. 3.4: Zuweisung einzelner Betriebsformen (Formate) zu Lebenszyklusphasen (Quelle: KPMG/EHI 2004, S. 24.)

Mit den Daten in Abbildung 3.3 ist ja gezeigt worden, dass der Umsatz der Supermärkte und Warenhäuser zurück geht und dass der Umsatz der Discounter und der Baumärkte noch wächst, ob aber der s-förmige Verlauf tatsächlich für alle Betriebsformen gilt, bedarf einer näheren Betrachtung, worauf hier jedoch verzichtet werden soll.

3.2 Ein Rahmen zur Beurteilung von Betriebsformen

Bei der Entscheidung, ob eine Verkaufsstelle in einer bestimmten Betriebsform errichtet oder fortgeführt werden soll, handelt es sich wegen der zeitlich weitreichenden Auswirkungen um ein **Investitionsproblem**. Investitionsrechnungen gehen im Regelfall von der Analyse der durch die Entscheidung ausgelösten Ein- und Auszahlungen aus. Mit der Wahl einer Betriebsform wird also zunächst über die Höhe und die Struktur der zukünftig anfallenden Kosten entschieden; gleichzeitig wird aber auch die Basis für die künftige Umsatzerzielung geschaffen. Auch bei der Wahl eines Betriebstyps für eine Verkaufsstelle sind also zunächst die Auswirkungen auf die Zahlungsströme festzustellen und diese dann mit den Methoden der Investitionsrechnung auszuwerten. Zieht man hierzu die Kapitalwertmethode heran, so gilt folgender Zusammenhang:

$$(1)\ K^b = -A_0^b + \sum_{t=1}^{T} (E_t^b - A_t^b)\ \frac{1}{(1+i)^t}$$

wobei:

K^b = Kapitalwert für eine Verkaufsstelle vom Betriebstyp b

A_0^b = Auszahlung zur Errichtung der Verkaufsstelle vom Betriebstyp b in Periode 0

A_t^b = Auszahlungen für die Verkaufsstelle von Betriebstyp b in Periode t (t = 1, ..., T)

E_t^b = Einzahlungen (Umsätze) der Verkaufsstelle vom Betriebstyp b in Periode t

i = Kalkulationszinsfuß

T = Ende des Planungshorizontes

Mit dem **Kapitalwert** liegt ein Kriterium vor, mit dessen Hilfe die Attraktivität einer Betriebsform bestimmt werden kann. Die Gleichung gibt die Antwort, warum einzelnen Betriebsformen eine unterschiedlich hohe Marktbedeutung zukommt: Neue Betriebsformen entstehen dann, wenn sie eine entsprechend hohe Verzinsung des eingesetzten Kapitals bieten. Die Gleichung weist auf vier Einflussfaktoren hin, die die Höhe des Kapitalwertes bestimmen:

- die heutigen und zukünftigen Auszahlungen,
- die heutigen und die künftig erwarteten Umsätze (i.S.v. Einzahlungen),
- den Kalkulationszinsfuß i, der die Rendite alternativer Anlagemöglichkeiten und die Kosten der Kapitalbeschaffung widerspiegelt,
- die Länge des Planungszeitraumes.

Wenn auf diesem Weg die Rentabilität einzelner Betriebsformen bestimmt wird, ist vor allem das Problem zu bewältigen, wie die künftigen Erlöse abgeschätzt werden können. Abbildung 3.5 liefert den Denkrahmen, mit dessen Hilfe im Folgenden analysiert werden soll, welche Chancen einzelne Betriebsformen in der Zukunft haben.

Nach Abbildung 3.5 wird die finanzielle Attraktivität einer Betriebsform davon abhängen, wie sich die Kosten dieser Betriebsformen entwickeln, vor allem jedoch, welche Werte ihre Umsätze annehmen werden. Für eine Umsatzprognose muss abgeschätzt werden, welche Güter die Verbraucher nachfragen (Entwicklung des Marktpotenzials in einzelnen Waren- und Dienstleistungsbereichen) und in welchen Betriebsformen sie ihren Bedarf decken werden. Dabei erweist es sich im Regelfall als notwendig, auf interpersonelle Unterschiede im Verhalten der Verbraucher einzugehen. Für einen Betrieb ist mithin zu fragen, inwieweit er mit seinem Zielgruppenkonzept den Erwartungen eines bestimmten Verbraucherkreises gerecht wird, inwieweit also mit einem bestimmten Betriebstypenkonzept die vorhandene Nachfrage angezogen werden kann.

Wie werden sich die in einer Betriebsform erzielbaren Umsätze und die dort anfallenden Kosten entwickeln? Um dies erkennen zu können, empfiehlt es sich, die Umwelt einer Handelsunternehmung nach den Personen, mit denen sie in Beziehung steht, zu unterscheiden:

- den Bereich der Lieferanten (entweder Industrie oder Großhandel),
- den Staat, der in die Entwicklung des Handels durch Gesetze, Verordnungen und Erlasse eingreifen kann,
- den Bereich der Nachfrager, insbesondere der Konsumenten,
- den Handelssektor selbst (einschl. der Mitbewerber).

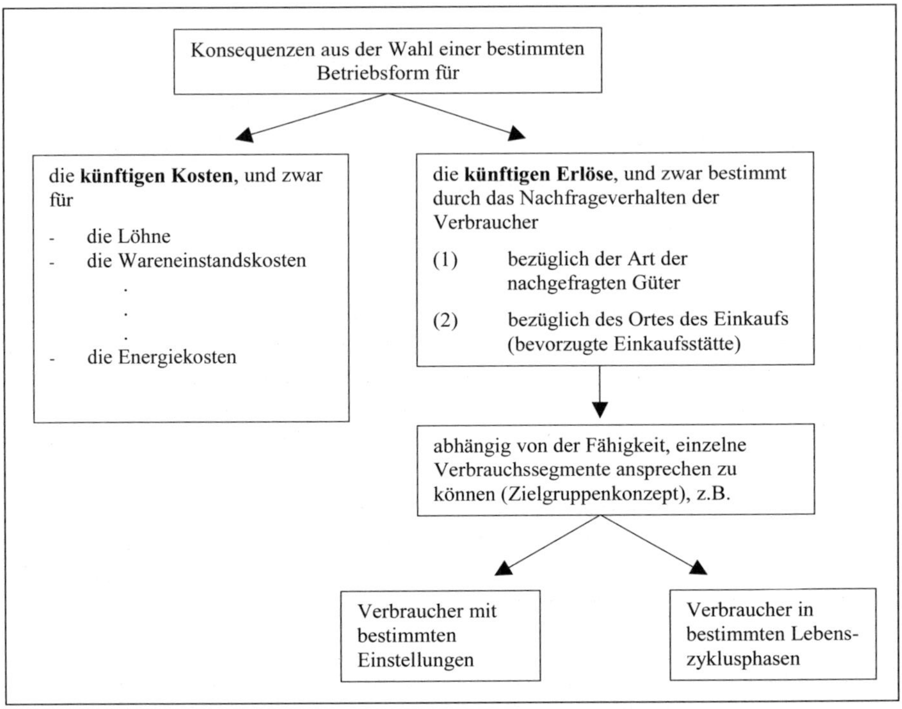

Abb. 3.5: Ein Denkrahmen zur Analyse der Vorteilhaftigkeit einzelner Betriebsformen

Die Analyse ähnelt der so genannten Strukturanalyse von Branchen, wie sie in der Industrieökonomik (Industrial Organizational Theory) entwickelt worden ist (vgl. insbesondere Porters Darstellung zu den die Branchenrentabilität bestimmenden Wettbewerbskräften, M. E. Porter 1999; die Situation im Handel untersucht D. Moser 1974, S. 170–176 u. S. 226). Bei jeder dieser vier Gruppen können sich Veränderungen ergeben, die für einen einzelnen Betrieb kosten- und erlöswirksam werden (vgl. zur Illustration möglicher Einflussgrößen Abbildung 3.6).

Dabei ist zu berücksichtigen, dass die verschiedenen Betriebsformen von vielen Veränderungen in unterschiedlichem Maße betroffen sein werden. So treffen z. B. Lohnerhöhungen die personalintensiven Betriebsformen stärker als die Betriebsformen mit geringem Personaleinsatz. Auch können nicht alle Betriebsformen den gleichen Nutzen aus bestimmten neuen Technologien ziehen. Wenn als Zielgrößen die Kosten (bzw. Auszahlungen) und die Erlöse (bzw. Einzahlungen) unterstellt werden, lautet die Frage: Mit welchen Veränderungen, die kosten- bzw. erlösrelevant sind, ist bei den Lieferanten, den Nachfragern, dem Staat und schließlich im Handel selbst zu rechnen? Dazu sollen zunächst mögliche Auswirkungen auf die Kosten (Auszahlungen), dann mögliche Auswirkungen auf die Erlöse untersucht werden. Die Verhältnisse im Einzelhandel sind der Hintergrund für diese Ausführungen, das Denksystem ist aber auch auf die Analyse von Betriebsformen des Großhandels übertragbar.

	Mögliche Veränderungen in der Umwelt eines Handelsbetriebes			
Institutionen mit Einfluss auf die Distribution	bei den **Lieferanten**	im **Handel** (im eigenen Betrieb oder bei den Konkurrenten)	den **Nachfragern** (insbesondere den Konsumenten)	beim **Staat**
Mögliche Veränderungen	• Konzentration • Machtverhältnisse • Wandel in der Absatzpolitik (z. B. andere Besuchshäufigkeiten, Art der Werbung) • Ausschaltung des Großhandels	• Entwicklung des Lohnniveaus • technische Neuerungen (z. B. Kassiersysteme, Fördergeräte) • Aktivitäten der etablierten Konkurrenten • neu auftretende Konkurrenz	• Zahl der Konsumenten • Entwicklung des verfügbaren Einkommens • Verbrauchergewohnheiten (z. B. Außer-Haus-Verzehr, Nutzung der Freizeit) • Einkaufsgewohnheiten	• Gesetzgebung, z. B. bezüglich Ladenschlusszeiten, Preisbindung, Kartellbildung zwischen Industrie und Handel
Mögliche Wirkungen	auf Auszahlungen des Handelsbetriebes	auf Einzahlungen des Handelsbetriebes		

Abb. 3.6: Veränderungen in der Umwelt eines Handelsbetriebes als Bestimmungsfaktoren für den Erfolg einer einzelnen Betriebsform

3.2.1 Analyse der Kostenstrukturen einzelner Betriebsformen

Einleitend war ausgeführt worden, dass zur Beurteilung einzelner Betriebsformen analysiert werden muss, wie sich deren Kosten und Umsätze voraussichtlich entwickeln werden. Im Folgenden wird zunächst auf die Kosten einzelner Betriebsformen eingegangen, obwohl Investitionsrechnungen meist auf Zahlungsstrombasis und nicht auf Kostenbasis durchgeführt werden; in der Literatur beziehen sich die vorzufindenden Zahlenangaben jedoch meist auf die Kostenstruktur. Nur deswegen wird im Folgenden von Kosten anstatt von Auszahlungen gesprochen. Die Höhe und die Struktur der Kosten in einzelnen Betriebsformen unterscheiden sich deutlich. Obwohl viele Unternehmungen die Höhe ihrer Kosten als Betriebsgeheimnis ansehen, liegen einige Informationen vor. Insbesondere die folgenden Quellen geben Hinweise:

- die Amtliche Statistik (vgl. z. B. die „Angaben zur Kostenstruktur des Handels" im Statistischen Jahrbuch für die Bundesrepublik Deutschland),
- die Ergebnisse von Betriebsvergleichen, z. B. vom Institut für Handelsforschung an der Universität zu Köln (IfH; vgl. Abbildung 3.7), oder die Zusammenstellungen anderer Institute mit handelsbezogenen Aktivitäten, insbes. vom EHI Retail Institute (publiziert jährlich die Datensammlung „Handel aktuell").

In den Durchschnittsergebnissen des Betriebsvergleichs des IfH aus Köln wird nach mehr als 50 Branchen differenziert. Abbildung 3.7 zeigt einen Ausschnitt aus den Daten, der eine Vorstellung von der Größenordnung einzelner Kostenarten im Facheinzelhandel vermittelt. Dabei wird die Höhe der Kosten jeweils auf die Höhe des Umsatzes bezogen (z. B. Personalkosten oder Werbungskosten in Prozent vom Umsatz).

Durchschnittsergebnisse des Betriebsvergleichs der Einzelhandelsfachgeschäfte im Jahre 2008			
	Branche		
Handlungskosten in % des Umsatzes	**Schuheinzelhandel**	**Lebensmitteleinzelhandel**	**...**
Personalkosten (einschl. Unternehmerlohn)	22,1	12,4	
Miete oder Mietwert	6,0	3,2	
Sachkosten für Geschäftsräume	2,2	1,7	
Kosten für Werbung	2,1	0,8	
Kraftfahrzeugkosten	0,9	0,3	
Zinsen für Fremdkapital	1,6	0,5	
Zinsen für Eigenkapital	0,8	0,4	
Abschreibungen	1,5	0,9	
Alle übrigen Kosten	3,3	2,5	
Gesamte Handlungskosten	39,7	21,9	

Abb. 3.7: Kostenstrukturen im Facheinzelhandel nach dem Material des Instituts für Handelsforschung an der Universität zu Köln (Quelle: Mehrjahresvergleiche des Instituts, 2009)

Wie auch Abbildung 3.7 ausweist, können sich die Kosten (ohne Wareneinsatz) zwischen einzelnen Branchen deutlich unterscheiden, so werden für den Lebensmitteleinzelhandel nur 21,9 % des Umsatzes als Kosten gemeldet, während dies in Blumenfachgeschäften 51,3 % sind, im vorliegenden Zusammenhang kommt es aber auf die Kostenunterschiede zwischen einzelnen Betriebsformen an, also wie groß die Unterschiede etwa des Facheinzelhandels zu anderen Betriebsformen, die mit ihm konkurrieren, sind.

Abbildung 3.8 weist darauf hin, wie verschiedenartig die Kostenstrukturen in einzelnen Betriebsformen sind. Die Kosten (ohne Wareneinstand) liegen danach in einem Bereich von 15 % (Discounter) bis 36 % (Facheinzelhandel). Die Zahlen verdeutlichen den für die Wahl einer Betriebsform wichtigen Umstand, dass sich die Höhe und die Struktur der Kosten bei einzelnen Betriebsformen in bedeutender Weise unterscheiden. Den Kostenvorteil erreicht der Discount-Laden, aber auch das SB-Warenhaus, vor allem auf Grund der relativ niedrigen Personalkosten.

Nachdem deutlich wurde, in welchem Ausmaß sich Kostenarten in einzelnen Betriebsformen unterscheiden können, soll nun prognostiziert werden, wie sich die Kosten (Auszahlungen) bei einzelnen Betriebsformen in der Zukunft entwickeln werden. Hierbei ist es zweckmäßig, nach Kostenarten zu differenzieren. Zunächst sei auf die Personalkosten eingegangen, die in allen Betriebsformen im Regelfall den größten Kostenblock

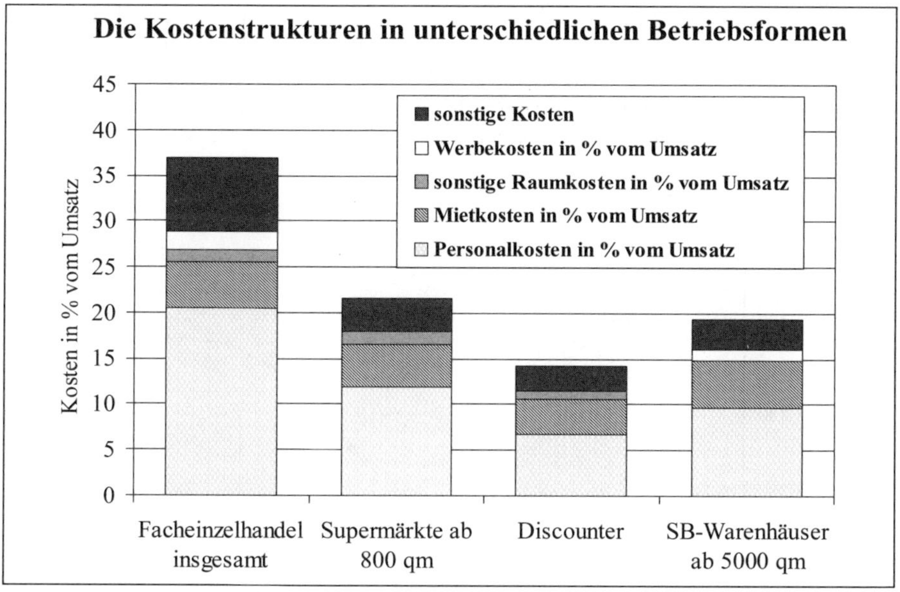

Abb. 3.8: Kostenstrukturen verschiedener Betriebsformen (Quelle: EHI, 2002, S. 224–238)

darstellen. In Anbetracht der bislang stetig erfolgten Lohnerhöhungen stellt sich für jeden Handelsbetrieb die Frage,

- in welchem Verhältnis die zu erwartenden Lohnerhöhungen zu den Umsatzsteigerungen stehen werden,
- inwieweit es gelingen kann, die gleiche Leistung mit einem geringeren Personaleinsatz zu erzielen. Möglichkeiten hierzu bieten sich etwa durch einen Übergang zu verstärkter Selbstbedienung, durch Abbau von Leerkosten im Personalbereich über Teilzeitbeschäftigte oder durch den Abbau von personalintensiven Abteilungen.

Für den Facheinzelhandel hat M. R. Wenzlitschke (1996) die Entwicklung der Personalkosten dokumentiert (vgl. Abbildung 3.9).

Da es sich um eine personalintensive Betriebsform handelt, macht sich hier ein Anstieg der **Personalkostensätze** besonders bemerkbar. Der Umstand, dass Verbrauchermärkte ihre Kassen an den Ausgängen postieren (sog. Checkout), Warenhäuser dagegen ein abteilungsbezogenes Kassensystem aufweisen, verdeutlicht exemplarisch, dass einzelne Betriebsformen wegen ihrer verschiedenartigen Konzeption von steigenden Personalkosten in unterschiedlicher Weise berührt werden. Die Abbildung zeigt, dass sich der Umsatz im Facheinzelhandel über weite Strecken ebenso entwickelt hat wie die Personalkosten, dass aber etwa ab 1990 die Umsatzentwicklung hinter der Personalkostenentwicklung zurückgeblieben ist.

Von besonderer Bedeutung für die Wahl einer Betriebsform scheint auch die Entwicklung der **Wareneinstandskosten** zu sein. Die Frage lautet hier: Wie werden sich die Konditionen beim Bezug von Waren zwischen konkurrierenden Betriebsformen ändern?

Dies ist nicht nur eine Frage nach dem Einstandspreis, sondern auch, ob der betreffende Handelsbetrieb in der Zukunft von der Industrie überhaupt noch beliefert und unterstützt werden wird (etwa durch verkaufsfördernde Maßnahmen). Schon heute ist deutlich, dass Industriebetriebe häufig kalkulieren, bei welchen Händlern sich ein Besuch lohnt, und ihre Distributionsaktivitäten selektiv gestalten.

Abb. 3.9: Entwicklung von Personalkosten und Umsatz im Facheinzelhandel (Quelle: M. R. Wenzlitschke 1996, S. 240)

Die Konditionen zwischen Industrie- und Handelsbetrieben werden auch durch die Macht bestimmt, die beiden zukommt. Hier wird seit den 1980er Jahren von der **Nachfragemacht des Handels** gesprochen, die die frühere **Angebotsmacht der Industrie** abgelöst haben soll, ein Tatbestand, der jedoch vom Handel selbst bestritten wird (P. Giessler 1977; zur theoretischen Behandlung der zwischen Industrie und Handel auftretenden Konflikte vgl. W. Kroeber-Riel und P. Weinberg 1972 sowie das Sondergutachten der Monopolkommission zu Missbräuchen der Nachfragemacht und den Möglichkeiten ihrer Kontrolle im Rahmen des Gesetzes gegen Wettbewerbsbeschränkungen von 1977). Nach einer sehr eingehenden Darstellung unterschiedlicher Sichtweisen schlägt R. P. Lademann (1986, S. 44) für Nachfragemacht die folgende Definition vor:

„... soll daher unter Nachfragemacht die Fähigkeit von Personen in nachfragenden Wirtschaftsorganisationen verstanden werden, gegenüber Personen aus Anbieterorganisationen die Bewertung der Tauschbedingungen im Sinne der eigenen Unternehmensziele durchzusetzen. Diese Definition schließt die Fähigkeit ein, eine von der Anbieterorganisation angestrebte Änderung der Bedingungen zu verhindern.

Nachfragemacht (Tatsachen) und Missbrauch von Nachfragemacht (Werturteil) sind vor dem Hintergrund dieser Definition streng auseinander zu halten.“

In dieser Definition wird die Nachfragemacht nicht als generelle Fähigkeit einer Institution gesehen, sondern als Fähigkeit einer Person innerhalb einer Organisation, Vereinbarungen mit einer konkreten Person aus einem konkreten Anbieterunternehmen nach den eigenen Zielvorstellungen herbeiführen zu können. Lademann nennt dies die relationale und soziale Komponente von Nachfragermacht, woraus sich schließen lasse, dass Nachfragemacht einen Machtsaldo darstelle; nach dieser Sichtweise gebe es keinen machtlosen Marktteilnehmer, sondern nur solche mit mehr oder weniger Macht. Dies ist eine weithin verbreitete Sichtweise, die auf Emerson zurückgeht und das relationale hervorhebt. Der Macht des einen wohnt implizit die Abhängigkeit eines anderen inne (R. M. Emerson, 1962). Macht wird nach allgemeiner Auffassung als die Fähigkeit gesehen, eine Veränderung im Verhalten eines anderen in eine Richtung zu bestimmen, die er nicht aus freien Zügen wählen würde und die zum Vorteil des Beeinflussenden ist.

Losgelöst von der wettbewerbsrechtlichen Problematik (vgl. dazu die verschiedenen Gutachten der Monopolkommission, so das Sondergutachten Nr. 7 über Missbräuche der Nachfragemacht und Möglichkeiten zu ihrer Kontrolle im Rahmen des Gesetzes gegen Wettbewerbsbeschränkungen von 1977; das Sondergutachten Nr. 14 der Monopolkommission zur Konzentration im Lebensmittelhandel von 1985; das Sondergutachten Nr. 23 zu Marktstruktur und Wettbewerb im Handel, 1994) sind die Machtverhältnisse zwischen Industrie und Handel von erheblicher Bedeutung für die Aushandlung der Konditionen. Es ist hierin eine starke Triebfeder für Akquisitionen, Fusionen und Kooperationen (z. B. Einkaufsgemeinschaften) im Handel zu sehen. Zwar ist theoretisch denkbar, dass der Handel auch unabhängig von der eingesetzten Betriebsform gute Verhandlungspositionen aufbauen kann, aber häufig wird dies doch daran gebunden sein, dass solche Betriebsformen betrieben werden, die auf den Massenmarkt ausgerichtet sind, wie dies insbesondere für Discounter gilt. Ein besonderes Problem bei der Einführung einer neuen Betriebsform besteht darin, die Belieferung durch alle bedeutenden Lieferanten sicherzustellen und die dafür relevanten Konditionen auszuhandeln.

Unterschiede in den Kosten einzelner Betriebsformen können sich im Zeitablauf vergrößern. Da alle Handlungskosten durch die erzielte Handelsspanne gedeckt werden müssen, um keine Verluste aufkommen zu lassen, besteht die Gefahr, dass ein solcher Handelsbetrieb die Handelsspanne erhöht und damit seine Wettbewerbsposition verschlechtert. Die Kosten sind also ein nicht zu vernachlässigender Faktor, wenn die Ertragskraft einer Betriebsform für die Zukunft beurteilt werden soll. Von größerer Bedeutung scheint jedoch die Anziehungskraft einer Betriebsform auf die Nachfrager, wie sie sich dann im Umsatz bzw. im Marktanteil dieser Betriebsform äußert, zu sein.

3.2.2 Akquisitorisches Potenzial einzelner Betriebsformen als Basis der Erlöserzielung

Schwieriger als die Prognose der Kostenentwicklung ist die Vorhersage der künftigen Verbrauchs- und Einkaufsgewohnheiten der Nachfrager. Zur Beurteilung der Marktgängigkeit einzelner Betriebsformen sind zwei Fragen zu stellen:

- Wie entwickelt sich die Nachfrage in einzelnen Güterbereichen?
- In welchen Betriebsformen werden die Nachfrager ihren Bedarf decken?

Zur Prognose der Nachfrage in einzelnen Güterbereichen

Einzelne Warenbereiche repräsentieren nicht nur unterschiedlich große Marktpotentiale, sondern entwickeln sich auch unterschiedlich im Zeitablauf. Abbildung 3.10 vermittelt einen Eindruck von den Größenordnungen.

Für eine Planung werden Prognosen des künftigen Marktvolumens benötigt. Sie können in der jeweiligen Branche auf die Elemente gestützt werden, die ihn definieren. Gleichung (2) zeigt, dass sich die gesamte Nachfrage in einem Zeitabschnitt aus der Nachfrage nach einzelnen Warengruppen zusammensetzt.

Gütergruppe	2004 In jew. Preisen	2008 In jew. Preisen	2000=100 preis-bereinigt
Ernährungsgewerbe	153 Mrd.	168 Mrd.	98
Textilien	18 Mrd.	19 Mrd.	94
Bekleidung	45 Mrd.	49 Mrd.	102
Büromaschinen, EDV	6 Mrd.	7 Mrd.	365
Möbel, Schmuck, Musikinstr., Sportger., Spielwaren	43 Mrd.	45 Mrd.	93
Konsumausgaben der privaten Haushalte im Inland	1235 Mrd.	1338 Mrd.	103
Umsatz des inst. Einzelhandels i.e.S. nach Umsatzsteuerstatistik	432 Mrd.	475 Mrd.	

Abb. 3.10: Größe und Entwicklung einzelner Warenbereiche in Deutschland (Quelle: Stat. Bundesamt Deutschland – Genesis: Volkswirtschaftliche Gesamtrechnungen des Bundes: Konsumausgaben der privaten Haushalte)

Die zweite Gleichung zerlegt die Nachfrage nach den einzelnen Güterarten in drei Bestandteile:

- die **Zahl der Haushalte** in einzelnen Größenklassen (nach der Zahl der ihnen angehörenden Personen),
- den **durchschnittlichen Einkommensbetrag** eines Haushaltes in der jeweiligen Größenklasse,
- den **Anteil des Einkommens,** der von den Haushalten zum Einkauf einzelner Güter verwendet wird.

(2) $U = \sum_r B_r$

(3) $B_r = \sum_i a_{ir} \cdot e_i \cdot N_i \qquad \textit{für } r = 1, 2, ..., r^*$

Wobei:
B_r = Nachfrage in der Warengruppe r
U = gesamte Nachfrage der Konsumenten in einem Zeitabschnitt und einem bestimmten regionalen Gebiet

N_i = Zahl der Haushalte mit i Personen
e_i = durchschnittliches Einkommen eines Haushaltes mit i Personen
a_{ir} = Anteil des Einkommens, der durchschnittlich von einem Haushalt mit i Personen für den Kauf von Gütern der Art r (r = 1, ..., r*) verwendet wird.

Alle drei Bestandteile können anhand vorliegender Statistiken prognostiziert werden. Zu den mit der Prognose verbundenen Problemen gehört es insbesondere zu erkennen, welche Bestimmungsfaktoren auf die betreffenden Größen einwirken.

Als bedeutende **Determinanten der Zahl der Bedarfsträger** sind anzusehen: die Wanderungsbewegungen in der Bevölkerung, die derzeitige Altersstruktur der Bevölkerung und ihre Veränderung, wie insbesondere die Entwicklung der Geburtenrate. Auch Veränderungen in der Haushaltsgröße sind von unmittelbarer Prognoserelevanz, weil insbesondere die Nachfrage nach Einrichtungsgegenständen (z. B. Kühlschränke, Küchenmöbel usw.) von der Zahl der Haushalte abhängt. In manchen Fällen stellt also die einzelne Person den Bedarfsträger dar, in anderen Fällen der Haushalt.

Auch über die **Entwicklung der Einkommen und des Konsums** liegen Zeitreihen vor, die als Basis für die Prognose dienen können. Die besonderen Prognoseschwierigkeiten resultieren hier aus den Strukturverschiebungen im Konsum (Koeffizient a_{ir} in der Gleichung).

Konsumausgaben können sich in bedeutendem Ausmaß innerhalb von wenigen Jahren verschieben. Betrachtet man die Veränderungen von einem Jahr auf das andere, so erscheinen sie jeweils nur geringfügig; analysiert man jedoch einen längeren Zeitraum, so wird deutlich, dass sich die Ausgabenstruktur deutlich ändert, wobei allerdings zu berücksichtigen ist, dass in der vorliegenden Abbildung 3.10 Ausgabenanteile ausgewiesen sind, aus denen nicht unmittelbar auf die Veränderung der absoluten Geldbeträge geschlossen werden kann. Zur Ursachenforschung kann mit Nutzen auf die **makroökonomische Konsumtheorie** zurückgegriffen werden: Bereits 1857 stellte der preußische Statistiker E. Engel in Bezug auf Nahrungsmittel das **Engelsche Gesetz** auf (E. Engel 1895):

> *„Die Nahrungsmittelausgaben nehmen bei steigendem Einkommen des Haushalts prozentual weniger stark zu als die Gesamtausgaben, womit ihr Ausgabenanteil sinkt (die Einkommens-Nachfrageelastizität nach Nahrungsmitteln insgesamt ist kleiner als 1)."*

Dieses Gesetz gehört zu den empirisch bestfundierten ökonomischen „Gesetzen". Auch für andere Warengruppen wurde der Zusammenhang zwischen Einkommen und Ausgabenanteil untersucht. So werden heute ganz allgemein funktionelle Beziehungen dieser Art als **Engel-Kurven** bezeichnet.

Die Lücke, die durch das Sinken des Anteils der Ausgaben für Lebensmittel entsteht, wird durch Ausgaben für andere Güter geschlossen. So formulierte C. G. Clark als Ergänzung zum Engelschen Gesetz zum ersten Mal den relativen Anstieg der Ausgaben für Dienstleistungen, und zwar schwergewichtig für höhere Dienstleistungen (Bildung, Freizeit, Fremdenverkehr – C. G. Clark 1940 bzw. 1957). Eng verwandt mit diesen Gütern sind dauerhafte Konsumgüter, die häufig Einkommenselastizitäten von über zwei aufweisen.

Später wurden entsprechende Untersuchungen im Rahmen der makroökonomischen Konsumtheorie durchgeführt (E. und M. Streissler 1966; M. Streissler 1974; H. Luckenbach 1975; H. A. J. Green 1976; vgl. auch den Überblick über empirische Untersuchungen bei D. Moser 1974, S. 278–283). Dabei wird nicht nur der Einfluss des (absoluten oder relativen) Einkommens auf die Ausgabenstruktur der privaten Haushalte untersucht, sondern es wird auch geprüft, welcher Einfluss von den Einkommenserwartungen oder der Zeit, die einer Person nach Abzug der (kleiner werdenden) Erwerbszeit verbleibt (vgl. dazu R. Döhrn 1986/87), ausgeht.

An zahlreichen Beispielen lässt sich zeigen, wie einzelne Handelsbetriebe aus dem Verlauf von Engel-Kurven Konsequenzen für ihre Betriebspolitik gezogen haben. So gliederten zahlreiche Handelsunternehmungen Reisebüros an oder sahen entsprechende Abteilungen vor, stellten in Rechnung, dass ein Trend zum Außer-Haus-Verzehr besteht und gestalteten ihr Sortiment entsprechend bzw. wurden in der Gastronomie tätig. So gesehen sind die Erkenntnisse aus der makroökonomischen Konsumtheorie auch für Handelsunternehmen hilfreich.

Die Nutzung einzelner Betriebsformen für die Bedarfsdeckung

Für die Führung eines Handelsbetriebes genügen Hinweise auf die Höhe des Konsums insgesamt oder die Entwicklung der Ausgaben in einzelnen Warenbereichen nicht. Im vorliegenden Zusammenhang geht es ja um die Frage, in welcher der verschiedenen Betriebsformen die Nachfrager ihren Bedarf decken werden. In welchem Ausmaß werden sie beispielsweise Lebensmittel beim Discounter oder im Supermarkt kaufen, in welchem Ausmaß Bekleidung im Fachgeschäft oder im Textilkaufhaus? Hierfür ist es hilfreich, sich noch eingehender mit dem Nachfrager, seinem Konsum- und seinem Einkaufsverhalten zu beschäftigen. Es werden detailliertere Erkenntnisse über das Kauf- und Konsumentenverhalten benötigt.

Um die Anziehungskraft einzelner Betriebsformen auf die Nachfrager näher bestimmen zu können, ist es notwendig, den Markt zu segmentieren und für die einzelnen Segmente festzustellen, welche Erwartungen sie an ihre Einkaufsstätte haben und inwieweit diese durch die verschiedenen Betriebsformen erfüllt werden können. Dies ist Gegenstand von Abschnitt 3.3.

3.3 Theorien zur Betriebsformenwahl

Im Hinblick auf die Attraktivität einzelner Betriebsformen ist zu erkennen, nach welchen Gesichtspunkten Nachfrager entscheiden, in welchen Betriebsformen sie ihre Einkäufe tätigen, also wie sich die prognostizierte Gesamtnachfrage auf die einzelnen Betriebsformen aufteilt und welche Nachfrager die einzelnen Betriebsformen bevorzugen. Aus Zeitreihen zur Umsatzentwicklung oder zum Marktanteil einzelner Betriebsformen lässt sich ablesen, wie sich die Marktposition dieser Betriebsformen entwickelt hat (vgl. hierzu die Abbildung 3.3). So konnte beispielsweise beobachtet werden, dass die Marktanteile der Warenhäuser und des Versandhandels seit Jahren weitgehend stagnieren, dass die Discounter Marktanteile hinzugewonnen haben, dass Electronic Commerce auf einem bislang noch niedrigen Niveau Marktanteile gewinnt usw. Solche Zeitreihen legen es nahe, die beobachtete Entwicklung in die Zukunft fortzuschreiben. Eine solche Methode hat jedoch den Nachteil, dass sie keine Hinweise gibt, welche Marktchancen neue Betriebsformen haben und sie erklärt nicht, warum einzelne Betriebsformen stagnieren, andere an Bedeutung gewinnen; letzteres verhindert auch, dass nähere Hinweise für die Ausgestaltung der Betriebspolitik abgeleitet werden können. Von daher haben verhaltenswissenschaftliche Theorien zur Erklärung der Betriebsformenpräferenz und zur Bevorzugung einzelner Betriebsformen große Aufmerksamkeit gefunden.

Die Nachfrager entscheiden durch ihre Einkaufsstättenwahl (also das einzelne Geschäft, in dem sie kaufen) auch über die Marktbedeutung einzelner Betriebsformen. Insofern ist zu fragen, von welchen Faktoren diese Wahl abhängt. Es gibt mehrere Ansätze, die die Wahl einer Betriebsform durch die Nachfrager erklären wollen, so insbesondere

- mit Hilfe einer soziodemografischen Marktsegmentierung,
- mit Hilfe von Einstellungen,
- mit Hilfe von Präferenzen und Emotionen.

Dabei kommen unterschiedliche Methoden der Datenerhebung und -auswertung zum Einsatz, insbesondere die Regressionsanalyse, die logistische Regression, die Conjoint-Analyse und Kausalmodelle. Darüber informieren die folgenden Abschnitte. Die Art der zur Erklärung der Betriebsformenpräferenz herangezogenen Variablen und die Art, wie die Daten ausgewertet werden, stellen die wichtigsten Merkmale der jeweiligen Untersuchungen dar, daneben ist aber auch bei den einzelnen Studien darauf zu achten, welche Personen befragt wurden (z. B. Studenten, Konsumenten, mit dem Einkauf hauptsächlich beschäftigte Personen, einzelne Zielgruppen, Personen aus nur einem oder aus mehreren Gebieten), wie die Befragung durchgeführt wurde (zu Hause, am Telefon, per Internet, im Laden, auf der Straße) und wie die Sachverhalte erhoben wurden (z. B. nur mit einer Frage, mit mehreren Fragen, Art der Formulierung). Dieser Katalog macht darauf aufmerksam, wie unterschiedlich einzelne Untersuchungen sein können (zu einem Vergleich einzelner Studien vgl. auch Y. Pan und G. M. Zinkhan 2006).

Grundsätzlich gehen alle Ansätze von der Vorstellung aus, dass die **Vielfalt der Betriebsformen** aus der **Heterogenität der Ansprüche der Nachfrager** folge. Will also eine Betriebsform marktadäquat sein, so muss sie erkennen, welches Marktsegment ihrem Leistungsangebot entspricht und dieses Segment zur Zielgruppe erklären. Eine Handelsunternehmung kann danach in entwickelten Märkten nicht mehr „den Markt" ansprechen, sondern muss die Marktsegmente auswählen, in denen sie vor dem Hintergrund der Präferenzen der Nachfrager mit ihrem Angebot unter Berücksichtigung anderer Anbieter Wettbewerbsvorteile erreichen kann. Steigender Wettbewerb führt in vielen Fällen zu einer Fragmentierung der Märkte. Dies signalisiert auch das folgende Zitat von D. Moser, aus dem auch abgelesen werden kann, dass das Denken früher mehr auf den Markt als Gesamtheit aller Nachfrager ausgerichtet war und dass das **Denken in Marktsegmenten** und Zielgruppen sich erst Anerkennung verschaffen musste. Moser sah den Zeitpunkt für die Notwendigkeit einer detaillierten Beschreibung von Zielgruppen zu Beginn der siebziger Jahre gekommen, als er schrieb (1974, S. 206): „Genügte für den Erfolg des Warenhauses und des Versandhauses noch die Bildung von Ziel-Marktsegmenten wie

„Stadtbevölkerung“ bzw. „Landbevölkerung“, so ist bei der Entstehung des Diskonthauses und des Einkaufszentrums festzustellen, dass die Zielgruppen wesentlich spezifizierter und damit auch kleiner geworden sind. Dies trifft in verstärktem Maße auf eine Reihe anderer neuer Betriebsformen zu (Boutiquen, Drugstores u.Ä.), deren zu Grunde liegende Marktsegmente noch kleiner und noch schärfer voneinander abgegrenzt sind.“ Auch heute ist noch nicht unumstritten, inwieweit sich der Handel eines Zielgruppenkonzepts bedienen sollte. Häufig wird darauf hingewiesen, dass die Kunden eines Handelsbetriebes nicht nur einem Segment angehörten, d. h. also weder nur einer Altersgruppe, einer Berufsgruppe, einer Einkommensgruppe usw. Es wird behauptet, der Handel müsse im Gegenteil gerade seine Attraktivität für unterschiedliche Segmente unter Beweis stellen. Andererseits gibt es Unternehmungen, insbesondere im Versandhandel, die versuchen, ihre Zielgruppe exakt zu definieren. Im Prinzip kommen für die Definition von Zielgruppen die gleichen Merkmale in Frage, wie sie aus der Konsumgüterunternehmung bekannt sind, also (vgl. deshalb auch Kapitel 2)

- soziodemografische und geografische Merkmale, wie insbesondere Alter, Familienstand, Einkommen, Wohnort,
- psychografische Merkmale, wie Kenntnisstand, vorherrschende Motive oder Lebensstile (z. B. Sparsamkeit, Hedonismus), Interessen, Einstellungen,
- Verhaltensweisen, wie insbesondere Kaufhäufigkeit und Einkaufsstättentreue.

Mit den im Folgenden dargestellten Modellen soll **die Betriebsformenpräferenz** erklärt werden. Dies ist ein zunächst unscharfer Begriff, unter den verschiedene Aspekte subsumiert werden können, insbesondere

- das Geschäft (und seine zugehörige Betriebsform), in dem ein Nachfrager innerhalb einer bestimmten Zeitperiode für eine bestimmet Warengruppe das meiste Geld ausgibt,
- das er am häufigsten aufsucht,
- in dem er Stammkunde (Patron) ist,
- das er als sein bevorzugtes Geschäft angibt.

Die Konkretisierung der zu erklärenden (abhängigen) Variable ist nicht ohne Bedeutung für die Erklärungskraft einzelner Modelle, wie sich noch zeigen wird.

3.3.1 Marktsegmentierung nach dem Lebenszykluskonzept

Nachfrager lassen sich anhand soziodemografischer und psychografischer Merkmale sowie nach ihrem Verhalten kennzeichnen. Relativ einfach sind die soziodemografischen Variablen zu verwenden, auf denen das jetzt zu diskutierende Lebenszykluskonzept aufbaut (vgl. zum Folgenden L. Müller-Hagedorn 1978a und 1984a).

Das Lebenszykluskonzept

Das Konzept der Lebenszyklusphasen ist seit 1955 bekannt (vgl. die Überblicksartikel von W. D. Wells und G. Gabor 1966 bzw. 1976; im deutschsprachigen Raum G. Wiswede 1972, S. 143 und L. Müller-Hagedorn 1984a). Nach dem Lebenszykluskonzept werden die Konsumenten danach unterschieden, in welcher Lebensphase sie sich befinden.

Die **Lebensphasen** werden mit Hilfe von mehreren soziodemografischen Variablen definiert, insbesondere dem Familienstand, dem Alter und der Zahl der Kinder. So wird etwa von dem „Junggesellenstadium", der Phase des „vollen Nestes" und von dem „alleinstehenden Überlebenden" gesprochen. Die einzelnen Lebenszyklusphasen können als „soziodemografische Konstrukte" bezeichnet werden. Die zentrale Hypothese lautet im vorliegenden Zusammenhang:

Personen in unterschiedlichen Lebenszyklusphasen bevorzugen bei ihren Einkäufen unterschiedliche Betriebsformen.

Diese Hypothese wird wie folgt begründet:

- Personen in einzelnen Lebenszyklusphasen verfügen über unterschiedlich hohe Geldbeträge. Junge Menschen, die sich in der Ausbildung befinden, müssen sich im Regelfall mit kleinen Beträgen begnügen. Nach dem Eintritt in das Berufsleben steigt das Einkommen mitunter beträchtlich. Rentner verfügen wieder über ein verringertes Einkommen.
- Die Bedürfnisse ändern sich mit der Lebenszyklusphase auf Grund der Lebensumstände. In bestimmten Phasen muss eine Wohnung eingerichtet werden, Kinder machen bestimmte Ausgaben notwendig usw.
- Mit der Lebenszyklusphase ändern sich aber auch die Präferenzen: Es werden andere Produkte bevorzugt, der Stil in Kleidung und Wohnen wird gewechselt, Preis und Qualität werden in anderen Relationen gesehen.

Diese Ausführungen zeigen einerseits, dass im Mittelpunkt verhaltenswissenschaftlicher Untersuchungen zum Konsumentenverhalten immer Hypothesen stehen. Sie sind jedoch nicht nur als reine Behauptungen aufzustellen, sondern sollen argumentativ gestützt werden. Nach der auch hier angewendeten Theorie des Kritischen Rationalismus kann die Wahrheit solcher Hypothesen nie endgültig bewiesen werden, es kann lediglich versucht werden, sie im Rahmen empirische Überprüfungen zu testen, indem der Versuch gemacht wird, sie zu widerlegen. Hypothesen, die sich nicht widerlegen ließen, haben sich (vorläufig) bewährt.

Neben dem Lebenszykluskonzept gibt es weitere Möglichkeiten, soziodemografische Variablen zu Konstrukten zu verbinden; hier ist vor allem das **Konzept der sozialen Schicht** zu erwähnen (vgl. dazu W. Leven 1979).

Die Erfahrungen mit dem Lebenszykluskonzept zur Erklärung von Betriebsformenpräferenzen, über die im Folgenden berichtet wird, basieren auf einer Erhebung von Müller-Hagedorn, bei der Nachfrager zehn Lebenszyklusphasen zugeordnet wurden (vgl. Abbildung 3.11).

Lebenszykluskonzepte können nach folgenden Kriterien beurteilt werden (vgl. zu einer ausführlicheren Darstellung L. Müller-Hagedorn 1978a):

- Wie groß ist die Reichweite des Konzeptes? Mit Reichweite ist die Zahl der Personen gemeint, die durch das Konzept erfasst werden.

- Wie rein sind die einzelnen Phasen? Damit ist gemeint, inwieweit in den einzelnen Phasen Personen unterschiedlicher Struktur zusammengefasst sind.
- Wie viele Phasen werden gebildet?

Altersgruppe	Kurzbeschreibung*	Nr. in der Abb. 3.13
18–34 Jahre	1. ledig, kein eigener Haushalt, mit oder ohne Kinder 2. ledig/gesch., eigener Haushalt, keine Kinder 3. verheiratet, eigener Haushalt, keine Kinder 4. verheiratet, eigener Haushalt, 1–2 Kinder	2 1 3 4
35–54 Jahre	5. verheiratet, eigener Haushalt, keine Kinder 6. verheiratet, eigener Haushalt, 1–2 Kinder 7. verheiratet, eigener Haushalt, > 2 Kinder	6 7 8
55–64 Jahre	8. verheiratet, eigener Haushalt, mit oder ohne Kinder	10
> 65 Jahre	9. verheiratet, eigener Haushalt, keine Kinder 10. ledig/verw., eigener Haushalt, keine Kinder	11 12

* Anmerkung: Die ursprüngliche verwendeten Phasen 5 und 9 haben sich als bedeutungslos erwiesen

Abb. 3.11: Definition von Lebenszyklusphasen

Erfahrungen mit dem Lebenszykluskonzept bei der Ermittlung der Käuferschaft einzelner Betriebsformen

Inwieweit mit dem Lebenszykluskonzept erklärt werden kann, ob sich die Kunden verschiedener Betriebsformen unterscheiden, wurde von L. Müller-Hagedorn (1978a; 1984a) untersucht.

Als Maß für den Zusammenhang zwischen den Variablen „bevorzugte Betriebsform" und „Lebenszyklusphase" wurde der Kontingenzkoeffizient herangezogen, der anhand von Mehrfeldertafeln berechnet wird. Die Mehrfeldertafeln enthalten für jede Warengruppe (z. B. Einkauf von Kosmetik- und Drogeriewaren) die 10 Lebenszyklusphasen sowie die vorhandenen Betriebsformen. Es wird analysiert, ob in einzelnen Zellen dieser Matrix mehr Personen stehen, als es der Fall wäre, wenn kein Zusammenhang zwischen der Zugehörigkeit zu einer Lebenszyklusphase und der Bevorzugung einer Betriebsform bestünde. Der Kontingenzkoeffizient ist ähnlich zu beurteilen wie ein Korrelationskoeffizient (für metrische Daten). Abbildung 3.12 enthält die Ergebnisse aus der Untersuchung.

Die Abbildung 3.12 zeigt zunächst, dass bei einzelnen Warengruppen unterschiedliche Betriebsformen bevorzugt werden und dass die sich als signifikant erweisenden korrigierten Kontingenzkoeffizienten zwischen 0,25 und 0,38 liegen. Diese Werte liegen deutlich über jenen Werten, die sich ergeben, wenn die Bevorzugung bestimmter Betriebsformen nur in einen Zusammenhang mit dem Alter und dem Haushaltseinkommen gebracht wird, wenn also einzelne soziodemografische Variablen verwendet werden (vgl. dazu auch die detaillierten Angaben bei L. Müller-Hagedorn und W. Leven 1977).

Warengruppe	Bevorzugte Betriebsform									Kontingenzkoeffizient C	$C_{korr.}$
1. Fleisch und Wurst	VM	WH			FG		NG			0,33	0,36***
2. Frischartikel ohne Fleisch	VM	WH					NG			0,31	0,33***
3. Haltbare Lebensmittel	VM			DIS			NG	M		0,27	0,30***
4. Kosmetik- und Drogeriewaren	VM	WH		DIS	FG					0,35	0,38***
5. DOB		WH	KH		FG					0,23	0,25*
6. HOB		WH	KH		FG						n.s.
8. Stoffe		WH	KH		FG						n.s.
10. Möbel		WH	KH		FG					0,32	0,36***
11. Teppiche und Gardinen		WH	KH		FG						n.s.
12. Elektrogeräte		WH	KH		FG	VS			GH	0,27	0,30**
13. Uhren und Schmuck		WH			FG						n.s.
14. Spielwaren		WH	KH		FG						n.s.
15. Sportartikel		WH	KH								n.s.

* = signifikant auf 10 % Niveau
** = signifikant auf 5 % Niveau
*** = signifikant auf 1 % Niveau
n.s. = nicht signifikant

VM = Verbrauchermarkt
WH = Warenhaus
KH = Kaufhaus
DIS = Discounter
FG = Fachgeschäft
VS = Versandhandel
NG = Nachbarschaftsgeschäft
M = Markt
GH = Großhandel

Abb. 3.12: Höhe des Kontingenzkoeffizienten bei verschiedenen Warengruppen

Die Abbildung 3.13 verdeutlicht am Beispiel der Warengruppe „Lebensmittel“, dass sich die Käuferschaft der einzelnen Betriebsformen nicht gleichmäßig auf die Lebenszyklusphasen aufteilt, sondern dass die Betriebsformen bei unterschiedlichen Zyklusphasen die Durchschnittswerte überspringen. Überdurchschnittliche Werte erreicht:

- der Discounter in den Phasen 1, **2** und 3,
- der Supermarkt in den Phasen 1, 10 und **12**,
- der Verbrauchermarkt in den Phasen **4**, 6, 7, 8, 10,
- das Warenhaus in den Phasen 1, 2, 3, 6, **11**.

(die jeweils größte Abweichung ist hervorgehoben). Die Breite der Balken in Abbildung 3.13 zeigt an, wie viele Personen der jeweiligen Lebenszyklusphase angehören. Die Untersuchung stützt sich auf inzwischen ältere Daten. Ob die gleichen Werte auch heute so noch gelten, wäre an aktuellen Daten zu überprüfen. Die Untersuchung belegt aber, dass es nicht richtig ist, davon auszugehen, dass in einer bestimmten Betriebsform grundsätzlich Personen aus allen Gruppen entsprechend der Stärke dieser Gruppe einkaufen). Einzelne Betriebsformen haben Schwerpunkte in einzelnen Nachfragersegmenten und sind in anderen nur schwach oder überhaupt nicht vertreten.

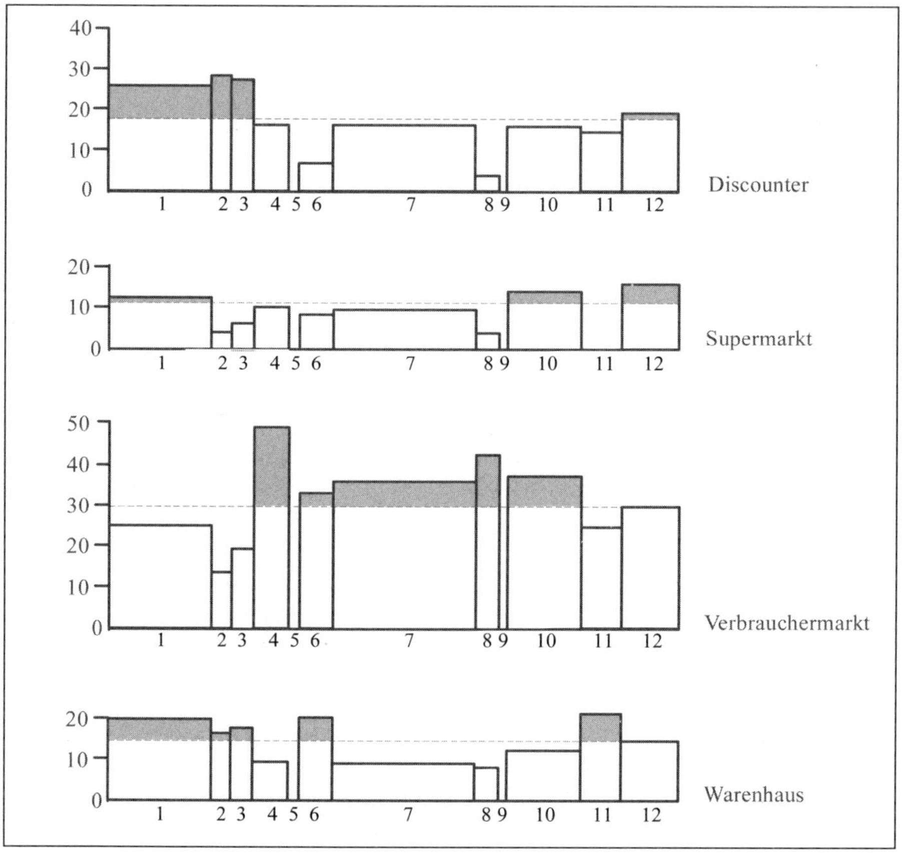

Anmerkung: Auf die Darstellung des Kaufverhaltens der Verbraucher in den Phasen 5 und 9 wurde wegen der geringen Anzahl verzichtet (Basis: 524 Befragte).

Abb. 3.13: Käufergruppen der vier bedeutendsten Betriebsformen bei der Warengruppe „Lebensmittel" nach Lebenszyklusphasen

Beziehungen zwischen dem Einkaufsverhalten und der Wertschätzung des absatzpolitischen Instrumentariums

Es zeigte sich z. B., dass das Ausmaß, in dem bei einzelnen Warengruppen Fremd- oder Selbstbedienung bevorzugt wird, davon abhängt, zu welcher Lebenszyklusphase die Verbraucher gehören. Wie verdeutlicht worden ist, haben die Betriebsformen unterschiedliche Kundenanteile in den einzelnen Lebenszyklusphasen. Fragt man jetzt, wie groß der Wunsch der Kunden einer Betriebsform nach Selbstbedienung ist, und berücksichtigt man dabei die jeweiligen Kundenanteile, so erhält man für die Warengruppe „Fleisch und Wurst" die in Abbildung 3.14 angegebenen Werte.

Betriebsform	Bedeutende Kundenanteile in Phase …	Ausmaß, in dem von den bedeutenden Kundenanteilen der Betriebsform bei der Warengruppe „Fleisch und Wurst" Selbstbedienung gewünscht wird
Warenhaus	1, 2, 6, 10	20 %
Nachbarschaftsgeschäft	2, 4, 7, 10, 11, 12	15 %
Fachgeschäft	7, 10, 11, 12	12 %
Verbrauchermarkt	4, 7	11 %

Abb. 3.14: Ausmaß, in dem die für eine Betriebsform bedeutenden Kundengruppen Selbstbedienung wünschen (Warengruppe „Fleisch und Wurst")

Am stärksten äußerten Angehörige der Phase 3 den Wunsch nach Selbstbedienung (31 %), am wenigsten taten dies Personen aus Phase 7 (11,2 %). Die Extremwerte zeigen, dass selbst bei der Warengruppe „Fleisch und Wurst" eine nicht unbeträchtliche Variationsbreite vorliegt. Bei anderen Warengruppen liegen die Extremwerte teilweise bedeutend weiter auseinander (Beispiel: Herrenoberbekleidung: Minimum 8 % in Phase 9, Maximum 50 % in Phase 3).

In entsprechender Weise lassen sich die Nachfragergruppen, die die einzelnen Betriebsformen in erster Linie ansprechen, durch weitere Angaben zur Wertschätzung des absatzpolitischen Instrumentariums kennzeichnen. Die Zusammenhänge für die Bevorzugung einzelner Betriebsformen durch bestimmte Nachfrager bestätigten sich auch auf der Ebene der einzelnen Unternehmung.

Beurteilung des Lebenszykluskonzeptes

Das Lebenszykluskonzept hat den Vorteil, dass sich die für seine Anwendung benötigten Daten relativ problemlos beschaffen lassen. Angaben zum Alter, zum Familienstand, zu den bevorzugten Geschäften (und den zugehörigen Betriebsformen) lassen sich kostengünstig und zuverlässig beschaffen. Gegen die Verwendung soziodemographischer Merkmale (die auch dem Lebenszykluskonzept zugrunde liegen, wenn auch in einer bestimmten Verknüpfung) wird häufig eingewendet, dass solche Merkmale unterschiedliche Verhaltensweisen nicht hinreichend diskriminieren könnten. Diese Aussage ist jedoch jeweils zu überprüfen, im vorliegenden Zusammenhang konnten, wie oben gezeigt, durchaus bemerkenswerte Zusammenhänge aufgezeigt werden.

Das Theoriekonzept ist verfeinerbar: G. Kleining und H. G. Prester (1999) erweitern die traditionellen Lebenszykluskonzepte über die Art der Erwerbstätigkeit des Haupteinkommensbeziehers. Die Autoren sprechen nicht mehr von Lebenszyklen, sondern von **Lebenswelten**, die sich zum einen durch die Abfolge der Familienformen, zum anderen durch den mit der Berufstätigkeit verbundenen Sozialstatus charakterisieren lassen. Entsprechende Zahlen werden von dem Marktforschungsinstitut GfK zur Verfügung gestellt (vgl. hierzu auch Kapitel 2). Als Nacheil des Modelles ist anzusehen, dass es relativ unbestimmte Hinweise auf die Ausgestaltung der Geschäftspolitik liefert. So ist nicht zu erkennen, ob die Nachfrager eine Betriebsform stärker bevorzugen würden, wenn etwa die Sortimentstiefe ausgedehnt oder wenn die Ladenatmosphäre verbessert würde. Die Kriterien, nach denen Nachfrager einzelne Betriebsformen beurteilen, werden nicht aufgedeckt.

3.3.2 Die Erklärung der Betriebsformenpräferenz mit Einstellungen

Einstellungen stellen ein hypothetisches Konstrukt dar, mit dem die Vorstellungen der Nachfrager über ein zu beurteilendes Subjekt oder Objekt erfasst werden sollen. Nach der Einstellungstheorie bilden sich Personen Urteile über einzelne Objekte, mit denen sie zum Ausdruck bringen, inwieweit sie dieses Objekt gut oder schlecht finden. Wer beispielsweise keine positive Einstellung zu einer bestimmen Automarke hat, wird diese Automarke auch wahrscheinlich nicht kaufen wollen, wer eine positive Einstellung zur Vogelwelt hat, wird wahrscheinlich Nistkästen aufhängen oder entsprechende Spenden tätigen. Nach der Einstellungstheorie lässt sich aus den Einstellungen einer Person das Verhalten der betreffenden Person prognostizieren. Einstellungen stellen das zentrale Konstrukt der Konsumentenverhaltenstheorie dar, kein Konstrukt ist derzeit von größerer Bedeutung, wenn Vorstellungen der Nachfrager erfasst und ihr Verhalten erklärt werden soll. Im Folgenden wird dieses Konstrukt zunächst näher vorgestellt und es wird dargestellt, wie es zu dem in der Ökonomie traditionellen Denken in Marktreaktionsfunktionen steht. Dann werden einzelne Theorievarianten vorgestellt und es wird gezeigt, wie sie in der Marktforschung genutzt werden können.

3.3.2.1 Definition von Einstellungen und multiattributive Einstellungsmodelle

Einstellungen lassen sich auch für die Erklärung der Betriebsformenpräferenz verwenden. Eine häufig verfolgte Vorstellung geht davon aus, dass Nachfrager jene Betriebsformen bevorzugen, denen gegenüber sie die stärkste positive Einstellung haben.

> *Einstellungen können als organisierte und erlernte Bereitschaften relativ dauerhafter Natur verstanden werden, in einer spezifischen Weise auf ein Einstellungsobjekt zu reagieren und damit das Verhalten zu steuern. Oft werden Einstellungen auch als Index der wahrgenommenen Instrumentalität definiert, also inwieweit ein Subjekt ein Objekt oder eine Verhaltensweise als geeignet ansieht, die persönlichen Ziele zu erreichen.*

Die wesentlichen Bestandteile dieser Definition sollen näher hervorgehoben werden:

- Einstellungen sind von relativ dauerhafter Natur: Während sich Stimmungen kurzfristig ändern können, zählen Einstellungen zu jenen Größen, die zwar veränderbar sind, die jedoch, wenn nicht besondere Ereignisse eintreten, von relativ stabiler Natur sind.
- Einstellungen steuern das Verhalten. Wenn eine Einstellung aktiviert worden ist (z. B. ein Nachfrager sieht ein bestimmtes Geschäft, oder er denkt an seine Einkaufsalternativen), dann lenken seine Einstellungen sein Verhalten (z. B. Betriebsform A ist „nicht gut“ – „da gehe ich nicht hin“). Der Zusammenhang zwischen Einstellung und Verhalten wird auch als EV-Hypothese bezeichnet, also Einstellungen (E) lenken das Verhalten (V).
- Index der wahrgenommenen Instrumentalität: Nachfrager beurteilen Objekte in der Regel nach mehreren Kriterien. In den Einstellungen werden die Einzelurteile zu einem Gesamturteil zusammen gefasst.

- Einstellungen als Gesamturteil können sich von Person zu Person unterscheiden, sind also subjektiver Natur und bringen eine persönliche Wertung zum Ausdruck.

In den Einstellungswert fließen demnach mehrere Einzelurteile ein. Das Konzept ist auch in Abbildung 3.15 dargestellt.

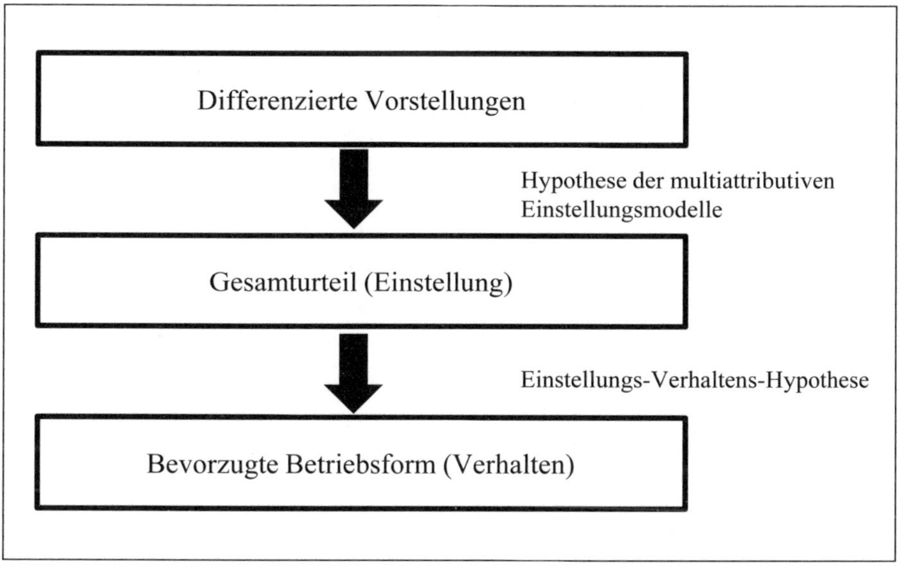

Abb. 3.15: Zum Zusammenhang von Einstellung und Wahl einer Betriebsform

Die zentrale Hypothese lautet:

> *Einstellungen gegenüber den einzelnen Betriebsformen beeinflussen das Ausmaß, in dem diese als Einkaufsstätte präferiert werden.*

Insbesondere in der Praxis werden Einstellungen auch als Image bezeichnet, während in der Theorie Einstellungen enger als das Image definiert werden. Während Einstellungen nur jene Assoziationen umfassen, die verhaltensrelevante Motive berühren, wird beim Image auf alle Vorstellungen, die ein Befragter mit einem Sachverhalt verbindet, abgestellt. **Imagemessungen** sind auch in der Praxis weit verbreitet (vgl. M. Heinemann 1976, S. 153–197), wiewohl ihnen dort oft die theoretische Fundierung fehlt.

Herleitung des Grundmodells

Einstellungs- bzw. Imageanalysen sollen der Steuerung der Absatzpolitik dienen. Sie sollen Aufschluss darüber geben, wie bestimmend einzelne Sachverhalte für die Einkaufsstättenwahl des Nachfragers sind. Diese Sichtweise ähnelt derjenigen im Marketing, bei der mit Hilfe von Absatzfunktionen die Wirksamkeit einzelner absatzpolitischer Instrumente ermittelt werden soll. Allerdings wird bei den jetzt vorzustellenden verhaltenswissenschaftlichen Ansätzen nicht mehr unmittelbar eine Beziehung zwischen absatzpolitischer Maßnahme und Reaktion hergestellt, sondern die interne Reaktion des

Nachfragers wird als vermittelnde Größe hinzugenommen. Dies soll anhand der folgenden, einfachen Gedankenkette verdeutlicht werden:

Eine Unternehmung gestaltet ihre Absatzpolitik → Nachfrager entwickeln differenzierte Vorstellungen und bilden sich über die Absatzpolitik einzelner Geschäfte ein Urteil → das Urteil bestimmt das Einkaufsverhalten der Nachfrager. Diese Wirkungskette wird im Folgenden näher untersucht, wobei zunächst das Urteil über die Absatzpolitik eines Geschäftes als „Einstellung gegenüber dem Geschäft" bezeichnet wird. Erst nachdem in zwei Vorschritten die Grundstruktur des Modells dargelegt wurde (zunächst nur die Wirkung eines absatzpolitischen Instrumentes, dann die Wirkungen mehrerer absatzpolitischer Instrumente), wird auf spezielle Probleme der Definition und der Operationalisierung des aus der Sozialpsychologie übernommenen Konstrukts „Einstellungen" eingegangen.

Die Variation eines einzigen absatzpolitischen Instrumentes

Um die Darstellung zu vereinfachen, wird das Prognoseproblem zunächst unter einer Reihe von vereinfachenden Annahmen angegangen. Zu ihnen zählen:

- Einziger Aktionsparameter der Absatzpolitik sei der Preis.
- Der Erfolg der Maßnahme soll am Absatz (eines Gutes) festgestellt werden.
- Änderungen in der Absatzpolitik der Konkurrenz seien auf Grund der Maßnahmen der betrachteten Unternehmung nicht zu erwarten.
- Das Gesamteinkaufsvolumen der Nachfrager in Bezug auf das betrachtete Gut sei vorgegeben; die Nachfrager können nur insoweit beeinflusst werden, dass sie die Einkaufsstätte wechseln.

Die Absatzfunktion, hier die Preis-Absatz-Funktion, ist unbekannt, aber der bei einem Preis p_2 erzielte Umsatz wird sich zergliedern lassen, indem hinsichtlich ihrer jeweiligen Einkaufsmengen homogene Klassen von Nachfragern gebildet werden:

(4) $Up_2 = (e_1 \,.\, p_2)\, n_1 + (e_2 \,.\, p_2)\, n_2 + \ldots + (e_m \,.\, p_2)\, n_m$

durchschnittlicher Einkaufsbetrag in Gruppe 1	durchschnittlicher Einkaufsbetrag in Gruppe m

wobei:

Up_2 = der von der Unternehmung A beim Preis p_2 erzielte Umsatz

e_i = durchschnittliche Einkaufsmenge der zur Gruppe i gehörenden Nachfrager im Unternehmen A, wobei eine Gruppe i dadurch gekennzeichnet ist, dass die von den Nachfragern dieser Gruppe bei der betrachteten Unternehmung gekaufte Menge innerhalb einer bestimmten Bandbreite liegt (i = 1, …, m)

n_i = Zahl der Nachfrager in Gruppe i (i = 1, …, m)

So kann es sein, dass der Preis p_2 von der Nachfragergruppe 1 relativ günstig beurteilt wird und sie daraufhin die Menge e_1 einkauft, während die Nachfragergruppe p_2 den Preis als zu hoch und mithin ungünstig beurteilt und in der Folge auf einen Kauf verzichtet (also $e_0 = 0$). Sieht man einmal von den Fällen des Impulskaufes, in denen der Preis eine nachgeordnete Rolle spielt, ab, so kann in vielen Fällen davon ausgegangen werden, dass der Nachfrager sein Verhalten an der Höhe des Preises ausrichtet, d. h., er bewertet die von ihm wahrgenommenen Preise. Das soll zunächst als sein „Eindruck von der Preispolitik des Unternehmens“ bezeichnet werden. Die Funktion, die einzelnen Preisen den jeweiligen Eindruck zuordnet, soll als **Eindrucksbewertungsfunktion** bezeichnet werden (vgl. Abbildung 3.16 – rechter Bildteil). Um anzudeuten, dass sich die Eindrucksbewertungsfunktionen einzelner Verbraucher auch auf Grund unterschiedlicher Bedürfnis- und Einkommenssituationen unterscheiden können, sind in dem rechten Bildteil für zwei Gruppen von Nachfragern die Eindrucksbewertungsfunktionen eingetragen. Die Eindrucksbewertungsfunktion gibt an, wie ein wahrgenommener Preis, beispielsweise p_2, von einzelnen Nachfragern oder Gruppen von Nachfragern wahrgenommen wird. Entsprechend der Abbildung werden niedrige Preise als günstig bewertet, hohe dagegen nicht.

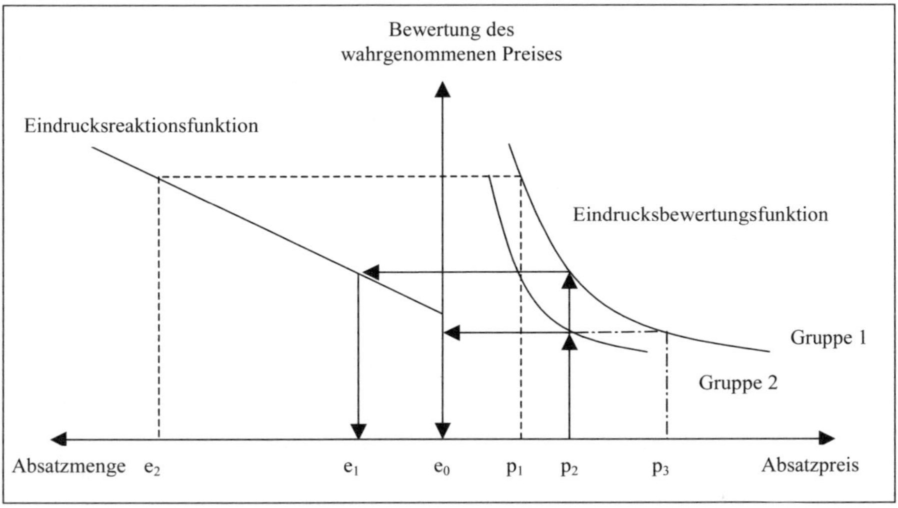

Abb. 3.16: Die Bewertung unterschiedlicher Absatzpreise durch Nachfragergruppen (rechter Bildteil) und die Bedeutung dieser Eindrucksbewertung für das Verhalten (linker Bildteil)

Im linken Bildteil ist angegeben, wie der bewertete Eindruck in Verhalten, hier Kauf, umgesetzt wird **(Eindrucksreaktionsfunktion).** Bei einem Preis von p_2 ist der Eindruck bei Gruppe 1 so günstig, dass er einen Kauf auslöst. Eine Preiserhöhung auf p_3 würde allerdings die Eindrucksbewertung so absenken, dass es auch in dieser Gruppe zu keinem Kauf mehr käme. Umgekehrt lässt sich für eine Preissenkung auf p_1 ablesen, um wieviel die Absatzmenge steigen würde. Aus Vereinfachungsgründen ist nur eine für alle Nachfrager geltende Eindrucksreaktionsfunktion eingezeichnet.

Während in Preis-Absatz-Funktionen unmittelbar Preis und gekaufte Menge gegenübergestellt werden, machen die zwischen e und p eingeschobene Eindrucksbewertungsfunktion und Eindrucksreaktionsfunktion das Zustandekommen des Zusammenhanges einsichtig. Einerseits steigt durch diese Erweiterung der Informationsbedarf, andererseits wird aber sichtbar, warum ein Kauf vorgenommen wird oder warum er unterbleibt. So wird z. B. deutlich, dass Gruppe 2 auf den Kauf verzichtet, weil schon das Urteil über die Preisgünstigkeit zu schlecht ausfällt. Die Preis-Absatz-Funktion der mikroökonomischen Theorie wird ersetzt durch die Eindrucksbewertung und die Eindrucksreaktionsfunktion.

Die Abhängigkeit des Erfolges von der Planung des gesamten absatzpolitischen Instrumentariums

Bisher wurde aus Gründen der Vereinfachung angenommen, die Unternehmung setze nur ein einziges absatzpolitisches Instrument ein bzw. der Nachfrager bilde sich sein Urteil über die Geschäftspolitik nur auf Grund dieses einen Instrumentes. Jetzt soll berücksichtigt werden, dass die Absatzpolitik durch das gleichzeitige Nebeneinander mehrerer absatzpolitischer Instrumente gekennzeichnet ist. Das führt zu folgender Hypothese:

> *Die Präferenz der Nachfrager für einzelne Betriebsformen hängt von dem Gesamteindruck (Einstellung) ab, den sie von den einzelnen Betriebsformen haben.*

Formalisiert kann das auch so ausgedrückt werden:

(5) $K_{ij} = f_1 (E_{ij})$,

wobei:

K_{ij} = der Geldbetrag, den ein Nachfrager aus der Einkaufsklasse i in Geschäften der Betriebsform j verausgabt,

E_{ij} = der Gesamteindruck eines Nachfragers in der Einkaufsklasse i von einer Betriebsform j (seine Einstellung).

In den Gesamteindruck werden – evtl. gewichtet – verschiedene Teilaspekte der wahrgenommenen Absatzpolitik einfließen. Eine solche Sicht findet ihre theoretische Rechtfertigung in auf Rosenberg und Fishbein zurückgehende Überlegungen zum Zusammenhang von Einstellung und einzelnen Vorstellungen über das zu beurteilende Objekt (vgl. den Übersichtsartikel von Wilkie und Pessemier, die die zahlreichen Beiträge zu den angesprochenen Modelltypen eingeordnet haben: W. L. Wilkie und E. A. Pessemier 1973; außerdem H. W. Freter 1979). Solche Einzelvorstellungen können die Preisgünstigkeit, die Freundlichkeit des Personals, die Breite des Angebotes, die Einkaufsatmosphäre sein, also:

> *Das Gesamturteil (Einstellung) der Nachfrager über die Eignung einer Betriebsform für Einkäufe geht mit einer differenzierten Beurteilung der Betriebsformen in den für den Nachfrager relevanten Beurteilungsdimensionen einher.*

Formalisiert:

(6) $E_{ij} = f_2(V_{ijs})$,

wobei:

E_{ij} = Gesamteindruck der Nachfrager in Einkaufsklasse i von einer Betriebsform j,

V_{ijs} = Vorstellungen der Nachfrager in Einkaufsklasse i von dem Einzelaspekt s (s=1, …, s*) bei einem Betrieb der Betriebsform j.

Die Hypothese (es handelt sich nicht um eine Rechenvorschrift, sondern um eine Variante der Einstellungs-Verhaltens-Hypothese – kurz EV-Hypothese) besagt, dass eindimensional ausgeprägte Einstellungen (Gesamteindruck) mit einzelnen Vorstellungen konsistent verknüpft sind. Die Vorstellungen, die die Nachfrager von einer Verkaufsstelle haben, müssen allerdings nicht mit einzelnen Größen übereinstimmen, die die Geschäftsleitung als ihre Aktionsparameter ansieht. So kann zum Beispiel das Urteil eines Nachfragers über die Preisgünstigkeit mit verschiedenen absatzpolitischen Instrumenten beeinflusst werden, natürlich mit der absoluten Preishöhe, aber auch durch entsprechende Werbemaßnahmen, Sonderplatzierungen usw. Es kann also geschrieben werden:

Die Eindrücke eines Nachfragers in den für ihn relevanten Beurteilungsdimensionen können von verschiedenen absatzpolitischen Instrumenten abhängen.

Formalisiert:

(7) $V_{ijs} = f_3(M_k)$,

wobei:

V_{ijs} = Vorstellung, die die Nachfrager in der Einkaufsklasse i von dem Einzelaspekt s (s=1, ..., s*) bei einem Betrieb der Betriebsform j haben,

M_k = Ausmaß, in dem die absatzpolitische Maßnahme k (k=1, ..., k*) eingesetzt wird.

Die Grobstruktur des Modells lässt sich also zusammenfassend durch folgende drei Denkstufen kennzeichnen:

1. Es wird behauptet, dass sich die Nachfrager bei der Geschäftswahl von ihrer (Insgesamt-)Einstellung gegenüber der Verkaufsstelle leiten lassen (Hypothese 1).
2. Die (Insgesamt-)Einstellung gegenüber einer Verkaufsstelle geht mit differenzierten Vorstellungen über die Verkaufsstelle einher (Hypothese 2).
3. Die differenzierten Vorstellungen ergeben sich aus der Absatzpolitik und können dieser als Zielgrößen dienen (Hypothese 3).

3.3.2.2 Varianten multiattributiver Einstellungsmodelle

Hypothese 2 wird in der Literatur und in der praktischen Marktforschung häufig durch sog. multiattributive Einstellungsmodelle konkretisiert. Den verschiedenen multiattributiven Einstellungsmodellen ist gemeinsam, dass sie die Einstellung als subjektives Gesamturteil über die Eignung eines Objektes, Geschäftes, einer Betriebsform oder einer Verhaltensweise zu differenzierten Vorstellungen über den beurteilten Gegenstand in Beziehung setzen (vgl. V. Trommsdorff 2009). Bei den differenzierten Vorstellungen kann es sich um

- die sog. Eindruckskomponente handeln, also wie der Gegenstand subjektiv wahrgenommen wird, und um
- die sogenannte Gewichtungskomponente, mit der zum Ausdruck gebracht wird, wie wichtig der einzelne Aspekt im Hinblick auf das Gesamturteil angesehen wird.

Diese beiden Gesichtspunkte werden häufig multiplikativ verknüpft und die Produkte werden aufaddiert. Die zentrale Hypothese lautet, dass der Summenwert aus den differenzierten Vorstellungen mit der getrennt erhobenen affektiven Gesamtreaktion (Einstellung) kovariiert, d. h. dass die gefühlsmäßige Reaktion einer Person mit ihren kognitiven und motivationalen Einzelvorstellungen einhergeht. Diesen Modelltyp gibt es in verschiedenen Varianten.

Das Rosenberg-Modell mit differenzierten Zielen

In Abbildung 3.17 ist beispielhaft das Modell von M. J. Rosenberg (1956) dargestellt.

$$A_{ij} = \sum_k y_{ijk} \cdot x_{ik}$$

mit

A_{ij} = Einstellung von Person i zu einem Objekt j, bspw. zu einer Einkaufsstätte oder Betriebsform

y_{ik} = durch Person i wahrgenommene Instrumentalität von Objekt j bezüglich Ziel k

x_{ik} = Zielwichtigkeit von k für Person i

Beispiel zur Messung:

Bei einem Besuch des Geschäfts xy wird ...

das Ziel Einkaufsbequemlichkeit vollständig verfehlt ⊢—+—+—+—⊣ das Ziel Einkaufsbequemlichkeit vollständig erreicht

(Der Wert/das Ziel) »Einkaufsbequemlichkeit« ist ...

mir viel wert ⊢—+—+—+—⊣ nicht viel wert

Abb. 3.17: Das Einstellungsmodell von Rosenberg

Nach diesem verhaltenswissenschaftlichen Modell, das aber traditionellen ökonomischen Vorstellungen sehr ähnelt, macht sich ein Nachfrager seine verschiedenen Ziele, die er anstreben möchte, bewusst und fragt, inwieweit die einzelnen ihm zur Verfügung stehenden Alternativen das Erreichen dieser Ziele erlauben (wahrgenommene Instrumentalitäten). Außerdem fragt er, welchen Beitrag diese Zielerreichung zu seiner Wohlfahrt stiftet, also wie wichtig diese Ziele für ihn sind.

Modelle mit Idealvorstellungen

Andere Einstellungsmodelle setzten die affektive Gesamtreaktion (Einstellung A_{ij}) mit Differenzen von idealen und wahrgenommenen Merkmalen des Einstellungsobjektes in Beziehung. Bei Einkaufsstätten können dies Differenzen von erwünschten und wahrgenommenen Ausprägungen absatzpolitischer Instrumente sein. Solche Einstellungsmodelle werden als Idealpunktmodelle bezeichnet. Beispielhaft ist das Modell von V. Trommsdorff (1975) in Abbildung 3.18 dargestellt. Eine Besonderheit dieses Modells stellt die Tatsache dar, dass keine Gewichtungsfaktoren verwendet werden.

Im Folgenden sei an den Ergebnissen einer Pilotstudie verdeutlicht, welche Ergebnisse erzielt werden können, wenn die vorgestellten Einstellungsmodelle (hier das Idealpunktmodell) einer Befragung zu Grunde gelegt werden. Das Beispiel bezieht sich auf den Textileinzelhandel (vgl. auch L. Müller-Hagedorn 1998b).

$$E_{ij} = \sum_k \left| B_{ijk} - I_{ik} \right|$$

mit

E_{ij} = Einstellung von Person i zu einem Objekt j, bspw. zu einer Einkaufsstätte

B_{ijk} = die von Person i wahrgenommene Ausprägung des Merkmals k (von Objekt j)

I_{ik} = die von Person i als ideal empfundene Ausprägung des Merkmals k

Beispiel zur Messung:

Wie schätzen Sie die Modeorientierung von Geschäft xy ein?

klassisch — trendy

Welche Ausprägung des Merkmals Modeorientierung empfinden Sie als ideal?

klassisch — trendy

Abb. 3.18: Das Idealpunktmodell von Trommsdorff

3.3.2.3 Ein Beispiel zum Zusammenhang von Einstellung und bevorzugter Betriebsform

Die zentralen Komponenten der vorgestellten Einstellungsmodelle sollen im Folgenden an einem Beispiel veranschaulicht werden, wobei in großen Teilen des Beispiels dem Trommsdorff-Modell gefolgt wird. Um solche Modelle anwenden zu können, müssen alle Variablen des jeweiligen Modells im Rahmen einer Befragung erhoben werden (zum Einsatz multiattributiver Eistellungsmodelle auf die Einkaufsstättenwahl, vgl. auch D. L. James, R. M. Durand und R. A. Dreyer 1976).

Zur Wahrnehmung einzelner Anbieter

Wenn gefragt wird, wie Verbraucher Geschäfte in den Beurteilungsdimensionen Preislage, modische Ausrichtung, Erreichbarkeit, Auswahl, Sortimentsbreite usw. beurteilen, fällt eine Fülle von Informationen an, die nicht leicht zu überblicken ist. Es empfiehlt sich, die Informationen in jeweils zweidimensionalen Darstellungen widerzugeben, die, wie auch Abbildung 3.19 zeigt, sehr anschaulich sind. In Abbildung 3.19 sind Preislage und Modeorientierung als Beurteilungsdimensionen ausgewählt. Sie veranschaulicht, dass von den befragten Verbrauchern deutliche Unterschiede zwischen den einzelnen Geschäften gesehen werden. Hennes und Mauritz (H&M) wird als deutlich trendiger ausgerichtet gesehen als etwa Kaufhof und der Otto-Versand. Die Abbildung informiert auch darüber, wo die Befragten (im Durchschnitt) ihr bezüglich der modischen Ausrichtung und der Preislage ideales Geschäft angesiedelt sehen. Der befragten Gruppe ist das Angebot von H&M im Durchschnitt zu trendig. Dem von ihr angegebenen Idealpunkt liegen Sinn Leffers, Kaufhof und Otto am nächsten. Hennes und Mauritz nimmt in diesem Diagramm praktisch eine Alleinstellung ein. Der Umstand, dass es relativ fern von dem Idealpunkt der Befragten positioniert ist, muss vor dem Hintergrund gesehen werden, dass nicht alle Käuferschichten in die vorliegende Befragung mit einbezogen worden sind. Entsprechend lassen sich auch die Positionen der einzelnen Geschäfte in den anderen Beurteilungsdimensionen darstellen. Für breit angelegte Untersuchungen wird es sich empfehlen, nicht nur Durchschnittswerte für alle Befragten auszuweisen, sondern nach Gruppen zu differenzieren.

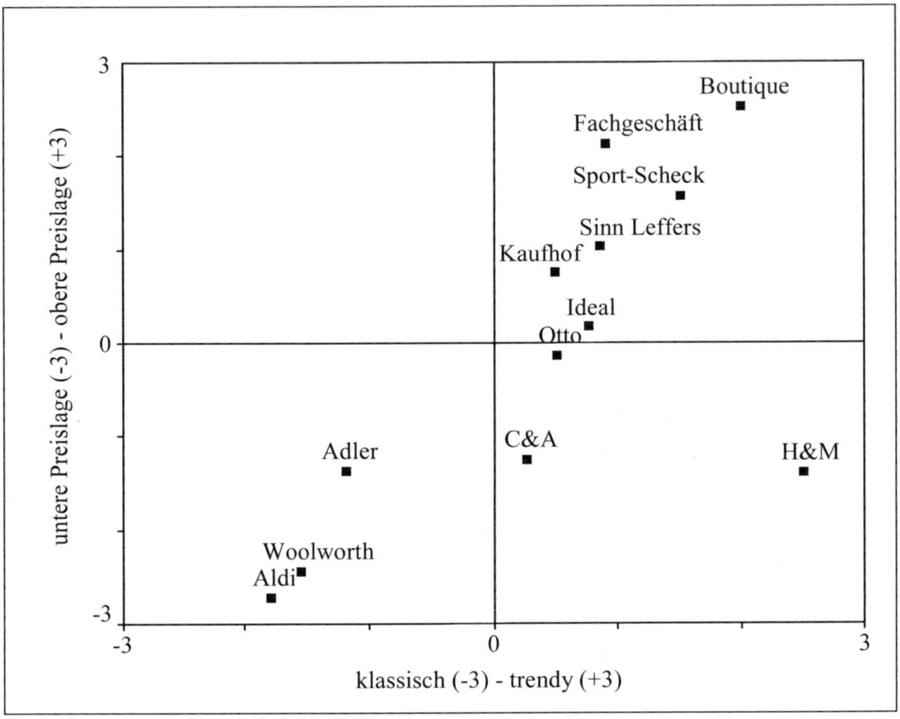

Abb. 3.19: Modeorientierung und Preislage als Segmentierungsmerkmale

Diagramme der dargestellten Art zeigen, wie die einzelnen Geschäfte (Betriebsformen) von den Nachfragern gesehen werden und stoßen damit dazu an zu fragen, ob die ermittelte Positionierung den Vorstellungen des Managements entspricht oder ob sie mit bestimmten Maßnahmen verändert werden soll (zu Positionsstrategien im Einzelhandel vgl. F. Schmid 1996, zur Positionierung von Warenhäusern vgl. J. Frechen 1998).

Zu den Idealvorstellungen der Verbraucher

Gerade bei heterogenen Präferenzen der Verbraucher oder unterschiedlichen Wahrnehmungen ist es wichtig, nicht nur durchschnittliche Werte zu analysieren, sondern der Frage nachzugehen, in welchem Ausmaß die Vorstellungen streuen. Selbst in der vorliegenden Befragung mit einer in Bezug auf Alter und Ausbildung relativ homogenen Gruppe (Studenten der Universität zu Köln) ist zu beobachten, dass sich die Vorstellungen der einzelnen Befragten nicht decken. Dies veranschaulicht Abbildung 3.20 am Beispiel der gewünschten Preislage. Die Abbildung zeigt, dass zwar die mittleren Preislagen bevorzugt werden, dass jedoch in fast gleichem Ausmaß Skalenwerte zwischen -1 und + 2 genannt wurden.

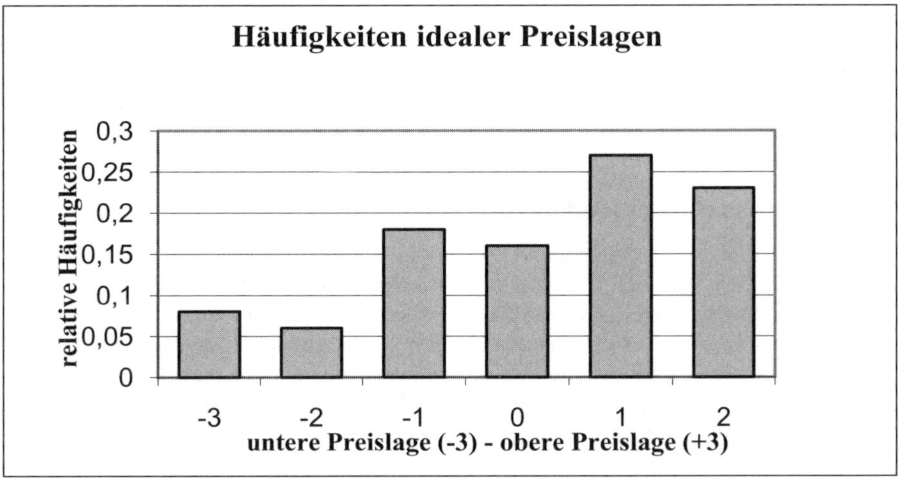

Abb. 3.20: Häufigkeiten idealer Preislagen

Homogener sind dagegen die Vorstellungen der Befragten in Bezug auf die gewünschte Moderichtung. Hier ballen sich die Antworten weitgehend bei den Skalenwerten 1 und 2 zusammen (vgl. Abbildung 3.21).

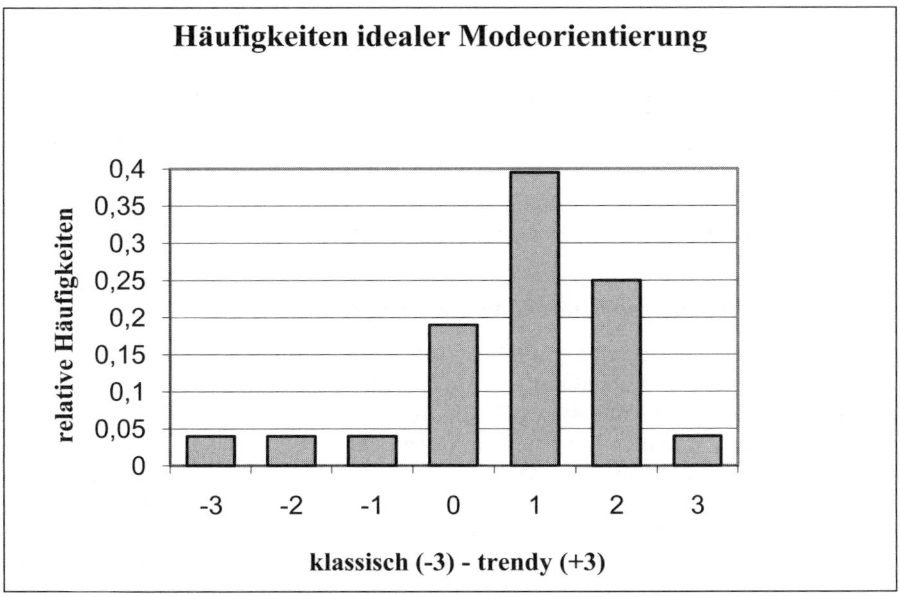

Abb. 3.21: Häufigkeiten idealer Modeorientierungen

Die Messung von Idealvorstellungen birgt ihre Probleme, denn es bedarf der näheren Untersuchung, ob die Verbraucher sich hinreichend präzise Vorstellungen gebildet haben, um solche bei einer Befragung angeben zu können. Vor allen Dingen ist aber das Problem der Anspruchsinflation zu bewältigen; damit ist gemeint, dass Verbraucher dazu neigen könnten, jeweils die extreme Ausprägung zu benennen, weil sie die Zusammenhänge zwischen den einzelnen Merkmalen, z. B. zwischen Beratung und Preisniveau, nicht berücksichtigen.

Zur Wichtigkeit einzelner Anforderungen

Nach dem Modell von Trommsdorff ist zwar nicht vorgesehen, dass einzelne Eindrücke gewichtet werden, dennoch sind solche Gewichtungsfaktoren in das vorliegende Beispiel einbezogen worden. Es wurde also auch erhoben, für wie wichtig die einzelnen Vorstellungen über die verschiedenen Geschäfte im Hinblick auf den Besuch bzw. die Auswahl eines Geschäftes gehalten werden. Im vorliegenden Beispiel ragen vier Anforderungen heraus: 1. Die gute Erreichbarkeit (Nähe), 2. Die Auswahl, 3. Die gewünschte Moderichtung und 4. Die Preislage. Als weniger wichtig wurden die Ladenatmosphäre, die Beratung und die Sortimentsbreite genannt. Die Wichtigkeiten wurden in der vorliegenden Untersuchung mit Hilfe von einfachen Rating-Skalen erhoben, obwohl Zweifel angebracht sein können, ob Verbraucher in der Lage sind, die Bedeutung einzelner Sachverhalte im Hinblick auf die Wahl ihrer Einkaufsstätte zu beziffern. Es ist aber hervorzuheben, dass bei der hier angewendeten Vorgehensweise die Wichtigkeit einzelner Kriterien durch Befragung erhoben wird; in später noch vorzustellenden Verfahren (Discrete Choice Modelle, Conjoint-Analyse, Kausalanalyse) überlässt man es den statistischen Modellen, die Stärke des Einflusses auf die jeweils abhängige Variable zu ermitteln.

Zum Zusammenhang von Einstellung und den differenzierten Vorstellungen

Nach dem Modell von Rosenberg und dem von Trommsdorff wird ein Zusammenhang zwischen der auf der linken Seite stehenden affektiven Einstellung (A_{ij} bzw. E_{ij}) und den auf der rechten Seite stehenden differenzierten Vorstellungen behauptet. Auf die Darstellung der Ergebnisse, mit denen diese Hypothese überprüft wurde, sei hier verzichtet.

Zum Zusammenhang von Einstellung und Verhalten

Die multiattributiven Einstellungsmodelle beziehen sich auf den Zusammenhang zwischen den differenzierten Vorstellungen eines Nachfragers über ein Geschäft und seiner affektiven Gesamtbeurteilung dieses Geschäfts. Nach dieser Theorie stehen die einzelnen Vorstellungen in einem konsistenten Verhältnis zur Einstellung gegenüber einem Geschäft. Der Zusammenhang zwischen dem Gesamturteil und dem Verhalten ist nicht Gegenstand dieser Theorien, wiewohl sie in den größeren Zusammenhang eingebettet sind, nach dem Einstellungen das Verhalten steuern. Aus diesem Grund wird das obige Beispiel auch auf diesen Zusammenhang ausgedehnt. Auf die Prüfung dieses Zusammenhanges wird (leider) in den Marktforschungsuntersuchungen der Praxis oft verzichtet. Erst ein solcher Test zeigt, ob die erhobenen Sachverhalte wirklich für das Kaufverhalten relevant sind. Die Gefahr ist groß, dass in Erhebungen Sachverhalte mit einbezogen werden, die für das tatsächliche Kaufverhalten nicht von Bedeutung sind und die Analyse fehlleiten. Abbildung 3.22 geht in verkürzter Weise auf den Zusammenhang zwischen Einstellung und Verhalten ein, indem die Anzahl der Personen, die entweder in dem betreffenden Geschäft in letzter Zeit gekauft haben oder die Absicht verfolgen, dort Einkäufe zu tätigen, dem Einstellungsmittelwert des Geschäfts gegenübergestellt werden. Deutlich ist zu erkennen, dass hohe Kaufbereitschaften nur mit positiven Einstellungen einhergehen.

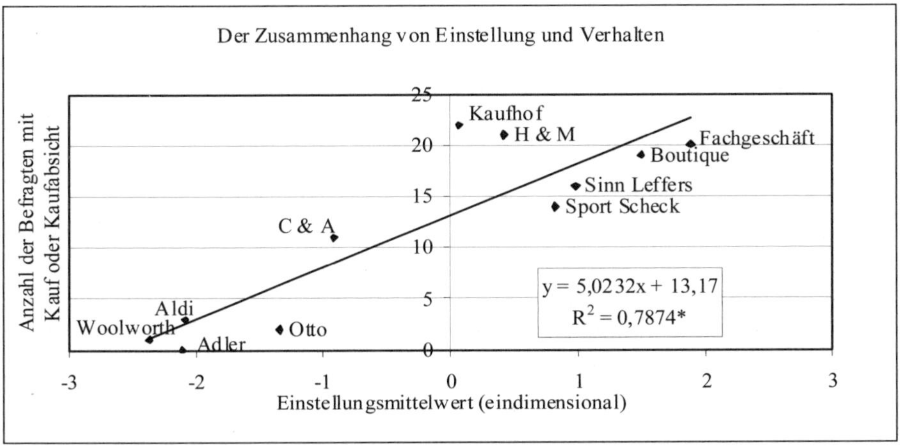

Abb. 3.22: Zum Zusammenhang von Einstellung und Verhalten (Beta-Koeffizienten und R^2 auf 0,05 %-Niveau signifikant)

Während früher von einer sehr engen Beziehung zwischen Einstellung und Verhalten (hier Einkaufsstättenwahl) ausgegangen wurde, wurde in den letzten Jahren nach Größen Ausschau gehalten, die diesen Zusammenhang beeinträchtigen können. Dabei wurde darauf hingewiesen, dass auch Einkäufe erfolgen können, ohne dass die einzelnen Alternativen bewusst miteinander verglichen werden, wie es den Einstellungsmodellen eigen ist, sondern durch Gewohnheit oder Impuls gesteuert sind. Es mag auch sein, dass Einkäufe zusammen mit anderen Personen durchgeführt werden und deren Einstellungen von den eigenen abweichen. Schließlich können situative Faktoren (z. B. Zeitdruck, schlechtes Wetter) dazu führen, dass andere Geschäfte gewählt werden, als es den zuvor geäußerten Einstellungen entspricht.

3.3.2.4 Die Ermittlung von Marktanteilen aus den Einstellungswerten

Aus den ermittelten Einstellungswerten lässt sich auf die Marktanteile der Anbieter schließen. Dabei ist zu unterscheiden, ob man wie in dem Modell von Trommsdorff von Idealpunkten ausgeht oder ob man wie bei Rosenberg ein Idealvektormodell unterstellt, was heißt, dass eine Betriebsform umso eher (seltener) gewählt wird, je mehr (weniger) sie in den einzelnen Leistungskriterien bietet. Idealpunktmodelle gehen von der Annahme aus, dass die Wahl einer Betriebsform umso wahrscheinlicher ist, je näher diese Betriebsform den Idealvorstellungen der Zielgruppe kommt. Die beiden Modelltypen werden auch in Abbildung 3.23 verdeutlicht.

Im **Idealpunktmodell** ergibt sich die Präferenzordnung aufgrund der Distanz der Betriebsformen zum Idealpunkt. Je geringer die Distanz zum Idealpunkt, umso höher ist die Wahlwahrscheinlichkeit einer Betriebsform. Die Distanz kann mit Hilfe der euklidischen Distanz ermittelt werden.

$$(8)\ d_{ij} = \sqrt{(x_i - x_j)^2 + (y_i - y_j)^2}.$$

Der Idealvektor gibt zunächst die Richtung der Präferenzordnung an. Die Rangordnung der Betriebsformen ergibt sich, indem man von jedem Betriebsformenpunkt das Lot auf den Idealvektor fällt. Dies entspricht einer Drehung des Koordinatensystems, so dass die Projektion der Betriebsformenpunkte auf den Idealvektor nach folgender Formel berechnet werden kann:

$$(9)\ \overline{x} = x \cdot \cos\alpha + y \cdot \sin\alpha$$

Abbildung 3.23 zeigt ein solches Marktmodell für zwei Merkmale und einen Idealpunkt bzw. einen Idealvektor. Die Präferenzrangordnung der abgebildeten Betriebsformen geht im Idealpunktmodell (Segment 1, vgl. Abbildung 3.24) aus den kreisförmigen **Isopräferenzlinien**, im Idealvektormodell (Segment 2, vgl. Abbildung 3.24) aus der Richtung des Vektors und der Projektion der Betriebsformenpunkte auf den Präferenzvektor hervor. Das Beispiel veranschaulicht, dass sich die einzelnen Geschäfte deutlich unterscheiden: A bietet eine sehr große Auswahl, C, B und das geplante D dagegen nur eine vergleichsweise kleine. Das Nachfragersegment 1 legt auf Auswahl vergleichsweise wenig Wert, dagegen hält Segment 2 sowohl Auswahl als auch Beratung gleichermaßen für wichtig.

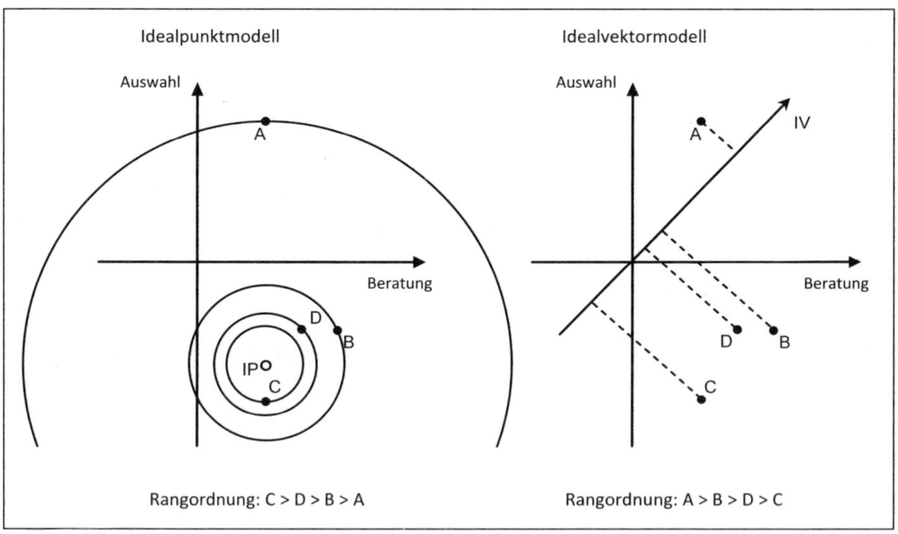

Abb. 3.23: Präferenzen im Idealpunkt- und Idealvektormodell (Quelle: R. Schobert 1979)

Werden die Distanzen zum Idealpunkt bzw. die Produktprojektion auf den Idealvektor in die Nutzenfunktion der Konsumenten eingesetzt, erhält man den **Präferenzwert P_{ij}**

eines Käufers bzw. einer Käufergruppe i für Anbieter j. Die Nutzenfunktion kann auf der Grundlage der erhobenen Kundenurteile beispielsweise mit Hilfe einer Regressionsanalyse ermittelt werden. In Abbildung 3.24 sind beispielhaft Nutzenfunktionen (Präferenzwertfunktionen) für die beiden Käufergruppen angegeben. Es wird unterstellt, dass das Präferenzvolumen der Kundengruppe i durch das Modell vollständig erfasst wird, d. h. es gilt:

$$(10)\ \sum_{j=1}^{m} P_{ij} = 1;\ \text{für alle i.}$$

wobei:

P_{ij} = Präferenzwert der Käufergruppe i für Betriebsform j

Die in Abbildung 3.24 verwendete Konstante k_i ergibt sich rechnerisch, wenn die einzelnen Präferenzwerte an der Summe aller Präferenzwerte gewichtet werden. Die Präferenzwerte können dann auch als Kaufwahrscheinlichkeiten interpretiert werden. Der Marktanteil einer Betriebsform ergibt sich dann als Summe der mit der relativen Größe eines Kundensegmentes gewichteten Kaufwahrscheinlichkeiten:

$$(11)\ M_j = \sum_{i=1}^{n} P_{ij} \cdot w_i \quad \text{für alle j}$$

wobei:

M_j = Marktanteil des Anbieters j,
w_i = Größe des Kundensegmentes i.

Das folgende Beispiel zeigt, wie aus den Ergebnissen einer Kundenbefragung zu bestehenden Anbietern und zu den Idealvorstellungen der relevanten Kundengruppen die Marktanteile prognostiziert werden können (R. Schobert 1979). Beurteilt wurden von zwei Kundensegmenten die Anbieter A bis D im Hinblick auf ihre Beratungsqualität und ihre Auswahl (Abbildung 3.24). Für Kundensegment I, welches 60 % des Gesamtmarktes ausmacht, wurde der Idealpunkt IP ermittelt, die Vorstellungen von Kundensegment II (40 % des Gesamtmarktes) konnten am besten durch Idealvektor IV, der durch den Ursprung und den Punkt (4|4) verläuft, dargestellt werden. Die Nutzenfunktionen der betrachteten Kundensegmente stimmen mit den relevanten Parametern k_i aus Abbildung 3.24 überein.

Betriebsform	**Beratung**	**Auswahl**		**Nutzenfunktion**	
A	1,0	2,0		Segment I	Segment II
B	2,0	-1,0		$P_{ij} = k_i/(1+2d^2)$	$P_{ij} = k_i \cdot (\overline{X}_j + 2,414)$
C	1,0	-2,0		60 % der Nachfrager	40 % der Nachfrager
D_{neu}	1,5	-1,0		Markt mit D: k_i = 0,670	Markt mit D: k_i = 0,107
Ideal S_I	1,0	-1,5		Markt ohne D: k_i = 1,008	Markt ohne D: k_i = 0,138

Abb. 3.24: Anbieterbewertung und Nutzenfunktionen der betrachteten Kundensegmente (Beispiel)

Der Wert x_i entspricht der Projektion des Betriebsformenpunktes j auf den Vektor entsprechend der oben angegebenen Formel. Die Kaufwahrscheinlichkeiten für die betrachteten Anbieter werden in Abbildung 3.25 für die Situation mit und ohne den Eintritt der neuen Betriebsform D in den Markt ermittelt. Ebenso können der Tabelle die sich jeweils ergebenden Marktanteile entnommen werden. Betriebsform D kann nach dieser Prognose einen Marktanteil von 29 % erreichen, was insbesondere zu Lasten von Betriebsform C geht.

	Idealpunkt Kundengruppe I			**Idealvektor Kundengruppe II**		
Betriebsform	Distanz zum IP	Kaufwahrscheinlichkeit ohne D	Kaufwahrscheinlichkeit mit D	Projektion auf IV	Kaufwahrscheinlichkeit ohne D	Kaufwahrscheinlichkeit mit D
A	3,50	0,04	0,03	2,12	0,53	0,41
B	1,12	0,29	0,19	0,71	0,33	0,26
C	0,50	0,67	0,45	-0,71	0,14	0,11
D_{neu}	0,71		0,34	0,35		0,22
Summe		1,00	1,00		1,00	1,00
Betriebsform	Marktanteil in der Ausgangssituation		Marktanteil nach Einführung einer neuen Betriebsform	Veränderung in Prozentpunkten		
A	23 %		18 %	-6		
B	31 %		22 %	-9		
C	46 %		31 %	-15		
D_{neu}	–		29 %	+29		
Summe	100 %		100 %	0		

Abb. 3.25: Kaufwahrscheinlichkeiten und Marktanteile für die betrachteten Kundensegmente (Beispiel)

3.3.2.5 Probleme der Verwendung von Einstellungen bei der Erklärung der Betriebsformenwahl

Kein Konstrukt ist wohl im Marketing häufiger als das der Einstellung zur Erklärung von Konsumverhalten herangezogen worden. Mit den spezifischen Problemen bei der Verwendung dieses Konstruktes bei Imageanalysen im Handel hat sich ausführlich H. Heemeyer (1981) beschäftigt. Im Folgenden sei explizit nur auf ausgewählte Probleme der Imagemessung hingewiesen.

1. Ein erstes Problem ist in dem Bezugspunkt zu sehen, auf den sich die zu messende Einstellung beziehen soll. **Bezugspunkt der Einstellung** kann ein Objekt sein, also

z. B. eine Betriebsform, ein einzelnes Geschäft oder eine einzelne Abteilung in einem Geschäft, kann aber auch ein bestimmtes Verhalten sein, z. B. der gelegentliche oder regelmäßige Kauf in einem bestimmten Geschäft. Dabei taucht die Frage auf, in welcher Weise einzelne (Teil-)Einstellungen voneinander abhängen (vgl. dazu H. Heemeyer 1981, S. 120–126).

2. Ein weiteres Hauptproblem besteht darin, **die Beurteilungskriterien** herauszufinden, nach denen Konsumenten Einkaufsstätten (oder Teile von ihnen) beurteilen. Dabei sind vor allem zwei Schwierigkeiten zu bewältigen:
   - Wie kann sichergestellt werden, dass alle für den Konsumenten wesentlichen Beurteilungskriterien aufgedeckt werden?
   - Wie können Überlappungen bzw. Wechselwirkungen zwischen einzelnen Kriterien berücksichtigt werden?

Die Zahl der Kriterien hängt – so hat man den Eindruck – in vielen Untersuchungen in bedeutendem Maße von der in den Studien verwendeten Kreativität des Autors ab. C. G. Deppisch (1997) hat in einer Meta-Analyse dargestellt, nach welchen Kriterien Kunden Einkaufsstätten beurteilen. Um die Kriterien zu ermitteln, werden teilweise nicht-strukturierte (J. H. Kunkel und L. L. Berry 1968), teilweise strukturierte Methoden herangezogen (R. J. Dornhoff und R. C. Tatham 1972; R. F. Kelly und R. Stephenson 1967). Die nicht-strukturierten Methoden haben den Nachteil, dass sie nicht mit statistischen Kennzahlen beurteilt werden können und die Interpretation weitgehend von der Kreativität des Untersuchenden abhängt. R. B. Marks (1976) ging das Problem so an, dass er – gestützt auf bereits vorliegende Untersuchungen (vor allem die von E. G. May 1971) – einen umfangreichen Katalog (30 Fragen) von Beurteilungskriterien zusammenstellte. Auch B. Swoboda (2000) kann mit Hilfe der Hauptkomponentenmethode einen Katalog von 29 Merkmalen zu 8 Faktoren verdichten, welche für die Einkaufstättenwahl relevant sind. Abbildung 3.26 zeigt die Ergebnisse dieser Faktorenanalyse.

Faktoren Items der Voruntersuchung (geordnet)	*Faktor 1* Anmutung Präsentation	*Faktor 2* Zusatzleistungen	*Faktor 3* Qualität des Angebots	*Faktor 4* Zeitdauer des Einkaufs	*Faktor 5* Preisniveau	*Faktor 6* Sortiment	*Faktor 7* Bedienung	*Faktor 8* Öffnungszeiten
gutes Ladenimage	0,522							
großzügige Verkaufsfläche	0,582							
überschaubare Warenpräsentation[1]	0,652			0,510				
Ladenatmosphäre	0,723							
Erscheinung des Personals	0,818							
ansprechende Warenpräsentation	0,863							
Möglichkeit der Heimlieferung		0,517						
Verbindung Einkaufen/Tanken		0,574						
Verfügbarkeit von Ticketterminals		0,675						
Gastronomisches Angebot		0,795						
Verfügbarkeit von Geldautomaten		0,834						

Faktoren Items der Voruntersuchung (geordnet)	*Faktor 1* Anmutung Präsentation	*Faktor 2* Zusatzleistungen	*Faktor 3* Qualität des Angebots	*Faktor 4* Zeitdauer des Einkaufs	*Faktor 5* Preisniveau	*Faktor 6* Sortiment	*Faktor 7* Bedienung	*Faktor 8* Öffnungszeiten
Frische der Produkte			0,773					
Qualität der Produkte			0,799					
Sauberkeit			0,827					
gute Erreichbarkeit[2]				0,805				
Orientierungsfreundlichkeit				0,595				
Parkmöglichkeiten				0,733				
überschaubare Warenpräsentation[1]	0,652			0,510				
Preisniveau Sonderangebote					0,753 0,771			
Angebot an Markenprodukten						0,863		
Vielfalt des Angebots						0,598		
schnelle Bedienung[1]							0,587	0,575
freundliche Bedienung							0,726	
kompetente Bedienung							0,789	
lange Öffnungszeiten								0,715
schneller Einkauf								0,817
schnelle Bedienung[1]							0,587	0,575
Varianzerklärung (in %)	13,7	10,0	8,7	12,5	7,5	6,3	7,4	7,2

1 Items laden auf zwei Faktoren
2 Item lud auf einem separaten Faktor (4 % Varianzerklärung)
3 Ein Item („Überschaubares Angebot") hat auf keinem Faktor eindeutig geladen.

Abb. 3.26: Für die Einkaufsstättenwahl relevante Kriterien: Faktoren und Faktorladungen der Items (Quelle: B. Swoboda 2000, S. 154)

3. Ein drittes Hauptproblem stellt die Frage dar, von welcher Art die oben erwähnten Funktionen f_1, f_2, f_3 sind. Insbesondere ist zu fragen, ob die detaillierten Vorstellungen und die globale Einstellung in einem linearen Zusammenhang zueinander stehen und ob die einzelnen Vorstellungen gewichtet werden sollen? Das zentrale Problem liegt hierin, den Beitrag einzelner Faktoren zur Absicht, eine bestimmte Betriebsform zu wählen, zu erkennen. Ist es die Preisgünstigkeit oder die Bequemlichkeit, die Auswahl oder die Qualität der Waren?
4. Schließlich ist viertens zu fragen, wie die einzelnen Aspekte gemessen werden können. Bei Imageanalysen, die sich auf die Theorie der kognitiven Einstellungsmodelle stützen, wird nicht mehr das semantische Differential verwendet, sondern es wird auf Rating-Skalen (= Einschätzskalen, auf denen der Befragte sein Urteil in einem vorgegebenen Bereich abstufen kann) mit objektspezifischen Kriterien zurückgegriffen (vgl. den Überblick bei G. Silberer 1983). Auch wurde diskutiert, welche Skalen bei der Imagemessung verwendet werden sollten (vgl. G. Albaum, L. L. Golden und M. R. Zimmer 1987; C. Naranaya 1977).
5. Nach vielfältigen empirischen Überprüfungen zählen Einstellungen zu den wichtigen Variablen, um eine Betriebsformenpräferenz zu erklären (so auch das Fazit der

Meta-Analyse von Pan und Zinkhan 2006, S. 238). Die multiattributiven Modelle gewähren einen guten Einblick in einzelne einstellungsrelevante Beurteilungen. Sie haben allerdings den Nachteil, dass sie nicht unmittelbar zeigen, welchen Einfluss einzelne Sachverhalte auf das tatsächliche Verhalten ausüben, denn die Bedeutung eines Sachverhaltes im Hinblick auf das Gesamturteil (die Einstellung insgesamt) muss nicht übereinstimmen mit der Bedeutung des Sachverhaltes für das beobachtbare Verhalten. Es wird deswegen gefordert, dass bei der Auswahl der Beurteilungsdimensionen nicht nur auf die Wichtigkeit, sondern auch auf die Verhaltensbedeutung („to be determinant in the choice process") abgestellt werden soll. So weisen beispielsweise Arnold, Oum und Tigert darauf hin, dass die Sauberkeit in Befragungen oft als wichtig bezeichnet wird, sie in ihren Untersuchungen mit Hilfe eines multinomialen Logit-Modells (vgl. hierzu Abschnitt 3.3.3) jedoch festgestellt haben, dass die Sauberkeit die Geschäftstreue nicht wesentlich beeinflusst (S. J. Arnold, T. H. Oum und D. J. Tigert 1983, S. 150).

3.3.3 Discrete Choice Modelle

Die Bevorzugung einer Betriebsform kann unterschiedlich erfasst werden. Würde sie als Anzahl der Einkäufe (absolut oder relativ) in einem bestimmten Zeitraum ausgewiesen, würde es sich um eine metrische Variable handeln. Wird dagegen dargestellt, ob es sich bei einer Betriebsform um die am stärksten bevorzugte handelt (z. B. nach der Anzahl der Einkäufe oder nach dem Geldbetrag, der dort verausgabt wird), dann kann nur eine einzige Betriebsform als solche ausgewiesen werden; es handelt sich um eine diskrete Variable, die nur die Werte 1 (sie ist es) oder 0 (sie ist es nicht) annehmen kann. Zur Erklärung solcher Variablen werden Modelle zur **discrete choice** herangezogen. Ziel der Modelle ist die Modellierung von diskreten Entscheidungen, wie sie im betrachteten Fall meist als Marken- oder Kategoriewahlentscheidung vorliegt. Auf Basis der Informationen, die über die Untersuchungsobjekte und ihre einzelnen Kaufentscheidungen (Kundenkartenbesitzer, Haushalte, Individuen) vorliegen, versucht man, die Stärke des Einflusses der berücksichtigten Variablen auf diese Entscheidung zu schätzen. Vorwiegend bilden die unterschiedlichen Merkmale der untersuchten Alternativen (z. B. Sortimentstiefe, Nähe, Artikel im Sonderangebot) die unabhängigen Variablen. Ebenso ist es aber auch möglich, die Eigenschaften der betrachteten Entscheider (Markentreue, Preissensitivität) als Einflussfaktoren zu berücksichtigen.

Im Grundsatz gehen die Modelle davon aus, dass dem Entscheider eine endliche Anzahl sich gegenseitig ausschließender Alternativen zur Auswahl stehen, von denen genau eine gewählt wird (zur Darstellung des Ansatzes vgl. auch Arnold, Oum und Tigert 1983). Der Konsument wählt dabei stets die Alternative, die ihm den größten Nutzen stiftet. Die Modellierung der Wahlentscheidung als Logit-Modell ist an weitere Annahmen gebunden, auf die hier nicht eingegangen werden kann (siehe dazu und zu Modellvarianten T. Otter, G. Allenby und T. v. Zandt (2008), K. Gedenk (2002) oder K. Train (2003)).

Formal geht der Modellansatz wie folgt vor: Die Wahrscheinlichkeit p_{ij}, dass die i-te Betriebsform durch den j-ten Konsumenten bevorzugt wird, wird im Folgenden mit einem **Logit-Modell** beschrieben als

$$(12)\ p_{ij} = \frac{e^{V_{ij}}}{\sum_{i=1}^{n} e^{V_{ij}}}$$

Der mit der Bevorzugung einer Betriebsform i nicht direkt erfassbare (latente), aber verbundene Nutzen U für Konsument j ergibt sich aus einer systematischen Nutzenkomponente V und einem Störterm e:

$$(13)\ U_{ij} = V_{ij} + e_{ij},$$

wobei sich die systematische Komponente V_{ij} wie folgt ergibt:

$$(14)\ V_{ij} = \alpha_{ij} + \sum_{m=1}^{M} \beta_m \cdot X_{mij}$$

Der systematische Nutzenteil ist eine lineare Funktion der Ausprägungen der absatzpolitischen Instrumente sowie unter Umständen anderer Einflussgrößen. Mittels Maximum Likelihood Schätzung lassen sich die interessierenden Parameter β_m ermitteln. Anhand dieser Schätzer lassen sich dann Aussagen über die Stärke der unterschiedlichen Effekte auf die Betriebsformenwahlwahrscheinlichkeit treffen.

Abhängige Größe ist also die Wahrscheinlichkeit für die Bevorzugung einzelner Betriebsformen, während als unabhängige Variablen beispielsweise das Preisniveau der Einkaufsstätte und die Nähe (Erreichbarkeit) verwendet werden können. In einem einfachen Beispiel könnte also die systematische Nutzenkomponente V_{ij} wie folgt aussehen:

$$(15)\ V_{ij} = \alpha + \beta_{pr} \cdot pr + \beta_{hz} \cdot hz$$

Der systematische Nutzen bei der Bevorzugung der Betriebsform i ergibt sich also als Linearkombination der zwei Größen *pr* und *hz*. In dem Beispiel erfasst die Größe *pr* das Preisniveau der Betriebsform und die Größe *hz* bildet ab, wie gut das betreffende Geschäft zu erreichen ist. An den geschätzten Koeffizienten β_{pr} und β_{hz} kann die Einflussstärke der Variablen abgelesen werden. Der Koeffizient α bildet den intrinsischen Nutzen ab, der mit dem Aufsuchen der betreffenden Einkaufsstätte verbunden ist.

Sollen in einem Discrete Choice Modell die Wahlwahrscheinlichkeiten unterschiedlicher Betriebsformen ermittelt werden, so ist in einem ersten Schritt festzulegen, welche Eigenschaften x der Betriebsformen betrachtet werden sollen. Dabei ist beispielsweise an das Preisniveau, die Auswahl oder das Serviceniveau zu denken. Die zu schätzenden Koeffizienten geben an, in welchem Maße die einzelnen Eigenschaftsausprägungen zum systematischen Nutzen der Alternative beitragen (einen Überblick geben z. B. V. Severin et al. 2001 oder H. Oppewal 1995). Dem Management geben sie Hinweise, mit welchen Maßnahmen die Präferenzen der Nachfrager in günstiger Weise beeinflusst werden können. Die Modelle haben den Vorteil, dass sie Wahrscheinlichkeiten für die Bevorzugung einzelner Betriebsformen angeben; sie tragen damit der empirischen Beobachtung Rechnung, dass Nachfrager im Regelfall nicht nur ein Geschäft aufsuchen, sondern mehrere.

In der Studie von Arnold, Oum und Tigert (1983, S. 153) hatten Konsumenten für mehrere in Frage kommende Supermärkte in Toronto anzugeben, ob sie den jeweiligen

Markt für ihre Einkäufe bevorzugen („Which supermarket do you shop at for most of your food shopping?"). Die einzelnen Märkte hatten sie nach den in Abbildung 3.27 angegebenen Kriterien zu beurteilen.

Frage: „Welches Geschäft ist/hat ..."	**Logit-Parameter**	**t-Wert**
... am leichtesten für Sie von zu Hause zu erreichen?	1,49	(29,38)
... die niedrigsten Preise?	1,14	(19,24)
... das beste Sortiment bzw. Vielfalt bei Lebensmitteln?	0,36	(6,42)
...das höflichste Personal?	0,69	(11,66)
... die beste Qualität beim Fleisch?	0,47	(8,57)
... (die beste Qualität bei Obst und Gemüse?)	0,09	(1,50)
... die besten wöchentlichen Angebote?	0,36	(6,05)
... den schnellsten Check-out-Service?	0,39	(6,56)
... die angenehmste Ladenatmosphäre?	0,56	(9,65)
... (die preiswertesten Handelsmarken?)	0,17	–
Zahl der analysierten Wahlentscheidungen Anteil der korrekt vorher gesagten Wahlentscheidungen Logarithmus der Likelihood Funktion	3730 78 % -2086	

$-2\log\lambda = 26{,}8$; $\chi^2 = 43{,}8$ (0,05 Niveau)

Abb. 3.27: Die Wirkung auf die Wahl des bevorzugten Supermarktes

Die ermittelten Parameter der Logit-Funktion beeinflussen die Wahrscheinlichkeit, mit der ein bestimmtes Geschäft, charakterisiert durch die Eigenschaften, die die Nachfrager ihm zuordnen, gewählt wird. Alle verwendeten Eigenschaften übten einen signifikanten Einfluss aus (einseitiger Test, =,05-%-Signifikanzniveau), mit Ausnahme der Qualität bei Obst und Gemüse und der Günstigkeit der Handelsmarken. Ordnet man die Koeffizienten nach ihrer relativen Größe, ergibt sich folgende Reihenfolge für die Bedeutung einzelner Gestaltungsbereiche: Erreichbarkeit (Standort), niedrigste Preise, freundliches Personal, angenehme Umgebung, wöchentliche Angebote, Fleisch, keine Wartezeiten an den Kassen, Sortiment.

Entscheidungen, bei denen dem Verbraucher nur zwei oder einige (diskrete) Handlungsmöglichkeiten zur Verfügung stehen, können in vorteilhafter Weise mit Logit-Modellen bearbeitet werden. Sie bieten sich auch im vorliegenden Fall an, weil die Betriebsformenpräferenz, wenn sie als das Geschäft festgelegt wird, in dem das meiste Geld für bestimmte Einkäufe ausgegeben wird oder das am häufigsten aufgesucht wird, eine solche Variable, die nur die Werte 1 oder 0 annehmen kann, anzusehen ist. Die ermittelten Logit-Parameter vermitteln einen Eindruck von der Bedeutung einzelner Faktoren, ohne dass die Verbraucher nach der Wichtigkeit dieser Faktoren für ihre Einkaufsstättenwahl gefragt werden müssen.

3.3.4 Weitere Ansätze

Ergänzend zur klassischen Imagemessung sei auf fünf weitere Konzepte hingewiesen, um die Akzeptanz von Betriebsformen aus Konsumentensicht zu erklären,

- Conjoint-analytische Ansätze,
- Ansätze zur Messung der Dienstleistungsqualität,
- einstellungsnahe Ansätze als Kausalmodelle,
- die Berücksichtigung von Emotionen und
- Betriebsformenwahl unter Risikogesichtspunkten.

Auf die beiden letzen Ansätze wird im Folgenden nicht eingegangen.

3.3.4.1 Conjointanalytische Ansätze

Bei der Conjoint-Analyse werden den Befragten ganzheitliche Betriebskonzepte zum Vergleich vorgelegt. Aus ihren Präferenzangaben werden rechnerisch die Wertschätzungen für einzelne Elemente des Betriebstyps errechnet. Ein anschauliches Beispiel für die Anwendung der Conjoint-Analyse für die Ermittlung der Attraktivität alternativer Betriebstypen liefern S. Zielke, M. Preißner und R. Wierich (2002). Sie fragen, welche Wertschätzung die Verbraucher einzelnen (neuartigen) Betriebsformen im Automobilhandel entgegenbringen werden. Sie unterscheiden dabei den PKW-Discounter, den PKW-Fachmarkt, den Mehr-Marken-PKW-Fachhändler und den traditionellen Ein-Marken-PKW-Fachhändler. Ihre mit Hilfe der Adaptiven Conjoint-Analyse ermittelten und in Abbildung 3.28 dargestellten Teilnutzenwerte verdeutlichen die zentralen Ergebnisse einer Conjoint-Analyse. Es wird ausgewiesen, welche Teilnutzen einzelnen Eigenschaftsausprägungen zugeordnet werden und wie wichtig einzelne Eigenschaften den Befragten sind. So zeigt sich beispielsweise, dass mit „Fachberatung, Finanzierung, Zulassung" ein hoher Teilnutzen generiert werden kann, während die Auswahl zwischen drei bis fünf sofort lieferbaren Varianten eines Modells auf eine relativ geringe Wertschätzung stößt. Das Beispiel zeigt, wie mit Hilfe der Conjoint-Analyse auch Konzepte beurteilt werden können, die in der realen Welt (noch) nicht vorzufinden sind.

Im Unterschied zu der oben dargestellten Erhebung von Einstellungen haben hier die Verbraucher nicht einzelne Eigenschaften zu beurteilen, sondern ganzheitliche Konzepte bzw. Kombinationen von Eigenschaftsausprägungen, was als eine sehr realistische Art der Befragung angesehen werden kann. Es ist zu vermuten, dass den Befragten dieses Vorgehen leichter fällt als die isolierte Bewertung einzelner Eigenschaften. Einige Ansätze der Conjoint-Analyse kombinieren auch diese sogenannte kompositionellen und dekompositionellen Beurteilungsaufgaben. So müssen die Befragten bei der computergestützten Adaptiven Conjoint Analyse Wichtigkeiten für einzelne Merkmale direkt angeben und aber auch in mehreren bzw. allen Eigenschaften beschriebene Objekte miteinander vergleichen. Auf weitere Einzelheiten der Methoden kann hier nicht eingegangen werden (vgl. dazu S. Hensel-Börner 2000, M. Voeth 2000 oder A. Gustafsson Hrsg., 2003).

Aus den ermittelten Teilnutzenwerten lassen sich die Gesamtnutzenwerte für bestimmte Konzepte ermitteln, indem die Teilnutzenwerte für die gewählte Ausprägung addiert werden. In entsprechender Weise hat I. Lausberg (2002) dieses Verfahren angewendet, um Hinweise für die Gestaltung von Factory Outlet Centern abzuleiten.

Merkmal	**Mögliche Ausprägungen**	**Teil-nutzen-wert**	**Wichtig-keit des Merkmals**
Marken-vielfalt	Angebot, das auf eine Marke beschränkt ist	-14,90	10,66 %
	Angebot mehrerer in Frage kommender Marken	14,90	
Varianten-vielfalt	Auswahl zwischen 3 bis 5 Varianten je Modell (sofort lieferbar)	-2,38	10,64 %
	Individuelle Variantenauswahl (Bestellung beim Hersteller)	2,38	
Werkstatt-leistungen	Keine Werkstattleistungen	-45,05	21,36 %
	Herstellerungebundene Werkstattleistungen (keine Original-Inspektion; keine Original-Ersatzteile)	14,92	
	Herstellergebundene Werkstattleistungen (Original-Inspektion; Original-Ersatzteile)	30,13	
Kaufer-gänzende Dienst-leistungen	Fachberatung, Finanzierung, Zulassung	55,57	23,44 %
	Keine Fachberatung, keine Finanzierung, keine Zulassung des Fahrzeugs durch den Händler	-55,57	
Preis	Listenpreis, d. h. kein Nachlass	-83,61	33,90 %
	5 % Nachlass auf den Listenpreis	-30,43	
	10 % Nachlass auf den Listenpreis	36,36	
	15 % Nachlass auf den Listenpreis	77,68	

Abb. 3.28: Teilnutzenwerte der Merkmalsausprägungen von Automobilhandlungen und resultierende Wichtigkeit der Merkmale (Quelle: S. Zielke, M. Preißner und R. Wierich 2002, S. 140–141.)

Die Conjoint-Analyse hat sich inzwischen zu einem häufiger eingesetzten Marktforschung-Tool entwickelt. Ein weiteres Beispiel für die Verwendung der Conjoint-Analyse zur Messung von Einkaufsstättenpräferenzen legt B. Swoboda (2000) vor. Auch H. Oppewal (1995) und A. Beck (2004) bedienen sich der Conjoint-Analyse.

3.3.4.2 Ansätze zur Messung von Dienstleistungsqualität

Instrumente der Messung der wahrgenommenen Dienstleistungsqualität werden auf den Handel übertragen. Dabei wird aber nicht auf Merkmale des absatzpolitischen Instrumentariums abgestellt, sondern auf davon abgehobene Beurteilungskriterien wie (vgl. B. Hentschel 1990, S. 230–240):

- die Annehmlichkeiten des tangiblen Umfeldes,
- die Fähigkeit, die versprochene Leistung zuverlässig und akkurat auszuführen,
- die Gewilltheit, dem Kunden bei der Lösung seines Problems zu helfen,
- die Leistungskompetenz,
- das Erfüllungsvermögen.

Am bekanntesten ist das sog. SERVQUAL-Modell (vgl. A. Parasuraman, V. A. Zeithaml und L. L. Berry 1988 und 1991).

3.3.4.3 Einstellungsähnliche Ansätze als Strukturgleichungsmodelle

Während in den vorangegangenen Ansätzen die Einstellung gegenüber einer Betriebsform bzw. einem Geschäft als der zentrale Bestimmungsfaktor für die Einkaufsstättenwahl gesehen wurde, gibt es aus der Praxis der Marktforschung heraus den Vorschlag, als Ziel- und Kontrollgröße die „Markenattraktivität" (Brand Potential Index, abgekürzt BPI) zu verwenden, die als Konglomerat von mehreren Aspekten gesehen wird, so der Markenloyalität, der Kaufabsicht, der Markenbekanntheit, der Uniqueness, der Mehrpreisakzeptanz, der Markensympathie, des Markenvertrauens, der Markenidentifikation und der Bereitschaft zur Weiterempfehlung. Es ist erkennbar, dass hier Größen der Kundenbindung, der Einstellung und Kaufabsicht gebündelt worden sind (O. Hupp und H. Schuster 2000). Es wird vorgeschlagen, diese Größen zu den üblichen Einstellungsdimensionen (Kriterien), wie Preisgünstigkeit, Einkaufsatmosphäre und Convenience, in Beziehung zu setzen. Dabei wird auf die Kausalanalyse zurückgegriffen.

Charakteristisch für diese Vorgehensweise ist, dass latente Größen, wie z. B. Convenience, zu mehreren beobachtbaren Größen (hier bequemer Einkauf, Parkmöglichkeiten, Öffnungszeiten) in Beziehung gesetzt werden; die beobachtbaren Größen, auch als manifeste Variablen bezeichnet, werden erhoben, die latenten Größen werden aus ihnen errechnet. Aus den Pfeilrichtungen ist erkennbar, dass sich die latenten Größen in den einzelnen Items spiegeln; dies wird auch als reflektive Beziehung zwischen der latenten Größe und dem Item bezeichnet. Die Koeffizienten geben Hinweise auf die Bedeutung der einzelnen Größen; sie sind Ergebnis der Berechnung des Kausalmodells (z. B. LISREL). Abbildung 3.29 zeigt die Struktur des Denkmodells. Aus den Ergebnissen lesen die Autoren ab, dass Convenience von geringer (und nicht signifikanter) Bedeutung bei Discountern und Supermärkten ist, dagegen von beachtenswerter Bedeutung bei SB-Warenhäusern.

Strukturgleichungsmodelle, in denen simultan die Beziehungen zwischen mehreren Variablen in mehreren Gleichungen abgebildet werden, beherrschen seit einiger Zeit die Modellbildung. Die Modelle haben gegenüber Regressionsanalysen in Form einer einzelnen Gleichung Vorteile, jedoch müssen die Voraussetzungen für die Anwendung genau geprüft werden. So wurde kürzlich bewusst, dass zwischen reflektiven und formativen Modellen zu unterscheiden ist und dass sich die Modellbildung an dieser Unterscheidung ausrichten muss. Bei reflektiven Modellen spiegelt sich die latente Größe in den zugehörigen Indikatoren (so wie das in obigem Modell dargestellt ist). Ändert sich der Wert der latenten Größe müssen sich auch alle zugehörigen Indikatoren in die gleiche Richtung ändern (siehe zu dieser Unterscheidung auch A. Diamantopoulos 1999, S. 446 und A. Diamantopoulos und H. Winklhofer 2001, S. 270). Dies ist die bei der kovarianzbasierten Schätzung von Kausalmodellen, die auch für das obige Modell durchgeführt wurde, verfolgte Denkweise. Sie scheint dagegen für das vorliegende Modell nicht angezeigt, da beispielsweise bei einer Erhöhung der Convenience nicht grundsätzlich unterstellt werden muss, dass sich alle drei genannten Indikatoren verbessern müssen. Von daher scheint für die vorliegende Problemstellung anstelle des verwendeten kovarianzbasierten Verfahrens eher die PLS-Methodik (z. B. C. Fornell und J. Cha 1994) zur Schätzung geeignet; diesen Weg gehen auch die Autoren in neuerer Zeit (O. Hupp und R. Petke 2005). Bei BPI handelt es sich um ein heterogenes Feld von einzelnen Gesichtspunkten, worauf im Abschnitt über die Betriebsform als Marke näher eingegangen wird.

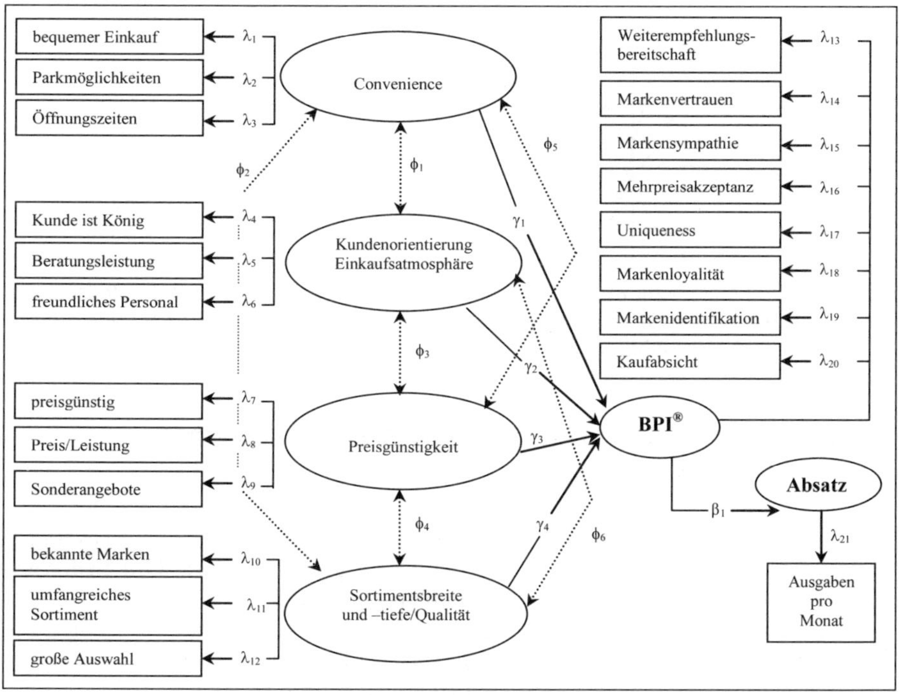

Abb. 3.29: Kausalmodell zum Zusammenhang von Betriebsformenimage, wahrgenommener Attraktivität und Absatz (Quelle: O. Hupp und H. Schuster 2000, S. 362)

In die Klasse der Strukturgleichungsmodelle gehört auch das Modell von J. Baker, A. Parasuraman, D. Grewal und G. B. Voss (2002), das hier weniger deswegen angeführt wird, weil es eine Beziehung zwischen verschiedenen Teilurteilen und der beabsichtigten Geschäftstreue bzw. der Sortimentsattraktivität herstellt, sondern weil die Teilurteile als Ergebnis verschiedener vereinfachender Beurteilungsprozesse gesehen werden. Abbildung 3.30 vermittelt einen Eindruck von der Struktur des Modells.

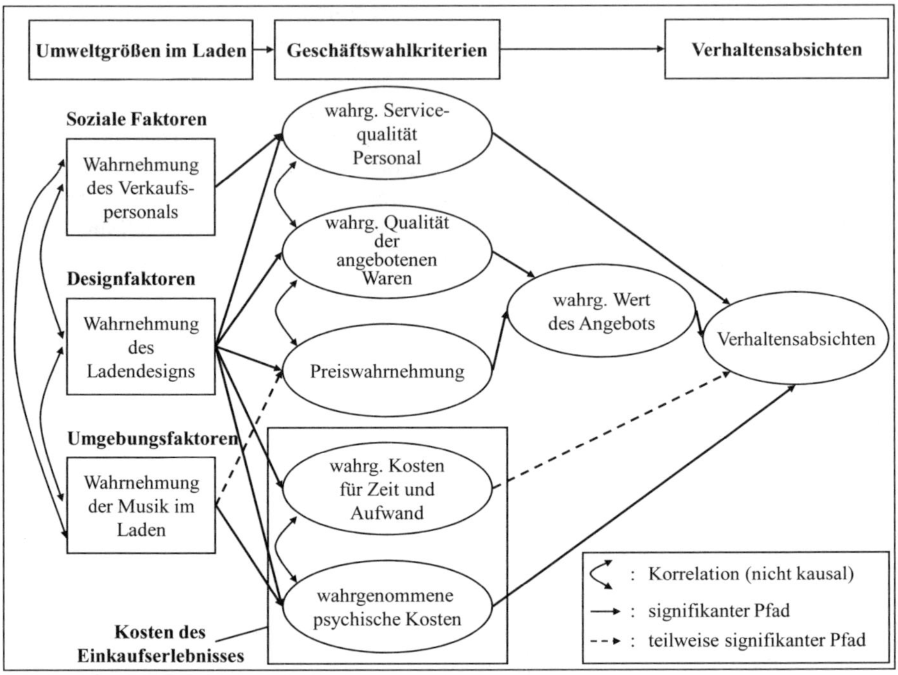

Abb. 3.30: Ein Modell zum Einfluss verschiedener Schlüsselgrößen auf die Beurteilung eines Geschäftes (Quelle: J. Baker, A. Parasuraman, D. Grewal und G. B. Voss 2002, S. 134)

3.3.5 Zum Stand des Wissens über zentrale Erfolgsfaktoren

Die Vielfalt der Betriebsformen im Handel hat sich stetig erhöht. Daher wird es immer wichtiger zu erkennen, welchen Beitrag einzelne Eigenschaften von Betriebsformen spielen, um Nachfrager anzuziehen. Bekanntlich unterscheiden sich die Betriebsformen in zahlreichen Aspekten, deren Beitrag zum Nutzen der Konsumenten in zahlreichen Studien angesprochen worden ist. Schon früh hat Lindquist (1974–75) darauf hingewiesen, dass häufig die folgenden Eigenschaften als bedeutsam hervorgehoben werden:

- das Sortiment in 42 % der Studien,
- die Qualität der Waren in 38 %,
- die Preise in 38 %,
- die bequeme Erreichbarkeit in 27 %,
- der Modegrad in 27 %,
- der Service im Allgemeinen in 27 %,
- der Service des Personals in 27 %.

Es wurde vermutet, dass diese Häufigkeit gleichzeitig auf die Bedeutung der Faktoren hinweist. Die in der Folge durchgeführten Untersuchungen versuchten den Einfluss einzelner Aspekte genauer zu quantifizieren. So ermittelten Hansen und Deutscher (1977), dass bei Lebensmittelgeschäften drei Aspekte bei der Wahl im Vordergrund stehen: die physischen Gegebenheiten in der Verkaufsstelle (sauber, gute Bewegungsmöglichkeiten im Laden, leichtes Auffinden der Waren, schnelle Abfertigung an den Kassen), die Ladenatmosphäre (freundliches Personal) und die Ware (verlässliche Produkte, Produkte mit hoher Qualität, preisgünstige Produkte, große Auswahl, Verfügbarkeit, zahlreiche und bekannte Marken, Sonderangebote, preisgünstige Angebote). Für Textilgeschäfte stellten James, Durand und Dreves (1976) fest, dass Preis, Sortiment und das Personal jene Faktoren seien, die die Konsumenten als am wichtigsten erachten. Aus der Fülle der Untersuchungen seien eine einzelne Studie und eine Metastudie aus dem Jahr 2008 näher dargestellt, die der Frage nachgehen, ob aus der geäußerten Wichtigkeit eines Aspekts auch auf den Einfluss auf die Einkaufsstättenwahl geschlossen werden darf.

Genannter Grund	**Stadt in USA A**	**F**	**Stadt in den Niederlanden**
• Standort/bequem zu erreichen	34 %	27 %	22 %
• Preise/niedrige Preise	14	40	37
• Auswahl/gute Verfügbarkeit/Sortiment/alles, was man braucht	9	7	12
• Qualität des Fleisches/Auswahl	11	5	0
• Qualität insgesamt	9	1	5
• Service/Freundlichkeit/schnelle Abfertigung an der Kasse	4	5	5
• Sonderangebote/Coupons	7	3	1
• Angenehme Atmosphäre	0	0	7
• Alles andere	12	12	11
Summe	100 %	100 %	100 %
Befragte	1000	1000	1000

Abb. 3.31: Wichtigkeit einzelner Aspekte bei der Wahl eines Supermarktes (entsprechend dem Anteil an den Antworten auf die Frage „All things considered, what is the single most important reason you shop at (…) for most of your food shopping“. (Quelle: Arnold, Ma und Tigert 1978, S. 665.)

Arnold, Ma und Tigert (1978) untersuchten den Einfluss einzelner Aspekte bei der Einkaufsstättenwahl in zwölf Studien, die sich in der Wahl des Untersuchungsgebietes (Kanada, USA, Niederlande), in der Art der verwendeten Fragen (offene Fragen, Likert-Skalen, Skalen mit erzwungenen Antworten), in der Art des Befragungsmediums (Telefon, Hausbefragung, schriftliche Befragung) und zwei Geschäftstypen (Supermärkte und Textilgeschäfte) unterschieden. Die Abbildungen 3.31 und 3.32 informieren über ausgewählte Ergebnisse.

In der Stadt A (USA) rangiert (ebenso wie in den hier nicht näher dargestellten Städten B, C und D) der Preis auf Platz 2, während er in der Stadt F und in der Stadt in den

Niederlanden auf Platz 1 steht. Die Verfasser machen diese unterschiedliche Position mit dem Hinweis plausibel, dass in der Stadt A (USA) alle Anbieter weitgehend dieselben Preise verlangt hätten (nur 4 % Unterschied), während in Stadt F und in der Stadt der Niederlande beträchtliche Preisunterschiede (12–15 %) vorgelegen hätten. Sie sehen in der Preisgünstigkeit den wichtigsten Ansatzpunkt für den jeweiligen Marktführer. Sauberkeit, freundliches Personal, und ähnliche qualitative Merkmale seien dagegen von nachrangiger Bedeutung. Sie bestimmten nur in unbedeutendem Maße („determinant"), welche Unternehmung die meisten Kunden anziehen könne. Die Wichtigkeit eines Merkmals sei eine wichtige Voraussetzung, sie sei jedoch nicht hinreichend.

In fünf Studien haben dieselben Autoren untersucht, wovon es abhängt, in welchem Geschäft die Verbraucher Textilien einkaufen. Ausgewählte Ergebnisse finden sich in Abbildung 3.32.

Merkmal	Mittelwert auf einer 5-Punkte Likert-Skala*	Rang	Mittelwert auf einer 11-Punkte Skala**	Rang
1. Größter Gegenwert (best value)	4,5	1	3,9	2
2. Größte Auswahl	4,4	3	4,4	4
3. Höchste Qualität	4,5	2	3,2	1
4. Hilfsbereites Personal	4,2	4	4,1	3
5. Aktuelle Ware	3,9	5	6,0	7
6. Gut zu erreichen	3,6	6	4,9	5
7. Konservative Ware, aber gut zu tragen	3,5	8	6,4	8
8. Modische Ware	3,5	7	6,9	9
9. Niedrigste Preise	3,2	9	5,8	6
10. Beste Werbung	2,6	10	9,2	11
11. Schöne Warenpräsentation	2,6	11	9,0	10

*: 5-Punkte Likert-Skala von „very important „ = 5 bis zu „not important at all" = 1
**: 11-Punkte-Skala von „most important" = 1 bis „least important" = 11.

Abb. 3.32: Kriterien für die Wahl eines Textilgeschäftes (Niederlande) („How important is each specific store characteristic to you in choosing a store to shop for women's fashions?")

Wiederum stellen die Autoren fest, dass Kriterien wie Convenience auf nachrangigen Plätzen liegen. Die Untersuchungen lenken die Aufmerksamkeit auch auf den Umstand, dass die Befragungsergebnisse von vielfältigen Randbedingungen abhängig sein können, der Art der Fragestellung, der verwendeten Skalen, dem Land, der Art des Geschäftes, der jeweiligen konjunkturellen Situation.

2006 haben Pan und Zinkhan (2006) im Rahmen einer Metaanalyse überprüft, inwieweit bis dahin durchgeführte Untersuchungen zu verallgemeinerbaren Ergebnissen geführt haben. Die „Bevorzugung einer Einkaufsstätte" als abhängige Variable differenzieren sie einmal in die Wahrscheinlichkeit, dass ein bestimmtes Geschäft die bevorzugte Einkaufsstätte darstellt, und zum anderen in die Häufigkeit, mit der ein Geschäft in einer bestimmten Periode aufgesucht wird. Die von ihnen aus 38 früheren Studien entnommenen unabhängigen Variablen sind in Abbildung 3.33 zusammen mit den Ergebnissen aufgelistet.

Prädiktor	**Zahl der berichteten Effekte*** **	**Bereich der berichteten Effekte (r)**
Niedrige Preise*	14/19	-0,01–0,702
Qualität*	16/18	-0,05–0,9
Auswahl*	14/14	0,102–0,92
Parkgelegenheiten*	8/9	0,01–0,53
Gute Erreichbarkeit*	21/22	-0,05–0,76
Öffnungszeiten*	8/9	0,06–0,56
Freundlichkeit*	11/13	-0,02–0,62
Service*	14/17	0,045–0,95
Schneller Checkout*	9/11	0,09–0,712
Ladenatmosphäre*	3/5	0,016–0,55
Image**	12/20	0,04–0,468
Einstellung**	13/13	0,111–0,45
Geschlecht**	4/4	0,139–0,19
Einkommen**	2/11	-0,13–0,198
Alter**	5/11	-0,104–0,12

* Als Prädiktor-Variable im Hinblick auf die bevorzugte Einkaufsstätte
** Als Prädiktor-Variable im Hinblick auf die Häufigkeit des Besuchs
*** Die erste Zahl gibt die statistisch signifikanten Effekte (5 %-Niveau) an, die zweite Zahl die gesamte Zahl der berichteten Effekte.

Abb. 3.33: In der Literatur berichtete Effekte (Quelle: Pan und Zinkhan 2006, S. 234)

Die ihnen von den Autoren zur Verfügung gestellten und aufbereiteten Daten unterwerfen sie einer multiplen Regressionsanalyse und kommen in Bezug auf die bevorzugte Einkaufsstätte zu dem Ergebnis, dass vier Variablen rund 62 % der Varianz erklären können, und zwar die Qualität der Waren (0,502, $p < 0,001$), niedrige Preise (0,44, $p < 0,001$), die Ladenatmosphäre (0,281, $p < 0,001$) und die Freundlichkeit des Personals (0,106, $p < 0,001$). Wenn die Häufigkeit erklärt werden soll, mit der eine Einkaufsstätte aufgesucht wird, erweisen sich andere Variablen als besonders geeignet, und zwar die Einstellung gegenüber dem Geschäft (0,377), das Geschlecht (0,0377), das Einkommen (0,0188) und das Alter (0,019), wobei sich ebenfalls alle Variablen als hochsignifikant erweisen.

Alle Ergebnisse belegen, dass in vielen Fällen hochsignifikante Beziehungen zwischen einzelnen Variablen und der Bevorzugung bestimmter Einkaufsstätten beobachtet werden konnten. Die Zahl der zu berücksichtigenden Variablen ist allerdings hoch. Außerdem wird man verschiedene Situationen unterscheiden wollen, insbesondere nach Art der zu erwerbenden Waren (einzelne Warenbereiche, Shopping Goods versus Convenience Goods) und nach der Struktur der Nachfrager. Bei sehr heterogenen Nachfragern können vorhandene Beziehungen unentdeckt bleiben, wenn die Modelle die Heterogenität nicht berücksichtigen (vgl. T. Otter, S. Frühwirth-Schnatter und R. Tüchler, 2004, C. Ebling und D. Klapper, 2010).

3.4 Multi-Channeling

Auch der Verkauf über das Internet kann als Wahl einer speziellen Betriebsform gesehen werden. In den Jahren von 2000 bis 2010 sind auch im Einzelhandel die über das Internet generierten Umsätze beträchtlich gestiegen und haben in Deutschland ein Niveau von rund 23 Milliarden Euro erreicht, was ungefähr 5 % des insgesamt realisierten Einzelhandelsumsatzes ausmacht. Das Interesse am Online-Handel ist groß und hat insbesondere zur Erörterung folgender Fragen geführt:

- Welchen Marktanteil wird der Online-Handel im Vergleich zum stationären Handel und zum traditionellen Katalog-Versandhandel in der Zukunft erreichen und wie hoch werden die Marktanteile in einzelnen Warenbereichen sein?
- Welches strategische Konzept sollte verfolgt werden? Dies erfordert Festlegungen in den folgenden Bereichen: singulärer Online-Shop oder Einbettung des Shops in einen elektronischen Marktplatz, Sortimentsstruktur, Preispolitik und Bezahlsystem.
- Wie sollte der Web-Auftritt gestaltet sein?

Es deutet sich an, dass der Online-Handel nicht nur von Anbietern bestritten wird, die sich auf den Vertrieb über das Internet beschränken (z. B. Amazon, Delticom) und die auch als *pure player* bezeichnet werden, sondern in bedeutendem Ausmaß von Händlern, die aus dem stationären Handel oder aus dem traditionellen Katalog-Versandhandel bekannt sind. Man spricht dann auch von Mehrkanalsystemen oder Multi-Channel-Vertrieb, einem zuletzt stark beachteten Phänomen. Im Folgenden wird gezeigt, wie vielfältig Mehrkanalsysteme sein können, worin die Herausforderungen für das Management liegen und wie die Stärken des Mehrkanalsystems zu erklären sind.

Formen des Mehrkanalvertriebs

Nach dem Katalog E (Ausschuss 2006, S. 185) versteht man unter einem (Distributions-) Kanal die Gesamtheit der Unternehmen, die daran beteiligt sind, Waren vom Verkäufer (insbesondere vom Hersteller) in den Verfügungsbereich des Verwenders (insbesondere zum Konsumenten) gelangen zu lassen. Ein Distributionskanal dient insbesondere dazu, potenzielle Verwender für das betreffende Produkt zu finden (akquisitorische Komponente) und Raum und Zeit zwischen Produktion und Konsum zu überbrücken (logistische Komponente). Sowohl Hersteller als auch Händler gestalten ihre Distributionskanäle; insofern ist für beide auch die Frage aktuell, ob nur ein Distributionskanal oder mehrere betrieben werden sollten. Abbildung 3.34 zeigt unterschiedliche Formen des Mehrkanalvertriebs.

Unternehmung	Wirtschaftsbereich	Produktbereich	Kanäle
Bree	Hersteller	Taschen und Gepäck	eigene Filialen, Factory-Outlet-Store (Fabrikverkauf), Franchise-Unternehmen, Flächenpartnerschaften und Shop-in-Shop-Systeme (zu den Begriffen vgl. Katalog E, 2006 und Grüger 2007)
Nivea	Hersteller	Hautpflegeprodukte	Drogerien Drogeriemärkte Versch. Formen des Lebensmittelhandels Eigener Flagship-Store
Edeka	Handel	Food und Non-Food	SB-Warenhäuser/Verbrauchermärkte Supermärkte Discounter Cash & Carry
Sportscheck	Handel	Sportartikel	16 Filialen Katalog-Versandhandel (in 2010 vier Kataloge) Online-Shop

Abb. 3.34: Beispiele für einen Mehrkanalvertrieb

Wie die ersten drei Beispiele zeigen, haben sowohl Hersteller als auch Handelsunternehmungen schon in der Vergangenheit mehrere Kanäle parallel betrieben. Neu ist dagegen, dass zu den traditionellen Vertriebswegen ein Online-Shop hinzutreten kann, wie das vierte Beispiel veranschaulicht. Sportscheck, ein Unternehmen mit einem Umsatz von 323 Millionen Euro im Geschäftsjahr 2009/2010, betreibt 16 Filialen, in denen rund 50 % des Umsatzes erzielt werden, und will in den Jahren nach 2010 weitere Filialen eröffnen. Im Online-Geschäft konnten 162 Millionen Euro erzielt werden (mit einem Wachstum von 23 %). Das Versandgeschäft steuert 49 Millionen Euro Umsatz bzw. 15 % Anteil bei, wobei allerdings erwartet wird, dass dieser Anteil bei der Online-Expansion weiter zurückgehen wird (Angaben nach FAZ vom 17. Juli 2010, S. 15). Es ist diese Kombination von stationärem Handel, Online-Geschäft und Katalog-Versandhandel, die überwiegend gemeint ist, wenn von Multi-Channel Retailing gesprochen wird (zu weiteren Differenzierungen von Multi-Channel Retailing vgl. Schramm-Klein 2003, S. 17 und Schröder 2005, S. 9). Das Beispiel Sportscheck verdeutlicht, dass die Unternehmung zu entscheiden hat, welche Mittel sie in die einzelnen Kanäle investieren will, eine Entscheidung die durch kostenwirtschaftliche und, wie noch zu zeigen ist, durch erlöswirtschaftliche Interdependenzen erschwert wird.

Erlös- und kostenwirtschaftliche Interdependenzen

Online-Angebote, stationärer Handel und Angebote über Kataloge unterscheiden sich in vielfacher Hinsicht. So gibt es unterschiedliche Formen der Produktdarstellung, der Information, der Inaugenscheinnahme, der Bezahlung des Umtauschs usw. (vgl. z. B.

B. Berman und S. Thelen 2004, S. 149). Mit unterschiedlichen Kanälen erreicht man also Nachfrager mit unterschiedlichen Präferenzstrukturen (beispielsweise solche, die den Einkaufsaufwand gering halten möchten und deshalb im Internet suchen, oder mit dem stationären Handel solche, die sozialen Kontakt suchen oder das Produkt direkt verfügbar haben möchten). Bei der Analyse der Motive, die durch die Nutzung einzelner Kanäle befriedigt werden, kann zwischen verschiedenen Formen von Bequemlichkeit (Convenience) differenziert werden. So bieten Online-Kanäle folgende Vorteile (vgl. Kaufman-Scarborough und Lindquist 2002):

- Der Kunde kann sich von zu Hause aus informieren und von dort aus seine Käufe durchführen (place convenience),
- er muss keine Rücksicht auf Öffnungszeiten nehmen (scheduling convenience),
- er muss in geringerem Maße physische Mühen aufwenden (energy convenience),
- er kann Zeit sparen (time convenience) und
- er kann leichter Produktvergleiche durchführen (comparison convenience).

Die Entscheidung für den Online-Kanal dürfte von der Wahrnehmung der verschiedenen Bequemlichkeitsaspekte abhängig sein. Mit einem Mehrkanalsystem kann also das Leistungsangebot so erweitert werden, dass damit zusätzliche Kunden attrahiert werden, wie dies auch modelltheoretisch in Abschnitt 3.3.2.4 gezeigt wurde.

Ein stationärer Händler wird deshalb einen Online-Shop einrichten, wenn neben seinen Kunden, die den stationären Handel bevorzugen, hinreichend viele Nachfrager vorhanden sind, die die Vorteile eines Online-Shops gegenüber einem stationären Geschäft hoch einschätzen und wenn er über die Ressourcen verfügt, einen Online-Shop effizient zu betreiben. Die Erschließung neuer Zielgruppen und die Erhöhung der Marktabdeckung zählen zu den wesentlichen Antriebskräften für eine solche Strategie.

Es kommt ein zweiter Grund hinzu: Es kann sein, dass ein Konsument in bestimmten Phasen seines Einkaufsprozesses den einen Kanal, in anderen Phasen einen anderen Kanal nutzen möchte. So kann es beispielsweise sein, dass er sich vor dem Kauf einer Bohrmaschine einen Überblick über vorhandene Angebote im Internet verschaffen möchte, vor der endgültigen Entscheidung für einen bestimmten Modelltyp diese jedoch erst einmal in die Hand nehmen möchte. In solchen Fällen ist zu erwarten, dass die Kundenbindung größer ist, wenn eine einzelne Unternehmung einem Kunden beide Kanäle anbieten kann. Die Gefahr kann ansonsten groß sein, dass eine Information bei einem „fremden" Händler dazu führt, dass er direkt dort bestellt oder dann auch das Geschäft dieses Händlers aufsucht. Dabei gilt es insbesondere zu prüfen, ob es nicht gerade die Kunden mit den hohen Einkaufsbeträgen sind, die ein Multi-Channel-Angebot von einem Unternehmen erwarten.

Berücksichtigt man, dass in Mehrkanalsystemen nicht der gesamte Kaufprozess in einem Kanal stattfinden muss, so ist zu erwarten, dass die einzelnen Aspekte in unterschiedlichen Phasen auch unterschiedlich bewertet werden. Damit lässt sich beispielsweise erklären, dass viele Kunden in Online-Kanälen Informationen sammeln, den Kauf dann allerdings im stationären Handel tätigen. Kaufman-Scarborough und Lindquist (2002) haben fünf Kundensegmente identifiziert, die sich hinsichtlich der Durchführung der Informations- und der Kaufphase in Offline- und in Online-Kanälen unterscheiden.

Für viele Handelsunternehmungen dürfte es interessant sein, zu verstehen, wann aus einem Besucher einer Internetseite auch ein Online-Käufer wird. Die Studie zeigt unter anderem, dass es offensichtlich häufig nicht gelingt, die Nicht-Käufer im Online-Kanal von den Vorteilen dieses Kanals zu überzeugen. Wie häufig die Nutzung mehrerer Kanäle bei Konsumenten vorkommt, hat empirisch insbesondere das Institut für Handelsforschung, Köln, untersucht (bzw. ECC am IfH: Hudetz und van Baal 2007, vgl. des Weiteren Schröder und Zaharia 2006, S. 81–101). Abbildung 3.35 gibt einen Überblick über die zentralen Ergebnisse von drei Studien (Dach 2002; van Baal und Hudetz 2004, 2006), in denen Wechselwirkungen zwischen den verschiedenen Kanälen untersucht worden sind.

	„Wechselwirkungen im Multi-Channel-Vertrieb“ (2006)	„Multi-Channel-Effekte im Handel“ (2004)	„Vorteile einer Multi-Channel-Strategie: Eine nüchterne Betrach-tung“ (2002)
Kaufvorbereitende Informationssuche in Online-Shops (2006) bzw. im Internet (2002/2004), Kauf im stationären Handel	20,9% der Käufe im stationären Handel	26,5% der Käufe im stationären Handel	28,5% der Käufe im stationären Handel
Kaufvorbereitende Informationssuche im stationären Handel, Kauf in Online-Shops (2006) bzw. im Internet (2002/2004)	31,3% der Bestellungen in Online-Shops	22,7% der Bestellungen im Internet	28,5% der Bestellungen im Internet
Kaufanbahnung im Online-Shop (2006) bzw. im Internet (2002/2004), Kauf in einer stationären Niederlassung desselben Händlers	9,3% der Käufe im stationären Handel	8,8% der Käufe im stationären Handel	10,7% der Käufe im stationären Handel
Kaufanbahnung in einer stationären Niederlassung, Kauf im Online-Shop desselben Händlers	4,8% der Bestellungen in Online-Shops	3,1% der Bestellungen im Internet	2,6% der Bestellungen im Internet
Kannibalisierung von Käufen in stationären Niederlassungen durch den Online-Shop desselben Händlers	26,7% der Bestellungen in Online-Shops	37,3% der Bestellungen in Online-Shops	--
Stichprobe	1.000 Internetnutzer, repräsentativ quotiert (2.662 Käufe)	932 Online-Shopper, Convenience Sample (1.864 Käufe)	1.239 Internetnutzer, repräsentativ quotiert (1.125 Käufe)
Erhebungszeitraum	April 2006	April/Mai 2004	November 2001

Abb. 3.35: Zentrale Ergebnisse der Multichannel-Studien des ECC Handel (Quelle: Hudetz/van Baal 2007, S. 574)

Bei der Beurteilung der Vorteilhaftigkeit eines Mehrkanalsystems sind folgende Effekte zu berücksichtigen.

- Ein neuer Kanal generiert einen bestimmten Umsatz, der unterteilt werden kann, in einen Anteil, der in den bisherigen Kanälen nicht realisiert worden wäre (Zusatzumsatz) und einen Anteil, um den sich der Umsatz in den bisherigen Kanälen infolge der Einführung eines neuen Kanals verringert (kannibalisierter Umsatz).
- Neben den unmittelbaren Effekten eines neuen Kanals sind allerdings auch noch mittelbare Wirkungen zu berücksichtigen, wenn man die Vorteilhaftigkeit einer Kanalerweiterung beurteilen will. So kann die Erweiterung eine positive Wirkung auf die Käufe in den bisherigen Kanälen haben, wenn sich dadurch beispielsweise das Image des Anbieters insgesamt vorteilhaft verändert hat.
- Die erweiterten Optionen für einen Kontakt zu dem betreffenden Anbieter können zu einer insgesamt höheren Nachfrage eines Kunden und damit zu höherer Profitabilität führen (Venkatesan, Kumar und Ravishanker 2007).

Die Untersuchungen zeigen, dass die mittelbaren Effekte nicht vernachlässigt werden dürfen, da es offensichtlich bei einem nennenswerten Anteil von Kunden kanalübergreifende Informationsverhaltensmuster und Kaufimpulse gibt. Es sind allerdings branchenspezifische Unterschiede zu beachten. So informieren sich beispielsweise Käufer von Tonträgern und Büchern vor dem Kauf in einem Ladengeschäft in einem nennenswerten Umfang im Internet, allerdings nutzen sie dabei vor allem generelle Informationen und nicht die Internetseiten des betreffenden Händlers.

Anders sieht es bei PC-Zubehör/Hardware, Unterhaltungselektronik und Möbeln aus, wo die Informationsbeschaffung über die Internet-Seiten des jeweiligen Händlers einen deutlich höheren Anteil erreicht (siehe Hudetz und van Baal 2007, S. 562).

- So ist Abbildung 3.35 zu entnehmen, dass der von traditionellen Händlern in Online-Shops erzielte Umsatz zu etwa einem Drittel (2006: 26,7 % der Bestellungen in Online-Shops; 2004: 37,3 % der Bestellungen in Online-Shops) den Umsatz in den bisherigen Kanälen kannibalisiert. Die Kunden hätten die Käufe in den Läden des betreffenden Händlers getätigt, wenn dieser keinen Online-Shop gehabt hätte. Der im Internet erzielt Umsatz ist also kein reiner Mehr-Umsatz.
- Der Online-Shop nutzt aber auch den anderen Distributionskanälen (insbesondere dem stationären Handel, aber auch dem Kataloggeschäft), indem sich viele Kunden vor einem Kauf in dem stationären Geschäft eines Händlers in dessen Online-Shop informieren. Hudetz und van Baal (2007, S. 573) führen aus, dass dies für 38,9 % des Umsatzes im stationären Handel gilt. Bei 8,6 % des Umsatzes im stationären Handel liefert ein Besuch im Online-Shop desselben Anbieters den Impuls, bei diesem Anbieter zu kaufen. Bei 4,8 % (Untersuchung 2006) der Käufe in Online-Shops wurde vor dem Kauf eine Filiale desselben Anbieters aufgesucht (Zeile 5 der Abbildung 3.35). Diese Sachverhalte sind auch noch einmal in Abbildung 3.36 dargestellt.

Die Studien liefern empirische Belege dafür, dass es vielfältige Interdependenzen zwischen den einzelnen Distributionskanälen gibt.

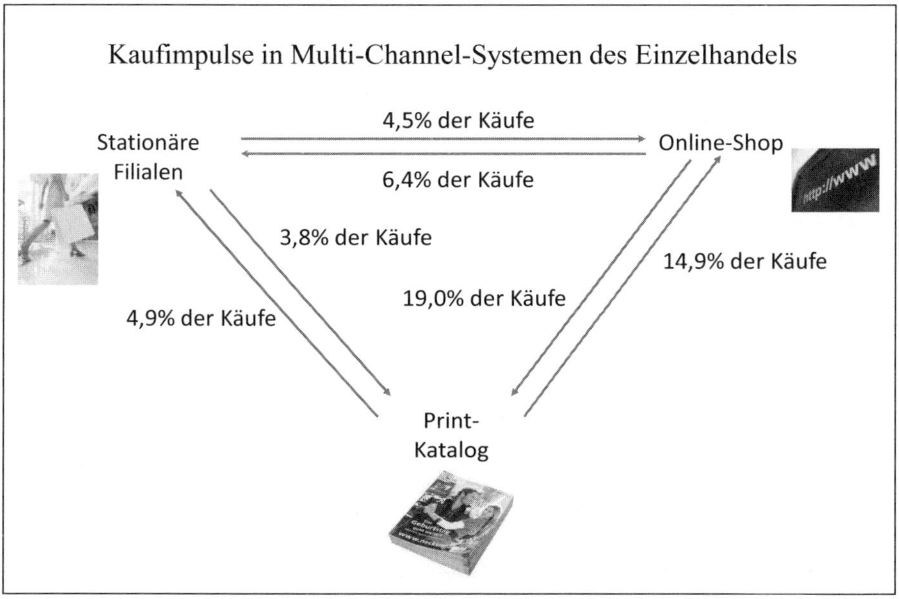

Abb. 3.36: Interdependenzen zwischen Distributionskanälen

Theoretische Erkenntnisse zum Verhalten von Kunden in Multi-Channel-Systemen

Wird Multi-Channeling aus Sicht des Nachfragers gesehen, dann geht es um die Frage, in welchem Ausmaß Nachfrager mehrere Einkaufskanäle parallel nutzen und welche Gründe sie hierzu veranlassen. Dieser Sachverhalt kann in mehrere Aspekte zerlegt werden:

- Welche Kunden nutzen Mehrkanalsysteme?
- Aus welchen Gründen nutzen die Kunden Mehrkanalsysteme?
- Wovon hängt die Zeitdauer bis zur Nutzung mehrerer Kanäle eines Anbieters ab?
- Wirkt das Image eines etablierten Kanals auf das Image eines neuen Kanals?
- Erhöhen Mehrkanalsysteme die Zufriedenheit des Kunden?
- Tragen Mehrkanalsysteme dazu bei, die Loyalität des Kunden zu steigern?
- Werden durch Mehrkanalsysteme Zusatzkäufe eines Kunden generiert?
- Welche Produkte werden in einzelnen Kanälen bevorzugt gekauft?
- Für welche Phasen des Kaufprozesses werden die einzelnen Kanäle bevorzugt genutzt?
- Welche Kriterien legen Kunden bei der Beurteilung einzelner Kanäle an?
- Beeinflusst die Nutzung von mehreren Kanälen die Profitabilität des Kunden?

Zur Beantwortung der Frage, wann Nachfrager verschiedene Kanäle nebeneinander nutzen, können mehrere Theorien herangezogen werden, und zwar

- die Informationsökonomik und
- verhaltenswissenschaftliche Ansätze, die insbesondere auf Einstellungen, Risiken und das Involvement zurückgreifen.

Informationsökonomische Ansätze

In der Informationsökonomik wird analysiert, ob Anbieter und Nachfrager vor einem Kauf das Bedürfnis nach weiteren Informationen haben, bevor sie einen Kauf bzw. Verkauf tätigen und wie sie sich diese Informationen beschaffen. Nach Nelson (1970, S. 311–329) können die auszutauschenden Güter verschiedene Eigenschaften aufweisen:

- Sucheigenschaften können vor dem Kauf auf der Grundlage einer Inspektion mit Sicherheit beurteilt werden,
- bei Erfahrungseigenschaften weiß der Nachfrager erst nach dem Erwerb, wie sie zu beurteilen sind, und
- bei Vertrauenseigenschaften ist eine Beurteilung selbst nach dem Kauf nicht möglich.

Wie Weiber und Adler dargelegt haben, lässt sich jedes Leistungsangebot mit seinem Anteil an diesen drei Eigenschaften charakterisieren (Weiber und Adler 1995a, 1995b, S. 99–123). Entsprechend kann von Such, Vertrauens und Erfahrungskäufen gesprochen werden. Die unterschiedlichen Kanäle (stationärer Handel, Online-Shop und Katalog) sind nun in unterschiedlichem Maße geeignet, empfundene Informationslücken zu schließen, den in der Regel schlechter informierten Nachfragern Informationsaktivitäten zu erlauben („**Screening**") und den Anbietern die Möglichkeit zu eröffnen, zu informieren („**Signaling**"). Die einzelnen Informationswege (Kanäle) führen zu unterschiedlichem Aufwand und zu einer unterschiedlichen Beurteilungssicherheit (Billen und Weiber 2007, S. 33–80). Differenziert man das Informationsbedürfnis des Nachfragers in die drei Kategorien „Kenntnis des verfügbaren Alternativenspektrums", „Informationen über die Leistungsqualität" und „Höhe des Preisniveaus" und geht man davon aus, dass die Nachfrager sich nach der in den jeweiligen Kanälen zu erreichenden Beurteilungsqualität und dem zu erbringenden Informationsaufwand ausrichten, lassen sich nach Billen und Weiber die verschiedenen Kanäle wie folgt beurteilen:

- Beim Online-Shop ist der Informationsaufwand in Bezug auf alle drei Kriterien (Alternativenspektrum, Leistungsqualität, Preisniveau) gering, aber die Qualität der zu erwerbenden Leistungen kann hier nur relativ schlecht beurteilt werden.
- Beim stationären Handel ist dagegen nach Meinung der Autoren die zu gewinnende Beurteilungssicherheit bei der Leistungsqualität hoch, während der Informationsaufwand durchgängig als hoch und damit als negativ anzusehen ist.
- Der traditionelle Katalog-Versandhandel nimmt dagegen eine mittlere Position ein (z. B. mit einem mittleren Informationsaufwand in Bezug auf Alternativenspektrum und Preisniveau und einem relativ geringen Aufwand in Bezug auf die Leistungsqualität).
- Durch eine Kombination aus stationärem Handel und Online-Shop lässt sich also ein Mehrwert für den Nachfrager erreichen, weil er die spezifischen Vorteile der einzelnen Kanäle nutzen und diese miteinander kombinieren kann. Dies gilt vor allen Dingen für Güter mit vorwiegend Sucheigenschaften; bei Gütern mit vorwiegend Vertrauenseigenschaften treten andere Gesichtspunkte, wie z. B. die Reputation des Herstellers oder des Händlers, in den Vordergrund.

Der aus der Mikroökonomie stammende informationsökonomische Ansatz dient vor allem der Strukturierung des Problems. Es wird überwiegend mit plausiblen Wirkungen argumentiert, ohne dass explizite Hypothesen formuliert und empirisch überprüft werden, obwohl dies möglich wäre (Girard, Korgaonkar und Silverblatt 2003 berücksichtigen dagegen in ihrer empirischen Untersuchung, inwieweit es sich um Such-, Erfahrungs- oder Vertrauensgüter handelt). Hierauf wird in der verhaltenswissenschaftlich ausgerichteten Forschung dagegen großer Wert gelegt.

Verhaltenswissenschaftliche Ansätze

Auch in der verhaltenswissenschaftlich ausgerichteten Konsumentenforschung werden die Wirkungen eines Multi-Channeling in Rahmen des Informationsverhaltens untersucht. Es wird gefragt, mit welcher Intensität bei einzelnen Kaufgelegenheiten Informationen gesucht und verarbeitet werden. Vorliegende **Einstellungen** sind dann dafür bestimmend, ob ein bestimmtes Produkt gekauft wird und welche Anbieter dafür genutzt werden. Die Kette „Informationen bestimmen die Einstellungen, die ihrerseits das Verhalten steuern" wird außerdem durch das **Involvement**, mit dem der Stellenwert des betreffenden Kaufes für einen Konsumenten erfasst wird, und durch das **Vertrauen** (als Gegenstück zu empfundenem Risiko) beeinflusst (vgl. z. B. die Modellierung bei Schröder und Bohlmann 2007, S. 103–123). Von den deutschsprachigen Beiträgen zu Mehrkanalsystemen ist die Arbeit von Schramm-Klein (2003) hervorzuheben. In dieser Untersuchung wird nach der Wirkung von Mehrkanalsystemen auf die Loyalität und das Nutzungsverhalten gefragt.

Besondere Aufmerksamkeit hat die Größe „Vertrauen" gefunden. Dies erklärt sich daraus, dass es sich bei Online-Handel um eine Form des Distanzhandels handelt, bei der sich Anbieter und Nachfrager gegenseitig im Regelfall nicht kennen. Es entsteht Risiko. Der Nachfrager ist unsicher, ob die Ware (zum erwarteten Zeitpunkt) geliefert wird und ob sie die erwarteten Eigenschaften aufweist. Der Anbieter ist unsicher, ob er die vereinbarte Zahlung erhält. Unbekannte Anbieter im Internet haben deswegen zu überlegen, wie sie das Vertrauen der Nachfrager gewinnen können, wozu folgende Maßnahmen in Frage kommen (vgl. E-Commerce-Center, Köln, 2009):

1. Gütesiegel (Prüfzeichen, Zertifikate): Vor dem Hintergrund, dass Konsumenten auf das Vorhandensein eines solchen Zeichens augenscheinlich Wert legen, wurden zahlreiche Gütesiegel entwickelt, so z. B. Trusted Shops (www.trustedshops.de), Geprüfter Online Shop des EHI Retail Institute (www.shopinfo.de), eKomi (www.ekomi.de), Safer Shopping (www.safer-shopping.de).
2. Kundenbewertungen: Rating-Systeme, in denen Kunden Lob und Kritik äußern können, gelten als vertrauensfördernd.
3. Zahlungsverfahren: Um dem gegenseitigen Misstrauen Rechnung zu tragen, sind unterschiedliche Zahlungsverfahren entwickelt worden. Zu ihnen zählen insbesondere die Zahlung nach Rechnung, Vorauskasse, Nachnahme, Lastschrift, Kreditkarte, Paypal, Clickandbuy und Giropay.
4. Webseitengestaltung, wobei zu achten ist auf die Einhaltung der rechtlichen Bestimmungen (Impressumpflicht, Preisangaben, Widerrufrecht, Allgemeine Geschäftsbedingungen, Datenschutz), Suchfunktionen, Angaben zum Fortgang des Bestellprozesses und eine bedürfnisgerechte Gestaltung des Online-Shops.

3.5 Betriebsformen als Marke

So wie einzelne Marken der Industrie im Wettbewerb stehen, so konkurrieren auch einzelne Handelsorganisationen mit ihren Vertriebsschienen, repräsentiert durch ihre Betriebsformen, miteinander. Von daher ist es nicht erstaunlich, dass vorgeschlagen wurde, die Techniken der Markenführung auch auf Betriebe insgesamt anzuwenden. Aus der „Handelskette soll eine Markenpersönlichkeit geformt werden" (M. Kliger und S. Tweraser 2000). Das Ergebnis wird Betriebstypenmarke, **Store Brand** oder Händlermarke genannt. Wer eine Betriebstypenmarke schaffen will, hat zwei Sachverhalte ins Auge zu fassen:

- Die Marke ist rechtlich zu schützen.
- Die Marke muss bei den relevanten Gruppen verhaltenswirksam verankert werden.

In Deutschland können nach § 3 MarkenG als Marke alle Zeichen geschützt werden, die geeignet sind, Waren oder Dienstleistungen eines Unternehmens von denjenigen anderer Unternehmen zu unterscheiden. Zu einer Marke wird ein Zeichen dadurch, dass es in das Register des Deutschen Patentamtes eingetragen wird, dadurch, dass es sich auch ohne Eintragung im „Verkehr" durchsetzt oder nach der Pariser Verbandsübereinkunft über „notorische Bekanntheit" verfügt (§ 4 MarkenG). Marken sind also geschützte Zeichen. Ahlert u. a. heben diesen Gesichtspunkt hervor, wenn sie definieren: „Unter einer **Betriebstypenmarke** soll im Folgenden eine Marke verstanden werden, die sich im rechtlichen Eigentum einer Handelsunternehmung befindet und mit der die jeweilige Handelsunternehmung ihre Betriebstypen kennzeichnet." (D. Ahlert, P. Kenning und D. Schneider 2000, S. 105).

Es kommt aber ein zweites Element hinzu: Mit einem Hinweis auf die Handelsunternehmung müssen Vorstellungen, die die angesprochenen Kreise mit dem betreffenden Warenzeichen verbinden sollen, ausgelöst werden. Dies bringt auch Meffert (H. Meffert 2000) in seiner häufig zitierten Definition zum Ausdruck, wenn er die Marke „als ein unverwechselbares Vorstellungsbild in der Psyche der Konsumenten" bezeichnet. Mit dieser Definition wird hervorgehoben, dass es sich erstens bei der Marke um subjektive Vorstellungen handelt (die also bei einzelnen Personen unterschiedlich sein können), dass zweitens eine unverwechselbare Identität vorliegen soll und dass es sich drittens um ein Vorstellungsbild mit unter Umständen mehreren Facetten handelt. So werden ALDI beispielsweise folgende Attribute zugeordnet:

- „Wenn ich da einkaufe, bekomme ich Qualität für mein Geld."
- „Die würden sich nicht trauen, schlechte Ware zu verkaufen."
- „Ich habe das Gefühl, Zeit zu sparen."

Eine Marke zu gestalten, bedeutet also, erwünschte Vorstellungen und Reaktionen auszulösen. Wie Abbildung 3.37 veranschaulicht, wollen Swoboda, Morschett und Foscht (2004) hierfür die Leistungsbereiche Preis, Service, Problemlösung, Lifestyle, Werte, Inszenierung, Sortimentsqualität und Auswahl heranziehen. Die Abbildung macht deutlich, dass einzelne Unternehmungen hier unterschiedliche Schwerpunkte setzen.

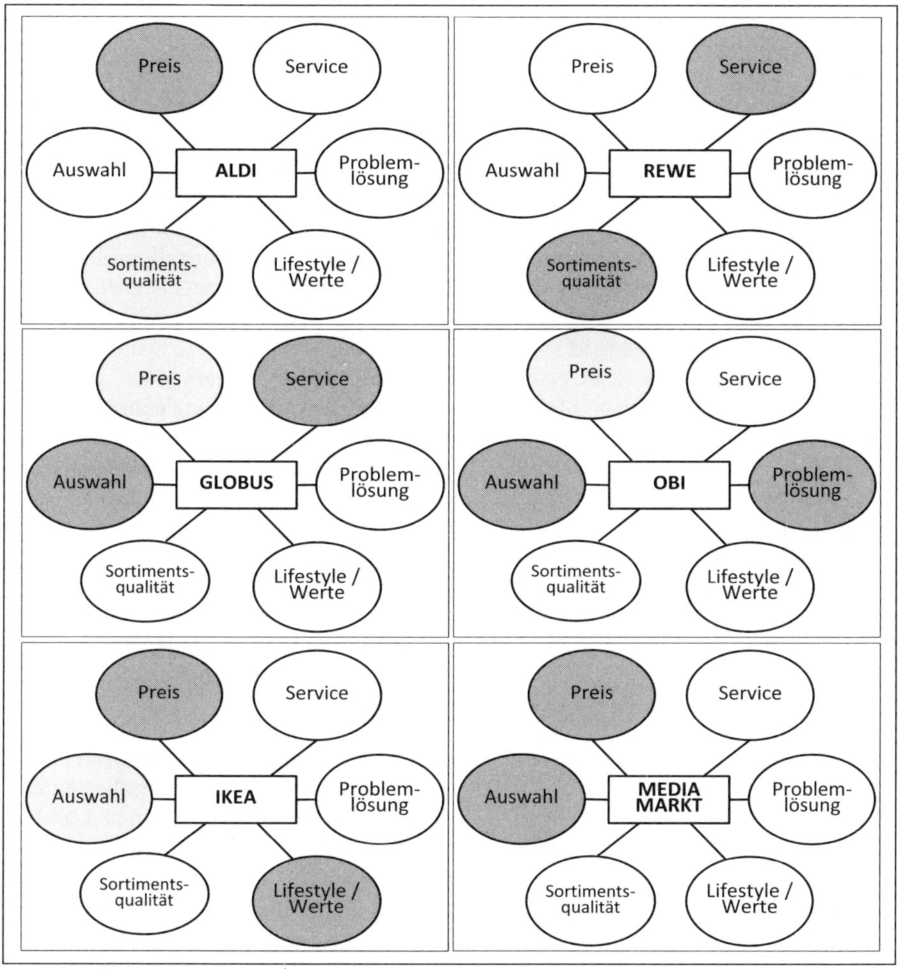

Abb. 3.37: Ansatzpunkte für eine Markenprägnanz

Diskussionswert ist die Frage, auf welche **Aspekte des Vorstellungsbildes** abgestellt werden soll. Um die internen Reaktionen von Nachfragern auf die Namen von Handelsorganisationen zu erfassen, stehen die verschiedenen Konstrukte der Konsumentenverhaltenstheorie zur Verfügung, wobei im vorliegenden Zusammenhang den Einstellungen besondere Bedeutung zukommt, wenn von der Gültigkeit der Einstellungs-Verhaltens-Hypothese ausgegangen wird. Hiernach gilt es zu erkennen,

- welche kognitiven Reaktionen ausgelöst werden (was weiß der Nachfrager beispielsweise über die Sortimente oder die Preispolitik der Handelsorganisation),
- welche affektiven Reaktionen sich einstellen (mag der Nachfrager die Organisation oder einzelne Sachverhalte) und
- inwieweit Handlungsabsichten vorliegen (in welchem Ausmaß will der Verbraucher seine Einkäufe in einer bestimmten Handelsorganisation tätigen).

Nach der Einstellungstheorie sind aber nicht unbedingt alle Wissensbestandteile um ein Objekt für das Handeln in Bezug auf das Objekt relevant. So mag ein Konsument wissen, dass es sich bei dem Gründer von Ikea um eine der reichsten Personen der Welt handelt, aber das muss für ihn kein Grund sein, dieses Geschäft aufzusuchen oder zu meiden. So stellen Einstellungen auf jene Urteile ab, die ein Objekt im Hinblick auf die persönlichen Ziele des Urteilenden charakterisieren; hierbei wird gern auf die Felder verwiesen, auf denen eine Handelsunternehmung ihre Kompetenz erweisen kann, wie z. B. die Beratungskompetenz, die Qualitätskompetenz, die Sortimentskompetenz. Daneben gibt es weitere Assoziationen (z. B. Markenbekanntheit, Vorstellungsbilder,...), wie sie oft einem gegenüber dem Einstellungsbegriff erweiterten Imagebegriff zugeordnet werden. Gröppel-Klein verdeutlicht das am Beispiel von Ikea, dem von vielen Konsumenten ein reichhaltiges Bild von Assoziationen zugeordnet wird, wie die folgenden Begriffe zeigen: Skandinavien, Natur, Holz, Urlaub, Elch, immer etwas los, viele Leute, tolle Snacks, Kindergarten, Möbel, praktisch, schönes Design, kann man sich leisten (A. Gröppel-Klein 2001, S. 956). Die unmittelbar ausgelösten Assoziationen können als Treiber nachgelagerter Größen gesehen werden. So wurde in dem in vorhergehenden Abschnitt vorgestellten Modell zum Zusammenhang von Betriebsformenimage, wahrgenommener Attraktivität und Absatz ein Brand Potential Index (BPI) vorgestellt, bei dem es sich um ein Konglomerat unterschiedlicher Sachverhalte (z. B. Identifikation, Uniqueness, Absicht) handelt, bei dem offen bleibt, inwieweit es sich um unterschiedliche Konstrukte handelt, die in noch näher zu klärender Weise zusammenwirken. J. Aaker (1997) will die Markenpersönlichkeit erfassen, indem sie die Befragten einem Geschäft menschliche Eigenschaften zuordnen lässt. Sie definiert Markenpersönlichkeit als „the set of human characteristics associated with a brand".

Es gibt mehrere Theorien, die die Bedeutung der Marke für das Konsumentenverhalten thematisieren (D. A. Aaker 2002). Nach dem Self-Expression-Model wünschen Konsumenten bestimmte Marken, um ihrem angestrebten Lebensstil nahezukommen. Sie suchen eine größtmögliche Übereinstimmung zwischen der von ihnen angestrebten Persönlichkeit und der Persönlichkeit der Marke (Kongruenzhypothese). Nach dem Relationship Basis Model (S. Fournier 1998) wird die Marke nicht nur als Instrument der Selbstinszenierung gesehen, sondern als Beziehungspartner; es entsteht eine freundschaftsähnliche Beziehung, die auf Vertrauen, Zuverlässigkeit, Verständnis und Fürsorge beruht (z. B. fröhliche Marken, ernste Marken). Nach dem Functional Benefit Model können mit der Marke funktionale Markenattribute strukturiert werden.

Ein Verfahren, mit dem einzelne Betriebstypen in einen Eigenschaftsraum eingeordnet werden können und mit dem ermittelt werden kann, inwieweit einzelne Geschäfte als gleich bzw. unterschiedlich beurteilt werden, ist die Korrespondenzanalyse. Sie stellt die zu beurteilenden Geschäfte zusammen mit einer möglicherweise großen Anzahl von Eigenschaften in einem gemeinsamen Raum dar. Abbildung 3.38 enthält ein Beispiel aus dem deutschen Lebensmittelhandel. In der Abbildung ist zu erkennen, dass die in die Untersuchung eingegangenen Geschäfte verschiedene Cluster bilden.

Wenn man nicht die Meinung vertritt, dass mehr Assoziationen immer besser sind als weniger Assoziationen, dann kommt es darauf an, die für das Verhalten relevanten Größen zu benennen und ihren Einfluss theoretisch und empirisch zu belegen. Mit den Begriffen der traditionellen Konsumentenverhaltenstheorie wird man deswegen sagen, dass eine Handelsorganisation als stark erscheint, wenn eine hinreichend große Zahl von Nachfragern positive Einstellungen gegenüber der Organisation haben, die Vorstellungen den Erwartungen der Nachfrager nahe kommen, wenig streuen (das Bild von der Organisation also scharf ist) und sich gleichzeitig deutlich von denen anderer Handelsorganisationen abheben (was auch mit dem Begriff **Unique Selling Proposition** oder **USP** zum Ausdruck gebracht wird), das empfundene Risiko gering ist und das Lustempfinden hoch. Dies erfordert Dependenzanalysen.

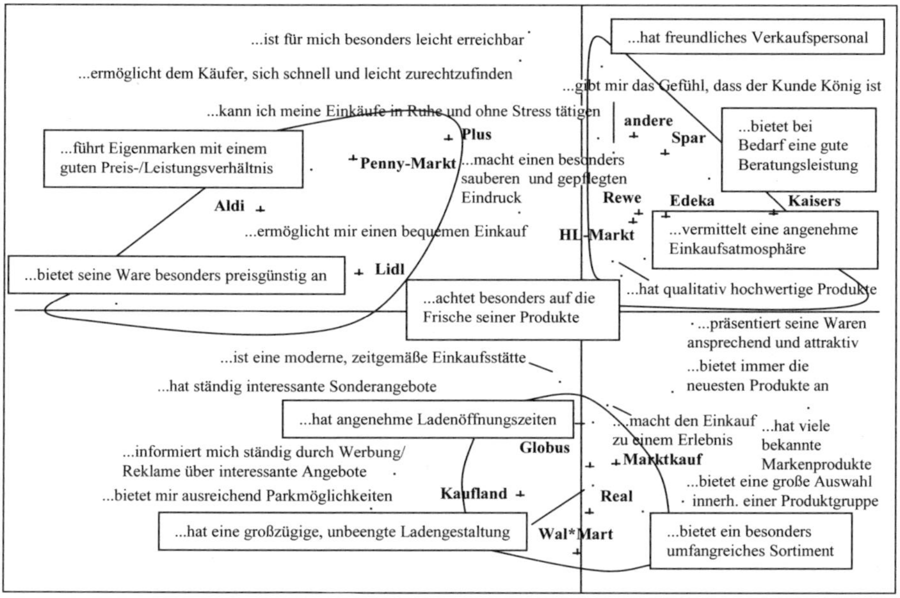

Abb. 3.38: Ergebnisse einer Korrespondenzanalyse für den deutschen Lebensmittelhandel (Quelle: O. Hupp und H. Schuster 2000, S. 358)

Einen neueren Ansatz zur Bewertung von Marken legen O. Hupp und R. Petke (2005) vor. Sie unterscheiden die Stärke einer Marke in die beiden Dimensionen Erlöspotential und Attraktivität und können durch die Verwendung von formativen Indikatoren die Wirkungen von Marketing-Instrumenten auf die Markenstärke ermitteln. Durch die Verknüpfung der Markenstärke mit den Instrumentalvariablen entstehen neue Möglichkeiten für das Marketing-Controlling in Handelsunternehmen.

D. B. Arnett, D. A. Laverie und A. Meiers (2003) legen einen speziell für den Einsatz im Handel entwickelten Ansatz vor. Sie demonstrieren eine Methodik, mit der ein Händler die Stärke seiner Retail Brand bestimmen kann. Die Ergebnisse lassen sich auf vielfältige Weise im Controlling einsetzen. Durch die Verwendung des PLS-Ansatzes lassen sich Indexwerte berechnen, die beispielsweise zum Vergleich mit Konkurrenten oder zur Planung und Kontrolle des Einsatzes von Marketing-Instrumenten herangezogen werden können. Ihr sogenannter **Retailer Equity Index** zur Erfassung der Markenstärke berücksichtigt die Dimensionen Kundenbindung (LOY), Markenbekanntheit (AW), Servicequalität (SQ), Produktqualität (PQ) und wahrgenommener Wert (Preiswürdigkeit) (VAL). Die Autoren belegen einen starken Zusammenhang zwischen dem Indexwert eines Händlers und den Einkaufsabsichten der Konsumenten bei diesem Unternehmen. Abbildung 3.39 zeigt die beispielhafte Anwendung dieses Ansatzes für einen Händler. Es wird in den Ergebnissen zum einen deutlich, welchen Einfluss die verschiedenen Dimensionen auf den Indexwert haben, außerdem zeigt sich die enge Verbindung zwischen Einkaufsabsicht und Indexwert. Die Gütemaße R^2 und Q^2 weisen auf die Güte des Modells hin.

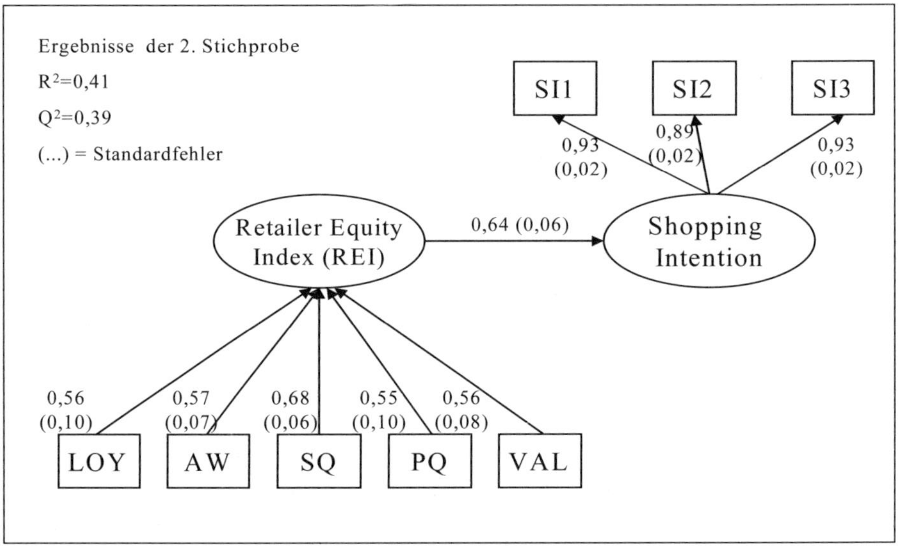

Abb. 3.39: Beispielhafte Berechnung des REI (Quelle: in Anlehnung an D. B. Arnett et al. 2003)

Die bisherigen Ausführungen zur Betriebstypenmarke stellten auf ihre Funktion im Absatzmarkt ab. Daneben sind andere Funktionen denkbar. So ist vorstellbar, dass auch Kapitalanleger ihre Entscheidungen nicht nur von Größen des Rechnungswesens abhängig machen, sondern auch von Vorstellungen, die die Handelsorganisation als Marke prägen. Insofern kann es sich bei der Markenbildung auch um einen Treiber des Marktwertes der Unternehmung handeln. Was für Nachfrager und Kapitalanleger gilt, kann auch für andere Anspruchsgruppen gültig sein, z. B. für Banken, Kommunalverwaltungen oder Lieferanten.

Insgesamt handelt es sich bei dem Konzept der Betriebsform als Marke um einen Appell, solche Betriebsformen (Formate) zu entwickeln, die von den Nachfragern (und in der Folge von anderen Anspruchsgruppen) als attraktiv eingestuft werden. Dazu zählen positive Assoziationen, die das Verhalten in die gewünschte Richtung lenken, prägnant und lebendig sind. Diese Wirkungen sind aber nicht nur zu wünschen, sondern gezielt anzustreben und zu überprüfen, wozu sich die vorgestellten Strukturgleichungsmodelle eignen können. Handelsorganisationen streben für ihre Verkaufsstellen ein einheitliches Image an, weil sie damit die einzelnen Geschäftsstellen einheitlich positionieren wollen. Dies hätte Vorteile für die interne Steuerung der Sortimente, der Preispolitik, der Ladengestaltung usw. Eine einheitliche Positionierung ist gleichzeitig auch die Voraussetzung für eine einheitliche Imagewerbung. Einer solchen Vereinheitlichung stehen aber gelegentlich die unterschiedlichen Voraussetzungen in einzelnen Marktgebieten entgegen. Hier können sich die Nachfrage oder die Konkurrenzverhältnisse deutlich unterscheiden. Aber auch die internen Voraussetzungen können von sehr unterschiedlicher Natur sein; so können die Geschäftsräume unterschiedlich groß sein, und es kann unterschiedlich qualifiziertes Personal zur Verfügung stehen. Eine Betriebsform als Marke zu etablieren, erfordert also, die Geschäftspolitik zu vereinheitlichen. Dies wird nicht immer angebracht sein.

3.6 Zu den Versuchen, den Wandel im Handel durch ein „Gesetz von der Dynamik der Betriebsformen" erklären zu wollen (Zwang zum Trading-up)

Ausführungen zum **„Wheel of Retailing"** oder zum „Gesetz von der Dynamik der Betriebsformen" faszinieren seit Jahrzehnten die Wissenschaftler in vielen Ländern (vgl. den Überblick über die englischsprachigen Beiträge bei S. Brown 1990 und 1993). In der deutschen Literatur hat insbesondere Nieschlag darauf aufmerksam gemacht, welche Wandlungen die Betriebsformen in den letzten 100 Jahren erfahren haben (R. Nieschlag 1954; R. Nieschlag und G. Kuhn 1980, S. 74–104). Seine Thesen werden zunächst dargestellt, dann wird auf die Kritik an ihnen eingegangen.

3.6.1 Darstellung des sog. „Gesetzes von der Dynamik der Betriebsformen"

R. Nieschlag sieht die Veränderungen in den Betriebsformen als Anpassung an die jeweiligen Wandlungen in der Volkswirtschaft (z. B. Zusammenballung der Bevölkerung in den Städten im vergangenen Jahrhundert, Motorisierung breiter Bevölkerungsschichten in jüngerer Zeit). Nieschlag fragt, ob es sich dabei um einen **typischen Entwicklungsgang** handele, demzufolge Betriebsformen bestimmte Phasen durchlaufen (R. Nieschlag und G. Kuhn 1980, S. 91). Während A. C. R. Dreesmann (1968) in Anlehnung an M. P. McNair (1931) vorschlug, die Entwicklung der Betriebsformen in drei Phasen einzuteilen, bevorzugt Nieschlag eine Zweiteilung:

1. Entstehung und Aufstieg,
2. Reife und Assimilation.

Zur ersten Phase: Entstehung und Aufstieg

Nieschlag meint, die Feststellung, dass die Betriebsformen des Handels, die um die Mitte des vorigen Jahrhunderts aufgekommen seien, ihren Markteintritt einer aktiven

Preispolitik zu verdanken hätten, sei auch heute noch gültig. Innovatoren, die neuartige Formen von Handelsbetrieben ersinnen und durchsetzen würden, sähen in einer aggressiven Preispolitik immer noch einen entscheidenden Ansatzpunkt für die Erschließung des Marktes. Auch heute noch würden Pionierunternehmer als „Preisbrecher" angesehen.

Nieschlag nennt drei Gründe, warum es Neuerern möglich sei, sich mit einer aggressiven Preispolitik den Zugang zu einem Markt zu verschaffen:

- Die Neuerer verstünden es, günstige Bezugsmöglichkeiten zu erschließen.
- Die sonst im Handel üblichen Kundendienstleistungen würden reduziert, oder es würde ganz auf sie verzichtet. Die Geschäftsräume würden bewusst einfach gestaltet, Arbeitskräfte, Räume und sonstige Mittel würden rationell eingesetzt.
- Die Politik niedriger Preise erfordere des Weiteren eine Beschränkung der Sortimente auf Waren, die rasch umgeschlagen werden könnten. Die branchenüblichen Aufschläge des Handels stellten eine Art „Mischkalkulation" dar, die zwischen Waren mit schnellem und langsamem Umschlag keinen großen Unterschied zu machen pflegten. Ein Verzicht auf die Waren mit langsamem Umschlag würde dazu führen, vergleichsweise hohe Kosten einzusparen und eine kalkulatorische Entlastung der Waren mit hohem Lagerumschlag zu ermöglichen.

Zur zweiten Phase: Reife und Assimilation

R. Nieschlag weist darauf hin, dass trotz des Erfolgs, den Pionierunternehmer mit dem Preis-Wettbewerb gehabt hätten, nach kürzerer Zeit ein Wandel eintrete, der teils sehr bewusst angestrebt werde, zu dem man sich häufig aber nur sehr widerstrebend entschließe. Die aggressive Preispolitik würde durch den Nicht-Preis-Wettbewerb verdrängt. Dieser Wandel in der Betriebspolitik sei auf drei Gründe zurückzuführen:

- Unternehmer, die mit einer bestimmten Politik in einen Markt eingedrungen seien, äußerten manchmal schon nach kurzer Zeit, auf jeden Fall aber nach längerem Bestehen ihrer Betriebe, dass sie „nun den Kunden mehr bieten" müssen und ihnen „Neues gezeigt" werden müsse. Dieser Wechsel der Politik sei offenbar in der **Furcht** begründet, **dass die Anziehungskraft ihrer Betriebe nachlassen könne**, dass der Erfolg ihrer Politik auf eine relativ schmale Schicht von Verbrauchern, die preisbewussten Verbraucher, gegründet sei und die Unternehmung diese verlieren könne, wenn nicht „mehr geboten" würde. Als Folge dieses Wandels ergäbe sich eine schrittweise Vergrößerung der Warenauswahl, eine bessere Ausstattung der Geschäftsräume, eine Aufnahme weiterer Dienstleistungen in das Programm (z. B. Warenzustellung, Kreditgewährung) und eine Ausdehnung der Werbung.
- Der Erfolg von Pionierunternehmen wird neue Bewerber anziehen, so dass Pionierunternehmer früher oder später **Konkurrenz** durch ihresgleichen erhalten würden. Der Versuch, unter diesem Konkurrenzdruck an der Preispolitik als wichtigstem absatzpolitischen Instrument festzuhalten, erweise sich dann oft als fragwürdig und gefahrvoll, weil Preiskämpfe unter Gleichen leicht ruinös werden könnten oder es zu werden drohten. Die Folge für die ursprünglichen Innovatoren würde dann darin bestehen, dass es zu einer Annäherung zwischen den Innovatoren und den schon vorher bestehenden Handelsbetrieben käme. Mit der Betonung weiterer absatzpoli-

tischer Instrumente näherten sich die neueren dann schrittweise den konventionellen Methoden, Handel zu treiben, an. Umgekehrt übernähmen aber auch bestehende Betriebe Elemente der neuen Betriebsformen.

- Mitunter würden neue Betriebsformen **nur dann mit bestimmten Waren,** die ihnen zum Ausbau ihrer Sortimente lohnend erscheinen, **beliefert, wenn sie Fachabteilungen einrichteten.** Dies gehe dann mit Beratung, Kundendienst- und Garantieleistungen einher.

R. Nieschlag bezeichnet die Erscheinung, dass in den letzten 100–120 Jahren eine Vielzahl von Betriebsformen aufeinander gefolgt sind, als „Dynamik der Betriebsformen“. Die Dynamik der Betriebsformen äußert sich darin, dass neue Betriebsformen einen Teil ihrer Prinzipien, nach denen sie ihren Weg begonnen haben und mit denen sie erfolgreich waren, nach einiger Zeit wieder aufgeben. Dies gelte insbesondere für ihre preispolitische Aktivität. Durch die Aufgabe dieser Politik geben sie neuen Betriebsformen die Möglichkeit, die freigegebene Lücke auszufüllen.

Der Wechsel in dem betriebspolitischen Verhalten neuer Betriebsformen, der Wandel ihrer Konzeption und ihres Images, wird in der angelsächsischen Welt als **„Trading-up“** bezeichnet. R. Nieschlag will deutlich machen, „dass es sich dabei um eine Veränderung grundsätzlicher, man möchte fast sagen: schicksalhafter Art handelt, ein Wandel, der kaum noch ein Zurück zur ursprünglichen Konzeption zulässt“ (R. Nieschlag und G. Kuhn 1980, S. 99). Die Politik des Trading-up führt zu einem Wachstum der Vorrats- und Anlageinvestitionen, zu einem Rückgang des Kapital- und Lagerumschlages sowie einer erhöhten Kostenbelastung des Umsatzes.

Ein Zurück vom Trading-up zu einer Politik des **„Trading-down“** sei ungleich schwieriger als die umgekehrte Strategie und nur in sehr begrenzter Form und in ausgesprochenen Ausnahmefällen möglich. Wenn eine bereits länger bestehende Unternehmung eine Strategie der aktiven Preispolitik verfolgen wolle, so empfehle es sich für sie, eine Tochtergesellschaft zu gründen. So seien deutsche Warenhausunternehmungen verfahren, als sie in den 1920er Jahren begonnen hätten, Einheitspreisgeschäfte zu errichten, um sich wieder in das Geschäft mit Waren in einfacher Ausführung und niedrigeren Preislagen einzuschalten. Eine Politik des Trading-down sei wegen der Gefahr eines ruinösen Preiswettbewerbs so gut wie ausgeschlossen.

Bei dem Gesetz von der Dynamik der Betriebsformen handelt es sich ohne Zweifel um eine höchst bemerkenswerte Beobachtung, so dass es nicht verwunderlich ist, dass dieses Phänomen bis in die Gegenwart theoretisch diskutiert wird (vgl. z. B. W. R. Davidson, A. D. Bates und J. S. Bass 1976; M.P. McNair und E. G. May 1978; L. Müller-Hagedorn 1985; W. Marzen 1986; V. Potucek 1987; I. Glöckner-Holme 1988; F. W. Köhler 1990).

3.6.2 Beurteilung des „Gesetzes von der Dynamik der Betriebsformen“

Verschiedene Erklärungsversuche zielen darauf ab, den Erfolg neuer Betriebsformen auf den Einsatz eines einzigen absatzpolitischen Instrumentes zu reduzieren. Dass dies unzulässig ist, zeigen Beispiele wie Einkaufszentren, Nachbarschaftsgeschäfte, Boutiquen.

Die Theorien vernachlässigen mithin die Variationen, die neue Betriebsformen bei den übrigen absatzpolitischen Instrumenten bieten (insbesondere im Sortiment, bei der Wahl des Standortes, bei den Park- und Transportmöglichkeiten). Außerdem widmen sich die Theorien dem Tatbestand, dass unterschiedliche Betriebsformen nebeneinander bestehen, wenig Aufmerksamkeit. Es ist eben nicht so, dass ein Assimilierungsprozess neu gegründeter Betriebe so abläuft, dass alle Betriebe den gleichen Entwicklungspfad einschlagen, nur verschieden weit fortgeschritten sind. Die Struktur der einzelnen Betriebe, wie sie sich im Einsatz der absatzpolitischen Instrumente spiegelt, ist deutlich unterschiedlich. Wegen dieser Vielseitigkeit des Marktzutritts und der Entwicklungsmöglichkeiten ist es verständlich, dass F. W. Köhler (1990) die von Nieschlag in den Mittelpunkt gestellten Trading-up-Strategien um drei weitere ergänzt:

- die **High-level-trading-Strategie**: Betriebsformen, bei denen andere absatzpolitische Instrumente die Preispolitik dominieren (beispielsweise bei Geschäfts-City-Passagen, Spezialgeschäften, Heimdiensten).
- die **Trading-down-Strategie**: Insbesondere bei Mehrfachstrategien treten neben hochpreisigen Betriebsformen auch solche mit einer Niedrigpreispolitik auf (z. B. bei den Discountern der Lebensmittelfilialisten oder den „Schnäppchenmärkten").
- die **Low-level-trading-Strategie**: Beibehaltung einer Niedrigpreispolitik.

Köhler benennt für jede dieser vier Strategien eine Vielzahl von Beispielen. Er lässt sich damit auf die an Nieschlags Thesen geäußerte Kritik ein, indem er unterschiedliche Entwicklungsmöglichkeiten aufzeigt; gleichzeitig verlieren die Aussagen aber auch ihre theoretische Fundierung, da zwar Handlungsmöglichkeiten aufgezeigt werden, aber kaum analysiert wird, unter welchen Umständen die genannten Strategien realisiert werden sollten. Hier hat die weitere Forschung anzusetzen.

Empirisch zu beobachtendes Phänomen	**Mögliche Gründe**	**Autor**
Entstehen neuer Betriebsformen	• die Verstädterung • die starre Haltung der im Markt tätigen Händler • der Kostenvorsprung neuer Betriebsformen (bessere Kalkulationsbasis, höhere Umschlagsgeschwindigkeit, rationellere Betriebsführung) • staatliche Wirtschaftspolitik • Struktur und Verhalten der Industrie • Aktivitäten der Verbraucher • Neue Technologien (z. B. Internet)	Nieschlag Nieschlag Woll Woll Woll Woll
Trading-up von Newcomern	• die Marktenge, die durch das Auftreten weiterer Newcomer entsteht • der Glaube, dass niedrige Preise und beschränktes Angebot die Nachfrager nicht auf Dauer an den Betrieb binden • sinkendes Kostenbewusstsein bei einem Wechsel des Managements und auf Grund der intensiven Werbung für Betriebseinrichtungen in den Fachzeitschriften • langfristig ansteigender Lebensstandard	Nieschlag Nieschlag Hollander McNair

Empirisch zu beobachtendes Phänomen	**Mögliche Gründe**	**Autor**
Niedergang bestehender Betriebsformen	• überschüssige Handelskapazitäten • Ungünstige Standorte	McNair

Abb. 3.40: In der Literatur genannte Bestimmungsfaktoren für das Entstehen, das Trading-up und den Niedergang von Betriebsformen

3.7 Zusammenfassung

Handelsbetriebe treten sowohl im Groß- wie im Einzelhandel in großer Mannigfaltigkeit auf. Diese Vielfalt wird mit Hilfe von Betriebsformen (Formaten) in Typen eingeteilt; trotzdem bleibt das Erscheinungsbild noch vielfältig. Supermärkte, Verbrauchermärkte, Warenhäuser, Kaufhäuser, SB-Warenhäuser, der Online-Handel, Fachgeschäfte, der Versandhandel sind nur einige Beispiele. Die Wahl einer geeigneten Betriebsform gehört zu den wichtigsten strategischen Entscheidungen im Handelsmarketing.

Durch die Wahl einer Betriebsform werden Kosten- und Erlöswirkungen ausgelöst. Es empfiehlt sich deshalb, Entscheidungen über Betriebsformen als Investitionsproblem zu strukturieren. Zwar haben alle Betriebsformen Kosten zu tragen, aber einzelne Kostenarten haben für die einzelnen Betriebsformen doch eine unterschiedliche Bedeutung, die sich zudem im Zeitablauf noch ändert. Schwierig sind die Erlöswirkungen zu prognostizieren: Mit welcher Betriebsform erreicht man bestimmte Zielgruppen in einzelnen Warenbereichen am besten. Die Vielfalt der Betriebsformen erweist sich als Reflex auf die unterschiedlichen Ansprüche der Verbraucher an ihre Einkaufsstätten.

Im Wettbewerb der Betriebsformen und der einzelnen Unternehmungen scheint es immer wichtiger zu werden, einzelne Vertriebsschienen (Betriebsformen) als Marken zu gestalten. „Brands“ sind ja ursprünglich Brandzeichen gewesen, an denen man erkennen konnte, um wessen Vieh es sich handelte. Verwechslungen sollen ausgeschlossen werden. Aber angestrebt wird darüber hinaus ein Vorstellungsbild, das in lebendiger Weise sich einprägt und den Nachfrager zu dem Unternehmen hinführt.

Die Bedeutung einzelner Betriebsformen ändert sich fortlaufend. Pioniere ersinnen neue Betriebsformen, etablierte Betriebsformen verlieren an Bedeutung. Gern wird auf die Warenhäuser verwiesen, die in den letzen vier Jahrzehnten stetig an Marktanteil eingebüßt haben. Mit dem „Gesetz von der Dynamik der Betriebsformen“ („wheel of retailing“) hat man versucht, diese Prozesse zu erfassen.

Anhang

1. Erläuterungen zu den Betriebsformen des Einzelhandels

Fach- und Spezialgeschäfte Breites Warenangebot in ausgewählter Branche, z. B. Elektronik, Spielwaren. Betonung der fachkundigen Beratung und hohen Produktqualität. Bei Konzentration auf sehr engen Teilbereich (z. B. Herrenausstatter) spricht man von Spezialgeschäften.

Fachmärkte Junge Betriebsform. Sortimentsauswahl ähnlich wie Fachgeschäft (breite Auswahl einer Branche), Präsentation jedoch ähnlich einem Verbrauchermarkt, d. h. größeres Areal. Z. B. Saturn, Toys"R"Us.

Klassische Einkaufsläden Junge Betriebsform. Sortimentsauswahl ähnlich wie Fachgeschäft (breite Auswahl einer Branche), Präsentation jedoch ähnlich einem Verbrauchermarkt, d. h. größeres Areal. Z. B. Saturn, Toys"R"Us.

Kaufhäuser und Warenhäuser Gemischtwarenhändler mit weitem Sortiment. Schwerpunkt i. d. R. Bekleidung, Hausrat, Nahrung. Warenhäuser. Führen bis zu 100000 Artikel. Beispiele: Galeria Kaufhof, Karstadt. Bei gestrafftem Sortiment (bis 300000) spricht man von Kleinkaufhäusern, z. B. Woolworth.

Supermärkte Selbstbedienungsläden des Gemischtwarenhandels. Volles Food-Sortiment. In Deutschland ca. 4700 Supermärkte mit je 5000 bis 7000 Artikeln.

Verbrauchermärkte und SB-Warenhäuser Großbetriebe des Einzelhandels. Food- und Non-Food-Sortiment (Umsatzanteil > 30 %). Stadtrandlage mit vielen Parkplätzen. Z.B.: Massa, Real, toom.

Discountmärkte Grundprinzip: Preisführerschaft durch niedrige Betriebskosten und niedrige Handelsspanne. In Deutschland ca. 13000 Discounter, v. a. im LEH aber auch zunehmend im Fachhandel (z. B. Sport, Elektronik). Beispiele: Aldi, Lidl, Plus.

Direktverkauf Produktangebot wird direkt „an der Haustür" verkauft. Unternehmensseitig sehr teure Form der Distribution, z. B. aufgrund hoher Provisionen. Beispiele: Eismann, Avon, Tupperware.

Automatenverkauf In Deutschland werden über ca. 1,2 Millionen Warenautomaten Waren im Wert von 8 Mrd. Euro verkauft. 50 % des Umsatzes entfallen auf Zigaretten. Spezialentwicklung: Bankautomat.

TV Home Shopping Warendemonstration erfolgt im TV, Bestellung erfolgt per Telefon. Beispiele: QVC, HSE24 (Home Shopping Europe). Bevorzugte Kategorien: Minderwertiger Schmuck, Kosmetika, Sportgeräte, Haushaltsgeräte.

Versandhandel Warenangebot erfolgt durch einen Katalog, der nach Hause geschickt wird. Typischerweise verfolgen die Versandhändler eine Mehrkanalstrategie, indem Sie auch Electronic Retailing betreiben (z. B. Otto, Neckermann) und/oder Filialen für ausgewählte Warengruppen unterhalten. Bei Fokus auf bestimmte Branche spricht man vom Spezial-Versandhändler, z. B. Baby.

Electronic Retailing Warenangebot und Kauf erfolgt online über das Internet. Beispiele: Amazon.com, bol.de, Teilweise auch als Unterstützung des stationären Handels (z. B. tesco, ikea). Spezialform: Internet Banking. Entwicklung innovativer Retail-Geschäftsmodelle, wie z. B. priceline.com, swoopo.com.

2. In USA gebräuchliche Bezeichnungen für Formen des Einzelhandels

(Quelle: Levy, M. und B.A. Weitz.: Retailing Management, 7. Aufl., Boston u. a. 2009, S.41–55)

Category Specialist In USA werden als Category Specialist jene Einzelhandelsbetriebe bezeichnet, die als sog. big boxes innerhalb eines Warenbereiches eine tiefe Auswahl anbieten. Entsprechende Geschäfte finden sich in allen Warenbereichen (categories), z. B. Spielwaren (Toys"R"Us), Bücher (Barnes & Noble), Elektronik (Best Buy), Möbel (IKEA), Büroartikel (Staples), Sportartikel (Dick's Sporting Goods). Vorwiegend wird die Ware in Form der Selbstbedienung verkauft, in ausgewählten Abteilungen wird auch Beratung angeboten.

Department Store Entspricht der deutschen Bezeichnung Warenhaus.

Discount Store Discount Store ist eine insbesondere in den USA verwendete Bezeichnung für eine Betriebsform des institutionellen Einzelhandels mit niedrigen Preisen. Als „Full-Line Discount Stores" bieten sie bei beschränktem Service eine Vielfalt von Waren aus zahlreichen Warenbereichen. Zu den größten Anbietern in den USA zählen Wal-mart, Kmart und Target.

Drugstore In USA verwendete Bezeichnung für ein Fachgeschäft, das sich auf Arzneimittel und Pflegeprodukte spezialisiert hat. Arzneimittel steuern oft mehr als die Hälfte des Umsatzes bei. Zu den größten Anbietern zählen Walgreens, CVS und Rite Aid.

Extreme Value Retailer In USA verwendete Bezeichnung für einen kleinen Einzelhandelsbetrieb, der ein begrenztes Warenangebot zu sehr niedrigen Preisen anbietet. Das Sortiment umfasst Lebensmittel, Haushaltswaren und Artikel aus den Bereichen Gesundheit sowie Kosmetik. Es werden kostengünstige Standorte bevorzugt. Zu den in USA führenden Anbietern zählen Family Dollar

Hypermarket oder Hypermarché Vorwiegend in USA verwendete Bezeichnung für einen großflächigen Einzelhandelsbetrieb (10–30000 qm), der Lebensmittel (ca. 60–70 %) in Kombination mit anderen Waren (z. B. Drogerieartikel, Hartwaren, Sportartikel, Kleinmöbel, Computer, Elektronik) anbietet. Die Zahl der Artikel ist mit 40000–60000 Bestellpositionen (SKU's) normalerweise geringer als die von Supercenters. Die Betriebsform wurde ursprünglich in Frankreich unter der Bezeichnung hypermarché entwickelt.

Off-Price-Store (-Center) oder Close-out retailer Ein Off-Price-Store, eine spezielle Form des Fachdiscounters (bzw. des Mehrfachdiscounters), ist ein mittel- bis großflächiger Einzelhandelsbetrieb (Einzelhandel im institutionellen Sinne), der vorwiegend bekannte Markenartikel des Nichtlebensmittelbereichs (z. B. Textilien, Schuhe, Glaswaren und Porzellan) in Selbstbedienung wesentlich unter dem dafür üblichen Preisniveau anbietet. Das Sortiment besteht prinzipiell aus nicht regulärer Ware (z. B. Überschussware, Auslaufmodelle, Saisonendware, Reklamationsware, Ware zweiter Wahl oder Ware aus Insolvenzen). Die Sortimentszusammensetzung unterliegt einem raschen Wandel, da in der Regel Partien ohne Nachordermöglichkeit verkauft werden, bis die Vorräte erschöpft sind. Werden die Geschäfte von Herstellern (in selteneren Fällen auch von Filialbetrieben geführt) wird auch von Outlet stores oder von Factory Outlets gesprochen. In USA findet sich auch die Bezeichnung close-out retailer. Ware, die in den Folgeperioden nicht gelistet werden soll, wird auch als close-outs bezeichnet. Zu den in USA bekannten Unternehmen zählen u. a. TJX Companies (z. B. T.J. Maxx), Burlington Coat Factory und Tuesday Morning.

Specialty Store In USA verwendeter Begriff zur Bezeichnung einer Betriebsform des institutionellen Einzelhandels, bei der auf einer relativ kleinen Fläche Waren aus einer begrenzte Anzahl sich ergänzender Warenbereiche angeboten werden; für ein enges Sortiment wird eine große Auswahl bei fachkundiger Beratung geboten. Specialty Stores finden sich in unterschiedlichen Warenbereichen, wie z. B. Textilien (The Gap, The Limited, Abercrombie & Fitch, H&M, Zara), Elektronik (RadioShack), Möbel (Ethan Allen), Haushaltswaren (Pottery Barn), Schuhe (Foot Locker), Sportartikel (Hibbett Sports), Schmuck (Tiffany & Co.).

Supercenter In USA verwendete Bezeichnung für einen Einzelhandelsbetrieb, der auf einer Fläche von 15000–22000 qm einen *supermarket* mit einem *full-line discount store* kombiniert. Gegenüber dem *supermarket* wird also die größere Vielfalt an Waren geboten (sowohl die Sortimentsbreite als auch die Sortimentstiefe betreffend) und erlaubt so in noch größerem Ausmaß ein **one-stop shopping**.

Internetadressen

Zur Struktur des Handels (z. B. Anzahl der Unternehmungen in einzelnen Sektoren) und zur Entwicklung der Konsumausgaben privater Haushalte:

- Statistisches Bundesamt: https://www-genesis.destatis.de
- EHI Retail Institute: www.ehi.org
- The Nielsen Company (Deutschland): http://de.nielsen.com/site/index.shtml

Zur Entwicklung des Online-Handels:

- Electronic Commerce Center, Köln (www.ecc-handel.de/index.php
- Fittkau & Maaß Consulting: www.w3b.org
- HDE Handelsverband: www.einzelhandel.de/pb/site/hde/node/10417/Lde/themen__inhalte.html

Zur Definition einzelner Betriebsformen (Deutsch und englisch): www.katalog-e.de

Zur Strategie eines Multi-Channel-Anbieters:

- http://techtv.mit.edu/collections/isms:1132/videos/7222-inofec

Aktivitäten

- Gibt es auch für Sportartikel unterschiedliche Betriebsformen? Erstellen Sie eine Liste von Geschäften, in denen Sportartikel gekauft werden können. Welcher Betriebsform sind die einzelnen Geschäfte zuzuweisen? Welches sind jeweils die besonders prägenden Marketing-Mix-Elemente?
- Analysieren Sie anhand der Angaben des Statistischen Bundesamtes, wie sich der Umsatz in zwei von Ihnen auszuwählenden Bereichen des Einzelhandels in den letzten 15 Jahren entwickelt hat.

Fragen zur Diskussion

- Wie ist die Zukunft der Warenhäuser zu beurteilen?
- Ist die Entwicklung neuer Betriebsformen im Einzelhandel als abgeschlossen anzusehen oder ist auch in der Zukunft mit dem Aufkommen neuer Betriebsformen zu rechnen?
- Inwieweit sind Einstellungsmodelle geeignet, die Marktanteile einzelner Betriebsformen zu prognostizieren?

4 Entscheidungen über den Standort

Insbesondere im Einzelhandel zählen Entscheidungen über den Standort zu den zentralen Erfolgsfaktoren. Dies hat seine Ursache in dem Umstand, dass in den meisten Fällen mit dem Standort die Entfernung zum Kunden festgelegt wird (abgesehen vom Versandhandel) und diese Entfernung beim Kunden zu den wichtigsten Auswahlkriterien für die Wahl seiner Einkaufsstätte zählt. Außerdem werden durch die Wahl eines Standortes meist große Geldbeträge für die jeweiligen Unternehmen über einen längeren Zeitraum gebunden, sei es weil Gebäude errichtet und eingerichtet werden oder weil langfristige Mietverträge geschlossen werden müssen. Jede Fehlentscheidung kann gravierende Folgen auslösen. Standortentscheidungen sind im stationären Einzelhandel von großer Bedeutung, selbst wenn nur über eine einzelne Verkaufsstelle zu entscheiden ist. Von umso größerer Bedeutung ist die Standortentscheidung, wenn in Filialbetrieben, die oft hunderte, manchmal sogar tausende von Verkaufsstellen betreiben, fortlaufend über Standorte zu entscheiden ist. Entscheidungen über einzelne Standorte sind Teil einer Entscheidungskette, bei der über die Wahl eines Marktgebietes, über konkrete Standorte und über die Anpassung einer einzelnen Verkaufsstelle an die örtlichen Gegebenheiten entschieden wird.

Allgemein gesehen handelt es sich bei einem Standort um jenen geografischen Ort, an dem die Unternehmung zum Zweck der Erreichung ihrer Ziele Produktionsfaktoren kombiniert. Die Standortplanung befasst sich mithin mit der Auswahl jener geografischen Orte, an denen der Kombinationsprozess vorgenommen werden soll. Diese Definition erfasst sowohl die Standorte des stationären Handels (Ladenhandel) als auch des Versandhandels oder der Heimdienste. Im Ladenhandel sind nicht nur die Flächen zu planen, die unmittelbar dem Verkauf dienen (Verkaufsfläche), sondern die gesamte Nutzfläche, die auch die Nebenraumflächen umfasst, wie insbesondere Parkplätze, Freiflächen, Lagerräume, Büroräume und Nebenräume (eine detaillierte Liste solcher Flächenarten und praktische Hinweise zu ihrer Planung enthält eine Schrift der BAG 1979, insbesondere S. 41–68). Die folgenden Ausführungen beziehen sich vor allem auf die Verkaufsfläche des Ladeneinzelhandels, weil vorrangig untersucht werden soll, in welchem Zusammenhang Umsatz und Standortplanung stehen. Standortplanung betreiben nicht nur einzelne Unternehmungen, sie ist auch für die Planung von ganzen Shopping Centern von großer Bedeutung. Auf Probleme der Standortplanung für Lagerhäuser (Verteilzentren) wird hier nicht eingegangen.

Besonderheiten von Standortentscheidungen im Handel

Standortentscheidungen im Handel und in der Industrie haben gemeinsam, dass durch sie relativ langfristige Wirkungen ausgelöst werden, es sich also in jedem Fall um ein Investitionsproblem handelt. Standortentscheidungen im Handel weisen aber auch Besonderheiten auf:

1. Auswirkungen von Standortentscheidungen auf den Umsatz müssen besondere Beachtung finden. Im Handel ist die Standortentscheidung in vielen Fällen als absatz-

politisches Instrument anzusehen, während in der Industrie der Umsatz in geringerem Maße von dem geografischen Standort abhängig ist. Die größte Schwierigkeit bei der Beurteilung von Standorten liegt in der Umsatzprognose für neue Standorte. Deshalb hat die Frage, wie Umsätze für bestimmte Standorte prognostiziert werden können, in diesem Kapitel den herausragenden Stellenwert.

2. Häufig muss die Planung mehrerer Standorte aufeinander abgestimmt werden (Planung eines Verkaufsstellennetzes). Dies führt zu zwei Auswirkungen, wenn als Zielgröße die Differenz zwischen Ein- und Auszahlungen unterstellt wird:
   - Es sind die Beziehungen zwischen den einzelnen Standortentscheidungen im Hinblick auf die entstehenden bzw. vergangenen Auszahlungen zu erfassen (z. B. ausgelöst durch eine gemeinsame Zentrale für mehrere Verkaufsstellen, durch einen gemeinsamen Einkauf, durch eine gemeinsame Logistik) – damit ist die auszahlungswirksame Interdependenz von Standortentscheidungen angesprochen.
   - Es sind die Beziehungen zwischen den einzelnen Standortentscheidungen im Hinblick auf die entstehenden Einzahlungen zu erfassen. Konkret stehen folgende Fragen im Fokus: Gibt es zwischen einzelnen Filialen eine innerbetriebliche Konkurrenz, sodass eine Filiale Umsatz auf Kosten einer anderen Filiale derselben Unternehmung gewinnt? Oder profitiert eine einzelne Filiale davon, dass die Unternehmung in einem Absatzgebiet durch die Eröffnung weiterer Filialen den Marktanteil erhöht? Es geht um die erlöswirksame Interdependenz von Standortentscheidungen und damit um die Frage, wie viele Outlets in einem Gebiet angesiedelt werden sollten (Vgl. G. L. Lilien und A. G. Rao 1974; V. Mahajan et al. 1988).
3. Die Standortplanung führt in vielen Fällen zu einer standortspezifischen Anpassung der Geschäftspolitik. In Filialorganisationen mag es zwar das Bestreben geben, Betriebstypen mit einheitlichem Erscheinungsbild zu multiplizieren, aber individuelle Gegebenheiten können eine Anpassung notwendig machen. Angebotene Standortlagen verfügen häufig über unterschiedlich große Flächen. Sie unterscheiden sich in ihrer Architektur, die Nachfrager weisen unterschiedliche Präferenzen auf usw. Dies führt dazu, dass Layout und Sortimentsplanung oft standortspezifisch angepasst werden müssen. Trotz des Strebens nach Vereinheitlichung kann so nach einiger Zeit ein heterogenes Filialnetz vorliegen. So haben J. D. Lord und J. Lundregan (1999) an konkreten Fällen dargestellt, dass sich nicht nur die Flächen der Verkaufsstellen einer Filialorganisation stark unterscheiden, sondern dass die Streubreite auch noch groß bleibt, wenn man sie auf die Größe des jeweiligen regionalen Marktes bezieht. D.h. in relativ kleinen Märkten gibt es auch große Verkaufsstellen, in großen Märkten auch kleine. Dies macht deutlich, dass es angebracht sein kann, die Standortwahl und die Planung anderer Parameter, wie insbesondere die Größe und die Aufteilung der Verkaufsfläche, simultan zu behandeln.

Die Aktualität von Standortfragen äußert sich z. B. in der Frage, inwieweit weitere Factory-Outlet-Center überhaupt zugelassen werden sollten, ob Drogeriemärkte (wie z. B. Schlecker) hoch frequentierte oder auch niedrig frequentierte Lagen bevorzugen sollten, ob bekannte Kaufhäuser wie P&C sich ausschließlich in den Innenstädten oder auch in den Vorortzentren ansiedeln sollten.

4.1 Elemente einer Standortentscheidung

Auch bei der Standortplanung kann zwischen Handlungsmöglichkeiten, Zielgrößen und Umweltgrößen (Bestimmungsfaktoren) unterschieden werden.

4.1.1 Mögliche Standorte

Oft werden einer Handelsunternehmung für die Errichtung von Verkaufsstellen zahlreiche Standorte angeboten. Obwohl sie sich alle in ihren geografischen Koordinaten unterscheiden, werden sie nicht alle einer Prüfung unterzogen, sondern häufig kommen nur Standorte einer bestimmten Standortlage in Frage. Abbildung 4.1 gibt einen Überblick über solche Standortlagen und gibt erste Hinweise, von welchen Betrieben solche Lagen häufig in Anspruch genommen werden.

	Standortlage	häufig bevorzugt von	bevorzugte Güterarten
Typ 1	• in großer räumlicher Nähe zu den Wohnorten der Haushalte, die als Kunden gewonnen werden sollen	• Nachbarschaftsgeschäften • Lebensmittelfilialbetrieben	• regelmäßig anfallender Bedarf • geplante, routinierte Einkäufe • Einkäufe, die zu Fuß erledigt werden
Typ 2	• in großer räumlicher Nähe zu Konkurrenzbetrieben	• Fachgeschäften (z. B. Möbelhandlungen)	• Güter, deren Beschaffung eingehende Informationssuche erfordert
Typ 3	• in großer räumlicher Nähe zu Betrieben mit ergänzendem Sortiment	• Fachgeschäften	• Textilien und Schuhe
Typ 4	• in großer räumlicher Nähe zu Passantenströmen	• relativ kleinen Geschäften	• Güter mit hohem Impulskaufanteil
Typ 5	• verkehrsgünstig gelegen	• Geschäften mit großem Flächenbedarf, wie z. B. Verbrauchermärkte oder Convenience Shops	• Güter mit hohem Flächenbedarf • Ergänzungsbedarf

Abb. 4.1: Standortlagen

Bei den Angaben in Abbildung 4.1 handelt es sich um eine grobe Klassifikation für unterschiedliche Standortlagen und um vereinfachte Faustregeln für die Wahl eines Standortes. Sie reichen im konkreten Fall natürlich nicht aus, um eine Standortentscheidung begründen zu können. Standortlagen lassen sich darüber hinaus in unterschiedlicher Weise typologisieren, wobei häufig zunächst auf Innenstadtlagen und die peripheren Lagen (die sog. Grüne Wiese) hingewiesen wird. Abbildung 4.2 enthält eine weiter differenzierende Typologie.

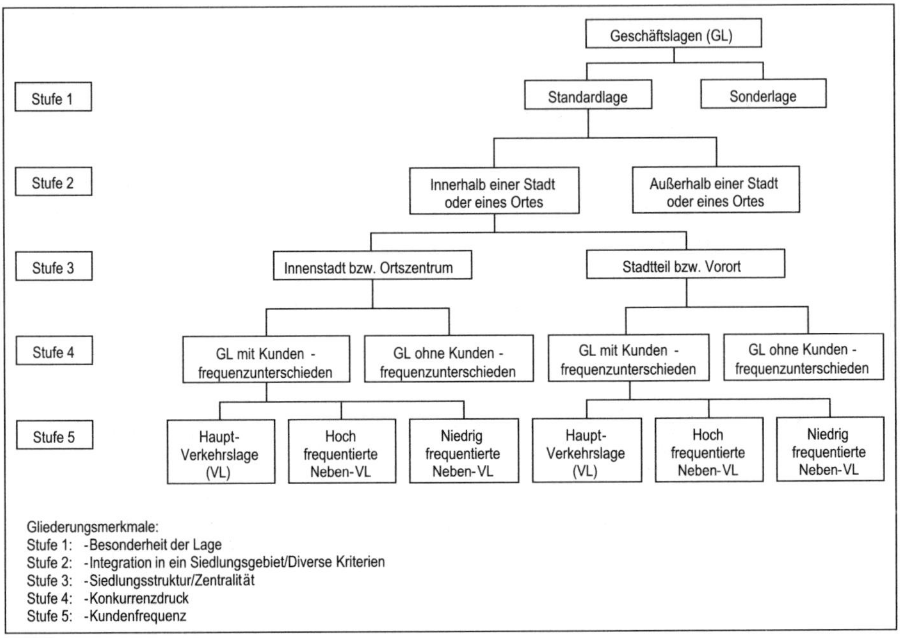

Abb. 4.2: Typologien von Standortlagen

B. Tietz (1989, S. 77–85) spricht vom Wettbewerb der Einzelhandels-Netze. Dabei versteht er unter dem primären Netz das klassische Ladeneinzelhandelsnetz in Innenstädten (City, Vorstädte) und Wohnsiedlungen, ergänzt um innenstadtorientierte Shopping-Center. Das sekundäre Netz umfasst die autokundenorientierten Standorte am Rande oder außerhalb von Siedlungsgebieten. Das dritte Netz beinhaltet den traditionellen Kataloghandel und den elektronischen Versandhandel. In der Tat hat jede Handelsunternehmung aufmerksam zu verfolgen, wie sich die Attraktivität des primären und sekundären Netzes sowie des Versandhandels (einschl. Electronic Commerce) entwickeln. Wichtige Hinweise zur Stellung der Innenstadt sind der Kundenverkehrsanalyse der BAG zu entnehmen (M. Schuckel und N. Sondermann 1998; M. Schuckel, N. Sondermann und R. Pangels 2005).

4.1.2 Gesetzliche und verwaltungsrechtliche Bestimmungsfaktoren der Standortwahl

Unter den bei der Standortplanung zu beachtenden Umweltgrößen sind rechtliche Vorschriften von außerordentlich hoher Bedeutung. Zu den für die Stadt- und Regionalplanung relevanten Gesetzen und Verordnungen gehören (vgl. H.-J. Geßner 1988; B. Tietz 1993):

- das Raumordnungsgesetz des Bundes mit seinen Raumordnungsgrundsätzen,
- die jeweiligen Landesplanungsgesetze mit ihren Landesentwicklungsprogrammen bzw. die Flächennutzungspläne in den Stadtstaaten,
- das Bundesbaugesetz mit dem Gesetz zu seiner Anpassung an EU-Richtlinien (2004),
- die Einzelhandelserlasse einzelner (Bundes-)Länder,
- die Baunutzungsverordnung,
- die Bauleitplanung.

Ziel der sich in diesen Normen konkretisierenden Raumordnungen ist es, die „Einheitlichkeit der Lebensverhältnisse über das Gebiet eines Landes hinaus" (Art. 72 GG) und die Verbesserung der Daseinsvorsorge in allen Teilräumen des Landes zu gewährleisten. Die Umsetzung dieser Leitvorstellungen erfolgt auf der Grundlage des Konzeptes der Zentrenhierarchie, welches auf der Theorie der zentralen Orte von W. Christaller (1933) beruht.

Exkurs: Die Theorie der zentralen Orte

Die von W. Christaller (1933) entwickelte Theorie der zentralen Orte erklärt die Größe und die räumliche Verteilung von Siedlungen. Es handelt sich um eine ökonomische Theorie optimaler Standorte des tertiären Sektors, genauer: der haushaltsorientierten, auf die Endnachfrage bezogenen Handels- und Dienstleistungsfunktionen. Sein Ziel war die Ableitung von Gesetzmäßigkeiten über die Größe, Anzahl und räumliche Verteilung von Siedlungen mit „städtischer", d. h. tertiärwirtschaftlicher Funktion (vgl. H. H. Blotevogel 2004, S. 10ff.). Unter zentralen Orten versteht W. Christaller die Siedlungen, die Mittelpunkt für einen umgebenden Bereich sind, in dem zentrale Güter und Dienste bereitstehen. Das Gebiet, für das ein zentraler Ort ein Mittelpunkt ist, ist nach W. Christaller ein Ergänzungsgebiet. Ein zentraler Ort hat damit einen „Bedeutungsüberschuss" für das ihn umgebende Ergänzungsgebiet. W. Christaller definiert die Zentralität oder den „Bedeutungsüberschuss" eines Ortes als die Differenz zwischen den Diensten, die insgesamt bereitgestellt werden (für den Ort und sein Ergänzungsgebiet) und den Diensten, die nur für die Bewohner des Ortes selbst benötigt werden. Je höher die Zentralität eines Ortes, desto größer ist die Anzahl von Dienstleistungen je Bewohner (vgl. W. Christaller 1933, S. 21ff.). Die Gliederung der zentralen Orte erfolgt nach drei Prinzipien:

1. Nach dem **Versorgungsprinzip** ist die Funktionsvielfalt abhängig von der Stadtgröße. Es basiert auf den verschiedenen transporttechnisch – marktwirtschaftlich begründeten Reichweiten von Gütern.
2. Das **Verkehrsprinzip** zeigt die strahlenförmige Aufreihung von Orten gleicher Größe in Abhängigkeit von in der Vergangenheit zu bewältigenden Tagesentfernungen.
3. Das **Verwaltungsprinzip** verweist auf die Abgrenzung geschlossener Räume wie z. B. Talregionen. Es entspricht politischen bzw. verwaltungstechnischen Einheiten.

Diese drei Prinzipien konnte W. Christaller mit Hilfe der Zahl und Verteilung der damals vorhandenen Telefonanschlüsse nachweisen. In der Raumordnung der Bundesrepublik Deutschland wurde im Jahre 1968 diese Struktur auf die Planung übertragen, wobei ganze Gemeinden in ein hierarchisches und funktional gegliedertes, normatives Ordnungsmodell eingestuft werden. Sie weisen aufsteigende Einzugsbereiche (Versorgungs- bzw. Verflechtungsbereiche oder Ergänzungsgebiete), ein zunehmendes Angebot an Gütern und Dienstleistungen und eine zunehmend dichte Infrastruktur auf:

- **Kleinzentren**, in denen ausschließlich die Güter des Alltagsbedarfs mit geringer Reichweite angeboten werden (dienen der Deckung der „Grundversorgung"),
- **Mittelzentren**, in denen außerdem Güter des seltenen Normalbedarfs mit mittlerer Reichweite gehandelt werden (dienen der Deckung der „Grundversorgung" und des „mittelfristigen" bzw. „gehobenen" Bedarfs),
- **Oberzentren**, die außer den beiden vorgenannten Gütergruppen solche des gehobenen Spezialbedarfs mit großen Reichweiten anbieten (dienen der Deckung der „Grundversorgung", des langfristigen d. h. „gehobenen" sowie des „spezialisierten, höheren" Bedarfs) (vgl. K. Schöler 1981, S. 23).

Abbildung 4.3 zeigt die schematische Verteilung der Oberzentren, Mittelzentren und Kleinzentren. Die Oberzentren sind in der Abbildung mit A, Mittelzentren mit B und Kleinzentren mit C bezeichnet.

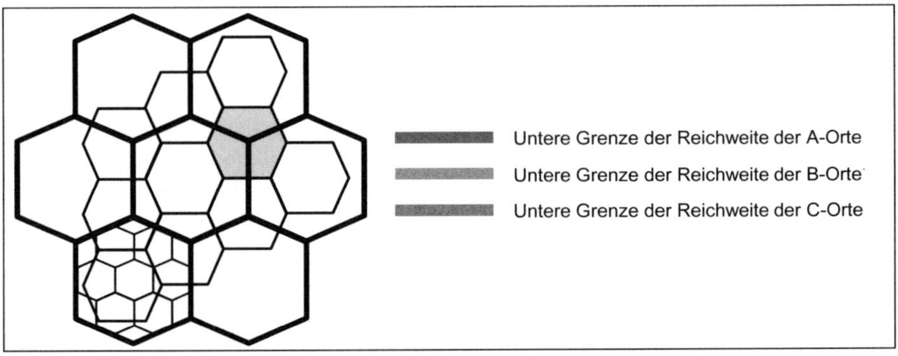

Abb. 4.3: Struktur der zentralen Orte (Quelle: Geographie Infothek 2005)

Trotzt wachsender Kritik wurde bis heute an diesem Konzept festgehalten, nicht zuletzt, da es in zahlreichen Gesetzen, Programmen und Plänen als Förderungsinstrument festgeschrieben ist. Die zentralen Orte sind, wenn auch in stark veränderter Form, immer noch von Bedeutung in der Wissenschaft. Zwar sieht H. H. Blotevogel (1995) kaum noch Möglichkeiten, die Theorie der zentralen Orte weiterzuentwickeln, aber sie findet immer noch Verwendung in der Erforschung des Einzelhandels, der „unternehmensorientierten Dienstleistungen" und der „Geographie der Städtesysteme" (vgl. H. H. Blotevogel, 1995, S. 14). Ein wesentlicher Vorteil der Theorie der zentralen Orte gegenüber anderen Theorien ist, dass sie gleichzeitig die Konsumenten und die Handelsunternehmen auf dem räumlichen Markt modelliert (vgl. C. S. Craig, A. Ghosh und S. McLafferty 1984, S. 6).

Die Auswirkungen der Gesetzgebung auf die Standortentscheidung des Handels werden auch bei der Betrachtung des § 11 Abs. 3 Baunutzungsverordnung von 1990 deutlich. Danach sind bestimmte Erscheinungsformen des Handels außer in Kerngebieten nur in für sie festgesetzten Sondergebieten zulässig. Betroffen sind Einkaufszentren und Handelsbetriebe mit einer Geschossfläche von über 1200 qm, da von diesen Handelsformen schädliche Einwirkungen auf die Umwelt sowie Auswirkungen auf die infrastrukturelle Ausstattung vermutet werden. Des Weiteren werden negative Entwicklungen zentraler Versorgungsbereiche in der Gemeinde oder in anderen Gemeinden auf das Orts- und Landschaftsbild bzw. auf den Naturhaushalt prognostiziert. Der Geschossfläche von 1200 qm wird häufig eine Verkaufsfläche von 700 qm zugeordnet. Die wettbewerbsrechtliche Problematik der Planungsvorschriften, insbesondere der Baunutzungsverordnung, soll hier nicht diskutiert werden (vgl. dazu E. Dichtl 1988; G. Finck 1990; M. Heppenberg und M. H. Köttgen 1987, S. 1534–1535). Einen Überblick über die relevanten rechtlichen Bestimmungen vermittelt eine Broschüre der BAG (BAG, Hrsg., 1995). R. Winkler und M. Küssner berichten, dass in Deutschland Discounter ihre Fläche im Lebensmitteleinzelhandel zwischen 1997 und 2000 um 1,4 Mio. qm ausgedehnt haben, während Nahversorger (Supermärkte, Nachbarschaftsgeschäfte) ihre Fläche um 760.000 qm verringert haben. Sie sehen die Baunutzungsverordnung als einen wesentlichen Einflussfaktor, weil sie es den Supermärkten verbiete, in wohnortnahen Standortlagen Märkte in einer Größenordnung zu betreiben, die diese benötigten, um sich gegenüber den Discountern, die wegen ihrer begrenzten Sortimente mit einer kleineren Fläche auskommen, profilieren zu können (R. Winkler und M. Küssner 2002).

4.1.3 Ziele der Standortplanung: Die Standortplanung als Investitionsproblem

Für die Standortplanung können auch strategische Ziele maßgeblich sein, z. B. „Präsenz in einem bestimmten Marktgebiet“ oder „Erschließen eines neuen Marktgebietes“. Für die Beurteilung einzelner Standorte werden allerdings im Regelfall rentabilitätsbezogene Erfolgskriterien anzulegen zu sein. In der Literatur ist es seit etwa 1970 üblich, Standortentscheidungen mit den Methoden der Investitionsrechnung anzugehen (vgl. vor allem H. Jacob 1967, S. 233–293; R. Gümbel 1969, S. 195–223; B. Tietz 1969; H.-P. Liebmann 1971; R. Wurth 1970). Dies macht es notwendig, die für eine Investitionsrechnung benötigten Zahlungsreihen zu ermitteln, d. h. für bestimmte Standorte die zu erwartenden Umsätze (Einzahlungen) und die zu erwartenden Auszahlungen bzw. die Belastungen zentraler Kapazitäten zu prognostizieren. Verwendet man die Kapitalwertmethode, ergibt sich als zentrales Kriterium für die Beurteilung eines Standortes:

$$(1)\quad K = \sum_{t=0}^{T} (E_t - A_t)(1+i)^{-t}$$

wobei:
E_t = Einzahlungen in Periode t,
A_t = Auszahlungen in Periode t,
K = Nettokapitalwert,
i = Kalkulationszinsfuß.

Für die Güte eines Standortes sind also vier Faktoren maßgeblich:

- die Höhe der an einem Standort zu erzielenden Einzahlungen (insb. Umsätze),
- die Höhe der durch einen Standort induzierten Auszahlungen,

- die Länge des Zeitraumes der Nutzung, welcher der Standortplanung zweckmäßigerweise zu Grunde gelegt wird,
- die Höhe des anzusetzenden Kalkulationszinsfußes.

Auf die Ermittlung der mit einer Standortwahl verbundenen Einzahlungen (Umsätze) und Auszahlungen (Kosten) wird im Folgenden eingegangen.

Die Prognose der erzielbaren Umsätze

Um die an einem Standort erzielbaren Umsätze abschätzen zu können, sind nachfragerbezogene Gesichtspunkte in jenem Gebiet, das zum Einzugsgebiet des zu beurteilenden Standortes zu rechnen ist, von besonderer Bedeutung. Zusammen mit der Konkurrenzsituation bestimmen sie maßgeblich den an dem Standort zu erwartenden Umsatz. Die Berücksichtigung dieser Faktoren stellt den schwierigsten Schritt bei einer Standortanalyse dar. In einem ersten Schritt empfiehlt es sich, zunächst eine logische Struktur unter den Bestimmungsfaktoren zu erstellen, wofür es unterschiedliche Möglichkeiten gibt (vgl. zur Erfassung von Einkaufspendlerströmen auch B. Tietz 1969, S. 153–158 und für Beispiele der Kaufkraftberechnung bei Wanderungsbewegungen S. 223–235). Eine solche Möglichkeit ist in Abbildung 4.4 dargestellt.

Durch solche Schemata gelingt es, den Informationsbedarf zu konkretisieren, wie die drei Begriffe auf der rechten Seite von Abbildung 4.4 dies anzeigen, die Kaufkraftanalyse, die Konkurrenzanalyse und die Kaufkraftwanderungsanalyse. Die Formel lässt sich verfeinern, indem die Bedarfsträger entsprechend ihrer Struktur oder ihrem Verhalten in Gruppen unterteilt werden. Hierbei wird von mehreren Einzugsgebietszonen ausgegangen, und es werden für die einzelnen Elemente weitere Bestimmungsgleichungen aufgestellt. Die Umsatzprognose steht im Mittelpunkt der Standortplanung. Hierfür entwickelte Methoden und Theorien werden in Abschnitt 4.3 näher dargestellt.

Zu erwartender Umsatz in Warengruppe i am Standort A	
= [Zahl der Bedarfsträger – Personen oder Haushalte – mit Wohnsitz in der engeren Zone um A] x durchschnittlicher Bedarf/Zeiteinheit	regionale Bedarfs- und Kaufkraftanalyse
./. Bedarf, der außerhalb der Zone gedeckt wird (vor allem durch Auspendler) = Abflussquote + Nachfrage von Bedarfsträgern mit Wohnsitz außerhalb der engeren Zone (vor allem durch Einpendler) = Zuflussquote	Kaufkraftwanderungsanalyse
x (1 – auf Konkurrenzbetriebe innerhalb der Zone entfallende Anteile)	Konkurrenzanalyse

Abb. 4.4: Schema zur Berechnung des zu erwartenden Umsatzes

Die Kostenprognose

Standortprobleme sind als Investitionsprobleme gekennzeichnet worden. Neben den Einzahlungsreihen müssen mithin auch die Auszahlungen bzw. die Kosten prognostiziert werden. Nach dem Ausmaß der Quantifizierung dieser Wirkungen lassen sich zwei

Stufen unterscheiden, einmal die Quantifizierung mit Hilfe der Checklist-Methode, zum anderen die Ermittlung von Auszahlungen und Kapazitätsbeanspruchungen.

Checklisten können so angelegt werden, dass alle Eigenschaften eines potentiellen Standortes aufgelistet werden, die Einfluss auf die künftigen Auszahlungen (und Einzahlungen) haben werden. Eine Zweiteilung der Einflussgrößen in solche, die die Auszahlungen und solche, die die Einzahlungen beeinflussen, ist allerdings nicht problemlos, denn einige Größen haben eine Doppelwirkung. So bestimmen beispielsweise die Größe und die Ausstattung der Verkaufsstelle nicht nur die Kosten, sondern auch den Umsatz. Die von K. C. Behrens eingeführte Zweiteilung der Bestimmungsfaktoren in solche der Beschaffung und des Einsatzes auf der einen und solche des Absatzes auf der anderen Seite wurde auch von R. Wurth übernommen, der die standortabhängigen Bewertungsmerkmale in solche unterteilt, die die standortabhängigen Ausgaben betreffen und solche, die die standortabhängigen Einnahmen betreffen (K. C. Behrens 1961 und 1965; R. Wurth 1970). Als solche Merkmale werden dann beispielsweise die Personen, der Raum (mit seinen Grundstückskosten, den Einrichtungskosten, aber auch mit seiner Lage, den geltenden Bauvorschriften, störenden Einflüssen, Warenanfuhrmöglichkeiten usw.) genannt.

Man könnte daran denken, einen Standort anhand solcher Merkmale auch mit Hilfe eines Polaritätenprofils zu bewerten. Es wird im Regelfall jedoch möglich sein, die durch den betreffenden Standort induzierten Kosten mit hinreichender Genauigkeit zu schätzen. In diesen Fällen erscheint es nicht sinnvoll, Entscheidungstatbestände, die durchaus in Geldeinheiten quantifiziert werden können, auf einem Ordinalskalenniveau abzubilden.

Durch Abbildung 4.5 wird deshalb empfohlen, die durch einen Standort ausgelösten Auszahlungen direkt auszuweisen. Sie sind für mehrere Perioden zu schätzen. Da nicht alle Beträge mit Sicherheit vorhergesagt werden können, ist in jeder Periodenspalte die Möglichkeit eingeräumt, neben dem wahrscheinlichsten Wert einen Mindest- und einen Höchstwert einsetzen zu können. Bei der Prognose der Auszahlungen ist zu beachten, dass sie nur unter Annahmen abgegeben werden können. So hängen etwa die Kosten für in Warenbeständen gebundenes Kapital von der Bestellpolitik ab, die Personalkosten von der Servicepolitik usw. Mit der Quantifizierung der Auszahlungen sind einige **Probleme** verbunden:

- Das Problem, die auszahlungswirksamen Konsequenzen von jenen zu trennen, die zwar auch entscheidungsrelevant, aber nicht auszahlungsrelevant sind,
- das Problem der Länge des Planungszeitraums,
- das Problem, ob mit Zahlungsströmen oder mit Kosten und Erlösen gerechnet werden sollte.

1. Zur Trennung von auszahlungswirksamen Folgen und der Kapazitätsbelastung der Zentrale durch eine neue Filiale: Oft ist der Fall gegeben, dass eine neue Verkaufsstelle Leistungen einer Zentrale (z. B. Belieferung aus einem zentralen Lager, zentrale Abrechnung, zentrale Managementkapazität) in Anspruch nimmt, ohne dass dadurch die Auszahlungen in der Zentrale verändert werden. Die Frage ist dann, in welcher Form die Inanspruchnahme von zentralen Kapazitäten, die bei einzelnen Projekten durchaus unterschiedlich sein kann, in die Entscheidung über die Vorteilhaftigkeit einer Verkaufsstelle einbezogen werden kann. Eine künstliche Umwand-

lung von fixen Gemeinkosten in Beträge, die dem einzelnen Projekt zugeschlüsselt werden, kann zu Fehlentscheidungen führen.

	1. Jahr				**Folgejahre**		
	mind.	wahr- scheinlich	höchst	…			
A. Auszahlungen							
1. Grundstück							
2. (Um-)Baukosten							
3. Miete							
4. Ladeneinrichtung							
5. Personal (einschl. Reisekosten u. Spesen)							
(6. FK-Zinsen)							
7. Gewerbesteuern							
9. Wareneinsatz, der a) als Grundausstattung benötigt wird b) auf Grund von Verkäufen an die Filiale geliefert werden muss c) durch Diebstahl, Schwund oder Verderb verloren geht							
10. sonst. Raumkosten							
11. Reparaturkosten							
12. Verpackungskosten a) in der Filiale b) in der Zentrale							
13. Werbung a) in der Filiale b) in der Zentrale							
14. Energie a) in der Filiale b) in der Zentrale							
15. Gebühren (Makler, Notar, Rechtsanwalt, sonstige)							
16. Sonstiges							
B. Einzahlungen							

Abb. 4.5: Mit einem Standortprojekt verbundene Auszahlungsarten

2. Zur Länge des Planungszeitraums: Die Auszahlungen sind nicht nur für ein Jahr zu ermitteln, ihre Veränderungen sollten auch im **Zeitablauf** erfasst werden (zum Pro-

blem des Planungszeitraums vgl. M. Bitz 1978, S. 175–193). Die Länge des zu betrachtenden Planungszeitraumes bestimmt sich einmal durch die Möglichkeit, zukünftige Zahlungen abschätzen zu können, zum anderen durch die Bindungen, die durch Mietverträge eingegangen werden.

3. Zur Rechnungsebene: Grundsätzlich ist es möglich, Investitionskalküle auf der Basis von Zahlungsströmen und auf der Basis von Kosten und Erlösen durchzuführen. In der Praxis gibt es eine häufig vorzufindende Vorliebe für das Rechnen mit Kosten und Erlösen. Hier wird dagegen die **Rechnung mit Zahlungen** bevorzugt, weil
   - der direkte Anschluss an den langfristigen Finanzplan gewahrt ist (das Problem der Mittelbeschaffung wird zum integrierten Bestandteil des Investitionsplans),
   - Fehlermöglichkeiten bei der Berechnung von Kosten entfallen. Dies gilt insbesondere für die Berechnung von kalkulatorischen Zinsen.

   Wird mit Kosten und Erlösen gerechnet, so genügt es keineswegs, die Anschaffungszahlung auf die Jahre der Nutzung zu verteilen, sondern es müssen kalkulatorische Zinsen in entsprechender Höhe eingesetzt werden.

Kalkülarten zur Auswahl einer zieloptimalen Standortpolitik

Wenn es gelungen ist, einzelne Standortprojekte durch ihre Ein- und Auszahlungen zu kennzeichnen, dann stellt die Kapitalwertmethode eine der Methoden dar, mit der die Zahlungsreihen verglichen werden können. Beispielhaft sollen die Zahlungsreihen von zwei Projekten in Abbildung 4.6 betrachtet werden.

		t = 1	**t = 2**	**...**	**t = 10**
Projekt 1:	Supermarkt:	- 791 000	391 000	...	391 000
Projekt 2:	Verbrauchermarkt in Stadtrandlage:	- 1 108 000	488 000	...	488 000

Abb. 4.6: Vergleich der Zahlungsreihen von 2 Projekten (Beträge in €)

Nach ... Jahren	Kapitalwerte (in T€)		
	Projekt 1	Projekt 2	Mehrbetrag von Projekt 1
			i = 8 %
1	- 791	- 1108	317
3	- 96	- 238	142
5	501	508	7
10	1647	1937	- 290
			i = 10 %
1	- 791	- 1108	317
3	- 113	- 261	148
5	449	441	8
10	1453	1695	- 242

Nach ... Jahren	Kapitalwerte (in T€)		
	Projekt 1	Projekt 2	Mehrbetrag von Projekt 1
			i = 12 %
1	- 791	- 1108	317
3	- 180	- 283	153
5	341	304	37
10	1141	1302	- 161

Abb. 4.7: Vergleich der Kapitalwerte von 2 Projekten

Wie Abbildung 4.7 zeigt, ist der Kapitalwert in fast allen Fällen für Projekt 1 größer; nur bei einer Planzeit von 10 Jahren oder mehr wird das Projekt 2 als günstiger ausgewiesen. Formal gibt der zunächst recht unanschauliche Kapitalwert den Betrag an, der zusätzlich zu den Anfangsauszahlungen aus späteren Einzahlungsüberschüssen sowohl getilgt als auch verzinst werden könnte (zum Kalkulationszinsfuß i, also unabhängig davon, ob es sich um Fremd- oder Eigenkapital handelt). Ein Kernproblem der Anwendung des Verfahrens der Kapitalwertmethode liegt in der Wahl eines geeigneten Zinsfußes. Ein Zinsfuß wird hier nur benötigt, weil man die Handlungsmöglichkeiten nicht vollständig abbilden kann. So gesehen stellt der Kalkulationszinsfuß eine vereinfachende Annahme über die Finanzierungskosten und die Erträge aus möglichen Anlagen dar.

Das Beispiel verdeutlicht, dass die Vorteilhaftigkeit auch von der Länge des zu Grunde gelegten Planungszeitraumes abhängt. Die Vorgehensweise, bei Unsicherheit einzelner Bestimmungsfaktoren die Berechnung mit alternativen Werten durchzuführen, lässt sich auf alle Größen übertragen. So ist es möglich, für jede Größe sog. kritische Werte zu berechnen, also den Wert, bei dem das Projekt seine Attraktivität verliert. In noch umfassenderer Weise kann die Unsicherheit berücksichtigt werden, indem für die Inputvariablen Dichtefunktionen angegeben werden und dann über Simulationen Dichtefunktionen für die Ergebnisgrößen ermittelt werden. Es ergeben sich so für einzelne Standorte Risikoprofile; aus ihnen lässt sich beispielsweise ablesen, dass der Umsatz oder der interne Zinsfuß mit einer Wahrscheinlichkeit von x % unter dem Wert y liegen wird.

4.2 Die Phasen der Standortplanung

Standortplanung ist ein mehrstufiger betrieblicher Entscheidungsprozess zur Ermittlung des jeweils optimalen Standorts (vgl. M. L. Bienert 1996, S. 113). Standortplanung umfasst: a) die zielorientierte Suche nach potenziellen Standorten, b) die Bewertung dieser Standorte (zunächst in Form einer Vorselektion, dann mit einer detaillierten Analyse die sich auf eine Ermittlung relevanter Merkmale bezieht, eine Nachfrager- und Konkurrentenanalyse umfasst und in eine Rentabilitätsrechnung einmündet) und c) die Auswahl von Standorten. Im Allgemeinen kann eine Standortanalyse in drei Phasen unterteilt werden: a) Grobanalyse, b) Detailanalyse und c) Feinanalyse (vgl A.

Ozimec, M. Natter und T. Reutterer 2008, S. 7). Um diese Phasen zu verdeutlichen, soll als Beispiel eine typische Vorgehensweise bei der Standortplanung betrachtet werden. Abbildung 4.8 stellt die Phasen des Beispielprozesses mit den zugehörigen Fragestellungen dar.

Der Prozess beginnt mit einer Grobanalyse, in der die Auswahl einer Region oder eines Gebiets (im weiteren Standorte genannt) erfolgt. Den möglichen Standorten wird anhand z. B. der Kaufkraft, der Einwohnerzahl, dem Zielgruppenanteil, etc. ein Potential zugeordnet. Für die einzelnen Standorte wird dann eine Konkurrenzanalyse durchgeführt und die Attraktivität der Standorte ermittelt.

Für die aussichtsreichsten Kandidaten erfolgt abschließend eine Feinanalyse, bei der eine feinräumige Potentialanalyse auf Wohnquartierbasis (diese Beinhalten auch die Umsatzschätzung für die potenzielle Standorte) und eine Besichtigung des Standortes durch einen Standortexperten durchgeführt wird. Eine Abgrenzung der Phasen ist schwierig, da einerseits an mehreren Stellen des Planungsprozesses auf gleiche Ausgangsdaten, nur unterschiedlich detailliert, zurückgegriffen wird und andererseits Informationen in der Vorstufe von nachfolgenden Phasen z. T. aufgegriffen und weiterverarbeitet werden (vgl. M. L. Bienert 1996, S. 113).

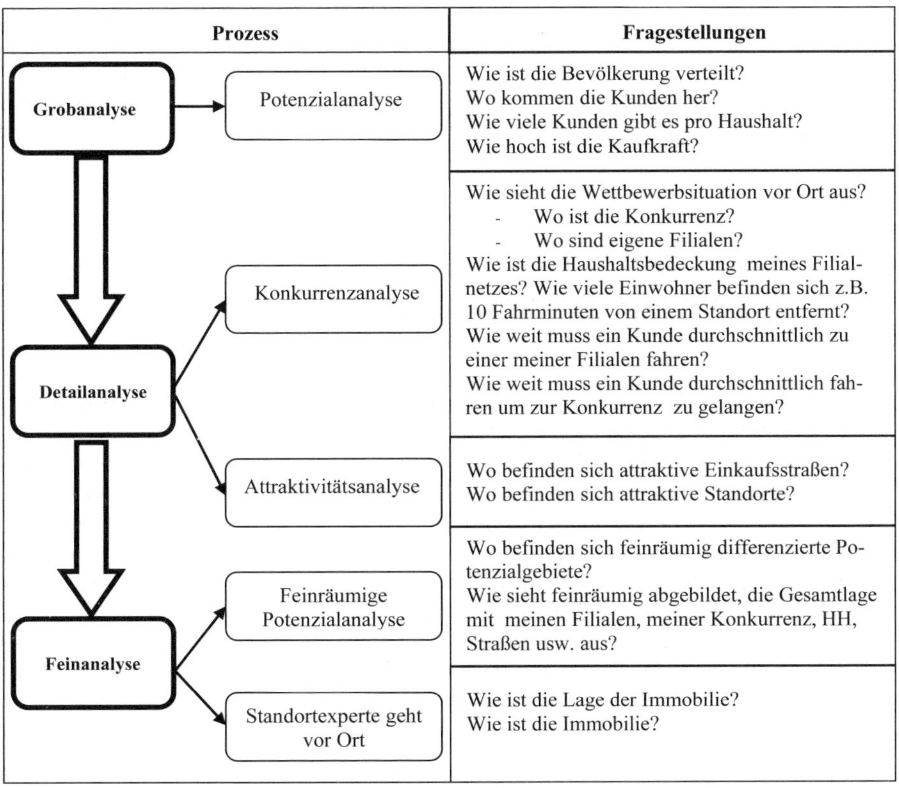

Abb. 4.8: Phasen der Standortplanung (ein Beispiel)

Zur Unterstützung dieses mehrstufigen Prozesses wurden zahlreiche Methoden der Standortplanung entwickelt, z. B. einfache Methoden wie die Checklist-Methode oder die Analogmethode bis hin zu komplexen mathematischen Modellen. Mathematische Modelle bieten eine gute Möglichkeit die abgefragten Aspekte zu bewerten, werden aber, wie auch D. Simkin at al. (1985a, 1985b) beobachtet haben, wegen ihrer Komplexität in der Praxis kaum benutzt. Außerdem erfordern einzelne Phasen der Standortanalyse gute Visualisierungsmöglichkeiten. Deshalb wird die Lösung solcher Optimierungsprobleme durch den Einsatz von Geographischen Informationssystemen (GIS) unterstützt (vgl. A. Ozimec, M. Natter und T. Reutterer 2010, S. 1). Für den letzten Schritt im Prozess (Standortexperte geht vor Ort) spielt „Google Earth" eine sehr wichtige Rolle. Ein potenzieller Standort kann ein hohes Potenzial bzgl. Kaufkraft, Einwohnerzahl, Zielgruppenanteil, Konkurrenzintensität aufweisen, was aber nicht bedeutet, dass der physische Standort allen geplanten Ansprüchen genügt. So kann z. B. neben dem geplanten Standort eine große Fabrik liegen, die einen hohen LKW-Verkehr in den umliegenden Straßen verursacht. Dies kann für Kunden, die den Standort mit dem Auto aufsuchen, sehr unangenehm sein. Potenzielle Standorte mit derartigen Nachteilen können mithilfe von „Google Earth" im Voraus schnell ausgeschlossen werden und der Standortplaner kann sich den Weg zu dieser Immobilie sparen und sich mehr auf andere potenzielle Standorte konzentrieren.

Die einzelnen Methoden der Standortplanung werden in Abschnitt 4.3. näher erläutert. Um die Methoden der Standortplanung einsetzen zu können, muss zuerst ein Einzugsgebiet für jeden potenziellen Standort bestimmt werden. Im folgenden Abschnitt wird zuerst das Einzugsgebiet definiert und danach wird näher auf die Methoden zur Bestimmung eines Einzugsgebietes eingegangen.

4.3 Methoden und Theorien zur Prognose der erzielbaren Umsätze

Eine notwendige Voraussetzung, um potenzielle Standorte miteinander vergleichen zu können, ist eine möglichst exakte Abgrenzung des jeweils relevanten Einzugsgebiets (vgl. M. L. Bienert 1996, S. 122). Ein Einzugsgebiet wird definiert als ein geographisch abgegrenzter Raum, dessen Einwohner potenzielle Kunden des in Betracht gezogenen Standorts sind (vgl. K. Barth und H.-J. Theis 1991, S. 56). Es handelt sich hierbei um einen Begriff aus dem Geomarketing, in dem räumliche, auf Punkte oder auf Flächen bezogene Informationen mit marketingrelevanten Informationen verknüpft werden. Üblicherweise werden Einzugsgebiete in Form von Landkarten dargestellt, in denen diese Gebiete im Umfeld des Geschäfts hervorgehoben werden. Je nach Verfügbarkeit der Daten wird diese Darstellung häufig um weitere marketingrelevante Informationen wie die Lage von Konkurrenzbetrieben oder relevante Infrastrukturinformationen ergänzt (vgl. D. Reymann 2009, S. 11).

Üblicherweise wird ein Einzugsgebiet in drei Zonen unterteilt: a) primäre, b) sekundäre und c) tertiäre Zonen. Zur primären Zone gehört die Fläche, die dem Geschäft am nächsten ist und aus der ein bestimmter Kundenanteil stammt (siehe Abbildung 4.9).

Aufgrund geringer Entfernung der Konsumenten zum Geschäft hat das Geschäft in der primären Zone den Wettbewerbsvorteil und den höchsten Marktanteil im Vergleich zur Konkurrenz. 60–65 % von der Gesamtzahl der Konsumenten, die ein Geschäft aufsuchen, stammen aus der primären Zone. In der sekundären Zone sinkt der Wettbewerbsvorteil gegenüber der Konkurrenz. Die Konkurrenz zieht mehr Konsumenten an, das Geschäft hat aber noch eine gewisse Anziehungskraft. Aus dieser Zone stammen 15–20 % der Gesamtzahl der Konsumenten. In der tertiären Zone ist der Wettbewerbsvorteil des Geschäfts nur noch sehr schwach, die Konkurrenten ziehen immer mehr Konsumenten an. Der restliche Konsumentenanteil stammt aus dieser Zone oder aus weiter entfernten Gebieten (vgl. A. Ghosh 1994, S. 286).

Heutzutage werden zur Darstellung von Einzugsgebieten die Geographischen Informationssysteme (GIS) verwendet. Mithilfe von GIS können bis zu 20 Zonen dargestellt werden. Das ermöglicht mehr Flexibilität, da die Einzugsgebiete in mehr Zonen unterteilt werden können. Jeder Zone kann ein vom Standortplaner ausgewählter Konsumentenanteil zugeteilt werden.

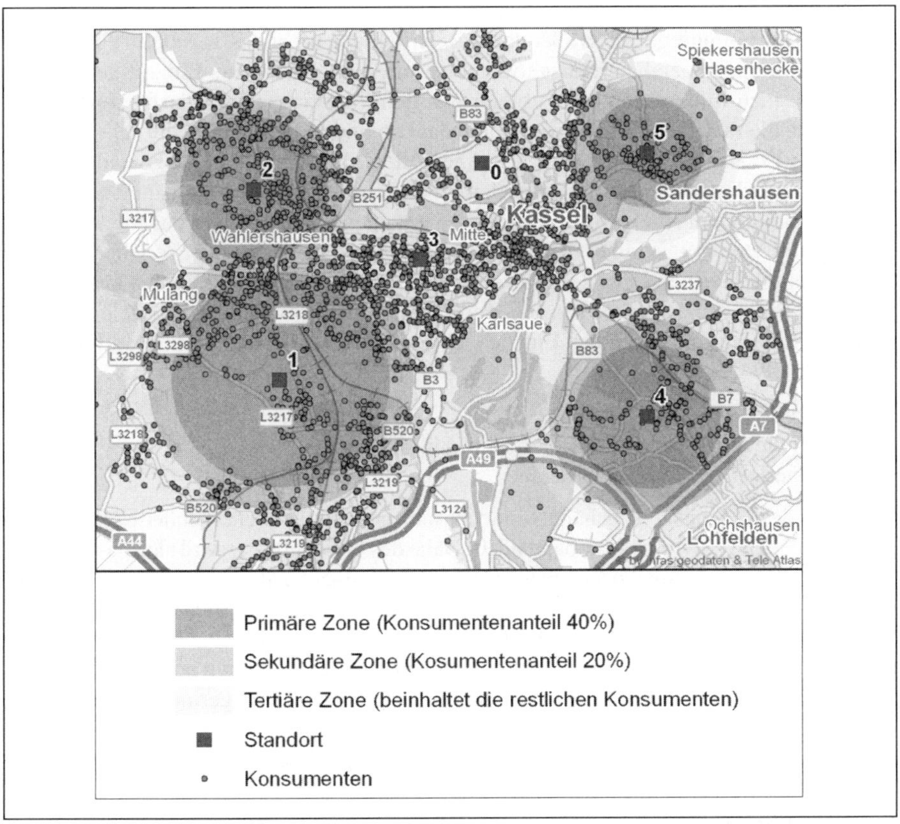

Abb. 4.9: Vier Einzugsgebiete unterteilt in primäre, sekundäre und tertiäre Zone, erstellt mit MarktAnalyst (Quelle: InfasGEO Daten 2010, http://www.marktanalyst.ch/Hilfe/einzugsgeb.htm)

Einflussfaktoren auf die Ausdehnung des Einzugsgebiets

Die Größe des Einzugsgebietes ist abhängig von der Bereitschaft der Konsumenten zu einem Geschäft zu fahren. Je höher diese Bereitschaft, desto größer das Einzugsgebiet. So ist z. B. die Einzugsgebietsgröße für die Güter des kurzfristigen Bedarfs (Lebensmittel, Drogerieartikel, Schreibwaren) kleiner als die Einzugsgebietsgröße für Güter des mittelfristigen Bedarfs (Bekleidung, Schuhe, Hausrat, Spielwaren, Sportartikel), wo die Konsumenten bereit sind, 15–50 km zu fahren. Im langfristigen Bedarfsbereich (Möbel, Teppiche, Unterhaltungselektronik, Elektrohausgeräte, Foto, Uhren und Schmuck etc.) erstreckt sich die Größe des Einzugsgebiets auf mehr als 100 km. Die Größe des Einzugsgebiets kann durch folgende Faktoren beeinflusst werden:

- Sortiment und Spezialisierungsgrad,
- Größe der Verkaufsfläche,
- Marketing Strategie,
- Agglomerationsgrad (z. B. Zahl, Größe und Typ von benachbarten Geschäften),
- Erreichbarkeit und
- Wettbewerbsintensität (vgl. A. Ghosh 1994, S. 288; M. L. Bienert 1996, S. 123).

Dabei gilt als Grundregel: Je größer das Geschäft und je mehr das angebotene Sortiment längerfristig und spezialisiert ausgerichtet ist, umso größer ist das Einzugsgebiet. Den Gegenpol dazu bilden kleinere Anbieter aus dem kurzfristigen Bedarfsbereich, z. B. Geschäfte, die nur die Grundversorgung abdecken und lediglich über ein sehr begrenztes kleines Einzugsgebiet verfügen. Mit einer guten Marketingstrategie kann der Vorteil gegenüber der Konkurrenz erhöht werden. In diesem Fall sind die Konsumenten bereit, weiter zu fahren, um einzigartige Produkte zu erlangen. Dadurch wird das Einzugsgebiet größer. Weiterhin gilt, je höher der Agglomerationsgrad, je besser die Erreichbarkeit und je geringer die Wettbewerbsintensität, desto größer das Einzugsgebiet. Die tatsächliche Form des Einzugsgebiets wird in seltenen Fällen gleichförmig sein, da viele Faktoren einen Einfluss auf die Form des Einzugsgebiets haben. Im Wesentlichen sind das (vgl. A. Ghosh 1994, S. 289–290):

- das Verkehrsnetz,
- natürliche Hindernisse (z. B. Brücken, Flüsse) und
- der Standort der Wettbewerber.

Die Form des Einzugsgebiets hängt von den Transportmöglichkeiten in der Nähe des Geschäfts ab. Wenn z. B. eine Autobahn in der Nähe des Geschäfts ist, wird sich das Einzugsgebiet länglich zur Autobahn ausbreiten weil die Konsumenten das Geschäft schneller über die Autobahn als über kleinere Straßen erreichen können. Auch natürliche Hindernisse, wie bspw. ein Fluss, können die Form des Einzugsgebiets bestimmen. Die Konsumenten, die auf der anderen Seite des Flusses wohnen, können das Geschäft nicht aufsuchen, wenn es keine Brücke in der Nähe gibt, obwohl die Luftliniendistanz sehr gering ist. In dem Fall, dass sich das Einzugsgebiet eines Geschäfts mit dem Einzugsgebiet des Konkurrenzgeschäfts überlappt, teilen sich diese zwei Geschäfte die potenziellen Konsumenten.

Der Standort als interdisziplinärer Forschungsgegenstand

Standortplanung ist für den Einzelhandel sicherlich eine betriebswirtschaftlich motivierte Fragestellung. Bei näherer Betrachtung fällt auf, dass die Schnittmengen dieses Themas mit den Disziplinen Soziologie und insbesondere mit der Geographie sehr groß sind. So beginnen im deutschen Sprachraum Geographen im 19. Jahrhundert als erste damit, sich mit diesem Thema zu beschäftigen. Seitdem hat die geographische Auseinandersetzung zur betrieblichen Standortthematik eine Vielzahl unterschiedlicher theoretischer und empirischer Ansätze hervorgebracht. Im Zeitraum von 1930–1960 werden die Grundlagen für die später vorherrschende Betrachtungsweise des Einzelhandels in der Geographie gelegt, ab etwa 1960 werden Standortprobleme verstärkt auch in der Betriebswirtschaftslehre untersucht (K.C. Behrens 1961).

Auf der internationalen Ebene setzen die ersten Untersuchungen amerikanischer Geographen auf der Mikroebene des Betriebsstandorts an. Insbesondere W. Applebaum (1954) und R. Nelson (1958) beginnen in Zusammenarbeit mit Einzelhandelsunternehmen Methoden der Standortplanung zu entwickeln. Damit begründen sie die betriebswirtschaftliche Anwendungsorientierung dieser Forschungsrichtung. Es gelingt ihnen dabei bereits Gesetzmäßigkeiten, z. B. über die Versorgung von Branchen und deren Nutzen für den Umsatz, zu gewinnen (vgl. G. Heinritz, K. E. Klein, K. E. und M. Popp 2003, S.13).

Methodenvielfalt

Seitdem wurden zahlreiche Methoden zur Beurteilung eines Standortes bezüglich Umsatzerzielung entwickelt. Dazu gehören:

- Kreis- und Zeitdistanzmethoden,
- „Rule of thumb" („Daumenregel"),
- als Checklist-Methoden die Profilmethode, das Rangreihenverfahren und die
- Scoring-Methode bzw. Punktbewertungsverfahren,
- Customer Spotting,
- die Analog-Methode,
- Regressionsanalytische Verfahren,
- Erklärungsmodelle: Gravitationsmodelle und Multinominale-Logit Modelle,
- Standortplanung mit Hilfe Geografischer Informationssysteme (GIS).

Aus diesem Fundus von Methoden verwenden die meisten Unternehmen gleich mehrere (vgl. G. P. Clarke 1999, S. 10). A. Ozimec, M. Natter und T. Reutterer (2008) haben eine Befragung mit 268 Standortplanern aus dem deutschen Sprachraum (Deutschland, Österreich und der Schweiz) durchgeführt (siehe Abbildung 4.10).

Die Ergebnisse dieser Befragung zeigen, dass in der Praxis heutzutage am häufigsten Standortplanung mithilfe von Geographischen Informationssystemen (GIS) durchgeführt wird, gefolgt von den Scoring-Modellen, der Regressionsanalyse, Gravitationsmodellen und der Analog-Methode. Aufgrund der Verfügbarkeit hoher Datenmengen und Knappheit der Zeit ist es zu erwarten, dass die Verwendung von GIS in Zukunft weiter steigen wird.

Die Methoden der Standortanalyse sind sehr wichtige Instrumente zur Entscheidungsunterstützung bei der optimalen Standortwahl. Daher ist die Qualität dieser Methoden aus betriebswirtschaftlicher Sicht auch unter den Aspekten Transparenz und Verständlichkeit der Ergebnisse zu bewerten. Im Folgenden wird zunächst auf Verfahren auf

Basis von Erfahrungswerten eingegangen. Dazu gehören unter anderem die Kreismethode, die Streckendistanzmethode und die Zeitdistanzmethode.

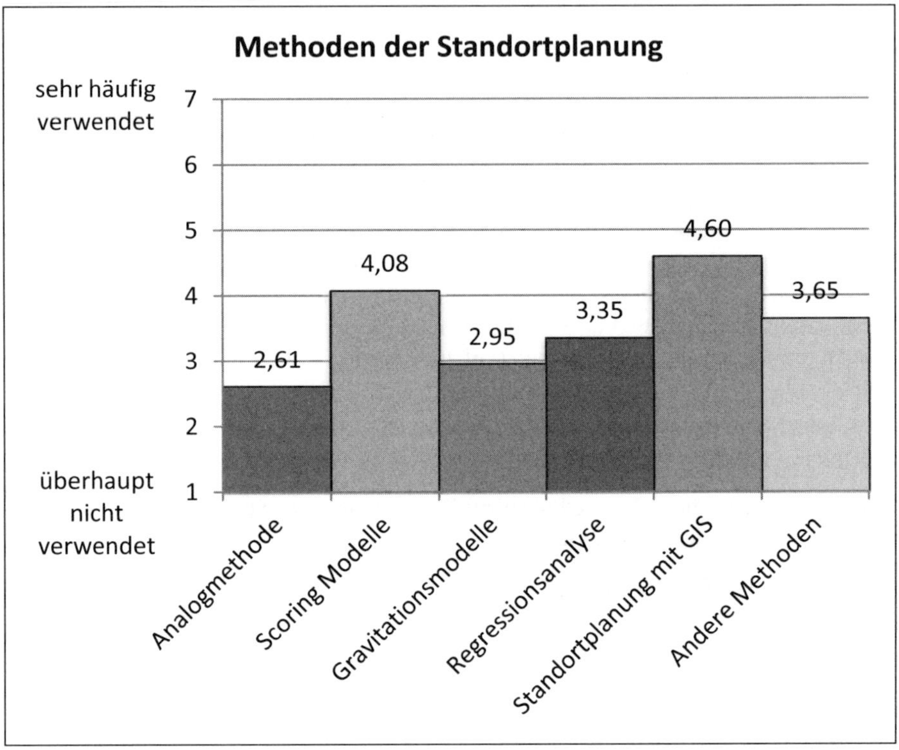

Abb. 4.10: Häufigkeit der Verwendung der Methoden der Standortplanung in der Praxis, Skala von 1–7, wobei 1= überhaupt nicht verwendet und 7= sehr häufig verwendet (Quelle: A. Ozimec, M. Natter und T. Reutterer 2008)

4.3.1 Die Kreismethode

Bei der Kreismethode werden auf einer Landkarte nach Luftliniendistanzen um den Standort Kreise gelegt. Die Personen, die innerhalb dieser Kreise wohnen, werden als potenzielle Kunden des Standorts aufgefasst. Abbildung 4.11 zeigt ein Beispiel von zwei Einzugsgebieten die mithilfe der Kreismethode dargestellt werden. Die Größe der Kreise basiert auf Erfahrungswerten der Standortplaner. Da man eine Luftdistanz annimmt, werden natürliche Hindernisse wie z. B. Bahngleise, Flüsse etc. sowie Konkurrenzgeschäfte nicht berücksichtigt.

Mithilfe dieser Methode können die Einzugsgebiete nur sehr grob umrissen werden. Die Verwendung dieser Methode empfiehlt sich nur bei homogener Infrastruktur, wenn man vorwiegend von Fußgängern oder Fahrradfahrern ausgeht und eine gleichmäßige Erreichbarkeit aus allen Himmelsrichtungen unterstellt. Bei einer heterogenen Infrastruktur würde sich diese Vorgehensweise nicht empfehlen (vgl. M. Zimmermann 2002, S. 43).

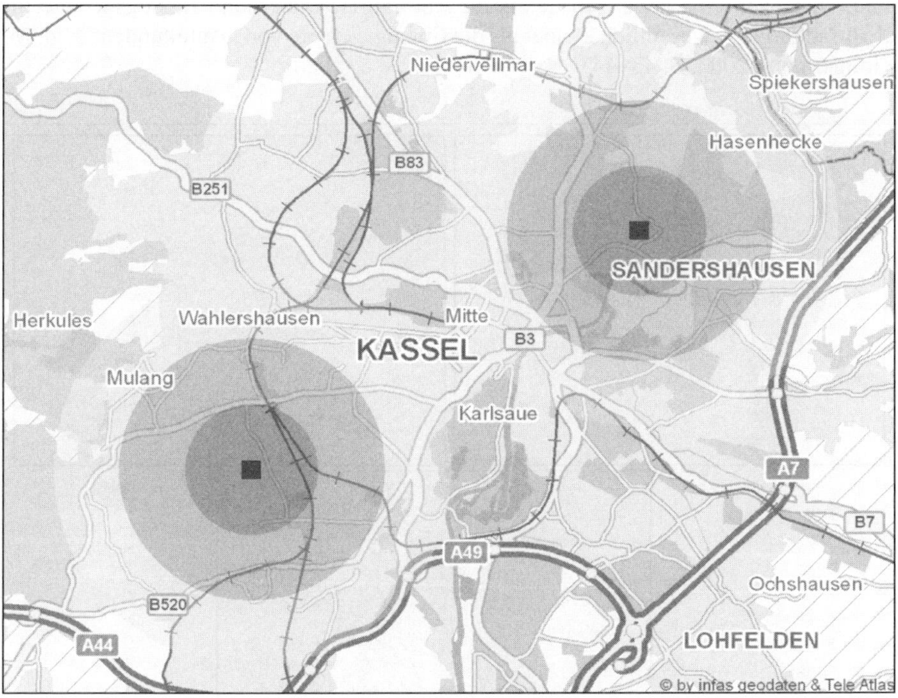

Abb. 4.11: Bestimmung von Einzugsgebieten mithilfe der Kreismethode – erstellt mit MarktAnalyst (Quelle: Infas GEODaten 2010 http://www.marktanalyst.ch/Hilfe/entfzonen.htm)

Als schwerwiegender Nachteil ist auch anzusehen, dass die Lage von Konkurrenzbetrieben nicht berücksichtigt wird.

4.3.2 Die Streckendistanz- und die Zeitdistanzmethode

Die Streckendistanzmethode und die Zeitdistanzmethode gleichen Nachteile der Kreismethode aus. Bei ihnen wird das Einzugsgebiet auf Basis einer vorgegebenen Zeit, in der ein Konsument den Standort erreichen kann, bzw. mit einer festgelegten Strecke, die er überwinden muss, bestimmt. Dabei wird berücksichtigt, dass sowohl die zurückzulegende Strecke als auch die dafür aufzuwendende Zeit von der Art des genutzten Verkehrsweges und Verkehrsmittels abhängen.

Dies können Straßen (Auto), Bus- und Bahnlinien (ÖPNV) sowie Fuß- und Fahrradwege sein (vgl. M. Zimmermann 2002, S. 43). Entscheidend dabei ist, welche Maximaldistanz bzw. -zeit ein potenzieller Kunde je nach Art des ihm zu Verfügung stehenden Verkehrsmittels toleriert. Damit ergibt sich die Erreichbarkeit nach Kundensegmenten. Zum Beispiel spielen für Personen, die auf den ÖPNV oder das Fahrrad angewiesen sind, Distanzen eine andere Rolle als für Autofahrer. Daher sind Einzugsgebiete für „Fahrradkunden" wesentlich kleiner als die Einzugsgebiete von „Autokunden" (vgl. M. Zimmermann 2002, S. 43–44).

Abb. 4.12: Entfernungszonen: dargestellt links als konvexe Hülle, rechts als Buffer und unten basierend auf Polygonen (Quelle: Infas GEODaten 2010, http://www.marktanalyst.ch/Hilfe/entfzonen.htm)

Da die beiden Methoden neben der Zeit bzw. Distanz und Verkehrsinfrastruktur auch natürliche Hindernisse wie z. B. Brücken, Flüsse etc. berücksichtigen, verändert sich die runde Form von Einzugsgebieten. Abhängig von der Darstellungsmethode können die Formen der Einzugsgebiete unterschiedlich ausfallen. Abbildung 4.12 zeigt Beispiele von Einzugsgebieten. Die unterschiedlichen Darstellungsformen wurden mit der Software MarktAnalyst von Infas GEODaten erstellt. Auch bei dieser Methode wird der Einfluss von Konkurrenzbetrieben auf die Größe des tatsächlichen Einzugsgebietes noch nicht berücksichtigt.

4.3.3 „Rule of Thumb" („Daumenregel")

Wenn eine Standortentscheidung von einem erfahrenen Standortplaner nach Besichtigung aller potentiellen Standorte allein auf Basis seiner Intuition gefällt wird, spricht man von der Methode „Rule of Thumb". Vom Standortplaner wird lediglich geprüft, ob ein Standort bestimmten Minimalvoraussetzungen genügt. Da diese Methode wenig kostet und die entsprechenden Entscheidungen schnell getroffen werden können, ist diese Methode in der Handelspraxis weit verbreitet. Einige Einzelhandelsketten wachsen so schnell, dass die Standortplaner nur für rudimentäre Standortuntersuchungen Zeit haben. So eröffnet beispielsweise „Wal-Mart" wöchentlich zwei und jährlich über 100 neue Filialen. Aus zeitlichen Gründen wird auf eine komplexe Standortanalyse (vgl. K. Jones und J. W. Simmons 1990, S. 323) verzichtet. Diese Vorgehensweise kann, abhängig vom Urteilsvermögen des Planers, sehr erfolgreich sein. Trotzdem ist diese Methode mit einer Reihe offensichtlicher Nachteile verbunden. Eine Entscheidung nach „Rule of Thumb" ist subjektiv und ihre Qualität ist gänzlich von der Erfahrung des Planers abhängig. Werden alle potentiellen Standorte besucht, ist dies darüber hinaus mit einem hohen Zeit- und Kostenaufwand verbunden. Besonders der Faktor Zeit wird für Unternehmen mit umfangreichen Expansionsabsichten den dringenden Bedarf nach effizienteren Instrumenten zur Unterstützung bei der Standortplanung wecken. Soll ein Standort für ein Geschäft „auf der grünen Wiese" gefunden werden, so ist es auch für einen sehr erfahrenen Planer schwer zu schätzen, wie sich Anziehungskraft und Umsatz entwickeln werden (vgl. G. P. Clarke 1999, S. 10). Diese Liste von Nachteilen in Kombination mit der Tatsache, dass sich mittlerweile eine ganze Menge anderer Methoden der Standortplanung etabliert haben, legen nahe, das Verfahren „Rule of Thumb" nicht in Reinform zu verwenden. Als Ergänzung zu anderen Methoden sollte ein Einzelhandelsunternehmen dennoch nicht auf die Erfahrung eines Planers verzichten.

4.3.4 Die „Nearest Center Hypothese"

Bei der Nearest-Center-Hypothese wird im Gegensatz zu den zuvor behandelten Verfahren berücksichtigt, dass der Konsument im Regelfall zwischen mehreren Einkaufsstätten wählen kann. Nach der „Nearest Center Hypothese" decken die Konsumenten ihren Bedarf in dem zu ihrem Wohnort jeweils nächst gelegenen Einkaufszentrum, wobei entsprechend der Theorie der zentralen Orte für Einkäufe des aperiodischen Bedarfs, wie z. B. Möbel, größere Entfernungen zum nächstgelegenen Einkaufszentrum zurückzulegen sind als beispielsweise bei Lebensmitteln. Es stellt sich aber heraus, dass diese Behauptung zu stark vereinfacht. Mit der Nearest-Center-Hypothese wird in den Kreis verhaltenswissenschaftlicher Theorien eingetreten, deren Ziel es ist, raum- und zeitübergreifende Aussagen zum Verhalten von Konsumenten zu gewinnen. Es liegen allerdings zahlreiche Hinweise vor, dass die Wahl der Einkaufstätte nicht generell nur von der Entfernung abhängt, sondern auch von anderen Faktoren, wie z. B. der Attraktivität der Einkaufsstätte. Gegen die „Nearest Center Hypothese" sprechen die folgenden Argumente:

- Es kann nicht davon ausgegangen werden, dass die einzelnen Verkaufsstellen sich nur in ihrer Entfernung unterscheiden, sondern häufig auch in Sortimentsbreite,

Sortimentstiefe, Preisniveau, Promotions, Standort, Beratung, Service, Ladenatmosphäre und in vielen anderen Merkmalen.

- Die Bedeutung, die einzelnen Merkmalen zukommt, kann sich bei einzelnen Personengruppen unterscheiden. So werden Personen aus unteren Einkommensschichten oder mit einer größeren Anzahl an Kindern das niedrige Preisniveau von Discountern hoch einschätzen, während Senioren die Nähe als Vorteil zu schätzen wissen werden.
- Wenn gefragt wird, auf Grund welcher Umstände ein Verbraucher bereit ist, eine entfernter gelegene Einkaufsstätte zu bevorzugen, dann wird deutlich, dass die Wahl einer Einkaufsstätte Aspekte der Betriebsformenwahl und der Standortwahl einschließt. So hat sich bei Befragungen z. B. gezeigt, dass beim Einkauf von Lebensmitteln neben der Nähe das Sortiment, die Preise, die Frische der Ware, die Qualität und die Freundlichkeit des Personals eine wichtige Rolle spielen (P. Schnedlitz, H. Kotzab und C. Cerha 2000).

Anticipated Utility	Innovative Produkte werden gewünscht, Suche nach dem „letzten Schrei" oder nach einem Designerstück
Role Enactment	Rollenverständnis, als „gute" Hausfrau stets sorgfältig einzukaufen in Bezug auf Qualität und Preis
Negotiation	Bedürfnis, mit dem Verkaufspersonal über den Preis zu verhandeln
Choice Optimization	Wunsch, das Optimale, „genau das Richtige" zu finden, jedes Detail muss stimmen
Affiliation	Wunsch, mit dem Verkaufspersonal, Freunden oder anderen Kunden zu interagieren, Einkaufen wird als sozialer Prozess verstanden
Power and Authority	Wunsch, sich beim Einkaufen dem Verkaufspersonal überlegen zu zeigen
Stimulation	Einkaufen nur zum Spaß, zur Anregung

Abb. 4.13: Motive für den Einkauf nach Westbrook und Black (nach A. Gröppel Klein u. a. 1998)

- Hinter den Erwartungen an ein Geschäft können unterschiedliche Motive stehen. Es geht nicht nur um die Versorgung, sondern um weitere vielfältige Motive. Abbildung 4.13 gibt einen Überblick über die von Westbrook und Black erarbeiteten Motive.
- Insbesondere wurde auch der Frage nachgegangen, inwieweit Einkaufen als Freizeitbeschäftigung oder als „Arbeit" aufgefasst wird. B. J. Babin, W. R. Darden und M. Griffin (1994) unterscheiden zwischen hedonistischen und versorgungsorientierten Einkaufsmotiven. Diese Hinweise lassen verständlich erscheinen, dass wegen verschiedener Motivlagen Geschäfte von Konsumenten unterschiedlich beurteilt werden.
- Bei der „Nearest Center Hypothese" wird im Allgemeinen von der Entfernung zwischen Wohnort und Einkaufsort ausgegangen. Einkäufe können aber auch mit ande-

ren Aktivitäten kombiniert werden, insbesondere mit der Fahrt zum oder vom Arbeitsplatz. Entsprechend wurde die Hypothese formuliert: „Güter des täglichen Bedarfs werden in relativ kurzen Zeitabständen in der Nähe der Wohnung oder der Arbeitsstätte gekauft" (G. Weitzel 1989, S. 182).

- Die „Nearest Center Hypothese" geht von den objektiven Distanzen aus, während der Einkaufstättenwahl subjektiv geprägte Vorstellungen zu Grunde liegen.
- Einkäufe aus unterschiedlichen Bedarfsbereichen werden gekoppelt oder mit anderen Aktivitäten verbunden, z. B. Besuch von Arzt, Café oder Friseur (Kopplungsaktivitäten).

Diese Hinweise machen deutlich, dass die Wahl einer Einkaufsstätte und damit eines Standortes durch Konsumenten ein Phänomen darstellt, auf das zahlreiche Faktoren einwirken. Die Berücksichtigung solcher Faktoren, seien es nun Parameter der Geschäftspolitik der einzelnen Anbieter oder Merkmale der Nachfrager, haben zur Entwicklung komplexerer Modelle, als es der Nearest-Center-Hypothese entspricht, geführt. In verhaltenswissenschaftlichen Modellen, in denen Größen aus dem Insystem der Nachfrager aufgegriffen werden, wird so u. a. untersucht, wie Nachfrager zu überwindende Entfernungen wahrnehmen, wie wichtig die Entfernung im Vergleich zu anderen Merkmalen eines Geschäfts oder einer Geschäftsagglomeration sind und welche Rolle dabei einzelne Motive spielen. Die Struktur solcher Modelle veranschaulicht Abbildung 4.14.

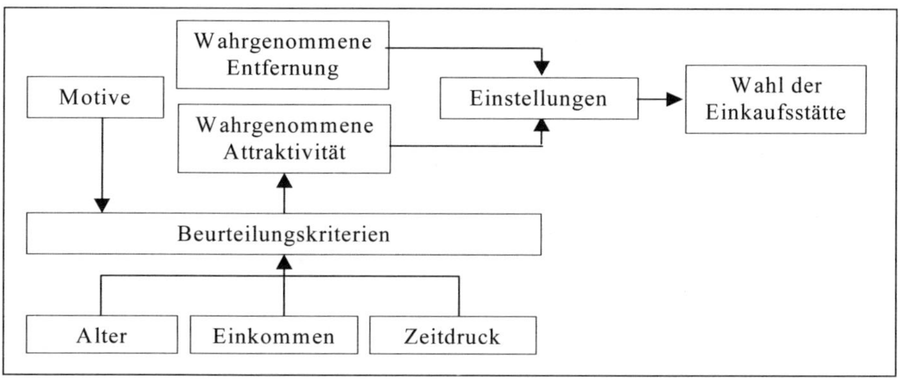

Abb. 4.14: Bestimmungsfaktoren für die Einkaufsstättenwahl

Basierend auf diese Diskussion kann man schließen, dass die Entfernung ein wichtiger aber nicht einziger Faktor, der die Wahl einer Einkaufsstätte beeinflusst, ist. Anhand dieser Argumentation wurden viele Methoden zur Beurteilung eines Standortes weiterentwickelt. In folgenden werden die bekanntesten Methoden näher erläutert.

4.3.5 Die Checklist-Methoden

Bei der Checklist-Methode werden potenzielle Standorte anhand von Katalogen bestehend aus Standortfaktoren (Checklisten) beurteilt (vgl. B. Tietz 1993, S. 220). Als

Standortfaktoren werden jene Eigenschaften eines Standortes bezeichnet, die Einfluss auf die Zielerreichung der Unternehmung haben. Üblicherweise werden dabei Standortfaktoren wie Kosten, Bedarf, Kaufkraft, Konkurrenz, Verkehr und Betriebsraum verwendet (vgl. B. Falk und J. Wolf 1991, S. 292ff).

Die meisten Kataloge wurden in den 1960er Jahren veröffentlicht. Zu den wichtigsten zählen die Kataloge von R. Nelson (1958), V. Gruen und L. Smith (1960), A. Eisenpreis (1965), B. J. Kane (1966) und W. Applebaum (1966). Diese Kataloge sind im Zeitablauf immer weiter differenziert worden. G. L. Lilien und P. Kotler (1983) benennen acht Faktorengruppen, von denen jeder in einzelne Faktoren aufgelöst wird.

Besonders umfangreich ist der in der Abbildung 4.15 angegebene, von E. Nauer (1970) entlehnte Katalog. E. Nauer nennt Merkmale der potenziellen Nachfrager (z. B. Einkommensverhältnisse), die Konkurrenzverhältnisse am vorgesehenen Standort, die Objektbewertung, standortabhängige Kosten, Störfaktoren und die Infrastruktur. Der Wert solcher Kataloge von Standortfaktoren hängt davon ab, inwieweit sie vollständig und wie relevant die einzelnen Faktoren sind.

Faktorengruppe	**Einzelne Faktoren**
I. Demografische Faktoren:	
1. Bevölkerungsbestand und Verteilung:	• Gesamteinwohnerzahl • Zahl der Einwohner und Haushalte nach Entfernungszonen • Bevölkerungsdichte • Bevölkerungsentwicklung
2. Bevölkerungsstruktur:	• Altersklassen • Zivilstand • Nationalität • Haushaltsstruktur
3. Erwerbs- und Sozialstruktur:	• Erwerbsquote • selbstständig Erwerbende • unselbstständig Erwerbende • berufstätige Frauen • soziale Einstufung
II. Wirtschaftliche Faktoren:	
1. Einkommensverhältnisse:	• Pro-Kopf-Einkommen • Aufteilung nach Einkommensklassen • Pro-Kopf-Sparquote
2. Einkommensverwendung:	• Konsumtive Kaufkraft pro Einwohner • durchschnittlicher Mietwert der Wohnungen • Haushaltsausgaben (Statistiken u. Panels) • Kaufneigung (Anzahl der Autos, Eigenheime)
3. Marktpotenzial:	• regionale Verbrauchskennziffern • regionale konsumtive Kaufkraft • Berufspendlerströme • Einkaufspendlerströme • Fremdenverkehr • Passantenströme

Faktorengruppe	**Einzelne Faktoren**
III. Psychologische und sozialpsychologische Faktoren:	
1. Lebensgewohnheiten:	• Lebensstandard • Freizeit • Arbeitszeit • Motorisierung
2. Konsumgewohnheiten:	• Einkaufsintervall • durchschnittlicher Einkaufsbetrag • in Kauf genommene Wegstrecke • benutzte Verkehrsmittel • Einkaufszeiten
3. Mentalität:	• Anziehungskraft des Geschäftes • Image des Geschäftes, Ansprüche der Konsumenten in Bezug auf Verkaufsatmosphäre, Warendarbietung, etc.
IV. Infrastruktur:	
1. Städtebau:	• Projekte der Regional- und Ortsplanung • Funktionen der Stadt • Entwicklung der Innenstadt und Agglomerationen • öffentliche und private Bauprojekte • Zentralitätswirkung der Stadt (Schulen, Verwaltung, kulturelle Einrichtungen, sonst. öffentliche Dienstleistungen)
2. Verkehr:	• Verkehrslage (Haupt- oder Nebenverkehrslage) • Bedeutung der öffentlichen Verkehrseinrichtungen • Bedeutung des privaten Verkehrs • Ausmaß des Verkehrsstromes • zeitlicher Anfall des Verkehrsstromes • Anzahl vorhandener Parkplätze nach Entfernungszonen • natürliche und künstliche Hindernisse (z. B. bei Eisenbahnlinien: Berge)
V. Konkurrenzverhältnisse:	
1. Konkurrenzbestand und Formen:	• Anzahl der Betriebe • Größe der Betriebe • Distributionsform • Rechtsform • Umsatz • Filialbetriebe
2. Konkurrenzwirkung in Bezug auf Sortimentsstruktur:	• Fachkonkurrenz (gleiche Güter) • Funktionskonkurrenz (ergänzendes Sortiment) • Kaufkraftkonkurrenz (Substitutionsgüter)
3. Räumliche Präferenzen:	• Kundennähe • Lage in Bezug auf Passantenmagnete
4. Sachliche Präferenzen:	• Preisvorteile • Qualitätsvorteile • größere Auswahl • besseres Image • besserer Kundendienst

Faktorengruppe	Einzelne Faktoren
VI. Objektbewertung:	
1. Bewertung des Lokals:	• Größe des Objektes (Verkaufsfläche) • Gestaltung der Ladenfront • Ausbaumöglichkeiten • Zufahrtsmöglichkeiten (Wirtschaftsverkehr) • Lagerräume
2. Bewertung des Platzes:	• Wert und Zusammensetzung der Nachbargeschäfte • Passantenmagnete • Lage innerhalb des Verkehrsnetzes Parkplatzangebot
VII. Standortabhängige Kosten:	
1. Beschaffung und Vertrieb:	• Zulieferungskosten • Transportkosten vom Außenlager zum Stammhaus
2. Gebäude und Unterhalt:	• Hauszustellungskosten • Kosten für Fuhr- und Wagenpark • Grundstücks- und Gebäudekosten • Miete und Pacht • Einrichtungskosten • Reparaturen und Unterhalt • Energiekosten
3. Verkauf, Diverses:	• Personalkosten • Steuern und Abgaben Beteiligungen an Gemeinschaftsaktionen (z. B. Parkhäuser)
VIII. Störfaktoren:	
1. Gesetzliche Bestimmungen:	• Ladenöffnungszeiten • baupolizeiliche Vorschriften • sonstige Einschränkungen
2. Immissionen:	• klimatische und topografische Nachteile • Lärm-, Rauch- und Geruchsentwicklung benachbarter Objekte

Abb. 4.15: Bestimmungsfaktoren für die Güte eines Standortes (Quelle: weitgehend angelehnt an E. Nauer 1970, S. 44–46.)

Es existieren verschiedene Ansätze, um alternative Standorte anhand dieser Standortfaktoren zu bewerten. Im folgenden Abschnitt wird näher auf die Profilmethode, das Rangreihenverfahren und die Scoring-Methode eingegangen.

Die Profilmethode

Bei der Profilmethode findet der Vergleich der potenziellen Standorte anhand einer grafischen Darstellung statt. Die standortrelevanten Merkmale werden auf einer Skala von Gegensatzpaaren (z. B. Einkommen: niedrig-hoch; Konkurrenz: hoch-niedrig;

Grundstückkosten: hoch-niedrig) beurteilt. Bei der Festlegung von Gegensatzpaaren muss beachtet werden, ob eine bestimmte Merkmalausprägung als positiv oder negativ zu betrachten ist (siehe Abbildung 4.16). Ein niedriges Einkommen ist beispielsweise im Gegensatz zur niedrigen Konkurrenzintensität als negativ zu betrachten. Es ist aber anzumerken, dass die Festlegung von positiven und negativen Merkmalsausprägungen auch von der Strategie des Unternehmens abhängen kann. Nachdem einzelne Standortfaktoren bewertet wurden, werden die einzelnen Skalenwerte der Merkmalausprägungen zu Linien verbunden. Daraus resultiert das Profil eines Standortes, das sich allein grafisch von einer anderen Standortalternative absetzen kann. Anhand der positiven oder negativen Ausschläge der Profillinien kann eine Priorisierung in Bezug auf die Attraktivität der einzelnen Standorte vorgenommen werden. Abbildung 4.16 zeigt ein Beispiel für den Einsatz der Profilmethode zur Beurteilung von potenziellen Standortalternativen. Das Beispiel zeigt, dass Standort C überwiegend die besten Werte aufweist.

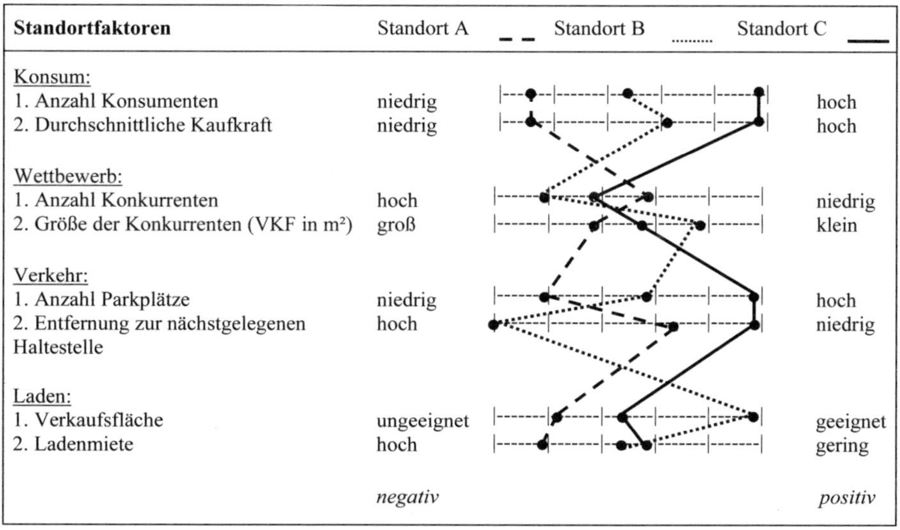

Abb. 4.16: Bewertung von potenziellen Standortalternativen mit Hilfe der Profilmethode (Beispiel)

Der Nachteil der Profilmethode ist, dass sie keine Umsatzschätzung für die potenziellen Standorte erlaubt und dass sie keine Aussagen über die Bedeutung einzelner Standortfaktoren trifft.

Das Rangreihenverfahren

Bei dem Rangreihenverfahren sind zwei unterschiedliche Vorgehensweisen möglich: die „einfache" und die „differenzierte" Variante (vgl. M. Zimmermann 2002, S.47–48). Zunächst müssen alle relevanten Standortfaktoren festgelegt werden. Anhand dieser Faktoren werden anschließend die einzelnen Standorte bewertet. Diese Bewertung ermöglicht das Erstellen einer Rangreihenfolge. Bei der „einfachen" Vorgehensweise wird pro Standortfaktor nur eine Standortalternative ausgewählt – nämlich diejenige, die jeweils am besten abschneidet (siehe Beispiel in Abbildung 4.17). Am Ende wird diejenige Standortalternative ausgewählt, welche bei den meisten Kriterien am besten abschneidet. Bei einer „differenzierten“ Vorgehensweise wird jeder Standortalternative pro Kriterium ein Rangplatz zugewiesen. Aus den Rangwerten wird ein Summenwert gebildet, nach dem der Standort beurteilt wird. Das Beispiel in Abbildung 4.17 zeigt, dass Standort C nach beiden Verfahren die beste Standortalternative darstellt. In der „einfachen“ Variante ist Standort C fünf Mal die „Nummer 1“, in der „differenzierten“ besitzt Standort C den niedrigsten Rangsummenwert – nämlich 11 und ist somit die beste Alternative. Dabei ist zu beachten, dass diese zwei unterschiedlichen Vorgehensweisen auch zu unterschiedlichen Ergebnissen führen können.

				„einfaches“ Rangreihenverfahren	**„differenziertes“ Rangreihenverfahren**		
		Standort		Kriterium wird am besten erfüllt vom Standort			
Standortfaktoren	**A**	**B**	**C**		**A**	**B**	**C**
Konsum:							
1. Anzahl Konsumenten	1000	3000	6000	C	3	2	1
2. Durchschnittliche Kaufkraft (Euro)	1000	4000	6000	C	3	2	1
Wettbewerb:							
1. Anzahl Konkurrenten	1	3	2	A	1	3	2
2. Größe der Konkurrenten (VKF in m²)	200	100	150	B	3	1	2
Verkehr:							
1. Anzahl Parkplätze	10	30	50	C	3	2	1
2. Entfernung zur nächstgelegenen Haltestelle (m)	200	600	50	C	2	3	1
Laden:							
1. Verkaufsfläche (m²)	150	600	300	B	3	1	2
2. Ladenmiete (in Euro pro m²)	50	35	30	C	3	2	1
Gesamt				**Standort C**	21	16	**11**

Abb. 4.17: Beispiel für ein „einfaches“ und ein „differenziertes“ Rangreihenverfahren.

Charakteristisch für das Rangreihenverfahren ist, dass die Standortalternativen sowohl bei den einzelnen Merkmalen als auch insgesamt „nur“ in eine Rangreihe gebracht werden. Damit werden nicht alle vorhandenen Informationen voll genutzt. So wird z. B. in dem obigen Beispiel nicht berücksichtigt, dass Standort C sechsmal so viele Kunden hat wie Standort A. Auch wird die unterschiedliche Bedeutung einzelner Kriterien nicht berücksichtigt.

Die Scoring-Methode bzw. Punktbewertungsverfahren

Laut W. Applebaum (1966) war die Scoring-Methode das erste Verfahren, bei dem ein Standort anhand seines relativen Nutzens im Vergleich zu anderen Standorten bewertet wurde und bei dem versucht wird, diesen relativen Nutzen systematisch zu berechnen. Die Scoring-Methode geht über die Profilmethode und das Rangreihenverfahren hinaus, indem sie nicht nur berücksichtigt, wie gut sich Standortalternativen in einzelnen Kriterien darstellen, sondern indem sie zusätzlich den Kriterien ein Gewicht zuordnet und somit eine individuelle Schwerpunktsetzung ermöglicht.

		Standort								
		A			B			C		
Standortfaktoren	**Gewichtung in %**	Zahlenwert	Bewertung 0–10	Gewichtete Bewertung	Zahlenwert	Bewertung 0–10	Gewichtete Bewertung	Zahlenwert	Bewertung 0–10	Gewichtete Bewertung
Konsum:										
1. Anzahl Konsumenten	15	1000	1	15	3000	4	60	6000	8	120
2. Durchschnittliche Kaufkraft (Euro)	16	1000	1	16	4000	5	80	6000	8	128
Wettbewerb:										
1. Anzahl Konkurrenten	15	1	7	105	3	3	45	2	5	75
2. Größe der Konkurrenten (VKF in m²)	13	200	3	39	100	5	65	150	4	52
Verkehr:										
1. Anzahl Parkplätze	6	10	1	6	30	5	30	50	8	48
2. Entfernung zur nächstgelegenen Haltestelle (m)	10	200	5	50	600	1	10	50	9	90
Laden:										
1. Verkaufsfläche (m²)	10	150	3	30	600	10	100	300	5	50
2. Ladenmiete (in Euro pro m²)	15	50	5	75	35	7	105	30	8	120
Gesamt	100			336			495			**683**

Abb. 4.18: Vergleich von drei Standorten mit Hilfe einer Scoring-Methode (Beispiel)

Die Ablaufschritte einer Scoring-Methode sehen wie folgt aus: Zunächst müssen die einzelnen Standortfaktoren bestimmt werden. Die existierenden Standortalternativen werden dann in Bezug auf die einzelnen Standortfaktoren durch Zuordnung eines Punktwertes (z. B. 1–10) beurteilt. Danach erfolgt die Gewichtung der Kriterien. Diese erfolgt durch eine Zuweisung entsprechender Prozentwerte für alle Standortfaktoren die sich in der Summe auf 100 % addieren. Anschließend wird der Punktewert mit dem jeweiligen Gewicht des Standortfaktors multipliziert. Diese Produkte werden abschließend pro Standort in einer Summe zusammengeführt. Abbildung 4.18 verdeutlicht die Vorgehensweise an einem Beispiel. Standort C erreicht hier den höchsten Punktewert. Man unterstellt damit, dass auch der Umsatz an diesem Standort am höchsten sein wird.

In der Handelspraxis findet die Scoring-Methode eine breite Anwendung. Ihr Vorteil liegt insbesondere in der Flexibilität der Anwendung und der einfachen Handhabung. Ein weiterer Vorteil ist, dass sie die Entscheidungsträger davor bewahrt, eine Entscheidung nur auf Basis einiger ausgewählter Kennziffern zu treffen und ihn anhalten, einen vollständigen Merkmalskatalog zu erstellen. Zu den Nachteilen der Scoring-Methode zählt die Subjektivität bei der Auswahl, Bewertung und Gewichtung der Standortfaktoren. Es müssen außerdem unabhängige Standortfaktoren gefunden werden, damit die untereinander abhängigen Faktoren nicht überbewertet werden. Weitere Nachteile sind die Unübersichtlichkeit und der hohe Bewertungsaufwand bei der Verwendung umfangreicher Faktorenlisten. Bei Anwendung einer solchen Methode ist jedoch Folgendes zu beachten:

1. Es besteht keine Garantie, dass alle für die Umsatzprognose wichtigen Faktoren in dem Katalog der Bewertungsfaktoren enthalten sind. So kann die Höhe des Umsatzes nicht nur von der Verkaufsfläche der Konkurrenzbetriebe beeinflusst werden, sondern auch von deren Preispolitik, Image usw.
2. Die Kriterien können sich inhaltlich überschneiden, wodurch es zu verfälschten Ergebnissen kommt.
3. Es wird vorausgesetzt, dass die Merkmale auf Intervallskalenniveau gemessen werden können. Das kann einerseits ein zu niedriges, andererseits ein zu hohes Skalenniveau sein. Warum sollte die Anzahl der Konsumenten nicht entsprechend der tatsächlichen Zahl (also ratioskaliert) angegeben werden und inwiefern kann bei einer Größe wie „Beurteilung der Lauflage" gewährleistet werden, dass die Abstände auf der verwendeten Skala tatsächlich gleich groß sind?
4. Den Gewichtungsfaktoren für die Kriterien fehlt zwar häufig eine theoretische Begründung, aber sie machen die subjektiven Einschätzungen der beurteilenden Personen sichtbar.
5. Die Angaben bei der Scoring-Methode beziehen sich häufig nur auf einen bestimmten Zeitpunkt und vernachlässigen damit Veränderungen von Standortfaktoren im Zeitablauf. Aber selbst wenn ein Objekt für mehrere Zeitpunkte (Zeiträume) beurteilt wird, bleibt offen, wie die einzelnen Beurteilungen über die Zeit zusammengefasst werden sollen.
6. Es werden dem Untersuchenden keine Hinweise gegeben, wie groß die Einzugsgebiete sind, d. h. bis zu welcher räumlichen Grenze die Zahl der Bedarfsträger zu bestimmen ist.

4.3.6 Die Analog-Methode

Die Analog-Methode geht auf W. Applebaum (1966) zurück. Ihr Ziel ist es, den Umsatz eines potentiellen (oder bestehenden) Standorts zu schätzen, indem eine vergleichbare (analoge) Verkaufstelle derselben Kette ermittelt wird und die Daten dieser als Basis der

Schätzung verwendet werden. Eine Verkaufstelle wird als vergleichbar angesehen, wenn sie ähnliche physische Bedingungen, Standortlagen und Einzugsgebiete aufweist (vgl. G. P. Clarke 1999, S. 10). Darüber hinaus soll auch eine Vergleichbarkeit bezüglich der Einkaufsgewohnheiten der Konsumenten, der Konkurrenz und der Absatzpolitik gegeben sein (vgl. A. Ghosh und S. McLafferty 1987, S. 157). J. Wolf (1981, S. 157) stellt eine detaillierte Liste der Vergleichsfaktoren tabellarisch zusammen, anhand derer die Ähnlichkeit zwischen dem potenziellen- und dem Vergleichsstandort systematisch überprüft werden kann.

Es sind verschiedene Verfahren für die Suche nach einer vergleichbaren Verkaufstelle möglich. Eine zentrale Bedeutung kommt dem geschätzten Umsatz pro Kopf (Pro-Kopf-Umsatz) zu, der bei analogen Verkaufsstellen ermittelt werden muss und entsprechend den Besonderheiten der zu beurteilenden Verkaufsstelle modifiziert werden kann. Im einfachsten Fall wird eine vergleichbare Verkaufstelle durch ein subjektives Expertenurteil auf Basis eines Vergleichs der Ausprägungen der Standortfaktoren ermittelt. Für die so ermittelte Verkaufstelle wird dann der nach Entfernungszonen differenzierte Pro-Kopf-Umsatz festgestellt. Mit den Entfernungszonen wird dabei der Weg, den ein Konsument zwischen seiner Wohnung und der Verkaufsstelle zurücklegen muss, bewertet. Weiterhin muss ermittelt werden, wie viele potentielle Kunden in den einzelnen Entfernungszonen des neuen Standorts wohnen. Der geschätzte Umsatz des neuen Standorts kann nun berechnet werden, indem der Pro-Kopf Umsatz je Entfernungszone mit der Zahl der dort lebenden potentiellen Kunden multipliziert wird und dann summiert wird (vgl. W. Applebaum 1966, S. 134ff). Das Verfahren wird im Weiteren anhand eines Beispiels näher erläutert (siehe Abbildung 4.19).

Einzugs-gebiet (in Meilen) (1)	**Bevölkerung im Einzugs-gebiet** (2)	**Geschätzter Umsatz in $ pro Kopf (Werte von analogen Verkaufsstellen)** (3)	**Geschätzter Umsatz in $ pro Woche**	
			absolut (4) = (2) x (3)	in % (5)
0–0,25	4.700	2	9.400	28 %
0,25–0,50	12.900	0,76	9.804	29 %
0,50–0,75	23.000	0,22	5.060	15 %
0,75–1,00	36.300	0,12	4.356	13 %
über 1 Meile			5.051	15 %
			33.671	100 %

Abb. 4.19: Umsatzprognose mit Hilfe der Analog-Methode (Quelle: W. Applebaum 1966, S. 140)

Abbildung 4.19 zeigt in Spalte (4) das Ergebnis der Prognose, das sich als Summe aus den Umsätzen ergibt, die mit Personen aus den einzelnen Einzugsbereichen voraussichtlich erzielt werden können. Diese Werte ergeben sich aus der Multiplikation der Werte in den Spalten (2) und (3). Die Bevölkerungswerte sind für jeden zu beurteilenden Standort zu ermitteln. Eine komplexere Verfahrensalternative basiert auf der „customer spotting"-Technik. W. Applebaum schlägt dazu folgende Schritte vor:

1. Das gesamte Verkaufsgebiet einer bestehenden Verkaufsstelle, die als Vergleichsbasis geeignet erscheint, ist in Quadrate zu unterteilen, d. h. über eine Karte des Einzugsgebietes der Verkaufsstelle ist ein Gitter zu legen. Für jedes Quadrat ist die Bevölkerungsdichte zu ermitteln.
2. In der betreffenden Verkaufsstelle ist eine Stichprobe von Kunden nach ihrem Wohnort zu befragen. Applebaum schlägt vor, für je 100 $ Umsatz der Verkaufsstelle einen Kunden zu befragen. Hier handelt es sich lediglich um eine Faustregel. Der Stichprobenumfang ist nach den hierfür geeigneten statistischen Verfahren zu ermitteln!
3. Auf Grund der Befragung ergeben sich Werte, wie sie beispielhaft in Spalte (2) von Abbildung 4.20 angegeben sind. Der Umsatz der Verkaufsstelle ergibt sich dann wieder, indem die Anzahl der befragten Kunden mit 100 multipliziert wird (Spalten 3 und 4). Das Verfahren, wie es in Abbildung 4.20 für Entfernungszonen (Einzugsbereiche) verdeutlicht wird, ist für jedes nach (1) ermittelte Quadrat anzuwenden.
4. Für jedes Quadrat (bzw. für kreisförmige Einzugsbereiche) ist der Pro-Kopf-Umsatz zu ermitteln, indem die errechneten Umsätze des Quadrates (bzw. des Einzugsbereichs) durch die Bevölkerungszahl des Quadrates (bzw. des Einzugsbereichs) dividiert werden.

Einzugsgebiet (in Meilen)	**Anzahl der befragten Kunden**	**Errechnete Umsätze in $**		**Bevölkerung**	**Pro-Kopf-Umsatz in $**
		(2) x 100	in %		
(1)	(2)	(3)	(4)	(5)	(6)
0–0,25	17	1.700	5,3 %	1.525	1,1
0,25–0,50	56	5.600	17,5 %	5.900	0,95
0,50–0,75	38	3.800	11,9 %	6.575	0,58
0,75–1,00	53	5.300	16,6 %	9.925	0,53
1,00–1,50	70	7.000	21,9 %	23.375	0,30
1,50–2,00	41	4.100	12,8 %	36.725	0,11
über 2 Meilen	28	2.800	8,7 %		
von außerhalb der Stadt	17	1.700	5,3 %		
	320	32.000	100,0 %		

Abb. 4.20: Ermittlung des Pro-Kopf-Umsatzes für einzelne Entfernungszonen (Quelle: W. Applebaum 1966, S. 128)

Der Fortschritt der Analog-Methode gegenüber den Checklist-Methoden ist, dass das Problem entfällt, für einzelne Merkmale Gewichtungsfaktoren, die die Bedeutung dieses Merkmals für die Umsatzerzielung anzeigen, angeben zu müssen. Ein weiterer Vorteil ist, dass der Umsatz eines potentiellen Standorts geschätzt werden kann und dass dabei explizit auf die Erfahrung des Unternehmens mit anderen Standorten zurückgegriffen wird. Darüber hinaus gibt es Versuche, die Analog-Methode mit multivariaten Verfahren zu verbinden (vgl. S. Schaffer und P. E. Green, 1998).

Die Nachteile sind, dass der Erfolg dieses Ansatzes davon abhängt, ob es möglich ist, hinreichend ähnliche Standorte zu finden. Dies wiederum hängt u. a. von der Erfahrung des Standortplaners und seinem Team ab. Außerdem stellt sich die Frage, ob Handelscharakteristiken erfolgreich auf andere geografische Standorte übertragen werden können. Ein Problem hierbei ist, dass die Geschäfte einer Einzelhandelskette bei ihrer Entwicklung eine große Bandbreite aufweisen. Um mit dieser Bandbreite umgehen zu können, müsste beurteilt werden, ob das Geschäft am Vergleichstandort momentan überdurchschnittlich oder unterdurchschnittlich für den Standort läuft. Dazu kommt, dass es extrem schwierig ist, Standorte auf der sog. Grünen Wiese zu bewerten. Die Einzugsgebiete können hier durch die lokalen Verkehrsnetze stark verzerrt sein, so dass es sich als unmöglich erweist, Umsatzprognosen von anderen Städten zu übertragen (vgl. G. P. Clarke 1999, S. 10).

4.3.7 Regressionsanalytische Verfahren

Wie die Analog-Methode versucht auch das Regressionsanalytische Verfahren den Umsatz eines potentiellen Standortes auf Basis der Umsatzzahlen und der Ausprägungen der Standortfaktoren der existierenden Standorte derselben Einzelhandelskette zu schätzen. Im Unterschied zur Analog-Methode geht nicht nur ein vergleichbarer Standort in diese Schätzung mit ein, sondern es können die Daten eines größeren homogenen Clusters von Standorten berücksichtigt werden. Dies gelingt, indem mit Hilfe des statistischen Verfahrens der Regressionsanalyse ein funktionaler Zusammenhang zwischen den Standortfaktoren und dem potentiellen Umsatz bestimmt wird. Im Allgemeinen wird bei der Regressionsanalyse eine abhängige Variable (hier: der Umsatz) mit einer Menge unabhängiger Variablen (hier: die Standortfaktoren) in Beziehung gesetzt. Dabei werden Koeffizienten berechnet, die den Erklärungsgehalt, den die unabhängigen Variablen zur Erklärung der abhängigen Variablen beitragen, angeben.

Im Folgenden wird anhand eines Beispiels die Anwendung des regressionsanalytischen Verfahrens für die Schätzung des Umsatzes für eine Handelskette erläutert (siehe Abbildung 4.21). Dabei wird davon ausgegangen, dass diese Handelskette 50 Filialen in Deutschland besitzt. Bevor die abhängigen Variablen (Standortfaktoren) erhoben werden können, ist es wichtig, die Größe des Einzugsgebietes zu bestimmen. Danach werden die Standortfaktoren (unabhängige Variablen) wie z. B. Anzahl der Konsumenten, durchschnittliche Kaufkraft, Anzahl der Konkurrenten, etc. für die existierenden 50 Filialen erhoben. Mit Hilfe der erhobenen unabhängigen Variablen und des Umsatzes der Filialen kann folgende Regressionsfunktion geschätzt werden:

(2) Umsatz = 5.600 (Konstante)

+7,8 *Anzahl Konsumenten* +10,3 *Durchschnittliche Kaufkraft*
-*82,5 Anzahl Konkurrenten* -25,3 *Größe der Konkurrenten*
+13,0 *Anzahl Parkplätze* -20,8 *Entfernung zur nächstgelegenen Haltestelle*
+19,1 *Verkaufsfläche* – 15,2 *Ladenmiete*

Im nächsten Schritt wird der potenzielle Umsatz für die Standorte A, B und C ausgerechnet (siehe Abbildung 4.21). Die Berechnung zeigt, dass der Standort C den höchsten Umsatz verspricht.

Der Vorteil der Regressionsmethode ist, dass die Parameter zur Bestimmung des Umsatzes objektiv und empirisch abgesichert berechnet werden und nicht, wie bei der

Analog-Methode oder bei den Checklist-Methoden, eine subjektiv geprägte Bestimmung von Parametern durch einen Standortplaner erfolgen muss. Die Regressionsmethode ist zudem preiswert in der laufenden Anwendung, da ein einmal ermittelter funktionaler Zusammenhang für viele potentielle Standorte wieder verwendet werden kann. Damit hat dieses Verfahren insbesondere Vorteile für Einzelhandelsunternehmen, die auf eine große Zahl homogener Standorte zurückgreifen können, wie z. B. Franchise-Unternehmen, die kontinuierlich neuen Filialen eröffnen. Auf der anderen Seite ist eine Bedingung für die Anwendbarkeit der Regressionsmethode, dass Daten von einem Cluster von homogenen (vergleichbaren) Standorten verfügbar sind. Daher eignet sich dieses Verfahren kaum für Unternehmen mit wenigen homogenen Filialen. Auch Kundenströme, wie das Pendeln zwischen Wohnort und Arbeitsort, werden nicht angemessen behandelt. Beachtet werden muss zudem, dass bei der Regressionsanalyse die unabhängigen Variablen nicht miteinander korrelieren dürfen. Dies ist bei Standortfaktoren oft nicht der Fall. So korrelieren beispielsweise die Verkaufsfläche und die Zahl der Parkplätze. Ein weiterer Nachteil der Regressionsanalyse ist, dass die geschätzten Parameter verzerrt werden können. Dadurch werden vorher vom Standortplaner optimierte Standortfaktoren meist unterschätzt. So sind zum Beispiel für ein Möbelhaus eine große Verkaufsfläche und die Zahl der Parkplätze von einer großen Bedeutung. Diese zwei Standortfaktoren wurden schon in der Vergangenheit vom Standortplaner optimiert (d. h. die schon bestehenden Möbelhäuser haben alle eine große Verkaufsfläche und viele Parkplätze). Benutzt man Daten dieser Möbelhäuser für die Parameterschätzung, werden die Parameter für die Verkaufsfläche und die Zahl der Parkplätze als unbedeutend erscheinen und das Gesamtbild über die Bedeutung von anderen Standortfaktoren wird verzerrt wirken. All diese Einschränkungen sind bei der Anwendung der Regressionsmethode zu beachten und es ist abhängig von der Standortplanungsaufgabe zu entscheiden, ob es sinnvoll ist, die Regressionsmethode zu benutzen.

	Standort						
	A	**B**	**C**	**b**	**A**	**B**	**C**
Standortfaktoren	(1)	(2)	(3)	(4)	(1) x (4)	(2) x (4)	(3) x (4)
Konsum:				5.600	5.600	5.600	5.600
1. Anzahl Konsumenten	1000	3000	6000	7,8	7.800	23.400	46.800
2. Durchschnittliche Kaufkraft (Euro)	1000	4000	6000	10,3	10.300	41.200	61.800
Wettbewerb:							
1. Anzahl Konkurrenten	1	3	2	-82,5	-82,5	-247,5	-165
2. Größe der Konkurrenten (VKF in m^2)	200	100	150	-25,3	-5.060	-2.530	-3.795
Verkehr:							
1. Anzahl Parkplätze	10	30	50	13,0	130	390	650
2. Entfernung zur nächstgelegenen Haltestelle (m)	200	600	50	-20,8	-4.160	-12.480	-1.040

	Standort						
	A	B	C	b	A	B	C
Standortfaktoren	(1)	(2)	(3)	(4)	(1) x (4)	(2) x (4)	(3) x (4)
Laden:							
1. Verkaufsfläche (m²)	150	600	300	19,1	2.865	11.460	5.730
2. Ladenmiete (im Euro pro m²)	50	35	30	-15,2	-760	-532	-456
Gesamtumsatz pro Woche (Euro)					11.032	60.660	**109.524**

Abb. 4.21: Ermittlung des Filialumsatzes mit Hilfe der Regressionsanalyse (Beispiel)

Regressionanalytische Verfahren sind bei der Standortplanung schon mehrfach angewendet worden. Beispielhaft sei zunächst auf die Untersuchung von B. Weber (1979) verwiesen. Am Beispiel von Apotheken untersucht er mit Hilfe der Regressionsanalyse, welchen Einfluss die folgenden Merkmale auf die Anzahl der Kunden haben, die eine Apotheke aufsuchen:

- die Passantenfrequenz am Standort,
- die Entfernung zur nächsten Konkurrenzapotheke,
- die Wohnbevölkerung in einem bestimmten Einzugsgebiet,
- die Anzahl der Apotheken in verschiedenen Entfernungszonen,
- die Zahl der Ärzte in verschiedenen Entfernungszonen.

Die Liste der Merkmale macht deutlich, dass hier wegen der großen Homogenität der meisten Apotheken (gleiche Preise, weitgehend gleiche Sortimente usw.) nicht auf die Attraktivität der Verkaufsstellen abgestellt wird, sondern dass neben der Lage der Konkurrenzbetriebe noch weitere externe Merkmale (Passantenfrequenz, Zahl der Ärzte) herangezogen werden. Die Regressionsanalyse liefert mit den standardisierten Regressionskoeffizienten Hinweise auf die Bedeutung dieser Faktoren.

Müller-Hagedorn und Urban (1991) haben mit Hilfe von Regressionsanalysen bei Kaminofenfachgeschäften ermittelt, welche Bedeutung die Kfz-Frequenz, die Passantenfrequenz, die Schaufenstergröße und die Kaufkraft im Marktgebiet haben und haben sich bemüht, die Höhe der Regressionsfunktionen auch substanzwissenschaftlich zu begründen, indem sie bei den im Regelfall wenig bekannten Kaminofenfachgeschäften auf die Informationsfunktion des Standortes verwiesen haben (L. Müller-Hagedorn, B. Urbach; T. Urbach 1991).

Besonders Unternehmungen mit einer großen Zahl von Verkaufsstellen sind aufgeschlossen, den Einfluss einzelner Variablen mit Hilfe von regressionsanalytischen Verfahren zu ermitteln. So hat L. P. Simkin (1989) das Modell SLAM (Store Location Assessment Model) vorgelegt, mit dem vielfältige Variablen berücksichtigt werden können. Zum anderen werden das multinomiale Logit-Modell und das MCI-Modell (multiplicative competitive interaction) verwendet (vgl. z. B. P. J. Kaufmann, N. Donthu und C. M. Brooks, 2000; S.-C. Wong, H. Yang, 1999, F. S. Koppelman und C. H. Wen, 2000).

4.3.8 Gravitationsmodelle

Die bisher dargestellten Punktbewertungsverfahren und die Analog-Methode stellen lediglich Rechenverfahren zur Ermittlung von Umsatzprognosen dar. Sie setzen abgegrenzte Gebiete voraus, auf die sich die Umsatzprognose beziehen soll. Es bleibt die Frage offen, wie viele Personen aus einer der festgelegten Einzugsgebietszonen tatsächlich ihre Einkäufe an einem bestimmten Standort tätigen werden. Die Größe des Einzugsgebietes ist deshalb eine wichtige Frage. Verschiedene Modelle aus dem Bereich der Ökonomie und der Geografie beschäftigen sich mit dieser Fragestellung (vgl. den Überblick bei R. Klein 1993). R. Klein unterscheidet mikroanalytische Modelle, die das Verhalten eines einzelnen Subjektes im Raum darstellen, und makroanalytische Modelle, die sich auf das Verhalten ganzer Gruppen beziehen. Aus der letzten Klasse werden im Folgenden die Gravitationsmodelle behandelt.

Bei den Gravitationsmodellen handelt es sich um räumliche Interaktionsmodelle, denen die Annahmen zugrunde liegen, dass die Intensität der Austauschbeziehungen zwischen zwei Standorten mit deren Entfernung abnimmt (vgl. D. Bökemann 1984, S. 41). Wie ihr Name vermuten lässt, wurden sie durch das Gravitationsgesetz von Isaac Newton (1687) inspiriert. Analog zum Gravitationsgesetz nimmt in allen Ausprägungen der Gravitationsmodelle die Anziehungskraft eines Standorts auf einen Kunden mit der Entfernung seines Wohnortes zum Standort ab. Diese Grundannahme wird allerdings ganz unterschiedlich modelliert. Die Ergebnisse von Gravitationsmodellen können deterministisch oder probabilistisch interpretiert werden. Deshalb klassifiziert man Gravitationsmodelle in deterministische Modelle und probabilistische Modelle. Auf beide Varianten wird im Folgenden eingegangen (für einen Überblick über Gravitationsmodelle vgl. K. Schöler 1981, S. 135–195).

4.3.8.1 Deterministische Gravitationsmodelle

Die ersten Modelle, die die Idee der Abnahme von Austauschbeziehungen mit der Entfernung der Standorte auf den Einzelhandel übertragen haben, waren die deterministischen Gravitationsmodelle. Sie beschränken sich nur auf zwei Standorte und berechnen das Nutzenverhältnis (W. J. Reilly 1929) oder die Grenze des Einzugsgebietes (P. D. Converse 1949) zwischen diesen Standorten. Diese Modelle gehen davon aus, dass ein Konsument nur Kunde eines Einkaufzentrums ist. Damit wird ein Konsument nur zu einem Einzugsgebiet zugeordnet.

Das „Gesetz von der Einzelhandelsgravitation" von W. J. Reilly

G. K. Zipf und J. Q. Stewart (1964) haben als erste das Gravitationsgesetz von I. Newton (1687) auf räumlich-soziale Interaktionen übertragen. Unter Interaktion kann jede Form der Kontaktaufnahme zwischen den Bewohnern der Teilregionen verstanden werden (vgl. G. K. Zipf 1964, S. 677–686). Sie unterstellen, dass die Interaktionen (I_{jk}) von Personen aus den zwei Gebieten *j* und *k* proportional zum Produkt der Einwohnerzahl (B_j, B_k) aus dem Wohnort *j* und *k* und umgekehrt proportional zur Entfernung (d_{jk}) der beiden Gebiete *j* und *k* zueinander sind:

(3) $I_{jk} = c \cdot \frac{B_j \cdot B_k}{d_{jk}}$ c = eine empirisch zu ermittelnde Konstante

W. J. Reilly (1929) hat ein ähnliches Erklärungskonzept entwickelt (siehe Gleichung 4). Es lässt sich aus dem Interaktionsmodell von G. K. Zipf und J. Q. Stewart (1964) ableiten (vgl. K. Schöler 1981, S. 138). W. J. Reillys Modell beschreibt, wie in Abbildung 4.22 dargestellt, in welchem Verhältnis sich Konsumenten aus Wohnort *i* für einen Einkauf am Standort *j* oder *k* entscheiden. Man erhält dieses Verhältnis, indem man das Verhältnis der Interaktionen zwischen I_{ji} und I_{ki} errechnet. Zusätzlich führt Reilly noch den Parameter λ ein, um die Gewichtung der Distanz empirisch bestimmen zu können.

(4) $\frac{I_{ji}}{I_{ki}} = \frac{B_j}{B_k} \cdot \left(\frac{d_{ki}}{d_{ji}}\right)^{\lambda} = \frac{S_j}{S_k} = \frac{U_j}{U_k}$

wobei:
S_j, S_k = Umsatzpotential am Standort j bzw. k
U_j, U_k = Nutzen des Standorts j bzw. k

Gleichung (4) wird oft auch in einer verallgemeinerten Form verwendet, in der die Einwohnerzahlen B_j, B_k durch die Attraktivität der Einkaufszentren A_j, A_k ersetzt werden. Diese Verallgemeinerung ermöglicht, dass auch miteinander konkurrierende Einkaufzentren, unabhängig von der Einwohnerzahl des Standortes als Einkaufsorte betrachtet werden, wobei die Variable „geographische Entfernung" durch geeigneten Größen wie z. B. Fahrminuten ersetzt werden sollte.

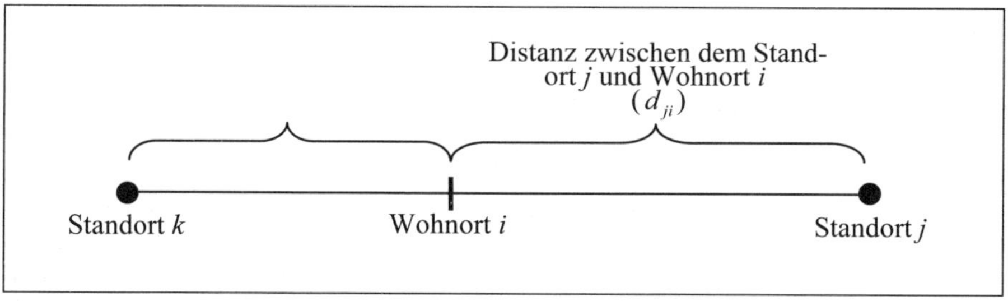

Abb. 4.22: Nach dem Modell von Reilly (1929) beschriebene Standortsituation

(5) $\frac{U_j}{U_k} = \left(\frac{A_j}{A_k}\right)^{\beta} \cdot \left(\frac{d_{ki}}{d_{ji}}\right)^{\lambda}$

Anhand der späteren empirischen Untersuchungen wurde gezeigt, dass der Nutzen und damit auch die Anziehungskraft eines Einkaufszentrums mit seiner Größe zunehmen (vgl. G. Löffler 1999, S.49). Gleichzeitig nimmt der Nutzen eines Einkaufszentrums für den Konsumenten mit steigender Entfernung exponentiell ab (vgl. M. J. Eppli und J. D. Schilling 1996, S. 460). Aufgrund dieser Erkenntnis wird in der praktischen Anwendung der Gleichung 5 typischerweise die Größe der Verkaufsfläche [in m²] als Bestimmungsfaktor der Attraktivität verwendet. Außerdem wird nicht nur die Entfernung, sondern auch die Attraktivität der Einkaufzentren mit einem Gewichtungsfaktor gewichtet (vgl. J. Parr 1994, S. 1478).

Der Gewichtungsfaktor für die Attraktivität hat nach Reilly den Wert 1. Für den Gewichtungsfaktor der Entfernung ermittelte er bei seinem Untersuchungen Werte zwischen 1,5 und 2,5, weshalb er für die Anwendung der Formel den Durchschnittswert 2 empfiehlt (vgl. D. Reymann 2009, S. 35).

Im Folgenden wird Reillys Gesetz der Einzelhandelsgravitation anhand eines Beispiels verdeutlicht (siehe Abbildung 4.23). Nimmt man z. B. einen Wohnort *i* zwischen zwei Einkaufzentren (Einkaufzentrum 1 auf dem Standort *j* und Einkaufzentrum 2 auf dem Standort *k*), die mit der Größe der Verkaufsfläche 600 bzw. 300 m^2 verfügen und 20 bzw. 10 Fahrminuten von Wohnort *i* liegen, teilt sich das Umsatzpotenzial des Wohnortes im Verhältnis von 33 % zu 67 % auf die Standorte *j* und *k* auf (siehe Gleichung 6). Bei der Berechnung wurden Standardvorgaben von Reilly (Attraktivitätsparameter = 1 und Distanzparameter = 2) angenommen.

$$(6) \quad \frac{U_j}{U_k} = \left(\frac{A_j}{A_k}\right)^{\beta} \cdot \left(\frac{d_{ki}}{d_{ji}}\right)^{\lambda} = \left(\frac{600}{300}\right)^{1} \cdot \left(\frac{10}{20}\right)^{2} = 2 \cdot \frac{1}{4} = \frac{1}{2} = 1:2$$

Standort	Einkaufzentrum	Größe der Verkaufs-fläche (in m²)	Fahrminuten von Wohnort i zum Stand-ort *k (j)* (in min.)	Nach Reilly ermittelte Verhältnis
Standort *j*	Einkaufszentrum 1	600	20	33 %
Standort *k*	Einkaufszentrum 2	300	10	67 %

Abb. 4.23: Ein Beispiel zu Reillys Gesetz der Einzelhandelsgravitation

Mit diesem Modell ist Reilly ein deutlicher Fortschritt im Vergleich zu früheren Modellen zur Standortplanung gelungen. Gegenüber der „Nearest-Center-Hypothese" wird die Attraktivität und die Entfernungsgewichtung λ eingeführt. Es ist aber zu beachten, dass dieses Modell in einer Zeit formuliert wurde, in der die durch Privatkraftzeuge bedingte Mobilität nicht im Geringsten mit der heutigen Situation vergleichbar war (vgl. D. Reymann 2009, S. 35). Dadurch ändert sich der Einfluss der Distanz auf das Einkaufsverhalten der Konsumenten (vgl. R. G. V. Baker 2000, S. 279). Die Attraktivität- und Distanzparameter schwanken daher gemäß empirischen Untersuchungen stark. In extremen Fällen zeigt das Verhältnis (U_j:U_k) Schwankungen von mehreren hundert Prozent (vgl. B. Falk und J. Wolf 1992, S. 293).

Berechnung der Marktgrenzen nach P. D. Converse

Das Modell von Reilly wurde von P. D. Converse (1943) weiterentwickelt. P. D. Converse verwendet eine Formel, mit der sich der Punkt bestimmen lässt, an dem die Anziehungskraft zweier Einkaufszentren gleich ist (d. h. die potenziellen Konsumenten sind indifferent (unentschieden) gegenüber beider Einkaufszentren). Dieser so genannte „breaking point" $d_{k(j)i}$ ist abhängig von der Attraktivität der Einkaufszentren A_k, A_j und der Distanz d_{kj} der Standorte (vgl. P. D. Converse 1949, S. 379):

$$(7)\ d_{ki} = \frac{d_{kj}}{1+\sqrt{\frac{A_j}{A_k}}}$$

Damit lassen sich nach Converse die Grenzen des Marktgebietes bestimmen, innerhalb dessen ein Einkaufszentrum seinen Erlös erzielen kann. Dieses lässt sich wiederum zur Standortbestimmung anwenden, indem unter den zur Verfügung stehenden Standorten der Standort mit dem Marktgebiet gewählt wird, der das größte Erlöspotential aufweist (vgl. H. P. Liebmann 1971, S. 143). Ein weiterer Vorteil der Kenntnis der Grenzen des Marktgebietes eines Einkaufszentrums besteht darin, dass Werbemaßnahmen wie z. B. Broschüren präziser platziert werden können und dass dadurch ineffektive Werbung außerhalb des Marktgebietes und die damit verbundenen Kosten vermieden werden können (vgl. P. D. Converse 1949, S. 380).

Setzt man dieselben Werte für die Attraktivitäten und für Distanzen wie in Abbildung 4.23 an, ergibt sich ein „breaking-point" von 17,5 Fahrminuten (30–12,5=17,5) von Standort *j* in Richtung Standort *k* und von 12,5 Fahrminuten von Standort *k* in Richtung Standort *j*. Weil Wohnort *i* 12,5 Fahrminuten vom Standort *j* entfernt liegt, fällt er damit in das Einzugsgebiet von Standort *j* (siehe Gleichung 8).

$$(8)\ d_{ki} = \frac{d_{kj}}{1+\sqrt{\frac{A_j}{A_k}}} = \frac{10+20}{1+\sqrt{\frac{600}{300}}} = \frac{30}{1+1,41} = 12,5$$

Deterministische Modelle sind in der Anwendung sehr einfach. Auch die Variablen Attraktivität der Einkaufzentren und Distanzen sind einfach zu ermitteln. Trotz deren Einfachheit sieht D. L. Huff (1964) bei „Reilly-type" Modellen mehrere Probleme. Die „breaking point" Formel von Converse beschränkt sich auf zwei Standorte. Die genauen Grenzen des Marktgebietes eines Geschäftszentrums lassen sich damit im Fall von mehreren benachbarten Geschäftszentren nicht berechnen. Weiterhin ist ein Modell, in dem sich die Marktgebiete zweier Geschäftszentren überlappen, realistischer als die in der „breaking point" Formel angenommene exakte Grenze zwischen den Marktgebieten. Auch Reillys Schätzung des Distanzparameters λ auf 2 greift, wie Huff zeigen konnte, zu kurz, da λ mit dem Typ des Einkaufs variiert (vgl. D. L. Huff 1964, S.36). Empirische Untersuchungen haben gezeigt, dass sich zeitweilig mit anderen Werten für λ bessere Ergebnisse erzielen lassen. Der Entfernungsexponent variiert je nach der Art der Gütergruppen und Dienstleistungen, nach der Größe des Zielortes und nach der Entfernung selbst. Wie das Gesetz von Reilly letztendlich auf Grund der empirischen Ergebnisse zu beurteilen ist, ist auch heute noch umstritten.

4.3.8.2 Probabilistische Gravitationsmodelle

Die probabilistischen Gravitationsmodelle sind mit der Absicht, eine verbesserte Alternative zu den deterministischen Gravitationsmodellen zu schaffen, entwickelt worden. Im Gegensatz zu deterministischen Modellen gehen sie davon aus, dass sich die Einzugsgebiete der einzelnen Zentren überlappen. Probabilistiche Modelle beantworten die Fragestellung, mit welcher Wahrscheinlichkeit (die Kaufwahrscheinlichkeit) ein Konsument aus einem bestimmten Wohnort im betrachteten Einkaufszentrum einkaufen wird.

Das probabilistische Gravitationsmodell von D. L. Huff

Im Gegensatz zu Reillys Gravitationsmodell ist das Modell von D. L. Huff (1964) nicht auf empirischer Basis entstanden, sondern ein Resultat mathematischer Überlegungen. Diesem Ansatz kommt für die Erlösprognose bis heute die größte Bedeutung zu. Mit Hilfe dieses Potenzialansatzes soll ermittelt werden, welches Nachfragepotenzial einem Handelszentrum voraussichtlich zukommt. Dazu wird das Gebiet um das Handelszentrum in Bezirke bzw. Verbrauchsgebiete eingeteilt. Die voraussichtlichen Ausgaben der in diesen Verbrauchsgebieten wohnenden Konsumenten werden mit Kaufwahrscheinlichkeiten multipliziert, so dass sich ein Erwartungswert für den Umsatz eines Handelszentrums ergibt. Zunächst soll auf die Ermittlung dieser Wahrscheinlichkeiten eingegangen werden. Ausgangspunkt dieser Überlegungen ist das „choice axiom" von R. D. Luce (1959), welches die Wahrscheinlichkeiten als den Nutzen, den der Konsument aus dem Wohnort i zieht, wenn er das Einkaufzentrum auf dem Standort j aufsucht, definiert. Dieser Nutzen wird auf jenen Nutzen bezogen, den ihm der Besuch aller für ihn erreichbaren Handelszentren vermitteln würde (relativer Nutzen), also:

$$(9)\quad W_{ij} = \frac{U_{ij}}{\sum_{j=1}^{J} U_{ij}}$$

wobei:

W_{ij} = Wahrscheinlichkeit, dass ein Konsument aus dem Wohnort i das Einkaufszentrum am Standort j aufsucht,

U_{ij} = Nutzen, den der Konsument aus dem Wohnort i empfindet, wenn er ein Einkaufszentrum am Standort j aufsucht

Huff geht davon aus, dass der Nutzen des Konsumenten, den er durch den Besuch eines Einkaufszentrums erfährt, positiv von der Attraktivität des Einkaufszentrumszentrums (A_j) und negativ von der Entfernung des Wohnortes i vom Einkaufszentrum auf dem Standort j (d_{ij}) abhängt (vgl. D. L. Huff und R. R. Batsell 1976, S. 165f):

$$(10)\quad U_{ij} = \frac{A_j^{\beta}}{d_{ij}^{\lambda}}$$

wobei:

λ, β = Parameter, die empirisch zu schätzen sind.

Wie schon vorher erwähnt, ist es praktisch, die Attraktivität eines Geschäftszentrums durch die Größe seiner Verkaufsfläche anzunähern. Auch D.L. Huff verwendet diese Heuristik und argumentiert, dass die Größe der Verkaufsfläche proportional zur Größe des Sortiments eines Geschäftszentrums ist und dass mit der Sortimentgröße der Nutzen des Geschäftszentrums für den Kunden steigt. Der Parameter β stellt die Sensitivität der Konsumenten bezüglich der Größe des betrachteten Geschäftszentrums dar. Es ist zu erwarten, dass der Parameter β größer Null ist. In seinem Grundmodell (1964) nimmt Huff an, dass β gleich eins ist (vgl. T. J. Stanley und M. A. Sewall 1976, S. 49). Die Relevanz der Entfernung für den Nutzen eines Standortes wird durch den Parameter λ

ausgedrückt. Je eher Konsumenten bereit sind, eine weite Entfernung zu einem Standort zurückzulegen, desto niedriger ist λ.

Huff hat empirisch gezeigt, dass λ von der Art des Einkaufs abhängig ist. Tendenziell ist die Bereitschaft der Konsumenten, größere Entfernungen zur Einkaufsstätte zurückzulegen, für hochpreisige Produkte des aperiodischen Bedarfs (z. B. Möbel) größer als für Einkäufe des periodischen Bedarfs (z. B. Lebensmittel). Für den Einkauf von Möbel hat Huff beispielsweise $\lambda = 2{,}723$ und für den Einkauf von Kleidung $\lambda = 3{,}191$ ermittelt. Deshalb empfiehlt Huff, den Parameter im Rahmen einer Voruntersuchung im Untersuchungsgebiet zu schätzen, um Fehleinschätzungen des Marktgebiets zu vermeiden (vgl. M. Froböse 1995, S.193).

Die Anwendung des „**choice axioms**" von Luce (Gleichung 9) auf Huffs Ansatz zur Berechnung des Nutzens (U_{ij}) (Gleichung 10) ergibt die zentrale Formel des Huff Modells (vgl. D. L. Huff und R. R. Batsell 1976, S. 166):

$$(11)\quad W_{ij} = \frac{U_{ij}}{\sum_{j=1}^{J} U_{ij}} = \frac{\frac{A_j^{\beta}}{d_{ij}^{\lambda}}}{\sum_{j=1}^{J} \frac{A_j^{\beta}}{d_{ij}^{\lambda}}}$$

wobei:

W_{ij} = Wahrscheinlichkeit, dass ein Konsument aus Wohnort i am Standort j einkauft,
A_j = Attraktivität des Einkaufszentrums j,
d_{ij} = Entfernung der Konsumenten von Wohnort i zu dem Einkaufszentrum, aus dem Standort j,
U_{ij} = Nutzen, den das Einkaufszentrum auf dem Standort j für den Konsumenten aus dem Wohnort i hat,
λ, β = Parameter, die empirisch zu schätzen sind.

Ein Konsument aus dem Wohnort i muss also nicht mehr einem Standort j eindeutig zugeordnet werden, sondern es kann jetzt auch zum Ausdruck gebracht werden, dass ein Konsument mehrere Standorte aufsucht, unter Umständen aber mit verschiedenen Wahrscheinlichkeiten. Um das potenzielle Umsatzvolumen für ein Einkaufzentrum zu prognostizieren, müssen darüber hinaus die absolute Anzahl der Konsumenten im Einzugsgebiet und die sortimentsspezifische Kaufkraft pro Kopf ermittelt werden (vgl. M. L. Bienert 1996, S. 155). Die erwartete Konsumentenzahl (E_{ij}) aus dem Wohnort i, die am Standort j einkaufen, wird wie folgt berechnet:

$$(12)\quad E_{ij} = W_{ij} \cdot C_i$$

wobei:

E_{ij} = Erwartete Konsumentenzahl aus dem Wohnort i für den Standort j,
W_{ij} = Wahrscheinlichkeit, dass ein Konsument aus dem Wohnort i den Standort j wählt,
C_i = Konsumenten aus dem Wohnort i .

Es wird meistens sinnvoll sein, die Anzahl der Konsumenten von der Anzahl der Bevölkerung abzuheben, denn in den wenigsten Fällen wird sich die Zielgruppe mit der gesamten Bevölkerung decken. Mithilfe der Gleichung (12) lässt sich die erwartete Konsumentenzahl für Standort *j* berechnen. Bei der Berechnung von E_j sind alle relevanten Einkaufsalternativen in der Modellrechnung einzubeziehen.

$$(13)\quad E_j = \sum_{i=1}^{I} (W_{ij} \cdot C_i)$$

Um den potenziellen Umsatz für den Standort *j* zu erhalten, wird die erwartete Konsumentenzahl für den Standort *j* mit einer sortimentsspezifischen Kaufkraft pro Kopf multipliziert (Ghosh A. 1990, S. 276f.).

Der Ansatz von Huff wird im folgendem mit Hilfe eines Beispiels verdeutlicht. Es wird davon ausgegangen, dass in einem Ort mit 8000 Einwohnern bereits zwei Supermärkte bestehen, ein weiterer soll eröffnet werden. Die Verkaufsflächen bei den zwei bereits bestehenden Supermärkten belaufen sich auf 600 bzw. 300 qm. Der neu entstehende Supermarkt soll eine Verkaufsflächengröße von 800 qm haben. Zuerst wird der gesamte Ort in fünf Teilzonen aufgeteilt und die Entfernung, wie von Huff empfohlen, in Fahrminuten, von jeder Teilzone zu jedem der drei Supermärkten berechnet (siehe Abbildung 4.24, Spalten 2, 3 und 4). Danach werden mithilfe der Gleichung 10 die Wahrscheinlichkeiten, dass ein Konsument aus den Teilzonen 1–5 beim Supermarkt 3 einkaufen wird, ausgerechnet (Spalte 4). Für diese Berechnung wird hier die Annahme getroffen, dass der Distanzparameter = 2 und der Attraktivitätsparameter =1 ist. Die Berechnung für die Teilzone 5 sieht beispielsweise wie folgt aus:

$$(14)\quad W_{ij} = \frac{\dfrac{A_j^{\beta}}{d_{ij}^{\lambda}}}{\sum\limits_{j=1}^{J} \dfrac{A_j^{\beta}}{d_{ij}^{\lambda}}} = \frac{\dfrac{800}{3^2}}{\dfrac{600}{20^2} + \dfrac{300}{6^2} + \dfrac{800}{3^2}} = \frac{88{,}89}{98{,}72} = 0{,}90 \cdot 100 = 90\%$$

Der Gleichung (11) folgend werden die ausgerechneten Wahrscheinlichkeiten mit der Einwohnerzahl pro Teilzone multipliziert. Dadurch ergibt sich die zu erwartende Zahl der Konsumenten, die aus den Zonen 1–5 in Supermarkt 3 einkaufen werden. Unter der Annahme wöchentlicher Pro-Kopf Ausgaben für Lebensmittel von 50 Euro wird für den geplanten Supermarkt 3 ein Gesamtumsatz von 140650 Euro pro Woche prognostiziert.

Im Vergleich mit deterministischen Gravitationsmodellen hat das Modell von Huff mehrere Vorteile. Das Modell bietet die Möglichkeit, eine unbegrenzte Zahl von Standorten zu betrachten, was die Berücksichtigung von Konkurrenzeinflüssen ermöglicht. Des Weiteren ist die Schätzung der Gesamtnachfrage und des Umsatzes für ein betrachtetes Geschäftszentrum verbessert. Huffs Modell geht von der realistischeren Annahme aus, dass ein Konsument mehrere Einkaufszentren besucht, und es berechnet die Wahrscheinlichkeiten, mit denen die Konsumenten eines Wohnorts ein bestimmtes Einkaufszentrum aufsuchen. Das Einzugsgebiet eines Einkaufszentrums hat damit keine scharfen Grenzen wie bei der „breaking point“ **Formel von P. D. Converse** (1949). Stattdessen sinkt die Wahrscheinlichkeit, dass an einem Standort eingekauft wird, mit der Entfernung zum Standort. Dieses Einzugsgebiet eines Standorts *j* lässt sich durch Linien, die Punkte gleicher Kaufwahrscheinlichkeit bezogen auf *j* verbinden, visualisieren. Abbildung 4.25 zeigt Standorte A, B und C und deren Einzugsgebiete, die mithilfe von **Isowahrscheinlichkeitslinien** abgegrenzt sind.

M. J. Eppli und J. D. Schiling (2001) betrachten die Einfachheit des Huff-Modells als einen Vorteil, da sich das Modell leichter empirisch testen lässt als komplexere probabilistische Gravitationsmodelle. Das Modell wurde von Müller-Hagedorn und Schuckel mehrfach empirisch getestet und hat sich dabei, soweit dies zu überprüfen war, bewährt (L. Müller-Hagedorn und M. Schuckel 1995a und 1995b; L. Müller-Hagedorn, W. Toporowski und S. Zielke 2011).

Teilzonen	Fahrminuten zum Supermarkt 1	Fahrminuten zum Supermarkt 2	Fahrminuten zum Supermarkt 3	Wahr-scheinlichkeit, dass ein Konsument aus der Teilzone Supermarkt 3 wählt	Einwohnerzahl pro Teilzone	Erwartete Zahl der Konsumenten die aus der Teilzone in Supermarkt 3 einkaufen werden	Umsatz pro Teilzone pro Woche
(1)	(2)	(3)	(4)	(5)	(6)	(7) = (5) x (6)	(8) = (7) x 50 Euro
1	3	17	22	2 %	1.852	37	1.850
2	7	13	16	18 %	1.360	245	12.250
3	10	10	12	38 %	1.625	618	30.900
4	15	4	8	37 %	1.762	652	32.600
5	20	6	3	90 %	1.401	1.261	63.050
					8.000	2.813	**140.650**

Abb. 4.24: Ein Beispiel zur Umsatzprognose auf Basis des Huff-Modells

Neben den Vorteilen, die das Huff Modell gegenüber deterministischen Modellen hat, weist das Modell folgende Schwächen auf: Der Ansatz bezieht nur zwei Bestimmungsfaktoren für die Wahl der Einkaufsstätte explizit mit ein, die Attraktivität (gemessen in der Größe der Verkaufsfläche) und die Entfernung zwischen Wohn- und Standort. Zum ersten ist zu fragen, wie diese beiden Größen operationalisiert werden sollen, ob also z. B. die Verkaufsfläche die Attraktivität hinreichend erfasst oder ob hier andere Indikatoren verwendet werden sollten. Zum zweiten ist zu klären, ob von einem Zwei-Faktoren-Modell zu einem Mehr-Faktoren-Modell übergegangen werden soll. Auf die Qualität eines Standorts haben bekanntlich einige weitere Variablen wesentlichen Einfluss. So haben Studien gezeigt, dass die Bewertung eines Einkaufszentrums durch Konsumenten nicht nur von der Größe des Einkaufszentrums und seiner Entfernung abhängt, sondern auch durch verschiedene Merkmale wie z. B. Beratung, Parkplatzmöglichkeiten und Qualität der angebotenen Produkte maßgeblich beeinflusst wird (vgl. T. J. Stanley und M. A. Sewall 1976, S. 50). Weiterhin wird eine einheitliche Bewertung der Entfernung durch Konsumenten angenommen. Dabei wird nicht berücksichtigt, dass verschiedene Konsumentengruppen unterschiedliche Fahrgewohnheiten (sie benutzen eher öffentliche Verkehrsmittel oder fahren lieber mit ihrem PKW) haben. Das Huff-Modell beschränkt sich zudem auf die Einzweck-Einkäufe und es berücksichtigt nicht, dass es unterschiedliche Einkaufsphänomene wie z. B. Verbundkäufe gibt. Schließlich ist zu beobachten, dass es unterschiedliche Formen des Einkaufs gibt.

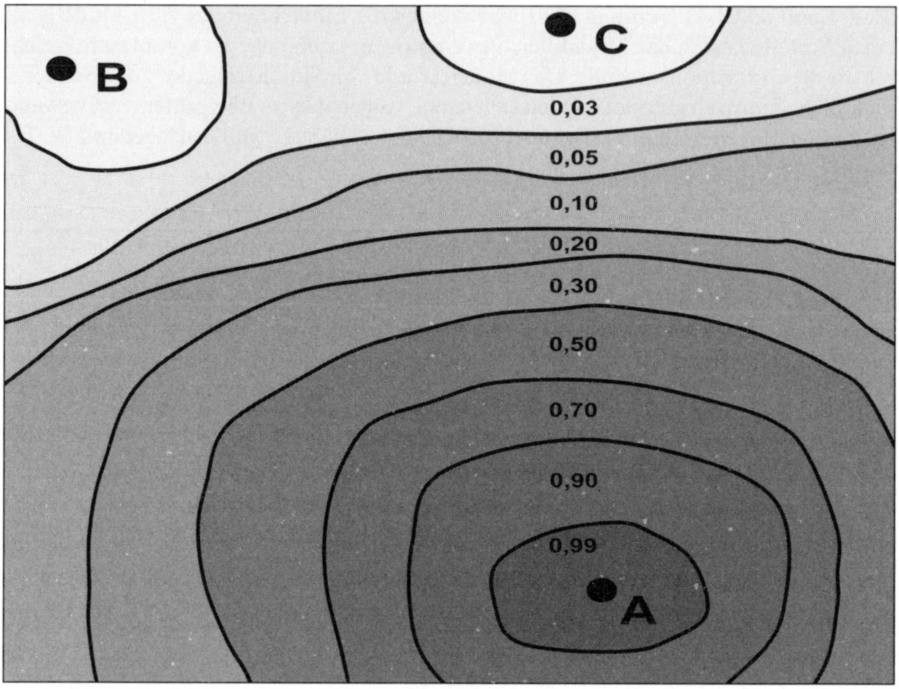

Abb. 4.25: Die Abgrenzung von Einzugsgebieten mit Hilfe von Isowahrscheinlichkeitslinien

Multiplicative Competitive Interaction Modell (MCI) von M. Nakanishi und L. G. Cooper

Sowohl das Modell von Reilly als auch das Modell von Huff benutzen nur einen Indikator zur Schätzung der Attraktivität eines Standortes: die Größe der Verkaufsfläche. Das Modell von M. Nakanishi und L. G. Cooper (1974) verallgemeinert diese Modelle, indem die Attraktivität eines Einkaufzentrums nicht nur durch die Größe der Verkaufsfläche, sondern durch eine beliebige Anzahl *N* von Eigenschaften für ein Einkaufszentrum bestimmen wird. M. Nakanishi und L. G. Cooper formulieren die Wahrscheinlichkeit, dass ein Konsument aus dem Wohnort *i* den Standort *j* wählt folgendermaßen:

$$(15)\quad W_{ij} = \frac{\prod_{n=1}^{N} X_{nij}^{\beta_n}}{\sum_{j=1}^{J}\prod_{n=1}^{N} X_{nij}^{\beta_n}}$$

wobei:

X_{nij} = Ausprägung von der *n*-ten Eigenschaft von Standort *j* für Konsumenten aus dem Wohnort *i*

β_n = ein Parameter, der empirisch zu ermitteln ist

Diese Formel ist auch als Multiplicative Competitive Interaction Modell (MCI-Modell) bekannt. Es fällt auf, dass die Distanz nicht mehr explizit in diesem Modell aufgeführt wird. Üblicherweise wird die Distanz aber als eine der Eigenschaften in Gleichung 15 verwendet. Es ist zu erwarten, dass der zur Distanz passende Parameter β_n dabei negativ ist.

M. Nakanishi und L. G. Cooper wandeln das Model durch Logarithmieren und Umformung mithilfe geometrischer Mittelwerte in das lineare Modell um (siehe Gleichung 16). Diese Umformulierung ermöglicht die Schätzung der Parameter mithilfe der OLS Methode (für mehr Details über die Parameterschätzung siehe M. Nakanishi und L. G. Cooper 1974 und für ein Anwendungsbeispiel M. Hartmann 2005, S. 40–50).

$$(16)\quad y_{ij} = \sum_{n=1}^{N} \beta_n X_{nij} + \varepsilon_{ij}$$

wobei:

y_{ij} $= \log\left(\frac{W_{ij}}{\tilde{W}_{ij}}\right)$ für $\tilde{W}_{ij}$ = geometrisches Mittel von $\tilde{W}_{ij}$ über *j*,

X_{nij} $= \log\left(\frac{x_{nij}}{\tilde{x}_{ni}}\right)$ für $\tilde{x}_{ki}$ = geometrisches Mittel von $\tilde{x}_{ki}$ über *j*,

β_n = ein Parameter, der empirisch zu ermitteln ist,

ε_{ij} = stochastischer Störterm.

A. Jain und J. Mahajan (1979) haben eine geringfügige Erweiterung des Modells von M. Nakanishi und L. G. Cooper vorgeschlagen. Sie teilen die Eingangsvariablen des Modells in die subjektiv beeinflussten und objektiven Variablen auf. Die subjektiv beeinflussten Variablen müssen durch eine Kundenbefragung erhoben werden (z. B. Image des Einkaufszentrums, Produktqualität, etc.). Die objektiven Variablen basieren auf soziodemographischen und geographischen Daten (z. B. Entfernung). Die Wahrscheinlichkeit, dass ein Konsument aus dem Wohnort *i* den Standort *j* wählt wird (W_{ij}) nach A. Jain und J. Mahajan folgendermaßen berechnet:

$$(17)\quad W_{ij} = \frac{\left(\prod_{\hat{n}=1}^{\hat{N}} x_{\hat{n}ij}^{\beta_{\hat{n}}}\right) \cdot \left(\prod_{\hat{\hat{n}}=1}^{\hat{\hat{N}}} x_{\hat{\hat{n}}ij}^{\beta_{\hat{\hat{n}}}}\right)}{\sum_{j=1}^{J}\left[\left(\prod_{\hat{n}=1}^{\hat{N}} x_{\hat{n}ij}^{\beta_{\hat{n}}}\right) \cdot \left(\prod_{\hat{\hat{n}}=1}^{\hat{\hat{N}}} x_{\hat{\hat{n}}ij}^{\beta_{\hat{\hat{n}}}}\right)\right]}$$

Diese Erweiterung hat den Vorteil, dass die Eigenschaften, die das Einzelhandelsunternehmen beeinflussen, getrennt von den übrigen Eigenschaften betrachtet werden können. A. Jain und J. Mahajan haben empirisch ermittelt, dass Lage, Größe und Kreditkarten-Service eines Einkaufzentrums, Zahl der Kassen und Zahl der Gänge im Einkaufzentrum einen signifikanten Einfluss auf den Umsatz haben. Leider ist die Erhebung subjektiver Daten mit hohem Zeitaufwand verbunden, so dass sie nicht berücksichtigt werden können, wenn schnelle Entscheidungen anstehen (vgl. A. Jain, A. und V. Mahajan 1979, S. 222).

Die gerade vorgestellten MCI-Modelle definieren eine Form, die festlegt, wie das Huff-Modell um weitere Eingangsvariablen erweitert werden kann. Welche Eingangsvariablen dabei idealerweise zu wählen sind, wird nicht festgelegt.

Erweiterung des Huff Modells durch Integration zusätzlicher Variablen

Das Huff Modell wird von einer Fülle von Autoren um zusätzliche Variablen erweitert. Hier wird eine Auswahl dieser Ansätze kurz vorgestellt (für den Überblick siehe M. Hartmann 2005, S.11ff.), wobei die Erweiterungen in einkaufsstättenbezogene Variablen und konsumentenbezogene Variablen unterschieden werden. Unter einkaufsstättenbezogenen Variablen werden z. B. die Größe, der Aufbau und das Alter des Einkaufszentrums verstanden. Unter konsumentenbezogenen Variablen sind Präferenzen und Nutzenerwartungen der Konsumenten, sowie ihr Lebensstil zu verstehen. Abbildung 4.26 gibt einen Überblick über die Variablen die in unterschiedliche Modelle eingeflossen sind.

	Reilly (1929)	Converse (1943)	Huff (1964)	Laksmanan und Hansen (1965)	Kotler (1971)	Stanley und Sewall (1976)	Okoruwa, Nourse und Terza (1988)	Eppli und Schilling (1996)	Schürmann (1999)	Dobbelsten (2004)	Lee und Pace (2005)
Einwohnerzahl	X	X		X	X	X	X	X	X	X	X
Distanz	X	X	X	X	X	X	X	X	X	X	X
Verkaufsfläche			X	X	X	X	X	X	X	X	X
Kaufkraft				X	X	X	X	X	X	X	X
Image					X	X					
Zugänglichkeit des Einkaufszentrums					X				X		
Wahrgenommenes Preisniveau					X						
Anzahl der Parkplätze					X						
Besuchswahrscheinlichkeit für das Sinus Milieu									X	X	
Größe der Konkurrenzstandorte (m^2)								X			
Zahl der Geschäfte in Konkurrenzstandorten								X			
Alter der Konkurrenzstandorte								X			
Aufbau der Konkurrenzstandorte								X			
Verkauf pro m^2 der Einkaufszentren								X			
Entfernung zum nächsten Konkurrenten								X			
Entfernung zum weitesten Konkurrenten								X			
Mieterstruktur des Einkaufszentrums								X			
Jahresumsatz des Einkaufszentrums								X			
Alter der Konsumenten							X				X
Familienstand der Konsumenten							X				
Geschlecht der Konsumenten							X				
Ausbildungsgrad der Konsumenten							X				
Ethnischer Hintergrund der Konsumenten							X				X

	Reilly (1929)	Converse (1943)	Huff (1964)	Laksmanan und Hansen (1965)	Kotler (1971)	Stanley und Sewall (1976)	Okoruwa, Nourse und Terza (1988)	Eppli und Schilling (1996)	Schürmann (1999)	Dobbelsten (2004)	Lee und Pace (2005)
Arbeitslosenquote der Konsumenten							X				
Dauer des Aufenthalts am akt. Wohnsitz							X				
Konsument ist Eigentümer oder Mieter?							X				
Zahl der Personen pro Haushalt							X				
Jahreseinkommen pro Haushalt							X				X
Aufbau des Einkaufszentrums							X				X
Zahl der Geschäfte in Einkaufszentrum							X		X		
Alter des Einkaufszentrums											X
Ausgaben der Konsumenten (im rel. Markt)											X
Wert und Alter des Hauses eines Haushaltes											X

Abb. 4.26: Eingangsvariablen der verschiedenen Gravitationsmodelle

T. R. Lakshmanan und W. G. Hansen (1965) erweitern das Modell von Huff um die Berechnung des Umsatzpotentials eines Standortes. Sie gehen davon aus, dass das Umsatzpotential eines Einkaufszentrums durch die Zahl der Konsumenten aus einer Region, deren Kaufkraft und durch Konkurrenz bedingt ist (vgl. T. R. Lakshmanan und W. G. Hansen 1965, S. 135f.).

T. J. Stanley und M. A. Sewall schlagen vor, das Huff-Modell um eine Eingangsvariable, die sie „Image-Distanz" nennen, zu erweitern. Zur Berechnung der „Image-Distanz" wird mit Hilfe der Methode der multidimensionalen Skalierung die Positionierung des Einkaufszentrums im Wahrnehmungsraum der Konsumenten abgeleitet. Unter „Image-Distanz" (*ID*) verstehen T. J. Stanley und M. A. Sewall die Distanz zwischen der Positionierung des in der Wahrnehmung der Konsumenten idealen Einkaufszentrums („Idealpunkt") und der Positionierung des betrachteten Einkaufszentrums. Verschiedene Studien haben gezeigt, dass das Image eines Einkaufszentrums aus den Ausprägungen einiger Attribute wie z. B. Qualität, Preise, Angebote, etc. abgeleitet werden kann. Nach den Untersuchungen von P. Doyle und I. Frenwick (1974) ist das wichtigste Attribut bei der Beurteilung des Images die Qualität, gefolgt von Vielfalt und Preis (vgl. P. Doyle und I. Fenwick 1974, S. 39ff.). T. J. Stanley und M. A. Sewall konnten in ihren Studien außerdem nachweisen, dass die Einkaufszentren mit einem besseren Image, Kunden aus einem wesentlich größeren Einzugsgebiet anziehen als gleich große mit schlechterem Image (vgl. T. J. Stanley und M. A. Sewall 1976, S. 51ff.).

P. Kotler (1971) erweitert das Modell von Huff um drei zusätzlichen Variablen: die Zugänglichkeit (Z_{ij}) des Einkaufzentrums *j* für Konsumenten aus dem Wohnort *i*, das wahrgenommene Preisniveau (p_{ij}) des Einkaufszentrums *j* durch die Konsumenten aus dem Wohnort *i* und das wahrgenommene Image (IM_{ij}) des Einkaufszentrums *j* für Kunden aus Wohnort *i*. Da das wahrgenommene Image einen positiven Einfluss auf die Kaufwahrscheinlichkeit hat, wird sie in den Zähler aufgenommen. Die Zugänglichkeit Z_{ij} wird als ein Index für die Anzahl der Parkplätze in unmittelbarer Nähe des Einkaufszentrums, für die relative Zentralität des Einkaufzentrums in eine bestimmte Gebietseinheit und für seine Anbindung an den Hauptverkehrsstrom definiert (vgl. P. Kotler 1971, S. 319).

A. A. Okoruwa, H. O. Nourse und J. V. Terza (1994) schätzen statt der Kaufwahrscheinlichkeit die monatliche Besuchsrate b_{ji} (die erwartete Zahl der Einkäufe am Standort *j* pro Konsument aus Wohnort *i* pro Monat). Zu diesem Zweck benutzen sie die Poisson-Regression und nehmen daher an, dass es sich beim Kaufverhalten um einen Poisson-Prozess handelt. Deshalb ist deren Modell auch unter „Poisson-Gravitations-modell" bekannt. Neben den Eingangsvariablen Distanz und Attraktivität verwenden sie konsumentenbezogene und einkaufstättenbezogene Eingangsvariablen. Als konsumentenbezogene Variablen benutzen sie Alter, Familienstand, Geschlecht, Ausbildungsgrad, ethnischer Hintergrund des Konsumenten, ob der Konsument arbeitet oder arbeitslos ist, wie lange er an der gegebenen Adresse wohnt, die Zahl der Personen im Haushalt, ob der Konsument zur Miete oder in seinem Eigentum wohnt und das Jahreseinkommen seines Haushalts. Als einkaufsstättenbezogene Variablen verwenden sie das Alter des Einkaufszentrums, seine Bauweise (ob es überdacht ist oder nicht) und die Anzahl der Geschäfte im Einkaufszentrum.

So wie A. A. Okoruwa, H. O. Nourse und J. V. Terza benutzen auch M.-L. Lee und R. K. Pace (2005) neben der Distanz und der Größe des Einkaufszentrums eine große Zahl von konsumentenbezogenen und einkaufsstättenbezogenen Eingangsvariablen. Als einkaufsstättenbezogenen Variablen verwenden sie die Umsatzzahlen der zwei vergangenen Jahre, die Bauweise des Einkaufszentrums (Geschäftzeile, Blockbauweise, geschlossene Bauweise mit mehreren Stockwerken) und das Alter des Einkaufszentrums. Die von ihnen benutzten konsumentenbezogenen Variablen sind pro Kopf Ausgaben für Medikamente, durchschnittliches Haushaltseinkommen, durchschnittlicher Wert und Alter des Hauses, Zahl der Einwohner am Wohnort *i*, durchschnittliches Alter der Einwohner, Verteilung der ethnischen Gruppen, Frauenanteil und Fahrzeit zur Arbeit.

Ein zentrales Motiv in dem von C. Schürmann (1999) eingeführten Modell sind Mehrzweckeinkäufe. Diese sind für den Konsumenten vorteilhaft, weil sie die zurückliegenden Wegstrecken bzw. die Anzahl der Wege minimieren. Die Kaufwahrscheinlichkeit sollte also für Geschäfte steigen, die in der Nähe zu vielen anderen Geschäften liegen. C. Schürmann (1999) berücksichtigt diesen Effekt in seinem Gravitationsmodell anhand eines Konzentrationsindexes C_j. Das Modell von Schürmann bietet darüber hinaus die verkehrsmittelabhängige Bewertung der Distanz und die Möglichkeit der Erweiterung durch die branchenspezifische Gewichtung der Verkaufsfläche.

M. Eppli und J. M. Shilling (1996) erweitern das Huff-Modell um zwei numerische und fünf binäre einkaufsstättenbezogene Eingangsvariablen. Die numerischen Variablen sind das Alter des Einkaufszentrums und die durchschnittliche Verkaufsfläche seiner „nicht-Magnet-Geschäfte". Um die Eigenschaften Aufbau des Einkaufszentrums (es werden drei verschiedene Formen unterschieden: X-, T- und I-Form) und vorwiegender Verbreitungsgrad vorhandener Einzelhandelsketten (regional oder national) zu berücksichtigen, wird für jede mögliche Ausprägung dieser Eigenschaften eine binäre Variable hinzugefügt[2] (vgl. M. Eppli und J. M. Shilling 1996, S.459ff).

T. Dobbelstein (2004) führt mehrere Erweiterungen des Modells von Huff ein. Die interessanteste seiner Erweiterungen ist die Differenzierung des Modells mit Hilfe sozialer Milieus. Das in Deutschland derzeit populärste und in der Marktforschung oft verwendete Modell sozialer Milieus ist das vom Sinus-Institut entwickelte Modell der Sinus-Milieus. Die Sinus-Milieus bieten eine Kundensegmentierung nach geographischen, soziodemographischen, verhaltensbezogenen und den in den letzten Jahren immer wichtiger gewordenen psychographischen Variablen. Grob gesagt gruppieren sie dabei die Menschen, die sich in ihrer Lebensauffassung und in ihrer Lebensweise ähneln. Die grundlegende Werteorientierung geht dabei ebenso in die Analyse ein wie Alltagseinstellungen zur Arbeit, zur Familie, zur Freizeit, zu Geld und Konsum. (vgl. Sinus Soziovision 2010). Zur Berücksichtigung des sozialen Milieus integriert Dobbelstein die Variable (α_m), die eine Gewichtung nach der Besuchswahrscheinlichkeit für Milieu *m* vornimmt, in das Modell von Huff. Zur Verbesserung der Schätzung des Umsatzpotentiales einer Einkaufsstätte weist T. Dobbelstein darauf hin, dass ein Konsument neben dem Primärkauf (der Einkauf, der ihn ursprünglich bewegt hat, die Einkaufsstätte zu besuchen) auch Sekundärkäufe tätigt. Als Motive für den sekundären Kauf nennt er den Impulskauf und den Verbundkauf. Folglich ist das Gesamtumsatzpotential aus der Summe der Umsatzpotentiale aus primären und sekundären Käufen zu berechnen. Das Modell von Huff nimmt als Ausgangsort eines Einkaufs nur den Wohnort einen Konsumenten an. Dobbelstein sieht ein weiteres Verbesserungspotential in der Berücksichtigung der Tatsache, dass der Ausgangsort eines Einkaufes entweder der Wohnort, der Arbeitsort oder der Weg zwischen Wohn- und Arbeitsort ist.

4.3.9 Multinominale Logit-Modelle

Logit-Modelle gehen davon aus, dass die Konsumenten bei einer Standortwahlentscheidung ihren individuellen Nutzen maximieren (vgl. K. E. Train 2009, S. 38). Die Modellierung des Nutzens für eine Standortalternative ist dabei durch das Modell nicht festgelegt, sondern folgt praktisch vollständig den Annahmen des Forschers. Dies betrifft auch die Untersuchung der Nutzendimensionen und die Modellierung einer bestimmten Auswahlwahrscheinlichkeitsfunktion für die Wahl der Standortalternative (vgl. R. P. Lademann 2007, S. 149). Die allgemeine Nutzenfunktion lässt sich wie folgt beschreiben (K. E. Train 2009, S. 36–37):

(18) $U_{ij} = f(\beta_j x_{ij} + \varepsilon_{ij})$

wobei:

U_{ij} = Nutzen der Standortalternative *j* für den Konsumenten *i*,

β_j = ein Parameter, der empirisch zu ermitteln ist,

2 Damit werden also die Variablen „Aufbau hat X-Form“, „Aufbau hat T-Form“, „Aufbau hat I-Form“, „Einzelhandelsketten sind vorwiegend regional orientiert“ und „Einzelhandelsketten sind vorwiegend national orientiert“ definiert.

x_{ij} = beobachtete Einflussgröße (z. B. Distanz, Größe der Verkaufsfläche, etc.) bei der Standortalternative j für alle Konsumenten i ,

ε_{ij} = stochastischer Störterm

Mithilfe der Nutzenfunktion kann die Auswahlwahrscheinlichkeit einer Standortalternative folgendermaßen berechnet werden:

$$(19)\quad W_{ij} = \frac{e^{U_{ij}}}{\sum_{j}^{J} e^{U_{ij}}}$$

wobei:

W_{ij} = Wahrscheinlichkeit, dass ein Konsument i die Standortalternative j wählt,

U_{ij} = Nutzen der Standortalternative j für den Konsumenten i.

Logit-Modelle basieren auf einer Exponentialfunktion, die zu einem s-förmigen Verlauf der Auswahlwahrscheinlichkeit führt. Ist der Nutzen einer Wahlalternative sehr gering, nimmt die Auswahlwahrscheinlichkeit nur wenig zu, wenn der Nutzen erhöht wird. Ebenso wird es sich mit der Auswahlwahrscheinlichkeit verhalten, wenn der Nutzen einer Standortalternative bereits sehr hoch ist und dann weiter erhöht wird. Erst bei mittlerem Nutzen führen Nutzenerhöhungen zu einem deutlichen Zuwachs bei der Auswahlwahrscheinlichkeit.

R. P. Lademann (2007) hat mithilfe des Logit-Modells die Distanz- und Verkaufsflächen-Elastizitäten für Bekleidung, Lebensmittel und Möbel in Göttingen ermittelt (zur Ermittlung der Parameter siehe R. P. Lademann 2007, S. 151–156). Generell hat er gezeigt, dass die Konsumenten beim Lebensmitteleinkauf stärker auf die Distanz reagieren als auf die Größe der Verkaufsfläche. So liegen die Koeffizienten für die Distanz zwischen 1,01 und 1,38, während die Größe der Verkaufsfläche nur Koeffizienten zwischen 0,91 und 0,99 erreicht. Die Attraktivität der Verkaufsfläche nimmt fast proportional mit der Größe zu, liegt aber noch im unelastischen Bereich. Die Befunde verdeutlichen aber auch, dass die Branche und die Betriebsform die Elastizität beeinflussen. Während beim Einkauf von Bekleidung die Verkaufsfläche unelastische Wirkungen entfaltet, reagieren Kunden auf die Größe der Verkaufsfläche im Möbeleinzelhandel deutlich elastisch. Bemerkenswert ist noch, dass die Varianz der Distanzelastizitäten (-1,01 bis -1,48) deutlich geringer ausfällt als die der Verkaufsfläche (0,66 bis 2,14, siehe Abbildung 4.27).

Sortiment	**Elastizitäten**	
	Verkaufsfläche ***m²***	**Distanz in** ***km****
Bekleidung(-sgeschäfte)	0,66	-1,5
Discounter	0,99	-1,38
SB-Warenhäuser	0,91	-1,01
Verbrauchermärkte	0,97	-1,48
Möbelhaus	2,14	-1,38

* Distanz von Wohnort zum Einkaufsort in km

Abb. 4.27: Elastizitäten für Verkaufsfläche und Distanz (Quelle: R. P. Lademann 2007, S. 156)

Im Folgenden wird anhand eines Beispiels die Anwendung des Logit-Modells für die Schätzung des Umsatzes für einen Discounter erläutert (siehe Abbildung 4.28). Es wird davon ausgegangen, dass in einem Ort mit 10.000 Einwohnern bereits drei Discounter bestehen, ein weiterer soll eröffnet werden. In dem Ort wurde eine Konsumentenbefragung durchgeführt, anhand derer folgende Nutzenfunktion (U_{ij}) ermittelt werden konnte:

(20) $U_{ij} = 50 + 0{,}99 \ln(Verkaufsfl_{ij}) - 1{,}38 \ln(Dist_{ij}).$

Für den neuen Discounter wurden zwei potenzielle Standortalternativen A und B gefunden. Um die Entscheidung zwischen zwei Alternativen treffen zu können, soll mit Hilfe des Logit-Modells der potenzielle Umsatz für Alternative A und Alternative B geschätzt werden. Die Größen der Verkaufsflächen der drei bereits bestehenden Discounter sind 600, 500 bzw. 400 m². Der neu entstehende Discounter soll eine Verkaufsflächengröße von 800 m² haben. Zuerst wird der gesamte Ort in sieben Teilzonen aufgeteilt und die Entfernung in km von jeder Teilzone zu jedem der fünf Standorte berechnet (siehe Abbildung 4.28, Spalten 2 bis 6). Danach wird der Nutzen, den ein Konsument aus den Teilzonen 1–7 beim Besuch des Discounters A oder B erzielen kann, berechnet. Die Nutzenberechnung für Discounter A für Teilzone 1 sieht wie folgend aus:

(21) $U_{ij}^{A_1} = 50 + 0{,}99\ln(800) - 1{,}38\ln(0{,}8)=56{,}93$

Nachkommend werden mithilfe der Gleichung (19) die Wahrscheinlichkeiten, dass ein Konsument aus den Teilzonen 1–7 am Standort A bzw. B einkaufen wird, ausgerechnet (siehe Spalten 7 und 8). Die Berechnung für Discounter A für Teilzone 1 sieht wie folgt aus:

(22) $$W_{ij}^{A_1} = \frac{e^{56{,}93}}{e^{(50+0{,}99\ln(600)-1{,}38\ln(0{,}3))} + e^{(50+0{,}99\ln(500)-1{,}38\ln(3{,}5))} + e^{(50+0{,}99\ln(400)-1{,}38\ln(0{,}9))} + e^{(50+0{,}99\ln(800)-1{,}38\ln(0{,}8))}}$$
$$= 23\ \%$$

Weiterhin werden die berechneten Wahrscheinlichkeiten pro Teilzone mit der Einwohnerzahl pro Teilzone multipliziert (siehe Spalten 10 und 11). Dadurch ergibt sich die zu erwartende Anzahl der Konsumenten, die aus den Zonen 1–7 am Standort A bzw. B einkaufen werden. Unter der Annahme wöchentlicher Pro-Kopf-Ausgaben für Lebensmittel von 50 Euro wird für die potenziellen Standortalternativen ein Gesamtumsatz von 140.312 Euro pro Woche für die Standortalternative A und 242.692 für die Standortalternative B prognostiziert (siehe Spalten 12 und 13). Aus dem prognostizierten Umsatz kann man schließen, dass es am Standort B mehr Potenzial gibt als am Standort A. Daher würde es sich empfehlen, den neuen Discounter am Standort B zu eröffnen.

Eine besondere Schwierigkeit, den Umsatz eines Standortes zu beurteilen, liegt in dem Umstand, dass sich an den konkurrierenden Standorten unterschiedliche Geschäfte befinden, insbesondere Geschäfte mit unterschiedlichen Betriebsformen. Entscheidungen über die aufzusuchende Einkaufsstätte stellen also in vielen Fällen simultane Entscheidungen über die bevorzugte Betriebsform, über das bevorzugte Unternehmen und über den bevorzugten Standort dar. Supermärkte befinden sich häufig an anderen Standorten als SB-Warenhäuser oder Diskontgeschäfte; die traditionellen Warenhäuser sind meistens in den Innenstädten angesiedelt, manchmal auch in Shopping-Centern.

Diese Beispiele machen deutlich, dass die Wahl einer bevorzugten Betriebsform und die Wahl einer Standortlage eigentlich als eine Uno-actu-Entscheidung modelliert werden sollten. In diesem Sinne modellieren P. R. Messinger und C. Narasimhan (1997) in der Tradition der Mikroökonomie (Nutzenmaximierung unter einer finanziellen Nebenbedingung) die Einkaufsstättenwahl als einen Trade-off zwischen Geschäften mit unterschiedlich großen Sortimenten, unterschiedlichen Preisen und unterschiedlichen Transaktionsmühen. Ausgangspunkt für sie ist die Frage, warum in den USA in den Jahren zwischen 1980 und 1981 der Marktanteil der konventionellen Supermärkte von 73,1 auf 30,4 % zurückgegangen ist, während der Anteil der größeren Superstores von 17,7 auf 33,9 % gestiegen ist. Mit ihrem Modell wollen sie diesen Trend zum one-stop-shopping begründen. Auf Einzelheiten dieses Modells soll hier jedoch nicht eingegangen werden.

Näher hingewiesen werden soll auf ein Logit-Modell, mit dem neben den Einzweck-Einkäufen (single-purpose shopping) auch Mehrzweck-Einkäufe (multi-purpose shopping) erfasst werden können (P. T. L. Popkowski Leszczyc, A. Sinha, und A. Sahgal 2004). Mehrzweck-Einkäufer seien als solche definiert, die bei einem einzelnen Einkaufsgang mehrere Zwecke verfolgen, z. B. Lebensmittel einzukaufen, die Bank aufzusuchen und/oder ein Buch zu kaufen.

Teilzonen	Entfernung zum Discounter 1 in km	Entfernung zum Discounter 2 in km	Entfernung zum Discounter 2 in km	Entfernung zur Standortalternative A	Entfernung zur Standortalternative B	Wahrscheinlichkeit, dass ein Konsument aus der Teilzone die Standortalternative A wählt	Wahrscheinlichkeit, dass ein Konsument aus der Teilzone die Standortalternative B wählt	Einwohnerzahl pro Teilzone	Erwartete Zahl der Konsumenten die aus der Teilzone am Standort A einkaufen werden	Erwartete Zahl der Konsumenten die aus der Teilzone am Standort B einkaufen werden	Umsatz pro Teilzone pro Woche für Standort A	Umsatz pro Teilzone pro Woche für Standort A
(1)	(2)	(3)	(4)	(5)	(6)	(7)	(8)	(9)	(10) = (7) x(9)	(11) = (8) x(9)	(12) = (10) x 50	(13) = (11) x 50
1	0,3	3,5	0,9	0,8	0,3	23 %	53 %	1.852	426	982	21.300	49.100
2	0,7	2,0	3,0	0,2	0,6	85 %	56 %	136	116	76	5.800	3.800
3	0,7	1,7	0,4	0,7	0,2	33 %	74 %	1.625	536	1.203	26.800	60.150
4	1,3	1,2	1,2	0,5	0,3	65 %	79 %	1.762	1.145	1.392	57.250	69.600
5	1,0	1,2	0,2	3,5	0,5	3 %	31 %	1.401	42	434	2.100	21.700
6	1,9	0,6	0,4	1,2	0,6	19 %	38 %	1.762	335	670	16.750	33.500
7	3,0	0,2	0,8	0,9	1,5	15 %	8 %	1.468	220	117	11.000	5.850
								10.006	2.820	4.874	141.000	243.700

Abb. 4.28: Ein Beispiel zur Umsatzprognose auf Basis des Logit-Modells

Einkaufszentren, die mehrere Aktivitäten ermöglichen, können den Konsumenten veranlassen, ein näher gelegenes Geschäft zu meiden, um Zeit und Wege einzusparen. Insofern ist es sinnvoll, auch beim Einkauf von Lebensmitteln oder Textilien nicht nur diesbezügliche Alternativen zu vergleichen, sondern auch dem Umstand Rechnung zu tragen, dass einige Einkaufsstätten in größerem Ausmaß als andere Mehrzweck-Aktivitäten ermöglichen. Es sind aber auch Einzweck-Einkäufe denkbar. Außerdem lassen sich verschiedene Typen von Konsumenten unterscheiden: Konsumenten mit knapper Zeit, die Service suchen, Konsumenten mit knapper Zeit, die vor allem an günstigen Preisen interessiert sind, und die sog. Rosinenpicker (cherry-pickers), die mehrere Läden aufsuchen, um sich überall die günstigen Angebote herauspicken zu können. P. T. L. Popkowski Leszczyc, A. Sinha und A. Sahgal untersuchen, wann es bei den verschiedenen Typen von Konsumenten zum Besuch einzelner Einkaufszentren kommt, wobei diese sich danach unterscheiden, inwieweit sie Mehrzweck-Einkäufe ermöglichen. Die Überlegungen münden in Präpositionen (vorläufige Hypothesen) ein. Beispielhaft sei angeführt:

Bei serviceorientierten Konsumenten mit knappem Zeitbudget hat die Entfernung zum Geschäft einen großen Einfluss auf die Geschäftswahl.
Geschäfte mit einer Every-day-low-price-Strategie ziehen vor allem die preisorientierten Käufer an.

Der Ausgangspunkt des Modells von P. T. L. Popkowski Leszczyc, A. Sinha und A. Sahgal ist analog zum Logit-Modell; d. h., dass ein Konsument mit der Wahl eines Einkaufszentrums seinen Nutzen maximieren will. Dieser Nutzen wird abhängig von mehreren Faktoren gesehen, und zwar den Präferenzen, die ein Konsument für einzelne Betriebsformen der im Markt gegebenen Unternehmungen hat, von der Distanz, die er zurück legen muss, um ein bestimmtes Geschäft zu erreichen, von der Einkaufshäufigkeit, von der Höhe der wöchentlichen Ausgaben, vom Einkommen, und von der Haushaltsgröße:

$$(23)\quad U_{ij}^{sp} = \beta_{ij} + \alpha_{1i}\ln(Dist_{ij}) + \alpha_{2ri}\ln(Rate_i) + \alpha_{3i}\ln(Income_i) + \alpha_{4i}\ln(hhsize_i) + \alpha_{5i}\ln(Expen_i)$$

wobei:

U_{ij}^{sp} = Nutzen, den der Haushalt *i* einem Einkauf im Geschäft *j* zuordnet,
β_{ij} = Präferenz, die der Konsument *i* dem Geschäft *j* zuordnet,
α = Einflüsse, die von den unabhängigen Variablen auf den Nutzen ausgehen,
r = Indiziert die Betriebsform des *j*-ten Geschäfts,
$Dist_{ij}$ = Distanz vom *i*-ten Haushalt zum *j*-ten Geschäft,
$Rate_i$ = Einkaufshäufigkeit des *i*-ten Haushalts,
$Income_i$ = Zu Verfügung stehendes Einkommen des i-ten Haushalts,
$hhsize_i$ = Größe des *i*-ten Haushalts,
$Expen_i$ = Durchschnittliche Ausgaben des *i*-ten Haushalts pro Einkaufsgang.

Bei β_{ij} handelt es sich um eine mehrdimensionale Bewertung der einzelnen Geschäfte, wobei im vorliegenden Fall zwei Dimensionen als ausreichend angesehen wurden (Preis und Service). Obige Gleichung ist für einen Einzweck-Einkauf (single-purpose shopping) gedacht. Sollte es sich bei dem Kunden um einen Haushalt handeln, der an einem Mehrzweck-Einkauf interessiert ist, wird der Nutzen zusätzlich durch den Umstand bestimmt, dass sich in der Nähe des Geschäftes ein Einkaufszentrum (Mall) befindet, und durch die Anzahl der in der Nähe des Geschäftes *j* gelegenen weiteren Geschäfte.

$$(24)\ U_{ij}^{mp} = \beta_{ij} + \alpha_{1i}\ln(Dist_{ij}) + \alpha_{2ri}\ln(Rate_i) + \alpha_{3i}\ln(Income_i) + \alpha_{4i}\ln(hhsize_i) + \alpha_{5i}\ln(Expen_i) + \alpha_{6i}\ln(Mall_j) + \alpha_7\ln(N_{sup_i})$$

wobei:

Mall$_j$ = 1, wenn im Einzugsgebiet des *j*-ten Geschäfts ein Einkaufszentrum (Mall) existiert; andernfalls 0,

N_{supi} = Anzahl der Lebensmittelgeschäfte, die sich im Einzugsgebiet des *j*-ten Geschäfts befinden.

Die Wahrscheinlichkeit, dass ein Konsument *i* die Standortalternative *j* aufsucht, wird analog zur Gleichung 18 berechnet. Die Autoren haben diese Wahrscheinlichkeiten anhand von Daten aus einer Befragung geschätzt, wobei sie gleichzeitig zugelassen haben, dass anhand der Daten verschiedene Gruppen von Konsumenten gebildet werden. Zur Veranschaulichung seien einige Ergebnisse aus der Gruppe der Konsumenten mit Mehrzweck-Einkäufen berichtet:

- Für Konsumenten aus dem Segment 1, für die die Preisgünstigkeit der Geschäfte eine vergleichsweise hohe Bedeutung hat, senkt eine wachsende Entfernung die Wahrscheinlichkeit, dass sie ein Geschäft aufsuchen, stark; bei serviceorientierten Einkäufern ist das in signifikant geringerem Maße der Fall.
- Eine Preispolitik mit zeitlich begrenzten Sonderangeboten (HILO) erhöht die Besuchswahrscheinlichkeit, eine EDLP-Politik senkt sie.
- Sehr deutlich bestimmt das Image der einzelnen Unternehmungen die Wahrscheinlichkeit, mit der die zugehörigen Geschäfte aufgesucht werden.
- Die Nähe zu Einkaufszentren und anderen Geschäften erweist sich als relativ unbedeutend.

Mit der Studie wird der Einfluss der Entfernung bei einzelnen Käufertypen und beim Einzweck- bzw. Mehrzweck-Einkauf überprüft. Dabei werden gleichzeitig auch die unterschiedlichen Eigenschaften (Imagewerte) der in Frage kommenden Geschäfte berücksichtigt. Die zahlreichen soziodemografischen Variablen machen deutlich, dass es sich nur in ersten Ansätzen um ein theoretisches Modell handelt.

E. Gijsbrechts, K. Campo und P. Nisol (2005) untersuchen, unter welchen Bedingungen Konsumenten zur Deckung eines gegebenen Bedarfes für eine bestimmte Produktgruppe (single purpose) nur ein oder aber mehrere Geschäfte (multiple-store shopping) aufsuchen. Ausgangspunkt ist auch hier ein Modell mit nutzenmaximierendem Käuferverhalten. Die Entscheidung, ob in einem oder in mehreren Geschäften eingekauft wird und wie gegebenenfalls die Einkäufe auf die Geschäfte verteilt werden, hängt im Modell (vgl. Abbildung 4.29) von folgenden Größen ab:

- Warenbeschaffungskosten: der Betrag, der für die gekauften Produkte zu bezahlen ist;
- Lagerkosten: Kosten, die für die Handhabung und Lagerung der gekauften Produkte anfallen;
- Transaktionskosten (fixe Kosten bezogen auf die Einkaufsmenge): Transportkosten sowie Aufwand im Geschäft (Aufenthaltsdauer, Wartezeiten);
- Konsumnutzen: Nutzen, der sich aus dem Konsum der in einzelnen Geschäften gekauften Produkte ergibt;
- Einkaufsnutzen: mit dem Einkaufen verbundener Nutzen (Geschäftsatmosphäre, Erlebnis, Service).

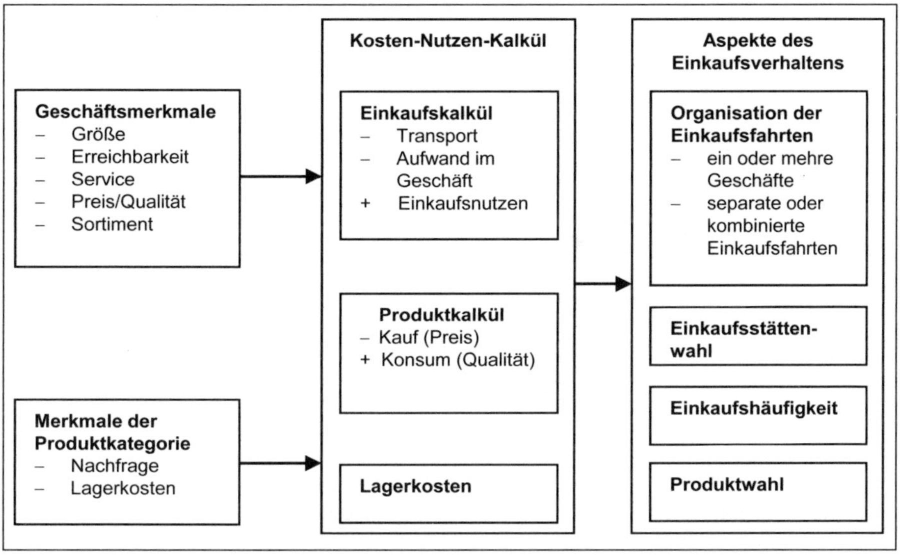

Abb. 4.29: Ein Modell zum Einkaufsverhalten von E. Gijsbrechts et al. (2005)

Die Wahl eines Einzelhandelsgeschäftes ist für den Kunden aufgrund der zurückzulegenden Entfernung, der Qualität der angebotenen Waren und der Preise mit unterschiedlichen Kosten und Nutzenwerten verbunden. Je nach Lage und Betriebstyp der alternativen Geschäfte erweisen sich für den Konsumenten unterschiedliche Einkaufsmuster als optimal. Dabei ist insbesondere von Interesse, ob bei einem Einkauf nur ein Geschäft aufgesucht wird, in dem der gesamte Bedarf gedeckt wird, oder ob in mehreren Geschäften eingekauft wird.

E. Gijsbrechts, K. Campo und P. Nisol ermitteln mittels Simulation auf der Basis von Nutzenfunktionen, die sie aus Sekundärdaten ableiten, welche Einkaufsmuster sich in einem Marktgebiet mit zwei Einzelhandelsgeschäften in Abhängigkeit von deren Betriebstyp unter der Annahme ergeben können, dass die Konsumenten im Marktgebiet gleichverteilt sind. In Abbildung 4.30 ist dargestellt, in welcher Form sich die Bewohner eines Marktgebietes einem Verbrauchermarkt und einem Discounter zuwenden, wenn die Konsumenten eine Produktkategorie bevorzugt im Discounter und eine andere eher im Verbrauchermarkt einkaufen. Die Bewohner im dunkel unterlegten Gebiet zwischen den beiden Einzelhandelsstandorten kaufen sowohl im Discounter als auch im Verbrauchermarkt ein, allerdings jeweils auf separaten Einkaufsfahrten. Für die im rechten Teil (gepunktete Fläche) angesiedelten Konsumenten ist es nutzenmaximierend, beide Geschäfte mit einer kombinierten Einkaufsfahrt aufzusuchen. Die übrigen Konsumenten kaufen jeweils im nächstgelegenen Geschäft ein. Die Kosten für die zusätzlichen bzw. längeren Einkaufsfahrten sind in diesen Fällen höher, als der aus den unterschiedlichen Einkaufspräferenzen, für die betrachteten Produktkategorien, erwachsende zusätzliche Nutzen eines Einkaufs im entfernteren Geschäft. Die Aussagen des Modells konnten anhand von zwei empirischen Datensätzen (Paneldaten) gestützt werden.

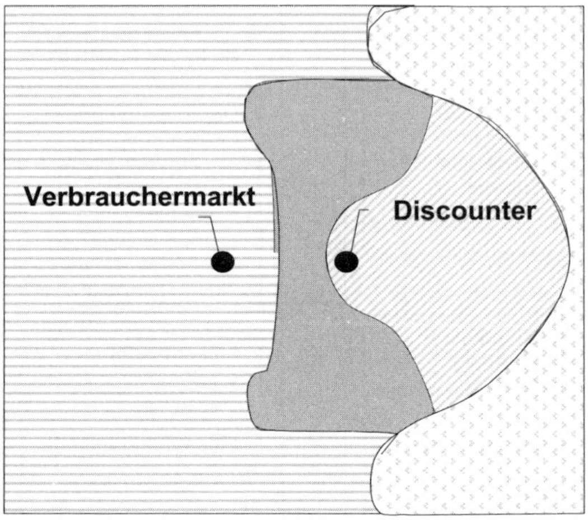

Abb. 4.30: Einkaufsstättenwahl im Modell von E. Gijsbrechts et al. (2005)

Das Modell von E. Gijsbrechts, K. Campo und P. Nisol kann auch genutzt werden, um Auswirkungen unterschiedlicher unternehmenspolitischer Entscheidungen darzustellen. So hat beispielsweise ein Discounter darüber zu entscheiden, ob er in einem Marktgebiet einen Einzelstandort wählt oder sich in der Nähe eines Supermarktes oder Verbrauchermarktes ansiedeln soll. Abbildung 4.31 zeigt, dass der Discounter die höchsten Marktanteile erzielt, wenn er sich in der Nähe des Verbrauchermarktes ansiedeln würde, da viele Konsumenten die neue Einzelhandelsagglomeration nutzen würden, um in beiden Geschäften einzukaufen. Ebenso kann analysiert werden, welche Auswirkungen mögliche Reaktionen des Verbrauchermarktes, wie eine Verbesserung der Produktqualität oder eine Senkung der Preise, bezogen auf das gesamte Sortiment oder nur auf hochwertige Produkte, auf die Wettbewerbsverhältnisse haben.

Standortwahl eines Discounters									
	Einzelstandort			Discounter in der Nähe vom Supermarkt			Discounter in der Nähe vom Supermarkt		
	MS	LCB	PEN	MS	LCB	PEN	MS	LCB	PEN
Verbrauchermarkt	54	44	59	60	48	66	48	14	74
Supermarkt	29	23	31	22	15	27	27	21	26
Discounter	17	15	28	18	11	33	25	04	60
Reaktion des Verbrauchermarktes: Qualitätserhöhung									
	Ausgangssituation			Gesamtsortiment			Produkte hoher Qualität		
	MS	LCB	PEN	MS	LCB	PEN	MS	LCB	PEN
Verbrauchermarkt	73	49	79	75	57	79	86	59	100
Discounter	27	20	51	25	21	43	15	00	41

Reaktion des Verbrauchermarktes: Preissenkung									
	Gesamtsortiment			Produkte geringer Qualität			Produkte hoher Qualität		
	MS	LCB	PEN	MS	LCB	PEN	MS	LCB	PEN
Verbrauchermarkt	95	85	98	85	76	83	79	55	89
Discounter	05	02	15	15	17	25	21	11	45

MS = Marktanteil in %, LCB = Anteil Kunden in %, die ausschließlich das jeweilige Geschäft aufsuchen, PEN = Penetration (Anteil der Kunden in %, die das jeweilige Geschäft aufsuchen)

Abb. 4.31: Auswirkungen von Standort-, Qualitäts- und Preisveränderungen

4.4 Standortplanung mithilfe von Geographischen Informationssystemen (GIS)

Für die Standortanalyse spielen Daten mit räumlichem Bezug, wie z. B. zur Konkurrenz, zu Einwohnerzahl, Kaufkraft oder Zielgruppenanteil am potenziellen Standort, eine große Rolle. Einem Unternehmen stehen solche Daten oft aus unterschiedlichen Quellen und in unterschiedlichen Formen zur Verfügung. Das Unternehmen kann zum Beispiel Standortdaten, Karten- und Adressdaten, externe Markt und Handelsdaten, Infrastrukturdaten und interne Unternehmensdaten besitzen. Voraussetzung für eine optimale Standortplanung ist dabei das integrierte Betrachten, Analysieren und Auswerten von diesen vielfältigen Datenbeständen. Hierfür ist ein intelligentes Datenmanagement erforderlich, welches das Zusammenspiel unterschiedlicher Informationen und deren Verknüpfung mit dem geographischen Ort ermöglicht (vgl. C. Feix 2008, S. 27). Auch die Visualisierung von raumbezogenen Daten ist heutzutage ein unverzichtbares Hilfsmittel, um schnell wesentliche Zusammenhänge in raumbezogenen Daten analysieren und präsentieren zu können (N. H. Lurie und C. H. Mason 2007). Moderne Internetapplikationen wie „Google Earth" oder „Map 24" haben gezeigt, wie einfach Informationen auf einer geographischen Karte angezeigt und interpretiert werden können. Der eigentliche Vorteil des Raumbezugs wird allerdings erst ausgeschöpft, wenn die unterschiedlichen räumlichen Daten miteinander in Beziehung gesetzt werden. Räumliche Informationen und Analysen mit Hilfe von Geographischen Informationssystemen (GIS) sind ein Hilfsmittel bei der Darstellung und Interpretation dieser Beziehungen. Mit Hilfe von GIS werden Geodaten und Kundendaten über geographische Koordinaten mit Marktdaten und Potentialdaten verknüpft (vgl. M. Herter 2008, S. 6). Das Resultat sind einfach zu interpretierende, quantitative Grundlagen für die Evaluation eines Standortes. Daher ist heutzutage der Einsatz solcher Softwaresysteme zur Unterstützung der Standortanalyse und der Managementaufgaben ein Muss. Die Ergebnisse einer Studie von A. Ozimec, M. Natter und T. Reutterer (2008) haben gezeigt, dass GIS in der Praxis sehr häufig eingesetzt werden. Von 268 befragten Standortplanern setzen 80,2 % GIS für die Standortplanung ein.

Definition

Für den Begriff Geographische Informationssysteme (GIS) gibt es eine Vielzahl von unterschiedlichsten Definitionen. Eine der treffendsten Definition gibt R. Bill (1999). Er definiert GIS wie folgt:

> *„Ein Geo-Informationssystem ist ein rechnergestütztes System, das aus Hardware, Software, Daten und den Anwendungen besteht. Mit ihm können raumbezogene Daten digital erfasst und redigiert, gespeichert und reorganisiert, modelliert und analysiert sowie alphanumerisch und graphisch präsentiert werden" (vgl. R. Bill 1999, S.4).*

Um den Begriff „Geographische Informationssysteme" (GIS) in einem betriebswirtschaftlichen Kontext einordnen zu können, muss zunächst der Begriff Geomarketing definiert werden. F. Schüssler (2000) definiert Geomarketing wie folgt:

> *„Geomarketing bezeichnet die Planung, Koordination und Kontrolle kundenorientierter Marketingaktivitäten von Unternehmen mittels Geographischer Informationssysteme (GIS)". Es werden Methoden angewendet, die den Raumbezug der untersuchten unternehmensinternen und -externen Daten herstellen, analysieren und visualisieren sowie entscheidungsrelevante Informationen aufarbeiten." (vgl. F. Schüssler 2000, S. 9).*

Häufig werden die Begriffe „Business GIS", „Business Mapping" oder „Business Geographics" als Synonyme für Geomarketing verwendet. Im englischen Sprachraum wird der Begriff „Business GIS" als Oberbegriff für die genannten Aktivitäten, Methoden und Ziele verwendet (vgl. P. A. Longley und G. Clarke 1995, S. 4f). „Business Mapping" bezeichnet räumliche Visualisierungsaspekte im Bereich der wirtschaftsorientierten GIS-Anwendungen (vgl. P. Leiberich 1997, S. 4). „Business Geographics" hingegen ist der Überbegriff für sämtliche betriebliche GIS-Anwendungen im Unternehmen (vgl. M. Herter 2008, S.6).

Anwendungsbereiche und Prozessstufen

Die Anwendungsbereiche von Geomarketing sind vielseitig und reichen von der Planung von Standorten (z. B. von Filialnetzen) und Vertriebsgebieten (z. B. für den Außendienst) über die Mediaplanung (z. B. Auswahl der Werbemittel) bis hin zur Analyse und Erschließung neuer Marktsegmente. Diese Bereiche gehen ineinander über, da bei der Analyse eines Themengebiets automatisch andere Aspekte oder Themenbereiche tangiert werden. Das Geomarketing stellt insofern eine Innovation dar, da in der Marktbearbeitung eine sequentielle Kombination von einzelnen methodischen Bausteinen aus GIS, Statistik und Spatial Data Mining vorgenommen wird (vgl. C. Feix 2008, S. 31).

Wie ein Geomarketing-Prozess aussieht, kann aus der Abbildung 4.32 entnommen werden. Nach P. Leiberich (1997) kann ein Geomarketing-Prozess in drei Stufen aufgeteilt werden. In der ersten Stufe werden die Daten, die für die Analyse benötigt werden, ermittelt, geprüft und selektiert. Die Daten die aus unterschiedlichen Quellen zur Verfügung stehen, werden in der zweiten Stufe miteinander verknüpft und mithilfe von in GIS zur Verfügung stehenden Methoden ausgewertet. In der dritten Stufe folgt die Visualisierung der ermittelten Ergebnisse. Normalerweise werden die Ergebnisse auf thematischen Karten visualisiert, da diese Karten im Gegensatz zu Graphiken oder Tabellen einem räumlichen Bezug der Daten darstellen können. Die Tabellen und Grafiken werden für die Zusatzinformationen verwendet.

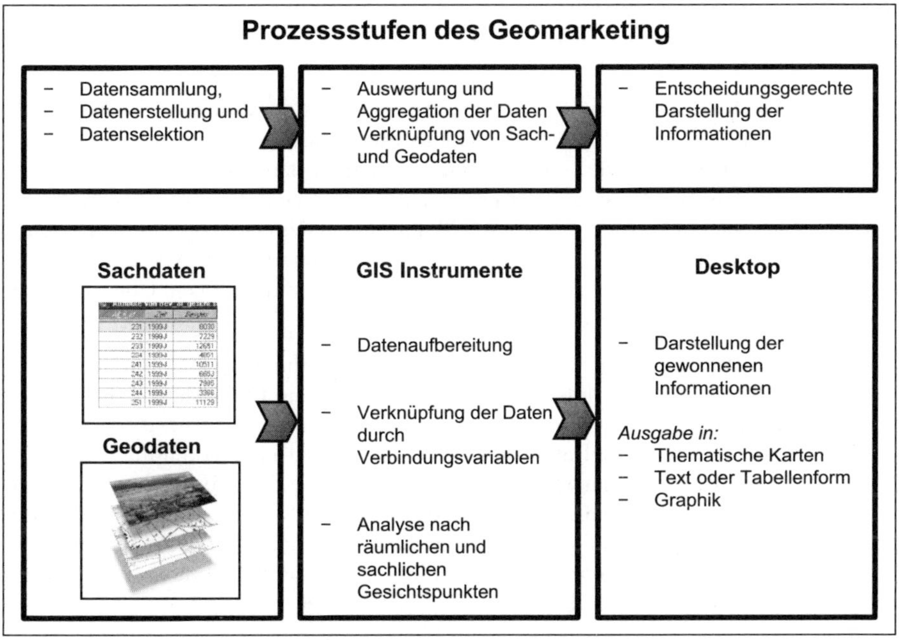

Abb. 4.32: Prozessstufen des Geomarketing (Quelle: Darstellung in Anlehnung an P. Leiberich 1997, S. 80)

Um den Prozessstufen des Geomarketing gerecht zu werden, verfügen GIS über unterschiedliche Funktionalitäten, die diese Stufen ermöglichen. Im folgendem wird auf diese Funktionalitäten näher eingegangen.

Funktionale Komponenten von GIS

Die funktionalen Komponenten umfassen die Aufgaben und Funktionen eines GIS. Die Erfassung, Verwaltung, Analyse und Darstellung der Geometriedaten steht dabei im Vordergrund.

Bei der **Erfassung** der Daten kann auf eine Vielzahl von Datenquellen und Methoden zurückgegriffen werden (vgl. M. Kappas 2001, S. 9). Analoge Karten, Satellitenbilder, Statistiken, Geländemesswerte und digitale Karten, stellen die wichtigsten Datenquellen dar. Die Datenerfassung kann durch einen Import der Daten von externen Quellen oder auch unternehmensintern erfolgen. In den meisten Fällen liegen die in GIS zu verarbeitenden Daten in analoger Form vor und müssen im Vorfeld der Nutzung digitalisiert werden, damit sie von Computern gelesen, erkannt und genutzt werden können (vgl. H. Saurer und F.-J. Behr 1997, S.44).

Die Daten werden in GIS in digitaler Form **verwaltet** und als Vektor- oder Rasterdaten in Dateien oder Datenbanken modelliert. Vor allem relationale Datenbanken (DB) mit ihrem zugehörigen Datenbankmanagementsystem (DBMS) bilden die Kernelemente bei der Datenverwaltung. Bevor mit der Weiterverarbeitung und Analyse der Daten begonnen werden kann, müssen diese meist noch transformiert und aufbereitet werden. Die Transformation von Adressdaten in Koordinaten wird als Geokodierung bezeichnet (vgl. Z. Daroczi 1998, S. 20).

Durch die **Analyse** der Daten können neue Informationen gewonnen werden, die dem Nutzer bei raumbezogenen Fragestellungen als Entscheidungsgrundlage dienen. Typischerweise verfügen moderne GIS über eine Vielzahl an standardmäßig vordefinierten Analysemethoden. Die Methoden der Datenanalyse sind vielfältig und reichen von relationalen, geometrischen und logischen Verknüpfungen der Daten bis hin zu statischen Verfahren wie der Regressions-, Korrelations- und Clusteranalyse sowie Gravitationsmodellen[3] (vgl. R. Bill 1999, S. 32). In Abbildung 4.33 befindet sich ein Überblick über Methoden, die in GIS zur Verfügung stehen.

Die meisten GIS Programme erlauben zudem die Erstellung eigener Datenverarbeitungsprozeduren in einer Skript-Programmsprache oder die Einbindung externer Programme, welche die Datenaufarbeitung unterstützen. Bei marketingspezifischen Fragestellungen ist die kombinierte Datenanalyse, die eine analytische Verknüpfung zwischen Geometrie- und Sachdaten darstellt, von großer Bedeutung. Ermittlung von Häufigkeiten, Charakterisierung von Gelände, Wegeoptimierung zur Routenplanung oder Bestimmung von Einflussgrößen auf die Umgebung (z. B. Untersuchung des Einzugsgebiets eines Einzelhandelsunternehmens bei Ansiedlung an einem bestimmten Ort) sind nur einige Beispiele dafür (vgl. N. Bartelme 1995, S.531).

GIS Analyse-Begriff	**Einzelne Methoden, Verfahren**
Generalisierung	• Vereinfachen, Zusammenfassen, Selektieren, Betonen, Verdrängen
GIS-Abfragen	• Raumbezogene Abfragen (Innerhalb, Außerhalb, Nähe, Berührung, Überschneidung, Schnittmenge) • Attributbezogene Abfragen (SQL)
GIS-Analyse	• Geometrische Berechnungen (Länge, GIS-Analyse Flächeninhalt etc.) • Räumliche Zuordnung • Nachbarschaftsanalysen • Einzugsgebietsberechnung anhand von Kundenreichweiten, Einzugsgebietsberechnung anhand der Ausprägung eines Parameters (z. B. Einwohneranzahl) • Netzwerke, Routingoptimierung, Navigation, Allokations-, Distributionsanalyse • Routing, Isodistanzen, Isochronen

3 Einige Methoden wie z. B. Gravitationsmodelle sind in speziellen GIS-Modulen implementiert. Dazu zählen z. B. GIS-Extensions wie „ArcGIS Spatial Analyst" von der Firma ESRI, „Filialinfo" von IVU und „CommonGIS®" vom Fraunhofer Institut IAIS (vgl. C. Feix 2007, S. 108).

GIS Analyse-Begriff	Einzelne Methoden, Verfahren
	• Verschneidungen • Pufferzonen, Korridore • Interpolationen • Thiessen, Voronoi-Polygonisierung • Kriging[1] • Point Pattern Analysis
Visualisierung	• Choroplethenkarte, Säulen-, Balkendiagrammkarten, Symbolkarten, 3D-Darstellung (Größe, Dichte, Farbe, Form, Muster, Ausrichtung)
Gravitations-modelle	• „Gravitation Retail Trade Law" (Reilly, 1931) • Huff Modell (1963) • Multiplicative Competitive Interaction Model MCI (Nakanishi & Cooper, 1974) • Competing Destinations Model CDM (Fortheringham 1983, 1989) und • weitere
GRID Analyse	• Berechnung von Daten anhand von unterschiedlichen Zellgrößen z. B. 100 x100 Meter. • Umlegung der Daten auf Zellen/GRIDS – anteilsmäßig, Schwerpunkt, Zentroid, Summe, Durchschnitt, Median, Modus, Gewichtung (siehe auch Interpolationsmethoden)
Greenfield-Analyse GRID-basiert	• Ausgehend von Erfolgsfaktorenermittlung (z. B. durch Entscheidungsbäume) Einsatz der Erfolgsfaktoren in GRID-Analysen zur Auffindung gleich strukturierter Gebiete

1 Kriging ist ein Oberbegriff für eine Reihe von Schätzverfahren. Es bezeichnet eine **Interpolation**smethode, basierend auf numerischen Messungen der räumlichen Variation von bekannten Punkten, die in unterschiedlichen Entfernungen liegen.

Abb. 4.33: GIS-Methoden für den Einsatz im Geomarketing (Quelle: C. Feix 2007, S. 98)

Nach der Datenaufbereitung und Analyse stehen die **Auswertung** und die **Visualisierung** der Ergebnisse im Vordergrund. Die Darstellung der Ergebnisse erfolgt meistens in Form von Karten, da so die Informationen besser vom Betrachter wahrgenommen werden können. Dies ist auch darauf zurückzuführen, dass Menschen graphische Zusammenhänge weitaus schneller aufnehmen können als schriftliche oder akustische Informationen (vgl. N. Bartelme 1995, S.5). Von der Möglichkeit einer alphanumerischen Darstellung durch die Erstellung von Statistiken und Berichten, wird daher selten Gebrauch gemacht (vgl. M. Ashdown und J. Schaller 1990, S.9).

Sämtliche Geomarketingaktivitäten setzen die Existenz und Verfügbarkeit relevanter Daten voraus. Seit Mitte der 1990er Jahre wird die Qualität Geographischer Informationssysteme oft nicht mehr am Funktionsumfang der Softwarepakete gemessen, sondern an der Qualität und Quantität der mitgelieferten Daten. Der Begriff „Geodaten" hat sich als Bezeichnung für die Menge aller Daten etabliert, welche – oft in GIS verwaltet – als Ausgangsbasis für Geomarketing-Aktivitäten dienen. Es gibt zwei unterschiedliche Kategorien von Geodaten: die „raumbezogenen Daten" und die „attributbezogenen Daten" (vgl. F. Schüssler 2000, S.17).

„Raumbezogene Daten"

Als raumbezogene Daten werden alle geometrischen Daten bezeichnet, welche einen direkten Raumbezug haben und damit direkt einen oder mehreren geographischen Koordinaten zugewiesen sind. Anders ausgedrückt geben „raumbezogene Daten" geographischen Regionen, Koordinaten oder Strecken einen Namen und eine Kategorie. Beispiele für „raumbezogene Daten" sind Landesgrenzen, Straßen, Flüsse, Stadtgebiete etc. Eine der GIS Aufgaben besteht in der Eingabe, Verwaltung und Zuordnung raumbezogener Daten. Diese Daten können dort als Flächen, Linien oder Punkte verwaltet werden (siehe Abbildung 4.34).

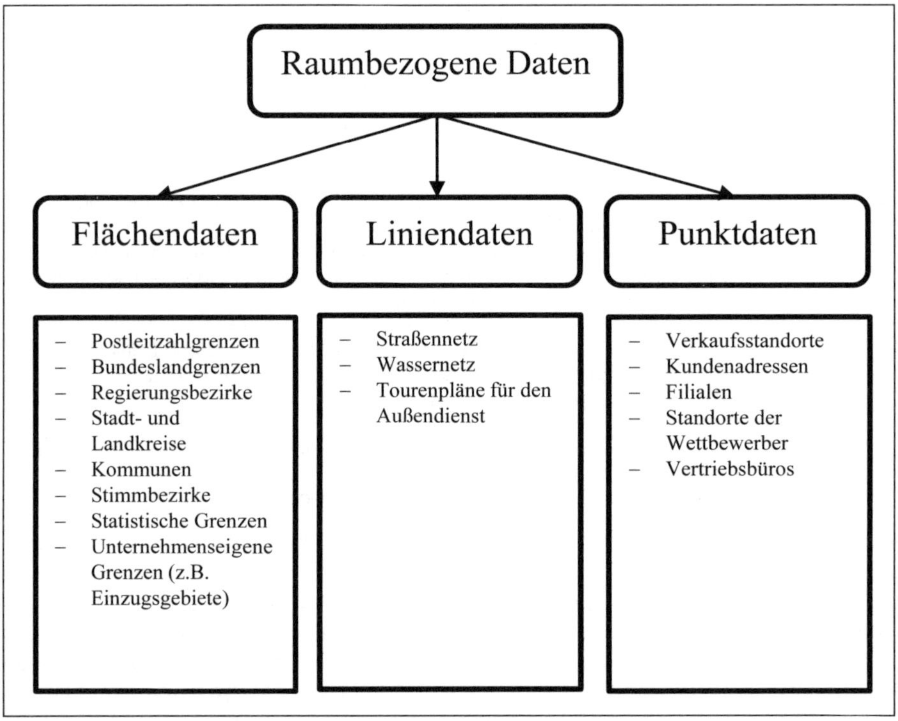

Abb. 4.34: Gliederung von raumbezogenen Daten

Flächendaten sind gegenwärtig die am häufigsten eingesetzten Daten im Geomarketing. Die „raumbezogenen Geodaten" dienen als Bezugssystem für diverse attributbezogene Datenquellen.

„Attributbezogene Daten"

Grundsätzlich kann es sich bei den attributbezogenen Daten um unternehmensinterne und unternehmensexterne Daten handeln. Beispiele für unternehmensinterne Daten sind Aufzeichnungen von Kundensätzen oder raumbezogene Speditionsdaten. Die unternehmensexternen Daten – wie etwa demographische, ökonomische oder soziale Strukturmerkmale – werden in der Regel hinzugekauft oder sind schon im Lieferumfang des eingesetzten GIS enthalten. Ein Einzelhandelsunternehmen erhebt diese Daten selten selbst. Nach Einschätzung der Mehrzahl der Unternehmen und Institutionen werden sowohl interne als auch externe Daten zur Marktanalyse benötigt (vgl. D. Martin und P. Longley 1995, S.15). Attributbezogene Daten sind thematische Daten oder Sachdaten, welche bezüglich der raumbezogenen Daten eine erklärende Funktion innehaben (vgl. Schüssler, F. 2000, S.17). Zu den attributbezogenen Daten gehören demographische Daten, Kaufkraftziffern sowie potenzielle Umsatzzahlen und Paneldaten.

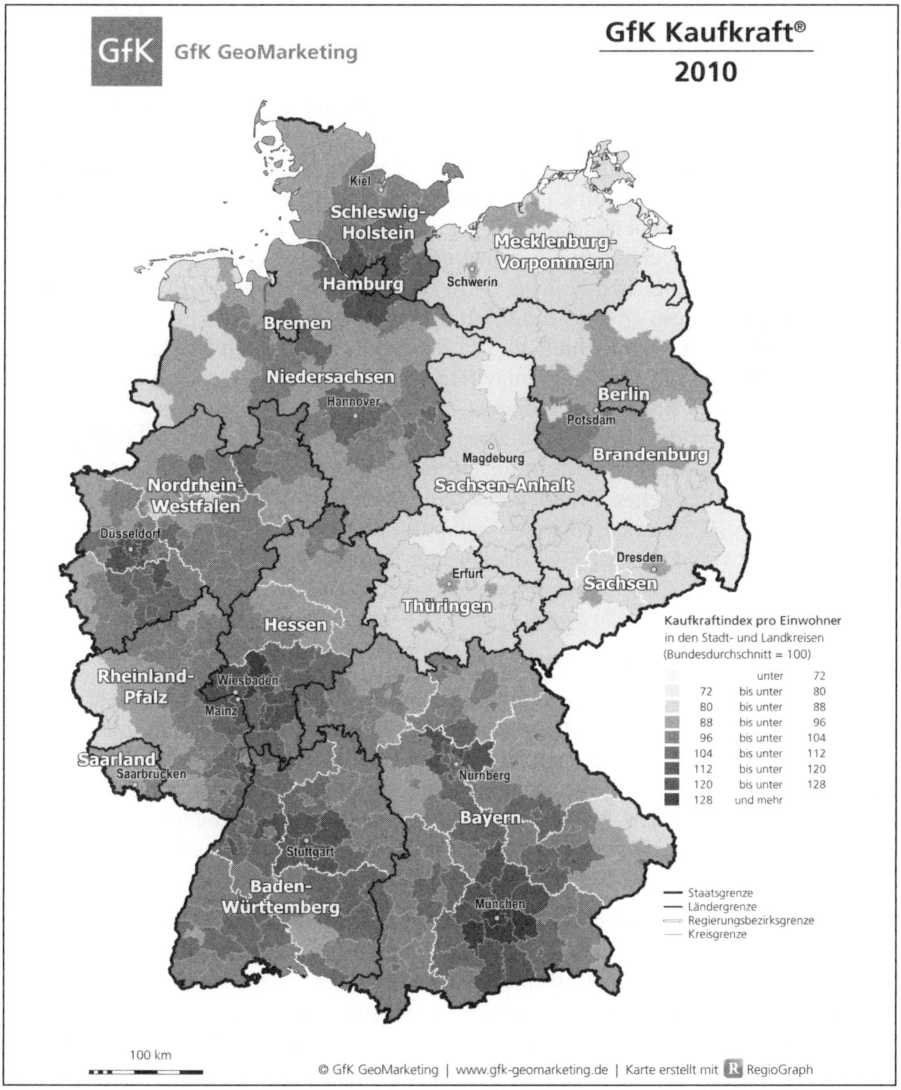

Abb. 4.35: Kaufkraftkarte für Deutschland (Quelle: GfK 2010)

In den letzten 10 bis 15 Jahren wurden ökonomische und soziodemographische Informationen in einer zunehmend großen Masse und in einer wesentlich höheren Detailgenauigkeit verfügbar. Die Vielfalt der in GIS verwendeten Daten ist daher sehr groß. Die demographischen Daten der öffentlichen Statistik (Statistisches Bundesamt, Statistische Landesämter etc.) bilden einen großen Teil der Attributdaten. Neben den öffentlichen Daten existiert auch eine Vielzahl von Spezialdaten, welche von einzelnen Unternehmen oder Unternehmensgruppen aufgebaut wurden. Dies sind beispielsweise auch branchenspezifische Absatzkennziffern und Potenzialdaten, die auch auf der räumlichen Basis von Kreisen, Gemeinden oder PLZ-Gebieten erhältlich sind. Am deutschsprachigen Markt haben sich Unternehmen wie GfK, Infas GEOdaten, Microm, Axciom, Deutsche Post AG und Global Consulting als private Datenanbieter durchgesetzt.

Kaufkraftdaten sind eine notwendige Voraussetzung zur Schätzung von Umsatzzahlen. Daher haben sie eine zentrale Bedeutung für die Standortanalyse im Einzelhandel. M. Bauer (2006) definiert Kaufkraft als verfügbares Einkommen, das in privaten Haushalten für Konsumzwecke zur Verfügung steht. Die Kaufkraft ist also derjenige Teil des Einkommens, der pro Haushalt verbleibt, nachdem alle regelmäßig wiederkehrenden Zahlungsverpflichtungen (z. B. Wohnungsmieten, Kreditraten, Versicherungsprämien) beglichen wurden. Nicht berücksichtigt sind regional unterschiedliche Lebenshaltungskosten. Die Kaufkraft der Haushalte wird üblicherweise zu einer Kaufkraftkennziffer einer Region zusammengefasst. Diese gibt das Kaufkraftniveau dieser Region pro Einwohner im Vergleich zum nationalen Durchschnitt an. Der nationale Durchschnitt hat dabei den Nominalwert 100. Beträgt die Kaufkraftkennziffer einer Region in Deutschland z. B. 111, so liegt sie oberhalb des Bundesdurchschnitts. Die Einwohner dieser Region verfügen dann im Mittel über 111 % der durchschnittlichen bundesdeutschen Kaufkraft. Abbildung 4.35 visualisiert die Kaufkraftkennziffern für Deutschland im Jahr 2010. In die Berechnung der Umsatzkennziffer gehen Umsätze des stationären Einzelhandels und des Nahrungsmittelhandwerks (Bäckereien, Metzgereien und Konditoreien) ein. Der Handel mit Kraftfahrzeugen, der Verkauf von KFZ-Zubehör und Brennstoffen, Tankstellen und der Versandhandel werden in dieser Kennziffer nicht berücksichtigt.

Visualisierung von raumbezogenen Daten

Visualisierung hat im Geomarketing eine besondere Bedeutung. Ein Verzicht auf die Visualisierung der Ausgangsdaten und der Zwischen- und Endergebnisse ist bei der räumlichen Analyse undenkbar (vgl. C. Feix 2008, S. 33). Oft werden Zusammenhänge und Hintergründe von Analyseergebnissen erst durch die Darstellung auf einer Karte transparent. Die räumliche Nachbarschaft von Verkaufsgebieten oder Konsumentenstandorten ist aus tabellarischen Aufstellungen nicht erkennbar. Karten haben im Wesentlichen zwei Aufgaben (vgl. J. Frühling und W. Steingrube 1997):

- **Orientierung:** Die Lagegenauigkeit spielt eine zentrale Rolle (z. B. geographische Verteilung von Konkurrenten)
- **Analyse und/oder Präsentation statistischer Daten:** Hier geht es weniger um die exakte Orientierung, sondern vielmehr um die unmittelbare Informationsvermittlung (z. B. Verteilung der Kaufkraft auf verschiedene Regionen; siehe Abbildung 4.35).

Für die Darstellung statistischer Daten werden thematische Karten angewendet. Thematische Karten sind Karten, die ein bestimmtes Merkmal oder Thema verbildlichen, beispielsweise Kaufkraft oder Einwohnerzahl pro PLZ-Gebiet. In der Praxis werden für Standortanalysen Flächenkarten, Symbolkarten und Diagrammkarten verwendet. Der Standardumfang der üblichen GIS Pakete bietet diese Visualisierungsformen an. Im Folgenden werden diese Visualisierungsformen und eine weitere neue Form, das Kartogramm, erläutert. Die Abbildung 4.36 zeigt ein Beispiel, wie die Kaufkraft bzw. Einwohnerdichte mithilfe unterschiedlicher Visualisierungsformen dargestellt werden kann. Es ist zu beachten, dass die thematischen Karten über unterschiedlichen Eigenschaften verfügen. So können z. B. auf dem Kartogramm und der Diagrammkarte zwei Variablen auf einer Karte dargestellt werden, was bei der Flächenkarte und der Symbolkarte nicht möglich ist.

Flächenkarten (Choroplethenkarten) stellen Information über einzelne Regionen auf einer Karte durch Einfärbung ihrer Fläche dar. Durch die Verwendung von Helligkeitsstufen oder Farben können quantitative Information wie z. B. Kaufkraft dargestellt werden.

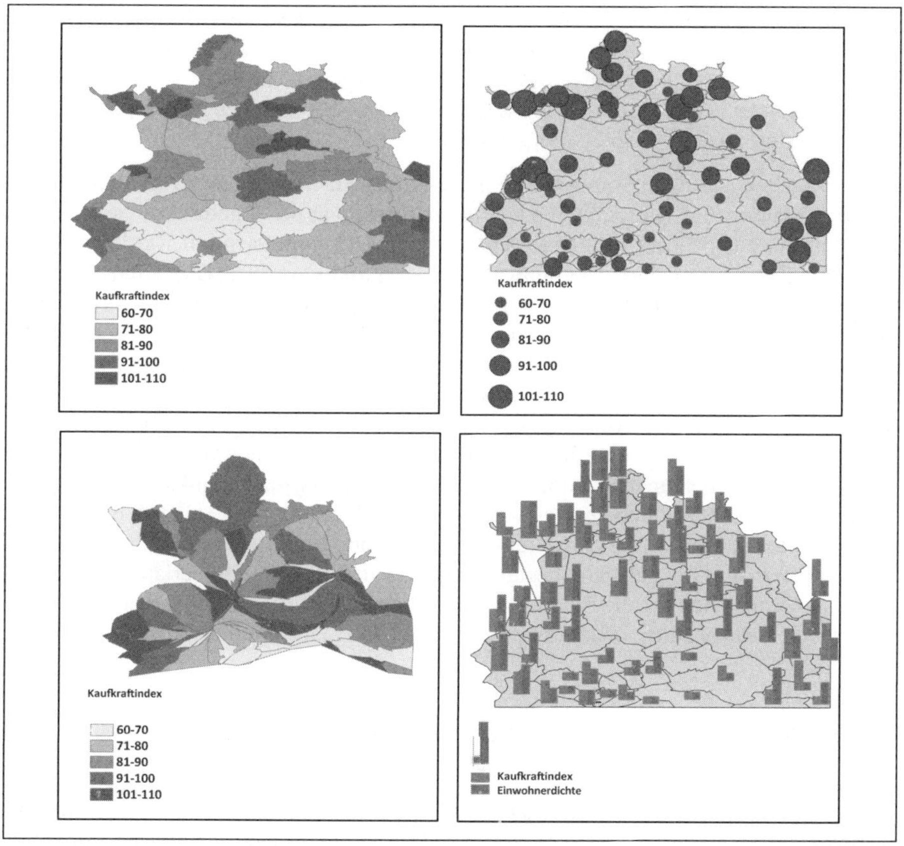

Abb. 4.36: Kaufkraftindex und/oder Einwohnerdichte dargestellt mithilfe von: Flächenkarte (oben links), Symbolkarte (oben rechts), Kartogramm (die verzerrte PLZ-Fläche stellt die Einwohnerdichte pro PLZ dar; unten links) und Diagrammkarte (unten rechts)

Eine **Symbolkarte** ist eine thematische Karte, in der die Größe der in die Gebiete eingebetteten Symbole (z. B. Kreise), im Verhältnis zum Wert einer entscheidungsrelevanten raumbezogenen Variablen (z. B. Einwohnerdichte oder Kaufkraft) steht. Symbolkarten können mithilfe von unterschiedlichen Symbolen auch qualitative Informationen wie z. B. Konsumentenstandorte darstellen.

Eine **Diagrammkarte** ist eine thematische Karte, auf der von den Sachdaten abhängige gestaltete Diagramme räumlich angeordnet sind. Diese Darstellungsformen liefern quantitative Informationen und eignen sich insbesondere zur Präsentation von Statistiken (vgl. G. Olbrich, M. Quick und J. Schweikart 1996, S. 25). Man unterscheidet verschiedene Diagrammtypen wie Linien-, Säulen-, Flächen-, Kreis-, Stab- oder Balkendiagramme.

Für den Begriff **Kartogramm** existiert keine einheitliche international gültige Definition. Verzerrte Karten, Fischauge-Projektionen oder kartographische Anamorphoten entsprechen annähernd der Bedeutung des englischen Fachbegriffs „cartogram" und werden im Folgenden unter dem Begriff Kartogramm behandelt. Kartogramme beschreiben willentlich verzerrte thematische Karten, wobei die Fläche eines Gebiets entsprechend einer entscheidungsrelevanten raumbezogenen Variablen so verzerrt (d. h. verkleinert oder vergrößert) wird, dass die resultierenden Flächengrößen proportional zu den Werten dieser Variablen dargestellt sind.

Typischerweise verfügen Standard GIS Pakete über Flächenkarten, Symbolkarten und Diagrammkarten. Die Kartogramme befinden sich nicht in den Standardpaketen, können aber mithilfe einer Skript-Programmiersprache in GIS implementiert werden. GIS erlaubt dem Benutzer eine freie Kartenwahl bei der Standortanalyse. Dies kann ein Nachteil sein, wenn man bedenkt, dass ein großer Anteil der Standortplaner über keine geographische Ausbildung verfügt. Sie kennen oft nicht die Vorteile und die Nachteile der zur Verfügung stehenden thematischen Karten. Die falsche Darstellung der Daten kann zu einer Fehlinterpretation führen, was bei der Standortwahl mit hohen Kosten verbunden sein kann. A. Ozimec, M. Natter und T. Reutterer (2010) haben in einem Experiment mit 1,349 Probanden herausgefunden, dass die Wahl der falschen Darstellung den Entscheidungsfehler bei einer Standortanalyse um bis zu 30 Prozentpunkte erhöhen kann. In dem Experiment hat sich gezeigt, dass neben der Darstellungswahl auch die Art, wie die Symbole auf einer Karte dargestellt werden[4], einen Einfluss auf die Entscheidungsqualität hat. Insgesamt hat sich gezeigt, dass die Symbolkarte mit überlappenden Symbolen sich am besten für die Standortanalyse eignet. Mithilfe dieser Darstellungsform haben auch die Probanden ohne Kartenerfahrung häufig eine optimale Lösung gefunden.

---

4 Symbole können auf unterschiedliche Weise auf der Karte angezeichnet werden. Bei der Symbolkarte können z. B. Kreise so klein dargestellt werden, dass sie sich nicht überlappen. Im Falle sehr kleiner PLZ-Gebiete, müssen Kreise sehr klein eingezeichnet werden um Überlappung zu vermeiden. Dies führt zur erschwerten Interpretation der eingezeichneten Variable. Die Kreise können auch überlappend dargestellt werden was dazu führt, dass der eine oder andere Kreis nicht gut zu sehen ist. Neben den sehr kleinen und überlappenden Diagrammen können die Diagramme auf der Diagrammkarte auch außerhalb der Karte verbunden mit einer Linie dargestellt werden, was sehr unübersichtlich sein kann (für mehr Informationen siehe A. Ozimec, M. Natter und T. Reutterer 2010).

Auch Kartogramme haben ein sehr hohes Potenzial für die Standortanalyse. Es würde sich daher empfehlen bei GIS Paketen für die Standortplanung, die Symbolkarten und die Kartogramme als Standard Kartenoptionen zu implementieren. Dadurch könnte eine Zufallswahl der Darstellungsform vom nicht erfahrenen Nutzer verhindert und Entscheidungsfehler verringert werden (vgl. A. Ozimec, M. Natter und T. Reutterer 2010, S. 22–26).

Ein Beispiel für die Standortanalyse mit GIS

Im Folgenden wird ein Beispiel vom Fraunhofer IAIS verwendet, um zu verdeutlichen wie die Standortplanung eines Baumarktes aussehen kann. Es wird davon ausgegangen, dass die Baumarktkette, bei der Herr Schnell arbeitet, expandieren möchte. Herr Schnell hat die Aufgabe, einen optimalen Standort für einen neuen Baumarkt im Raum Köln/Bonn auszusuchen. Für die Planung kann er auf bestehende Marktdaten (Daten über die bestehenden Baumärkte seiner Kette, Konkurrenzanbieter, bereits geplante Standorte seiner Kette ...) und auf Daten zum Kundenpotenzial auf Gemeindeebene zurückgreifen. Herr Schnell möchte mit Hilfe der Daten herausfinden, in welchen Gebieten die meisten potentiellen Baumarkt-Kunden wohnen (Personen älter als 40, hoher 1-/2-Familienhausanteil, Bereitschaft zu höheren Ausgaben, ...). Zudem muss er noch einen verkehrsgünstigen Standort mit genügend freier Fläche (Verkaufsfläche, Parkfläche) finden, der preislich im vorgegebenen Limit liegt. Es könnte auch günstig sein, wenn sich noch weitere Geschäfte im näheren Umfeld befinden, da die Wahrscheinlichkeit für Laufkundschaft dann größer ist.

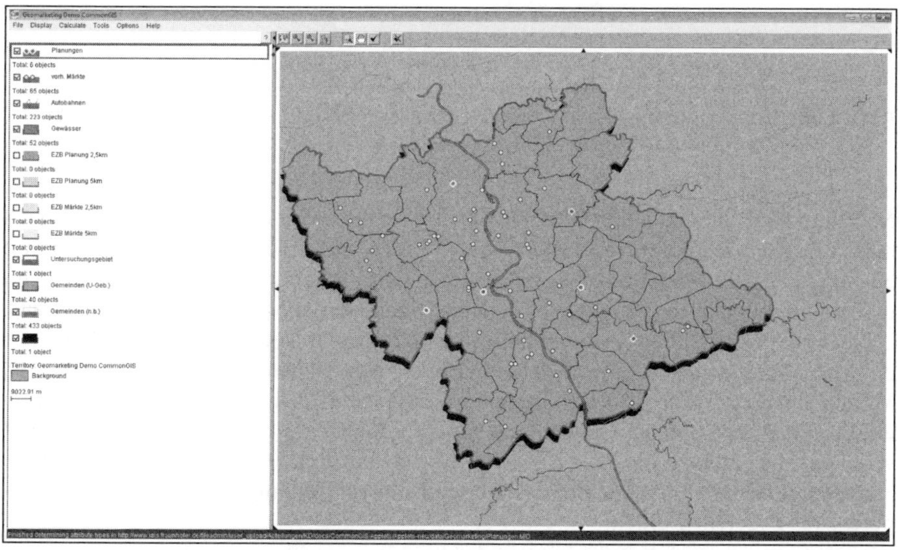

Abb. 4.37: Das potenzielle Gebiet: Raum Köln/Bonn mit schon bestehenden Baumärkten (vorh. Märkte) und Standorten für geplante Baumärkte (Planungen); Quelle: Fraunhofer IAIS (2010) http://www.iais.fraunhofer.de

Um die Standortanalyse durchführen zu können wurde Herrn Schnell das GIS-System „CommonGIS“ zur Verfügung gestellt. Die Daten, die er zur Analyse benötigt kommen aus verschiedenen Quellen. Deshalb muss er zuerst die Daten zusammenfügen. Die Daten werden mithilfe einer raumbezogenen Variablen wie z. B. der PLZ in GIS miteinander verknüpft. Nachdem die Daten zusammengefügt sind, will sich Herr Schnell einen Überblick über das zu untersuchende Gebiet verschaffen. Den besten Überblick erhält er mithilfe einer thematischen Karte. Abbildung 4.37 zeigt das potenzielle Gebiet mit schon bestehenden Baumärkten und Standorten für geplante Baumärkte auf einer thematischen Karte.

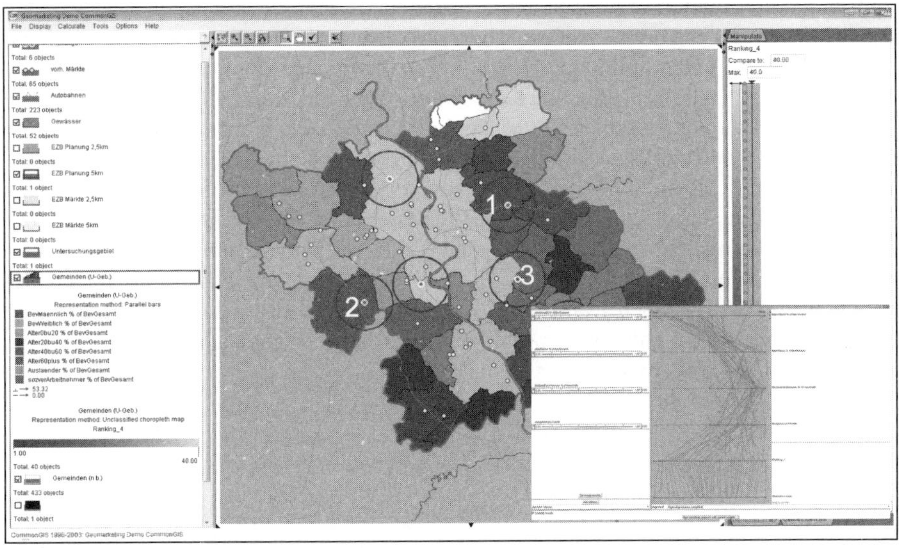

Abb. 4.38: Kundenpotenzial bzgl. Alter, Haushaltsgröße und Ausgabenhöhe. Quelle: Fraunhofer IAIS (2010) http://www.iais.fraunhofer.de

Nachdem Herr Schnell einen Überblick über das Gebiet bekommen hat, macht er sich auf die Suche nach potenziellen Baumarkt-Kunden. Das sind Personen älter als 40 mit einem hohen 1-/2-Familienhausanteil und der Bereitschaft zu höheren Ausgaben. Um die Verknüpfung dieser Variablen zu erzielen, wählt Herr Schnell die Profilmethode aus. Dabei ermöglicht GIS für jede Variable eine individuelle Gewichtung. Herr Schnell ist der Meinung, dass das Alter mit 40 % am stärksten gewichtet werden soll. Die anderen Variablen dagegen sind gleichwertig und sollen je mit 20 % gewichtet werden. Mithilfe der Profilmethode und der Gewichtung wird jedem PLZ-Gebiet ein Wert zugeteilt, mit welchem Herr Schnell die Analyse weiter fortsetzen kann. Die Werte können auf einer Karte dargestellt werden und den Standorten kann ein Ranking bezüglich des Kundenpotenzials zugeteilt werden.

Abbildung 4.38 stellt eine solche Karte dar. Die berechneten Werte werden mit hellen bzw. dunklen Tönen pro PLZ-Gebiet auf der Karte angezeigt. PLZ-Gebiete, die heller auf der Karte erscheinen weisen ein höheres Kundenpotenzial als dunklere PLZ-Gebiete auf. Um die Analyse besser durchführen zu können, zeichnet Herr Schnell für jeden potenziellen Standort ein Einzugsgebiet mit einem Radius von 5 km. Danach schaut er auf die Verfärbung der Einzugsgebiete für potenzielle Standorte. Die drei Planungsobjekte auf der Karte mit den Nummern 1–3 sind bezüglich der Kundendaten besser geeignet als die anderen Standorte. Am Ende sollen diese Standorte bzgl. der Wettbewerber, der Einwohner im Umfeld und der Ausstattung (Verkaufsfläche und Parkplätze) genauer in Betracht genommen werden.

Nachdem Herr Schnell das Kundenpotenzial ermittelt hat, nimmt er diese Standorte bzgl. der Wettbewerber, der Einwohner im Umfeld und der Ausstattung (Verkaufsfläche und Parkplätze) genauer in Betracht. Nach diesen Kriterien und bzgl. des sehr guten Kundenpotenzials wählt Herr Schnell den Standort, der auf der Abbildung 4.38 mit der Nummer 1 bezeichnet ist. Nun sollte Herr Schnell sich diese Immobilie vor Ort anschauen. Zunächst muss er für diese Immobilie aber noch eine Kostenprognose durchführen.

4.5 Zusammenfassung

Die vorgestellten Methoden (Checklist-Methoden und Analog-Methode) und die Gravitationsmodelle ergänzen sich. Beide Techniken streben an, alle Einflussfaktoren auf die Vorteilhaftigkeit eines Standortes zu berücksichtigen, die Checklist-Methode eher analytisch, die Analog-Methode hingegen eher summarisch durch die Auswahl eines vergleichbaren Standortes. Die theoretischen Ansätze fokussieren auf den genauen Einfluss weniger Größen, insbesondere auf die Entfernung zwischen dem Wohnort des Konsumenten und dem Standort des Handelsbetriebes. Kennzeichen vieler Beiträge ist, dass nicht nur eine funktionale Beziehung zwischen dem Einkaufsverhalten der Konsumenten und der zurückzulegenden Entfernung aufgestellt wird, sondern dass auch versucht wird, diese Beziehung verhaltenswissenschaftlich zu begründen. Die Geographischen Informationssysteme spielen in der praktischen Standortplanung eine beträchtliche Rolle. Es wurde daher detailliert auf den Planungs- und Entscheidungsprozess mit Hilfe von GIS eingegangen und anhand eines Beispiels deren Anwendung illustriert.

Internetadressen

Zur Standortplanung:

- http://www.gfk-geomarketing.de/geomarketingwissen/einsatzbereiche/standort planung.html

Zur Standortplanung mit GIS:

- http://www.infas-geodaten.de
- http://www.esri-germany.de/

Aktivitäten

- Erstellen Sie eine Liste von Standortfaktoren, die Sie bei der Standortplanung eines Baumarktes berücksichtigen würden. Gewichten Sie diese Standortfaktoren und erläutern Sie die Gründe für die gewählte Gewichtung.

Fragen zur Diskussion

- In wie fern unterscheiden sich die Standortpolitiken von REWE, Aldi und Real?
- Für welche Einzelhandelsgeschäfte würde es sich lohnen, in der Nähe von Real oder Toom ein Geschäft zu eröffnen?
- Diskutieren Sie, wie wichtig die Erreichbarkeit des Standortes mit ÖPNV bzw. Auto für die folgenden Geschäfte ist:
  a. Baumarkt,
  b. Möbelladen,
  c. Hypermarkt,
  d. Supermarkt und
  e. Kleidungsgeschäft.

DRITTER TEIL – LAUFENDE ENTSCHEIDUNGEN

5 Category Management

Seit etwa 1990 gibt es in der Praxis unter der Überschrift „Efficient Consumer Response (ECR)“ vielfältige Initiativen, die Aktivitäten von Herstellern und Händlern besser aufeinander abzustimmen. Mit Maßnahmen auf dem Feld der Logistik (auch als supply side bezeichnet), im Vertrieb (auch als demand side bezeichnet) und in der Administration (in Verbindung mit den enabling technologies) sollen die Reaktionen der Konsumenten besser erkannt und berücksichtigt werden. Im Laufe der gemeinsamen Beratungen von Herstellern und Händlern wurde auch ein Planungsschema – im Folgenden als Acht-Schritte-Prozess bezeichnet – entwickelt, das zur Planung der laufenden Operationen zur Steuerung des Warenangebots herangezogen werden kann, unabhängig davon, wie eng Handel und Industrie bei der Planung der hier angesprochenen Maßnahmen zusammenarbeiten (aus der umfangreichen Literatur vgl. Schröder, H./Rödl, 2006; Lingenfelder, M./Kreipl, Cl. 2007). Die in Abschnitt 5.1 vorgestellte Vorgehensweise ist inzwischen bei vielen Herstellern und Handelsunternehmungen die Plattform, auf der Sortimente, Promotions und die Regalgestaltung geplant und die Gespräche zwischen Industrie und Handel geführt werden. Das Schema dient dazu, die fortlaufend zu treffenden Entscheidungen über das Sortiment („efficient asssortment“, „efficient product introduction“), die Werbemaßnahmen (efficient advertising“), die Preispolitik und die verkaufsfördernden Maßnahmen („efficient promotions“) und schließlich die Platzierungspolitik zu unterstützen. Insofern liegt hier ein Schema vor, mit dem die genannten absatzpolitischen Instrumente aufeinander abgestimmt werden können. Ziel dieses Abschnittes ist, diesen Category Management-Prozess vorzustellen, bevor in den folgenden Kapiteln einzelne Aspekte der Planung der genannten absatzpolitischen Instrumente detaillierter behandelt werden. Oft wird im Rahmen von Category-Management-Prozessen auch hervorgehoben, dass Hersteller und Handel stärker kooperieren sollten, nicht nur mit vereinheitlichten Normen (z. B. für Palettengrößen, einheitliche Artikelnummern, standardisierter Datenaustausch), sondern auch mit einem verstärkten Informationsaustausch und abgestimmteren Planungssystemen, z. B. bei verkaufsfördernden Maßnahmen. Die damit verbundenen Probleme sind nicht Gegenstand der folgenden Ausführungen (vgl. z. B. K. H. Magnus, A. M. Nienaber, G. Schewe und U. Thonemann 2008; J. Wicht, A. Hopp und A. Arminger, G. 2008).

5.1 Überblick über den Category Management-Prozess

Für den Category Management-Prozess wird in der Praxis der in Abbildung 5.1 dargestellte **Acht-Schritte-Prozess** empfohlen (vgl. ECR Europe Hrsg., 1997, S. 36ff.); das Schema orientiert sich an der allgemein üblichen Struktur von Prozessschemata zur Unternehmensführung (vgl. L. Müller-Hagedorn, W. Toporowski und S. Zielke 2011, Kap. 4) und unterteilt den gesamten Managementprozess von der Analyse der Ausgangssituation über einzelne Etappen der Planung und der Realisation bis hin zur Kontrolle in einzelne Schritte (Prozesse).

1. Den Einstieg in den Category Management-Prozess bildet die **Definition von Categories**. Mit ihnen wird das Sortiment in Sortimentseinheiten zerlegt, die für die Planung und Kontrolle geeignet sind. Die oft umfangreichen Sortimente werden damit in Planungs- und Kontrolleinheiten zerlegt. Im Category-Management wird hierbei ein Kriterium besonders betont: Die Artikel innerhalb einer Kategorie sollen von den Konsumenten als zusammengehörig betrachtet werden. Die Kategorie wird weiterhin in Untergruppen (Subkategorien) unterteilt. Zur Veranschaulichung sei auf die Category „Tierpflegeprodukte" hingewiesen, der neben Tierfutter auch beispielsweise Tiermedizin und weiteres Zubehör angehören können, also Artikel, die nach einer traditionellen herkunftsorientierten Unterteilung nicht in einer Sortimentseinheit zusammengefasst, sondern z. B. in den Abteilungen Tiernahrung und Haushaltsartikel getrennt waren.

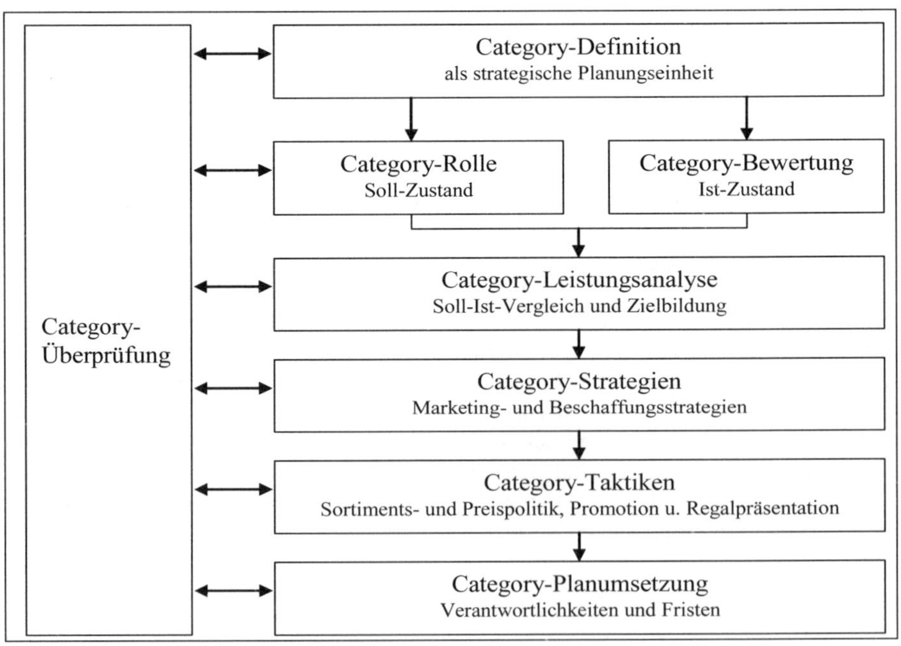

Abb. 5.1: Der Category Management-Prozess nach ECR-Europe

2. In der zweiten Phase wird den Categories eine **Rolle** zugewiesen. Die Rolle legt fest, welche Funktionen einer Category für das Erreichen der Unternehmensziele des Händlers zugeschrieben werden. Da die Category-Rolle den gesamten weiteren Category Management-Prozess beeinflusst, indem sie die Verteilung der Ressourcen auf die Categories bestimmt, ist der Rollenzuweisung große Aufmerksamkeit zu schenken. So werden Profilierungs- und Impulskategorien durch Ressourcenzuteilung (z. B. Regalfläche) begünstigt, während Categories oder Segmente mit Pflicht- oder Ergänzungscharakter nur in geringerem Ausmaß Ressourcen beanspruchen und über hohe Margen für Ertrag sorgen sollen (vgl. S. Zielke 1999, S. 78ff.). Kriterien für die Rollenzuweisung sind die Bedeutung der Category für die Zielgruppe des Händlers, die Bedeutung der Category für die Umsetzung des strategischen Konzepts sowie die Aussichten der Category im Markt des Händlers.
3. Im dritten Schritt werden die Leistungen der Category bewertet. Die **Category-Bewertung** erfolgt auf Basis von Händler-, Hersteller-, Konsumenten- und Marktdaten. Eine wichtige Voraussetzung für die Category-Bewertung sind Marktforschungsstudien, die Aufschluss über das Such- und Entscheidungsverhalten von Kunden innerhalb der Category geben (vgl. die Beispiele aus der Marktforschungspraxis bei M. Johnson und D. Pinnington 1998; M. Johnson und P. Felice 1998).
4. In der **Category-Leistungsanalyse** werden aus der Category-Rolle (Soll) und der Category-Bewertung (Ist) Leistungskriterien und -vorgaben entwickelt. Ziel der Bewertung ist es, insbesondere Verbesserungspotenziale hinsichtlich Umsatz, Gewinn und Gesamtkapitalrentabilität aufzuzeigen. Die Leistungsvorgaben beziehen sich auf Umsatz- und Marktanteilssteigerungen (bei Profilierungskategorien und Impulskategorien) oder auf Ertragssteigerungen (bei Pflicht- und Ergänzungskategorien).
5. Mit Hilfe der **Category-Strategien** sollen die formulierten Leistungsvorgaben realisiert werden. Die Strategien werden differenziert für Warenuntergruppen, Segmente, Marken und Artikel entwickelt und beziehen sich sowohl auf das Absatzmarketing als auch auf den Beschaffungsbereich (daher der Begriff Geschäftsplanungsprozess). Beispiele für Marketingstrategien sind Maßnahmen zur Förderung der Kundenfrequenz, zur Erhöhung des Transaktionswertes für Käufe innerhalb der Category oder zum Erzielen von Gewinn und Cashflow. Die Beschaffungsstrategien beziehen sich auf die effizientere Gestaltung von Prozessen zwischen Händler und Hersteller und beinhalten für die Profilierungskategorien in der Regel ein umfassendes **Efficient Replenishment**, wenn das Handelsunternehmen sich zur Kooperation mit dem Hersteller entschlossen hat. Efficient (Continuous) Replenishment ist eine Basisstrategie des ECR-Konzeptes, die darauf abzielt, Effizienzen entlang der Versorgungskette zu erhöhen, indem das herkömmliche Belieferungssystem (vom Handel gemachte Bestellungen) durch einen sich an der tatsächlichen bzw. prognostizierten Nachfrage des Konsumenten orientierenden, abgestimmten Prozess ersetzt wird, wobei der Hersteller im Idealfall sich selbst für die Bestellungen des Händlers verantwortlich zeichnet" (A. von der Heydt 1997, S. 58).
6. Mit Hilfe der **Category-Taktiken** sollen die entwickelten Strategien durch konkrete Maßnahmen in den Bereichen Sortimentspolitik, Preispolitik, Verkaufsförderung und Regalpräsentation umgesetzt werden.
7. Die **Category-Planumsetzung** regelt Verantwortlichkeiten und Fristen für die Realisation des Category Management-Plans.

8. Der Category Management-Plan bedarf einer periodischen Prüfung und gegebenenfalls einer Anpassung (**Category-Überprüfung**).

Bei dem sog. Category Management-Prozess werden Bausteine, die generell zur Gestaltung von Planungs- und Kontrollprozessen herangezogen werden, in den Bereich der Marketingplanung von Handelsunternehmen übertragen (vgl. zum Managementzyklus J. Wild 1974; L. Müller-Hagedorn, W. Toporowski und S. Zielke 2011, Kap. 4). Mit dem Begriff der Category-Rolle, der zunächst fremdartig anmutet, wird sichergestellt, dass das strategische Konzept, mit dem ein Handelsbetrieb den Wettbewerb bestehen will, in die Marketingpolitik übersetzt wird. Die Category-Rolle stellt also die Konkretisierung des strategischen Konzeptes für einzelne Categories auf der Marketingebene dar. Im Einzelnen lässt sich der Zusammenhang zwischen den generell üblichen Planungsschemata und dem Category Management-Prozess wie folgt verdeutlichen:

1. Zur Analyse gehören die Phasen 1 (Definition von Categories) und 3 (Bewertung),
2. Zielformulierungen werden in Schritt 4 vorgenommen,
3. Elemente einer strategischen Sortimentsplanung finden sich in den Schritten 2 (Rollen) und 5 (Strategien),
4. es schließen sich die Festlegung von taktischen Maßnahmen und Hinweise zur Planumsetzung an,
5. alle Phasen werden von einem Kontrollprozess begleitet.

Bei dem Category Management-Prozess handelt es sich um einen sinnvollen Rahmen für Planung und Kontrolle, der allerdings noch sehr abstrakt ist und durch sinnvolle Methoden ausgefüllt werden muss. So ergibt sich beispielsweise die Frage, anhand welcher Kennzahlen eine Category zu bewerten ist, wie die Preislagen zu besetzen sind, wie die Sortimentstiefe dimensioniert sein sollte und wie die Regale gestaltet werden können, damit gleichermaßen die Plankäufe bequem abgewickelt werden können und zu Impulskäufen angeregt wird. Unter dem Begriff Collaborative Planning, Forecasting and Replenishment (CPFR) ist eine Variante entwickelt worden, die u. a. gemeinsame Absatzprognosen von Industrie und Handel ermöglichen soll; diese Variante wird allerdings im Folgenden nicht näher behandelt (vgl. D. Seifert 2002 und 2004).

5.2 Zur Unterscheidung von Categories

Der Category Management-Prozess startet mit der Definition von Categories. Es handelt sich dabei um die Zusammenfassung von einzelnen angebotenen Leistungen zu Sortimentseinheiten (Clustern), die als Dispositionseinheit in den folgenden Planungs- und Kontrollschritten dienen. Da Handelsunternehmungen oft Tausende von einzelnen Waren anbieten (und es können noch zahlreiche selbstständig zu vermarktende Dienstleistungen hinzukommen), muss die Arbeitsteilung organisiert werden, und es empfiehlt sich, nicht nur artikelbezogen zu denken, sondern auch Aggregationen von Artikeln zum Gegenstand von Überlegungen zu machen. Die Vorgehensweise ähnelt zunächst jener der strategischen Unternehmensplanung, in der ebenfalls einzelne Unternehmensaktivitäten zu strategischen Geschäftsfeldern (Geschäftseinheiten, Strategic Business Units

– SBU) zusammen gefasst werden. Den Categories fehlt allerdings im Regelfall hinsichtlich der Absatzpolitik die Unabhängigkeit der SBUs, denn sie verfügen weder über unterschiedliche Zielgruppen, noch über unterschiedliche Konkurrenten.

Traditionell hat der Handel immer schon in Sortimentseinheiten gedacht und dabei auf Begriffe der sog. **Sortimentspyramide** zurückgegriffen, indem er von Artikelgruppen, Warengruppen, Warenbereichen oder Warenarten spricht. In neuerer Zeit wurde jedoch betont, dass bei der Bildung von solchen Sortimentseinheiten nicht nur auf die physische Ähnlichkeit der Artikel abgestellt werden sollte, sondern dass Vorstellungen der Nachfrager über die Zusammengehörigkeit von Artikeln beachtet werden sollten. Während früher zur Einteilung von Sortimentsteilen meist Kriterien herangezogen wurden, die sich an der stofflichen Beschaffenheit der Ware orientierten, drängen heute andere Begrifflichkeiten und Kriterien in den Vordergrund. Die alten Prinzipien zur Gliederung der Warenwelt äußern sich noch in Begriffen wie Trockensortiment, Obst und Gemüse, Hartwaren, Frischfleisch, Konserven, alkoholische Getränke, Tiefkühlkost; sie zeigen den Bezug auf die Stofflichkeit der Waren (z. B. Hartwaren), die Art der Verpackung (z. B. Konserven) oder die Art ihrer Behandlung (z. B. Tiefkühlkost). An ihre Stelle tritt zunehmend eine stärkere Orientierung an den Vorstellungen der Nachfrager, die mit dem Begriff der „Categories" transportiert werden soll. Den dahinter stehenden Gedanken der **Nachfragerorientierung** hat E. Schäfer bereits vor vielen Jahren zum Ausdruck gebracht (E. Schäfer 1981, S. 41):

> *„Die Wirtschaft steht zwischen der Naturordnung und der von der Kultur geformten Bedarfsordnung. Sie hat die Aufgabe, die eine Ordnung in die andere zu überführen, das heißt aber, jene Welt der Naturgaben stufenweise umzubilden, bis sie sich der im Bedarfsgefüge herrschenden Ordnung einzureihen vermag."*

Warenbereiche sollen – so wird heute gefordert – durch Categories ersetzt werden, die der Sichtweise der Konsumenten, der „im Bedarfsgefüge herrschenden Ordnung", Rechnung tragen. Hierauf wird im Folgenden näher eingegangen. Dazu wird zunächst geklärt, in welchen Varianten der Begriff Sortiment verwendet werden kann und wie das Sortiment mit Hilfe von Begriffen aus der Sortimentspyramide zerlegt werden kann (Abschnitt 5.2.1), dann wird auf den heute vorwiegend verwendeten Begriff „Categories" eingegangen, und es wird gezeigt, wie Warengruppen kundengerecht gebildet werden können.

5.2.1 Zur Definition von „Sortiment" und „Sortimentsteilen" (Warengattung, Warengruppe, Warenart, Artikel, Sorte)

Bei den Categories handelt es sich um eine Untergliederung des Sortiments einer Handelsunternehmung. Es empfiehlt sich mithin, zunächst den Begriff „Sortiment" näher zu betrachten. Unter dem **Sortiment** von Handelsbetrieben verstehen wir zunächst mit R. Gümbel (1963, S. 59):

> *Die gedankliche Zusammenfassung der zu einem bestimmten Zeitpunkt getroffenen Auswahl verschiedenartiger selbstständiger Sachleistungen zum Zweck der Verwer-*

tung im Absatzmarkt unter Einschluss der durch handelsübliche Manipulationen im Betrieb neu entstandenen Sachleistungen.

Der hier verwendete Begriff der „selbstständigen Sachleistung“ gibt einen Hinweis darauf, welche Absatzobjekte Gegenstand eines Sortiments sein können. Traditionell wird von Warenhandelsbetrieben gesprochen, weil Handelsbetriebe in vielen Fällen Waren anbieten; es kann aber hilfreich sein, sich zu vergegenwärtigen, dass die in der Definition erwähnten „Sachleistungen“ nur einen Teil der möglichen Absatzobjekte (Abbildung 5.2) ausmachen, wobei Absatzobjekte Objekte sind, die im Absatzmarkt der Unternehmung gegen Entgelt verwertet werden (vgl. R. Gümbel 1963, S. 57).

1. Dienstleistungen (selbst erstellt oder vermittelt)
2. Sachleistungen:
   a) selbst erstellte oder selbst gewonnene Sachleistungen = Produktions- (Fertigungs-) Programm
   b) beschaffte Sachleistungen (Immobilien; bewegliche Sachgüter)
3. selbstständige, verkehrsfähige Rechte, soweit diese nicht unmittelbar Ansprüche auf Sachgüter oder Dienstleistungen zum Inhalt haben (z. B. Patent- und Lizenzrechte, Aufführungs- bzw. Wiedergaberechte usw.)

Abb. 5.2: Systematik von Absatzobjekten

R. Gümbel engt den Sortimentsbegriff noch auf 2b) ein, zeigt darüber hinaus aber, dass die reinen Fälle der Auswahl von Absatzobjekten auch kombiniert werden können (vgl. R. Gümbel 1963, S. 55f.), z. B.:

1. Sortiment und Fertigungsprogramm (z. B. Zukauf von Handelswaren in einem Industriebetrieb oder Eigenproduktion eines Teils der durch ein Handelsunternehmen abgesetzten Waren).
2. Sortiment und Dienstleistungen (z. B. Edelmetallhandel der Banken, Reisebüro einer Handelsunternehmung).

Das unter 2. aufgeführte Beispiel eines Handelsunternehmens, das auch ein Reisebüro betreibt, ist heute häufig anzutreffen. Dies zeigt, wie Definitionen an Entwicklungen angepasst werden müssen, wenn der Bezug zur Realität nicht verloren gehen soll. Während in der Definition von R. Gümbel noch ausschließlich auf Sachleistungen abgestellt wird, kann heute beobachtet werden, dass Handelsunternehmen neben Waren auch Dienstleistungen anbieten. Neben der sachlichen Dimension ist der Sortimentsbegriff in weiteren Dimensionen verankert. So lassen sich Sortimente charakterisieren

1. nach dem Zeitraum, für den der Anbieter das Sortiment benennt: Danach lassen sich Tagessortimente, Wochensortimente, Saisonsortimente und permanente Sortimente unterscheiden. Es geht dabei einmal um die Zugehörigkeit eines Objektes zu dem Sortiment zu einem bestimmten Zeitpunkt und um die Dauer der Zugehörigkeit (vorübergehender versus permanenter Bestandteil des Sortimentes).
2. nach der körperlichen Anwesenheit des Objektes in verfügbare (und lieferbare) Sortimente und in lieferbare (wenn auch nicht verfügbare) Sortimente; diese Unterscheidung wird in der Praxis als Lager- und als Bestellsortiment bezeichnet.
3. nach der Planerfüllung in geplante und realisierte Sortimente.

4. nach der Art der Beschaffung in Güter, die selbst hergestellt oder die von Dritten beschafft worden sind.
5. nach dem Konkretisierungsgrad der Absatzobjekte in schon vorliegende und in herstellbare bzw. beschaffbare Absatzobjekte (z. B. Pokale besonderer Machart). In diesen Fällen kann oft nur ein Sortimentsrahmen bestimmt werden.

Aus den erwähnten Dimensionen lässt sich beispielhaft der folgende Sortimentsbegriff ableiten:

> *Bei einem Sortiment handelt es sich um die Summe aller Absatzobjekte (Sachgüter, Dienstleistungen und Rechte), die ein Anbieter im Laufe einer Saison seinen Abnehmern physisch oder auf andere Weise anbieten will, wobei es gleichgültig ist, ob er die Güter selbst herstellt oder beschafft.*

Wie auch immer das Sortiment definiert wird, es muss im Regelfall in Sortimentseinheiten untergliedert werden. Das Top-Management wird sich nicht mit der Ein- oder Auslistung einzelner Artikel beschäftigen wollen, sondern wird sich die Entscheidung über größere Sortimentseinheiten vorbehalten. Kein Mitarbeiter wird alle Sortimentsentscheidungen treffen können, er wird sich diesbezügliche Entscheidungen mit anderen teilen. Auch für Präsentation und Kommunikation müssen Sortimentseinheiten gebildet werden. Traditionell bewältigt der Handel dies, indem die einzelnen Artikel in immer stärkerer Weise aggregiert werden, was auch als Sortimentspyramide bezeichnet wird.

Sortimentsebenen		**Merkmal**	**Beispiel**
	Gliederung nach Seyffert		
Warenart	Warenbereich	Entspricht weitgehend der Branchengliederung	Hausrat
Warenbereich	Warengattung	Bedarfsbereiche	Haus- und Küchengeräte, Glas, Porzellan, Keramik, Bestecke und Schneidwaren
Warengruppe (Warenunterbereich)	Warenart (Artikelgruppe)	Bedarfsart	Emaillierte Geschirre, Aluminiumgeschirre, nicht elektrische Haushaltsmaschinen
Artikelgruppe (Warenklasse)	Artikel (Sortengruppe)	Unterschiede in der Menge, in der Größe und in der Farbe werden berücksichtigt, andere Unterschiede bleiben unbeachtet	Bratpfanne, Gaskochtopf, Bräter
Artikel (Stock Keeping Unit SKU)	Sorte	kleinste Dispositionseinheit, dient zur Erfassung ökonomisch wichtiger Unterschiede, z. B. des Lieferanten, des Materials, der Größe	Bratpfannen nach Größe, Farbe, Qualitätsstufen

Abb. 5.3: Sortimentspyramide

Die kleinste Einheit, über die im Rahmen der Sortimentsplanung disponiert wird, sei im Folgenden mit **Artikel** (und nicht mit Sorte) bezeichnet. Überlegungen zur Strukturierung von Sortimenten beziehen sich aber nicht nur auf die Auswahl einzelner Artikel, sondern betreffen oft auch Entscheidungen, ob Sortimentsteile gefördert, reduziert oder eliminiert werden sollen. Für die Unterteilung eines Sortimentes werden unterschiedliche Begriffe verwendet, wobei der Sprachgebrauch nicht einheitlich ist. Abbildung 5.3 verdeutlicht in Spalte 1, wie die Begriffe hier verwendet werden und zeigt in Spalte 2 die von Seyffert eingeführte Sprachregelung (R. Seyffert 1972, S. 65). In jedem Falle gilt, dass die Waren umso konkreter definiert sind, je niedriger die Sortimentsebene ist. Man spricht von Sortimentspyramiden (vgl. U. Hansen und J. Algermissen 1979, S. 342 und S. 28). Es ist zweckmäßig, die Sortimentspyramide von unten nach oben zu lesen, um zu erkennen, dass zunehmend Merkmale, mit denen einzelne Artikel unterschieden werden, unterdrückt werden (vgl. auch das Stichwort „Ware" im Katalog E – Ausschuss für Definitionen, Hrsg., 2006, S. 140).

Eine generelle Festlegung, mit Hilfe welcher Merkmale die Gruppierung vorgenommen werden soll und wie die Merkmale den einzelnen Ebenen zugeordnet werden, wird wegen der branchenbedingten Besonderheiten nicht möglich sein. Auf jeden Fall ist die Differenzierung auf der untersten Ebene so fein vorzunehmen, dass ein Bestellvorgang eindeutig abgewickelt werden kann (Stock Keeping Unit – SKU).

5.2.2 Zur Bildung von Categories

Mit dem Begriff „Categories" wird gefordert, dass die gebildeten Sortimentseinheiten kundengerecht zusammengestellt werden sollen. Diese Forderung führt zu zwei Fragestellungen: Gibt es überhaupt Alternativen zu einer kundengerechten Gliederung von Sortimenten, und was ist mit einer kundengerechten Sortimentsgliederung gemeint bzw. wie kann sie gefunden werden? Bevor hierauf eingegangen wird, sei darauf hingewiesen, dass der Begriff **Category Management** daneben noch in zwei anderen Bedeutungen verwendet wird (vgl. C. Feld 1996, S. 5–10; L. Müller-Hagedorn und S. Zielke 2007), also:

1. Category Management als ein endverbraucherorientiertes Prinzip der Sortimentsgliederung,
2. Category Management als eine Organisationsform, die dem Category Manager die gesamte Verantwortung für eine Warengruppe zuweist (interne Perspektive) und
3. Category Management als Prinzip einer wirtschaftsstufenübergreifenden Kooperation zwischen Handel und Industrie (externe Perspektive).

Während die endverbraucherorientierte Sortimentsgliederung und der Planungsprozess die kundenorientierte Komponente des Category Managements umfassen, stellen die spezifische interne Organisationsstruktur und die wirtschaftsstufenübergreifende Kooperation den organisatorischen Rahmen für das Category Management dar.

Categories werden wie folgt definiert (ECR Europe 1997, S. 38):

> *„Eine Warengruppe (Category) ist eine abgrenzbare, eigenständig steuerbare Gruppe von Produkten und/oder Dienstleistungen, welche die Konsumenten als unter-*

schiedlich und/oder austauschbar in der Befriedigung ihrer Bedürfnisse erkennen."

Die Definition weist darauf hin, dass es sich bei Categories um eigenständig steuerbare Dispositionseinheiten handelt (Gruppe von Produkten oder Dienstleistungen). Die eigenständige Steuerung wird jedoch erschwert, wenn kosten- oder erlösmäßige Abhängigkeiten zwischen einzelnen Categories vorliegen, wenn also z. B. der Umsatz in einer Category wesentlich auch durch Maßnahmen in anderen Categories bestimmt wird. Insofern ist es problematisch, Categories mit strategischen Business-Units gleichzusetzen. Überhaupt fällt es nicht leicht, die gegenseitige Abhängigkeit einzelner Categories zu erkennen. Von zentraler Bedeutung ist aber der Hinweis, dass es sich bei den Artikeln einer Category um solche Artikel handelt, die der Befriedigung eines bestimmten Bedürfnisses dienen, im extremen Fall sogar austauschbar sind. So wird z. B. darauf verwiesen, dass Nachfrager, die ein Haustier zu versorgen haben, nicht nur Tiernahrungsmittel benötigen, sondern auch andere Güter, wie z. B. einen Napf oder eine Leine, obwohl diese aus anderen Materialien gefertigt sind und bei einer stofforientierten Betrachtung einer anderen Gruppe zugeordnet würden. „Alles für das Baby" oder „alles für den Skiurlaub" sind weitere Beispiele, mit denen auf den Bedarfsverbund abgestellt wird und mit denen Anregungen für Impulskäufe geliefert werden sollen. Wenn der traditionellen Einteilung der Süßwaren in Schokolade (Tafeln, Riegel, Monopralinen, Eier, ...) und Zuckerwaren (Kaugummi, Pfefferminz, Fruchtgummi, Mischungen, ...) eine Einteilung nach Kindersüßigkeiten, Geschenken, Snacks, Picknick, Stimulation, in der Familie teilen, ... gegenüber gestellt wird, dann verweist dieses Beispiel vor allem auf Verwendungszwecke (A. Kracklauer u. a. 2002). Will man das Kriterium, dass die gebildeten Sortimentseinheiten **kundengerecht** sein sollen, präzisieren, empfiehlt sich zunächst eine Definition dieses Konstruktes. Es sei wie folgt definiert:

Eine kundengerechte Sortimentsgliederung in Categories liegt vor, wenn die angebotenen Artikel so zu Einheiten zusammengefasst werden, dass die zentralen Kriterien der Kunden beim Einkauf erfüllt werden.

Ein herausragendes Kriterium dürfte dabei in vielen Fällen sein, dass der Suchaufwand der Kunden herabgesetzt wird, es sind aber auch andere Kriterien denkbar. Auf jeden Fall erfordert eine kundengerechte Gliederung eines Sortiments, sich mit dem Ablauf eines Einkaufsprozesses beim Konsumenten und den jeweiligen Bestimmungsfaktoren zu beschäftigen.

Schon früh hat Heinemann das EKB-Modell auf den Einkauf im Handel übertragen (M. Heinemann 1976); später hat sich auch T. Goerdt mit der Frage beschäftigt, wie Marken- und Einkaufsstättenwahl ineinandergreifen (T. Goerdt 1999). Besonders wichtig erscheinen die vom Konsumenten beim Einkauf verfolgten Motive. M. Feller ordnet von ihm beobachtete Motive, wie Grundbedarfsdeckung, Erhalt von Frische, Auswahl, Erlebnis, Exotik, Innovation, Schnäppchenjagd, Bevorratung, One-Stop-Shopping den allgemeineren, von Trommsdorff benannten Motiven mittlerer Reichweite zu (V. Trommsdorff 2009, S. 125–135; M. Feller 2001, S. 218f). Über Beispiele aus der Marktforschungspraxis berichtet M. Johnson (1999).

Manchmal erscheint die Bildung von Categories zwangsläufig oder generell üblich, manchmal ergeben sich aber auch ernsthafte Schwierigkeiten, Platzierungseinheiten zu bilden oder neue Artikel gebildeten Sortimentseinheiten zuzuweisen. Manchmal experimentiert der Handel mit neuen Sortimentsgliederungen, wenn er beispielsweise in einer Abteilung „Alles fürs Bad“ sowohl Textilien als auch Einrichtungsgegenstände und Körperpflegemittel anbietet. Auch bei neuen Produkten, wie z. B. Bier-Cola-Mischgetränken, kann die Frage aufkommen, in welchem Artikelumfeld sie platziert werden sollen. Eine Soja-Sauce kann beispielsweise den normalen Saucen oder den asiatischen Gewürzen zugeordnet werden.

Zur Bildung und Segmentierung von Categories werden im Folgenden zwei Ansätze vorgestellt, wobei der eine auf hierarchischen Entscheidungsstrukturen basiert, während der andere an kognitiven Strukturen ansetzt, in denen die wahrgenommene Ähnlichkeit einzelner Artikel zum Ausdruck kommt.

Ordnungssysteme auf Grund hierarchischer Entscheidungsstrukturen

Wenn in der Literatur zum Category Management von der Definition einer Category die Rede ist, wird meistens auf Entscheidungsprozesse des Verbrauchers abgestellt. Es herrscht die Vorstellung vor, dass Verbraucher in hierarchischen Ordnungsstrukturen denken. Kaufentscheidungen kommen demnach durch Top-Down-Prozesse innerhalb von Produkthierarchien zu Stande. Benötigt ein Kunde z. B. Mineralwasser, dann wendet er sich der Abteilung für alkoholfreie Getränke zu, entscheidet sich dort zwischen stillen Wassern und Wassern mit Kohlensäure und wählt schließlich zwischen Marken und Gebindegrößen. Dies lässt sich in sogenannten Entscheidungsbäumen darstellen, die eine Category in Warenuntergruppen, Segmente und Untersegmente gliedern. Oft gehen diese Entscheidungsbäume von bereits festgelegten Categories aus, wobei in der Regel auf Verwendungsbereiche (Bedürfnisse) der Verbraucher Bezug genommen wird. Solche Verwendungsbereiche können bspw. „Frühstück“, „Körperpflege“ oder „Haustierpflege“ sein.

Die Entscheidungsbäume liefern Hinweise, welche Artikel in besonders hohem Maße als substitutiv angesehen werden und für welche Artikel das nicht zutrifft. Es geht also nicht darum, die Sortimente warentypologisch zu untergliedern, sondern nach Eigenschaften zu suchen, auf die die Verbraucher bei Kaufentscheidungen zurückgreifen. Bei Wein könnten das z. B. die Farbe, das Herkunftsland, die Anbauregion, die angegebenen Qualitätsstufen, die Preisklasse oder die Rebsorte sein. Es kommt die Frage hinzu, in welcher Reihenfolge der Verbraucher einzelne Eigenschaftsdimensionen heranzieht, um seinen Entscheidungsprozess voranzubringen. Beide Aspekte sind für die Untergliederung wichtig. So könnte ein Weinregal in einem Fall mit „Die Chardonnay Weine“ überschrieben sein, in einem anderen Fall mit „Weißweine aus Frankreich“. In Abbildung 5.4 ist dargestellt, wie ein Weinregal aus der Sicht eines Kunden zu gliedern ist, der zuerst die Farbe, dann die Anbauregion und schließlich die Rebsorte als Entscheidungskriterium heranzieht.

Zur Konstruktion von Entscheidungsbäumen kann auf **Prozessverfolgungstechniken** zurückgegriffen werden. So lassen sich beispielsweise „Decision Nets“ durch Protokollanalysen konstruieren, indem Testpersonen aufgefordert werden, während eines Entscheidungsproblems „laut zu denken“ (J. R. Bettman 1979, S. 229–265). Die Protokollanalysen sind jedoch mit dem Problem verbunden, dass erhebliche Spielräume bei der

Auswertung und Interpretation der Protokolle bestehen. Ein anderes Verfahren ist die Information Monitoring Methode. Hier wird eine Testperson vor ein Entscheidungsproblem gestellt, welches in Form einer sog. Informationsdisplaymatrix präsentiert wird. Dabei handelt es sich um eine Matrix, deren Zellen jeweils verdeckt die Attributausprägungen verschiedener Alternativen beinhalten, die von der Testperson abgerufen werden können (J. R. Bettman 1979, S. 196f). Aus der Reihenfolge des Informationsabrufs lässt sich ein Entscheidungsbaum konstruieren.

Weine												← Warengruppe (Sub-Category)
Weißwein						Rotwein						← Warenuntergruppe
Deutschland			Europa/ Übersee			Deutschland			Europa/ Übersee			← Segment
1	2	3	1	2	3	1	2	3	1	2	3	← Untersegment

Abb. 5.4: Beispiel für die Gliederung der Sub-Category Wein

Bei beiden Prozessverfolgungstechniken stellt sich die Frage, wie aus der Vielzahl individuell gemessener Entscheidungsprozesse eine homogene Kategoriestruktur konstruiert werden kann. Die Existenz homogen hierarchischer Entscheidungsstrukturen ist nämlich keineswegs selbstverständlich:

- Erstens unterstellt das Entscheidungsbaumverfahren die Existenz sequentiell hierarchischer Entscheidungsprozesse. Tatsächlich gibt es aber eine Vielzahl denkbarer Entscheidungsheuristiken, so dass nicht zwangsläufig von hierarchisch sequentiellen Prozessen auszugehen ist (J. R. Bettman 1979, S. 179ff).
- Zweitens sind die Kriterien, nach denen Entscheidungsbäume gebildet werden, bei unterschiedlichen Personen und Kaufsituationen nicht homogen (D. Möhlenbruch 1997, S. 118, A. Mollá, J. M. Múgica und J. Yagüe 1998, S. 229).

Ordnungssysteme auf der Basis kognitiver Strukturen

Dem Entscheidungsbaumverfahren ist eigen, dass es sich an Entscheidungsprozessen von Kunden orientiert. Alternativ können Categories aber auch auf der Basis kognitiver Strukturen von Kunden definiert werden, in denen Vorstellungen von der Ähnlichkeit oder Zusammengehörigkeit von Artikeln zum Ausdruck kommen (A. Collins und E. Loftus 1975; vgl. zur Einordnung auch F. J. Schermer 2002). Hierdurch werden insbesondere Suchprozesse von Kunden unterstützt.

Kognitive Strukturen lassen sich durch verschiedene Erhebungstechniken ermitteln. Wenn es darum geht, einer Category Artikel zuzuordnen und diese anschließend hierarchisch zu gliedern, bieten sich insbesondere Assoziationsverfahren an. So könnte sich beispielsweise die Frage stellen, welche Artikel der Category „Frühstück“ angehören und wie diese in Untergruppen, Segmente und Untersegmente aufgeteilt werden können. Bei dem **Assoziationsverfahren** werden Probanden gebeten, innerhalb einer vorgegebenen Zeit möglichst viele Artikel zu assoziieren, die innerhalb einer Category angeboten werden können. Ausgehend von der Hypothese, dass in der Reihenfolge, in der die Artikel assoziiert werden, ihre Nähe in den kognitiven Strukturen der Probanden zum Ausdruck kommt (vgl. hierzu K. G. Grunert, 1990, 1991), lässt sich eine Distanzmatrix konstruieren, aus der mit Hilfe von multidimensionaler Skalierung und Clusteranalyse Category-Strukturen abgeleitet werden können. Abbildung 5.5 und Abbildung 5.6 zeigen die Ergebnisse einer solchen Vorgehensweise am Beispiel einer Schreibwarenabteilung.

```
  C A S E       0         5        10        15        20        25
Label     Num   +---------+---------+---------+---------+---------+

Bleistifte      -+
Kugelschreiber  -+---+
Füller          -+   +-----+
Buntstifte      -----+     +---+
Anspitzer       -+---------+   I
Radiergummis    -+             +--------------------------------+
Schreibblocks   -+-----+       I                                I
Hefte           -+     +-------+                                I
Lineale         ---+---+                                        I
Tinte           ---+                                            I
Ordner          -+-----------+                                  I
Schnellhefter   -+           I                                  I
Briefpapier     -+-+         +----------------------------------+
Briefumschläge  -+ +-----+   I
Papier          ---+     +---+
Druckerpapier   -+-+     I
Karten          -+ +-----+
Locher          ---+
```

Abb. 5.5: Ergebnis einer Clusteranalyse für die Category Schreibwaren (vgl. S. Zielke 2001 und 2002)

In dem Beispiel lässt sich die Schreibwaren-Category zunächst in zwei Untergruppen aufteilen. Während die erste Untergruppe Schreibgeräte (z. B. Füller), Schreibmaterial (z. B. Hefte) und Hilfsmittel (z. B. Anspitzer) umfasst, werden der zweiten Untergruppe Artikel zum Versand/Schriftverkehr (z. B. Briefpapiere) und zur Ablage (z. B. Ordner) zugeordnet.

Neben den Assoziationsverfahren können auch Verfahren herangezogen werden, die auf **Ähnlichkeitsurteilen** basieren. Im Unterschied zu dem Assoziationsverfahren müssen hierzu allerdings im Vorfeld konkrete Testartikel vorgegeben werden. Die Ähnlichkeit der Testartikel kann dann durch Paarvergleiche (K. Backhaus et al. 2003) oder durch hierarchisches Sortieren (P. Kinateder 1989) bestimmt werden. Auch multiattributive Verfahren können herangezogen werden, wobei allerdings im Vorfeld die relevanten Kategorisierungsmerkmale bekannt sein müssen.

Ebenso wie die durch das Assoziationsverfahren gemessenen Sequenzen lassen sich auch die Ähnlichkeitsurteile in einer Distanzmatrix darstellen und durch multidimensionale Skalierung und Clusteranalyse auswerten (vgl. B. Cornelius, U. Wagner und M. Natter 2010). Werden die Ähnlichkeitsurteile multiattributiv erhoben, kann statt der multidimensionalen Skalierung auch eine Korrespondenzanalyse herangezogen werden, um den Wahrnehmungsraum der Probanden darzustellen (vgl. hierzu A. Scharf 1991). Auch die Methode, Ordnungssysteme auf Basis von kognitiven Strukturen abzubilden, ist mit Problemen verbunden:

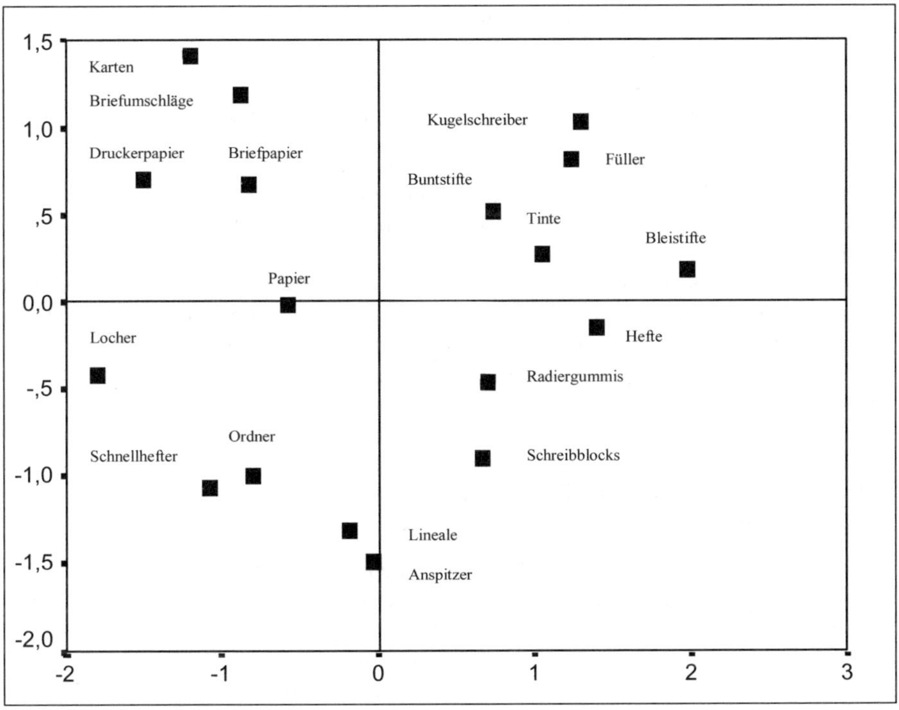

Abb. 5.6: Ergebnis einer multidimensionalen Skalierung für die Category Schreibwaren (vgl. S. Zielke 2001 und 2002)

- Erstens stellt sich die Frage, inwieweit Ordnungssysteme auf Basis kognitiver Strukturen tatsächlich kundenorientiert sind, indem sie z. B. Suchprozesse erleichtern. Dies wird davon abhängen, ob die Kunden bei der Suche nach Artikeln auf ihr allgemeines Kategorisierungswissen zurückgreifen.
- Auch wenn kognitive Strukturen als relativ stabil angesehen werden, werfen die Ergebnisse die Frage nach ihrer Reliabilität auf (vgl. hierzu auch K. G. Grunert 1990, S. 95).
- Gegenüber dem Assoziationsverfahren erfordert die Messung von Ähnlichkeitsurteilen die Vorgabe ausgewählter Testartikel. In die Auswahl der Testartikel können bereits implizite Annahmen über die Kategoriestruktur einfließen, die sich später im Ergebnis niederschlagen.
- Probleme kann auch die Interpretation des ermittelten Wahrnehmungsraums und des Cluster-Dendrogramms bereiten.

Ist die Struktur einer Category festgelegt, stellt sich die Frage, welchen Kategoriesegmenten einzelne Artikel zugeordnet werden sollen. Diese Zuordnung ist keineswegs unproblematisch, handelt es sich doch bei Categories oder Kategoriesegmenten häufig um Fuzzy Sets, d. h. einzelne Artikel sind als mehr oder weniger typische Vertreter mehrerer Categories oder Segmente anzusehen. In bestimmten Fällen ist es deshalb erforderlich, Typizitätsmaße für die Zugehörigkeit von Artikeln zu unterschiedlichen

Categories bzw. Kategoriesegmenten zu ermitteln (M. Viswanathan und T. L. Childers 1999).

Zur Relevanz der Fragestellung aus Hersteller- und Händlersicht

Das Problem, einzelne Artikel zu Categories zusammenzufassen, ist sowohl für den Hersteller- als auch für den Handelsbetrieb von Relevanz. Zunächst sieht es so aus, als brauche die Industrie nur auf die Kategoriebildung des Handels zu reagieren und ihr Produkt in die jeweilige Category des Handelsunternehmens einzufügen. Dies setzt dann lediglich die Kenntnis der vom Handel gebildeten Categories voraus. In einigen Fällen wird die Zuordnung einzelner Produkte zu den Categories eindeutig, in anderen Fällen werden mehrere Zuordnungen möglich sein. Im letzteren Fall hat die Industrie Überlegungen anzustellen, in welchem Umfeld sich das eigene Produkt besser verkaufen wird, was auch davon abhängen wird, wie viel Regalplatz jeweils zur Verfügung stehen wird, welche Aufmerksamkeit das Produkt in dem jeweiligen Kategorieumfeld auf sich ziehen wird, welchen Stellenwert der Handel der betreffenden Category zuweist und wie es in der Beurteilung des Verbrauchers im Vergleich mit den nahe platzierten Konkurrenzprodukten abschneiden wird.

Das Problem der Zuordnung eines Produktes zu einer Category kann insbesondere bei neuen Produkten aktuell werden. Unter Umständen kann es auch das Ziel eines Herstellers sein, mit seinen Produkten eine neue Category oder ein neues Segment zu etablieren. Dies setzt voraus, dass sowohl bei den Verbrauchern wie auch beim Handel Lernprozesse initiiert werden. Neue Begriffe müssen erlernt werden, um einzelne Marken identifizieren und einordnen zu können, beispielsweise biotische Joghurts oder gefriergetrockneten Kaffee. In den meisten Fällen obliegt die Bildung von Categories dem Handelsbetrieb. Aber auch Hersteller können sich unter Umständen dem Problem gegenüber sehen, Categories zu bilden und zu segmentieren, und zwar in jenen Fällen, in denen sie als Category Consultants (Captains) das Regallayout einer Abteilung planen. Dabei ist insbesondere zu fragen, welche Wirkungen von einzelnen Gruppierungen auf das Verhalten der Verbraucher ausgehen, wobei den folgenden Aspekten Interesse zukommt (S. Zielke 2001 und 2002):

- Wie groß ist der Suchaufwand, den Verbraucher aufwenden müssen, um einen zum Kauf geplanten Artikel zu finden?
- Wie groß ist die Wahrscheinlichkeit, dass Artikel, deren Kauf nicht geplant war, in das Wahrnehmungsfeld des Verbrauchers rücken?
- Inwieweit erleichtert eine bestimmte Platzierungsgruppenbildung (Kategoriebildung) den Vergleich von Einkaufsalternativen?

Es ist denkbar, dass sich in Abhängigkeit von der Größe des Geschäfts oder von dem Anteil an Stammkunden bzw. Laufkunden unterschiedliche Kategoriebildungen als sinnvoll erweisen. Die Bildung von Categories stellt auch einen kreativen Akt dar, denn Bedürfnisstrukturen sind einerseits einem Wandel unterzogen, andererseits unterscheiden sich die Bedürfnisse einzelner Kundengruppen. So finden sich in der Praxis immer wieder neue Angebote, z. B. Textilien mit den zugehörigen Schuhen, um dem Bedürfnis, in einem einheitlichen Stil gekleidet zu sein, zu entsprechen.

5.3 Die Bewertung von Categories (Sortimentscontrolling)

Im Folgenden wird auf einzelne Methoden eingegangen, mit denen Categories bewertet werden können und die zum Arsenal des Sortimentscontrollings gehören. Abweichend von dem Schema, wie es in Abbildung 5.1 dargestellt ist, wird zunächst auf die Category-Bewertung und dann auf die Category-Rolle eingegangen.

5.3.1 Klassische Kennzahlen zur Beurteilung von Sortimentsteilen

Traditionell wird im Handel die Vorteilhaftigkeit einzelner Sortimentsteile unter Mithilfe von absoluten und relativen Kennzahlen beurteilt. B. Heidel (1990, S. 64–68) hat an empirischen Daten überprüft, inwieweit einzelne Kennzahlen zu übereinstimmenden Beurteilungen führen und hat drei Gruppen festgestellt:

1. **Absatz- und umsatzbezogene Kennzahlen**: Hierzu zählen neben der Entwicklung des Absatzes (mengenmäßig) und des Umsatzes (wertmäßig) eine Reihe von Relativierungen, wie beispielsweise der Marktanteil, der Absatz (bzw. Umsatz) pro 1000 Kunden, der Absatz (bzw. Umsatz) pro Frontstück, der Deckungsbeitrag pro 100000 € Gesamtumsatz.
2. **Deckungsbeitragsbezogene Kennzahlen**, wie insbesondere der absolute Deckungsbeitrag einer Sortimentseinheit, der Deckungsbeitrag pro Frontstück, pro 100000 € Gesamtumsatz, pro 1000 Kunden, Kalkulationswerte (Eingangskalkulation, erzielte Kalkulation, jeweils als Aufschlags- oder als Abschlagskalkulation),
3. **Rentabilitätskennzahlen**, wie der Lagerumschlag, der Bruttonutzen oder die Nettorentabilität sowie die direkte Produktprofitabilität.

Die absatz- und umsatzbezogenen Größen in Gruppe 1 werden oft den erfolgsbezogenen in den Gruppen 2 und 3 gegenübergestellt. Die Kennzahlen werden im Detail in Kapitel 6 erläutert.

5.3.2 Die Ermittlung der Vorteilhaftigkeit einzelner Warengruppen mit Hilfe der Kostenrechnung

Bei der Steuerung von einzelnen Warengruppen (Categories) wird man nicht nur auf den Umsatz abstellen, sondern zusätzlich auch die durch diese Gruppen ausgelösten Kosten berücksichtigen. Hierfür wird auf die Kostenrechnung zurückgegriffen. Die Kostenrechnung erweist sich insbesondere dann als ein nützliches Instrument der Sortimentsplanung, wenn zu ermitteln ist, welche Warengruppen im Sortiment besonders erfolgreich sind bzw. wenn überprüft werden soll, ob nicht einzelne Warengruppen aus dem Sortiment entfernt werden sollten. Es sind mehrere Verfahren der Kostenrechnung entwickelt worden.

Im **Grundtyp I** werden die nicht direkt zurechenbaren Kostenarten (Kostenträgergemeinkosten) den Erlösarten durch Umlageschlüssel mit oder ohne Einschaltung einer besonderen Kostenstellenrechnung zugerechnet. In diesem Fall wird das in Abbildung 5.7 dargestellte Schema verwendet. Der Grundtyp I wird als sog. **Vollkostenrechnung** bezeichnet. Die zentrale Problematik dieses Grundtyps besteht in der Wahl geeigneter Umlageschlüssel für die Gemeinkosten. Dieses Problem ist jedoch nicht auf sinnvolle Weise lösbar.

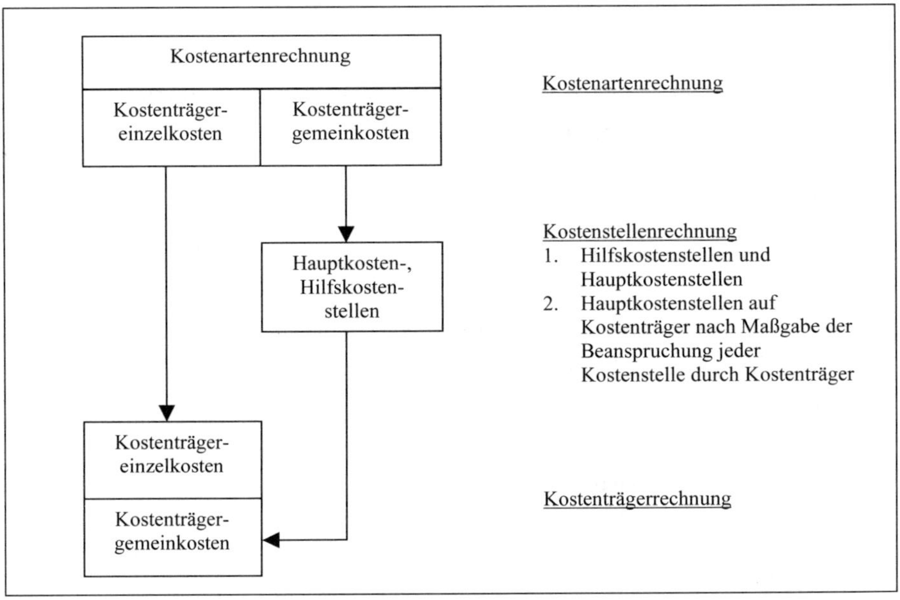

Abb. 5.7: Grundtyp I einer Kostenrechnung

Im **Grundtyp II** werden den Erlösarten (z. B. Warengruppen) nur die direkt zurechenbaren Kosten unmittelbar gegenübergestellt. Es handelt sich um die sog. **Deckungsbeitragsrechnung**. Sie befolgt das Prinzip der entscheidungsgerechten Zurechnung von Kosten auf Kostenträger.

Dieses Prinzip erfordert, dass Kostenbeträge nur dann dem Entscheidungsobjekt zugerechnet werden, wenn durch die ins Auge gefasste Entscheidung (z. B. das Streichen einer Warengruppe) auch die entsprechenden Kosten in ihrer Höhe beeinflusst werden. Will man mit der Kostenrechnung z. B. die Vorteilhaftigkeit einzelner Artikel, Artikelgruppen oder Filialen beurteilen, so werden im System der Deckungsbeitragsrechnung den Artikelumsätzen zunächst nur die ihnen direkt zurechenbaren Kosten angelastet, weitere Kosten werden der nächsthöheren Bezugsgröße dann und nur dann zugerechnet, wenn die Zuordnung ohne Verwendung von Schlüsseln möglich ist. Man erhält so ein System aufeinanderfolgender Deckungsbeiträge. Dieses System soll auch durch das folgende Beispiel verdeutlicht werden (für eine ausführliche Beschreibung dieses Systems für Handelsbetriebe siehe R. Gümbel und K. M. Brauer 1969).

Das Beispiel zeigt, dass die den Warengruppen zugerechneten Kosten in variable und fixe Kosten unterteilt sind. Als variable Kosten sind solche anzusehen, die sich mit der Höhe des Umsatzes in der betreffenden Warengruppe verändern. Wichtig ist, dass im Gegensatz zur Vollkostenrechnung darauf verzichtet wird, die in II angeführten Fixkosten des Warenbereichs 1 in Höhe von 13 auf die Warengruppen 11 und 12 aufzuteilen. Entsprechend wurde darauf verzichtet, die Fixkosten des Sortiments in Höhe von 52 auf die Warengruppen 11, 12, 21 und 31 zu verteilen. So ist erkennbar, dass die Kosten jeweils nur auf der Ebene verrechnet werden, auf der sie durch entsprechende sortimentspolitische Maßnahmen beeinflusst werden können. Die Fixkosten in Höhe von 52 wären nur dann zu vermeiden, wenn alle 4 Warengruppen gestrichen würden, die Fixkosten in Höhe von 13 wären nur dann abzubauen, wenn sowohl Warengruppe 11 als auch 12 aus dem Sortiment entfernt würden.

Stufe	**Warenbereich Warengruppen**	**1**		**2**	**3**	**Summe**
		11	**12**	**21**	**31**	
0	Deckungsbeiträge 0	206,0	23,0	94,0	40,0	363,0
	./. var. Kosten der Artikelmengen	149,0	13,0	57,0	31,0	250,0
I	Deckungsbeiträge I	57,0	10,0	37,0	9,0	113,0
	./. Fixkosten der Warengruppen	4,6	3,5	18,5	4,4	31,0
II	Deckungsbeiträge II	52,4	6,5	18,5	4,6	82,0
	./. Fixkosten der Warenbereiche	13		2,8	1,2	17,0
III	Deckungsbeiträge III	45,9		15,7	3,4	65,0
	./. Fixkosten des Sortiments	52,0				52,0
IV	Nettoerfolge	13,0				13,0

Abb. 5.8: Warengruppen – Erfolgsrechnung in Form der Deckungsbeitragsrechnung (in 1000 €)

5.3.2.1 Die Behandlung von Gemeinkosten in Bezug auf einzelne Sortimentsteile

An einem Beispiel soll im Folgenden der Unterschied zwischen Vollkosten- und Deckungsbeitragsrechnung verdeutlicht werden (vgl. L. Müller-Hagedorn und W. Divé 1970). Abbildung 5.9 zeigt die für viele Handelsbetriebe typische Behandlung der Kosten bei der Ermittlung der Vorteilhaftigkeit einzelner Warengruppen, dargestellt an einer Frischfleisch-Abteilung mit Bedienung. Die Berechnung zeigt, dass diese Abteilung mit einem Verlust von 1153 € für den Monat Oktober abschließt und daher von der reinen Rentabilität her negativ beurteilt werden müsste. Diese Berechnung entspricht dem System der Vollkostenrechnung. Gegen sie wird eingewandt werden müssen, dass die Frischfleisch-Abteilung mit geschlüsselten Kosten der Verwaltung (hier € 742) und verteilten Kfz-Kosten (hier € 250) belastet wird.

Geht man davon aus, dass durch sortimentspolitische Maßnahmen die Kosten der Verwaltung und die Kfz-Kosten nicht vermindert werden können, und verzichtet man deswegen darauf, diese Kostenbeträge der Abteilung anzulasten, so ergibt sich für die Frischfleisch-Abteilung nur noch ein geringer rechnerischer Verlust von 161 € (=-1153+250+742 €). Weiterhin ist aber auch die Zurechnung der Mietkosten nicht angebracht, wenn der Mietvertrag sich auf das gesamte Ladenlokal erstreckt. Nimmt man so die Miete und die Raumkosten, von denen angenommen wird, dass sie durch Entscheidungen bezüglich der Frischfleisch-Abteilung nicht beeinflusst werden können, aus der Rechnung heraus, so ergibt sich ein positiver Deckungsbeitrag von 1369 € (vgl. Abbildung 5.10).

Position	**€**	**in % vom Nettoumsatz**	**€**	**in % vom Nettoumsatz**
Brutto-Umsatz			53 000,00	
./. MwSt.			2 763,00	
Netto-Umsatz			50 237,00	100,0
./. Netto-Einkaufswert			42 400,00	84,4
Rohgewinn			7 837,00	15,6
./. Kosten				
Miete	530,00	1,1		
Raumkosten	1 000,00	2,0		
Personalkosten	3 562,00	7,0		
Abschreibung	694,00	1,4		
Verzinsung d. Anl.-Kap.	146,00	0,3		
Rabatte	1 452,00	2,9		
Gewerbesteuer	42,00	0,1		
Verpackungskosten	530,00	1,1		
Werbung	42,00	0,1		
Kfz	250,00	0,5		
Verwaltung	742,00	1,5		
Kosten insgesamt			8 990,00	17,9
Reingewinn			-1 153,00	-2,3

Abb. 5.9: Vollkostenrechnung für eine Frischfleisch-Abteilung mit Bedienung

Die letzte Art der Rechnung ist dadurch gekennzeichnet, dass dem Planenden, der bestimmte sortimentspolitische Veränderungen im Auge hat, Hinweise gegeben werden, welche Kostenveränderungen bei Durchführung dieser Maßnahmen eintreten werden. Gegen diese Art von Deckungsbeitragsrechnung wird manchmal eingewendet, dass sie wichtige Informationen nicht berücksichtige. Damit ist gemeint, dass die einzelnen Kostenträger, also hier die Warengruppen, bestimmte Ressourcen der Unternehmung, die Kosten verursachen, in unterschiedlichem Maße in Anspruch nehmen. So können Abteilungen (Warengruppen) einen unterschiedlichen Raumbedarf haben, der Fuhrpark kann in unterschiedlichem Ausmaß in Anspruch genommen werden usw.

Im Folgenden soll gezeigt werden, dass dieses Problem außerhalb der Kostenrechnung angegangen werden muss.

Position	€	in % vom Nettoumsatz	€	in % vom Nettoumsatz
Brutto-Umsatz			53 000,00	
./. MwSt.			2 763,00	
Netto-Umsatz			50 237,00	100,0
./. Netto-Einkaufswert			42 400,00	84,4
Deckungsbeitrag A			7 837,00	15,6
./. Kosten				
Personalkosten	3 562,00	7,0		
Abschreibung	694,00	1,4		
Verzinsung d. Anl.-Kap.	146,00	0,3		
Rabatte	1 452,00	2,9		
Gewerbesteuer	42,00	0,1		
Verpackungskosten	530,00	1,1		
Werbung	42,00	0,1		
Kosten gesamt			6 468,00	12,9
Deckungsbeitrag B d. FF-Abteilung			1 369,00	2,7

Abb. 5.10: Deckungsbeitragsrechnung für eine Frischfleisch-Abteilung mit Bedienung

Geht man exemplarisch davon aus, dass nur der Faktor Raum in begrenztem Maße vorhanden ist und bei allen übrigen Faktoren (z. B. Ware, Personal, Ladeneinrichtung) keine Beschränkungen bestehen – der Raum sei der einzige Engpass –, lässt sich das Raumaufteilungsproblem lösen, wenn Werte über die Umsatzentwicklung der Abteilungen bei alternativen Verkaufsflächen vorliegen. Setzt man die Deckungsbeiträge in Beziehung zu dem betreffenden Raumbedarf, so erhält man einen Deckungsbeitrag pro qm. Mit dieser Kennzahl kann der Raum auf die einzelnen Abteilungen aufgeteilt werden, indem die Abteilungen bevorzugt werden, die eine größere Kennzahl als andere Abteilungen ausweisen. Es wird dabei allerdings vorausgesetzt, dass der in einer Abteilung erzielbare Umsatz nicht davon abhängt, welche Verkaufsfläche anderen Abteilungen zur Verfügung steht. Wenn außer dem Raum zusätzlich andere Faktoren (z. B. Personal) in begrenzter und nicht erweiterungsfähiger Menge vorhanden sind und als Engpässe wirken, müssen zur Steuerung die Verfahren der mathematischen Programmierung herangezogen werden (in jüngerer Zeit kommen hierbei alternativ auch naturadaptive Ansätze zum Einsatz; vgl. hierzu auch die Ausführungen in Kapitel 9).

Es kann dann der in Abbildung 5.11 dargestellte Fall vorliegen, dass sich eine Warengruppe 1 bei einer Kapazität A (z. B. dem Raum) gegenüber Warengruppe 2 als unterlegen erweist, dass es jedoch bei einer anderen Kapazitätsart umgekehrt sein kann.

Im Beispiel erweist sich keine Warengruppe in allen Belangen als die beste. So erbringt Warengruppe 3 nur den höchsten absoluten Deckungsbeitrag, beansprucht dafür aber auch in erheblichem Maße das Kapital und das Personal. Ein Planungsverfahren, das sowohl die Höhe der Deckungsbeiträge als auch die Beanspruchung der fixen Faktoren (Kapazitäten) berücksichtigt, wird im nächsten Abschnitt vorgestellt.

Kapazität		Warengruppen (WG) 1	2	3
	Deckungsbeitrag absolut (in 1000 €)	10	16	40
Raum	Deckungsbeitrag/m²	100	140	400
Personal	Deckungsbeitrag/Personalstunde	200	100	50
Kapital	Deckungsbeitrag/1000 € geb. Kapital	150	200	40

Abb. 5.11: Vergleich von 3 Warengruppen auf der Grundlage von relativen Deckungsbeiträgen

5.3.2.2 Die Ergänzung der Deckungsbeitragsrechnung durch eine Kapazitätsverteilungsrechnung

Häufig werden sich nur wenige Kostenarten einer Warengruppe direkt zurechnen lassen. Ein Großteil der Kostenarten fällt an, weil Produktionsfaktoren eingesetzt werden, die für den Vertrieb verschiedenartiger Warengruppen verwendet werden können. Beispiele dafür sind die vorhandene Verkaufsfläche, die vorhandene Regalfläche, das vorhandene Personal, das vorhandene Kapital. Einmal kann es sich dabei um Faktoren handeln, deren Menge für die anstehende Planung als gegeben angesehen werden muss, zum anderen aber auch um Faktoren, denen eine nichtlineare Kostenfunktion entspricht (z. B. Kapitalkosten in Abhängigkeit von der Kreditsumme, wenn der Zinssatz von der Höhe der bereits aufgenommenen Kredite abhängt).

Im Folgenden wird ein Modelltyp behandelt, der es auch gestattet, die Inanspruchnahme von zentralen Kapazitäten abzubilden. Das Beispiel stammt von K. M. Brauer (1969). In einer Filiale eines Lebensmittelfilialbetriebes sei zu ermitteln, wie vorteilhaft (Beitrag zum Gewinn) vier Warengruppen sind, und zwar:

- Lebensmittel,
- Fleisch,
- Obst und Gemüse,
- Tiefkühlkost.

Diese vier Warengruppen lassen sich zunächst durch in Bezug auf den Umsatz **variable Kosten** kennzeichnen (Abbildung 5.12):

- Wareneinstandskosten bzw. Bruttoertrag je 1000 € Umsatz,
- Rabatte,
- umsatzabhängige Manipulationskosten in der Zentrale (sie fallen nur bei der Warengruppe „Fleisch“ an),
- umsatzabhängige Personalkosten in der Filiale.

Als Differenz von Umsatz und zurechenbaren Kosten ergibt sich der Deckungsbeitrag der jeweiligen Warengruppe. Des Weiteren werden die Warengruppen durch die **Inanspruchnahme von zentralen Kapazitäten** gekennzeichnet, und zwar:

- die Inanspruchnahme einzelner Raumarten (Gondeln, Regalplätze, Tiefkühltheke – vgl. dazu die Nebenbedingungen 9 bis 11 in Abbildung 5.15).
- die Inanspruchnahme des noch disponiblen Personalbestandes (im folgenden Beispiel wird davon ausgegangen, dass in der Filiale neun Personen vorhanden sind,

dass jedoch 5,14 Personen als Mindestbesetzung angesehen werden müssen, so dass nur darüber zu entscheiden ist, wie der Rest von 3,86 Personen eingesetzt werden soll – vgl. dazu die Nebenbedingung 12 in Abbildung 5.12).

	Datenart	**Dimension**	**Lebensmittel**	**Fleisch**	**Obst u. Gemüse**	**Tiefkühlkost**
	1	2	3	4	5	6
1	Umsatz	Umsatz in €	1000	1000	1000	1000
2	Wareneinstandskosten	Kosten in €/ 1000 € Umsatz	737,5	717,4	715,2	701,8
3	Rabatt und Umsatzsteuer	Dto.	61,1	68	68	68
4	Umsatzabh. Manipulationskosten in der Zentrale	Dto.	–	15,4	–	–
5	Umsatzabhängige Personalkosten in der Filiale	Dto.	34,9	34,9	34,9	34,9
6	Umsatzabhängige Kosten	Dto.	833,5	835,7	818,1	804,7
7	Deckungsbeitrag	Deckungsbeitrag in €/1000 € Umsatz	166,5	164,3	181,9	195,3

Abb. 5.12: Variable Kosten der einzelnen Warengruppen

Anhand dieser Werte wird ein **lineares Planungsmodell** entwickelt, das aus folgenden Bestandteilen besteht:

Zielfunktion:

Es soll für die Filiale eine solche Sortimentsstruktur gefunden werden, durch die die Differenz von Umsatz mit Lebensmitteln (U_L), Umsatz mit Fleisch (U_F), Umsatz mit Obst und Gemüse (U_G) und Umsatz mit Tiefkühl-Kost (U_T) auf der einen Seite und den Wareneinstandskosten (V_E), den gewährten Rabatten (V_R), den Manipulationskosten (V_M) und den Personalkosten (V_P) auf der anderen Seite maximiert wird.

Zielfunktion	Zeile	D→ max!	=	U_L	$+ U_F$	$+ U_G$	$+U_T$	$-V_E$	$-V_R$	$-V_M$	$-V_P$
Nebenbedingungen											
Minimale Waren-gruppen-umsätze	1	66,7	≤	U_L							
	2	19,5	≤		U_F						
	3	11,8	≤			U_G					
	4	1,8	≤				U_T				
Maximale Waren-gruppen-umsätze	5	90,3	≥	U_L							
	6	26,5	≥		U_F						
	7	19,6	≥			U_G					
	8	5,4	≥				U_T				
Raum	9	3,85	≥		$0{,}02\ U_F$						
	10	0,97	≥				$0{,}167\ U_T$				
	11	53,09	≥	$0{,}324\ U_L$		$+ 0{,}2\ U_G$					
Personalstunden	12	3,86	≥	$0{,}0262\ U_L$	$+ 0{,}0244\ U_F$	$+ 0{,}0451\ U_G$	$+ 0{,}0143\ U_T$				
Wareneinstandsk.	13	0	=	$0{,}7375\ U_L$	$+ 0{,}7174\ U_F$	$+ 0{,}7152\ U_G$	$+ 0{,}7018\ U_T$	$-V_E$			
Rabatt-/Umsatzst.	14	0	=	$0{,}0611\ U_L$	$+ 0{,}068\ U_F$	$+ 0{,}068\ U_G$	$+ 0{,}068\ U_T$		$-V_R$		
Manipulationsk.	15	0	=		$+ 0{,}0154\ U_F$					$-V_M$	
Personalkosten	16	-2,0934	=	$0{,}0349\ U_L$	$+ 0{,}0349\ U_F$	$+ 0{,}0349\ U_G$	$+ 0{,}0349\ U_T$				$-V_P$
Nichtnegativitätsb.	17	0	≤	U_L	U_F	U_G	U_T	V_E	V_R	V_M	V_P

Optimale Lösung des Primalproblems			in %
Lebensmittelumsatz	U_L	89,5	67 %
Fleischwarenumsatz	U_F	26,5	20 %
Obst- u. Gemüseumsatz	U_G	11,8	9 %
Tiefkühlkostumsatz	U_T	5,4	4 %
Gesamtumsatz	U	133,2	
Umsatz- u. personalabh. Kosten	V	112,8	
Deckungsbeitrag	D	20,4	
Werte der Dualvariablen im Optimum			
Lebensmittelumsatz	-		
Fleischwarenumsatz	0,009 €/€ Umsatz = Engpass		
Obst- u. Gemüseumsatz	-		
Tiefkühlkostumsatz	0,104 €/€ Umsatz = Engpass		
Raum für Fleisch	-		
Raum für Tiefkühlkost	-		
Raum für Lebensmittel u. für Obst u. Gemüse	-		
Eingesetztes Personal	612 € / 0,1 Person (= 18,28 Arbeitsstunden) = Engpass		

Abb. 5.13: Matrix und Berechnungsergebnis eines Modells zur Optimierung der Warengruppenstruktur

Nebenbedingungen:

- Durch die ersten acht Nebenbedingungen wird gewährleistet, dass die Sortimentsstruktur auf bestimmte (subjektiv vorgegebene) Bereiche beschränkt bleibt.
- Die folgenden drei Nebenbedingungen erfassen, dass die Warengruppen einen unterschiedlich hohen Raumbedarf haben und gewährleisten, dass die Kapazitäten dreier verschiedener Raumarten nicht überschritten werden.
- Nebenbedingung 12 stellt sicher, dass nicht eine Sortimentsstruktur gewählt wird, die mit dem vorhandenen Personalbestand nicht realisierbar ist.
- Bei den vier Gleichungen in den Zeilen 13 bis 16 handelt es sich um Definitionsgleichungen (vgl. die Zeilen 2 bis 5 in Abbildung 5.13).
- Nicht-Negativitätsbedingungen gelten für alle acht Variablen.

Das vollständig formulierte Modell ist in Abbildung 5.13 dargestellt. Angegeben sind auch die mit diesen Daten errechneten optimalen Werte für die Warengruppen. Die bei der vorhandenen Ausstattung der Filiale wünschenswerte Struktur im Umsatz setzt sich wie folgt zusammen:

- Lebensmittel 67 %,
- Fleischwaren 20 %,
- Obst und Gemüse 9 %,
- Tiefkühlkost 4 %.

Bemerkenswert an diesem Beispiel ist, dass vor allem das vorhandene Personal einen Engpass darstellt; bei einer Erhöhung der Personalkapazität um eine Einheit (Stunde) könnte der Deckungsbeitrag um 33,50 € (612 €/18,28 Std.) erhöht werden. Es ist ersichtlich, dass der Grenzerlös weit über den Grenzkosten liegt. Des Weiteren sind noch zwei weitere Kapazitäten ausgelastet (Obergrenze Fleischwarenumsatz und Obergrenze Tiefkühlkostumsatz), jedoch ist hier der Nutzen einer weiteren Kapazitätseinheit sehr gering.

Wichtig bei dem vorliegenden Modell ist weniger, dass mit Hilfe eines Algorithmus ein centgenaues Ergebnis ausgerechnet werden kann (das vorliegende Problem hätte, da sich nur eine Kapazität – das Personal – als Engpass erweist, auch einfacher berechnet werden können), sondern dass hier die einzelnen Sortimentsteile durch Vektoren gekennzeichnet werden. Der Vektor enthält als Kapazitäten die wesentlichen Angaben zur Planung, so

- die Wareneinstandskosten,
- die Inanspruchnahme von Raum,
- die ausgelösten Manipulationskosten,
- die Inanspruchnahme des Personals.

So kann auch von einem **Steckbrief der** betreffenden **Warengruppen** gesprochen werden.

Das vorgestellte Modell verdeutlicht die sinnvolle Verarbeitung von kostenbezogenen Informationen bei der Sortimentsplanung. Sein Nachteil besteht darin, dass es nicht zeigt, wie die gewünschten Umsatzanteile erreicht werden können. Die Variablen des Modells stellen keine Entscheidungsvariablen der Sortimentspolitik dar. Auf alternative Verfahren, mit denen z. B. Raumkapazitäten auf Sortimentseinheiten verteilt werden können, wird im Kapitel zur Verkaufsraumgestaltung (Kapitel 10) hingewiesen.

5.3.3 Nachfragerbezogene Kennzahlen

In die Kennzahlen, die in Abschnitt 5.3.1 dargestellt sind, gehen zwar auch die Reaktionen der Nachfrager auf das Angebot einer Handelsunternehmung ein, wenn der betreffende Umsatz betrachtet wird, aber diese Analyse ist sehr aggregiert, weil der Umsatz nicht in seine Preis- und seine Mengenkomponente aufgelöst wird und bei letzterer nicht berücksichtigt wird, wie viele und welche Nachfrager die entsprechenden Mengen gekauft haben. Hieran knüpfen die folgenden Kennzahlen an, die sich an dem **Parfitt-Collins-Modell** (J.-H. Parfitt und J. Collins 1968) orientieren. Das Parfitt-Collins-Modell wurde ursprünglich für einzelne Marken innerhalb einer Produktgruppe formuliert, wird aber im Folgenden zur Analyse einer Category herangezogen. Es werden folgende Größen betrachtet:

- Der **Marktanteil** für eine Category in Geldeinheiten in einem bestimmten (räumlich, personell, sachlich und zeitlich abgegrenzten) Markt,
- der Anteil der Käufer/Haushalte eines Betriebs (einer Vertriebslinie, einer Unternehmung), die mindestens einen Artikel innerhalb eines bestimmten Zeitraumes aus der betreffenden Category gekauft haben (manchmal auch als Feldanteil der Category bezeichnet, cumulative penetration, **Reichweite**) an der Gesamtzahl der potenziellen Käufer/Haushalte (z. B. 34 %),
- die erwartete **Wiederkaufrate**, d. h. Anteil der Käufer, die innerhalb einer bestimmten Zeitspanne nach dem vorhergehenden Kauf in einer Category einen weiteren Kauf in dieser Category getätigt haben (z. B. können 20 % derjenigen, die in einer Category einen Kauf getätigt hatten, innerhalb der Folgeperiode von 14 Tagen einen weiteren Kauf in dieser Category getätigt haben),
- der Index für die durchschnittlichen **Ausgaben** der Käufer innerhalb einer Category (z. B. 120 % der durchschnittlichen Ausgaben im Gesamtmarkt).

J.-H. Parfitt und J. Collins multiplizieren die Reichweite mit der erwarteten Wiederkaufrate und dem Kaufindex und kommen so zu einem Marktanteil für die jeweilige Periode. Deutlich ist erkennbar, dass der in einer Category erzielte Marktanteil in seine Definitionsbestandteile aufgelöst ist und eine Prognose der einzelnen Bestandteile versucht wird. An einem Beispiel stellt sich diese Rechnung so dar:

- Anteil der Käufer, die in einer Periode mindestens einmal Haarpflegemittel bei einem bestimmten Unternehmen gekauft haben: 65 %,
- Anteil der Käufer, die innerhalb der Folgeperiode (von z. B. vier Wochen nach einem Kauf – Wiederkaufintervall) wiederum Haarpflegemittel bei diesem Unternehmen gekauft haben: 20 %,
- Index für die durchschnittlichen Ausgaben dieser Käufe: 1,2
- Marktanteil für dieses Unternehmen in der Category Haarpflegemittel : 0,65 x 0,2 x 1,2 = 0,156, mithin 15,6 %.

Alternativ könnte der Umsatz wie folgt zerlegt werden (K. Helnerus 2003):

- die Anzahl der Konsumenten (Haushalte), die Artikel innerhalb einer Category kaufen,
- der durchschnittliche Kaufbetrag pro Einkauf (Bedarf pro Konsument),
- die Anzahl der Einkäufe in einem bestimmten Zeitraum.

Der Umsatz ergibt sich, indem die drei Größen miteinander multipliziert werden. Die zahlreichen Kennzahlen in der Abbildung machen deutlich, dass die Beurteilung einzelner Categories auch bei isolierter Betrachtung schon recht komplex ist.

Die Analyse wird erschwert, wenn zusätzlich **Verbundbeziehungen** zwischen einzelnen Categories beachtet werden. Die Nutzung solcher Informationen ist allerdings erst im Entstehen (H. Schröder und M. Feller 1999), in der Theorie sind solche Untersuchungen zu einem intensiv erforschten Feld geworden. Das Phänomen ist unter dem Begriff Nachfrageverbundenheit bekannt. Dabei lassen sich zwei Arten einer Verbundenheit unterscheiden:

1. Tätigkeiten, die innerhalb eines Zeitraumes zusammen ausgeführt werden,
2. Tätigkeiten, die zeitlich aufeinander folgen; eine Verhaltensweise, die auch unter dem Stichwort Kundentreue diskutiert wird.

Verbundphänomene erschweren die Erfolgsermittlung von Sortimentsteilen, denn der Erfolg bei einem bestimmten Sortimentsteil kann von Maßnahmen abhängen, die sich auf andere Sortimentsteile beziehen, was als **Sortimentsverbund** bezeichnet wird.

Mit Sortimentsverbund ist gemeint, dass Maßnahmen, die sich auf einzelne Elemente des Sortimentes beziehen, auch Auswirkungen auf den Erfolg anderer Sortimentsteile haben, was kosten- oder erlöswirtschaftliche Ursachen haben kann.

Der erlöswirtschaftliche Verbund geht darauf zurück, dass einzelne Aktivitäten des Nachfragers miteinander verknüpft sind. Besonders deutlich ist das in dem Fall, in dem der Nachfrager im Rahmen eines Einkaufsgangs mehrere Güter in einem Geschäft kauft. Es ist deshalb für die Marketingplanung sinnvoll, in Rechnung zu stellen, wie Nachfrager einzelne Verhaltensweisen miteinander verknüpfen. Um das darzustellen, wird im Folgenden das Modell von Engel, Kollat und Blackwell herangezogen (R. D. Blackwell, P. W. Miniard und J. F. Engel 2001), um verschiedene Formen des **Nachfrageverbundes** abzuleiten, indem die folgenden Fragen gestellt werden (L. Müller-Hagedorn 1978b):

1. Ist der Kauf verschiedener Produkte auf das gleiche Problembewusstsein zurückzuführen? So kann ein ausgeprägtes Gesundheitsbewusstsein dazu führen, dass sowohl entsprechende Getränke als auch entsprechende Lebensmittel gesucht werden (**Bedürfnisverbund**).
2. Die Suche nach Alternativen zur Lösung verschiedener Probleme kann miteinander verknüpft werden (**Informationssuchverbund**). Ein solcher Informationsverbund liegt vor, wenn sich ein Nachfrager über ganz verschiedene Produkte in den einzelnen Abteilungen eines Warenhauses informiert.
3. Produkte können nach gleichen Kriterien beurteilt werden (**Beurteilungsverbund**). Wird ein Konsument, der etwa an Möbel hohe Qualitätsansprüche stellt, auch solche an seine Kleidung stellen, wird er also einheitlich an mehrere Produktgruppen gleich hohe Qualitätsansprüche stellen und die Gewährleistung solcher Ansprüche von einem Anbieter erwarten?
4. Im Mittelpunkt der theoretischen Diskussion steht meist die Phase der gemeinsamen Realisierung von Käufen verschiedener Güter (**Kaufverbund**).
5. Güter können zusammen verwendet werden (**Konsumverbund**).
6. Wird die nachträgliche negative oder positive Bewertung eines Produktes auf ähnliche Produkte oder auf die Einkaufsstätte übertragen (**Bewertungsverbund**)?

Allgemein: In der Vielzahl der Handlungen, die ein Konsument ergreift, sind Gemeinsamkeiten erkennbar, die nicht nur darin bestehen, dass zwei Produkte zusammen gekauft oder verwendet werden.

5.4 Die Potenzialanalyse und die Zuweisung von Rollen zu den Categories

Nach dem von der CCG (heute GS1 Germany) empfohlenen Prozess soll für jede Category die Rolle festgelegt werden, die ihr im Sortiment zukommen soll, wobei in Profilierung, Pflicht, Impuls/Saison und Ergänzung unterschieden wird (vgl. auch Abbildung 5., ECR-Europe 1997, S. 43). Außerdem soll für jede Category eine Leistungsanalyse durchgeführt werden. Die beiden Schritte werden hier zusammengefasst.

Die CCG sieht als Aufgabe der Leistungsanalyse die **Festlegung von Zielen**. Um Ziele festlegen zu können, müssen die Potenziale einer Category ausgeleuchtet werden, weswegen anstatt von Leistungsanalyse im Folgenden von Potenzialanalyse gesprochen wird. Anspruchsvolle Ziele wird man dann formulieren können, wenn in den folgenden Bereichen günstige Entwicklungen zu erwarten sind:

- Ist mit einer günstigen Entwicklung des Kaufverhaltens in der betreffenden Category zu rechnen?
- Wie gut kann der planende Händler sich gegenüber seinen Konkurrenten durchsetzen?
- Ist mit erhöhten Anstrengungen der Hersteller in dieser Category zu rechnen?
- Ist das planende Unternehmen in der Lage, notwendige Faktoren (z. B. Raum oder Personal) bereitzustellen?

Die CCG arbeitet mit vier verschiedenen **Rollen**, Profilierung, Pflicht, Impuls/Saison und Ergänzung. Diese Einteilung in vier Rollen überzeugt wegen ihrer mangelnden Systematik und der geringen Differenzierung zwar wenig, aber das Rollenkonzept insgesamt erscheint als sinnvoller Planungsschritt. Sortimentsbildung im Handel ist nämlich nicht nur als Auswahl einzelner Artikel zu verstehen, sondern es empfiehlt sich, den strategischen Stellenwert der einzelnen Categories anzugeben. Dem soll der Begriff der Rolle dienen, der wie folgt definiert sei:

> *Unter der „Rolle" versteht man allgemein die Erwartungen, die an eine Person oder wie hier an ein Objekt (d. h. eine Category) gerichtet werden, im Zusammenhang mit Categories die erwarteten oder realisierten Zielbeiträge der Category.*

Bei den Rollen kann es sich mithin um

- Umsatzbringer,
- Generierer von Deckungsbeitrag, aber auch um
- Frequenzbringer,
- Festiger der Kundenbindung,
- Helfer der Neukundengewinnung,
- Imagebildner u. Ä.

handeln. Bei einer solchen Sichtweise des Rollenkonzeptes lässt sich unmittelbar die Verbindung zur Balanced Scorecard herstellen, die sich als hilfreiches Instrument zur Unternehmenssteuerung und damit auch zur Planung des Stellenwertes einzelner Categories erwiesen hat. Bekanntlich hat die Balanced Scorecard die Aufgabe, aus übergeordneten ökonomischen Zielen nachgeordnete Ziele, auch kundenbezogener Art, abzuleiten (R. S. Kaplan und D. P. Norton 1992). Rollenbestimmung und Entwicklung einer Balanced Scorecard gehen bei einer solchen Sichtweise Hand in Hand.

Die Festlegung von Zielen (Rollen) für einzelne Categories ist eine anspruchsvolle Aufgabe, weil die Interdependenzen zwischen einzelnen Zielen in horizontaler und vertikaler Richtung und eine Reihe von Bestimmungsfaktoren beachtet werden müssen. Zu den zentralen Bestimmungsfaktoren zählen:

- Das Angebot der Konkurrenz kann es einerseits nahe legen, gerade in der betreffenden Category eine überlegene Leistung anzustreben, kann es andererseits aber auch geraten sein lassen, der Category keinen besonderen Stellenwert einzuräumen.
- Die Bedeutung, die die Nachfrager der Category bei der Wahl der Einkaufsstätte zuordnen, scheint von besonderer Wichtigkeit.
- Auch die Substitutionsbereitschaft der Kunden hinsichtlich der Artikel innerhalb einer Category erscheint als zentraler Einflussfaktor. Wenn Kunden nämlich die einzelnen Angebote als austauschbar ansehen, entfällt ein Grund, Auswahl anbieten zu müssen.

Profilierungs-kategorie i. d. R. 5–7 % aller Categories	Händler ist beim Zielkunden Primäranbieter für die Category. Category bietet dem Zielkonsumenten dauerhaft überdurchschnittlichen Nutzen. Führende Warengruppe des Händlers hinsichtlich Umsatz, Marktanteil, Kundenzufriedenheit, Service und Effizienz. Category trägt zur Weiterentwicklung von Personal, Systemen und technologischen Aspekten bei.
Pflichtkategorie i. d. R. 55–60 % aller Categories	Händler ist beim Zielkunden bevorzugter Anbieter für die Category. Category baut das Image des Händlers auf. Category bietet dem Zielkonsumenten dauerhaft einen hohen Nutzen. Category kommt eine wesentliche Rolle für die Generierung von Ertrag, Cashflow und Gesamtkapitalrendite zu.
Impuls-/ Saisonkategorie i. d. R. 15–20 % aller Categories	Händler ist beim Zielkunden Hauptanbieter für die Category. Category verstärkt Image des Händlers. Category bietet dem Zielkunden einen hohen Verbrauchernutzen. Category kommt eine sekundäre Rolle bei der Verbesserung von Ertrag, Cashflow und Gesamtkapitalrendite zu.
Ergänzungs-kategorie i. d. R. 15–20 % aller Categories	Category positioniert den Händler beim Zielkunden als umfassenden Anbieter. Category bietet dem Zielkunden einen guten Verbrauchernutzen. Category kommt eine wichtige Rolle bei der Generierung von Erträgen und Margenverbesserung zu.

Abb. 5.14: Category-Rollen (ECR Europe 1997, S. 43)

Die Hinweise machen deutlich, dass nachfragerbezogene, konkurrenzbezogene und innerbetriebliche Einflussfaktoren auch bei der Festlegung der Rollen bzw. Ziele für einzelne Categories eine Rolle spielen (CCG 2002, S. 14). Bislang herrschen hierbei pragmatische Vorgehensweisen vor, wie sie durch Abbildung 5.15 veranschaulicht werden. Die mehr allgemeinen und die mehr konkreten Ziele sind in sinnvoller Weise zu kombinieren. So kann z. B. Marktanteilswachstum mit Steigerung der Kundenfrequenz und mit Gewinnung neuer Kunden erreicht werden. Es sind sinnvolle Zielpyramiden zu entwickeln. Hierbei handelt es sich um eine anspruchsvolle Aufgabe. Passt z. B. zu einer

	Typische Rollen				**Informationen über:**
	Profilierung	**Pflicht**	**Ergänzung**	**Impuls/Saison***	
Wie hoch ist die Reichweite der Category?	Hoch	Hoch/ Mittel	Mittel/ Niedrig	Mittel	Verbraucher
Wie hoch ist die Einkaufshäufigkeit der Category?	Hoch	Hoch	Mittel/ Niedrig	Mittel	
Wie hoch sind die Gesamtausgaben pro Käufer pro Jahr in der Category?	Hoch	Hoch/ Mittel	Mittel	Hoch/ Mittel	
Wie hoch sind die Gesamtausgaben in der Category?	Hoch	Hoch/ Mittel	Mittel	Hoch/ Mittel	
Wie hoch sind die Umsätze des Händlers in der Category?	Hoch	Mittel	Mittel	Hoch/ Mittel	
Wie hoch ist die Brutto-Handelsspanne des Händlers (%) in der Category?	Niedrig	Mittel	Hoch	Mittel	Händler
Ist der Händler fähig, mit der Category einen andauernden und hohen Verbrauchernutzen zu schaffen und sich damit zu differenzieren?	Hoch	Hoch/ Mittel	Niedrig	Hoch/ Mittel	
Wie hoch ist der wertmäßige Marktanteil des Händlers gegenüber dem Fair Share?	Hoch	Hoch/ Mittel	Mittel/ Niedrig	Mittel	
Ist die Category von besonderer Wichtigkeit für einen der Hauptwettbewerber?	Mittel/ Niedrig	Mittel/ Hoch	Mittel	Mittel	
Wird der Umsatz der Category in der Zukunft als wachsend eingeschätzt?	Hoch	Mittel	Mittel		Konkurrenz

* Betrachtung nur im Saisonzeitraum

Abb. 5.15: Category-Management – Ein pragmatischer Ansatz zur Rollenfindung (CCG 2002, S. 14)

Profilierungsrolle das Ziel „Erhöhung des Transaktionswertes“ oder „Verteidigung des Territoriums“ oder wäre hier vielleicht vielmehr „Imageaufwertung“ angebracht? Es kommt hinzu, dass zu entscheiden ist, wie die Festlegung von Zielen in Abhängigkeit von bestimmten Merkmalen der Category, z. B. Categories mit hoher oder niedriger Preistransparenz, hoher oder niedriger Kauffrequenz, hohem oder niedrigem Transaktionswert, hoher oder niedriger Kundentreue, hohem oder niedrigem Impulskaufanteil differenziert werden sollen (vgl. ECR Europe 2001, S. 25 Acht-Schritte- Prozess).

5.5 Die Formulierung von Category-Strategien

Versteht man unter einer Strategie Maßnahmen der Handelsunternehmung, so sind diese klar von den anzustrebenden Zielen abgegrenzt. Hierzu bieten sich als Ausgangspunkt die einzelnen absatzpolitischen Instrumente an. Ein festgefügter Katalog von Category-Strategien existiert bisher nicht[5], es lassen sich folgende Beispiele nennen:

- größte Auswahl im regionalen Markt,
- Preisführer,
- eine Category mit allen wesentlichen Marken.

Über die Listungsentscheidung hinaus hat jeder Category-Manager im Handel die Aufgabe, die Category bzw. die einzelnen Subkategorien zu führen. Dazu zählen Entscheidungen über Werbemaßnahmen und Promotionsaktivitäten, die Platzierungspolitik und die Festlegung von Preisen. Dabei kann nicht davon ausgegangen werden, dass solche Maßnahmen in allen Categories jeweils das gleiche Ergebnis erzielen können. Es gilt also, jene Categories festzulegen, in denen ein besonders hoher Erfolg erwartet werden kann.

Um solche Effizienzen zu erkennen, gibt es Versuche, die Categories in vier Gruppen zu unterteilen, die zum einen danach unterscheiden, wie häufig Artikel in dieser Category gekauft werden, und zum anderen danach differenzieren, wie viel Prozent der Haushalte Artikel aus der betreffenden Category einkaufen. Es ergeben sich die vier in Abbildung 5.16 dargestellten Kategoriearten.

5 Auf den Katalog von ECR-Europe wird nicht zurückgegriffen, da es sich bei den dort genannten „Strategien“ um Zielgrößen handelt, wie z. B. Steigerung der Kundenfrequenz, Erhöhung des Transaktionswertes, Verteidigung des Territoriums, Gewinnsteigerung, Erhöhung des Cash flow, Aufwertung des Images. Vgl. Handbuch ECR Demand-Side, Kapitel: Category Management – Voraussetzungen und Acht-Schritte-Prozess, S. 22 (Stand: 1.8.2001).

		Anteil der Käufer an der Anzahl der Haushalte	
		Hohe Penetration	**Geringe Penetration**
Anzahl der Käufer pro Periode	**Hohe Einkaufsfrequenz**	Begrenzt haltbare Gebrauchsgüter (Staples)	Nischenprodukte
	Niedrige Einkaufsfrequenz	Güter zur Steigerung der Abwechslung (Variety Enhancers)	Fill – Ins

Abb. 5.16: Typen von Categories (S. Dhar, S. Hoch und N. Kumar 2001, S. 170)

Diese Abbildung nach S. Dhar, S. Hoch und N. Kumar basiert ihrerseits auf einer Untersuchung von P. S. Fader und L. M. Lodish (1990), die auf Grundlage einer Clusteranalyse die vorliegende Einteilung empfehlen. Sie definieren die einzelnen Cluster wie folgt:

1. Hohe Einkaufsfrequenz und hohe Penetration: Dies sind Güter, die von vielen Haushalten regelmäßig gekauft werden. Es handelt sich um begrenzt haltbare Gebrauchsgüter, wie bspw. Eier, Brot oder Milch.
2. Niedrige Einkaufsfrequenz und hohe Penetration: Diese Güter werden nicht regelmäßig, jedoch mindestens einmal im Verlauf eines Jahres von vielen Haushalten gekauft. Ein Beispiel hierfür sind Gewürze.
3. Hohe Einkaufsfrequenz und geringe Penetration: Dies sind Güter, die von einer begrenzten Gruppe von Haushalten regelmäßig nachgefragt werden, wie z. B. Tierfutter oder Babynahrung.
4. Niedrige Einkaufsfrequenz und geringe Penetration: Dabei handelt es sich um Güter, die sehr selten gekauft werden. Allerdings hängt hier eine Zuteilung vom gewählten Zeitrahmen ab. Wenn dieser bspw. über ein Jahr hinaus erweitert würde, dann würden die hier vertretenen Güter u. U. der zweiten Gruppe zuzuordnen sein. Ein Beispiel sind Hundehalsbänder.

Es wird vermutet, dass sich die Gründe der Verbraucher, Güter aus den vier Gruppen zu kaufen, unterscheiden, weswegen nicht erwartet werden kann, dass Maßnahmen sich in gleicher Weise auswirken. In der Tat zeigen empirische Untersuchungen an, dass sich beispielsweise die Steigerung der Sortimentstiefe grundsätzlich positiv auf den CDI (**Category Development Index**) auswirkt, dass jedoch der Effekt bei Staples geringer ist als bei Waren aus den anderen drei Gruppen, oder dass Display-Aktivitäten bei Fill-Ins eine stärkere Wirkung entfalten als bei Waren aus den anderen Gruppen. (S. Dhar, S. Hoch und N. Kumar 2001).

Diese und weitere Beispiele für die unterschiedliche Wirkung verschiedener Maßnahmen sind in der folgenden Übersichtstabelle nochmals zusammengefasst.

Über die Effizienz der oben genannten Maßnahmen muss nicht nur der Handel informiert sein. Auch für Hersteller sind solche Informationen hilfreich, weil sie mit entsprechenden Vorschlägen an den Handel herantreten können (z. B. Warenplatzierung), wenn ihre Produkte hierfür geeignet sind.

	Hohe Penetration, hohe Frequenz	Hohe Penetration, niedrige Frequenz	Geringe Penetration, hohe Frequenz	Geringe Penetration, niedrige Frequenz
Zeitungs- und Prospektwerbung	++	+	+	-
Display-Aktivitäten	+	-	-	++
Tieferer regulärer Preis	+	++	++	+
Temporäre Preisreduktion	++	-	-	-
Starkes Handelsmarkenprogramm	++	++	++	++
Steigerung der Sortimentstiefe	+/-	+	+	+

++ = stark signifikanter positiver Effekt, + = signifikant positiver Effekt, – = kein signifikanter Effekt

Abb. 5.17: Die Wirkung unterschiedlicher Maßnahmen für verschiedene Category-Typen (angelehnt an S. Dhar, S. Hoch und S. Kumar 2001)

5.6 Weitere Planungsschritte

Der Acht-Schritte-Prozess aus Abbildung 5.1 besteht weiterhin aus der Entwicklung operativer Pläne für die Sortimentspolitik, die Preispolitik, die Regalpräsentation und die Verkaufsförderung. Auf diese Bereiche wird detailliert in den folgenden Kapiteln eingegangen, sodass sie hier nur erwähnt werden sollen. Der Category-Management-Prozess wird mit der Planumsetzung und der Überprüfung abgeschlossen. Die Planumsetzung setzt voraus, dass die Pläne für unterschiedliche Categories untereinander abgestimmt sind, was die Genehmigung durch das übergeordnete Management voraussetzt; es sind Verantwortlichkeiten für die Durchführung der vorgesehenen Maßnahmen festzulegen, und es ist schließlich ein Terminplan zu entwickeln. Die Überprüfung bezieht sich auf die Ermittlung der erreichten Ziele und die Abweichungsanalyse.

5.7 Zusammenfassung

Der 8-Schritte-Prozess zum Category-Management hat sich in Industrie und Handel weithin etabliert. Es handelt sich um eine systematische Vorgehensweise, um einerseits Schritte zur Analyse, Planung, Realisation und Kontrolle des Warenangebots in einem Handelsbetrieb und um andererseits strategische und operative Aspekte zu integrieren.

Wenn er auch vorwiegend im Hinblick auf die Anwendung im Lebensmittelhandel entwickelt worden ist, so kann er doch auf alle Bereiche des Handels übertragen werden.

Internetadressen

- Zum Category-Management und ECR: GS1 : www.gs1-germany.de
- Akademische Partnerschaft ECR: www.ecracademics.de
- Zum Global Standards Management Process: www.gs1.org/docs/gsmp/GSMP_Manual.pdf

Aktivitäten

- Recherchieren Sie im Internet unter den Adressen von Lebensmittelanbietern, wie dort das gesamte Angebot in Categories unterteilt wird. Prüfen Sie die dort dargestellten Sortimentsübersichten und -gliederungen auf Übereinstimmung.
- Erstellen Sie eine Liste der in von Ihnen ausgewählten Baumärkten angebotenen Dienstleistungen. Vergleichen Sie das Angebot an Dienstleistungen verschiedener Baumärkte.
- Überprüfen Sie, wie in einem Verbrauchermarkt das Nudelangebot geordnet ist. Können Sie z. B. erkennen, dass nach deutschen und italienischen Nudeln getrennt wird? Welche Gliederungskriterien erkennen Sie?

Fragen zur Diskussion

- Stellenweise wird gesagt, in entwickelten Volkswirtschaften würde die Bedeutung von Dienstleistungen steigen. Ist eine solche Beobachtung für Handelsbetriebe relevant oder wird hier nicht vielmehr das Angebot von Waren auch zukünftig dominieren und den Dienstleistungen nur eine relativ bescheidene Bedeutung zukommen?
- In jedem Supermarkt ändert sich das Angebot an Waren fortlaufend (z. B. im Mai Spargel, im Juli Grillgut, im August Pflaumen, im November Nikoläuse aus Schokolade). Kann bei einem solchen Wechsel überhaupt von dem Sortiment eines Supermarktes gesprochen werden? Kann dem laufenden Wechsel des Warenangebotes begrifflich Rechnung getragen werden?
- Ist es nicht übertrieben, zur Beurteilung von Sortimentsteilen mehr als 10 Kennzahlen in die Diskussion einzuführen. Genügt nicht vielmehr der Rohertrag?
- Macht es Sinn, zwischen Profilierungs- und Pflicht-Categories zu unterscheiden, wenn beide unverzichtbar sind?

6 Sortimentspolitik

Die Planung des Sortimentes ist für jeden Handelsbetrieb von besonderer Bedeutung, denn Sortimentsentscheidungen sind von wesentlichem Einfluss auf die Erlöserzielung. Des Weiteren sind in den Warenbeständen häufig große Kapitalbeträge gebunden; die Ergebnisse der vom Institut für Handelsforschung an der Universität zu Köln durchgeführten Betriebsvergleiche zeigen, dass im Durchschnitt des deutschen Einzelhandels ungefähr 40 % des im Betrieb eingesetzten Vermögens auf den Warenbestand entfallen. Im Folgenden wird zunächst dargestellt, wie die Vielfalt sortimentspolitischer Handlungsmöglichkeiten, Zielgrößen und Bestimmungsfaktoren geordnet werden kann. Anschließend wird auf Analyse- und Planungsprobleme der Sortimentspolitik eingegangen.

6.1 Elemente einer Sortimentspolitik

Die Sortimentspolitik ist Teil des im vorhergehenden Kapitel dargestellten Category Management-Prozesses. Entsprechend dem entscheidungstheoretischen Ansatz empfiehlt es sich auch bei der Sortimentspolitik zu fragen, welche Handlungsmöglichkeiten zur Verfügung stehen, auf welche Ziele die Sortimentspolitik ausgerichtet werden soll und von welchen Bestimmungsfaktoren die Zielerreichung abhängig ist.

6.1.1 Sortimentspolitische Alternativen

Bei den sortimentspolitischen Alternativen geht es um Möglichkeiten der Gestaltung eines neuen Sortimentes oder um Veränderungen eines vorliegenden Sortimentes. Ein Sortiment besteht vor allem aus beweglichen Sachgütern (Waren), aber es können weitere Absatzobjekte hinzutreten, wie insbesondere selbstständig verwertbare Dienstleistungen. Insgesamt sei von folgender Definition eines Sortimentes ausgegangen:

> *Bei einem* ***Sortiment*** *handelt es sich um die Summe aller Absatzobjekte (Sachgüter, Dienstleistungen, Rechte), die ein anbietendes Handelsunternehmen in einer bestimmten Zeitspanne (z. B. Tag, Woche, Saison) physisch oder auf andere Weise im Absatzmarkt anbieten will, wobei es sich idealtypisch um beschaffte Güter handelt, es aber auch denkbar ist, dass die Güter selbst erstellt worden sind.*

Aus einer solchen Definition lassen sich unterschiedliche Sortimente ableiten, die jeweils Gegenstand von Planungsüberlegungen sein können, so z. B. das permanente Sortiment und das Tages- oder Wochensortiment, das physisch verfügbare und das Bestellsortiment (nicht vorrätige Waren können bestellt werden), das eigenerstellte Sortiment und das beschaffte Sortiment, das Eigensortiment (auf eigenes Risiko) und das beigestellte Sortiment (z. B. durch Konzessionäre). Sortimentspolitische Maßnahmen können sich auch auf die verschiedenen Ebenen der sog. Sortimentspyramide beziehen, also nach der älteren Terminologie Dispositionen über einzelne Artikel, Artikelgruppen, Warengruppen, Warenbereiche oder sogar Warenarten (vgl. hierzu auch die Ausführungen zur Sortimentspyramide in Abschnitt 5.2.1), nach der neueren Terminologie über Categories, Sub-Categories und Artikel. Für eine bereits bestehende Handelsunternehmung sind sortimentspolitische Alternativen in Abbildung 6.1 zusammengestellt, die zweckmäßigerweise von links nach rechts gelesen wird (vgl. W. H. Engelhardt und W. Plinke, S. 125). Zunächst werden drei sortimentspolitische Alternativen genannt:

1. **Ausweiten des vorhandenen Sortiments (Sortimentsexpansion)**. Diese Maßnahme kann entweder auf der Artikelebene (das ist die Frage, ob in einer Artikelgruppe verschiedene Artikel hinzugefügt werden sollen), auf der Artikelgruppenebene (das ist die Frage, ob ganze Artikelgruppen neu aufgenommen werden sollen) bzw. Sub-Categories oder auf der Warengruppenebene bzw. Categories usw. durchdacht werden.
2. **Einengen des vorhandenen Sortiments**. Auch diese Maßnahme muss auf den verschiedenen Ebenen der Sortimentspyramide geprüft werden (vgl. F. Jaspert 1987).
3. **Strukturveränderung des Sortiments (Sortimentsvariation)**. Hierbei wird die Zahl der Artikel weder erweitert noch reduziert, es verschieben sich aber die Anteile in einzelnen Sortimentseinheiten.

Zu 1.: Beginnen wir mit den Möglichkeiten, ein Sortiment auszuweiten. Hier können die Operationen einmal auf eine Erweiterung der Sortimentstiefe oder der Sortimentsbreite zielen. Die **Sortimentstiefe** wird erhöht, so die übliche Ausdrucksweise, wenn zu einem Artikel A_1 dessen Varianten A_2, A_3, ..., A_n hinzutreten. Die **Sortimentsbreite** wird erhöht, wenn zu einer Produktart A die Produktarten B, C, D, ... hinzutreten. Eine solche Politik wird auch als Diversifikation bezeichnet.

Unter Sortimentsbreite wird mithin die Vielfalt eines Angebotes in horizontaler Sicht verstanden. Sie zeigt, wie viele unterschiedliche Warenbereiche (Warengruppen) durch das Sortiment abgedeckt werden. Die Sortimentstiefe richtet sich dagegen nach der Anzahl der Artikel (Sorten) in einer Artikelgruppe. In der Theorie wird mit „Sortimentstiefe" auf die Zahl der alternativen Möglichkeiten abgestellt, mit denen der Käufer einen einzelnen Kaufwunsch befriedigen kann. Die „Sortimentsbreite" nimmt dagegen zu, wenn dem Käufer additive Kaufmöglichkeiten geboten werden, wenn er also bei einem Einkaufsakt zahlreiche unterschiedliche Sachgüter beschaffen kann (vgl. R. Gümbel 1963, S. 62).

Es fällt allerdings nicht leicht, die Sortimentstiefe von der Sortimentsbreite zu trennen, da sie beide auf Substitutionsmöglichkeiten Bezug nehmen können. So wird bei der Sortimentstiefe gefragt, ob dem Kunden neben dem Artikel X als Alternative auch der Artikel Y angeboten wird, wobei im Regelfall von einer Substitutionsmöglichkeit ausgegangen wird. Aber auch bei der Sortimentsbreite wird implizit auf Substitutionsmöglichkeiten Bezug genommen, indem eben nicht davon ausgegangen wird, dass zwei Artikel als Substitute angesehen werden, sondern dass sie additiv erworben werden können. Ob Güter als Substitute angesehen werden, kann aber interindividuell verschieden sein und hängt u. a. von der Konkretisierungsstufe des Kaufwunsches ab. Will ein Käufer etwa ein Geschenk kaufen, so können Wein und ein Reisewecker durchaus Substitute sein. Ein Geschäft mit einem entsprechenden Angebot würde sich mithin durch eine (im Hinblick auf Geschenke) große Sortimentstiefe auszeichnen. Im Regelfall wird der Kaufwunsch jedoch genauer festgelegt sein, so dass diese Substitutionsmöglichkeiten entfallen. Statt auf die Substitutionsmöglichkeit wird deshalb meist auf die Artverwandtschaft abgestellt (beide Kriterien müssen nicht übereinstimmen: Für den Kaufinteressenten einer Quarz-Uhr kann jede anders angetriebene Uhr uninteressant sein). Demnach zeigt die Sortimentstiefe an, wie viele artverwandte Artikel im Sortiment sind. Die Artverwandtschaft kann anhand zahlreicher Merkmale dargestellt werden (z. B. Größe, Farbe, Verwendungszweck, Aufmachung), so dass es nicht möglich ist zu sagen, ein Betrieb verfüge über die größere Sortimentstiefe, wenn er nicht in Bezug auf alle Merkmale die größere Artikelzahl bietet.

Bei allen Formen der Erweiterung der Sortimentsbreite (also auf der Artikelgruppen-, der Warengruppen- oder der Warenbereichsebene) lassen sich die hinzuzunehmenden Sortimentssteile entsprechend ihrer Ähnlichkeit zu den schon vorhandenen Sortimentsteilen kennzeichnen (z. B. bezüglich der Materialverwandtschaft, der Lieferantenähnlichkeit, der Qualitätsstufe, der Zielgruppenähnlichkeit). Viele Handelsunternehmungen haben ihre Sortimentsbreite erweitert; statt der früheren Einteilung der Handelsunternehmungen nach Branchen ist häufig eine Branchenvermischung zu beobachten. Schließlich sollte nicht vergessen werden, dass Sortimente auch um Dienstleistungen erweitert werden können.

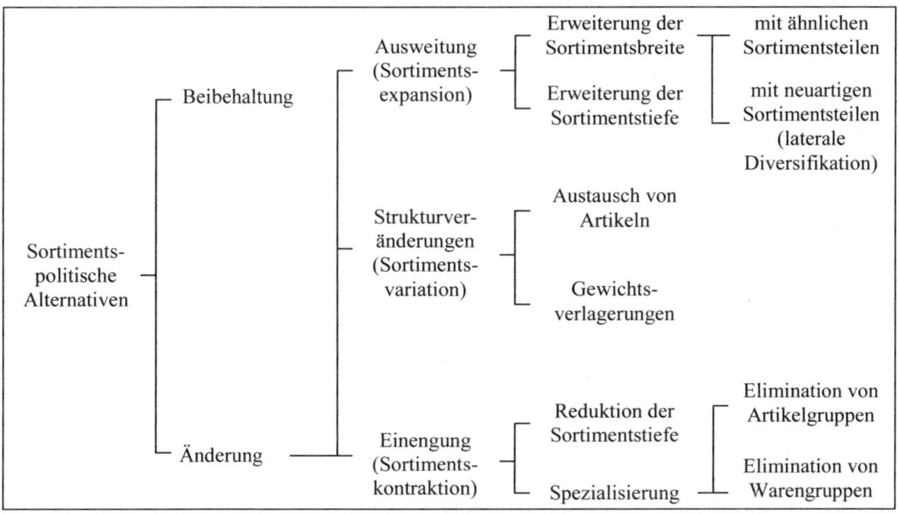

Abb. 6.1: Sortimentspolitische Alternativen

Zu 2.: Abbildung 6.1 enthält auch den Hinweis, über Einengungen des Sortimentes nachzudenken. Auch hier lassen sich mit Hilfe der Sortimentsbreite und -tiefe zwei Fälle unterscheiden; einmal, dass das Sortiment spezialisiert wird (**Spezialisierung**), zum anderen, dass innerhalb einer Artikelgruppe die Zahl der geführten Artikel reduziert wird (**Ausdünnung**).

Zu 3.: Bei der Strukturveränderung (Sortimentsvariation) wird der Gesamtumfang eines Sortimentes nicht verändert (zu den Begriffen vgl. D. Möhlenbruch 1994, S. 177f.). Innerhalb einer vorgegebenen Sortimentspyramide werden entweder einzelne Artikel ausgetauscht, oder es wird mit dem Einsatz absatzpolitischer Instrumente versucht, die Bedeutung einzelner Sortimentsteile (z. B. in Bezug auf ihren Umsatz, Bruttoertrag oder Deckungsbeitrag) zu ändern. Beim Austausch einzelner Artikel ist auch zu überlegen, welchen Anteil Herstellermarkenartikel, Handelsmarken oder sog. anonyme Artikel jeweils an einem Sortimentsteil haben sollen. Überhaupt erfordern alle sortimentspolitischen Maßnahmen die Festlegung zahlreicher qualitativer Komponenten, so insbesondere die Markenwahl, das Qualitäts- bzw. Preisniveau, bestimmte Designrichtungen oder andere Qualitätsmerkmale.

Die bisherigen sortimentspolitischen Alternativen bezogen sich auf das Angebot von bestimmten Waren. Es sollte allerdings bewusst bleiben, dass ein Sortiment sich darüber hinaus auch auf selbstständig vermarktbare Dienstleistungen beziehen kann (z. B. Wartung, Montage etc.).

Besonders aufschlussreich ist es, **ein Sortiment nach qualitativen Kriterien** zu zergliedern. Dabei wird festgestellt, wie groß die Anteile einzelner Absatzobjekte am Sortiment sind, wobei die Absatzobjekte nach bestimmten Eigenschaften geordnet werden. Beispiele hierfür sind:

- Anteil der Artikel, die impulsiv gekauft werden,
- die Nutzungsart einer Ware (Verbrauchswaren und Gebrauchswaren),
- die Periodizität des Bedarfs (Waren des täglichen, des periodischen und des aperiodischen Bedarfs),
- die Erklärungsbedürftigkeit der Waren (erklärungsbedürftige und problemlose Waren),
- die absolute oder relative Preishöhe der Artikel,
- der Markencharakter der geführten Artikel (Herstellermarken, Handelsmarken, No-Names),
- die Erfüllung bestimmter ökologischer Kriterien.

Unter dieser Vielzahl der **sortimentspolitischen Alternativen** seien insbesondere die folgenden hervorgehoben:

- die Gestaltung der Sortimentstiefe in einzelnen Sub-Categories,
- Entscheidungen über das Ausmaß der Handelsmarkenpolitik,
- die Besetzung von Preislagen.

Zu den strategischen Sortimentsentscheidungen wird man die Aufnahme neuer Warengruppen zählen (z. B. die seinerzeitige Aufnahme von Tiefkühlkost bei Aldi) ebenso wie das Entfernen von Warengruppen (z. B. Möbel bei den Warenhäusern, Heimtextilien bei Sinn & Leffers). Auch eine forcierte Eigenmarkenpolitik wird man als strategische Entscheidung ansehen, weil hiervon die Wettbewerbssituation einer Unternehmung entscheidend beeinflusst werden kann. Während die Zuweisung einer Warengruppe zu einer bestimmten Category-Rolle ebenfalls als strategisch gekennzeichnet werden kann, weil dadurch das Erscheinungsbild eines Outlets erheblich bestimmt werden kann, zählt die Ein- und Auslistung einzelner Artikel zu den operativen Sortimensentscheidungen.

Technischer Exkurs

Zur Kennzeichnung der in einem Sortiment enthaltenen Artikel sind einheitliche Nummernsysteme entwickelt worden. Artikelnummerierungssysteme können von Unternehmen individuell oder überbetrieblich entwickelt werden; beide Formen finden sich in der Praxis. Das EAN-System (Europäische Artikelnummerierung) als überbetriebliches System wurde 1977 als gesamteuropäisches Identifikationssystem entwickelt und löste die klassifizierende bundeseinheitliche Artikelnummerierung (ban-Nummer) ab. EAN klassifiziert die einzelnen Artikel nicht mehr (wie noch ban), sondern hier dient die Nummerierung nur der Identifikation. Die **EAN** besteht aus vier Bestandteilen:

- einem Länderkennzeichen (40–43 für die Bundesrepublik Deutschland),
- der Internationalen Lokationsnummer (ILN),
- der individuellen Artikelnummer des Herstellers,
- einer Prüfziffer.

In der Normalversion hat die EAN 13 Stellen, zwei für das Länderkennzeichen, fünf für die Internationalen Lokationsnummer, fünf für die interne Artikelnummer des Herstellers und eine für die Prüfziffer. EAN wurde 1977 als gesamteuropäisches System vereinheitlicht und ist das Gegenstück zu dem amerikanischen Universal Product Code (**UPC**). Das Nummernsystem wird von GS1 – Global Standards Initiative (früher CCG – Centrale für Coorganisation GmbH) verwaltet. Die EAN-Nummer kann verschieden codiert, d. h. so dargestellt werden, dass sie maschinell gelesen werden kann. Solche Verfahren sind insbesondere:

- Schwarz-weiß-Strichcodes (Balkencode – vgl. Abbildung 6.2),
- Schriften, wie OCR-A und OCR-B,
- neuerdings RFID, wobei Informationen über einen Artikel (Artikelnummer und eventuell weitere Informationen) auf einen aktivierbaren Chip geschrieben werden (nähere Informationen finden sich bei C. Bald 2004).

Der Vorgang, bei dem die Artikelnummer maschinell gelesen wird, wird als Scannen bezeichnet (engl. to scan = abtasten). Der Artikel wird durch den Scanner identifiziert und die dem Artikel zugeordneten Daten werden von einem Computer abgerufen (der Abruf des in der EDV gespeicherten Verkaufspreises wird als Price-Look-up-Verfahren bezeichnet).

Abb. 6.2: Ein- und zweidimensionale Barcodes zur Kennzeichnung von Waren

Da EAN nur noch ein System zur Identifikation von Artikeln darstellt, müssen sich Betriebe für ihre innerbetrieblichen Statistiken ein eigenes klassifikatorisches System erarbeiten, wobei die Sortimentsgliederung maßgebend sein wird (Sortimentspyramide, Category-Struktur). Die Standardisierungsbemühungen richten sich inzwischen auf ein weltweit vereinheitlichtes Nummerierungssystem, das **EPC** (Electronic Product Code) genannt wird.

6.1.2 Ziele und Umweltgrößen als Bestimmungsfaktoren der Sortimentspolitik

Für die zur Frage stehenden sortimentspolitischen Handlungsmöglichkeiten sind die Auswirkungen dieser Handlungsmöglichkeiten auf die Ziele der Unternehmung abzuschätzen. Im Fall der Gewinnmaximierung können dazu folgende Fragen hilfreich sein, mit denen allgemeine Aspekte der Rentabilität und der Liquidität erfasst werden:

1. Wird durch die sortimentspolitischen Maßnahmen die **Kostensituation** verändert?
   - Können besondere Rabatte erzielt werden (niedrige Einstandspreise)?
   - Können die vorhandenen Potenziale besser ausgelastet werden oder müssen neue Potenziale beschafft werden?
   - Verringern oder vermehren sich durch die Maßnahmen andere Kostenarten (z. B. Personalkosten)?
2. Wird durch die sortimentpolitischen Maßnahmen die **Erlössituation** direkt oder indirekt verändert?
   - Um wie viel steigt oder fällt der Umsatz des betreffenden Artikels?
   - Um wie viel steigt oder fällt der Umsatz anderer Artikel (Verbundphänomen)?
   - Werden die Umsätze stetiger und risikoloser?
   - Werden durch die Maßnahmen bestimmte Reaktionen der Konkurrenz initiiert?
   - In manchen Fällen lassen sich die Wirkungen sortimentspolitischer Maßnahmen auf den Umsatz direkt abschätzen, in anderen empfiehlt es sich, auf die dem Kaufverhalten vorausgehenden Prädispositionen der Nachfrager einzugehen.
3. Wird durch die sortimentspolitischen Maßnahmen die **Liquidität** des Unternehmens wesentlich verändert?

Da den Entscheidungen oft nicht nur ein Ziel zugrunde gelegt wird, sind Austauschrelationen festzulegen, z. B. zwischen Umsatz und Bruttoertrag oder zwischen erhöhter Attraktivität und Rentabilität (D. Möhlenbruch 1994). Die Verknüpfung zwischen Maßnahmen (Stimuli) und Zielen (Response) wird in Abbildung 6.3 am Beispiel der Maßnahme „Erweiterung einer Category um fünf Artikel“ verdeutlicht, indem nicht nur auf die hier als relevant unterstellten Ziele „Marktanteil“ und „Profit (Deckungsbeitrag)“ verwiesen wird, sondern auch auf vermittelnde Größen, wie beispielsweise Aufmerksamkeit, Käuferreichweite und Bedarfsdeckungsrate. Soweit dabei Größen aus dem Insystem der Nachfrager (auch als Organismus bezeichnet) verwendet werden, wird auch von dem Stimulus-Organismus-Response-Ansatz (SOR-Ansatz) gesprochen. Diese Größen und die Beziehungen zwischen ihnen stellen den Gegenstand verhaltenswissenschaftlicher Analysen dar.

Mit der Höhe der Kosten und der Erlöse sind wohl die wichtigsten Zielgrößen der Sortimentsplanung angesprochen. Aus ihnen lässt sich eine Vielzahl von weiteren Zielgrößen ableiten, wie z. B. der absolute Umsatz (mengenmäßig), der wertmäßige Marktanteil, der Deckungsbeitrag usw. (vgl. die geordnete Übersicht bei B. Heidel 1990). Da auf Kennzahlen zur Beurteilung der Vorteilhaftigkeit von Sortimentsteilen später ausführlicher eingegangen wird, mögen diese kurzen Hinweise hier genügen. Zielgrößen sind nicht nur für das Handelsunternehmen insgesamt, sondern auch für nachgelagerte Entscheidungseinheiten zu formulieren. Abbildung 6.4 verdeutlicht dies am Beispiel von Categories.

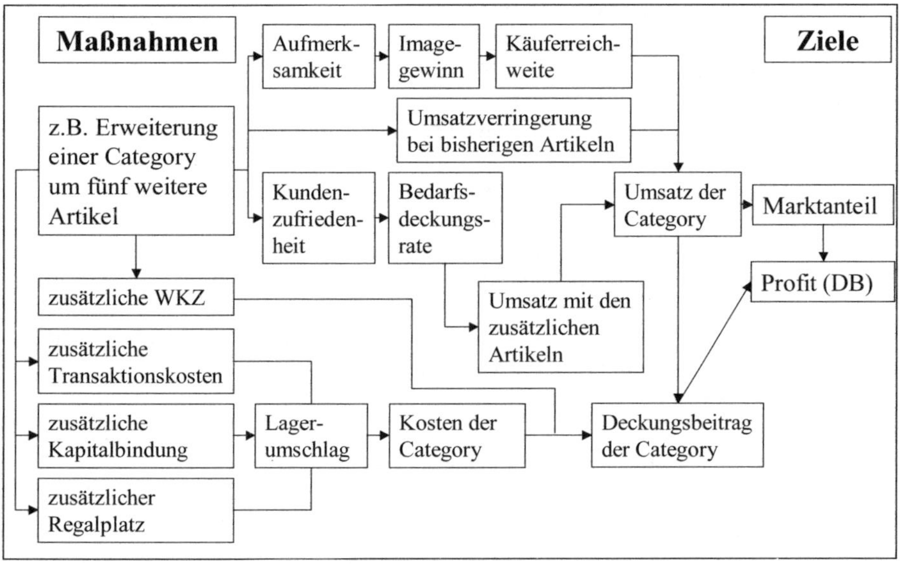

Abb. 6.3: Stimulus-Organismus-Response-Ansatz in der Sortimentspolitik

Für jede Category sind entsprechend dem System der Balanced Scorecard Ziele festzulegen. In dem Beispiel wird davon ausgegangen, dass es das vorrangige Ziel der Vertriebslinie ist, Marktanteile zurückzugewinnen. Es wird gefragt, welche Ziele daraus für einzelne Categories folgen.

Das schwierige **Problem der Erlösprognose** kann u. U. erleichtert werden, wenn auch nach den Bestimmungsfaktoren des Erlöses gefragt wird, so z. B.:

- Wird sich das Einzugsgebiet des betreffenden Einzelhandelsbetriebes nach der Sortimentsausweitung ausdehnen?
- Werden aus dem bisherigen Einzugsgebiet neue Kunden gewonnen?
- Werden von der Konkurrenz Kunden abgezogen?
- Werden bisherige Kunden ihre Einkäufe verstärken?

Bei der Auswahl von sortimentspolitischen Maßnahmen sind als **Umweltvariablen** Einflüsse unterschiedlicher Art zu berücksichtigen. Hier ist insbesondere zu denken an:

1. Absatzmarkt- bzw. kundenbezogene Einflussfaktoren:
   - Gibt es einen Trend zu höherwertigen Waren oder zu Convenience?
   - Steuert ökologisches Bewusstsein die Einkäufe?
   - In welchen Bereichen liegt Markentreue vor?
   - Wie groß ist das akquisitorische Potenzial von Hersteller-Markenartikeln?
   - Verändert sich die Struktur einzelner Marktsegmente?
2. Konkurrenzbezogene Einflussfaktoren:
   - Welche sortimentspolitischen Strategien wenden einzelne Konkurrenten an?
3. Beschaffungspolitische Einflussfaktoren:
   - Bietet die Großhandels- oder Herstellerstufe Anreize, bestimmte Artikel in das Sortiment aufzunehmen bzw. im Absatz zu forcieren?
   - Gibt es Bestrebungen der Hersteller, bestimmte Absatzkanäle zu meiden oder zu favorisieren?
4. Innerbetriebliche Einflussfaktoren:
   - Verbietet die finanzielle Situation einer Unternehmung bestimmte sortimentspolitische Maßnahmen?
   - Schränken innerbetriebliche Kapazitäten den Handlungsspielraum ein?
5. Rechtliche und technologische Einflussfaktoren:
   - Welche Wirkungen gehen von rechtlichen Bestimmungen aus (z. B. Baunutzungsverordnung, Kreislaufwirtschafts- und Abfallgesetz, Ladenschlussgesetz)?
   - Inwieweit verändern technologische Entwicklungen die Nachfrage bzw. das Beschaffungsverhalten (z. B. bei Musikartikeln)?

Scorecard der Vertriebslinie	
Strategisches Ziel	Rückgewinnung von Marktanteilen
Strategische Vorgaben	Erhöhung der Attraktivität der Categories aus Kundensicht.

Scorecard Category A		
Ziel der Category	Maßnahmen in der Category	Zielwert
Neukunden-gewinnung	Listung von Artikeln mit hohen Käuferreich-weiten	75%

Scorecard Category B		
Ziel der Category	Maßnahmen in der Category	Zielwert
Kundenfrequenz	Erhöhung der Anzahl der Sonder-angebote	+30%

Abb. 6.4: Zielformulierung für nachgelagerte Sortimentseinheiten (hier Categories)

Insbesondere wird es für Handelsbetriebe wichtig sein, Trends im Bedarf der Nachfrager zu erkennen. So spielt im Lebensmittelhandel der Trend zu Bioprodukten eine große Rolle, im Möbelhandel hat IKEA auch über sein Design viele Kunden gewonnen, im

Textilhandel ist Zara auch deswegen so erfolgreich, weil es den Geschmack seiner Zielgruppe augenscheinlich gut getroffen hat.

Die Planung des Sortimentes wirft auch **eine Reihe organisatorischer Fragen** auf. Dazu zählen insbesondere:

- Sollen Sortimentsentscheidungen in der Zentrale oder in den einzelnen Filialen getroffen werden?
- In welchem Ausmaß sollen einzelne organisatorische Ebenen in der Unternehmung an der Sortimentsentscheidung beteiligt sein?

Die Zentralisierung des Einkaufs hat den Vorteil, dass Rabatte im Einkauf eher wahrgenommen werden können und dass absatzseitig die Planung erleichtert wird. Andererseits können in den Filialen bessere Informationen über den regionalen Absatzmarkt vorliegen. Häufig wird das Problem so gelöst, dass in der Zentrale entschieden wird, welche Artikel gelistet werden (= im Sortiment geführt werden), in der Filiale werden dann die einzelnen Mengen geordert. Ein Teil der Artikel wird oft ausschließlich in den Filialen geplant (z. B. Frischeartikel). Es kann aber auch so geregelt sein, dass die einzelnen Stufen der Organisationshierarchie die Entscheidung zunehmend konkretisieren (z. B. die oberste Geschäftsführung trifft die Entscheidung, dauerhafte Konsumgüter in das Sortiment aufzunehmen, die zentrale Einkaufsabteilung entscheidet sich für Haushaltsgeräte, die Einkäufer wählen die einzelnen Artikel aus). Teilweise werden der Filiale aber von der Zentrale auch bestimmte Artikel zugewiesen.

6.2 Analyse des Erfolgsbeitrags einzelner Sortimentsteile

Im Regelfall liegen aus dem vergangenen Geschäftsablauf zahlreiche Daten vor, die dazu genutzt werden können, den Erfolg einzelner Sortimentsteile zu beurteilen und daraus Hinweise für die Steuerung des Sortiments abzuleiten. Hierfür ist eine große Zahl von Kennzahlen entwickelt worden, die hier so unterteilt werden:

- klassische sortimensorientierte Kennzahlen zu Absatz, Umsatz, Deckungsbeitrag und Rentabilität,
- nachfragerbezogene Angaben.

6.2.1 Klassische Kennzahlen zur Sortimentsbeurteilung

Das Sortiment als Gesamtheit aller von einem Anbieter innerhalb eines Zeitraumes angebotenen Güter kann in Teilmengen, sog. Sortimentseinheiten, zerlegt werden. Analyseobjekte können einzelne Artikel (Güter) oder nach bestimmten Kriterien zusammengefasste Güter sein. Bei diesem traditionellen **Artikel- bzw. Sortimentsbezug** wird ausgewiesen, wie erfolgreich einzelne Artikel (oder allgemeiner Sortimentseinheiten) abverkauft wurden. Hierbei können Kennzahlen, wie z. B. Absatzmengen, Umsätze, Roherträge, Deckungsbeiträge, verwendet werden. Im Folgenden wird auf solche Kennzahlen eingegangen; sie gehören zum Standardrepertoire des Sortimentscontrolling (vgl. hierzu auch die Ausführungen in Kapitel 5).

6.2.1.1 Einzelne Kennzahlen

Ausgangspunkt einer Sortimentsanalyse wird im Regelfall die **Analyse der Umsatzentwicklung** (eines Artikels oder einer Sortimentseinheit) sein. Sie offenbart, welche Sortimentsteile starke bzw. schwache Umsatzträger sind. Ohne eine Absatzmengenstatistik ist jedoch nicht zu erkennen, inwieweit Umsatzveränderungen auf die Mengen- oder Preiskomponente zurückzuführen sind. Eine Umsatzanalyse berücksichtigt noch nicht, dass einzelne Sortimentsteile unterschiedliche Handelsspannen bzw. Deckungsbeiträge haben und dass die Sortimentsteile die Kapazitäten der Unternehmung (z. B. den Verkaufsraum) in unterschiedlichem Maße in Anspruch nehmen.

Aufschlussreich kann es sein, zu prüfen, inwieweit sich der Umsatz einer Unternehmung auf einige wenige Artikel konzentriert. Dazu dient die Lorenzkurve, mit der dargestellt wird, welchen Anteil die einzelnen Sortimentsteile (z. B. die Warengruppen) an der Zahl der Artikel und am Umsatz haben. In Abbildung 6.5 ist ein Beispiel angegeben, in dem das Sortiment in fünf Warengruppen mit unterschiedlicher Artikelzahl und unterschiedlichem Umsatzanteil eingeteilt ist. Es ist zu erkennen, dass die Warengruppe 5 absolut, aber auch gewichtet an der Zahl der Artikel dieser Warengruppe, viel zum Umsatz beiträgt. Die Warengruppe 3 hat zwar einen geringen absoluten Umsatz, benötigt hierzu aber auch relativ wenige Artikel.

Die Vielzahl der weiteren Kennzahlen in Abbildung 6.6 wirkt auf den ersten Blick verwirrend, aber dennoch liegt der Auflistung ein einfaches Schema zu Grunde. Ausgehend von dem Umsatz wird in Rechnung gestellt, welche Inputfaktoren bereitgestellt werden müssen, um den jeweiligen Umsatz zu erzielen. So wird als erstes berücksichtigt, dass die Umsatzerzielung bei einzelnen Sortimentseinheiten unterschiedlich hohe Wareneinstandskosten auslösen kann. Bekanntlich wird die Differenz zwischen Umsatz und Wareneinsatz als Handelsspanne bezeichnet. Darauf wird im Folgenden zunächst eingegangen, später wird dann berücksichtigt, dass ein Umsatz nicht nur erfordert, die abzusetzenden Waren bereitzustellen, sondern auch weitere Faktoren einzusetzen.

Wie Abbildung 6.6 zeigt, kann **die Spanne (Bruttoertrag)** in verschiedenen Versionen (absolut und relativ) zur Beurteilung einzelner Sortimentsteile herangezogen werden. Der Vorteil einer solchen Analyse ist darin zu sehen, dass nun auch die Einstandskosten der Ware berücksichtigt werden, ein Nachteil liegt darin, dass die variablen Kosten der Warenbewegung und die Inanspruchnahme von fixen Kapazitäten außer Acht bleiben. Vernachlässigt werden auch die Mengenkomponenten und die Ausstrahlungseffekte von einem Sortimentsteil auf einen anderen.

Bei der **Umschlagshäufigkeit** handelt es sich um einen Quotienten: ein Outputfaktor (der Umsatz) wird einem Inputfaktor (dem durchschnittlichen Warenbestand) gegenübergestellt. Es ist zu beachten, dass der durchschnittliche Warenbestand nicht nur vom Kaufverhalten der Nachfrager, sondern auch von der Vorrats-(Lager-)Politik der Unternehmung abhängt, die ihrerseits durch die Bestellpolitik beeinflusst wird.

	Warengruppe					Σ
	1	2	3	4	5	
Anzahl der Artikel	100	240	30	430	200	1000
Umsatz	500	2500	500	2500	4000	10000
relativer Anteil der Artikel	10 %	24 %	3 %	43 %	20 %	100 %
relativer Umsatzanteil	5 %	25 %	5 %	25 %	40 %	100 %
Umsatzanteil / Artikelanteil	0,5	1,04	1,7	0,6	2	
Rangfolge	1	3	4	2	5	

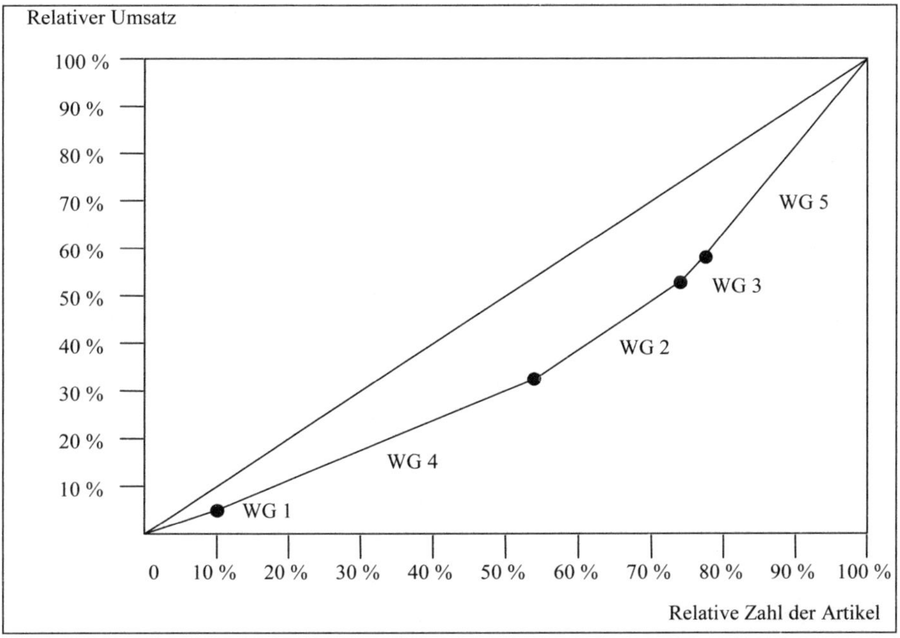

Abb. 6.5: Ein Beispiel zur Verdeutlichung der Umsatzverteilung mit Hilfe der Lorenzkurve

Bei der **Brutto-Rentabilität** werden neben dem Umsatz zwei Einsatzfaktoren berücksichtigt. Zunächst wird in Rechnung gestellt, dass sich die Wareneinstandskosten unterscheiden können, was im Zähler des Quotienten über den Bruttoertrag (Umsatz–Wareneinsatz) erfasst wird. Des Weiteren wird berücksichtigt, dass in unterschiedlichem Maße Warenbestände vorrätig gehalten werden, die insbesondere Kosten der Kapitalbindung auslösen. Gegenüber der Umschlagshäufigkeit wird damit berücksichtigt, dass neben den Kosten für gebundenes Kapital auch die Einstandskosten wichtig für die Beurteilung eines Sortimentsteils sein können. Es ist jedoch offensichtlich, dass die mit der Umsatzerzielung verbundenen Kosten auch nur zum Teil erfasst sind.

Der **Deckungsbeitrag** unterscheidet sich vom Bruttoertrag dadurch, dass neben dem Wareneinsatz weitere der Sortimentseinheit sinnvollerweise zugerechnete Kostenpositionen abgezogen werden; bei welchen Kostenpositionen ein solcher Abzug sinnvoll ist, wurde bereits in Kapitel 5 näher dargelegt

Die **Netto-Rentabilität** weitet die Betrachtung auf weitere Inputfaktoren aus. Im Zähler des Quotienten wird vom Deckungsbeitrag der betrachteten Sortimentseinheit ausgegangen. Im Nenner des Quotienten können weitere Inputfaktoren berücksichtigt werden.

	Definition	**andere Bezeichnungen**
Umsatz	Absatzmenge x Verkaufspreis	Umsatzkraft
Spanne	Betragsspanne = absolute Differenz von Umsatz (bereinigt um MwSt) und Wareneinkauf (EK) der abgesetzten Artikel prozentual als Abschlagsspanne oder als Aufschlagsspanne	Warenrohertrag Bruttoertrag Ertragskraft Varianten: Stück-, WG-, Betriebsspanne
Umschlagshäufigkeit	$\frac{\text{Umsatz (zu Einkaufspreisen)}}{\varnothing\ \text{Warenbestand (bew. zu Einkaufspreisen)}}$	Umschlagsgeschwindigkeit Lagerumschlag
Kapitalumschlag	$\frac{\text{Umsatz (zu Verkaufspreisen)}}{\varnothing\ \text{Warenbestand (bew. zu Einkaufspreisen)}}$	
Bruttorentabilität	$\frac{\text{Bruttoertrag}}{\varnothing\ \text{Warenbestand (bew. zu Einkaufspreisen)}}$ $= \frac{\text{Aufschlagsspanne x Umsatz (EK)}}{\varnothing\ \text{Warenbestand (zu EK)}}$ $= \text{Aufschlagsspanne} \times \text{Lagerumschlag}$ $= \frac{\text{Bruttoertrag}}{\text{Umsatz (zu EK)}} \times \frac{\text{Umsatz (zu EK)}}{\varnothing\ \text{Warenbestand (zu EK)}}$	Bruttorentabilitätskraft Bruttonutzen
Deckungsbeitrag	Umsatz – Wareneinsatz – weitere zurechenbare Kosten	
Nettorentabilität	$\frac{\text{Deckungsbeitrag}}{\varnothing\ \text{Warenbestand}} \text{ x } 100$ oder $\frac{\text{Deckungsbeitrag}}{\text{Beanspruchte Verkaufsfläche}} \text{ x } 100$	
DPP/DPR	Deckungsbeitrag eines Produktes ./. durch Umlage zugeordnete Kosten $\frac{\text{Direkter Produkt Profit}}{\varnothing\ \text{Warenbestand (zu EK)}} \text{ x } 100$	Direkter Produkt-Profit (DPP) Direkte Produkt-Rentabilität (DPR)

Abb. 6.6: Klassische Kennzahlen zur Beurteilung der Vorteilhaftigkeit einzelner Sortimentsteile

In Abbildung 6.6 ist z. B. neben dem durchschnittlichen Warenbestand die für die Erzielung eines bestimmten Deckungsbeitrages benötigte Verkaufsfläche als Inputfaktor erwähnt. Es handelt sich damit um einen kapazitätsbezogenen Deckungsbeitrag, wie er mit Hilfe einer Kostenrechnung ermittelt werden kann.

Alle Kennzahlen wollen den Erfolgsbeitrag einzelner Sortimentsteile ausweisen. Dem erzielten Umsatz werden mehr oder minder große Teile des für die Umsatzerzielung notwendigen Faktoreinsatzes gegenübergestellt. Aus der Erkenntnis, dass einzelne Sortimentseinheiten in unterschiedlichem Maße Prozesse auslösen können, um die Ware dem Verkauf zuzuführen, und dass sie in unterschiedlichem Maße Kapazitäten in Anspruch nehmen (insbesondere Lager- und Verkaufsraum sowie Kapital) entsprang der Wunsch, eine Kennzahl zu entwickeln, die den notwendigen Faktoreinsatz möglichst weitgehend erfasst. Dabei sollte gleichzeitig berücksichtigt werden, dass durch eine Schlüsselung von Fix- oder Gemeinkosten auf einzelne Sortimentseinheiten irreführende Informationen erstellt werden können. Als eine solche Kennzahl wurde die **direkte Produktprofitabilität** (DPP) empfohlen, bei der dem Verkaufspreis eines Artikels neben dem Wareneinstandspreis auch Prozesskosten gegenübergestellt werden. Es erwies sich jedoch, dass die für die Schlüsselung notwendigen Parameter aufwändige Erhebungen erforderten, so dass das Verfahren wieder an praktischer Relevanz verloren hat (vgl. zu dieser Kennzahl auch H. Schröder 1990, L. Müller-Hagedorn und W. Toporowski 1997). Sieht man davon ab, die Produktprofitabilität für einen einzelnen Artikel ermitteln zu wollen und stellt man auf Artikelgruppen oder Categories ab, dann handelt es sich bei der Berechnung von Kategorieprofitabilitäten um die Ermittlung von Deckungsbeiträgen; darauf wird im folgenden Abschnitt noch detaillierter eingegangen.

6.2.1.2 Kennzahlenpyramiden und Portfolios

Alle Kennzahlen lassen sich auch für einzelne Categories in sog. **Portfolios** darstellen. Es handelt sich hierbei um graphische Veranschaulichungen, für die jeweils zwei oder drei Merkmale ausgewählt werden. Hierzu zählen:

1. Ein Marktanteils-Marktwachstums-Portfolio (vgl. hierzu E. Kreilkamp 1987, S. 450ff.; F. X. Bea und J. Haas 2005; mit Anwendung auf die Situation im Warenhaus F. Wehrle 1984, S. 144ff.),
2. das Marktattraktivitäts-Wettbewerbsvorteile-Portfolio (vgl. E. Kreilkamp 1987, S. 487ff.; H. H. Hinterhuber 1996, S. 146ff.),
3. das Image-Ertragskraft-Portfolio (vgl. K. Barth und H.-J. Theis 1988, S. 243–260),
4. das Raumleistungs-Marktanteils-Portfolio (vgl. W. Marzen 1986b, S. 89–92),
5. das Lebenszyklus-Wettbewerbspositions-Portfolio.

Als Beispiel für ein Portfolio enthält Abbildung 6.7 zunächst vier Informationen: den Kapitalumschlag (KU = Umsatz/Lagerbestand), die Höhe der Abschlagskalkulation (AK), den Bruttonutzen (KU x AK) und die Höhe des absoluten Rohertrages (Umsatz x AK); dabei wird auf drei Ursprungsgrößen rekurriert, den Umsatz, den Lagerbestand und die Kalkulation.

Die eingezeichnete Isoquante für einen Bruttonutzen von 100 in Abbildung 6.7 macht deutlich, mit welchen Kombinationen von Spanne und Kapitalumschlag jeweils ein bestimmter Bruttonutzen erreicht werden kann. Bei dem **Bruttonutzen** handelt es sich um eine Kennzahl, die zum Rohertrag als absoluter Kennzahl nicht proportional ist, wie auch aus Abbildung 6.7 zu ersehen ist. Artikel 300 weist den höchsten Rohertrag, aber einen relativ geringen Bruttonutzen auf, so dass weiterhin die Frage aufkommt, welche Bedeutung den einzelnen Kennzahlen zuzuordnen ist. Die einzelnen Portfolios greifen jeweils einzelne Merkmale aus der Vielfalt der grundsätzlich wichtigen Charakteristika heraus. Insofern leisten Portfolio-Darstellungen einen wertvollen Dienst, zumal sie wegen ihrer Anschaulichkeit einen hohen Kommunikationswert haben.

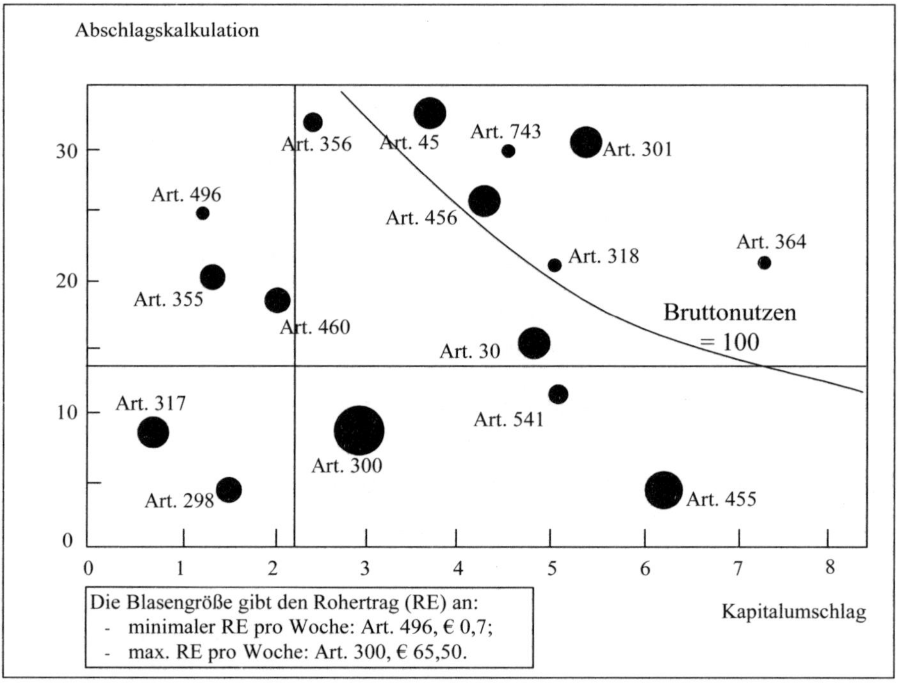

Abb. 6.7: Spanne und Kapitalumschlag als Maßgrößen für die Vorteilhaftigkeit von Artikeln (Quelle: B. Heidel 1990, S. 74)

Die **Probleme** liegen in folgenden Bereichen (vgl. D. Möhlenbruch 1994, S. 149–157):

- Die ausgewählten Merkmale bedürfen teilweise der Operationalisierung (z. B. Image) und werfen unterschiedliche Schwierigkeiten der Datenbeschaffung auf.
- Verbundwirkungen zwischen den Sortimentsteilen werden vernachlässigt.
- Risiko-Aspekte bleiben in der Regel unberücksichtigt.
- Neben den im Portfolio explizit berücksichtigten Faktoren sind im Regelfall weitere Gesichtspunkte zu beachten, wie z. B. die Marktsicherheit vor Störungen, die absolute Größe des Marktes, die Marktzugänglichkeit, die Stabilität von Entwicklungen.
- Es können keine Hinweise auf neue Geschäftsfelder abgebildet werden.
- Es misslingt, den einzelnen Portfolio-Feldern sog. Norm-Strategien zuzuordnen.

- Das Gewicht, das den einzelnen Beurteilungskriterien zugeordnet ist, ist nicht erkennbar.
- Da Portfolios statisch angelegt sind, greifen sie keine Veränderungen im Zeitablauf auf.

Beispiele, wie einzelne Kennzahlen miteinander in **Kennzahlenpyramiden** verknüpft werden können, zeigt die Abbildung 6.8 (vgl. hierzu und zu weiteren Verknüpfungen B. Heidel 1990, S. 69–74). Dort wird verdeutlicht, dass man aus vorgelagerten Kennzahlen zu einer Spitzen-Kennzahl „Bruttonutzen" kommt, indem man Handelsspanne und Umschlag miteinander verknüpft.

In Bezug auf den Bruttonutzen schneiden jene Sortimentsteile am besten ab, die sowohl einen hohen Umschlag als auch eine hohe Spanne aufweisen. Viele der genannten Kennzahlen können also in ein logisches Verhältnis zueinander gebracht werden, wie das in Kennzahlenpyramiden zum Ausdruck gebracht wird.

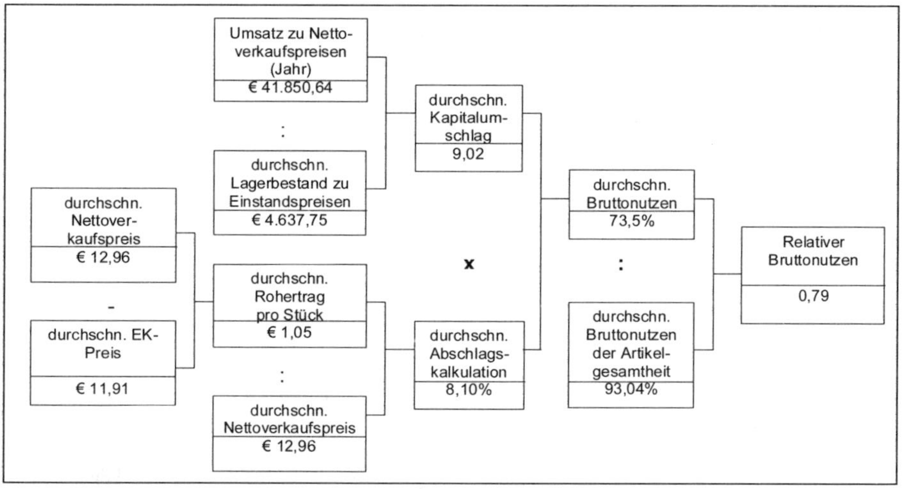

Abb. 6.8: Kennzahlenpyramide mit der Systemkennzahl Bruttonutzen für einzelne Artikel

6.2.1.3 Ressourcenbezogene Kennzahlen

Da wegen kostenrechnerischer Probleme (es ist nicht sinnvoll, Fixkosten und Gemeinkosten zu schlüsseln) kein Gewinnbeitrag einzelner Sortimentsteile ermittelt werden kann, muss auf Kennzahlen der genannten Art zurückgegriffen werden. Aus der Vielzahl der einzelnen Kennzahlen erwächst jedoch die Schwierigkeit, sie zu einem Gesamturteil zusammenzuführen. Einerseits stehen Kennzahlen zur Verfügung, die Erfolgszahlen wie Umsätze oder Deckungsbeiträge anzeigen, und andererseits Kennzahlen, die den benötigten Input repräsentieren (z. B. eingesetzte Verkaufsfläche, eingesetzter Warenbestand).

Im Hinblick auf die Gewinnerzielung sind sowohl die erzielten Deckungsbeiträge (als Ergebnis von Umsatz und Kalkulation) als auch der **Einsatz weiterer Faktoren** relevant. In den Deckungsbeiträgen, insbesondere im Rohertrag, wird noch nicht berücksichtigt, dass zur Erzielung dieses Rohertrages auch der Einsatz weiterer Faktoren notwendig ist, z. B. der Einsatz von Kapital zur Finanzierung der Warenbestände oder der Einsatz von Fläche. Beschränkt man deren Analyse auf den in Anspruch genommenen Raum und sieht man die verfügbare Fläche als fix an, geht es um die Maximierung der Deckungsbeiträge unter Berücksichtigung des für die Warenbestände **eingesetzten Raums**. Entsprechend Abbildung 6.9 sind jene Artikel (Artikelgruppen, Warengruppen) zu bevorzugen, die pro Raumeinheit den höchsten Deckungsbeitrag erzielen. Entscheidend für die Rangfolge ist der durch den Fahrstrahl gebildete Winkel, der den Deckungsbeitrag/Raumeinheit angibt.

In der gleichen Weise ließe sich die Vorteilhaftigkeit einzelner Artikel oder Sortimentseinheiten feststellen, wenn man davon ausginge, dass ein anderer Faktor nur in begrenztem Maße vorhanden ist und bei allen übrigen Faktoren (z. B. Ware, Personal, Ladeneinrichtung) keine Beschränkungen bestehen. Handelt es sich bei dem begrenzt vorhandenen Faktor um das **Kapital**, gibt der Deckungsbeitrag pro Kapitaleinheit an, in welchen Bereichen ein Kapitaleinsatz den höchsten Deckungsbeitrag ergibt. Insofern werden mit dieser Kennzahl die gleichen Informationen erfasst wie bei der Darstellung in Abbildung 6.7.

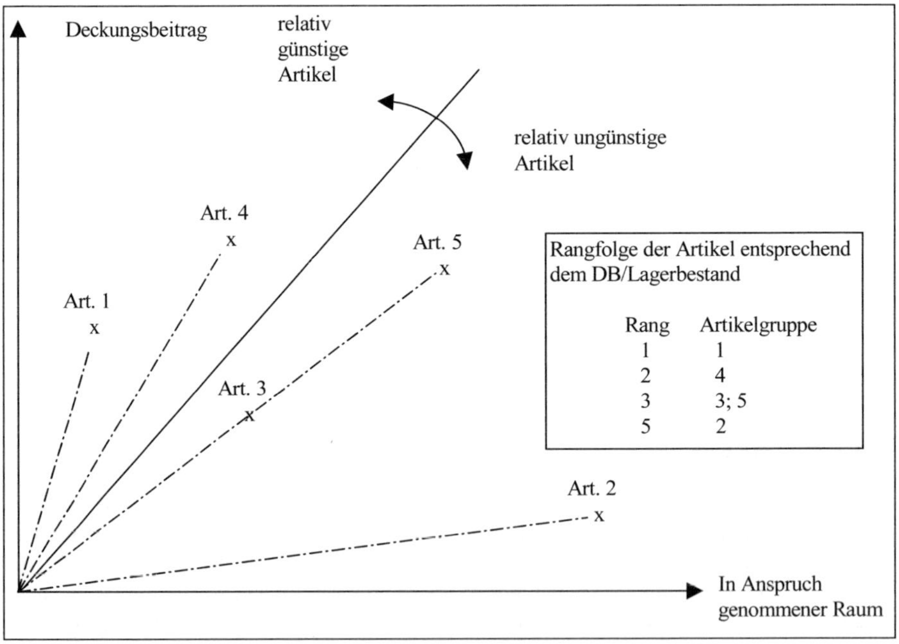

Abb. 6.9: Deckungsbeitrag und Kapitalbindung als zentrale Beurteilungskriterien bei der Sortimentsplanung

Abbildung 6.9 verdeutlicht den Fall, dass sich unterschiedliche Sortimentseinheiten (hier Warengruppen) je nach betrachteter Kapazität als überlegen erweisen können. Im Beispiel erweist sich keine Warengruppe in allen Belangen als die beste. So erbringt Warengruppe 3 den höchsten absoluten Deckungsbeitrag und den höchsten Deckungsbeitrag pro qm, beansprucht dafür aber auch in erheblichem Maße Kapital und Personal. Ein Planungsverfahren, das sowohl die Höhe der Deckungsbeiträge als auch die Beanspruchung der fixen Faktoren (Kapazitäten) berücksichtigt, stellt die lineare Programmierung dar, bei der Deckungsbeiträge unter Berücksichtigung mehrerer vorgegebener Kapazitäten maximiert werden können. Im Handel wird in vielen Fällen allerdings nur eine Kapazität als vorgegeben gelten, die Verkaufsfläche. Der Personaleinsatz wird sich in vielen Fällen anpassen lassen, ebenso das eingesetzte Kapital. Insofern lassen sich Personaleinsatz und Kapitaleinsatz als variable Kosten behandeln. In diesem Fall kommt dem Deckungsbeitrag pro eingesetzte Raumeinheit eine besondere Bedeutung zu.

Kapazität		**Warengruppen (WG)**		
		1	**2**	**3**
	Deckungsbeitrag absolut (in 1000 €)	10	16	40
Raum	Deckungsbeitrag/m²	100	140	400
Personal	Deckungsbeitrag/Personalstunde	200	100	50
Kapital	Deckungsbeitrag/1000 € geb. Kapital	150	200	40

Abb. 6.10: Vergleich von 3 Warengruppen auf der Grundlage von relativen Deckungsbeiträgen

Während für die Vergangenheit relativ leicht ermittelt werden kann, welcher Erfolg den realisierten Maßnahmen zukommt, muss diese Wirkung für künftige Maßnahmen abgeschätzt werden. So sind beispielsweise folgende Fragen zu beantworten:

- Welcher (zusätzliche) Deckungsbeitrag könnte erzielt werden, wenn die Sortimentstiefe um x Einheiten erhöht würde?
- Welcher zusätzliche Raum könnte bzw. müsste bereitgestellt werden, wenn die Sortimentstiefe in einer Sortimentseinheit um x Einheiten erhöht würde und wie würde sich die Kennzahl „Deckungsbeitrag pro Raumeinheit" dann verändern?
- Welche zusätzlichen Kapital- und Personalkosten würden in diesem Fall anfallen?

6.2.2 Kennzahlen mit explizitem Bezug auf Nachfrager

Zwar äußert sich schon in den in Abschnitt 6.2.1 genannten Kennzahlen das Verhalten der Nachfrager, indem nämlich auf den erzielten Umsatz Bezug genommen wurde, aber es kann nicht von einer expliziten Analyse des Verhaltens der Nachfrager gesprochen werden. Neben Kennzahlen, die sich auf Artikel oder Sortimentseinheiten beziehen, spielen in der Sortimentsanalyse auch zwei andere Bezugseinheiten eine wichtige Rolle:

1. Bei dem **Kundenbezug**, wie er möglich wird, wenn die Käufer z. B. durch Kundenkarten namentlich erfasst werden, geht es darum, ertragreiche Kunden von weniger ertragreichen Kunden bzw. Kundengruppen zu trennen.

2. Bei dem **Warenkorbbezug** wird analysiert, wie viele Warenkörbe gekauft worden sind und von welcher Struktur sie sind (z. B. Anzahl und Struktur der in ihnen enthaltenen Artikel, bspw. nach Preislagen, Verbundbeziehungen). Allgemeine Hinweise zur Messung des Verbunds finden sich in Kapitel 5, in Abschnitt 6.2.2. werden einzelne Verfahren zur Analyse mit Hilfe von Warenkorbdaten vorgestellt.

Der insgesamt erzielte Umsatz knüpft an den Kaufakten der Nachfrager an. Insofern lässt er sich aufschlüsseln, indem auf die Anzahl der Käufer Bezug genommen wird. Einige Größen sollen besonders hervorgehoben werden (vgl. auch Abbildung 6.11 und die umfangreiche Auflistung in CCG 2002, Glossar, S. 1–17).

Bezeichnung	**Definition**
Käuferreichweite einer Category	Anteil der Haushalte, die mindestens einmal pro Periode Artikel einer Category gekauft haben, an der Gesamtzahl der Haushalte (Käuferreichweite insgesamt) Mögliche Varianten: Nur jene Haushalte, die mindestens einmal pro Periode Artikel dieser Category in einer bestimmten Vertriebslinie gekauft haben (Käuferreichweite einer Vertriebslinie)
Wiederkaufrate	Anteil der Haushalte, die innerhalb einer Periode mindestens (einmal), zweimal, dreimal,... Artikel aus einer Category in der ausgewählten Vertriebslinie oder dem Geschäft gekauft haben, an einer Grundgesamtheit von Käufern
Einkaufshäufigkeit/ Kauffrequenz	Häufigkeit, mit der ein Haushalt Artikel aus einer Category in einer Periode einkauft
Durchschnittsausgaben pro Haushalt	Durchschnittliche Ausgaben eines Haushaltes innerhalb einer Category innerhalb einer Periode Variante: in einem Geschäft oder einer Vertriebslinie
Bedarfsdeckungsrate	Anteil der Categoryausgaben der Haushalte, die in der betrachteten Category einkaufen, an den Gesamtausgaben der Haushalte in einem Geschäft oder einer Vertriebslinie
Marktabdeckung, Marktanteil	Anteil des Marktvolumens, den ein Anbieter auf sich zieht
Marktvolumen, Marktgröße	Umsatz zu Verkaufspreisen, den alle Anbieter im definierten Markt innerhalb einer Periode erzielen
Stammkäuferanteil	Anteil der Käufer in einer Category, für die ein Geschäft oder eine Vertriebslinie die präferierte Einkaufsstätte ist

Abb. 6.11: Nachfragerbezogene Kennzahlen

Mit der **Käuferreichweite** wird erfasst, wie viele Haushalte mindestens einmal in einer Periode einen Kauf in einer Kategorie tätigen. So ist es beispielsweise denkbar, dass 80 % der Haushalte Haarwaschmittel kaufen, während nur 30 % Tiernahrungsmittel erwerben. Bei der Käuferreichweite handelt es sich im Regelfall um einen Quotienten. Bei der exakten Definition einer solchen Größe ist folgendes zu beachten: Zunächst geht es darum, im Nenner die betrachteten Subjekte näher zu benennen. Oft wird man die Haushalte als Verbrauchseinheiten ansehen, es ist aber auch denkbar, dass es sich um Einzelpersonen, also Erwachsene, Jugendliche oder Senioren handelt. Des Weiteren ist festzulegen, ob man die Käufer insgesamt oder nur die Käufer in einer bestimmten Betriebsform oder der Vertriebslinie eines einzelnen Unternehmens meint. Erfolgen die Angaben relativ, muss eine Bezugsgröße angegeben werden. Dies kann beispielsweise die Gesamtzahl der Haushalte in einem Gebiet sein, aber beispielsweise auch die Zahl der Haushalte, die in der letzten Periode in einer bestimmten Betriebsform oder im eigenen Unternehmen gekauft haben. Aus dem Umstand, dass es sich bei der Käuferreichweite um einen Quotienten handelt, können also zahlreiche Varianten generiert werden, indem Zähler und/oder Nenner variiert werden.

Mit der **Wiederkaufrate** wird darauf abgestellt, dass Käufer, die zur Käuferreichweite zählen, in einem bestimmten Zeitraum nicht nur einmal gekauft haben müssen, sondern dies auch mehrmals in der Vertriebslinie eines Unternehmens oder sogar eines einzelnen Geschäftes getan haben können. Mit der zugehörigen Wiederkaufrate wird gemessen, wie viele Haushalte innerhalb einer Periode Artikel aus einer bestimmten Category in einer bestimmten Häufigkeit in den ausgewählten Einkaufsstätten gekauft haben. Auch diese Größe lässt sich für den gesamten Markt angeben (= **Einkaufshäufigkeit**) und/oder für die Käufer einer bestimmten Vertriebslinie oder eines bestimmten Geschäftes. So könnte es beispielsweise sein, dass die Käufer von Artikeln aus einer bestimmten Kategorie solche Artikel durchschnittlich achtmal in einer Periode kaufen, während sie sie in der ausgewählten Unternehmung nur zweimal kaufen. Daraus lässt sich schließen, dass noch Steigerungsmöglichkeiten vorhanden sind.

Die **Durchschnittsausgaben eines Haushaltes** geben an, wie hoch die durchschnittlichen Ausgaben eines Haushaltes in einer bestimmten Category insgesamt in einer Periode oder für eine Category in einer bestimmten Vertriebslinie sind. Damit wird neben der Anzahl der Käufer auch berücksichtigt, wie hoch die Ausgaben innerhalb einer Periode sind. Liegen die Durchschnittsausgaben der eigenen Kunden weit unter den für den Markt insgesamt geltenden Durchschnittsausgaben, kann dies ein Indikator für eine geringe Kundenbindung sein.

Mit der **Bedarfsdeckungsrate** wird erfasst, welchen Anteil die Category-Ausgaben oder die Artikelausgaben der Haushalte, die in der Category einkaufen oder den Artikel erwerben, an den Gesamtausgaben des Haushaltes oder an den Gesamtausgaben des Haushaltes in der Vertriebslinie eines Unternehmens ausmachen. Berechnet man z. B. den Anteil der Ausgaben für einen Artikel an den Gesamtausgaben in der Category, so kann diese Kennzahl als Loyalität der Haushalte zu dem betrachteten Artikel interpretiert werden.

In der Übersicht sind außerdem noch das Marktvolumen, der Marktanteil und eine Definition für den Stammkäuferanteil angegeben. Die Kennzahlen liefern also Indikatoren, inwieweit es gelungen ist, einen Markt zu erschließen.

6.2.3 Warenkorbanalysen für die Messung eines Absatzverbundes

Nachfrager (bzw. Nachfragergruppen) kaufen im Regelfall nicht nur ein Produkt, sondern nutzen den Besuch einer Einkaufsstätte in vielen Fällen dazu, mehrere Produkte zu erwerben. Dieses Phänomen ist unter dem Begriff **Nachfrageverbund** bekannt. Dabei lassen sich zwei Verbundenheiten unterscheiden:

1. Tätigkeiten, die innerhalb eines Zeitraumes zusammen ausgeführt werden,
2. Tätigkeiten, die zeitlich aufeinander folgen; eine Verhaltensweise, die unter dem Stichwort Kundentreue diskutiert wird.

In Kapitel 5 war schon auf einzelne Arten einer Verbundenheit in den Handlungen von Nachfragern hingewiesen worden; außerdem war gezeigt worden, mit welchen Verfahren ein Kaufverbund festgestellt werden kann.

Die Analyse der Nachfragerverbundenheit bzw. in engerer Sicht der Kaufverbundenheit kann in zwei Schritte zerlegt werden, zum einen in die Ermittlung des Verbunds, zum anderen in die Berücksichtigung der ermittelten Verbundbeziehungen in Planungs- und Kontrollmodellen.

6.2.3.1 Die Messung des Kaufverbundes

Die Messung von Verbundbeziehungen ist Gegenstand eingehender statistischer Analysen geworden. Über die wichtigsten Verfahren informiert der Anhang zu Kapitel 6, wo auf Verbundkoeffizienten, den Tanimoto-Koeffizienten, Support und Confidence und andere Verfahren, eingegangen wird. Die meisten empirischen Untersuchungen sind auf den gemeinsamen Kauf verschiedener Produkte ausgerichtet, wobei sich mehrere Varianten unterscheiden lassen:

> *Bei einem* Kaufverbund *handelt es sich um die Menge aller von einem Individuum bzw. einem Haushalt anlässlich eines Einkaufsganges in einem Geschäft gekauften Güter.*

Diese Definition hat den Vorteil, dass für eine empirische Ermittlung Kassenbondaten herangezogen werden können. Kaufverbund lässt sich aber auch weiter definieren als:

> *Bei einem* Kaufverbund *handelt es sich um die Menge aller Güter, die von einem Individuum bzw. einem Haushalt innerhalb eines bestimmten Zeitraumes gekauft werden.*

Dabei können Käufe in anderen Geschäften oder im selben Geschäft zu einem späteren Zeitraum berücksichtigt werden. Insbesondere in der ersten Variante ist der Kaufverbund Gegenstand zahlreicher Erörterungen gewesen. Eine solche Vorgehensweise hat Vor- und Nachteile (vgl. D. Möhlenbruch 1994, S. 337–340). Für die Analyse von Kaufakten spricht vor allem, dass der Kaufverbund im Rahmen eines Kaufaktes objektiv erfasst werden kann und moderne Kassensysteme die Erfassung und Speicherung der Daten erleichtern, während die Ermittlung von Ursachen mit zusätzlichen Problemen verbunden ist. Praktisch in allen Handelsunternehmungen ist es möglich, Kaufdaten kundenanonym auszuwerten (also ohne Kenntnis, wer die ausgewerteten Warenkörbe gekauft hat). In vielen Fällen ist es auch möglich, die Warenkörbe identifizierten Nachfragern zuzuweisen. Dies bietet sich im Großhandel an, wenn die Ware gegen Rechnung abgegeben wird, aber auch im Einzelhandel, wenn Kundenkarten eingesetzt werden oder wenn die Daten aus Haushaltspanels ausgewertet werden. Dennoch ist angesichts von Sortimenten, deren Warenumfang sich stellenweise im sechsstelligen Bereich bewegt, ein erheblicher Rechenaufwand zu erwarten. Deshalb wurden in der Wirtschaftsinformatik Algorithmen entwickelt, mit denen erkannt werden kann, zwischen welchen Sortimentseinheiten Verbundbeziehungen bestehen (R. Agrawal et al. 1993 und 1996).

Ausgangspunkt einer Analyse von Verbundkäufen sind **Warenkorbdaten** (T. Reutterer, M. Hahsler und K. Hornik 2007), wie sie beispielhaft in Abbildung 6.12 dargestellt sind (R. Decker und H. Schimmelpfennig 2002). Das Beispiel zeigt, inwieweit sich acht verschiedene Güter in 15 verschiedenen Warenkörben finden.

Die Abbildung 6.12 enthält nominalskalierte Angaben, weil nur angegeben wird, ob sich mindestens eine Einheit des betreffenden Gutes in dem Warenkorb befindet (1) oder nicht (0). Im Prinzip wäre es auch möglich, intervallskalierte Angaben zu verwenden, indem die gekaufte Anzahl an Stücken oder Umsätze verwendet werden.

	i_1	i_2	i_3	i_4	i_5	i_6	i_7	i_8	**Anzahl**
WK_1	0	1	1	0	1	0	1	1	5
WK_2	0	0	1	0	1	1	1	1	5
WK_3	0	0	0	0	1	0	1	0	2
WK_4	1	0	0	0	0	1	0	1	3
WK_5	0	0	0	0	1	0	0	1	2
WK_6	0	0	0	0	1	0	1	0	2
WK_7	0	1	1	0	1	0	0	1	4
WK_8	1	0	0	0	0	1	0	1	3
WK_9	1	0	0	1	1	0	0	0	3
WK_{10}	1	0	0	0	1	1	0	1	4
WK_{11}	1	1	0	0	1	1	1	0	5
WK_{12}	0	0	0	1	1	1	0	1	4
WK_{13}	1	1	1	0	0	0	0	1	4
WK_{14}	1	0	0	0	0	1	0	1	3
WK_{15}	0	0	0	1	0	0	1	0	2
Stück	7	4	4	3	10	7	6	10	51

Abb. 6.12: Ausgangsdaten für eine Verbundanalyse (Beispiel: WK = Warenkorb; i=Artikel)

Die Analyse kann in zwei Schritte zerlegt werden, zum einen in die Ermittlung des Verbunds, zum anderen in die Berücksichtigung der ermittelten Verbundbeziehungen in Planungs- und Kontrollmodellen.

Zur Messung der Verbundbeziehungen

Die Messung der Verbundbeziehungen hat inzwischen eine längere Historie. Wichtige Pionierarbeiten hierzu stammen von K. Eckhardt (1976), F. Böcker (1974, 1975, 1978) und E. Merkle (1981), der Teilergebnisse bereits früher gemeinsam mit F. Böcker vorgelegt hat (1975a, 1975b). Hinzu kommen Arbeiten von P. Stahl (1977), H. G. Bordemann (1986) und H. Hruschka (1991a), M. Lukanowicz und C. Buchta (1992) sowie M. Natter und C. Buchta (1993). In neuerer Zeit haben insbesondere R. Agrawal (1996), T. Goerdt (1999), R. Decker und H. Schimmelpfennig (2002) und T. Reutterer (2003) neuere Verfahren beigesteuert. Im Vordergrund steht die Frage, mit welchen Kennzahlen die Stärke der **Kaufverbundenheit** gemessen, weniger wie sie begründet werden kann. Die Feststellungen sollen vor allem der Sortimentspolitik (um ein cross selling anzuregen), der Preispolitik und der Platzierungspolitik dienen, wiewohl auf die Konsequenzen für die Absatzpolitik oft nur andeutend verwiesen wird. Im Electronic Commerce haben sie an Bedeutung gewonnen, weil dort Verbundkäufe genutzt werden sollen, um anderen Kunden beim Kauf eines der verbundenen Güter entsprechende Vorschläge unterbreiten zu können. Seit diesen Pionierarbeiten sind jedoch – auch unter dem Stichwort Data-Mining – weitere Verfahren entwickelt worden, auf die im Folgenden kurz hingewiesen werden soll:

1. Bestimmung **asymmetrischer Verbundbeziehungen durch bedingte Wahrscheinlichkeiten:** Hierbei werden jeweils zwei Güter in den untersuchten Warenkörben betrachtet. Es wird ermittelt, wie groß die Wahrscheinlichkeit ist, dass ein Gut m gekauft wird, wenn gleichzeitig ein Gut l gekauft worden ist. Ausgangspunkt zur Berechnung sind sog. Vierfeldertafeln (ein Beispiel findet sich im Anhang). Wegen der Möglichkeit, die Bezugsebenen mit l oder mit m zu bilden, ergeben sich asymmetrische Verbundkoeffizienten.
2. Bestimmung symmetrischer Verbundbeziehungen durch **Assoziationskoeffizienten**. Hierfür sind unterschiedliche Ähnlichkeitsmaße herangezogen worden (E. Merkle 1981, S. 36). Häufig wird der Tanimoto-Koeffizient verwendet, der im Anhang näher vorgestellt wird. Der Tanimoto-Koeffizient gibt die relative Häufigkeit der Transaktionen an, die sowohl Sortimentseinheit i als auch Sortimentseinheit j enthalten, an all jenen Transaktionen, die zumindest eine der beiden Sortimentseinheiten enthalten.
3. Während die ersten beiden Verfahren durch die kombinative Betrachtung von je zwei Gütern zu einem erheblichen Auswertungsaufwand und zu unübersichtlichen Ergebnissen führen, versuchen die computergestützten Verfahren der Assoziationsanalyse, auch bei großen Datenbanken interessierende Verbundbeziehungen aufzudecken und als überschaubare Ergebnisse darzustellen. Es handelt sich um sogenannte **Verfahren des Data-Mining** (U. Küsters 2001; S. Hettich und H. Hippner 2001). Es werden Regeln der Form „Wenn X im Warenkorb enthalten ist, dann ist auch mit p%-iger Wahrscheinlichkeit Y im Warenkorb enthalten" ermittelt. X wird dabei auch als Regelrumpf bezeichnet, Y als Regelkopf bzw. Konsequenz. Die

Aufzählungen werden dabei meist auf jene Güter beschränkt, die mit einer bestimmten Mindesthäufigkeit (sog. Mindestsupport) gemeinsam in den Warenkörben vorkommen.

4. Auch mit den agglomerativen Verfahren der **Clusteranalyse** können Verbundbeziehungen dargestellt werden. Ausgangspunkt ist die Ähnlichkeitsmatrix zwischen den einzelnen Waren (Items). Hierbei kann beispielsweise das oben dargestellte Tanimoto-Ähnlichkeitsmaß verwendet werden. Es werden jene Items vereinigt, die am ähnlichsten sind, und es werden neue Ähnlichkeitsmaße ermittelt. Der Prozess kann so lange fortgesetzt werden, bis nur noch zwei Gruppen vorliegen.
5. Neuere Verfahren bedienen sich **neuronaler Netzwerke** (R. Lackes und D. Mack 2000; R. Decker und K. Monien 2003; P. Schnedlitz, T. Reutterer und W. Joos 2001).

In Konkurrenz zu den Assoziationsmaßen stehen **korrelationsanalytische Ansätze**; diese setzen in der Regel intervallskalierte Variablen voraus. Im Regelfall werden mit Hilfe der Korrelationsanalyse zwei Artikel, Artikelgruppen oder Sortimentsgruppen i und j anhand ihres Umsatzvolumens in erhobenen Einkaufsakten untersucht. Kritische Anmerkungen zur Analyse des Sortimentsverbunds mit Hilfe der Korrelationsanalyse finden sich bei P. Stahl (1977, S. 157–159) und bei D. Möhlenbruch (1994, S. 348–350). Selbst wenn Verbundanalysen nicht auf der Artikelebene, sondern auf einer höher aggregierten Ebene, wie beispielsweise der Warengruppenebene, durchgeführt werden, wächst die Zahl der zu untersuchenden und darzustellenden Zusammenhänge schnell an. Die ermittelten Verbundbeziehungen werden unübersichtlich. Hier können die multidimensionale Skalierung (MDS) und die Cluster-Analyse einen besseren Überblick verschaffen (E. Merkle 1981, S. 112–117; H.-G. Bordemann 1986).

6.2.3.2 Verbundbeziehungen als Grundlage von Planung und Kontrolle

Wie sind die Bemühungen um eine Quantifizierung des Kaufverbundes nun im Hinblick auf die Gestaltung der Absatzpolitik zu beurteilen? Während die Mikroökonomie ursprünglich mit Verbundanalysen (Kreuzpreiselastizitäten) das Ziel verfolgt hat, die Preis- bzw. Spannenpolitik zu unterstützen, werden Kaufverbundanalysen heute grundsätzlich auch für die Planung anderer absatzpolitischer Instrumente herangezogen, so insbesondere der Sortimentspolitik (ein Artikel, der häufig im Verbund gekauft wird, sollte nicht vorschnell ausgelistet werden), der Präsentationspolitik (Artikel, die häufig zusammengekauft werden, sollen auch weiteren Kunden angeboten werden, wenn sie einen der verbundenen Artikel kaufen) und der Platzierungspolitik.

Allgemeine Beurteilung

Zunächst zeigen die Kauf-Verbundkoeffizienten, welche anderen Sortimentsteile im Verbund mit einem ausgewählten Sortimentsteil gekauft worden sind. Im Hinblick auf die Preispolitik können die Analysen keine Hinweise liefern, wie sich der Umsatz dieser kaufverbundenen Sortimentsteile bei einer anderen Preispolitik für ein betrachtetes Sortimentsteil darstellen würde (da keine Kreuzpreiselastizitäten ermittelt werden), aber die Analysen geben Hinweise auf den Kreis der zu betrachtenden Artikel. Wenn also ein Kaufverbund festgestellt worden ist, dann kann gefragt werden, wie sich dieser Verbund voraussichtlich bei einer Modifikation der Kalkulationspolitik ändern würde. Zwar ist damit nicht erwiesen, dass die Sortimentsteile preisverbunden sind, aber es erscheint plausibel, die aufgedeckten Verbundbeziehungen auf ihre Preissensibilität hin zu analysieren. Bei der Vielzahl der theoretisch zu bedenkenden Beziehungen kann hierin ein Fortschritt gesehen werden, wenn die Messung auch noch weit von der Ermittlung von Kreuzpreiselastizitäten entfernt ist. Schwieriger ist es bei Sortimentsteilen, für die kein Kaufverbund festgestellt worden ist. In diesem Fall können die beiden Sortimentsteile tatsächlich unabhängig voneinander sein, es kann aber auch ein peripher substitutiver Verbund vorliegen, d. h. dass einzelne Sortimentsteile durch andere substituiert worden sind. Insofern muss insgesamt festgestellt werden, dass die Fortschritte in der Verbundmessung in nur geringem Maße helfen, über die Angemessenheit eines kalkulatorischen Ausgleichs Auskunft zu geben. Beim **kalkulatorischen Ausgleich** geht es ja, um in den Worten von H. Raffée (1974, Sp. 449) zu sprechen, darum, eine Preisstrategie zu realisieren, bei der man „bei Einzelleistungen, -abteilungen, -perioden etc. Gewinneinbußen bewusst in Kauf nimmt, um im Wege des absatzmäßigen Verbunds mit besonders gewinnträchtigen Leistungseinheiten aufs Ganze gesehen zu einem günstigeren Ergebnis zu gelangen als ohne den gezielten Einsatz von Ausgleichsnehmern." Selbst wenn im Rahmen einer Verbundmessung festgestellt würde, dass eine gewinnträchtige Einheit in hohem Ausmaß im Verbund mit einem Ausgleichsnehmer verkauft worden ist, heißt dies nicht, dass eine ursächliche Beziehung vorliegt. Es könnte durchaus sein, dass die gewinnträchtige Einheit auch ohne den Ausgleichsnehmer ihren Erfolg erzielt hätte. Hier deutet sich eine Gefahr der Verbundmessung an, indem sie den Eindruck aufkommen lassen könnte, dass es sich um Wirkungsbeziehungen handelt. Selbst wenn gezeigt worden wäre, dass der Ausgleichsträger an Umsatz verloren hat, nachdem der Ausgleichsnehmer preislich angehoben worden ist, kann dies auch auf andere Faktoren zurückzuführen sein (z. B. allgemeiner Nachfragerückgang, unterschiedliche saisonale Verläufe).

Seit einiger Zeit gibt es Versuche, den Erfolgsbeitrag einzelner Sortimentsteile unter Berücksichtigung ihrer Ausstrahlungseffekte zu ermitteln. Damit soll insbesondere vermieden werden, dass Artikel, die einen niedrigen Erfolgsbeitrag beisteuern, ausgelistet werden, obwohl sie vielleicht einen starken positiven Effekt auf das übrige Sortiment aufweisen. Zunächst hat Merkle hierfür ein Verfahren entwickelt.

Das Verfahren von Merkle

Bei dem Verfahren von E. Merkle (1981, S. 149–163) setzt sich der Gesamterfolg des Produktes i (GE_i) aus den Erfolgen der Einzel- (EE_i) und der Verbundverkäufe (VE_i) zusammen. Die Summe der Einzelverkaufserfolge ergibt sich als Produkt des Stückerfolgsbeitrages e_i und der Zahl der Einzelverkäufe f_i. Die Verbundverkaufserfolge lassen sich als Summe der Stückerfolgsbeiträge e_i und e_j multipliziert mit der Anzahl der Verbundverkäufe f_{ij} und einem Beziehungsindex b_{ij}, summiert über alle n Komponenten des Sortiments, erklären. Einem Produkt i werden also auch Erfolgsbeiträge zugerechnet, die sich aus dem Verkauf von anderen im Verbund mit i gekauften Produkten ergeben, jedoch nur soweit, wie diese Verbundkäufe über den Beziehungsindex b_{ij} dem Produkt i zugeschrieben werden. Der Zusammenhang kann auch formal dargestellt werden als

$$GE_i = EE_i + VE_i = e_i \cdot f_i + \sum_{j=1}^{n} \left(e_j + e_i\right) \cdot f_{ij} \cdot b_{ij} \,.$$

Der Beziehungsindex b_{ij} wird mittels einer Konsumenten- oder Expertenbefragung ermittelt. Es soll gelten:

$0 \leq b_{ij} \leq 1$ und $b_{ij} + b_{ji} = 1$.

Wie zu erwarten, konzentriert sich die Kritik an der verbundorientierten Sortimentserfolgsrechnung auf den Beziehungsindex b_{ij}, der als theoretisches Konstrukt aus einer Befragung resultiert und den Probanden nur schwer vermittelt werden kann (vgl. D. Möhlenbruch 1994, S. 360).

Das Verfahren von Recht und Zeisel – das Conjoint-Profit-Modell

Ein sehr leicht zu handhabender Vorschlag zur Berücksichtigung von Verbundeffekten stammt von P. Recht und S. Zeisel (1998; S. Zeisel 1999). Sie empfehlen Warenkorbanalysen. Für jedes Produkt in einem Warenkorb soll dabei zunächst sein Anteil am Warenkorbumsatz ermittelt werden. Außerdem soll der Deckungsbeitrag des gesamten Warenkorbes bestimmt werden. Im Anschluss ist jedem Gut im Warenkorb der Anteil des Warenkorb-Deckungsbeitrages zuzuschlüsseln, der seinem umsatzmäßigen Anteil am Warenkorb entspricht. Das Verfahren ist auch an einem Beispiel verdeutlicht (vgl. Abbildung 6.13).

Während ein Gut auf Grund seines in einer isolierten Betrachtung geringen Deckungsbeitrages Gefahr lief, ausgelistet zu werden, ist es jetzt möglich, dass es durch sein vielfaches Auftreten in profitablen Warenkörben an Attraktivität gewinnt. Das Verfahren wird von der Vermutung getragen, dass die Höhe des Warenkorbumsatzes durch die empfundene Attraktivität der im Warenkorb enthaltenen Artikel bestimmt wird. Befinden sich in dem Warenkorb niedrig kalkulierte Artikel, dann erwirtschaften diese Artikel nicht nur den auf sie entfallenden (niedrigen) Deckungsbeitrag, sondern sind auch dafür verantwortlich, dass gleichzeitig höher kalkulierte Artikel gekauft werden. Ihr „wahrer“ Erfolgsbeitrag wird mithin in ihrem umsatzproportionalen Anteil am Deckungsbeitrag des Warenkorbs gesehen. Während der Deckungsbeitrag des Gutes 1 im Beispiel mit 15 Geldeinheiten (5+10) deutlich höher als der des Gutes 2 ist (10+0), rangiert nach der Umverteilung der Warenkorb-Deckungsbeiträge Gut 1 mit 11,375 nur noch knapp vor Gut 2 mit 10,125 Geldeinheiten.

Zunächst ist festzustellen, dass auch dieses Verfahren nur sehr begrenzt Hinweise auf eine optimale Preispolitik unter Berücksichtigung von Verbundwirkungen liefert, weil auch hier keine Elastizitäten, sondern nur die Wirkungen einer einzelnen Preisstruktur ermittelt werden. Immerhin ist ein Weg gewiesen, der es erlaubt zu ermitteln, ob andere Artikel im Verbund mit dem niedrigpreisigen Artikel gekauft wurden und wie hoch deren Deckungsbeitrag ist. Die Suche nach dem optimalen Preis lässt es allerdings unverzichtbar erscheinen, sich der Messung von Preiselastizitäten anzunähern und alternative Preise zu testen. Es besteht die Möglichkeit zu ermitteln, wie sich die Deckungsbeiträge der Warenkörbe ändern, in denen niedrigpreisige Artikel (mit alternativen Preisen) enthalten sind. Im Hinblick auf die Sortimentspolitik könnte daran gedacht werden, jene Artikel zu eliminieren, die nach der Verrechnung mit dem Verfahren von Recht und Zeisel einen niedrigen oder sogar negativen **Conjoint-Profit** aufweisen.

Warenkorb Kunde 1				
Gut	1	2	3	Σ
Preis	10	30	20	
Menge	1	1	2	
Umsatz	10	30	40	80
DB	5	10	12	27

Umsatz der einzelnen Güter:

$$\frac{\text{Umsatz Gut 1}}{\text{Gesamter Umsatz}} = \frac{10}{80} = \frac{1}{8} = 0{,}125$$

$$\frac{\text{Umsatz Gut 2}}{\text{Gesamter Umsatz}} = \frac{30}{80} = \frac{3}{8} = 0{,}375$$

$$\frac{\text{Umsatz Gut 3}}{\text{Gesamter Umsatz}} = \frac{40}{80} = \frac{1}{2} = 0{,}5$$

Wertmäßiger Anteil der Güter:

$\text{Gut 1} : 27 \cdot 0{,}125 = 3{,}375$

$\text{Gut 2} : 27 \cdot 0{,}375 = 10{,}125$

$\text{Gut 3} : 27 \cdot 0{,}5 = 13{,}5$

Warenkorb Kunde 2				
Gut	1	2	3	Σ
Preis	10	30	20	
Menge	2	0	1	
Umsatz	20	0	20	40
DB	10	0	6	16

Umsatz der einzelnen Güter:

$$\frac{\text{Umsatz Gut 1}}{\text{Gesamter Umsatz}} = \frac{20}{40} = \frac{1}{2} = 0{,}5$$

$$\frac{\text{Umsatz Gut 2}}{\text{Gesamter Umsatz}} = \frac{0}{40} = 0$$

$$\frac{\text{Umsatz Gut 3}}{\text{Gesamter Umsatz}} = \frac{20}{40} = \frac{1}{2} = 0{,}5$$

Wertmäßiger Anteil der Güter:

$\text{Gut 1} : 16 \cdot 0{,}5 = 8$

$\text{Gut 2} : 16 \cdot 0 = 0$

$\text{Gut 3} : 16 \cdot 0{,}5 = 8$

Warenkorb Kunde 1			
Gut	1	2	3
Umsatzanteil	0,125	0,375	0,5
Wertmäßiger Anteil	3,375	10,125	13,5

Warenkorb Kunde 2			
Gut	1	2	3
Umsatzanteil	0,5	0	0,5
wertmäßiger Anteil	8	0	8

Kumulierter wertmäßiger Anteil:

Gut 1: 3,375 + 8 = 11,375

Gut 2 : 10,125 + 0 = 10,125

Gut 3 : 13,5 + 8 = 21,5

Abb. 6.13: Das verbundorientierte Deckungsbeitragsmodell nach P. Recht und S. Zeisel

Auf den ersten Blick ist man geneigt, die Umverteilung des Warenkorb-Deckungsbeitrages als eine ähnlich willkürliche Schlüsselung anzusehen, wie sie in der Kostenrechnung bei der Schlüsselung von Gemeinkosten praktiziert wird. Dennoch entbehrt die Vorgehensweise nicht der Plausibilität, denn es ist durchaus denkbar, dass sich das Urteil der Verbraucher über die Günstigkeit des Einkaufs in einem bestimmten Geschäft an dem dort erzielten Warenkorb-Deckungsbeitrag orientiert. Zwar sind dem Verbraucher die erzielten Deckungsbeiträge (Handelsspannen) nicht bekannt, aber es gibt Anhaltspunkte dafür, dass Verbraucher reale Preisunterschiede zwischen einzelnen Betrieben realistisch einschätzen können (W. Lenzen 1983). In der Literatur ist das Verfahren in mehrfacher Hinsicht kritisiert worden (O. Fröhling und T. Haiber 1997; H. Schröder 2004):

- Es könnte sein, dass die vom Verfahren benötigten Wareneinstandskosten nicht bereitgestellt werden können, weil das Vorliegen von (variablen) Gemeinkosten, wie z. B. Werbekostenzuschüsse, Treueboni, Skonti, eine sachgerechte Ermittlung verhindern.
- Es wird bezweifelt, dass die Preis-Leistungs-Zufriedenheit eines Kunden von der Höhe der Einzelpreise aller gekauften Güter bestimmt wird.

- Es könnte sein, dass ein hochpreisiger Artikel mit negativem Rohertrag auch mitgekaufte Artikel mit positivem Rohertrag mit einem negativen Conjoint-Profit auswei-se. Würden auch diese Artikel gestrichen, ergäbe sich für die Handelsunternehmung ein Verlust, wenn die Artikel mit positivem Rohertrag auch weiterhin gekauft worden wären, also nur der hochpreisige Artikel mit negativem Rohertrag eliminiert worden wäre.

6.3 Ausgewählte sortimentspolitische Entscheidungen

In Abschnitt 6.1 war ein Überblick über sortimentspolitische Entscheidungen gegeben worden, wobei auf Sortimentsexpansion, Sortimentskontraktion, Sortimentsvariation und andere Maßnahmen hingewiesen worden war. Im Folgenden soll auf einige Handlungsmöglichkeiten näher eingegangen werden, und zwar auf

- die Gestaltung der Sortimentstiefe,
- die Entscheidung über die Aufnahme neuer Produkte und
- den Entwurf eines Sortimentsrahmens.

6.3.1 Die Gestaltung der Sortimentstiefe

Die Sortimentstiefe gibt an, wie viele alternative Möglichkeiten einem Nachfrager geboten werden, um ein bestimmtes Bedürfnis zu befriedigen.

Handlungsmöglichkeiten	**Mögliche Konsequenzen**
1. Erweiterung der Anzahl der Artikel 2. Reduzierung der Anzahl der Artikel	a) Wirkungen auf das Verhalten der Konsumenten: Besuch und Kauf, insbesondere • zusätzlicher Absatz (Umsatz) mit neuem(n) Artikel(n) bzw. Wegfall des Absatzes (Umsatzes), • Veränderungen des Absatzes (Umsatzes) bei anderen Artikeln der Artikelgruppe (Verbundeffekte im engen Sinne), • Möglicher Mehr- oder Minderabsatz (-Umsatz) bei Artikeln außerhalb der betreffenden Artikelgruppe (Verbundeffekte im weiten Sinn) b) Wirkungen auf das Insystem der Konsumenten: z. B. Veränderungen des Images der Verkaufsstelle, c) Wirkungen auf die Kosten- und Kapazitätssituation: • Kapitalkosten für Warenbestände, • Inanspruchnahme von Verkaufsfläche.

Abb. 6.14: Handlungsmöglichkeiten und Auswirkungen der Sortimentstiefenpolitik

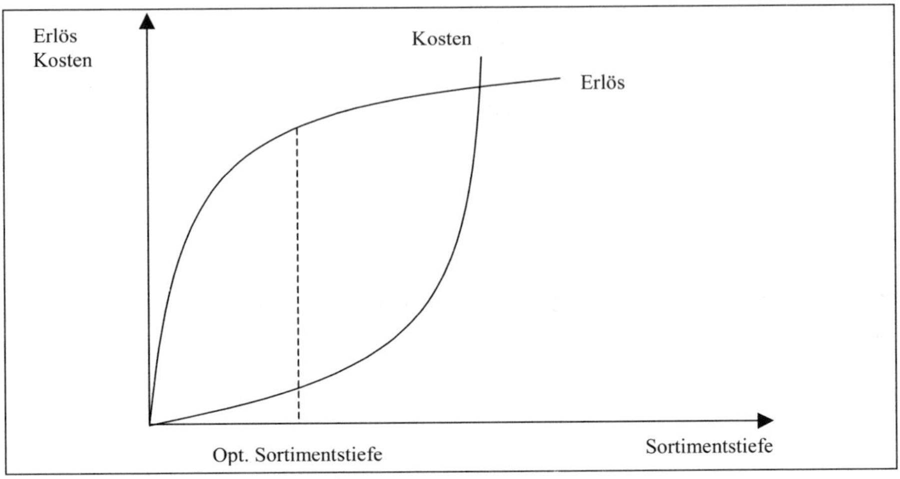

Abb. 6.15: Optimale Sortimentstiefe – das Optimierungsmodell

Mit Blick auf die möglichen Kostenreduktionen wurde in der Vergangenheit – insbesondere im Rahmen der Diskussion um eine „effiziente Sortimentspolitik“ (efficient assortment) – häufig empfohlen, langsamdrehende Artikel bzw. solche mit geringen Absatzmengen (low-selling Stock-Keeping-Units) zu eliminieren. Aber mit der Festlegung der Sortimentstiefe werden nicht nur kostenwirtschaftliche, sondern auch erlöswirtschaftliche Wirkungen ausgelöst, wie dies in detaillierter Weise auch Abbildung 6.14 auflistet (vgl. zu dem Folgenden L. Müller-Hagedorn und B. Heidel 1986).

Die Tabelle lässt die Schwierigkeiten einer Festlegung der Sortimentstiefe erkennen. Die Probleme liegen nicht so sehr darin, zu ermitteln, welchen Einfluss die Entscheidungen auf die Kosten haben, sondern wie die Nachfrager auf alternative Sortimentstiefen bzw. auf Veränderungen einer Sortimentstiefe reagieren werden.

Bei einer angestrebten Gewinnmaximierung wird der Betrieb jene Sortimentstiefe anstreben, bei der die Differenz zwischen Umsatz und Kosten maximal ist, wobei im Vorhinein für die Erlös- wie für die Kostenfunktion Verläufe plausibel sein werden, wie sie in Abbildung 6.15 eingezeichnet sind. Die Auswirkungen einer veränderten Sortimentstiefe können sowohl nach dem SR-Paradigma als auch nach dem SOR- Paradigma untersucht werden.

6.3.1.1 Eine Querschnittsanalyse zum Einfluss der Sortimentstiefe

L. Müller-Hagedorn und B. Heidel (1986) haben schon früh drauf hingewiesen, dass sich Querschnittsanalysen eignen, um Vorstellungen über die Wirkung alternativer Sortimentstiefen auf den Absatz zu gewinnen. Sie prüften dazu, welche Sortimentstiefe einzelne Outlets verschiedener Betriebsformen anbieten und welchen Erfolg sie damit erzielen.

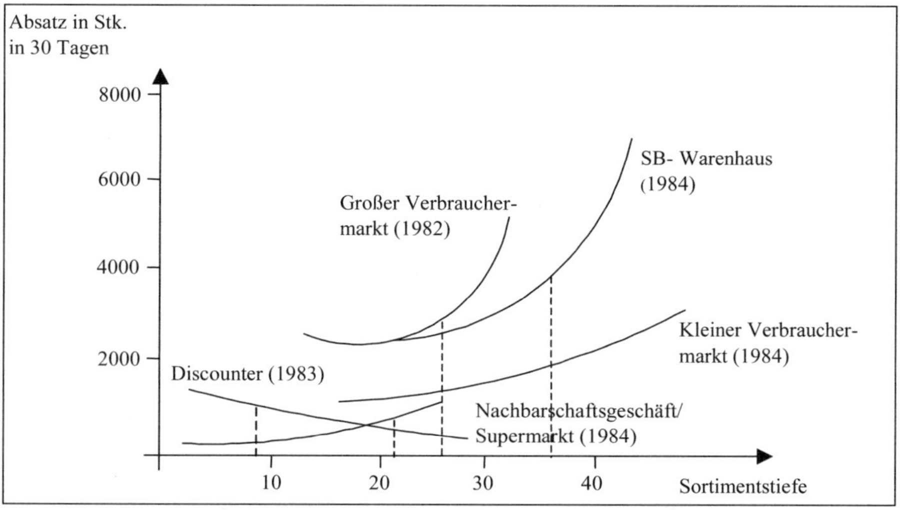

Abb. 6.16: Beispiele für den Verlauf von Sortimentstiefe-Absatz-Funktionen der Artikelgruppe Zahnpasten (der jeweilige Mittelwert wird durch die gestrichelte Linie angezeigt)

Die Empirie

Untersuchungen in der Praxis zeigen oft erstaunlich große Unterschiede in der Sortimentstiefe. Natürlich unterscheidet sich die Sortimentstiefe in einzelnen Betriebsformen, aber auch innerhalb einer Betriebsform streut die Vielfalt der Artikel erheblich. Nach empirischen Erhebungen wurden in einem SB-Warenhaus durchschnittlich 100 Haarwaschmittel geführt, aber es gab auch Betriebe mit 180 oder nur mit 80 Artikeln.

Tendenziell gilt für alle Betriebsformen, dass der Absatz mit größer werdender Sortimentstiefe ansteigt, wobei dieser Effekt in den SB-Warenhäusern am ausgeprägtesten ist. Nur bei den Discountern gilt diese Beobachtung nicht (vgl. dies am Beispiel von Zahnpasta in Abbildung 6.16). Der Zusammenhang zwischen der Sortimentstiefe und dem Absatz wird als Sortimentstiefe-Absatz-Funktion bezeichnet (in Analogie zur Preis-Absatz-Funktion).

Die Theorie will einerseits erklären, warum bei einer Variation der Sortimentstiefe erwartet werden kann, dass sich der Absatz ändert, andererseits will sie Hinweise geben, wie sich der Absatz voraussichtlich ändern wird, wenn die Sortimentstiefe erhöht oder verringert wird. Für den letzteren Zweck können Stimulus-Response-Analysen, wie sie Abbildung 6.16 zu Grunde liegen, dienen. Die hier dargestellten Funktionen lassen sich aus Betriebsvergleichen (Querschnittsanalysen) gewinnen. Für einzelbetriebliche Zwecke können sie als Planungsgrundlage dienen, wenn die Vergleichbarkeit der Betriebe in hinreichendem Maß gewährleistet ist. Nur wenn die wesentlichen Einflussfaktoren auf den Absatz bei den einzelnen Betrieben weitgehend übereinstimmen und sie sich nur in der Sortimentstiefe unterscheiden, kann anhand der Funktionen abgelesen werden, wie sich eine Variation der Sortimentstiefe auswirken würde. Immer wird es auch Betriebe geben, die ihre Sortimentstiefe in der Vergangenheit verändert haben.

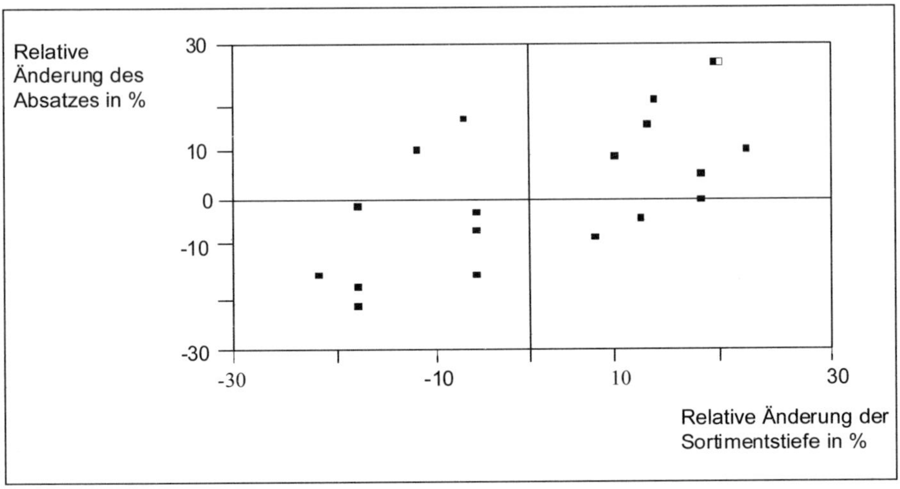

Abb. 6.17: Der Zusammenhang zwischen relativen Sortimentstiefen und Absatzänderungen in der Artikelgruppe Zahnpasten

Abbildung 6.17 zeigt nicht nur, wie groß die Veränderung war, sondern auch um wie viel Prozent sich jeweils der Absatz geändert hat. Auch diese Werte können als Anhaltspunkte für die Wirksamkeit von sortimentspolitischen Maßnahmen verwendet werden. Es wird deutlich, dass von der Sortimentstiefe augenscheinliche Wirkungen auf den Absatz ausgehen.

Die verschiedenen statischen und dynamischen Auswertungen liefern Hinweise auf die Wirksamkeit des absatzpolitischen Instruments „Sortimentstiefe". Insgesamt gewinnt man den Eindruck, dass im Regelfall (Ausnahme beim Discounter) mit einer größeren Sortimentstiefe auch der Absatz in nicht unbedeutendem Maße ansteigt. Wegen einer vermuteten Multikausalität (von Sortimentstiefe und anderen absatzpolitischen Instrumenten) ist es allerdings schwierig, den Effekt einer einzelnen Größe, hier der Sortimentstiefe, zu isolieren. Dies gibt auch Anlass, die Gründe für eine bestimmte Wirkung mit Methoden zu analysieren, bei denen der Nachfrager explizit in die Überlegungen mit einbezogen wird.

Theoretische Überlegungen

L. Müller-Hagedorn und B. Heidel (1986) haben sich auch theoretisch mit dem Verlauf der Sortimentstiefe-Absatz-Funktion beschäftigt. Dabei berücksichtigten sie das Ausmaß, in dem der Kauf eines Artikels in einer Artikelgruppe geplant ist, den Grad der Markentreue bzw. der Bereitschaft, zu einer anderen Marke zu wechseln, und das Ausmaß, in dem Impulskäufe ausgelöst werden können. Die Überlegungen münden in zwei Hypothesen ein:

Die Wirkung der Sortimentstiefe auf den Absatz ist wegen der unterschiedlichen Käuferschaft (Anteil der Impulskäufer, Anteil der markentreuen Kunden, Anteil der Käufer mit geplanter Kaufabsicht) von der Betriebsform abhängig.

Die Wirkung der Sortimentstiefe auf den Absatz ist umso weniger gegeben, je schwächer die Markenbindung ist, je austauschbarer die einzelnen Artikel von den Konsumenten beurteilt werden, je mehr es dem Handelsbetrieb gelingt, schon mit einer geringen Auswahl Präferenzen zu schaffen und je geringer das Bedürfnis der Konsumenten, Vergleiche anzustellen, ausgeprägt ist.

Die theoretischen Überlegungen in Bezug auf die erste Hypothese haben sich bestätigt, insgesamt wurden theoretisch jedoch andere Sortimentstiefe-Absatz-Funktionen abgeleitet, wie sie empirisch festgestellt wurden (entsprechend Abbildung 6.16).

6.3.1.2 Weitere Studien zur Wirkung der Sortimentstiefe

S. M. Broniarczyk, W. D. Hoyer und L. McAlister (1998) ergänzen Untersuchungen (insbesondere von X. Dreze, S. Hoch, M. Purk 1994), in denen der Frage nachgegangen wurde, mit welcher Wahrscheinlichkeit Änderungen der Sortimentstiefe zu Umsatzveränderungen führen; darüber hinaus untersuchen sie, ob die Sortimentsreduktionen von den Verbrauchern wahrgenommen werden und inwieweit dadurch Einstellungsänderungen ausgelöst werden (S. J. Arnold, T. H. Oum und D. J. Tigert 1983; C. S. Craig, A. Ghosch und S. McLaferty 1984; J. J. Louviere und G. J. Gaeth 1987). Sie kombinierten damit SR-Analysen mit SOR-Untersuchungen und führten zwei **Experimente** durch, mit denen sie Antworten auf drei Fragen suchten:

1. In welchem Ausmaß werden die Wahrnehmungen der Verbraucher von dem Sortiment eines Handelsbetriebes durch die Anzahl der SKUs bestimmt?
2. Gibt es neben der Anzahl der SKUs Schlüsselreize für die Wahrnehmung eines Sortiments?
3. Führen veränderte Wahrnehmungen eines Sortimentes zu einem Wechsel der Einkaufsstätte?

Die Untersuchung wird auch in Abbildung 6.18 dargestellt. Dabei wird einerseits auf mögliche Schlüsselgrößen abgestellt, auf die sich die Wahrnehmung eines Sortimentes durch die Nachfrager gründet, während andererseits die Wahrnehmung als Bestimmungsfaktor der Einkaufsstättenwahl gesehen wird. Im Mittelpunkt der Untersuchung steht die Wahrnehmung des Sortiments, die die Verfasser in ihrer ersten Studie (einem Labor-Experiment mit Studenten) mit einer 5-Punkte Skala gemessen haben, die von 1 (very little variety) bis 5 (excellent variety) reichte. Drei Bestimmungsfaktoren werden explizit untersucht, die Anzahl der verschiedenen Artikel (SKUs), der Umstand, ob der favorisierte Artikel vorrätig ist, und der zur Verfügung gestellte Regalplatz.

Des Weiteren wurden die Zusammenhänge zwischen Wahrnehmung und gewählter Einkaufsstätte untersucht. Wichtige **Hypothesen** in dieser Untersuchung lauten so:

Bei einer Verringerung der Artikel wird die Wahrscheinlichkeit, dass sich die Wahrnehmung des Sortimentes durch die Nachfrager verschlechtert, um so geringer sein, je mehr Artikel mit geringer Präferenz (Popularität) entfernt werden.

Bei einer Verringerung der Artikel wird die Wahrscheinlichkeit, dass sich die Wahrnehmung des Sortimentes durch die Nachfrager verschlechtert, geringer sein, wenn der Regalplatz konstant gehalten wird (im Vergleich zu dem Fall, dass er verkleinert wird).

Bei einer Verringerung der Artikelzahl, wird sich die Wahrscheinlichkeit, dass das Geschäft als Einkaufsstätte ausgewählt wird, nur dann verringern, wenn sich die Wahrnehmung des Sortimentes verschlechtert.

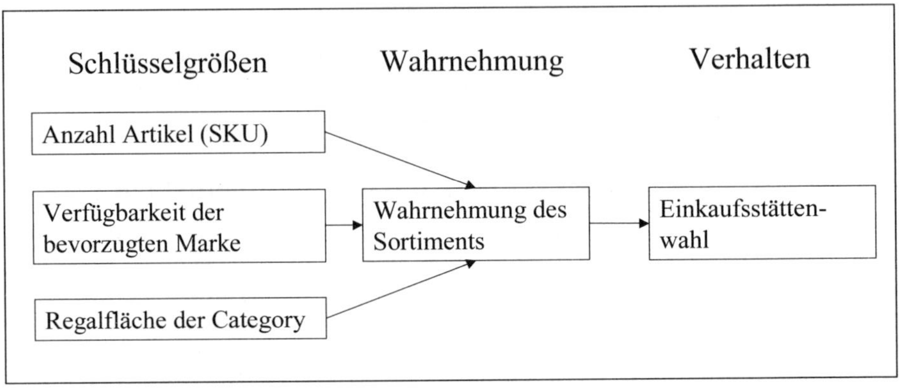

Abb. 6.18: Ein Zwei-Stufen-Modell zur Wahrnehmung von Sortimenten und der Einkaufsstättenwahl

Die Studie ergab, dass Reduktionen der Sortimentstiefe die Wahrnehmung des Sortimentes dann nicht wesentlich beeinträchtigten, wenn der favorisierte Artikel noch vorrätig war, und dass auch dem der Category eingeräumte Regalplatz eine besondere Bedeutung zukommt. Der zur Verfügung gestellte Regalplatz wird von dem Verbraucher als Schlüsselgröße verwendet, um auf vereinfachende Art die Sortimentstiefe beurteilen zu können. Die Verfasser halten eine 25 %ige Reduktion der Sortimentstiefe für möglich, ohne dass die Wahrnehmung der Verbraucher bezüglich des Sortimentes wesentlich beeinträchtigt wird. Eine solche Reduktion der Sortimentstiefe würde auch die Wahl der Einkaufsstätte nicht verändern. Sie stützen sich dabei insbesondere auf die Aussage, dass erst Veränderungen ab einer bestimmten Größenordnung (just noticeable difference = jnd) bei Verbrauchern Beachtung finden. Bei einer 25 %igen Reduktion der Artikel würden etwa nur 7 % der Kunden ihre favorisierten Artikel vermissen. Bei der Übertragung dieser Ergebnisse auf die Praxis ist zu beachten, dass es sich um Laborexperimente handelt. Außerdem besteht die Gefahr, dass die Bedeutung der Nachfrager, deren favorisierte Marke entfernt wird, unterschätzt wird. Gerade diese Gruppe bedarf besonderer Aufmerksamkeit, denn hier droht der Verlust von Kunden, wobei nicht nur in Rechnung zu stellen ist, dass der Umsatz des betreffenden Artikels verloren geht, sondern auch der Umsatz der ansonsten im Verbund gekauften Artikel.

K. Koelmeijer und H. Oppewal (1999) überprüften mit Daten aus experimentell simulierten Blumenfachgeschäften, inwieweit sich bestimmte Sachverhalte auf die Kaufwahrscheinlichkeit auswirken. Sie verwenden dabei das **MNL-Modell** (multinominales Logit-Modell), das die Kaufwahrscheinlichkeit als einen Quotienten sieht, in dessen Zähler der Nutzen einer Alternative steht und bei dem die Summe der Nutzen aller anderen Kaufmöglichkeiten im Nenner aufgeführt wird. Der Nutzen der im Zähler dargestellten Alternative ergibt sich aus einer linearen Funktion, in der einzelne Bestimmungsfaktoren dargestellt sind. Als einen dieser Bestimmungsfaktoren für den Nutzen untersuchen sie die Verfügbarkeit von Artikeln, also unterschiedliche Sortimentstiefen. Sie bestätigen die Hypothese, dass es bei wachsender Sortimentstiefe mit zunehmender Wahrscheinlichkeit zu einem Kauf kommen wird, wenn man unterstellt, dass der Nachfrager sich bereits in der Verkaufsstelle befindet; wegen des Substitutionseffektes wächst die Kaufwahrscheinlichkeit degressiv.

Wie deutlich wurde, wird in vielen Studien versucht, aus Laborexperimenten abzuleiten, wie Nachfrager auf Veränderungen der Sortimentstiefe reagieren. Das bringt die Unsicherheit mit sich, dass die Reaktionen im realen Geschäftsleben von den Laborereignissen abweichen können. Insofern verdient die Studie von P. Boatwright und J. Nunes (2001) Aufmerksamkeit, weil sie auf Daten eines **Electronic Commerce** Anbieters zurückgreift, der testweise bei einem Teil seiner Kunden sein Angebot erheblich eingeschränkt hatte. Insofern konnte unter realistischen Bedingungen verfolgt werden, ob Einschränkungen der Sortimentstiefe tatsächlich, so wie häufig behauptet, kaum mit Absatzverlusten, gelegentlich sogar mit Absatzsteigerungen einhergehen (X. Drèze/S. Hoch/M. Purk 1994). Dabei wurden die Einkäufe in der Testgruppe mit den Einkäufen in der Kontrollgruppe sechs Monate vor dem Experiment und fünf Monate nach dem Experiment miteinander verglichen. Zunächst widersprechen ihre Ergebnisse den in Abschnitt 6.3.2.1 vorgestellten, denn sie fanden heraus, dass in den 42 untersuchten Categories die Umsätze bei einer Reduktion der Sortimentstiefe um durchschnittlich 1,5 % stiegen, bei X. Drèze, S. Hoch und M. Purk (1994) waren es 4 % gewesen. Die Mehrheit der Nachfrager kaufte größere Mengen, einige Nachfrager stellten allerdings auch ihre Einkäufe bei dem Anbieter ein oder kauften seltener. In dem Beitrag wird dann der Frage nachgegangen, inwieweit die Wirkungen einer Einschränkung der Sortimentstiefe davon abhängt, welche Artikel gestrichen werden, ob es angebracht ist, die Artikel mit dem geringsten Absatz zu streichen oder ob auf bestimmte Eigenschaften Rücksicht genommen werden sollte. Als solche Eigenschaften fassten sie die Marke, die Packungsgröße und die Geschmacksrichtung (flavor) ins Auge. Mit Hilfe der linearen Regressionsrechnung schätzten sie die logarithmierte Form des folgenden Modells:

$$S_{jt} = \kappa \cdot \theta^{I_{Reduct}} \cdot C_{jt}^{\gamma} \cdot \exp\left(\sum_{i=1}^{q} \varphi \cdot x_{ijt}\right) \cdot \varepsilon_{jt}$$

S_{jt} = Umsatz in der Category j im Monat t in der Experimentalgruppe,
I_{REDUCT} = Variable, die die Sortimentsreduktion angibt,
C_{jt} = Umsatz in der Category j im Monat t in der Kontrollgruppe,
x_{ijt} = Kovariate: Mit ihnen werden Eigenschaften der Category j angegeben, und zwar der Marktanteil (eines Artikels in seiner Category in der Experimentgruppe vor der Sortimentsreduktion), die Zahl der verfügbaren Artikel (SKUs), die Zahl der Marken, die Zahl der Packungsgrößen, die Zahl der Größen bei einer Marke, die Zahl der Geschmacksrichtungen und der marktanteilsgewichtete Preis der Category,
ε_{jt} = Irrtumsfehler,
$\kappa,\theta,\gamma,\varphi$ = zu schätzende Parameter.

Bei der abhängigen Variablen handelt es sich um den Umsatz einer Category in einem bestimmten Monat nach der Sortimentsreduktion. Das Ausmaß der Sortimentsreduktion kann quantitativ und qualitativ variieren. Um den Einfluss der Sortimentsreduktion auf den Umsatz abzuleiten, wird Bezug auf den Absatz in der Kontrollgruppe genommen.

Damit können Preisveränderungen, Saisonalitätseffekte und Werbemaßnahmen berücksichtigt werden. Die Auswertung ergab folgende Ergebnisse:

- Die Umsätze hängen von der Zahl der erhältlichen Artikel ab.
- Von Einfluss auf die Höhe des Umsatzes sind auch der Marktanteil der eliminierten Artikel, die Zahl der eliminierten Marken und die Zahl der eliminierten Geschmacksrichtungen relevant.
- Im Durchschnitt stiegen die Umsätze bei Sortimentsreduktionen um 1,5 %.
- Die Einschränkung des Sortimentes steht nicht in einem einfachen proportionalen Zusammenhang zu dem Umsatz, sondern ist nicht-linearer Art.

Insgesamt zeigt sich, dass vor dem Hintergrund von Forderungen, die Sortimente aus Kostengründen zu beschränken, verstärkt nach Wegen zu suchen ist, ein tieferes Verständnis von den Entscheidungen der Nachfrager beim Einkauf zu erarbeiten. Insofern ist es angebracht, auf die Struktur des Sortimentes (etwa nach Marken, Packungsgrößen, Preislagen) zu achten und das Ausmaß der Bindung der Nachfrage an einzelne Artikel zu berücksichtigen.

Die Analyse sollte nicht bei der Veränderung der Umsätze stehen bleiben, sondern sowohl die Veränderung von Deckungsbeiträgen als auch die Gewinne bzw. Verluste aus verbundenen Käufen berücksichtigen. Im für den Anbieter ungünstigsten Fall könnte es sein, dass mit dem Verlust des Umsatzes bei einem bestimmten Artikel auch der Käufer verloren geht; vereinfachend kann, solange keine differenzierten Daten zur Verfügung stehen, mit dem Verlust des Deckungsbeitrages eines durchschnittlichen Käufers gerechnet werden.

6.3.2 Entscheidungen über die Aufnahme neuer Produkte (Sortimentsvariation)

Dem Handel werden laufend neue Produkte angeboten. Bei begrenzten Kapazitäten ist zu entscheiden, ob vorhandene Artikel zu Gunsten der neuen ausgelistet werden sollten (Sortimentsvariation). Solche Entscheidungen werfen eine Reihe von **Problemen** auf:

- Welche Personen sollen an Einkaufsentscheidungen beteiligt werden (sog. Buying-Center)?
- Welche Kriterien sind bei der Beurteilung anzulegen?
- Welche Informationen werden für Listungsentscheidungen benötigt, und wie können sie verfügbar gemacht werden?

In Deutschland hat sich H. H. Bauer (1980) am ausführlichsten mit diesen Fragen beschäftigt. In neuerer Betrachtung hat die Ableitung von Kennzahlen aus Theorien zur Erklärung der Einkaufsstättenwahl und des Kaufverhaltens an Bedeutung gewonnnen. Hieran knüpfen die folgenden Kennzahlen an (D. Seifert 2001, S. 162; F. Speer 2000, S. 223; H. Schröder, M. Feller, A. Rödl 2003, S. 160):

- Die **Bedarfsdeckungsquote**: Sie gibt an, welchen Anteil die jährlichen Ausgaben einer Kundengruppe in der Sortimentseinheit A in dem Geschäft X ausmachen, wenn als Basis die jährlichen Gesamtausgaben dieser Kundengruppe für diese Sortimentseinheit in allen Einkaufsstätten ausgewählt werden; die Bedarfsdeckungsquote kann herangezogen werden, um die Nachfrager entsprechend ihrer Quote in loyale Käufer (z. B. mit einer Bedarfsdeckungsquote von mehr als 60 %), in Wechselkäufer und in Gelegenheitskäufer zu unterteilen.

- Die **Käuferreichweite**: Sie gibt an, wie viele Käufer/Haushalte in einer Einkaufsstätte einen Artikel aus einer definierten Sortimentseinheit mindestens einmal in einer Periode gekauft haben, wobei als Basis die Zahl der potenziellen Käufer im Marktgebiet zugrunde gelegt wird. Die zusätzliche Reichweite erfasst, wie viele Käufer mit der Listung eines weiteren Artikels zusätzlich zu den bisherigen Käufern gewonnen werden können.
- Die **Ausgabenintensität**: Sie gibt Auskunft darüber, wie hoch die Ausgaben der Nachfrager für Artikel aus einer Sortimentseinheit in einer Einkaufsstätte sind.

Wenn in einer Sortimentseinheit die Ausgabenintensität, die Käuferreichweite und die Bedarfsdeckungsrate hoch sind, wird der Anreiz, weitere Artikel, die zu dieser Sortimentseinheit gehören, in das Sortiment aufzunehmen, gering sein. Im umgekehrten Falle stellt sich die Frage, ob mit weiteren oder mit anderen Artikeln bessere Werte bei den drei genannten Größen erreicht werden können. Mit den genannten Größen werden wichtige Wirkungen im Absatzmarkt abgebildet. Nicht angemessen wäre es, die Listungsentscheidung ausschließlich auf die Zusatzreichweite zu stützen, also die Artikel in der Reihenfolge zu listen, in der sie die Käuferreichweite erweitern. Dagegen sprechen zumindest drei Gründe (K. Helnerus 2003):

- Wenn die Zusatzreichweiten aus einem Marktgebiet stammen (z. B. Deutschland), das nicht mit dem Marktgebiet übereinstimmt, für das die Sortimente geplant werden sollen (z. B. Nordrhein-Westfalen), dann können die Gesamtmarktdaten irreführen.
- Außer der Zusatzreichweite sind auch ökonomische Erfolgsgrößen zu beachten (z. B. Deckungsbeiträge).
- Die Substitutionsbereitschaft der Nachfrager wird vernachlässigt.

Wenn es angezeigt ist, mehrere Kennzahlen bei Listungsentscheidungen zu berücksichtigen, kommt die Frage auf, wie sie miteinander zu verknüpfen sind. Ideal wäre es, wenn die funktionale Verknüpfung zwischen ihnen bekannt wäre. Dann könnte beispielsweise erkannt werden, wie die einer Category zugewendete Aufmerksamkeit der Nachfrager wächst, wenn die Sortimentstiefe erhöht wird. Es könnte abgeleitet werden, wie in der Folge Image und Käuferreichweite ansteigen und wie sich diese Größen schließlich auf den Umsatz und den Rohertrag der Category auswirken. Maßnahme und ökonomische Zielgröße wären lückenlos miteinander verknüpft. Dies mag ein wünschenswertes Erkenntnisziel sein, in vielen Fällen wird jedoch nicht davon auszugehen sein, dass solche Beziehungen als bekannt unterstellt werden können. Die einzelnen Kennzahlen müssen also miteinander verknüpft werden. Als solches kommt beispielsweise ein Scoring-Verfahren in Betracht, bei dem den einzelnen Größen Gewichtungsfaktoren zugeordnet werden.

6.3.3 Strategische Aspekte der Sortimentsplanung

Strategische Aspekte der Sortimentsplanung finden sich in zwei Bereichen: Zum ersten hat jede Handelsunternehmung einen Sortimentsrahmen abzustecken, innerhalb dessen sie ihre Waren anbietet, zum zweiten ist der Stellenwert einzelner Sortimentseinheiten (Warengruppen) festzulegen; im Rahmen des Category-Management-Prozesses wird hierbei die Rolle einer Category bestimmt.

Schwieriger als die Entscheidung über die Elimination oder Neuaufnahme einzelner Artikel sind Entscheidungen, mit denen der Sortimentsrahmen festgelegt wird. Bei dem großen Angebot der Industrie werden Regeln benötigt, nach denen der Handelsbetrieb seine individuelle Auswahl trifft. Dabei sind zahlreiche Faktoren zu berücksichtigen,

- vom Absatzmarkt her u. a. die demografische Entwicklung, der Wertewandel, die Entwicklung einzelner Bedürfnisbereiche, die Stärke von Preis- und Qualitätsdifferenzen, die Konkurrenzanalyse,
- vom Beschaffungsmarkt her die Strategien der Lieferanten.

Die Realität liefert Beispiele für eine ausgeprägte Sortimentsdynamik. So haben z. B. die Warenhäuser Möbel und Elektrogroßgeräte, die sie früher umfänglich geführt hatten, aufgegeben. Tankstellen sind ein Beispiel dafür, dass traditionelle Branchengrenzen überschritten werden können; hierfür steht auch Tchibo, das nicht mehr nur Kaffee anbietet, sondern im Wechsel ein breit gestreutes Angebot an Waren. Möbelhäuser haben Elektroabteilungen und Abteilungen für Glas, Keramik und Geschirr angegliedert. Der Sortimentsrahmen hat sich also bei vielen Unternehmungen stark gewandelt. Zur Planung des Sortimentsrahmens kann das in Kapitel 2 vorgestellte **Modell von Abell** herangezogen werden, nach dem Nachfragersegmente zu bilden und auszuwählen sind. Für sie ist dann festzulegen, welche Bedürfnisse befriedigt werden sollen (z. B. Freizeitkleidung liefern) und welche Waren und Dienstleistungen dem dienen. Dabei kann es sich empfehlen, das Warenangebot nach Stilrichtungen, Preislagen und Marken zu spezifizieren. T. Rusche (1990) veranschaulicht solche Überlegungen am Beispiel des Textilhandels und zeigt, wie in weiterführenden Überlegungen ein Sortiment

- in Breite und Tiefe,
- in Qualitäts- und Preisniveau (er nennt das Sortimentshöhe) und
- im angestrebten Image

festzulegen ist. Am Beispiel des SØR-Herrenausstatters verdeutlicht er die Begriffe Sortimentsportfolio, Sortimentsmission und Sortimentsleitsätze, die für die praktische Sortimentspolitik genutzt werden können (T. Rusche 1990, insbes. S. 176–186; J. Ackermann 2000 für das Beispiel Coop-Schweiz).

Von strategischer Bedeutung ist auch die **Zuweisung von Rollen** zu einzelnen Sortimentseinheiten oder Categories, weil über diese Zuweisung die Verteilung der Ressourcen (Regalfläche, Lagerplatz) und die Dimensionierung der Sortimentstiefe gesteuert werden. Von der CCG bzw. GS 1 waren die Profilierungsrolle, die Pflichtrolle, die Impuls-/Saisonrolle und die Ergänzungsrolle genannt worden (vgl. zu alternativen Konzepten auch Abschnitt 5.4). Die Zuordnung von Rollen zu einzelnen Sortimentsteilen wird meist pragmatisch vorgenommen, indem einzelne Eigenschaften der Sortimentseinheiten als Richtschnur gewählt werden. Als solche werden die Bedeutung der Sortimentseinheit beim Kunden (z. B. Bedarfsdeckungsquote, Ausgabenintensität, Richtung der Verbrauchertrends, Marktwachstum), Indikatoren des Wettbewerbs (z. B. Marktanteil, fair share, Bedeutung der Category für Wettbewerber) und unternehmensinterne Gesichtspunkte (z. B. Umsatzanteil, Deckungsbeitrag) genannt (A. Kracklauer, Q. Mills, D. Seifert, M. Leyk und S. Rübke 2002). Die Zuordnung erscheint jedoch in vielen Fällen wenig eindeutig, da die Auswahl und Ordnung der Kriterien wenig systematisch erscheint und es offen bleibt, wie bei einem bestimmten Eigenschaftsmuster die Rolle zugeordnet werden soll. Um dies eindeutiger gestalten zu können, müsste aufgedeckt werden, welche Bedeutung einzelne Sortimentseinheiten (Categories) für die Einkaufsstättenwahlentscheidung und für das Kaufverhalten in der Einkaufsstätte haben.

6.4 Zusammenfassung

Das Sortiment von Handelsbetrieben besteht vorwiegend aus Waren, zum Teil aber auch aus selbständig verwertbaren Dienstleistungen. Sortimentsexpansion, Sortimentsvariation und Sortimentskontraktion stellen wichtige Ansatzpunkte für die Steuerung der verschiedenen Sortimente dar (z. B. Lager- und Bestellsortiment, Jahres-, Saison- und Wochensortiment). In vielen Branchen und Unternehmungen sind die Category-Manager fortlaufend damit beschäftigt, die Sortimente anzupassen. Auch der Sortimentsplanung wird sinnvollerweise eine Analyse vorangestellt. Hierfür ist eine Vielzahl von Kennzahlen entwickelt worden, die sich zum einen auf Artikel oder andere Sortimentseinheiten (z. B. Warengruppen) beziehen, zum anderen auf Warenkörbe und schließlich auf Nachfrager oder Nachfragergruppen. Für die erste Gruppe ist die Verbindung zur Kostenrechnung des Unternehmens wichtig, um z. B. Roherträge, Handelsspannen oder Deckungsbeiträge ermitteln zu können, in der letzten Gruppe zeigt sich die wichtiger gewordene explizite Marketingorientierung, indem auf Käuferreichweiten, Wiederkaufraten oder die Bedarfsdeckungsraten abgestellt wird. Insbesondere am Beispiel der Festlegung der Sortimentstiefe wurde gezeigt, wie die voraussichtliche Kundenreaktion auf alternative Sortimentstiefe zu ermitteln ist und diese Vorstellung als Basis für eine entsprechende Politik zu wählen ist. Es zeigt sich auch hier: Handelsmarketing benötigt „Consumer insights“.

Anhang

Zur Messung von Verbundbeziehungen

Die Bemühungen um eine Messung der Verbundwirkung konzentrierten sich vor allem auf die Suche nach geeigneten Maßen, um den Kaufverbund darzustellen. Die Maße richten sich auch an dem **Skalenniveau der Daten** aus. Wie die Übersicht zeigt, sind Analysen auf der Basis von intervallskalierten und nominalskalierten Werten denkbar.

Skalenniveau der Daten	Verfahren/Koeffizient	Ergebnis
Intervallskaliert	Regressionsanalyse	Kreuz- (Preis-) Elastizität
Intervallskaliert	Korrelationsanalyse	Kaufverbund
Nominalskaliert	Assoziationskoeffizient	Kaufverbund
Nominalskaliert	Bedingte Wahrscheinlichkeiten	Kaufverbund
Nominalskaliert	Multivariate Logitmodelle	Kaufverbund
Nominalskaliert	Neuronale Netze	Kaufverbund
Nominalskaliert	Assoziationsregeln	Kaufverbund

Abb. 6.19: Methoden zur Messung von Verbundwirkungen

Häufig wird nur darauf abgestellt, ob ein bestimmter Artikel oder ein Artikel aus einer Artikelgruppe gekauft worden ist oder nicht; man begnügt sich also mit nominalskalierten Variablen und verzichtet darauf, Mengen oder verausgabte Geldbeträge zu Grunde zu legen.

Wenn die Güter, deren Kaufverbund aufgedeckt werden soll, paarweise betrachtet werden, lässt sich das Ergebnis einer solchen Analyse, also das Ausmaß, in dem es zum gleichzeitigen Kauf zweier Sortimentseinheiten gekommen ist, in einer **Vierfeldertafel** darstellen (vgl. Abbildung 6.20).

	Kauf von i	Nichtkauf von i	Summe
Kauf von j	a	b	a+b
Nichtkauf von j	c	d	c+d
Summe	a+c	b+d	a+b+c+d

Abb. 6.20: Die Vierfeldertafel als Datenbasis für Verbundkoeffizienten

Aus Vierfeldertafeln lassen sich unterschiedliche **Verbundkoeffizienten** ableiten. Im Grundsatz wird man von einem starken Verbund sprechen, wenn das Feld a vergleichsweise stark besetzt ist. E. Merkle (1981, S. 84) wählt nach einem ausführlichen Vergleich unter den bekannten Assoziationsmaßen einen Verbundkoeffizienten von folgender Struktur aus:

$$V_{ij} = \frac{a}{\min\begin{Bmatrix} a+b \\ a+c \end{Bmatrix}}.$$

Die Werte für V liegen zwischen null und eins. Die Wahl eines geeigneten Assoziationskoeffizienten hat in der Literatur große Aufmerksamkeit auf sich gezogen (vgl. z. B. auch den Überblick über Ähnlichkeits- und Distanzmaße für binäre Daten bei H.-G. Bordemann 1986, S. 154). Häufig wird auch der sog. **Tanimoto-Koeffizient** herangezogen, der wie folgt definiert ist:

$$V_{ij}^{T} = \frac{a}{a+b+c}.$$

Der Tanimoto-Koeffizient gibt die relative Häufigkeit der Transaktionen an, die sowohl Sortimentseinheit i als auch Sortimentseinheit j enthalten, an all jenen Transaktionen, die zumindest eine der beiden Sortimentseinheiten enthalten.

In Konkurrenz zu den Assoziationsmaßen stehen **korrelationsanalytische Ansätze**; diese setzen in der Regel intervallskalierte Variablen voraus. Im Regelfall werden mit Hilfe der Korrelationsanalyse zwei Artikel, Artikelgruppen oder Sortimentsgruppen i und j anhand ihres Umsatzvolumens in erhobenen Einkaufsakten untersucht. Kritische Anmerkungen zur Analyse des Sortimentsverbunds mit Hilfe der Korrelationsanalyse finden sich bei P. Stahl (1977, S. 157–159) und bei D. Möhlenbruch (1994, S. 348–350). Selbst wenn Verbundanalysen nicht auf der Artikelebene, sondern auf einer höher aggregierten Ebene, wie beispielsweise der Warengruppenebene, durchgeführt werden, wächst die Zahl der zu untersuchenden und darzustellenden Zusammenhänge schnell an. Die ermittelten Verbundbeziehungen werden unübersichtlich. Hier können die multidimensionale Skalierung (MDS) und die Cluster-Analyse einen besseren Überblick verschaffen (E. Merkle 1981, S. 112–117; H.-G. Bordemann 1986). Durch einen Vergleich der Distanzen zwischen den einzelnen Profilen der Sortimentsteile werden jene zusammengefasst, die dicht beieinander liegen. Dennoch ergibt sich noch eine schwer zu überblickende Datenfülle. Das sei an einem Beispiel veranschaulicht. Abbildung zeigt an einem fiktiven Beispiel, wie die Warenkörbe von insgesamt 15 Kunden zunächst auf Nominalskalenniveau dargestellt werden können (das Beispiel stammt von R. Decker und H. Schimmelpfennig 2002).

	i_1	i_2	i_3	i_4	i_5	i_6	i_7	i_8	**Anzahl**
WK_1	0	1	1	0	1	0	1	1	5
WK_2	0	0	1	0	1	1	1	1	5
WK_3	0	0	0	0	1	0	1	0	2
WK_4	1	0	0	0	0	1	0	1	3
WK_5	0	0	0	0	1	0	0	1	2
WK_6	0	0	0	0	1	0	1	0	2
WK_7	0	1	1	0	1	0	0	1	4
WK_8	1	0	0	0	0	1	0	1	3

	i_1	i_2	i_3	i_4	i_5	i_6	i_7	i_8	**Anzahl**
WK_9	1	0	0	1	1	0	0	0	3
WK_{10}	1	0	0	0	1	1	0	1	4
WK_{11}	1	1	0	0	1	1	1	0	5
WK_{12}	0	0	0	1	1	1	0	1	4
WK_{13}	1	1	1	0	0	0	0	1	4
WK_{14}	1	0	0	0	0	1	0	1	3
WK_{15}	0	0	0	1	0	0	1	0	2
Stück	7	4	4	3	10	7	6	10	51

Abb. 6.21: Ausgangsdaten für eine Verbundanalyse (Beispiel)

	i_1	i_2	i_3	i_4	i_5	i_6	i_7	i_8
i_1	1	$\frac{2}{9}$	$\frac{1}{10}$	$\frac{1}{9}$	$\frac{3}{14}$	$\frac{5}{9}$	$\frac{1}{12}$	$\frac{5}{12}$
i_2	$\frac{2}{9}$	1	$\frac{3}{5}$	$\frac{0}{7}$	$\frac{3}{11}$	$\frac{1}{10}$	$\frac{2}{8}$	$\frac{3}{11}$
i_3	$\frac{1}{10}$	$\frac{3}{5}$	1	$\frac{0}{7}$	$\frac{3}{11}$	$\frac{1}{10}$	$\frac{2}{8}$	$\frac{4}{10}$
i_4	$\frac{1}{9}$	$\frac{0}{7}$	$\frac{0}{7}$	1	$\frac{2}{11}$	$\frac{1}{9}$	$\frac{1}{8}$	$\frac{1}{12}$
i_5	$\frac{3}{14}$	$\frac{3}{11}$	$\frac{3}{11}$	$\frac{2}{11}$	1	$\frac{4}{13}$	$\frac{5}{11}$	$\frac{6}{14}$
i_6	$\frac{5}{9}$	$\frac{1}{10}$	$\frac{1}{10}$	$\frac{1}{9}$	$\frac{4}{13}$	1	$\frac{2}{11}$	$\frac{6}{11}$
i_7	$\frac{1}{12}$	$\frac{2}{8}$	$\frac{2}{8}$	$\frac{1}{8}$	$\frac{5}{11}$	$\frac{2}{11}$	1	$\frac{2}{14}$
i_8	$\frac{5}{12}$	$\frac{3}{11}$	$\frac{4}{10}$	$\frac{1}{12}$	$\frac{6}{14}$	$\frac{6}{11}$	$\frac{2}{14}$	1

	i_1	i_2	i_3	i_4	i_5	i_6	i_7	i_8
i_1	1	$\frac{2}{4}$	$\frac{1}{4}$	$\frac{1}{3}$	$\frac{3}{10}$	$\frac{5}{7}$	$\frac{1}{6}$	$\frac{5}{10}$
i_2	$\frac{2}{7}$	1	$\frac{3}{4}$	$\frac{0}{3}$	$\frac{3}{10}$	$\frac{1}{7}$	$\frac{2}{6}$	$\frac{3}{10}$
i_3	$\frac{1}{7}$	$\frac{3}{4}$	1	$\frac{0}{3}$	$\frac{3}{10}$	$\frac{1}{7}$	$\frac{2}{6}$	$\frac{4}{10}$
i_4	$\frac{1}{7}$	$\frac{0}{4}$	$\frac{0}{4}$	1	$\frac{2}{10}$	$\frac{1}{7}$	$\frac{1}{6}$	$\frac{1}{10}$
i_5	$\frac{3}{7}$	$\frac{3}{4}$	$\frac{3}{4}$	$\frac{2}{3}$	1	$\frac{4}{7}$	$\frac{5}{6}$	$\frac{6}{10}$
i_6	$\frac{5}{7}$	$\frac{1}{4}$	$\frac{1}{4}$	$\frac{1}{3}$	$\frac{4}{10}$	1	$\frac{2}{6}$	$\frac{6}{10}$
i_7	$\frac{1}{7}$	$\frac{2}{4}$	$\frac{2}{4}$	$\frac{1}{3}$	$\frac{5}{10}$	$\frac{2}{11}$	1	$\frac{2}{10}$
i_8	$\frac{5}{7}$	$\frac{3}{4}$	$\frac{4}{4}$	$\frac{1}{3}$	$\frac{6}{10}$	$\frac{6}{7}$	$\frac{2}{6}$	1

Abb. 6.22: Verbundmatrizen auf Basis des Tanimoto-Koeffizienten (links) und auf Basis bedingter Wahrscheinlichkeiten (rechts)

Traditionelle Auswertungen richten sich darauf,

- die Umsatzstärke der Warenkörbe zu ermitteln („der durchschnittliche Bon"), wozu die Werte in der letzten Spalte herangezogen werden,
- artikelbezogen zu ermitteln, wie häufig ein bestimmter Artikel abgesetzt worden ist bzw. welcher Umsatz mit ihm erzielt wurde; Angaben, die der untersten Zeile zu entnehmen sind.

Verbundanalysen werten die inneren Zellen der Datenmatrix aus. Abbildung 6.22 zeigt für die Beispieldaten, welche Verbundbeziehungen vorliegen, wobei die Verbundstärke einmal mit dem **Tanimoto-Koeffizienten**, zum anderen als **bedingte Wahrscheinlichkeit** ausgewiesen ist.

Nach dem Tanimoto-Koeffizienten liegt der stärkste Verbund zwischen Artikel 2 und 3 vor, die größte bedingte Wahrscheinlichkeit wurde für Artikel 3 und 8 berechnet (Artikel 3 ist in keinem Fall ohne Artikel 8 gekauft worden). Während der Tanimoto-Koeffizient von symmetrischen Beziehungen ausgeht, handelt es sich bei den bedingten Wahrscheinlichkeiten um ein Maß für asymmetrische Beziehungen. Schon in dem relativ kleinen Beispiel ist es nicht leicht, die Vielzahl der Verbundbeziehungen zu überschauen, weswegen sich weitere Verdichtungen empfehlen. So ist es möglich, mit Hilfe der **multidimensionalen Skalierung** (MDS) die Artikel in einem niedrigdimensionalen Raum so abzubilden, dass Artikel mit starkem Verbund nahe beieinander liegen. Abbildung 6.23 zeigt die Ergebnisse einer MDS, die von R. Decker und H. Schimmelpfennig mit Hilfe des Programms ALSCAL in SPSS für die in Abbildung 6.22 dargestellten Verbundmatrizen berechnet wurden. Die Ergebnisse stimmen weitgehend überein und zeigen u. a., dass neben den Artikeln 2 und 3 auch die Artikel 5 und 7 einen starken Verbund aufweisen. An den Ergebnissen dieser multidimensionalen Skalierung könnte nun weiterhin noch mit einer **Cluster-Analyse** angesetzt werden, um Gruppen verbundener Artikel zu ermitteln.

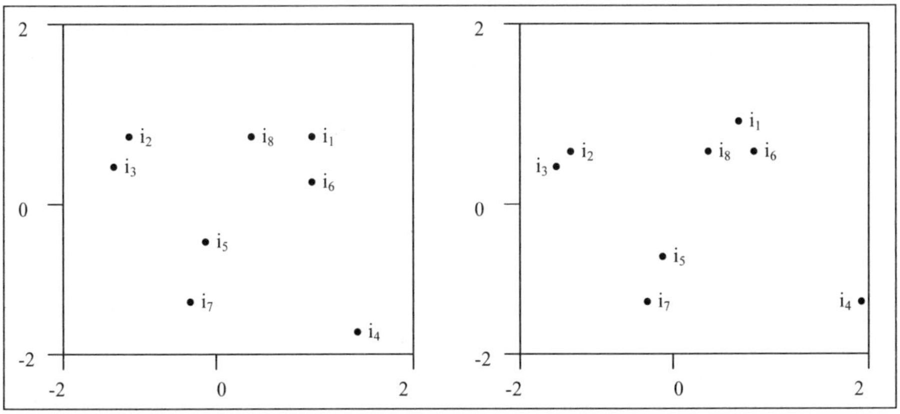

Abb. 6.23: Ergebnisse einer MDS auf Basis der in Abbildung ausgewiesenen Verbundmaße

Neuere Ansätze setzen sich zum Ziel, nur noch diejenigen Beziehungen darzustellen, die gewisse Schwellenwerte überschreiten (**Data Mining**). Die folgenden Begriffe stellen Bausteine entsprechender Analysen dar:

- **Support**: Der Support gibt an, wie häufig der gleichzeitige Kauf von zwei Einheiten in einer Menge von Transaktionen (Warenkörben) beobachtet werden kann. So kann es beispielsweise sein, dass in 5 % aller Warenkörbe sowohl Windeln als auch Bier gekauft worden sind. Der Support hat also die Gesamtmenge aller Transaktionen (Warenkörbe) als Basis.

- **Confidence**: Die Größe Confidence (Konfidenz) bezieht den gleichzeitigen Kauf von zwei Einheiten in einer Menge von Transaktionen auf die Zahl der Käufe einer der beiden Einheiten. Die Größe Confidence nimmt also den Kauf einer Sortimentseinheit zur Basis.

In einem Datensatz, der die innerhalb eines bestimmten Zeitraumes abgesetzten Warenkörbe enthält, wird ermittelt, inwieweit bestimmte Assoziationsregeln gelten. Durch die Assoziationsregeln wird angegeben, inwieweit auf den Kauf einer Sortimentseinheit A (auch als Regelrumpf oder antecedent bezeichnet) der Kauf der Sortimentseinheit B (auch als Regelkopf bzw. consequent bezeichnet) folgt. Beispiel: Wenn ein Käufer Windeln gekauft hat, dann kaufte er auch in 15 % der Fälle Bier. Regeln, die als Sortimentseinheiten jeweils einen Artikel enthalten, können durch Regeln ergänzt werden, die im Regelrumpf mehrere Artikel erhalten. So kann beispielsweise festgestellt werden, wie viele Käufer von Butter und Käse auch Brot gekauft haben. Solche Regeln werden als 3-Item-Regeln bezeichnet. Abbildung 6.24 enthält ein Beispiel für die Ergebnisse einer Assoziationsanalyse.

2-Item-Regel	**conf**	**sup**	**3-Item-Regel**	**conf**	**sup**
Butter → Brot	1,00	0,38	Butter, Käse → Brot	1,00	0,25
Käse → Brot	0,80	0,50	Brot, Butter → Käse	0,67	0,25
Wurst → Brot	1,00	0,25	Butter → Brot, Käse	0,67	0,25
Butter → Käse	0,67	0,25			

Abb. 6.24: Beispiel für die Ergebnisliste einer Assoziationsanalyse (Quelle: S. Hettich, H. Hippner und K. Wilde 2000, S. 975)

Grundsätzlich gilt für alle Verbundmessungen, die an Kaufakten ansetzen, dass sie im Zeitablauf einem starken Wechsel unterworfen sein können und keine Hinweise auf die dem Verhalten zu Grunde liegenden Bestimmungsfaktoren erlauben (vgl. auch D. Möhlenbruch 1994, S. 353f.). Bei häufig gekauften Artikeln, wie z. B. Lebensmitteln, gilt es zu beachten, dass die unterschiedlichen Einkaufsintervalle für einzelne Artikel einmal dazu führen, dass zwei Artikel zusammen gekauft werden, ein anderes mal nicht, obwohl ein im Zeitablauf andauernder Konsumverbund vorliegt. Die Verbundbeziehungen sind abhängig von der Anzahl der Einkaufsgänge eines Verbrauchers und von den Nachkaufintervallen bei einem Artikel. Wenn man sich einen Verbraucher vorstellt, der zwei Güter parallel verbraucht und diese in einem Geschäft einkauft, das erste bei jedem dritten Einkaufsgang, das zweite bei jedem siebten Einkaufsgang, dann wird erst beim 21. Einkaufsgang festgestellt, dass er die beiden Güter zusammen gekauft hat, obwohl er zuvor das erste bereits sechsmal, das zweite bereits zweimal gekauft hatte. Der Kaufverbund liefert also in nur sehr eingeschränktem Maße Hinweise auf den Verbrauchsverbund, wobei zu vermuten ist, dass der Verbrauchsverbund für die Einkaufsstättenwahl von größerer Bedeutung ist als der Kaufverbund.

Internetadressen

- Als Beispiel für eine branchenbezogene Praktiker-Zeitschrift, die Eindrücke von der Sortimentsdynamik vermittelt: www.lebensmittelzeitung.net

Aktivitäten

- Sehen Sie einen Jahrgang einer branchenbezogenen Zeitschrift durch und analysieren Sie, welchen Stellenwert dort Beiträge zu Sortimentstrends einnehmen und von welcher Art diese Trends sind. Als solche Zeitschriften kommen in Frage (Beispiele):
  - Für den Lebensmittelbereich: Lebensmittel Zeitung, Lebensmittel Praxis
  - Für den Baumarktbereich: bau + heimwerker markt, diy
  - Für den Getränkebereich: deutsche getränkewirtschaft, Getränkemarkt
  - Für den Elektrobereich: eh Elektrohändler,
  - Für den Kosmetikbereich: Parfümerie aktuell, Parfümerie Journal,
  - Für den Sportbereich: sport + mode,
  - Für die Textilwirtschaft: Textilwirtschaft.

Fragen zur Diskussion

- Gibt es wirklich einen Bio-Trend? Wenn ja, worin äußert er sich? Entwerfen Sie eine Studie zu „Bio-Trend im Einzelhandel".
- Erstellen Sie eine Auflistung der Warengruppen, die in einem Ihnen bekannten Warenhaus geführt werden. Welches Sortimentsportfolio würden Sie anfordern, wenn Sie Geschäftsführer dieses Hauses wären? Skizzieren Sie dem beauftragten Assistenten, an welches Portfolio Sie denken. Tragen Sie beispielhaft einige vermutete Positionen von Warengruppen ein. Welche Stärken und welche Schwächen sehen Sie in dieser Analysetechnik?
- Halten Sie Kennzahlenpyramiden für eine akademische Spielerei oder ordnen Sie ihnen einen Nutzen zu?
- Bei bestehenden Verkaufsstellen gibt es eine im Regelfall nicht zu überwindende Ressource, der knappe Raum bzw. die Verkaufsfläche. Ist es insofern nicht berechtigt, der Kennzahl (Deckungsbeitrag pro Raumeinheit) eine herausgehobene Stellung unter allen denkbaren Kennzahlen zur Sortimentssteuerung einzuräumen.

7 Preispolitik

In der Praxis wird häufig über die Intensität des Preiswettbewerbs geklagt. Der Wettbewerb wird nicht nur durch Maßnahmen der unmittelbaren Konkurrenten gesteigert, sondern häufig auch durch Discounter, neu in einen Markt eintretende Anbieter, Preisvergleichsportale im Internet oder auf mobilen Endgeräten sowie durch Partievermarkter angeheizt. Auch bei Nachfragern ist ein gesteigertes Interesse an niedrigen Preisen im Trend; selbst Käufer von hochpreisigen Produkten halten zeitweilig Ausschau nach Möglichkeiten, den Einkauf zu außergewöhnlich niedrigen Preisen tätigen zu können (sog. Smart Shopper). Spielräume für aktive Preispolitik sind an mitunter beträchtlichen Preisunterschieden (über die Zeit, zwischen Händlern und über verschiedene Kanäle und Preismechanismen hinweg) in der Praxis ersichtlich.

Der Preispolitik kommt unter den Wettbewerbsinstrumenten im Handel eine besondere Bedeutung zu. Aufgrund der Komplexität der Konkurrenzsituation in vielen Branchen und des vielschichtigen Nachfrageverhaltens stellen sich besondere Anforderungen. Hinzu kommt die Dynamik der Umwelt, die sich in Sortimentsveränderungen, Maßnahmen der Lieferanten usw. äußert. Bei der Preisgestaltung des Handels sind Wechselbeziehungen zwischen der wahrgenommenen Preisgünstigkeit von Einzelartikeln, den entsprechenden Produktkategorien und dem gesamten Geschäft zu berücksichtigen.

Insbesondere der Abverkauf von saisonalen Artikeln, ein Bereich in dem der Preisspielraum besonders hoch ist, macht im typischen Handelsunternehmen einen hohen Umsatzanteil aus. Nach M. Levy et al. (2004) verlieren amerikanische Händler aufgrund von Abverkäufen und dynamischen Preisreduktionen mehr als 200 Milliarden Dollar pro Jahr. Abverkäufe haben im US Handel von 8 % im Jahr 1971 auf 35 % 1996 zugenommen. Insbesondere im Textilhandel verkaufen Handelsketten wie JCPenny oder Sears rund 78 % über Abverkauf (durch sogenanntes Markdown Pricing). In Deutschland hat es aufgrund eines lebhaften Wettbewerbs in den Jahren nach 2005 mehrere, von Aldi ausgehende Preissenkungsrunden im Lebensmittelhandel gegeben, die auf einen intensiven Wettbewerb im Lebensmitteleinzelhandel hindeuten.

In Abschnitt 7.1 wird zuerst auf die Struktur preispolitischer Maßnahmen eingegangen. Es werden die elementaren Bausteine einer Preispolitik beschrieben, also die Handlungsmöglichkeiten, die Ziel- und die Umweltgrößen der Preispolitik. Von besonderer Bedeutung ist es, die Reaktionen der Verbraucher auf preispolitische Maßnahmen richtig einzuschätzen (Abschnitt 7.2). Dem dienen einerseits Auswertungen von Abverkaufs-daten mit statistischen Methoden, andererseits eine Beschäftigung mit dem Verbraucher im Rahmen von käuferverhaltenstheoretischen Studien. Mit Abschnitt 7.3 wird dazu übergeleitet, eine Entscheidung zu ausgewählten preispolitischen Problemen herbei zu führen. Dies wird in Abschnitt 7.4 fortgeführt. Dort wird auf Revenue Management Systeme zur praktischen Preisgestaltung eingegangen, und es wird eine konkrete Implementierung vorgestellt.

7.1 Preismanagement im Handel

Manchmal ist zu hören, dass Handelsunternehmungen kaum Möglichkeiten zu einer eigenen Preispolitik hätten, da der Markt die Preise vorgebe. Zwar mag es Bereiche geben, in denen Handelsunternehmungen eine eigene Preispolitik verwehrt bleibt, doch gilt für weite Bereiche, dass sich große Preisgestaltungsspielräume auftun. Selbst in dem als wettbewerbsintensiv bezeichneten Lebensmitteleinzelhandel lassen sich für dasselbe Produkt bei benachbarten Verkaufsstellen Differenzen zwischen dem billigsten und dem teuersten beobachteten Angebot von 40 % feststellen (vgl. die Beispiele in L. Müller-Hagedorn 2004). Die Preisdifferenzen in der Praxis deuten ebenso wie die Studien von V. Shankar und R. Bolton (2004), V. Nijs et al. (2007) oder P. Ellickson und S. Misra (2008) darauf hin, dass substantielle Preisspielräume bestehen. Die Möglichkeiten einer aktiven Preispolitik lassen sich aber darüber hinaus auch mit Hinweisen auf unterschiedliche handelsbetriebliche Leistungen und Marktunvollkommenheiten rechtfertigen.

Zur Definition von Preispolitik

Aufgabe der Preispolitik ist es, für alle von der Handelsunternehmung angebotenen Leistungen (Waren, Dienstleistungen) einen Verkaufspreis festzulegen. Bei dem Verkaufspreis handelt es sich um einen Quotienten, der im einfachsten Fall die Menge des Geldes angibt, die ein Käufer entrichten muss, um eine bestimmte Menge eines bestimmten Gutes zu erhalten, also:

$$(1)\ p = \frac{\text{Menge an Geld, die der Käufer an den Verkäufer übertagen soll}}{\text{Menge eines Gutes, die der Käufer erhalten soll}}.$$

Der Quotient macht deutlich, dass mit dem Preis die Konditionen des Austauschvertrages zwischen Anbieter und Nachfrager festgelegt werden. Der im Zähler festgelegte Betrag bezieht sich immer auf eine bestimmte Leistung, wie das aus dem Nenner des Quotienten (z. B. Füllmenge bei Shampoos, Anzahl der Einheiten in Multipacks) deutlich wird.

Im Handel wird nur teilweise von Preispolitik gesprochen, vielmehr wird häufig noch der Begriff der Wareneingangskalkulation verwendet, wenn Verkaufspreise festgelegt werden sollen. Aufgabe der Wareneingangskalkulation ist, ausgehend vom Einkaufspreis (EK) oder vom Einstandspreis, jenen Aufschlag (h) zu bestimmen, der zum Verkaufspreis (VK) führt, also:

$$(2)\ EK \times (1+h) = VK.$$

Bei einer solchen Sichtweise fungiert die Handelsspanne h als Aktionsparameter der handelsbetrieblichen Preispolitik. Die Begriffe Einkaufspreis und Einstandspreis seien wie folgt definiert (vgl. hierzu, wenn auch abweichend, K.-H. Schneider 1982, S. 29):

Warenpreis, d. h. Listenpreis des Lieferanten
./. zurechenbare Rabatte, Skonti und sonstige Preisnachlässe
\+ Warennebenkosten wie Zölle, Verpackungskosten, Versicherungs- und Gefahrtragungskosten (wenn vom Abnehmer getragen)

= Einkaufspreis
\+ zurechenbare Bezugskosten wie Frachten, Speditionsgebühren (wenn vom Abnehmer getragen)
= Einstandspreis.

Bei einer solchen Sicht kommt der Handelsspanne die zentrale Rolle im Rahmen der Preisfindung zu. Im Katalog E wird die Handelsspanne wie folgt definiert, wobei die Definition (Ausschuss für Begriffsdefinitionen (Hrsg.) 2006, S. 147) gleichzeitig deutlich macht, in welchen Spielarten dieser Begriff verwendet wird:

> *„Handelsspanne ist die Differenz zwischen Verkaufspreisen und Einkaufs- oder Einstandspreisen der abgesetzten Waren eines Handelsbetriebes, mit der die Handlungskosten gedeckt und Gewinne erzielt werden sollen; dabei werden auch Warenverluste (z. B. Diebstahl, Verderb) berücksichtigt."*

Beim Listenpreis des Lieferanten wird vom Preis ohne Mehrwertsteuer ausgegangen; dagegen wird in die Handelsspanne zeitweilig der für die Mehrwertsteuer anzusetzende Betrag einbezogen, zeitweilig wird mit der Handelsspanne der Netto-Verkaufspreis, also der Verkaufspreis (VK) ohne Mehrwertsteuer kalkuliert. Der Begriff der Handelsspanne wird in zahlreichen Unterformen verwendet:

a) **als prozentuale Angabe** mit unterschiedlichen Bezugsgrößen in der Form h = (VK-EK)/EK wird die Handelsspanne h auf den Einkaufspreis (EK) bezogen (sog. Aufschlagsspanne); sie ließe sich in eine sog. Abschlagsspanne umrechnen, wenn der Verkaufspreis als Bezugsbasis gewählt wird, wobei sich die Abschlagsspanne a als

   (3) $a = \dfrac{h}{(1+h)}$ ergibt;

b) **als absolute Spanne** (Betragsspanne) oder **als relative Zahl** (Prozentspanne, Marge);
c) als Angabe, die sich auf unterschiedliche **Artikelgesamtheiten** bezieht; die Differenz zwischen Verkaufspreis und Einkaufspreis kann sich auf die Verkäufe eines einzelnen Artikels in einem bestimmten Zeitraum beziehen, des Weiteren aber auch auf alle Ebenen der Sortimentspyramide, so dass schließlich auch von einer Betriebshandelsspanne gesprochen werden kann. Bei solchen periodenbezogenen Berechnungen müssen Lagerbestandsveränderungen berücksichtigt werden;
d) als **(realisierte) Ist-Spanne** und als **Soll-Spanne**. Da in vielen Fällen die ursprünglich kalkulierten Spannen nicht realisiert werden können, korrigiert der Handel diese über sog. Abschriften oder Entwertungen; die erzielte Spanne wird als Kalkulation 2 oder als Bruttoertragskalkulation bezeichnet (Näheres in L. Müller-Hagedorn, W. Toporowski und S. Zielke 2011, Kap. 29).

Von der Theorie her macht es keinen Unterschied, ob der Absatzpreis einer Leistung oder ob die Handelsspanne optimiert werden soll, weil beide Größen rechnerisch fest miteinander verbunden sind.

Diese Aspekte können bei der Preissetzung für jeden einzelnen Artikel betrachtet werden, da Handelsunternehmungen aber Mehrproduktunternehmungen sind, besteht die besondere Herausforderung für die Preispolitik im Handel darin, preispolitische Alternativen im Hinblick auf das gesamte Sortiment zu formulieren und die Preise der Einzelartikel so zu bestimmen, dass die eigentlichen Ziele bestmöglich verfolgt werden. Wie auch bei anderen Entscheidungsproblemen können bei der Preispolitik drei zentrale Elemente unterschieden werden, die alternativen preispolitischen Maßnahmen (Optionen), die anzustrebenden Ziele und die sog. Umweltgrößen, also jene Einflussfaktoren, die neben den ergriffenen Maßnahmen die Zielerreichung beeinflussen (z. B. die Konkurrenzsituation).

7.1.1 Preispolitische Optionen

Bereits für den Einproduktfall lassen sich zahlreiche preispolitische Alternativen benennen, z. B. mehr oder minder hohe Preise, zeitweilige Preissenkungen (Sonderangebote), Mengen- oder andere Rabatte und die Differenzierung der Preise nach Abnehmern oder Regionen. Um wie viel mehr gilt dies für Handelsunternehmen mit umfangreichen Sortimenten. Ein typischer Händler mit mehr als 35.000 SKUs in 400–600 Kategorien mit 100 Geschäften und einer dezentralen Preispolitik, steht jede Woche vor Millionen von Preisentscheidungen (A. Montgomery 2005). Moderne Revenue Management Systeme (RMS) versprechen, Händler mit so umfassenden Sortimenten basierend auf strategischen Richtlinien des Handelsunternehmens, bei der Preisfestlegung zu unterstützen. Mit Hilfe von Softwarelösungen können diese strategischen Richtlinien dann auf Artikelebene umgesetzt werden. Als Aufgabe einer strategischen Preisplanung, die der Festlegung der Preise für einzelne Artikel vorausgeht, können insbesondere die folgenden Tatbestände zugeordnet werden:

- die Preislagenbestückung,
- die Eigenmarkenstrategie (nur eine Preislage oder differenziertes Vorgehen),
- die Höhe der durchschnittlichen Kalkulation und ihre Streubreite,
- das Ausmaß der Sonderangebotspolitik (HILO – High Low Pricing) bzw. die Konstanz der Preise im Zeitablauf (EDLP – Every Day Low Price) und
- das Ausmaß der Preisdifferenzierung.

Während die Preislagenbestückung nur in Verbindung mit Sortimentsentscheidungen zu sehen ist, resultieren die Preise und das Ausmaß der Sonderangebote in modernen Revenue Management Systemen aus den Preisvorschlägen des RMS und der Interaktion mit den Einkäufern (die meist die taktische Preisfestlegungsaufgabe innehaben). Um die Handlungsmöglichkeiten auf diesem Feld abbilden zu können, wird im Folgenden die Brücke zu der für den Handel wichtigen Handelsspannenpolitik geschlagen und schließlich wird auf Merkmale hingewiesen, mit denen unterschiedliche Preispolitiken im Handelsbetrieb erfasst werden können.

Unter strategischem Blickwinkel wird man sich nicht mit der Kalkulation einzelner Artikel beschäftigen, sondern die zentralen Merkmale der Preispolitik des Unternehmens festlegen. Dazu zählen vor allem:

1. Die durchschnittliche Höhe der Handelsspanne

In der Praxis unterscheiden sich Handelsspannen zunächst einmal nach Betriebsformen, was vor allem auf die unterschiedlichen Kosten dieser Betriebsformen zurückzuführen ist. Aber auch innerhalb einer Betriebsform, z. B. dem Fachgeschäft, gibt es große Unterschiede: So lag beispielsweise im Jahr 1999 die Handelsspanne in den Fachgeschäften des Textileinzelhandels bei nahezu 40 % (ohne Mehrwertsteuer), die der Apotheken knapp über 27 % (vgl. A. Kaapke 2000, S. 245 und K. Wirtz 2001, S. 55). Das zeigt, dass neben der Betriebsform die Sortimentsstruktur zu den bedeutenden Einflussfaktoren auf die Höhe der Betriebshandelsspanne zählt. Aber auch bei feststehender Betriebsform und festgelegten Sortimenten bestehen preispolitische Handlungsmöglichkeiten. Es geht um die Festlegung der sog. Betriebshandelsspanne, also der Handelspanne, die durchschnittlich im Betrieb erzielt werden soll.

2. Die Preislagenbestückung

Von der Höhe der Kalkulation ist die Bestückung von Preislagen zu unterscheiden. Hierbei geht es darum, wie viele einzelne Artikel in einzelnen Preisbereichen angeboten werden. Im Regelfall (eingeschränkt bei Hard-Discountern oder Kleinhändlern) werden in jeder Sortimentsgruppe Artikel mit unterschiedlichen Preisen angeboten. Diese Preisbereiche lassen sich nach ihrer absoluten Höhe unterteilen; es ist festzulegen, in welchem Preisbereich die Unternehmung mit ihren Angeboten vertreten sein will. Einzelne Betriebsformen setzen ihre Schwerpunkte in unterschiedlichen Preislagen und jedes einzelne Unternehmen hat darüber zu entscheiden, wie viele Artikel in einzelnen Bereichen des insgesamt abgedeckten Preisspektrums angeboten werden sollen. Bei der Preislagenbestückung handelt es sich im Kern um ein Element der Sortimentspolitik, weil darüber zu entscheiden ist, welche Artikel, beschrieben durch die Höhe ihres Verkaufspreises, in das Sortiment aufgenommen werden sollen, aber die Preislagenpolitik prägt das preisliche Erscheinungsbild eines Unternehmens. Der unterste Preisbereich, auch als Eingangspreislage bezeichnet, wird meist mit Eigenmarken bestückt. Diese dehnen sich aber immer mehr auch in die differenzierteren Angebotsbereiche aus.

3. Dauerniedrigpreispolitik (EDLP) oder Sonderangebotspolitik (HILO)

Im Rahmen der Preispolitik konkurrieren auf der Einzelhandelsebene insbesondere zwei Konzepte, die sich auf preislich besonders günstige Angebote berufen: Zum einen die HILO-Strategie (High-Low Promotion Strategy), die durch zeitlich befristete Preis-Promotions (Sonderangebote, Aktionspreise, Rabatte, Coupons etc.) gekennzeichnet ist und zum anderen die EDLP-Strategie (Every Day Low Price Strategy), bei der auf Preis-Promotions verzichtet wird und Waren dauerhaft, d. h. über einen längeren Zeitraum, zu niedrigen Preisen (Dauerniedrig- bzw. Dauertiefpreise) verkauft werden (S. J. Hoch, X. Drèze und M. E. Purk 1994, S. 16–27; R. Lal und R. Rao 1997, D. R. Bell und J. M. Lattin 1998, S. 66–88; K. Gedenk 2002, S. 21–24; H. Pechtl 2004, S. 223–224 und 2005, S. 292–294, L. Müller-Hagedorn, M. Preissner 2006).

Zu den operativen Problemen der Preispolitik zählt dagegen die konkrete Ausgestaltung der Sonderangebotspolitik (Auswahl der Sonderangebotsartikel, Gültigkeit des Angebots, Ausmaß der Preisreduktion und Koordination der Begleitmaßnahmen wie Prospekte oder Displays).

4. Differenzierung der Kalkulationssätze nach Artikeln

Produktkategorien unterscheiden sich durch eine unterschiedliche Bedeutung von Marken, Kunden-Involvement, Impulsivität, ob es sich um hedonistische oder funktionale Produkte handelt, die Budgetbelastung (Preishöhe, Frequenz und Menge des Kaufs), die Stärke des Wettbewerbs und der Eigenmarken, etc. All diese Faktoren spiegeln sich in der Höhe der Preiselastizität wieder, welche ihrerseits die optimale Preishöhe bzw. die Höhe der Handelsspanne beeinflusst. Eine Differenzierung der Kalkulationssätze entsprechend der aus solchen Faktoren resultierenden Elastizitäten scheint daher naheliegend. Um Kundenkonfusion zu verhindern, werden Preise für bestimmte Artikel oft aufeinander abgestimmt. Beispielsweise werden verschieden Farben eines Artikels (z. B. ein weißes, ein rotes und ein schwarzes Feuerzeug) gerne mit dem gleichen Preis versehen, obwohl die Preisbereitschaften möglicherweise unterschiedlich wären. Der Händler verzichtet in solchen Fällen bewusst auf den vollen Differenzierungsvorteil und damit auf einen Teil der Spanne, um Preisfairness zu kommunizieren. Bei solchen Festlegungen spielt die Artikelhierarchie meist eine bedeutende Rolle. Artikel, die in einer Farb-, Größen-, oder Mengenrelation stehen, die bei der Preisgestaltung berücksichtigt werden muss, stellen daher eine besondere Herausforderung für Revenue Management Systeme dar.

5. Differenzierung der Preise nach Regionen, Zeiten, Kanälen und Kundengruppen

Preisdifferenzierung kann nach zahlreichen Kriterien vorgenommen werden, so z. B. nach Regionen, nach einzelnen Verkaufsstellen, nach Kundengruppen (z. B. Handwerker, Besitzer einer Kundenkarte, Besitzer eines Coupons, Neukunden vs. Altkunden), nach Kanälen oder nach Zeiten. Auch hier kommt es auf eine intelligente Form der Implementierung der Preisdifferenzierung an. Preisdifferenzierung kann sonst als unfair betrachtet werden. Als vor einigen Jahren herauskam, dass beim Online-Händler Amazon, Neukunden günstigere Preise als Bestandskunden erhielten, war das Ärgernis unter Amazons bestehenden Kunden groß, die Berichterstattung sehr negativ.

6. Differenzierung nach abgesetzter Menge (Nichtlineare Preissetzung)

Grundsätzlich bezeichnet der Begriff der nichtlinearen Preissetzung eine Preispolitik, die eine Differenzierung der Preise anhand der abgesetzten Menge vornimmt (vgl. H. Simon, G. Tacke und B. Woscidlo 1998 oder H. Simon und R. J. Dolan 1997, S. 187–212). Normalerweise wird der Stückpreis eines Gutes bei dieser Art der Preispolitik so festgelegt, dass er mit zunehmender Nachfragemenge sinkt. Dabei lassen sich mehrere Varianten der nichtlinearen Preissetzung unterscheiden:

- der Mengenrabatt, d. h. bei Erreichen einer oder mehrerer festgelegter Abnahmemengen sinkt der zu zahlende Preis pro Stück. Dabei kann zwischen dem durchgerechneten (der reduzierte Stückpreis gilt für die gesamte Abnahmemenge, was auch als Preispunkt bezeichnet wird) und dem angestoßenen Mengenrabatt (der reduzierte Stückpreis gilt nur für den Teil der Bestellmenge der über die Mindestmenge hinaus geht) unterschieden werden und
- der zweiteilige Tarif, welcher aus einer festen Grundgebühr und einem Stückpreis besteht, bzw. der Blocktarif, der es dem Nachfrager erlaubt, zwischen verschiedenen Grundgebühren und damit verbundenen Stückpreisen zu wählen.

Voraussetzung für eine Anwendung der nichtlinearen Preissetzung ist, dass bei den Nachfragern unterschiedlich hohe Zahlungsbereitschaften vorliegen. Die Informationsanforderungen sind sehr hoch, im Idealfall sollte die Zahlungsbereitschaft jedes einzelnen Nachfragers oder zumindest einzelner Kundengruppen bekannt sein. Außerdem müssen die Anspruchsberechtigten eindeutig identifizierbar sein, da sonst die Bündelung der Nachfrage verschiedener Individuen zur Erzielung möglichst hoher Rabatte nicht ausgeschlossen werden kann. Es gilt, bei der Gestaltung eines solchen Preissystems einen Kompromiss zwischen der Komplexität der Preisgestaltung, mit der die Optimalität des Systems einhergeht, und den Implementierungskosten zu finden. Die bei nichtlinearer Preispolitik von einer Unternehmung verfolgten Ziele können unterschiedlicher Natur sein:

- Die Kundenbindung wird gesteigert; insbesondere durch zweiteilige Tarife wird eine starke Bindung der Kunden an das Unternehmen hervorgerufen. Es können Markteintrittsschranken errichtet werden, daher sind mögliche Konflikte mit dem Kartellrecht zu beachten.
- Optimierung des Gewinns; große Kunden haben häufig eine höhere Preisempfindlichkeit (vgl. H. Simon und R. J. Dolan 1997, S. 197), durch die nichtlineare Preisbildung kann also der Gewinn maximiert werden.
- Weitergabe von Kostenersparnissen bei Absatz großer Mengen.

Im Handel werden meist die Formen des Mengenrabatts bevorzugt, mehrteilige Tarife finden sich dort eher selten (Beispiele für diese Form sind die Bahncard der Deutschen Bahn AG und die Tarifmodelle von Telefongesellschaften; vgl. für weitere Beispiele H. Simon und R. J. Dolan 1997, S. 190–193). Kritische Erfolgsfaktoren bei der Gestaltung von Tarifen bestehend aus mehreren Komponenten ist die Bündelung von relevanten Eigenschaften für die jeweiligen Zielgruppen (M. Natter et al. 2008) sowie die Berücksichtigung der Einfachheit des Tarifs sowie die Präferenzen für Flatrate Tarife (A. Lambrecht und B. Skiera 2006, A. Lambrecht et al. 2007).

7. Maßnahmen zur Preisoptik

Mit den unter (1) bis (6) genannten Entscheidungen wird das Preisniveau einer Handelsunternehmung festgelegt. Daneben gibt es noch preispolitische Entscheidungen, die als Entscheidungen zur Preisoptik bezeichnet werden. Mit dem Begriff Preisoptik wird auf Handlungsmöglichkeiten hingewiesen, die auf die folgenden speziellen Aspekte verweisen (vgl. H. Diller 1978, S. 230ff.):

1. Eine Preispolitik, bei der einzelne Ziffern bevorzugt werden (insbesondere die 5 und die 9) versus einer Preispolitik, bei der alle Ziffern gleich häufig verwendet werden.
2. Eine Preispolitik, bei der nicht nur die aktuellen Preise, sondern gleichzeitig auch andere Preise angezeigt werden (frühere/durchgestrichene Preise, Preise anderer Anbieter).
3. Eine Preispolitik, bei der die Preise stark hervorgehoben werden (z. B. mit Hilfe von Anzeigen, Preisschildern, Symbolen) im Gegensatz zu einer Preispolitik, bei der die Preise kaum in Erscheinung treten.
4. Eine Preispolitik, bei der neben dem Artikelpreis auch Grundpreise angezeigt werden.

Die Preispolitik eines Handelsbetriebes kann daher mehrdimensional in Bezug auf das Preisniveau und die Preisoptik charakterisiert werden, z. B. für einen Betrieb x:

- zahlreiche Kalkulationssätze (Mischkalkulationen),
- Bevorzugung eines mittleren Kalkulationssatzes (extreme Kalkulationssätze nur in wenigen Fällen),
- mittleres Preisniveau,
- Preiskonstanz bei 90 % der Artikel innerhalb eines Jahres, also unter Umständen mehrmalige Preisveränderungen bei 10 % der Artikel,
- keine Rabatte,
- keine Preisbündelung,
- Bevorzugung der Endziffer 9,
- keine durchgestrichenen Preise,
- vereinzelte Hervorhebungen des Preises,
- nur Barzahlung (keine Finanzierungsangebote),
- kaum Grundpreisangaben.

Damit liegt eine Methode vor, mit der die im Regelfall wegen des großen Sortimentsumfangs sehr vielgestaltige Preispolitik eines Handelsbetriebes gekennzeichnet werden kann. Die Auswirkungen dieser mehrdimensionalen Charakterisierung auf die Besuchswahrscheinlichkeit von Konsumenten und deren Umsatz sind für jeden Handelsbetrieb festzulegen, soweit sie sich nicht aus dem Betriebsformat ergeben. Aus dieser allgemeinen Beschreibung ergeben sich in Revenue Management Systemen die entsprechenden Nebenbedingungen.

7.1.2 Bestimmungsfaktoren für Preise und Preisstrategien

Bei der Wahl einer Preisstrategie oder der Festlegung von Preisen sind Größen zu berücksichtigen, die in der Entscheidungstheorie als Umweltgrößen bezeichnet werden. Es sind solche Größen, die das Entscheidungssubjekt als vorgegeben ansieht. Dazu zählen in erster Linie die Zahlungsbereitschaften der Nachfrager. Von entscheidender Bedeutung ist auch die vorherrschende Konkurrenzsituation, aber auch innerbetriebliche Gegebenheiten, wie hohe Bestände, ein Mangel an Liquidität oder die Kostensituation sind zu berücksichtigen. Diverse gesetzliche Vorschriften sind einzuhalten. Auf diese Größen, die in der Praxis auch gelegentlich als Treiber bezeichnet werden, wird im Folgenden eingegangen.

Treiber von Preisstrategien: V. Shankar und R. Bolton (2004) untersuchen die relevanten Einflussfaktoren auf die von Händlern gewählte Preisstrategie. Die Klassifikation der Preisstrategie erfolgt nach:

- Preiskonsistenz (HILO/EDLP),
- Preis-Promotions-Intensität (Dauer, Stärke und Häufigkeit von Promotions),
- Koordination bzw. Begleitmaßnahmen von Promotions (mit Flugblättern, Zweitplatzierung oder beidem),
- relativem Markenpreis (durchschnittlicher Markenpreis durch mittleren mengengewichteten Kategoriepreis).

Als Treiber der Wahl einer Preisstrategie untersuchen sie Marktfaktoren (Großstadt/Kleinstadt), Eigenschaften der Handelskette (Größe und Positionierung des Handelsunternehmens), Geschäftsfaktoren (Größe des Geschäfts, Kategoriesortiment), Kategorieeigenschaften (Lagerbarkeit, Notwendigkeit), Kundenfaktoren (Preis- und Promotionssensitivität, Kreuzpreis- und -Promotionssensitivität), Markeneigenschaften (Markenpräferenz und relative Stärke der Markenwerbung) sowie Wettbewerbsfaktoren (Wettbewerberpreisniveau und -Promotionshäufigkeit).

Die Resultate der Untersuchung zeigen, dass die Preisstrategie eines Händlers am stärksten mit den wettbewerbsbezogenen Faktoren korreliert. Wenn Wettbewerber häufiger Promotions durchführen, führt dies zu geringerer Preiskonsistenz, häufigeren eigenen starken (werbeunterstützten) Preispromotions und niedrigeren Preisen. Größere Handelsketten führen häufigere und intensiver koordinierte Preispromotions durch. Die Stärke der Preispromotions ist höher für Bedarfskategorien, für Marken mit hohen Basispräferenzen und Märkte, in denen die eigene Preiselastizität gering, aber die Kreuzpreiselastizitäten hoch sind.

Kategorien mit vielen Marken zeichnen sich häufig durch Preisinkonsistenzen und weniger starke Promotions aus, sowie niedrige relative Preise und eine hohe Koordination der Promotions. Promotionselastizitäten sind geringer in Kategorien mit vielen Marken. Lagerbare Bedarfskategorien (z. B. Toilettenpapier) haben stärkere Promotionsintensität und können daher auch als Frequenzbringer (Geschäftsbesuch) eingesetzt werden. Verderbliche Kategorien (z. B. Spaghetti Sauce) sind entsprechend besser für eine preiskonsistente Strategie geeignet. Artikel des Haushaltsbedarfs weisen geringere Preiskonsistenz auf als Artikel mit geringer Notwendigkeit.

Bei hoher Markenpräferenz oder starker Werbeaktivität von Herstellern sind die relativen Preise hoch, die Händler variieren die Preise und Promotions jedoch stark, koordinieren die Promotions aber. V. Shankar und R. Bolton (2004) führen dies auf die Ziehergualitäten (Frequenzbringer, Verbundeffekte) zurück, da Konsumenten stark auf preisreduzierte attraktive Marken reagieren.

In Märkten mit elastischer Nachfrage sind Preise konsistenter, Preispromotions weniger intensiv und weniger koordiniert. Wenn Nachfrager promotionselastisch sind, sind die Händler bei höheren Relativpreisen weniger preiskonsistent, die Promotions sind intensiver aber weniger koordiniert. Preiselastizitäten erklären nur einen recht geringen Teil der Preisstrategie des Händlers, sind jedoch signifikant. Es scheint, dass die Händler gezielt das Instrument (Preis, Promotion, Koordination) einsetzen bzw. die Instrumente kombinieren, die am effizientesten sind (V. Shankar und R. Bolton 2004).

Eine weitere Studie über Preisstrategien von Supermärkten (EDLP, HILO, Hybrid) in den USA (P. Ellickson und S. Misra 2008) zeigt, dass die Preisstrategien von Supermärkten regionale Cluster aufweisen. Wenn ein Supermarkt von anderen Märkten mit EDLP umgeben ist, hat er eine Tendenz auch EDLP zu wählen. Für die anderen Formate gilt dasselbe; d. h. die Supermärkte differenzieren sich in der gleichen Region nicht durch die Preisstrategie. Es zeigt sich eine relativ hohe Bedeutung der demographischen Situation auf die Wahl der Preisstrategie: Relativ zu HILO-Strategien verwenden Supermärkte verstärkt EDLP-Strategien in Regionen mit größeren Haushalten, höherer Herkunftsdiversität, geringerem Einkommen und weniger Kraftfahrzeugen je Haushalt;

d. h. EDLP zielt überwiegend auf Konsumenten mit geringeren Einkommen und solche, die in größeren Familien leben ab. Hinsichtlich Geschäftseigenschaften zeigt sich, dass EDLP-Geschäfte größer und in der Distribution eher vertikal integriert sind; d. h., dass bei EDLP die Sortimentsentscheidungen und Optimierung der Logistikkosten eine wichtige Rolle spielen.

Treiber von Preisen: In ihrer Untersuchung verschiedener Preistreiber bei Handelsunternehmen mit über 10.850 Marken-Geschäftskombinationen in 67 Kategorien in zwei Handelsregionen finden V. Nijs et al. (2007), dass Preisaktivitäten der Konkurrenz nur 5,5 % der Varianz in Handelspreisen erklären; d. h. obwohl sich Wettbewerber untereinander beobachten, ist nur ein geringer Einfluss auf die Preisgestaltung auszumachen. Sie finden, dass 49,6 bis 62,3 % der Preisvariation aus der eigenen Preishistorie eines Artikels heraus erklärt werden kann. 11,4 bis 15,9 % der Variation der Preise kann durch die Höhe der Nachfrage erklärt werden. Besonders niedrige Nachfrage nach einer Marke ist oft die treibende Kraft eine Preisreduktion durchzuführen. Die Orientierung an der Preishistorie eines Artikels bezieht sich auf die starke Tendenz von Entscheidungsträgern, sich nicht gleichmäßig an vergangenen Preisen zu orientieren. Dabei ergeben sich oft zu niedrige Preise, da extremen Preisen der Vergangenheit (Preisreduktionen) tendenziell ein zu hohes Gewicht eingeräumt wird und Preisreduktionen oft weitere Preisreduktionen folgen. Großhandelspreise üben mit 26,4 % erwartungsgemäß einen hohen Einfluss auf die Handelspreise aus (Handelspromotions und dadurch ausgelöstes Vorratskaufen oder vereinbarte Umsatzziele sind hier oft die Treiber von Preisveränderungen). Entscheidungen des Category Managements spielen mit 7,9 % bis 9,6 % ebenfalls eine relevante Rolle. Kategorieüberlegungen können beispielsweise dazu führen, dass in einer Kategorie nur eine Marke in Promotion ist. V. Nijs et al. (2007) zeigen in ihrer Analyse, dass Preisentscheidungen, die auf der Höhe der Nachfrage und Kategorieüberlegungen (category management) beruhen, mit höheren Händlermargen einhergehen als Preistaktiken, die sich an der Besucherfrequenz oder an der Preishistorie orientieren. Dementsprechend orten sie vielfältige Möglichkeiten durch RMS die Profitabilität von Händlern zu verbessern.

Wenn man auch nicht unterstellen kann, dass Händler selbst bei Wettbewerb stets eine zielgerichtete Preispolitik betreiben, so liefern die in den oben dargestellten Untersuchungen erhaltenen Ergebnisse doch Hinweise auf zentrale Einflussfaktoren für preispolitische Maßnahmen. So ist es unabdingbar, dass beobachtet wird, wie die Nachfrager auf preispolitische Maßnahmen reagieren. Hierfür kommen einerseits statistische Auswertungen zum Zusammenhang von absatzpolitischen Maßnahmen und dem Abverkauf in Frage, andererseits liefert die Konsumentenverhaltenstheorie Einblicke in die Wahrnehmung und Beurteilung von Preisen durch Verbraucher. Auf solche Inhalte wird deswegen ausführlich in einem Abschnitt zu Analysen der Wirkung preispolitischer Maßnahmen eingegangen.

Immer wenn Verbraucher die Möglichkeit haben, bei unterschiedlichen Unternehmungen einzukaufen und sie dies nicht ausschließen, sind Maßnahmen der Konkurrenz als Einflussgrößen auf den Erfolg der eigenen Preispolitik anzusehen. Zunächst scheint es, dass Händler bei der Vielzahl der Artikel, den häufigen Aktionen, der regionalen Differenzierung der Preise sowie zahlreichen Geschäften die Preispolitik der Konkurrenz nicht explizit berücksichtigen können. Zum einen ist aber zu berücksichtigen, dass sich in der Praxis vielfältige Informationsdienste etabliert haben, um über Preise zu berichten (z. B. Mapis bei www.markant.de), zum andern wirkt sich die Preispolitik der Konkurrenz indirekt auf den Absatz im eigenen Unternehmen aus und wird so indirekt sichtbar. In der Mikroökonomie sind zwar für unterschiedliche Marktformen preispolitische Entscheidungsmodelle entwickelt worden, ihre Eignung für die Handelspraxis wird jedoch wenig thematisiert.

Exkurs: Rechtliche Vorschriften

Bei der Preisbildung sind eine Reihe juristischer Regelungen zu beachten. Dazu zählen vor allem (vgl. den Überblick bei H. Schmalen 1995, S. 202–211):

1. Das **Gesetz gegen Wettbewerbsbeschränkungen** (GWB): Die früher zulässige Preisbindung des Handels durch die Industrie wurde 1973 weitgehend aufgehoben und gilt nur noch für Verlagserzeugnisse (§ 30 GWB) und die in den §§ 28–29 GWB angesprochenen Bereiche. Zulässig können jedoch „unverbindliche Preisempfehlungen“ sein (Nr. 225 der Leitlinien für vertikale Beschränkungen – Mitteilung der Kommission). Desweiteren enthält dieses Gesetz Regelungen für den Fall überhöhter Preise (missbräuchliche Ausnutzung einer marktbeherrschenden Stellung nach § 19 GWB) und das Verbot von wettbewerbsbeschränkenden Vereinbarungen (§ 1 GWB).
2. Das **Gesetz gegen unlauteren Wettbewerb** (UWG): Hier geht es vor allem darum, inwieweit ein Verbraucher durch eine bestimmte Preispolitik (Lockvogelpreise) irregeführt werden kann („irreführende geschäftliche Handlungen“).
3. Die **Verordnung über Preisangaben** legt fest, dass Preisangaben der Preisklarheit und Preiswahrheit entsprechen und gut wahrnehmbar sein müssen.
4. Das **Gesetz über das Mess- und Eichwesen** (Eichgesetz) und die Fertigpackungsverordnung.
5. Neben diesen generellen Rechtsvorschriften gibt es eine Vielzahl von speziellen Vorschriften, z. B. für die Preisgestaltung bei landwirtschaftlichen Erzeugnissen (EG-Marktordnungen), für Krankenhauspflegesätze, für Versicherungsprämien, für Mieten im öffentlich geförderten Wohnungsbau, für Verkehrstarife und die Energiepreisgestaltung.

7.1.3 Ziele und Ersatzziele der Preispolitik

Im Allgemeinen kann man davon ausgehen, dass Handelsunternehmen versuchen, durch ihre Preisentscheidungen den langfristigen diskontierten Gewinn zu maximieren. Daneben spielen aber auch hier Größen aus dem Insystem der Nachfrager und der Anbieter eine große Rolle.

Aufgrund der kurzfristigen Reaktionen von Nachfragern auf Preisveränderungen wird der Preis neben Veränderungen zur Verbesserung der Rendite auch eingesetzt, um mit Hilfe von Sonderangeboten einem Warenverderb oder einer Warenveralterung zuvorkommen oder Liquidität zu schaffen.

7.1.4 Die Verknüpfung der Elemente

Die Zusammenhänge zwischen Gewinn, Absatz, Preis, Kosten, allgemeinen und personenspezifischen Promotions sollen im Folgenden näher erläutert werden. Die Zusammenhänge sind komplex und die Daten, um diese Entscheidungen zu unterstützen, liegen meist nur teilweise vor. Handelsunternehmen berücksichtigen einige dieser Beziehungen direkt in ihren Entscheidungen, andere indirekt oder gar nicht.

Die Reaktionen der Nachfrager, der Konkurrenten und der Lieferanten auf preispolitische Maßnahmen sind als zentrale Bestimmungsfaktoren für die Höhe des Absatzpreises zu betrachten; daneben spielen auch Kosten und andere interne Gegebenheiten eine Rolle. Jede preispolitische Maßnahme setzt Vorstellungen über ihre Wirkungen voraus, d. h. wie die Nachfrager, die Konkurrenten oder die Lieferanten (Hersteller) auf bestimmte Preise und die daraus resultierenden Mengen reagieren werden.

Im Folgenden sollen die grundlegenden Zusammenhänge und elementare Komponenten der Zielfunktion des Handelsunternehmens und deren Treiber dargestellt werden:

1. Der **Gewinn des Handelsunternehmens** entspricht der Summe über alle diskontierten Artikeldeckungsbeiträge über alle Perioden, Absatzkanäle, Outlets, Kategorien, Artikel in den Kategorien und Kunden hinweg minus den Fixkosten (die jedoch nur für Markteintritts- und Austrittsentscheidungen relevant sind).
2. Der **Deckungsbeitrag** eines Artikels mit einem Kunden in einer Transaktion berechnet sich aus dem regulären VK minus dem EK des Artikels, minus einem eventuellen allgemeinen Aktionspreisabschlag, minus einem eventuellen kundenspezifischen Preisabschlag (Coupon) und minus variablen Logistik-/Merchandisingkosten.
3. Die **Absatzmenge** eines Artikels resultiert neben qualitativen und markenspezifischen Eigenschaften relativ zu den anderen Marken der Kategorie aus dem eigenen Preis, allgemeinen Promotionspreisreduktionen, personenspezifischen Preisreduktionen (z. B. Coupons aus CRM-Maßnahmen), promotionsbegleitenden Maßnahmen wie Flugblättern und Zweitplatzierungen, den Preisen und Promotions der anderen Marken in der Kategorie, Konkurrenzpreisen und -promotions von konkurrierenden Unternehmen, sowie Umweltvariablen (wie Saison/Temperatur, Feiertags- oder Wochentageffekten, oder längerfristigen Trends).
4. Der **optimale reguläre Verkaufspreis** eines Artikels ist von seiner direkten Absatzwirkung abhängig, dem Einstandspreis, den Kategorie- und Verbundeffekten sowie Geschäftswahleffekten (durch generalisierende Auswirkungen des Artikelpreises auf das Preiswürdigkeitsurteil der Kategorie bzw. des ganzen Handelsunternehmens). Zusätzlich spielen Konkurrenzpreise eine Rolle sowie die Attraktivität der Verkaufsstätte. Die Preisoptik des Handelsunternehmens stellt eine weitere Nebenbedingung dar. Zusätzlich geben Hersteller von Markenprodukten manchmal enge Rahmenbedingungen für die Preisgestaltung vor (z. B. Markenhersteller in der Modebranche) und engen den Preisgestaltungsspielraum ein. Die allgemeine Preisstrategie (EDLP vs. HILO) beeinflusst auch die Wahl des regulären Preises eines Artikels.
5. Die **optimale** Höhe und Frequenz einer **allgemeinen Preisreduktion** (Preispromotion) eines Artikels hängt von deren Absatzwirkung (Promotionselastizität), der Verbundwirkung, Geschäftsbesuchswirkung, Konkurrenzpromotions, Markenzie-

len sowie der Auswirkung auf den Referenzpreis, dem Preiswürdigkeitsurteil und der Promotionsunterstützungswirkung durch Flugblätter und Handzettel ab. Die allgemeine Preisstrategie (EDLP vs. HILO) entscheidet, ob Preispromotions überhaupt verwendet werden. Produktalterung (wie Verderblichkeit, Lebenszyklus, Saisonende) und damit verbundene Logistikkosten und -ziele (Lagerräumung) können über die Zeit Preisreduktionen erfordern (Abverkauf).

6. Die **optimale** Höhe von **personenspezifischen Preisreduktionen** (Frequenz, Höhe und Anzahl von Coupons im Rahmen von CRM-Maßnahmen) hängt von deren Auswirkung auf die Geschäftsbesuchs- bzw. Kundenabwanderungswahrscheinlichkeit, von Warenkorbeffekten sowie Konkurrenzaktivitäten ab.
7. Der **Einstandspreis** ist meist abhängig von der abgenommen Gesamtmenge im relevanten Quartal, den Kosten des Lieferanten und der Verhandlungsmacht des Lieferanten des Artikels.
8. Die **Verhandlungsmacht** des Lieferanten wird wiederum von der Markenstärke und Umsatzbedeutung des Lieferanten, der Gesamtabnahmemenge und der Lieferantenkonkurrenz beeinflusst (siehe z. B. M. Draganska, D. Klapper, S. Villas-Boas 2010).
9. **Variable Logistikkosten** hängen von der Umschlagsgeschwindigkeit oder dem Umsatz pro Regal- oder Verkaufsflächeneinheit ab; d. h. je länger eine Einheit im Schnitt auf Lager und im Regal liegt, umso höher sind die variablen Logistikkosten.
10. Die **Preiselastizität** eines Artikels hängt von Preiskenntnissen der Verbraucher, der Konkurrenzsituation, der Höhe der Preisunterschiede, der relativen Markenstärke und Qualität ab. Preiselastizitäten variieren mitunter stark zwischen Kategorien und Branchen. Die Unterschiede sind teilweise auf relevante Kategorie- (Kauffrequenz, Kaufmenge, Budgetbelastung, Impulsivität, der Öffentlichkeit des Konsums, dem Risiko der Kategorie etc.) und demographische Eigenschaften zurückzuführen (vgl. D. Klapper 2000, T. Bijmolt, H. J. van Heerde und R. Pieters 2005).
11. **Konkurrenzpreisreaktionen** auf eigene Preisveränderungen sind insbesondere bei starken Preisreduktionen bei umsatzstarken Artikeln, die im Fokus der Konsumenten und Konkurrenten stehen, zu erwarten. Kommunizierte Preisführerschaften können dazu führen, dass bei längerfristigen „Angriffen" auf den Preisführer, dieser reagiert. Preiserhöhungen des marktanteilsstärksten wird von schwächeren Anbietern eher gefolgt als umgekehrt.
12. Die **Promotionselastizität** ist abhängig von Kategorieeigenschaften wie der zeitlichen Verschiebbarkeit des Einkaufs (Lagerbarkeit des Produkts, der Impulsivität, der Markenbedeutung, etc.), der Häufigkeit von Promotions sowie der Promotionsunterstützung.
13. Wenn zwischen Artikeln in verschiedenen Kategorien **Verbundeffekte** bestehen, sind diese umso stärker, je höher der Absatz des verbundauslösenden (ziehenden) Artikels ist (Hruschka 1991a).
14. Innerhalb der **Kategorie** werden durch eine Preisveränderung eines Artikels ein Markenwechsel, eine zeitliche Verlagerung der Käufe und eine echte Kategorieexpansion ausgelöst. Insbesondere die Kategorieexpansion ist aus handelssicht ein relevanter Gewinntreiber.

Wenngleich die dargelegten Zusammenhänge als Mehrgleichungssystem oder strukturelles Modell dargestellt werden könnten, sind die Datenanforderungen für eine umfassende empirische **Modellierung** meist prohibitiv. Bestehende empirische Untersuchungen erfassen daher in der Regel nur einen Ausschnitt dieser Zusammenhänge und versuchen mitunter die nicht erfassten Zusammenhänge heuristisch und **indirekt** abzubilden.

Aufgrund fehlender Möglichkeiten einer vollen empirischen Erfassung der Zusammenhänge werden daher in der Praxis Ersatzziele formuliert, die auf den ersten Blick seltsam anmuten, wie z. B. den Umsatz (Marktanteil) zu maximieren, die Kostenführerschaft anzustreben, etc. Die komplexe Gesamtaufgabe wird in der Praxis durch strategische Entscheidungen wie der Wahl eines spezifischen Handelsformats (z. B. Diskonter mit Kostenorientierung und EDLP, Warenhaus mit HILO-Strategie, etc.), vereinfacht. Innerhalb der Handelsformate sind dann die relevanten Erfolgstreiber leichter zu identifizieren und zu managen.

Eine weitere Komplexitätsreduktion erfolgt innerhalb der Handelsunternehmen durch eine Aufteilung in Unteraufgaben: Z. B. ist der Einkauf für die Preisfestlegung und die Lieferantenverhandlungen zuständig, die CRM-Abteilung für die Auswahl von Zielgruppen von Mailings und deren Gestaltung, die Werbeabteilung für die Auswahl von Artikeln für Flugblätter und Zweitplatzierungen, die Logistikabteilung für die Optimierung der Kostenstrukturen, etc.

7.2 Die Wirkung preispolitischer Maßnahmen auf den Konsumenten

Im Regelfall reagieren Nachfrager auf unterschiedlich hohe Preise. Aber das Ausmaß dieser Reaktion variiert oft beträchtlich, so in Abhängigkeit von der Art des Produkts, von der Höhe des Preises, von der Einkaufsgelegenheit, von der Konkurrenzsituation usw. Vor jeder Preiserhöhung muss ein Händler deshalb Vorstellungen entwickeln, ob und in welchem Ausmaß der Absatz zurückgehen wird, vor jeder Preissenkung muss er sich fragen, ob ein Mehrabsatz die Verluste ausgleicht. Zur Ermittlung der Kundenreaktion stehen zwei Ansätze zur Verfügung:

- Eine statistische Messung der Nachfragwirkung von Preisen, die sich an Abverkaufsdaten orientiert, und
- eine verhaltenstheoretische Analyse.

Auf beide Verfahren wird im Folgenden eingegangen. Sie liefern für die Preissetzung unentbehrliche Informationen.

7.2.1 Statistische Messung der Nachfragewirkung von Preisen

Die Bestimmung der Konsumentenreaktionen erfolgt hier durch die Gegenüberstellung von empirisch beobachtbaren Daten, und zwar von Preisen und abgesetzten Stückzahlen oder erzielten Umsätzen. Solche Analysen können sich stützen auf

- vorhandenes Datenmaterial,
- in Experimenten zu gewinnendes Datenmaterial,
- Ergebnisse von Metaanalysen,
- subjektiven Schätzungen der Einkäufer (Manager).

Da Preise für bestimmte Artikel, erzielte Umsätze und die abgesetzten Stückzahlen in vielen Betrieben leicht verfügbare Daten sind, ist es nicht verwunderlich, dass Analysen zur Preispolitik gerade an diesen Daten ansetzen. Entsprechende Untersuchungen haben das Ziel, die Preiselastizität zu ermitteln, also Hinweise zu gewinnen, mit welcher relativen Veränderung der Absatzmenge zu rechnen ist, wenn der Preis verändert wird (ebenfalls in relativer Sicht).

Das Verfahren

Die folgende Abbildung 7.1 stellt exemplarisch die (a) Preise (VK) für den Spezialdünger *Explosure* und (b) entsprechende Absatzzahlen, (c) Umsätze, (d) Deckungsbeiträge und (e) Gewinne dar. Der Berechnung der Deckungsbeiträge bei unterschiedlichen Preisen liegen variable Kosten (Einstandspreis) von € 1,5/kg zugrunde. Bei der Berechnung der Gewinne wurden fixe Kosten (FK) von € 50 angesetzt.

(a) **VK [€]**	(b) **Absatz [kg]**	(c) **Umsatz=(a)*(b)**	(d) **DB=(b)*(a-EK)**	(e) **Gewinn=(d)-FK**
1,8	230,0	414,1	69,0	19,0
2,1	156,5	328,6	93,9	43,9
2,4	112,1	269,0	100,9	50,9
2,7	83,5	225,4	100,2	50,2
3,0	64,2	192,5	96,2	46,2
3,3	50,5	166,8	91,0	41,0
3,6	40,7	146,4	85,4	35,4
3,9	33,3	129,8	79,9	29,9

Abb. 7.1: Beispieldaten für das Produkt Spezialdünger Explosure

Die Abbildung zeigt, dass der Absatz dieses Artikels von 230 kg auf 156,5 kg absinkt, wenn der Preis (VK) von € 1,8 auf € 2,1 erhöht wird. Die multiplikative Preisabsatzfunktion

(4) Absatz = Konstante x $VK^{Elastizität}$,

kann mit Hilfe der Daten (Spalten 1–2) aus Abbildung 7.1 und der linearen Regression (nach Linearisierung durch Logarithmieren) geschätzt werden und ergibt einen Wert von 1000 für die Konstante und -2,5 für die (konstante) Preiselastizität.

Traditionelles ökonomisches Denken, charakterisiert durch eine zu optimierende Zielfunktion und durch eine Preis-Absatz-Funktion, kann nun als Ausgangspunkt für die Preisbildung herangezogen werden. Abbildung 7.2 zeigt, dass mit steigendem Preis der Umsatz stark sinkt. Der optimale Preis ergibt sich für ein Monopol, indem die Gewinnfunktion nach p abgeleitet und gleich null gesetzt wird. Der sich ergebende Ausdruck kann auch als sog. Amoroso-Robinson-Relation dargestellt werden (z. B. Simon/Fassnacht, 2009, S. 207f). Aus der Amoroso-Robinson Relation ergibt sich der gewinnmaximale Preis aus $VK^{Gewinnoptimum}$ = Grenzkosten x Preiselastizität/(1+Preiselastizität). Die konstanten variablen Kosten (Grenzkosten) von € 1,5 und die hier konstante Preiselastizität von -2,5 resultieren daher in einem optimalen Preis von VK = € 1,5 x (-2,5)/(1+(-2,5)) = € 2,50. Aus der Preisabsatzfunktion ergeben sich bei einem VK von € 2,5 ein erwarteter Absatz von 101,2 kg und ein Gewinn von € 51,2. In der folgenden Abbildung 7.2 werden die Zusammenhänge zwischen dem Preis und den resultierenden Größen graphisch dargestellt.

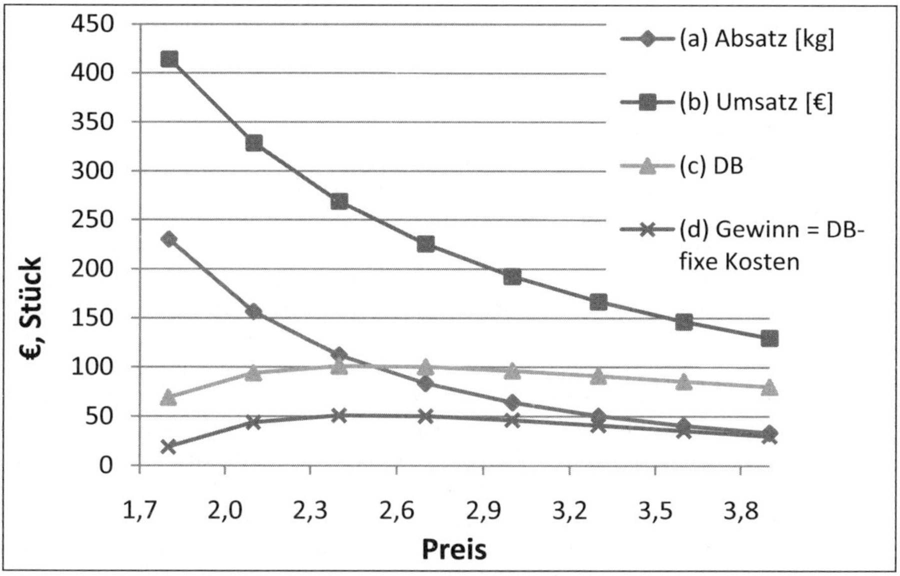

Abb. 7.2: Preise und alternative Zielgrößen (Absatz, Umsatz, DB, Gewinn) für Explosure

Wie aus obiger Darlegung der Treiber der Gewinnfunktion klar wird, ist dieses illustrierende Beispiel je nach Kontext und Datenverfügbarkeit um zahlreiche Facetten (direkt im Marktreaktionsmodell oder indirekt über die Zielfunktion) zu erweitern. Als erstes muss geklärt werden, ob die zugrunde gelegte Preis-Absatz-Funktion als zuverlässige Reaktion der Nachfrager auf vorzunehmende Preisveränderungen angesehen werden kann. Probleme bei der Berechnung der Preiselastizitäten können sich ergeben, wenn die Preise von den Einkäufern (Managern) gesetzt wurden, um auf die Konkurrenz oder den Lagerstand, die Saison, Produktverderb, etc. zu reagieren, diese Daten und strukturellen Zusammenhänge aber nicht in das Modell einfließen. Eine fehlende Variation der Preise (z. B. EDLP) kann eine Bestimmung der Preiselastizitäten natürlich ebenso behindern. Da höhere absolute Preiselastizitäten meist auch mit höheren Fitmaßen einhergehen, sind niedrige Fitmaße (z. B. adj. R^2) kein ausreichender Hinweis für eine „unzuverlässige“ Reaktion der Nachfrager auf Preisveränderungen, sondern können ebenso ein Hinweis auf ein Preisanhebungspotential sein.

Eine artikelbezogene Betrachtung wird um mindestens zwei Gesichtspunkte zu erweitern sein. Als Erstes wird zu fragen sein, ob die sich bei der Betrachtung einzelner Artikel ergebende Preisstruktur den Kriterien genügt, die für die gesamte Abteilung formuliert worden sind (Gibt es eine bestimmte Anzahl von Artikeln, deren Preise nicht höher sind als die von der Konkurrenz geforderten? Oder: Gibt es mindestens drei Angebote in dem unteren Preissegment?). Zum anderen muss der Gefahr vorgebeugt werden, dass eine Optimierung unter kurzfristigen Rentabilitätsüberlegungen das Preisimage schädigt. Die zentrale Botschaft dieses Modells lautet, dass die Preiselastizität zu den zentralen Einflussfaktoren auf die Preissetzung gehört.

Annahmen und Probleme

Regressionsanalytische Studien der vorgestellten Art finden sich inzwischen in großer Zahl; sie werfen zahlreiche Detailfragen auf und sind an bestimmte Voraussetzungen gebunden:

1. Zunächst muss gewährleistet sein, dass die erklärenden Variablen (insbesondere der Absatzpreis) Varianz aufweisen (entweder im Zeitablauf oder in verschiedenen Geschäften). Dies ist nicht generell gewährleistet (z. B. bei EDLP).
2. Nach welchem Modell soll die Auswertung angelegt sein? Ein Modell ist zunächst durch die einbezogenen Variablen gekennzeichnet. In einfachen Fällen wird der Absatz eines Artikels (oder einer Artikelgruppe) nur zu dem Preis für den jeweiligen Artikel in Beziehung gesetzt, in anspruchsvolleren Fällen werden zusätzlich zahlreiche weitere Variablen berücksichtigt. Dazu können Preise der Vergangenheit gehören (um time-lag-Wirkungen zu erfassen), Preise für andere Güter (um dem Nachfrageverbund Rechnung zu tragen), Preise bei Konkurrenten, Werte für andere absatzpolitische Instrumente (z. B. Sonderplatzierungen). Insbesondere die Werte für Platzierungen und Werbemaßnahmen haben sich als Größen erwiesen, die die Höhe der Preiselastizität beeinflussen. Des Weiteren sind Modelle durch die Art und Weise gekennzeichnet, wie die Variablen verknüpft werden (Funktionsgesetz). Im einfachsten Fall geht man von einer linearen Verknüpfung aus, daneben werden verschiedene Formen nichtlinearer Reaktionsfunktionen verwendet. Wie insbesondere H. Simon/M. Fassnacht (2009, S. 100–109) dargestellt haben, erwies sich bislang kein Funktionstyp (linear, multiplikativ, Attraktion, Gutenberg) in den empirischen Prüfung als generell überlegen.
3. Aufs Engste sind mit der Modellauswahl Probleme der Operationalisierung verbunden (B. Heidel 1990):
   a) Mit welchen Messwerten sollte die Preispolitik eines Betriebes in die Berechnungen eingehen – z. B. mit absoluten Preisen, mit den Differenzen einzelner Artikelpreise zu durchschnittlich in der Artikelgruppe oder von Konkurrenten geforderten Preisen, wobei wiederum gewichtete oder ungewichtete Durchschnittspreise gebildet werden können, mit Preisen, die zu einem regulären Preis in Beziehung gesetzt werden?
   b) Mit welchen Messwerten sollte die abhängige Variable erfasst werden, sollten dies Absatzmengen einzelner Artikel, ihre Marktanteile, ihr Umsatz oder ihr Absatz je 1000 Kunden sein? Die Abverkaufsdaten können auf unterschiedliche Perioden bezogen werden (auf Tage, auf Jahreswochen, auf anders definierte Zeiträume).

4. Mit welchen Verfahren sollen die gesammelten Daten ausgewertet werden? Ursprünglich dominierte die lineare Regressionsanalyse mit einer oder mit mehreren unabhängigen Variablen. Nichtlineare Funktionsverläufe können durch Transformationen der Variablen abgebildet werden, beispielsweise indem man die Daten logarithmiert und diese logarithmierten Daten in der Regressionsfunktion verwendet. Daneben gibt es Verfahren zur nichtlinearen Regressionsanalyse, die Verwendung neuronaler Netze (H. Hruschka 1991b) und multinomiale Logitmodelle.

Auf der Suche nach Verallgemeinerungen

In der ersten Forschungsperiode wurden **Preiselastizitäten für einzelne Artikel** (Marken, Artikelgruppen) ermittelt und dabei verschiedene Formen der Datenauswertung entwickelt (vgl. dazu die Ausführungen im vorhergehenden Abschnitt). Das Interesse war vor allem darauf gerichtet, die Höhe der Preiselastizität zu ermitteln. Oft lagen dabei die Preiselastizitäten zwischen -0,5 und -5,0. Bijmolt, van Heerde und Pieters haben sich der Mühe unterzogen, die in amerikanischen Zeitschriften veröffentlichten Werte für Preiselastizitäten zusammen zu stellen (T. Bijmolt, H. J. van Heerde und R. Pieters 2005). Gestützt auf 1851 Preiselastizitäten aus 81 Studien kamen sie auf eine durchschnittliche Preiselastizität von -2,62, weitaus die meisten Elastizitäten lagen in einem Spannbereich von 0 bis -6.

In Anbetracht der vielen zu bepreisenden Artikel erschien es in der Vergangenheit mühselig, für jeden einzelnen Artikel die Höhe der Preiselastizität ermitteln zu wollen. Von daher ist leicht einzusehen, dass versucht wurde, die Höhe der Preiselastizität selbst zu erklären. Es sollte also nicht nur ermittelt werden, ob für einen bestimmten Artikel die Höhe der Preiselastizität eher hoch oder eher niedrig ist, sondern es sollte erkannt werden, unter welchen Umständen eine Preiselastizität bestimmte Werte annimmt. Theoretisch können Preiselastizitäten von zahlreichen **Bestimmungsfaktoren** abhängen, so

- vom Bedarfsrhythmus: Einzelne Güter werden zu bestimmten Zeiten eher benötigt als zu anderen Zeiten, also von der Zeit, in der die Elastizitäten gemessen wurden;
- vom Einkaufsrhythmus: Einige Güter werden nur in größeren Zeitabständen gekauft, andere in kürzeren;
- von der Lagerfähigkeit der Güter;
- vom Einsatz der übrigen absatzpolitischen Instrumente;
- von Maßnahmen der Konkurrenz;
- vom Umstand, ob es sich um eine Handelsmarke oder um eine Herstellermarke handelt usw.

Einzelne Bestimmungsfaktoren haben besonderes Interesse gefunden und können in Hypothesen bzw. in vorläufig bewährte Ergebnisse eingehen (entsprechend der Metaanalyse von T. Bijmolt, H. van Heerde und R. Pieters, 2005). Einige ihrer aufschlussreichen Ergebnisse seien zitiert:

- Die Studien in den Regionen USA/Kanada, Europa und Japan/Neu-Seeland/Australien lieferten keine unterschiedlich hohen Preiselastizitäten. Das lässt vermuten, dass die Konsumenten in hoch entwickelten Volkswirtschaften in ähnlicher Weise auf preispolitische Maßnahmen reagieren.

- Bei Lebensmitteln unterscheiden sich die Preiselastizitäten nicht in Abhängigkeit von der Lagerfähigkeit, wenn es sich um Produkte aus einer reifen Lebenszyklusphase handelte.
- Auch die Unterschiede in der Preiselastizität von Handelsmarken im Vergleich zu der von Herstellermarken erwiesen sich als gering.
- Die ermittelten Preiselastizitäten waren unabhängig davon, ob Scannerdaten, oder Daten aus Handels- oder Verbraucherpanels ausgewertet wurden.
- Der Zeitraum, für den Absatzdaten erhoben werden, hat einen großen Einfluss auf die Höhe der Preiselastizität. Bei kurzen Zeiträumen können sich relativ hohe Preiselastizitäten ergeben.
- Die Elastizitäten unterschieden sich nicht aufgrund des funktionalen Zusammenhangs bei unterschiedlichen Preis-Absatz-Funktionen.
- Während die Qualität der Produkte und ihr Distributionsgrad sich nicht auf die Höhe der Preiselastizität auswirken, kommt der Werbung und der Verkaufsförderung eine hohe Bedeutung zu.

7.2.2 Verhaltenswissenschaftliche Aspekte der Preispolitik

Verhaltenswissenschaftliche Theorien zur Wirkung von Preisen wollen erfassen, in welchem Ausmaß Nachfrager die im Handel geforderten Preise wahrnehmen, wie sie diese beurteilen und von welcher Bedeutung diese Urteile für einzelne Aspekte ihres Kaufverhaltens (z. B. die Wahl der Einkaufsstätte, die gekaufte Menge, die Markenwahl) sind. Ihr zentrales Kennzeichen ist darin zu sehen, dass sie Aussagen (Hypothesen) zum tatsächlichen Verhalten von Nachfragern formulieren und diese an der Wirklichkeit überprüfen. Bereits 1968 hat A. R. Oxenfeldt (S. 9–17) darauf hingewiesen, dass Verbraucher ihre Einkäufe auf ihre Eindrücke über das Preisniveau der einzelnen Geschäfte und nicht auf die Kenntnis aller einzelnen Preise stützen. Er hat daraus die Konsequenz gezogen, im Einzelnen zu untersuchen, welche Vorgänge sich zwischen den Wahrnehmungen des Verbrauchers und seinem Verhalten abspielen. Er nennt folgende Elemente:

- Die Wahrnehmung verschiedener Stimuli (die Gespräche mit Dritten, das Aussehen einzelner Geschäfte und ausgestellter Waren, die Werbung, die Erfahrungen mit den gekauften Waren),
- die Prädispositionen der Verbraucher, vor allem ihre Kenntnisse über Preise und Qualitäten in den einzelnen Verkaufsstellen,
- die Verarbeitung der Stimuli und die Änderung der Prädispositionen und
- das Verhalten, insbesondere die Bevorzugung einzelner Verkaufsstellen.

In der Folge hat sich eine ausgedehnte verhaltenswissenschaftliche Preisforschung entwickelt, die auch als behavioral pricing bezeichnet wird (H. Diller 2000). Während Preiskenntnisse und deren Rolle als Vergleichsbasis (Referenzpreise) für die Bewertung von Artikeln eine weite Verbreitung und Anwendung in Marktreaktionsfunktionen gefunden haben (R. Briesch et al. 1997), sind Urteile über die Bewertung der Günstigkeit des Einkaufs in einer Einkaufsstätte deutlich komplexer, da wegen der Vielzahl der angebotenen und oft auch gekauften Artikel Generalisierungsaspekte eine wichtige Rolle spielen. Nur vereinzelte Studien untersuchen diesen Zusammenhang, z. B. das TREP Modell (L. Müller-Hagedorn 1983b, W. Lenzen 1983, 1984), in dem folgende Stufen unterschieden werden:

1. die **Wahrnehmung** von Preisen,
2. die **Preiskenntnisse** der Verbraucher (das Wissen um Preise),
3. das Urteil über die **Preisgünstigkeit** und
4. das Urteil über die Günstigkeit des Einkaufs (Urteil über die **Preiswürdigkeit**).

Auf diese Konstrukte wird im Folgenden eingegangen. Generell handelt es sich um Modelle, wie Preis-Informationen aufgenommen und verarbeitet werden und wie die dabei gebildeten Eindrücke das Kaufverhalten steuern. Sie stellen Informations-Verarbeitungsmodelle dar (vgl. auch J. Jacoby und J. C. Olson, 1977 sowie V. Zeithaml 1982 und 1984). Im Anschluss werden spezielle Probleme der Preiswirkungsforschung behandelt, so die Frage, ob gebrochene oder runde Preisziffern verwendet werden sollten, ob es Preisschwellen gibt und ob weitere Konstrukte die Preisbeurteilung charakterisieren. Die verhaltenswissenschaftlich ausgerichtete Preiswirkungsforschung hat sich in den letzten Jahrzehnten stark entfaltet und ist neben die aus der Volkswirtschaftslehre hervorgegangene Preistheorie getreten. In Deutschland hat sich insbesondere H. Diller (2000) eingehend mit Preiswirkungsforschung beschäftigt und dabei zahlreiche weitere Konstrukte vorgeschlagen (einen Überblick über die internationale Preiswirkungsforschung geben C. Homburg und N. Koschate 2005).

7.2.2.1 Von der Wahrnehmung von Artikelpreisen zur Beurteilung der Günstigkeit der Einkaufsstätte

Die Wirkungskette von der Wahrnehmung von Artikelpreisen über die Beurteilung der Preisgünstigkeit eines Artikels bis zur generalisierten Beurteilung der Preisgünstigkeit von Produktkategorien oder letztendlich von gesamten Einkaufsstätten soll im Folgenden anhand der oben genannten Konstrukte erörtert werden.

a) Zur Wahrnehmung von Preisen beim Einkauf

Während es plausibel erscheint, dass nicht alle Verbraucher vor oder nach dem Kauf verfügbare Quellen nutzen, um Preise zu studieren, könnte solches für den Kauf selbst erwartet werden. Empirische Untersuchungen haben aber offenbart, dass selbst beim Kauf nicht generell von einem „price checking“ ausgegangen werden kann. P. R. Dickson und A. G. Sawyer (1990) berichten, dass nur etwas mehr als die Hälfte der Käufer (57,9 %), befragt unmittelbar nachdem sie die Ware in den Einkaufskorb gelegt hatten, angab, den Preis der gekauften Ware überprüft zu haben. Weniger als ein Viertel gaben an, den Preis einer alternativen Marke geprüft zu haben. Ein Nachfrager wird also nicht generell vor einem Kauf nach dem Preis fragen oder ein Preisschild beachten, also den für eine Leistung geforderten Preis wahrnehmen; einige sind sehr aufmerksam und sammeln Preiseindrücke, andere richten dagegen ihre Aufmerksamkeit in geringerem Maße auf Preise. Angaben über Preise lassen sich zahlreichen Quellen entnehmen:

- dem Einkauf vorgelagerte Quellen (insbesondere Internet-Preisvergleichsseiten, Anzeigen und Prospekte),
- beim Einkauf vorfindbare Quellen (insbesondere Preisetiketten, Preisschilder),
- nach dem Kauf verfügbare Quellen (insbesondere Kassenzettel).

Insofern ist die Frage, inwieweit Preise überhaupt wahrgenommen werden, von Interesse. **Wahrnehmung** soll bedeuten, dass die Ziffern der Preise gelesen und als Zahl verstanden werden. Die Beurteilung eines Preises und das Übertragen eines Preises in das Langzeitgedächtnis sollen hier als Prozesse definiert werden, die sich anschließen und nicht mehr zur Wahrnehmung gehören. Die Wahrnehmung eines Preises beim Kauf könnte also ermittelt werden, indem ein Kunde nach dem Kauf gefragt wird, ob er weiß, wie hoch der Preis des gekauften Artikels ist oder zu welchem Preis der Artikel angeboten wurde. Die Wahrnehmung kann sich auch auf andere Gegenstände als Zahlen beziehen, z. B. auf die Art der Preisdarstellung (z. B. übergroße Preisschilder) oder auf das sonstige Erscheinungsbild der Verkaufsstelle, was insofern wichtig ist, dass auch solche Wahrnehmungen die Beurteilung eines Preises beeinflussen können. So hat H. Diller (1982b) in einem Feldexperiment festgestellt, dass auf Werbezetteln größer dargestellte Artikel und Artikelpreise eine günstigere Preisanmutung erzeugen.

Das Ausmaß, in dem einzelne Personen, Preise oder andere Reize, die das Urteil über Preise bestimmen, wahrnehmen, hängt von mehreren **Einflussgrößen** ab:

1. Die Wahrscheinlichkeit, dass ein Preis (bzw. ein sonstiger Reiz) wahrgenommen wird, hängt von der **Art des Reizes** ab. Stärkere Reize werden eher wahrgenommen als schwache Reize. Aus diesem Grund wird auf Sonderangebote häufig mit größeren Preisschildern hingewiesen als auf normale Angebote. Unternehmen mit vergleichsweise hohen Preisen lassen Preisangaben optisch zurücktreten.
2. Die Wahrnehmung von Preisinformationen kann von der **Umwelt** abhängen. So kann beispielsweise durch Blickfänge von den Preisinformationen abgelenkt werden.
3. Die Wahrscheinlichkeit, dass ein Preis (bzw. ein sonstiger Reiz) wahrgenommen wird, hängt auch von spezifischen Eigenschaften der wahrnehmenden Person ab, so von dem **Interesse der Verbraucher, sich über Preise zu informieren** und sie bei Einkaufsentscheidungen zu berücksichtigen. Damit hat sich vor allem H. Diller (1982a, S. 315–334 und 2000, S. 113–127) beschäftigt. Er versteht unter „Preisachtsamkeit“ das Ausmaß an preisbezogenen Informationsaktivitäten.

Die aktive Suche nach Preisinformationen wird auch dadurch bestimmt sein, welche Erfolge sich die Verbraucher von der Suche versprechen. Dieser Erfolg hängt erstens davon ab, ob überhaupt Preisunterschiede bestehen, und zweitens, mit welcher Wahrscheinlichkeit niedrigere Preise ausfindig gemacht werden. G. J. Stigler (1961) hat gezeigt, wie groß die Ersparnisse eines Verbrauchers sind, wenn der Verbraucher weitere Geschäfte aufsucht, um sich über Preise zu informieren. Die Ersparnis, die durch den Besuch weiterer Geschäfte erzielt werden kann, hängt dabei von der Standardabweichung der Preise in den verschiedenen Geschäften ab. In jedem Fall wird die zusätzlich zu erwartende Preisersparnis bei jedem weiteren aufgesuchten Geschäft geringer. Informationsökonomische Gedankengänge legen es nahe, dass der Nachfrager seine Preissuche solange fortsetzt, wie er glaubt, dass die zusätzlich erzielbaren Ersparnisse die zusätzlichen Mühen aufwiegen.

Mit dem Modell von Stigler wird abgebildet, dass das Aufsuchen mehrerer Geschäfte nicht nur erfolgt, um das Angebot besser kennen zu lernen oder um Abwechslung zu erfahren (variety seeking), sondern um deutlich zu machen, dass der Verbraucher bei streuenden Preisen zu entscheiden hat, wie groß die Stichprobe sein soll, die er zieht, also die Zahl der zu kontaktierenden Geschäfte. Dabei lässt sich vermuten, dass die Intensität der Werbung in einer Branche und die Möglichkeit, mit Hilfe des Internets Preise zu vergleichen, bewirken, dass die Standardabweichung der Preisverteilung enger wird. Insbesondere bei Gebrauchsgütern ist die Bedeutung von Preisvergleichsseiten in den letzten Jahren stark angestiegen. Die dort verfügbaren Preisinformationen umfassen meist nicht nur einen Vergleich zahlreicher Händler sondern bieten häufig auch Charts mit Preishistorien (günstigste Preise über die Zeit) an, um die Kaufentscheidung bei technischen Produkten zu unterstützen (R. Venkatesan, K. Mehta und R. Bapna 2007; W. Drechsler und M. Natter 2008). Abbildung 7.3 stellt beispielsweise einen Preisvergleich von Kompaktkameras auf der Preisvergleichsseite www.idealo.de dar. Durch solche Tools wird der Suchaufwand des Konsumenten bei der Beurteilung der relativen Preisgünstigkeit und Qualität eines Händlers (bzw. Produktes) gegenüber einem tatsächlichen Aufsuchen von Geschäften stark vereinfacht.

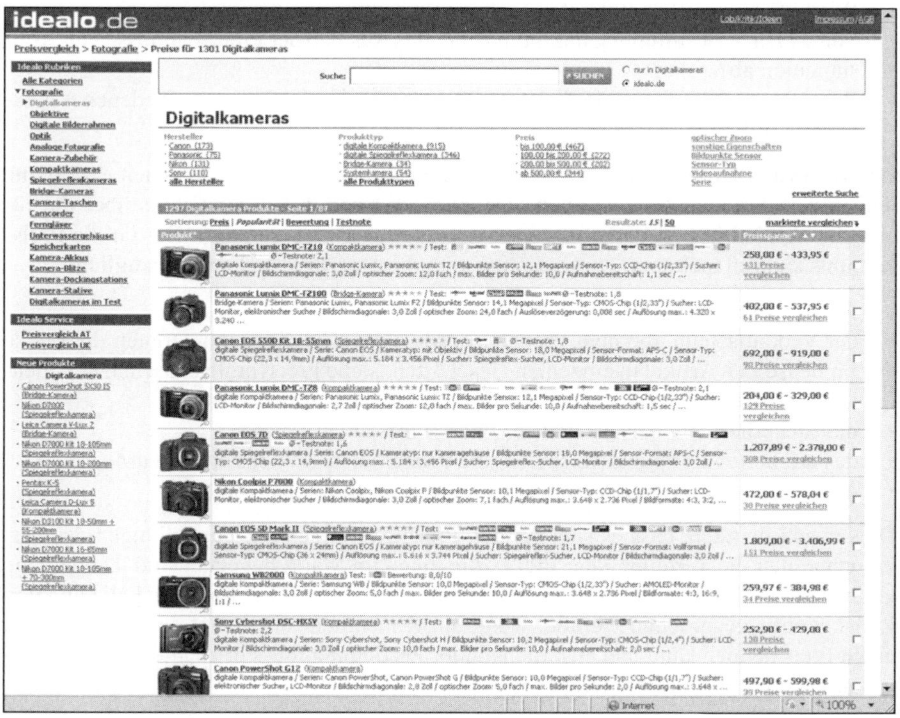

Abb. 7.3: Beispiel eines Internetpreisvergleichs (idealo.de) von Kompaktkameras (Ausschnitt).

b) Zu den Preiskenntnissen der Verbraucher

Kenntnisse über die von den Anbietern geforderten Preise werden als notwendige Voraussetzung für das Funktionieren von Wettbewerb angesehen. Von daher ist es nicht verwunderlich, dass seit Jahrzehnten Untersuchungen zu den tatsächlichen Preiskenntnissen der Verbraucher durchgeführt werden (einen aktuellen Überblick über durchgeführte Studien vermitteln H. Evanschitzky et al. 2004). Aus Sicht des Verbraucherschutzes wird befürchtet, dass der Preiswettbewerb eingeschränkt ist und durch bestimmte Maßnahmen ergänzt werden muss (z. B. Angaben von Grundpreisen, Verbot, Mondpreise als durchgestrichene Preise zu verwenden, Preisauskunftsstellen), weil der Verbraucher so viele Güter kauft und das Angebot der zahlreichen Anbieter den Überblick erschwert. Aus Sicht der Anbieter interessiert, bei welchen Gütern der Verbraucher über Preiskenntnisse verfügt und bei welchen dies nicht der Fall ist. Theoretisch gesehen interessiert aber nicht nur, wie es um die Höhe der Preiskenntnisse steht, sondern welche Rolle sie insgesamt für die Informationssuche und das Kaufverhalten spielen. Das schließt die folgenden Fragestellungen ein:

- Wie ist die Größe „Preiskenntnisse" zu definieren, welche Spielarten sind zu unterscheiden?
- Wie können Preiskenntnisse gemessen werden?
- Von welchen Bestimmungsfaktoren hängt das Ausmaß der Preiskenntnisse von Konsumenten ab?
- Wie wirken sich unterschiedlich hohe Preiskenntnisse auf die verschiedenen Aspekte des Kaufverhaltens aus?

Preiskenntnisse (interne Referenzpreise) seien als das in der Vergangenheit erworbene und in der aktuellen Periode noch verfügbare Wissen des Verbrauchers über die für einzelne Artikel in den Verkaufsstellen geforderten Preise definiert. Die Größe Preiskenntnis kann in mehreren Dimensionen verankert werden, und zwar bezüglich

- der Höhe des Preises,
- der Verkaufsstelle, die dem Preis zugeordnet wird (wie bekannt streuen die Preise für denselben Artikel in einzelnen Geschäften: siehe Preisvergleichsseiten wie Idealo.de, geizhals.at, etc.),
- der Sicherheit, mit der der Preis erinnert wird,
- des erinnerten Zeitpunktes, zu dem die Preisinformation erworben wurde,
- der Häufigkeit, mit der einzelne Preise beobachtet worden sind.

Dies macht deutlich, dass es sich bei den Preiskenntnissen um Vorstellungen der Verbraucher über die Verteilung der Preise, die ihnen im Markt begegnet sind, handelt; sie können unterschiedlich anspruchsvoll abgegrenzt werden. Im einfachsten Fall kann von Preiskenntnis gesprochen werden, wenn ein Konsument überhaupt zu einem Artikel einen Preis nennen kann, bei anspruchsvoller Festlegung muss er zu allen obigen Definitionen korrekte Angaben machen können.

Untersuchungen zu (korrekten) Preiskenntnissen müssen sich nicht ausschließlich auf einzelne Artikel beziehen, sondern können auch das Preisniveau ganzer Geschäfte zum Gegenstand haben (F. E. Brown 1969). Hauptproblem ist die Konstruktion eines geeigneten Warenkorbes, d. h. wie viel und welche Güter in den Warenkorb eingehen sollen.

Erhebungen zu den Preiskenntnissen der Verbraucher stellen häufig darauf ab, bei welchen Artikeln und bei welchen Verbrauchern die Preiskenntnisse ausgeprägt sind. Diese sind abhängig:

- vom Konsumverhalten der Verbraucher (z. B. je häufiger ein Produkt gekauft wird oder eine Einkaufsstätte besucht wird, desto umfangreicher bzw. zutreffender ist die Preiskenntnis),
- von der Absatzpolitik des Anbieters (z. B. je häufiger ein Produkt beworben wird, desto eher ist sein Preis bekannt),
- von Eigenschaften der Person (z. B. ihrem Einkommen, dem Alter, dem Interesse an Preisen).

Die Preiskenntnisse der Verbraucher werden oft als gering bezeichnet. So weist z. B. Lenzen aus, dass weniger als 10 % der Befragten den Preis für Golden Toast, Asbach Uralt oder Eier korrekt in einem Bereich von +/- 5 % um den tatsächlichen Preis für das von ihnen präferierte Geschäft nennen konnten; nur für Butter ergaben sich höhere Werte (Lenzen 1984, S. 160). Goldmann stellte fest, dass anders als von ihm erwartet, Verbraucher mit niedriger Ausbildung die Preise besser kennen (vgl. A. Goldman 1977, S. 69). Das Alter der Befragten spielte in seiner Studie keine Rolle. Tendenziell zeigte die Untersuchung weiterhin, dass die Preiskenntnisse umso besser sind, je niedriger die soziale Schicht ist, der der Nachfrager angehört. Preiskenntnisse sind dabei definiert als das Benennen (irgend-)eines Preises für einen Artikel, der in den letzten 8 Tagen gekauft worden war.

M. Vanhuele et al. (2006) zeigen, dass Kunden Preise verbal, visuell und im Hinblick auf deren Höhe speichern und dass die Art der Kodierung die Erinnerung beeinflusst. Ob man sich Preise merken kann, hängt von der Wortlänge, der (Un-)Gewöhnlichkeit des Preises sowie davon ab, wie viele andere Preise man sich simultan merkt. Die Preiserinnerungsfähigkeiten der Kunden hängen von deren visuellen Merkfähigkeiten, von deren Sprechgeschwindigkeit und Abkürzungsgewohnheiten ab.

Preiskenntnisse sind eine wichtige Bezugsgröße für die Beurteilung von Preisen im Rahmen von Preisgünstigkeitsurteilen. Zweitens hängt es von den Preiskenntnissen ab, welche Anstrengungen unternommen werden, weitere Informationen über Preise einzuholen, d. h. sie bestimmen das Interesse, sich über Preise zu informieren.

c) Preisgünstigkeitsurteile

Mit seinem Preisgünstigkeitsurteil beurteilt ein Verbraucher einen Preis, der als objektive Zahl vorliegt, als günstig oder ungünstig. Die Beurteilung bezieht sich nicht auf das Verhältnis von zu zahlendem Preis zur Qualität der Ware oder zu den Mühen, das Gut zu kaufen, sondern ausschließlich auf die Beurteilung des nach Meinung des Verbrauchers für eine bestimmte Leistung zu zahlenden Preises im Vergleich zu einer Bezugsgröße (Referenzgröße), so dass Preisgünstigkeitsurteile auch als vermutete Abstände eines zu beurteilenden Preises von der verwendeten Bezugsgröße definiert werden können. Nach dem zu beurteilenden Objekt werden unterschieden:

- ein Urteil über die Preisgünstigkeit einzelner Artikel,
- ein Urteil über die Preisgünstigkeit von Artikelgesamtheiten (Artikelgruppen, Warengruppen, Abteilungen, Geschäften, Betriebsformen).

In Bezug auf das Preisgünstigkeitsurteil von Nachfragern interessieren folgende Sachverhalte:

- Wie verändert sich das Preisgünstigkeitsurteil mit der Höhe des Preises? Ist eine lineare Beziehung zwischen den beiden Größen oder eine nichtlineare zu erwarten? Gibt es Preisschwellen und wo liegen diese? Führen ungerade Ziffern zu einem günstigeren Urteil?
- Von welchen Bestimmungsfaktoren hängt es ab, ob ein bestimmter Preis als mehr oder weniger günstig angesehen wird? Diese Frage ist insbesondere für Preisgünstigkeitsurteile relevant, die sich auf bestimmte Gruppen von Artikeln beziehen (z. B. Kategorien, Sonderangebote, das gesamte Sortiment). Spielen hierbei die Preise für bestimmte Artikel, sog. Eckartikel, eine besondere Rolle?
- Welche Wirkungen gehen von einem Preisgünstigkeitsurteil auf andere Größen des Insystems oder auf das beobachtbare Verhalten aus?

Für Handelsbetriebe sind sowohl Preisgünstigkeitsurteile auf Artikel- als auch auf Sortimentsgruppenebene informativ. Es wird deshalb auf beide Varianten im Folgenden näher eingegangen. Die Preisgünstigkeit kann als Teil des Preisimages gesehen werden; dieser Begriff wird hier wegen seiner Unschärfe jedoch nicht verwendet.

Preisgünstigkeitsurteile auf Artikelebene

Die Preisgünstigkeit einzelner Artikel kann durch die Marktforschung ermittelt werden, indem Verbraucher einen bestimmten Preis auf einer Skala „Dieser Preis x ist sehr günstig (1) bis sehr ungünstig (7) im Vergleich zu den Angeboten anderer Anbieter für diesen Artikel“ ermittelt werden. Ein Anlass zu einer solchen Befragung könnte sein, dass der Abverkauf dieses Artikels gering ist und die Unternehmung Informationen erhalten möchte, um wie viel sich das Urteil über die Preisgünstigkeit bei alternativen Preisen verbessern würde. Verbessert beispielsweise eine Preissenkung um 10 % dieses Urteil schon merklich oder tritt die Verbesserung erst ab einer Preissenkung von 15 % ein? Es wird ermittelt, wie sich die Preisgünstigkeit bei alternativen Preisen darstellt. Aus der Kenntnis dieser Beziehung lassen sich Schlüsse für das weitere Vorgehen ziehen. Lenzen (1984) und Müller-Hagedorn (1983) haben gefunden, dass Verbraucher Preise von Lebensmitteln konsistent nach ihrer Günstigkeit einordnen können.

Preisgünstigkeitsurteile ergeben sich aus dem Vergleich eines vorgegebenen Preises mit einer Bezugsgröße. Dieser Bezugspreis wird häufig als Referenzpreis bezeichnet. Es werden externe (z. B. durchgestrichene Normalpreise) oder interne Referenzpreise unterschieden. Bei den internen Referenzpreisen handelt es sich um gespeicherte Eindrücke von Preisen, die der Nachfrager in der Vergangenheit gesammelt hat und die aktuell in mehr oder minder verdichteter Form zur Beurteilung herangezogen werden. Wie die Beobachtungen aus der Vergangenheit zu einem Referenzpreis verdichtet werden, ist Gegenstand zahlreicher Untersuchungen (M. Schuckel und R. Wierich 2005). In Übertragung von H. Helsons (1964) Theorie des Adaptionsniveaus wurde behauptet, der Verbraucher vergleiche den wahrgenommenen Preis mit einem Referenzpreis. In dem Referenzpreis spiegeln sich in der Vergangenheit beobachtete Preise und der Einfluss sonstiger Eindrücke, die für die Beurteilung eines Preises maßgebend sind, wider (vgl. F. Emery 1969; später so auch H. Diller 1991, S. 141–145). Die Assimilations-Kontrast-Theorie behauptet, dass Preise, die nahe am Referenzpreis liegen, ähnlich wie dieser beurteilt werden. Je weiter die Preise davon abweichen, desto kontrastreicher fällt das Urteil aus. Die Prospect-Theorie geht davon aus, dass Preise, die über dem Referenzpreis liegen, anders beurteilt werden als Preise, die darunter liegen, wobei die Reaktion asymmetrisch ist. Auf Überschreitungen des Referenzpreises reagiert der Nachfrager heftiger als auf Unterschreitungen (siehe dazu beispielsweise F. Bauer 2000, N. Novemsky und D. Kahnemann 2005, D. Ariely et al. 2005 und C. Camerer 2005). Als wichtig hat sich auch der zuletzt gezahlte Preis erwiesen (J. R. Bettmann 1973, S. 100–102). Von besonderer Bedeutung für die Beurteilung eines vorgefundenen Preises könnten aber auch die dem Verbraucher bekannten extremen Preise sein. M. Schuckel und R. Wierich zeigen, das sich die Hypothese der Prospect-Theorie den beiden anderen Ansätzen als überlegen erweist und weisen auf die Bedeutung des Referenzpreises für Preisgünstigkeitsurteile hin (M. Schuckel und R. Wierich 2005).

Für die **Ermittlung des nicht beobachtbaren Referenzpreises** (*r*) werden unterschiedliche Methoden vorgeschlagen (R. Winer 1986). Häufig wird der Referenzpreis als exponentiell geglätteter historischer Preis (Verkaufspreis – VK) des Artikels berechnet. Dieses Modell bewährte sich in einer empirischen Analyse verschiedenster Referenzpreisformulierungen (J. Briesch et al. 1997) am besten, unterstellt jedoch einen symmetrischen Adaptionsprozess:

(5) $r^t = \alpha r^{t-1} + (1 - \alpha) VK^{t-1}$

wobei:

α = Glättungsparameter,
VK = Verkaufspreis,
r = interner Referenzpreis,
t = Periode.

Da Preisreduktionen im Gegensatz zu Preiserhöhungen an die Konsumenten kommuniziert werden, scheint diese Annahme im Allgemeinen nicht gerechtfertigt. Das symmetrische Adaptionsmodell kann jedoch um die Möglichkeit einer schnelleren Adaption des Referenzpreises bei Verkaufspreisen unter dem Referenzpreis erweitert werden (M. Natter et al. 2007):

(6) $r^t = r^{t-1} + \mu \, max\,(0, VK^{t-1} - r^{t-1}) + \eta \, min\,(0, VK^{t-1} - r^{t-1})$

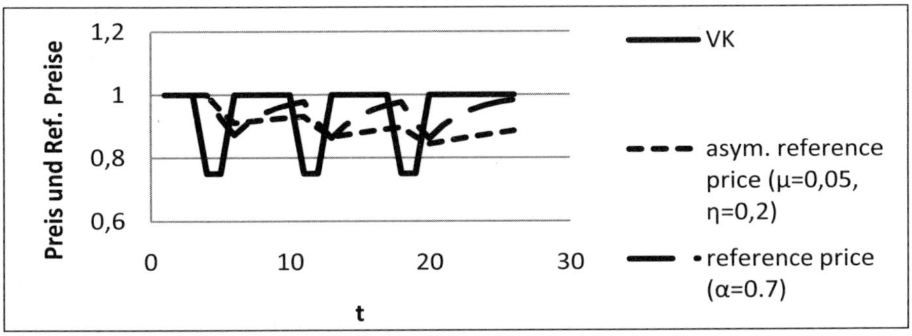

Abb. 7.4: Verkaufspreise (VK) einer Aktionspreisstrategie sowie die daraus abgeleiteten Referenzpreise (exponentielle Glättung erster Ordnung) und asymmetrischer Referenzpreis (Gleichung 6)

In Abbildung 7.4 sind neben dem Preis (VK) die symmetrischen (bei $\alpha = 0{,}7$) bzw. asymmetrischen ($\mu = 0{,}05$; $\eta = 0{,}2$) Referenzpreise illustriert. Der reguläre Preis beträgt € 1,00. Nach den ersten 3 Wochen findet eine Preisaktion statt (für 2 Wochen), in welcher der Preis auf € 0,75 reduziert wird, usw. Für den Fall $\mu = \eta$ ist das Modell mit dem adaptiven Referenzpreismodell identisch; d. h. die asymmetrische Form ist eine Verallgemeinerung des häufig verwendeten (symmetrischen) adaptiven Referenzpreismodells (Gleichung 5). Neben der gesteigerten Kontaktwahrscheinlichkeit eines attraktiven Preises (d. h. eines Preises unter dem Referenzpreis) aufgrund von Kommunikationsmaßnahmen, ist auch zu erwarten, dass Konsumenten den Referenzpreis stärker anpassen, wenn sie den Artikel gekauft haben (was bei einem Preis unter dem Referenzpreis wahrscheinlicher ist als bei Preisen über dem Referenzpreis), da sie beim Kauf eines Artikels nicht nur am Regal, sondern auch an der Kasse, bei der Rechnungskontrolle, bei der Einlagerung oder beim Konsum (bzw. der Verwendung) mit dem Preis des Artikels konfrontiert werden können. Im Gegensatz zum (symmetrischen) adaptiven Referenzpreismodell, können mit den beiden Parametern μ und η unterschiedliche Anpassungsgeschwindigkeiten berücksichtigt werden. In diesem Modell wird der optimale Preisabstand einer Hoch-Tief-Preispolitik (HILO-Strategie) mit zunehmenden Unterschieden zwischen μ und η geringer. Die Modellierung von Referenzpreisen scheint eine pragmatische Umsetzung verhaltenswissenschaftlicher Aspekte in Marktreaktionsmodellen zu sein.

Die Abweichung eines beobachteten Preises vom Referenzpreis (Überraschungseffekt) kann als Variable in der Nachfragefunktion (aggregiert über Konsumenten oder für individuelle Konsumenten) verwendet werden. Dadurch ergibt sich eine Verbindung zwischen transaktionsorientierten Modellen und verhaltensorientierten Ansätzen. Dabei wird der interne und nicht beobachtbare Referenzpreis meist als eigene Gleichung geschätzt. Die Höhe des Glättungsparameters (α oder μ und η) wird dabei basierend auf Fitmassen der Nachfragefunktion festgelegt (vgl. E. Greenleaf 1996, P. Kopalle et. al. 1998). Abbildung 7.5 stellt den Einfluss der Preise und Referenzpreise aus Abbildung 7.4 auf den Absatz im Falle des symmetrischen (D sym.) bzw. asymmetrischen Referenzpreisemodells (D asym.) dar. Im asymmetrischen Modell wirken sich hier ($\mu < \eta$) Preissenkungen negativer auf den längerfristigen Absatz aus, da sich der Referenzpreis nach Preisreduktionen nur langsam wieder erhöht; d. h. die hohe Frequenz der Preispromotions wirkt sich negativ auf den Referenzpreis und daher auch auf den Absatz aus. Der Absatz (hier wöchentlich aggregierte Absatzzahlen) in Abbildung 7.5 folgt der Gleichung 7:

(7) $D^t = 105 – 20VK^t + 200PRG + 100NRG,$

wobei:

$$NRG^t = \min(0, r^t - VK^t)$$
$$PRG^t = \max(0, r^t - VK^t).$$

Wenn der Parameter für PRG (das sind die Situationen, in denen der Referenzpreis höher ist als der tatsächliche Preis; d. h. PRG>0), höher ist als der Parameter für NRG, dann kann sich eine Hoch-Tiefpreispolitik lohnen. Dann ist nämlich der positive Aspekt einer Preissenkung stärker als der negative einer Preiserhöhung (relativ zum Referenzpreis).

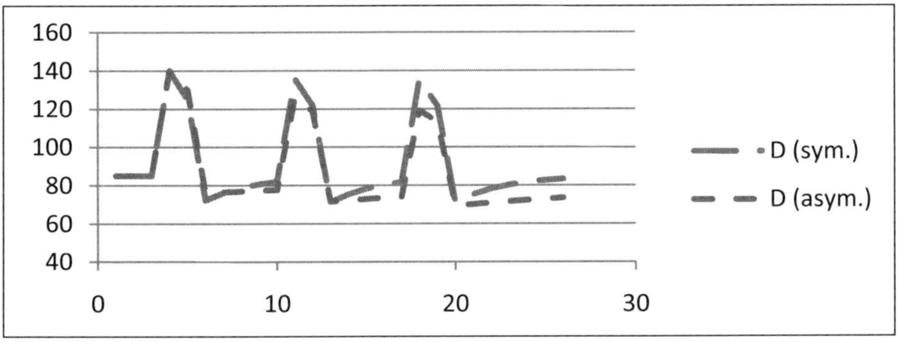

Abb. 7.5: Einfluss der Preise und Referenzpreise auf den Absatz (D) im Falle des symmetrischen bzw. asymmetrischen Referenzpreisemodells.

Ein Vergleich der Erklärungskraft dieser verschiedenen Bezugs- oder Referenzpreise ist so über die Nachfragefunktion möglich (R. Briesch et al. 1997); d. h. die Frage, welcher Referenzpreisemechanismus (z. B. Gleichung 5 oder Gleichung 6) verwendet werden soll, kann z. B. anhand des korrigierten Bestimmtheitsmaßes der Absatzfunktion (Gleichung 7) entschieden werden.

Es ist darüber hinaus aber auch denkbar, dass sich ein Preisgünstigkeitsurteil nicht nur aus dem Abgleich von Preiskenntnissen bzw. Referenzpreisen und zu beurteilendem Preis ergibt, sondern dass das Urteil über die Preisgünstigkeit eines Artikels durch Übertragung von Urteilen über die Preisgünstigkeit anderer Artikel oder Artikelgesamtheiten gewonnen wird (sog. Generalisierung).

Preisgünstigkeitsurteile über Sortimentseinheiten

Preisgünstigkeitsurteile können sich auch auf Gruppen von Artikeln beziehen (z. B. „Bei Händler x ist Fleisch billig, aber Gemüse teuer"). Als solche Gruppen von Artikeln kommen Kategorien oder Sub-Kategorien in Frage, sogar das Sortiment insgesamt. Als Bezugsgröße für Preisgünstigkeitsurteile können aber auch die Sonderangebote einer Unternehmung angesehen werden oder jene Artikel, die als Dauerniedrigpreise herausgestellt werden. Die Studie von W. Lenzen (1984) zeigt, dass der niedrigste Preis in einer Artikelgruppe einen vergleichsweise starken Einfluss auf das Preisgünstigkeitsurteil der Konsumenten hinsichtlich dieser Artikelgruppe hat. Als Bezugsgröße für Preisgünstigkeitsurteile können aber auch die Sonderangebote einer Unternehmung angesehen werden („Wie preisgünstig sind die Sonderangebote der Unternehmung ...?", „... und das restliche Sortiment?") oder jene Artikel, die als Dauerniedrigpreise herausgestellt werden. Für die Messung von Preisgünstigkeitsurteilen für Artikelgruppen empfiehlt sich eine reflektive Multi-Item-Skala. Müller-Hagedorn und Wierich haben eine solche mit sechs Fragen entwickelt, die den üblichen Gütemaßen gut entsprochen hat (L. Müller-Hagedorn und R. Wierich 2005). Die Items lauten nach der einleitenden Frage „Wie beurteilen Sie das eben gesehene Sortiment?":

- Hier kann man günstig ... kaufen.
- Die Preise für ... sind hier knapp kalkuliert.

- Hier kann man ... genauso günstig kaufen wie im Discounter.
- Hier stehen viele preisgünstige ...-Sorten im Angebot.
- Hier kann ich günstig meine ... kaufen.
- Hier gibt es in allen Qualitäten preisgünstige ...

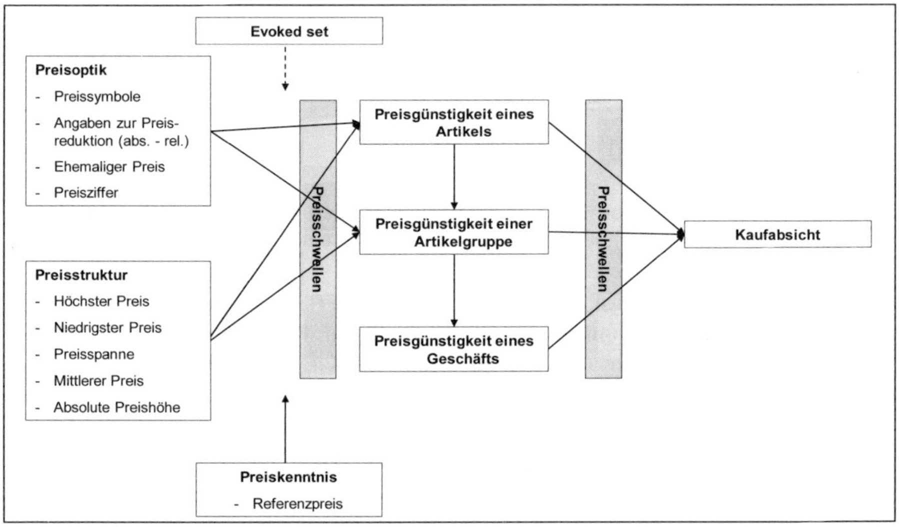

Abb. 7.6: Ein Wirkungsmodell zur Preisgünstigkeit

Im Mittelpunkt der Untersuchung von Müller-Hagedorn und Wierich stand die Preisgünstigkeit einer Artikelgruppe. Abbildung 7.6 verdeutlicht, dass zum einen gefragt wurde, wovon diese Preisgünstigkeit abhängt und dass zum anderen geprüft wurde, wie sich die empfundene Preisgünstigkeit auf die Kaufabsicht auswirkt. Deutlich wird auch, dass Preisgünstigkeitsurteile nicht nur von der jeweiligen Preispolitik abhängen.

Zentrale Hypothesen lauteten:

> *Der niedrigste Preis in einer Artikelgruppe hat einen vergleichsweise starken Einfluss auf das Preisgünstigkeitsurteil der Konsumenten hinsichtlich dieser Artikelgruppe.*

Die Hypothese wurde bestätigt.

> *Die Preisgünstigkeit einer Artikelgruppe, die mit glatten Preisen ausgepreist ist, wird im Vergleich zu Artikelgruppen mit unüblichen Preisziffern als günstiger wahrgenommen.*

Die Hypothese wurde abgelehnt.

> *Je günstiger das Preisgünstigkeitsurteil über eine Artikelgruppe ausfällt, desto größer ist die auf die Artikelgruppe bezogene Kaufabsicht.*

Die Hypothese wurde bestätigt.

Es liegt also ein signifikant positiver Zusammenhang zwischen dem Preisgünstigkeitsurteil über eine Artikelgruppe und der auf diese Artikelgruppe bezogenen Kaufabsicht vor. Dies stützt Überlegungen, die Wirkungen einer Preispolitik mit Hilfe der Marktforschung zu kontrollieren.

Die Generalisierung von Preisurteilen

Oft ist die Situation im Handel dadurch geprägt, dass der Nachfrager unter zahlreichen Alternativen wählen kann, selbst wenn er nur einen Artikel kaufen will; so werden ihm z. B. im Reifenhandel zahlreiche Marken angeboten, die darüber hinaus unterschiedliche Modellreihen enthalten. In vielen Fällen wird der Nachfrager nicht in der Lage sein, Preise auf der Ebene einzelner Artikel zu vergleichen, oder er wird dies nicht tun wollen. Das Problem verschärft sich, wenn mehrere Artikel gekauft werden müssen, wie dies im Lebensmittelhandel der Fall ist. Eine Vereinfachungsmöglichkeit besteht für den Konsumenten darin, den Entscheidungsprozess zu vereinfachen, indem Urteile von einem Objekt auf ein anderes übertragen werden, was als Reizgeneralisation bezeichnet wird und womit das folgende Phänomen bezeichnet wird:

Gleiche Reaktionen sind bei einer Person nicht nur dann zu beobachten, wenn der gleiche Reiz wiederholt wird, sondern auch, wenn ähnliche Reize einwirken.

Im Idealfall hat sich gezeigt, dass die konditionierte Reaktion immer schwächer wird, je mehr die Signale vom ursprünglich konditionierten Signal in positiver oder negativer Richtung abweichen. Auf diesem Weg können sich nicht nur Preisgünstigkeitsurteile für einzelne Artikel ergeben, sondern auch Urteile über die Preisgünstigkeit von Artikelgruppen, Warengruppen und ganzen Geschäften, allgemein über Artikelgesamtheiten. Die Generalisation ist nicht nur beschränkt auf die Übertragung eines Urteils über die Günstigkeit eines Preises, bei dem Preiskenntnisse vorliegen, auf Artikel(-Gesamtheiten) ohne Preiskenntnisse, sondern ist auch umgekehrt von Artikelgesamtheiten auf einzelne Artikel möglich.

Schon H. Nyström (1970, S. 119–139) unterschied unterschiedliche Objekte (Artikelgesamtheiten) bei der Beurteilung der Preisgünstigkeit (Preisimage). Er sprach von der „price evaluation“ bei einzelnen Artikeln und vom „price image“ einzelner Artikelgruppen, ganzer Sortimente oder einzelner Betriebsformen. Preisbeurteilungen stellen bei ihm ein Zusammenwirken von Generalisierungen und Diskriminierungen dar. Unter **Diskriminierung** versteht er den Vergleich von Preisen für denselben Artikel zu verschiedenen Zeitpunkten und den Vergleich von Preisen für gleiche oder ähnliche Artikel. **Generalisierung** bedeutet bei ihm, dass das Urteil über die Preise auf einer Ebene (Artikel, Abteilung, ...) auf eine andere Ebene übertragen wird. Wichtige Hypothesen im Nyströmschen Modell sind:

Je heterogener die Angebote sind (d. h. je schwerer der Konsument einzelne Artikel miteinander vergleichen kann), desto größer ist die Bedeutung von Generalisierungen für die Preisbeurteilung eines Gutes und umso geringer ist die Bedeutung von Preisvergleichen zwischen verschiedenen Gütern.
Je heterogener die Angebote sind, desto bedeutsamer sind intertemporale Preisvergleiche und desto weniger bedeutsam sind Preisvergleiche bei ähnlichen Produkten.

Nyström greift in seinem Erklärungsansatz auf die **Konsistenztheorien** zurück. Im vorliegenden Zusammenhang heißt das, dass Verbraucher sich ein Bild von der Preisgünstigkeit eines Geschäftes machen, indem sie sich ein Urteil über mehrere Elemente bilden, z. B.: Preisgünstigkeitsurteile für einzelne Artikel, für einzelne Sortimentsteile, für das Sortiment insgesamt. Ein Konsument ist bestrebt, die einzelnen Urteile in einen Gleichgewichtszustand zu bringen, so dass sie sich konsistent zueinander verhalten. Wenn zwei Elemente nach Ansicht der urteilenden Personen füreinander nicht irrelevant sind, dann stehen sie entweder in der Beziehung der Konsonanz oder der Dissonanz. Konsonanz ist nach Festinger dann gegeben, wenn ein Element psychologisch aus dem anderen folgt, d. h. wenn eine Kognition in der subjektiven Logik des Individuums zu einer anderen nicht in Widerspruch steht (vgl. H. Raffée, B. Sauter und G. Silberer 1973, S. 13, unter Bezug auf L. Festinger 1957, S. 261).

Urteile über die Preisgünstigkeit eines Artikels wirken sich mehrfach auf den Entscheidungsprozess eines Verbrauchers aus:

- Das bisherige Urteil über die Preisgünstigkeit eines Artikels wird durch aktuelle Eindrücke korrigiert; diese Wirkung ist bereits oben mit dem Abgleich zwischen aktuell wahrgenommenem Preis und Referenzpreis ausführlich beschrieben worden.
- Das Urteil über die Preisgünstigkeit eines Artikels wird auf andere Artikel, auf Sortimentsteile oder Sortimente übertragen. In vielen Fällen wird der Käufer über keine Preiskenntnisse verfügen. In einem solchen Fall wird er zur Bildung eines Urteil über die Preisgünstigkeit eines Artikels ersatzweise auf andere Informationen zurückgreifen: Hierfür kommen sein Urteil über die Preisgünstigkeit anderer Artikel oder Artikelgruppen in Frage, ferner die Art der Preisdarstellung und schließlich Informationen nichtpreislicher Art, wie etwa die Art der Ladenausstattung, die Lage des Geschäftes usw. Im Handel hat die Frage, ob es bestimmte Eckartikel gibt, die als Basis für die Beurteilung auch anderer Artikel dienen, großes Interesse gefunden. Insbesondere kann von einem starken Einfluss der Preisgünstigkeitsurteile der Eigenmarken ausgegangen werden.
- Das Schließen vom Preis auf die Qualität des Artikels (S. Nies 2009, F. Völckner und H. Sattler 2005): In zahlreichen Studien wurde überprüft, inwieweit Verbraucher vom Preis auf die Qualität des Produktes schließen, denn der Preis wird vom Käufer nicht nur als Kostenbestandteil angesehen, sondern unter Umständen auch als Indikator für die Qualität eines Gutes. Dies ist dann wahrscheinlich, wenn der Verbraucher unsicher ist, wie er die Qualität eines Gutes zu beurteilen hat oder wenn ein hoher Preis aus sozialen Gründen positiv beurteilt wird (Snob-Effekt). In zahlreichen Studien wurde erwartungsgemäß ein positiver Zusammenhang zwischen Preis und Qualität festgestellt. Hochpreisige Produkte werden bevorzugt, wenn der Preis die einzig verfügbare Information darstellt, wenn die Preisunterschiede zwischen den Alternativen groß sind und wenn die Vorstellung herrscht, die Qualität der verfügbaren Marken unterscheide sich deutlich (vgl. z. B. Z. V. Lambert 1972; B. Shapiro 1970). Als wichtige Größen, die den Zusammenhang von Preis und Qualität bestimmen, erwiesen sich das Markenimage, die Preishöhe, die Häufigkeit des Einkaufs und die Erfahrung im Umgang mit dem Produkt (vgl. D. Gardner 1970 und 1971; K. B. Monroe 1976). Abbildung 7.7 zeigt die Funktion des Preises als Qualitätsindikator für verschiedene Produktkategorien. Die Studie macht deutlich, dass der Preis in der Kategorie Küchenrolle (Mittelwert = 2,7) die geringste Bedeutung hat, die Qualität zu signalisieren. Bei Windeln (Mittelwert = 3,9) hat der Preis eine wichtige Funktion als Qualitätsindikator.

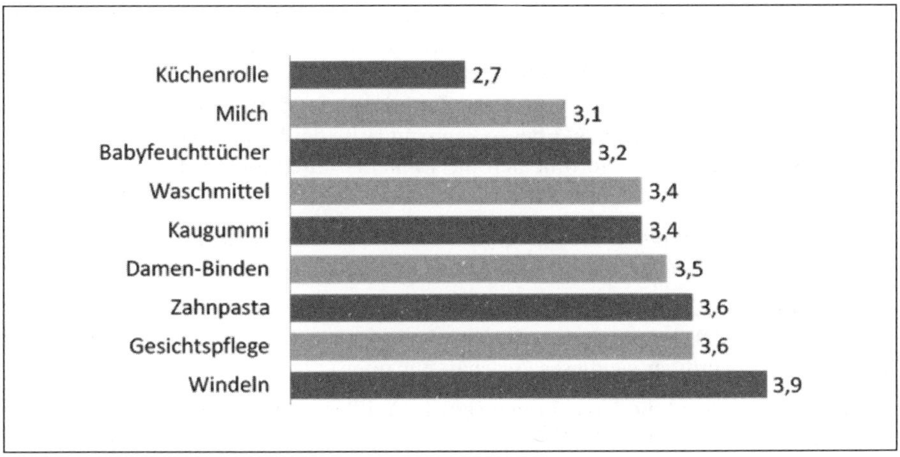

Abb. 7.7: Preis als Qualitätsindikator in verschiedenen Kategorien. Aussage: Qualität hat ihren Preis. Skala: 1 (trifft gar nicht zu) bis 5 (trifft voll und ganz zu). N=2910.

d) Urteile über die Günstigkeit des Einkaufs (Preiswürdigkeit)

Im Regelfall wird ein Einkauf nicht nur unter preislichen, sondern auch unter qualitativen Gesichtspunkten beurteilt werden. Diese lassen sich unterscheiden in solche, die mit der Qualität eines Produktes (einer Ware) und solche, die mit den Umständen des Einkaufs in einer bestimmten Verkaufsstelle verbunden sind. Letztere sind zu einem großen Teil durch die Absatzpolitik des Handelsbetriebes bestimmt, z. B. durch seine Standortwahl, durch das Bereitstellen von Parkplätzen, durch das Bedienungssystem oder durch die Auswahl. Die Umstände des Einkaufs werden aber auch durch Faktoren bestimmt, die einzelne Geschäfte nicht kontrollieren können.

Fügt man die Urteile über die preisliche und die qualitative Komponente des Einkaufs eines Artikels i in der Einkaufsstätte j zusammen, so ergibt sich das Urteil über die Günstigkeit des Einkaufs eines Artikels i (oder einer Artikel- bzw. Warengruppe) in der betreffenden Einkaufsstätte.

Dieses Urteil kann „**Preiswürdigkeitsurteil**" genannt werden; es erfasst die Bewertung des zu zahlenden Preises, der Umstände, die mit dem Einkauf verbunden sind, und die erhaltene Leistung, weswegen auch vom **Preis-Leistungs-Verhältnis** gesprochen werden kann. Es handelt sich um ein zusammenfassendes Urteil, inwieweit ein Geschäft von einem Verbraucher als geeignete Einkaufsstätte angesehen wird, mithin um seine auch preisliche Aspekte berücksichtigende Einstellung gegenüber diesem Geschäft.

Wie bei der Größe Preisgünstigkeit sind auch hier Generalisierungen denkbar. Ein Konsument, der der Ansicht ist, ein bestimmtes Gut in der Einkaufsstätte j günstig einkaufen zu können, kann diesen Eindruck auf andere Güter übertragen. Er bildet sich so ein Urteil über die Günstigkeit des Einkaufs von ganzen Warenkörben in einem bestimmten Geschäft. Von diesem Urteil macht er Gebrauch bei der Einkaufsstättenwahl, aber auch bei der Beurteilung einzelner Artikel, zu denen ihm keine spezifischen Informationen zur Verfügung stehen.

Durch den Vergleich mehrerer Produkt- und/oder Geschäftsalternativen ergibt sich eine Präferenzstruktur, nach der entweder konkurrierende Produkte oder Geschäfte in eine Rangfolge gebracht werden. Mit dieser Präferenz kann unter Berücksichtigung der nicht antizipierten Faktoren (z. B. unerwartete Zeitknappheit) der Kauf eines bestimmten Produktes vorhergesagt werden. Ebenso kann mit Hilfe des Urteils über die Günstigkeit von Sortimentsteilen oder Sortimenten die Einkaufsstättenwahl erklärt werden. Dies kommt in der Hypothese zum Ausdruck:

Die Bevorzugung einzelner Einkaufsstätten richtet sich nach dem Urteil über die Preiswürdigkeit dieser Einkaufsstätten.

Es handelt sich um eine spezielle Einstellungs-Verhaltens-Relation. So hat beispielsweise W. Lenzen (1984) bestätigt, dass die Konsumenten umso häufiger in einem Geschäft kaufen, je preiswürdiger sie dieses Geschäft einstufen.

In Abbildung 7.8 sind die zugehörigen (hoch signifikanten) Korrelationskoeffizienten ausgewiesen (W. Lenzen 1984, S.272).

4 Verbrauchermärkte	0,61 ***	0,53 ***	0,52***	0,44 ***
4 Warenhäuser	0,44***	0,49***	0,41***	0,42***
2 Supermärkte	0,49***	0,50***		

Abb. 7.8: Korrelation zwischen Kaufhäufigkeit und Preiswürdigkeitsurteil

In Abbildung 7.9 ist der Zusammenhang zwischen der durchschnittlichen Kaufhäufigkeit von Lebensmittel und dem durchschnittlichen Preiswürdigkeitsurteil dargestellt. Die Abbildung zeigt die deutlich ansteigende Tendenz, nach der die durchschnittliche Kaufhäufigkeit in einem Geschäft umso höher ist, je besser die Preiswürdigkeit (nicht zu verwechseln mit der Preisgünstigkeit) des Geschäftes beurteilt wird.

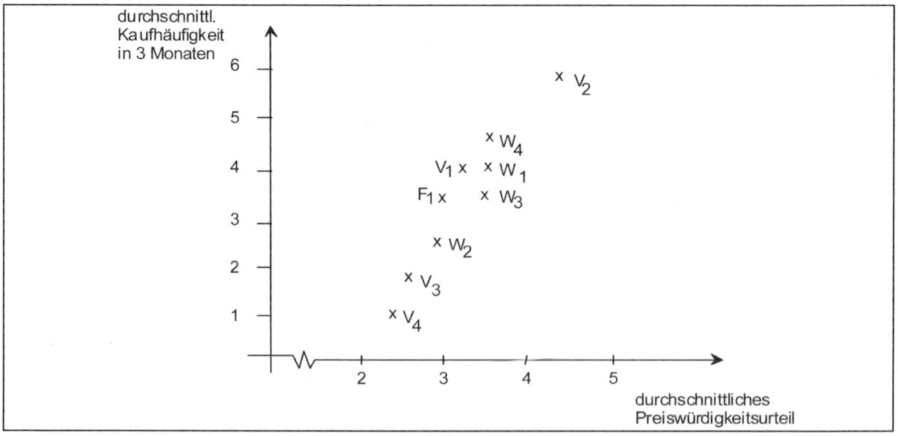

W=Warenhäuser, V = Verbrauchermärkte, F = Fachgeschäfte

Abb. 7.9: Zusammenhang zwischen Preiswürdigkeitsurteil und durchschnittlicher Einkaufshäufigkeit

7.2.2.2 Preisschwellen und der Bereich akzeptabler Preise

Preisschwellen sind Preise, bei denen sich die Preisbeurteilung oder das Kaufverhalten sprunghaft ändern. Im Handel stehen viele Preise im Verdacht, Preisschwelle in diesem Sinne zu sein (z. B. € 0,50; € 1,00; € 2,00; € 3,00; € 4,00; € 5,00; € 10,00; € 50,00; € 100,00). Es werden folgende Varianten von Preisschwellen unterschieden:

- Absolute Preisschwellen: Preise, bei denen die Konsumenten auf einen Kauf verzichten, und zwar ein oberer Preis, bei dem die Nachfrage stark zurückgeht, weil die Konsumenten der Ansicht sind, das Gut sei zu teuer, und eine untere Preisschwelle, bei deren Unterschreiten die Konsumenten eine schlechte Qualität befürchten (J. Stoetzel 1954, S. 183–188, H. Müller 2009).
- Relative Preisschwellen: Preisschwellen relativer Natur, mit denen erfasst wird, ab welcher Preisdifferenz (z. B. durch Preiserhöhung oder Preissenkung) mit einer veränderten Reaktion des Konsumenten zu rechnen ist.

Absolute Preisschwellen

Wie kann jener Preis ermittelt werden, bei dem die Nachfrager auf einen Kauf verzichten? Die Existenz einer solchen Preisschwelle ist schon früh untersucht worden (D. Adam 1969, S. 75–88, P. Fouilhé 1960, S. 163–172, P. H. Van Westendorp 1976). Besonders eingehend haben sich, A. Gabor, C. W. J. Granger und A. Sowter (1971) mit dem Preisschwellenphänomen befasst. Wie Adam legten Gabor und Granger den zu Befragenden alternative Preise vor und fragten, ob zu diesem Preis

- nicht gekauft würde, weil das Gut zu billig sei (L(p)) – „Ab welchem Preis erachten Sie das Produkt als zu billig, so dass Sie seiner Qualität misstrauen würden und deswegen von einem Kauf Abstand nehmen würden?“ – oder
- nicht gekauft würde, weil das Gut zu teuer sei (H(p)) –„Ab welchem Preis erachten Sie das Produkt als zu teuer, so dass Sie es nicht mehr kaufen würden?“.

Für jeden Preis lässt sich ermitteln, wie viele Personen nicht kaufen würden, weil der Preis zu niedrig ist oder weil er zu hoch ist. Mit steigendem Preis wächst die Zahl der Käufer, geht aber dann wieder zurück und liegt schließlich bei null. Der Anteil der Personen, die zu einem bestimmten Preis kaufen werden (B(p)), ergibt sich als:

(8) $B(p) = 1 - L(p) - H(p).$

Ein Bereich akzeptabler Preise lässt sich dann abgrenzen, indem ein unterer und ein oberer Wert festgelegt werden, innerhalb dessen mindestens x % (z. B. 50 %) der ausgewählten Konsumenten kaufen würden (vgl. auch K. B. Monroe 1971a, S. 460–464). Gelegentlich wird dieser Preis, bei dem sich die Funktionen L(p) und H(p) schneiden und bei dem die Zahl der Käufer am höchsten ist, als „Optimal Pricing Point“ bezeichnet, weil dort die Anzahl der Käufer am höchsten ist (H. Müller 2009). Dies ist insofern unglücklich, weil dabei weder Effekte des Preises auf den Umsatz, noch Kosteneffekte berücksichtigt werden.

Ergänzend zu L(p) und H(p) lassen sich Kurvenverläufe zu den folgenden Fragen ermitteln (P. H. Van Westendorp 1976, T. T. Allen und K. M. Maybin 2004):

- Ab welchem Preis erachten Sie das Produkt ... als günstig?
- Ab welchem Preis erachten Sie das Produkt ... als teuer?

Auch hier ergeben sich eine absteigende und eine aufsteigende Funktion. Es handelt es sich um **Verfahren zur direkten Ermittlung von Zahlungsbereitschaften**. Mit dem Verfahren werden im Regelfall hypothetische Kaufabsichten ermittelt, bei denen zu fragen ist, in welchem Zusammenhang sie zu tatsächlichem Kaufverhalten stehen. Differenzen zwischen geäußerten Kaufabsichten und tatsächlichem Kaufverhalten können aufkommen, weil zwischen Befragung und Kauf nicht unbeträchtliche Zeitabstände liegen können und weil die Kaufsituation komplexer sein kann als die Befragungssituation (so werden z. B. in der Kaufsituation auch die Preise von konkurrierenden Produkten wirksam sein). Die Validität einzelner Verfahren zur Ermittlung von Zahlungsbereitschaften ist deshalb zu einem aktuellen Feld der Forschung geworden (vgl. z. B. H. Sattler und T. Nitschke 2003). Es lassen sich folgende Verfahren miteinander vergleichen

- die direkte Abfrage,
- verschiedene Formen der Conjoint-Analyse,
- die BDM-Lotterie,
- verschiedene Auktionsformen (Vickrey-Auktion, Höchstpreisauktion).

Relative Preisschwellen

Differentielle (relative) Preisschwellen beziehen sich auf den Fall, dass der Verbraucher mehrere Preise miteinander vergleicht. Es wird behauptet, dass Unterschiede in den Preisen erst ab einer bestimmten Größenordnung als solche wahrgenommen werden. Der Effekt kann im Vergleich der Preise für zwei Artikel, aber auch beim intertemporalen Preisvergleich auftreten. In empirischen Untersuchungen zu den differentiellen Preisschwellen wird gefragt, ob **das Webersche Gesetz** (welches bereits aus dem Jahre 1834 stammt) gilt. Weber stellte fest, dass das Verhältnis des eben merklichen Reizunterschiedes (jnd = just noticeable difference) zur Bezugsgröße eine konstante Zahl ist, dass also der Quotient des eben merklichen Reizunterschiedes zum Standardreiz konstant bleibt (vgl. A. Hajos 1972, S. 29):

$$(9)\quad \frac{\Delta S}{S_i} = k$$

wobei:
ΔS = $S_i - S_j$ = eben merklicher Reizunterschied (just noticeable difference *jnd*),
S_i = Standardreiz,
k = für die betreffende Sinnesleistung empirisch gefundene Konstante (Webersche Konstante).

Die Gültigkeit dieses Gesetzes für die Beurteilung von Preisen würde bedeuten, dass es bei Preisveränderungen den jnd festzustellen gilt. Bei einem Ausgangsreiz von z. B. € 9,50 könnte dieser bei € 0,20 liegen. Die Webersche Konstante betrüge also:

$$(10)\quad \frac{9{,}50 - 9{,}30}{9{,}50} = 0{,}021$$

Das bedeutet, dass Verbraucher Unterschiede im Preis erst in Rechnung stellen würden, wenn der zweite Preis unter € 9,30 läge. Geringere Preisdifferenzen würden als solche nicht bewertet. Bei einem Ausgangspreis von € 50,- würde der Verbraucher eine Preissenkung erst als solche erkennen, wenn der neue Preis wenigstens:

$$(11) \quad \frac{50 - x}{50} = 0,021$$

$$(12) \quad x = \frac{50}{50 \cdot 0,021} = 47,62€$$

betrüge, was einer Veränderung des Preises um € 2,38 entspricht.

Kamen und Toman sind der Meinung, dass das Webersche Gesetz für die Beurteilung von Preisen durch Verbraucher nicht herangezogen werden kann. Sie vertreten die Ansicht, dass dieselbe absolute Preisdifferenz sogar von größerer Bedeutung sein wird, wenn die Preise auf einem vergleichsweise hohen Niveau liegen (vgl. J. M. Kamen und R. J. Toman 1970 sowie J. Stapel 1972). So könne eine Preisdifferenz von € 0,05 zwischen zwei Benzinmarken bei einem hohen Benzinpreis bedeutungsvoller sein als bei einem niedrigen Benzinpreis. Einige Autoren haben sich aber auch gegen eine solche Sicht ausgesprochen (K. B. Monroe 1971b und A. Gabor, C. W. J. Granger und A. Sowter 1971).

Das Problem ist auch heute noch als offen anzusehen (vgl. auch den älteren Überblick bei L. von Rosenstiel und G. Ewald 1979, S. 74–86). Von Rosenstiel und Ewald weisen zu Recht darauf hin, dass das Webersche Gesetz erfasst, wann Reizdifferenzen wahrgenommen werden können, während es in der Preistheorie darum geht zu ermitteln, wann wahrgenommene Preisdifferenzen zu Änderungen im Verhalten führen. Es könnte aber trotzdem sein, dass das Nachfrageverhalten der Konsumenten in Analogie zum Wahrnehmungsverhalten im Sinne des Weberschen Gesetzes gesehen werden kann.

7.2.2.3 Preisoptik und die Wirkung runder Preise

Die Politik des „Gerade-unter-einer-runden-Zahl-Bleibens" ist im Handel weit verbreitet (vgl. z. B. die Häufigkeitsverteilung der Preise im Lebensmittel-Einzelhandel bei L. Müller-Hagedorn und S. Zielke 1998), es gibt aber auch Firmen, die solche Preisstellungsüblichkeiten ablehnen. Die Frage lautet, ob sich die Verbraucher von einzelnen Ziffern besonders beeinflussen lassen. Als runde Preise werden jene Preise bezeichnet, welche auf volle 10-Cent-Beträge enden, gebrochene Preise (odd-prices) sind dementsprechend alle Preise, welche mit den Cent-Ziffern 1 bis 9 enden. Preise, welche auf volle Euro enden, könnten dann als runde Preise 2. Ordnung (in der Literatur auch als Glattpreise bekannt) definiert werden.

Das vermutete Phänomen hat über die Jahrzehnte hinweg zu entsprechenden Untersuchungen geführt, ohne dass die Diskussion zu einem Abschluss gekommen wäre. Es lassen sich zwei Aspekte unterscheiden: Sollte der Handel nicht generell gebrochene Preise verwenden, um der Gefahr, die Nachteile einer vorhandenen Preisschwelle in Kauf nehmen zu müssen, zu entgehen? Und: Entspricht das Verhalten der Nachfrager dem Preisschwellenphänomen? Die Reaktionen können sich auf tatsächliche Käufe beziehen, aber auch einzelne hypothetische Konstrukte, wie das Preisgünstigkeitsurteil, die Kaufabsicht oder die subjektive Preiswahrnehmung. Eine Übersicht über bisherige Forschungsergebnisse findet sich bei K. Gedenk und H. Sattler (1999a, 1999b). Die empirischen Befunde zu gebrochenen Preisen sind keineswegs eindeutig (vgl. Überblick in B. Baumgartner und W. Steiner 2007).

K. Gedenk und H. Sattler gehen von einer Preis-Absatz-Funktion aus, bei der bei runden Preisen eventuell Preisschwellen vorliegen. Sie ermitteln den Deckungsbeitrag des Unternehmens für den Preis von p = 2,99 und für p = 3,00. Der Erfolg ist davon abhängig, ob nun eine Preisschwelle vorliegt oder nicht, was dem Anbieter jedoch unbekannt bleibt. Abbildung 7.10 zeigt die zugehörige Ergebnismatrix in absoluten Zahlen und in Indexwerten.

Preishöhe	Deckungsbeitrag bei linearer Preisabsatzfunktion (in Geldeinheiten)	Deckungsbeitrag bei Preisschwellen (in Geldeinheiten)	Deckungsbeitrag bei linearer Preisabsatzfunktion (indexiert)	Deckungsbeitrag bei Preisschwellen (indexiert)
P = 2,99	1.109.889 (G/S 1.110.989)	1.159.339,5 (G/S 1.160.488)	100,00	104,46
P = 3,00	1.110.000 (G/S 1.111.100)	1.060.050 (G/S 1.061.101)	100,01	95,51
Differenz	111 (0,01 %)	99.289,5 (8,5 %) (G/S 99387 (8,5 %))	0,01	-8,95

Abb. 7.10: Deckungsbeiträge im Beispiel von Gedenk und Sattler

Legt man den Erwartungswert als Zielkriterium zugrunde, ist schnell erkennbar, dass in diesem Beispiel der gebrochene Preis günstiger als der runde Preis ist. K. Gedenk und H. Sattler schlussfolgern aus diesem Beispiel und den weiteren Vergleichsrechnungen, dass der Handel grundsätzlich gebrochene Preise bevorzugen sollte. L. Müller-Hagedorn und R. Wierich (2005) entwickeln ein alternatives Szenario, bei dem auch der runde Preis gewinnbringend erscheint, weil mit ihm beträchtliche Gewinnsteigerungen erreicht werden können, falls keine Preisschwellen existieren (bei p = 0,99 gehen sie von Gewinnwerten von 100 und 100 aus, bei einem Preis von p = 1,00 von 164 und 86 – jeweils bei Geltung einer linearen Preis-Absatz-Funktion oder dem Vorliegen einer Preisschwelle).

Theorien zur Erklärung von Sprüngen in der Beurteilung oder im Verhalten beim Erreichen bestimmter Preisziffern lassen sich in zwei Hauptströmungen einteilen (E. T. Anderson und D. I. Simester 2003):

- Ein Strom sieht die Ursache für die günstigere Wahrnehmung von 9er-Endungen in der unvollkommenen (Preis-)Informationsverarbeitung der Konsumenten. Da von links nach rechts gelesen wird, wird das Lesen vorzeitig abgebrochen und somit kommt der rechten Ziffer eine geringere Bedeutung zu („Aufwandsminimierer“).
- Gerade die rechten Ziffern werden von den Kunden als informativ angesehen.

H. Diller und A. Brielmeier (1996) haben in einer empirischen Untersuchung die Werte zu folgenden Größen aus Experimentiermärkten und Kontrollmärkten miteinander verglichen:

- Erinnerung an den Wechsel zu runden Preisen, um so die Auffälligkeit runder Preise festzustellen,
- die Preisbeachtung während des Kaufentscheidungsprozesses,
- die Preisbeurteilung des gekauften bzw. eines intensiv betrachteten Produktes,
- den Kauf und den Umsatz,
- die Genauigkeit der Preiserinnerung,
- das Preisimage des Geschäftes.

Nach der Studie bevorzugen Konsumenten generell runde Preise. Die Ergebnisse zeigen jedoch, dass die positive Wirkung gebrochener Preise wesentlich geringer ist als vom Handel häufig angenommen wird.

L. Müller-Hagedorn und R. Wierich (2005) ließen in einem Experiment Konsumenten die Preise von 0,94 bis 1,04 € für eine Tube Zahnpasta (Dentagard) beurteilen, wobei jede Befragtengruppe einen anderen Preis im Hinblick auf seine Preisgünstigkeit zu beurteilen hatte. Die dieser Studie entnommene Abbildung 7.11 zeigt im linken Bildteil, dass keine Unterschiede zu erkennen sind; entsprechende Regressionsanalysen lieferten keine Hinweise auf eine Sprungstelle. Im rechten Bildteil, dem nur Daten von Befragten zugrunde liegen, die Käufer des betreffenden Produkts waren, zeigt sich zum einen, dass der Preis von 0,99 zwar als vergleichsweise günstig eingestuft wird, dass aber ein Preis von 1,03 als noch günstiger angesehen wird; außerdem ist der Preis von 1,00 nicht besonders ungünstig. Für die hier verwendeten relativ niedrigen Preisziffern konnten also keine Sprungstellen nachgewiesen werden.

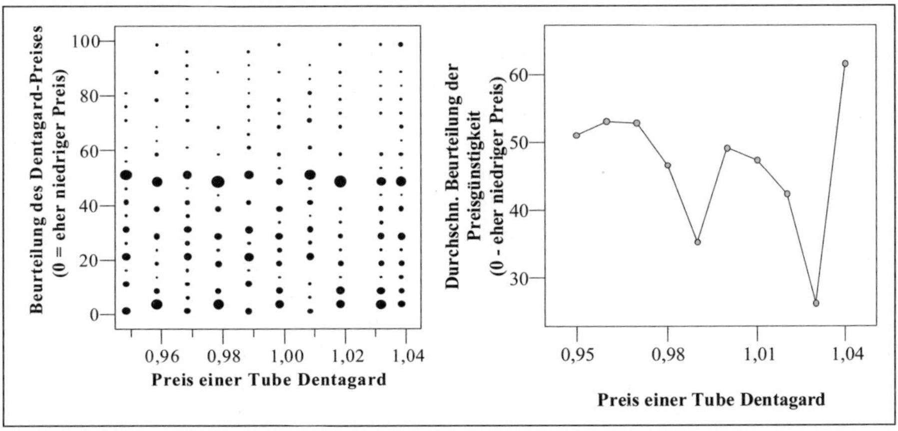

Abb. 7.11: Preisgünstigkeitsurteile für alternative Preise

B. Baumgartner und W. Steiner (2007) testen die Effekte von Preisendungen für die Produkte Kakao (€ 1.90; € 1.99; € 1.95; € 2,00; € 2,10) und Laptops (€ 1160; € 1199; € 1195; € 1200; € 1240) im Rahmen einer Choice-Based-Conjoint Analyse. Der Ansatz ist interessant, da er Heterogenität der Präferenzen für Preisendungen abbildet. Baumgartner und Steiner finden, dass sich nur wenige Konsumenten rational verhalten (bevorzugen niedrigerer Preise gegenüber höheren Preisen), d. h. wenige betrachten 5er besser als 9er Endungen und 9er besser als runde Endungen (Kakao: 26 %, Laptops: 12 %). Runde Preise werden bei Kakao von 38 % der Kunden bevorzugt, bei Laptops von 51 %. 9er-Preise werden von 29 % (Kakao) bzw. 36 % (Laptops) bevorzugt. Die Summe der Prozente ist kleiner 100 %, da einige Konsumenten keine eindeutigen Präferenzen haben. Sie finden, dass Konsumenten ohne klare Markenpräferenz runde Endungen bevorzugen. Konsumenten mit klarer Markenpräferenz bevorzugen 9er-Endungen. Preisbewusstsein und Geschlecht haben keinen Einfluss auf die Preisendungspräferenz.

7.3 Einzelne preispolitische Entscheidungsbereiche

Im Folgenden werden fünf ausgewählte Preisstrategien von Handelsunternehmungen näher diskutiert.

7.3.1 Dauerniedrigpreise oder Sonderangebote

Häufig werden zwei konkurrierende preispolitische Konzepte unterschieden: Erstens die EDLP-Strategie, bei der (weitgehend) auf Preis-Promotions verzichtet wird und Waren dauerhaft, d. h. über einen längeren Zeitraum, zu niedrigen Preisen (Dauerniedrig- bzw. Dauertiefpreise) verkauft werden, und zweitens die HILO-Strategie, die durch zeitlich befristete Preis-Promotions (Sonderangebote, Aktionspreise, Rabatte, Coupons etc.) gekennzeichnet ist (vgl. zu EDLP- und HILO-Strategien u. a. Hoch, Drèze und Purk 1994, S. 16-27; Lal und Rao 1997, S. 61-62; Bell und Lattin 1998, S. 66-88; Gedenk 2002, S. 21-24; Pechtl 2004, S. 223-224; 2005, S. 292-294). Zu den Preis-Promotions im Rahmen einer HILO-Strategie zählen sämtliche Maßnahmen, bei denen ein Einzelhändler für einen begrenzten Zeitraum einen Abschlag vom regulären Verkaufspreis vornimmt und diesen Abschlag (z. B. 20 % Rabatt) bzw. den entsprechenden Aktionspreis gegenüber den Konsumenten kommuniziert (z. B. durch Werbemaßnahmen oder durch die Preisauszeichnung in der Einkaufsstätte, vgl. zu Preis-Promotions im Rahmen einer HILO-Strategie u. a. Gedenk 2002, S. 21-24; Pechtl 2005, S. 283-284, 288-291). Die Höhe der Aktionspreise liegt im Regelfall unterhalb der Preishöhe, die ein Einzelhändler wählt, der dauerhaft – relativ betrachtet – niedrige Preise, d. h. Dauertiefpreise, formuliert (vgl. Gedenk 2002, S. 24; Pechtl 2004, S. 224; 2005, S. 292). Die außerhalb des Zeitraums einer Preis-Promotion geforderten „regulären" Preise liegen in der Regel oberhalb der Dauertiefpreise. Dauerniedrigpreise und Sonderangebote müssen sich nicht ausschließen und werden in vielen Fällen auch miteinander kombiniert.

Vorteile der HILO-Strategie liegen (1) in der Erhöhung der Gewinne durch Preisdiskriminierung (Konsumenten, die preissensitiv sind, warten auf die Promotionspreise während nicht preissensitive auch höhere Preise bezahlen), (2) in der Vermittlung von attraktiven Einkaufserlebnissen (durch Promotions werden mehr Kunden ins Geschäft gebracht wodurch eine aufregende Einkaufsatmosphäre geschaffen wird, ähnlich dem Abverkauf), und (3) in der Möglichkeit langsam drehende Artikel abverkaufen zu können (vgl. M. Levy und B. Weitz 2009).

Vorteile der EDLP-Strategie liegen dagegen für den Händler darin, dass (1) Werbeausgaben und operative Kosten geringer sind (keine Flugblätter, keine Kosten durch Preisänderungen etc.), (2) dass die Lager und Bestellpolitik vereinfacht wird und die Wahrscheinlichkeit von Fehlmengen (Stockouts) reduziert wird. Für den Konsumenten kommt es bei EDLP (3) zu einer Vereinfachung des Einkaufs. Durch EDLP kann sich der Konsument auf die Günstigkeit der Artikel verlassen (was sich auch positiv auf das Preisimage auswirken kann) und muss seine Kaufentscheidungen weder zeitlich noch mengenmäßig verschieben. Auch das Suchen nach Angeboten oder das Lesen von Flugblättern etc. kann entfallen (vgl. M. Levy und B. Weitz 2009).

Eine Beurteilung dieser preispolitischen Strategien anhand der in einem realen Markt erzielten Ergebnisse (z. B. dem Betriebserfolg) scheidet aus, weil eine Unternehmung auch in verschiedenen Outlets kaum zwei Strategien parallel betreiben kann; auch würde ein solcher Vergleich voraussetzen, dass die Strategien über einen längeren Zeitraum verfolgt werden müssen. Von daher bietet sich eine verhaltenswissenschaftliche Analyse an.

Nr.	Hypothese
H1	Sowohl Aktionspreise als auch Dauertiefpreise führen bei den beworbenen Produkten gleichermaßen zu einer positiven Beurteilung der Preisgünstigkeit.
H2	Aktionspreise und Dauertiefpreise führen gleichermaßen zu einer positiven Beurteilung der Preisgünstigkeit von Geschäften insgesamt.
H3	Je positiver Konsumenten die Preisgünstigkeit preislich beworbener Produkte beurteilen, desto eher suchen sie die werbenden Geschäfte auf.

Abb. 7.12: Hypothesen zu Preisformaten

Müller-Hagedorn und Preißner (2006) haben die in Abbildung 7.12 dargestellten Hypothesen empirisch überprüft. In Bezug auf Hypothese 1 wurde festgestellt, dass beide Preisstellungsvarianten bei vielen Konsumenten (57 % der Konsumenten bei EDLP und 58 % bei HILO) zu dem Eindruck führen, dass die durch die Werbung herausgestellten Produkte sehr preisgünstig sind. Die Hypothese konnte nicht widerlegt werden. Hypothese 2 dagegen musste abgelehnt werden, weil sich ergab, dass Konsumenten Geschäfte mit einer EDLP-Strategie in größerem Maße als insgesamt preisgünstig einstuften als Geschäfte mit einer HILO-Strategie (45 % im Vergleich zu 36 %). Schließlich wurde festgestellt, dass mit einer Sonderangebotspolitik in größerem Maße der Besuch einer Einkaufsstätte angeregt werden kann als mit einer EDLP-Strategie. Insgesamt ergibt sich für jede Strategie Pro und Contra.

Das Geschäftsformat hängt stark mit der allgemeinen Preisstrategie (Dauertiefpreispolitik vs. Aktionspreispolitik) zusammen. Es kann davon ausgegangen werden, dass von dieser Strategie auch ein wesentlicher Einfluss auf die Bewertung der Preisgünstigkeit und der zu erwartenden Warenkorbkosten auszugehen ist. D. Bell und J. Lattin (1998) zeigen mit Hilfe eines Realoptionsmodells, dass Konsumenten, die einen großen Warenkorb planen, mit EDLP-Geschäften besser bedient sind als mit HILO-Geschäftsformaten.

7.3.2 Sonderangebote (Preisreduktionen)

Sonderangebote sind eine von den Nachfragern als vorübergehend empfundene absatzpolitische Aktivität eines Einzelhandelsbetriebes, bei der einzelne Waren durch die Kombination aller oder mehrerer Marketinginstrumente werblich herausgestellt werden, um die Zielerreichung des Einzelhandelsbetriebes zu fördern (vgl. K. Welzel 1974, S. 43–53 und R. Gümbel 1963, S. 224f.). Sonderangebotspolitik besteht nicht nur, aber doch im Regelfall, aus preispolitischen Überlegungen, die um sortimentspolitische und werbepolitische ergänzt werden. Der Sichtweise von Sonderangeboten als vorübergehende preispolitische Maßnahme bezieht sich auf HILO (High-Low Promotion Strategy) Formate.

Zu den Preis-Promotions im Rahmen einer HILO-Strategie zählen sämtliche Maßnahmen, bei denen ein Einzelhändler für einen begrenzten Zeitraum einen Abschlag vom regulären Verkaufspreis vornimmt und diesen Abschlag (z. B. 20 % Rabatt) bzw. den entsprechenden Aktionspreis gegenüber den Konsumenten kommuniziert (z. B. durch Werbemaßnahmen oder durch die Preisauszeichnung in der Einkaufsstätte). Allgemein lassen sich die preispolitischen Maßnahmen innerhalb einer HILO-Strategie insbesondere anhand der folgenden Merkmale charakterisieren:

- Die Artikel, für die Aktionspreise bzw. Preisabschläge formuliert werden (z. B. artikelspezifische Sonderangebote oder Rabatte auf das gesamte Sortiment bzw. ein bestimmtes Teilsortiment),
- die Höhe der Abschläge, die im Rahmen der Sonderpreisaktionen von den regulären Preisen vorgenommen werden,
- die Dauer, für die Aktionspreise gelten und
- die Häufigkeit, mit der Sonderpreisaktionen durchgeführt werden und
- die begleitenden Maßnahmen, insbesondere Displays, Sonderplatzierungen und Prospektwerbung.
- Die Höhe der Aktionspreise liegt im Regelfall unterhalb der Preishöhe, die ein Einzelhändler wählt, der dauerhaft – relativ betrachtet – niedrige Preise, d. h. Dauertiefpreise, formuliert. Die außerhalb des Zeitraums einer Preis-Promotion geforderten „regulären“ Preise liegen in der Regel oberhalb der Dauertiefpreise.

Eine Analyse der Wirkung von Sonderangeboten kann sich darauf beziehen,

- welche Veränderungen sich bezüglich Absatz, Umsatz oder Marktanteil bei dem aktionierten Artikel einstellen (von H. Schmalen, H. Pechtl und W. Schweitzer (1996) **Primäreffekt** genannt), aber auch
- welche Veränderungen bei anderen Artikeln beobachtet werden können (vgl. H. Hruschka et al. 1999), wobei es sich um einen Substitutionseffekt oder um einen

positiven Verbundeffekt handeln kann (von H. Schmalen, H. Pechtl und W. Schweitzer (1996) **Sekundäreffekt** genannt).

Aus Sicht der Handelsunternehmung müssen die einzelnen **Effekte einer Promotion** differenziert betrachtet werden:

- Positiv wird eine Handelsunternehmung einschätzen, wenn durch ein Sonderangebot viele Laufkunden angelockt werden; da aber im Regelfall mehrere Produkte als Sonderangebote herausgestellt werden, fällt eine Erfolgszuordnung dann schwer, wenn mehrere Sonderangebote gekauft werden. Auch gilt es zunächst zu ermitteln, ob die angelockten Kunden tatsächlich zusätzlichen Deckungsbeitrag generieren.
- Der Effekt des Mehrkonsums kann sowohl von Händler- wie auch von Herstellerseite als positiv beurteilt werden. Das herausgestellte Produkt wird von einigen Konsumenten nicht nur verstärkt nachgefragt, sondern auch vermehrt konsumiert. Dabei müssen jedoch Substitutionseffekte (s. u.) gesondert betrachtet werden. Zu beachten ist auch, dass Produkte in unterschiedlichem Maße für Mehrkonsum in Frage kommen.
- Horten des Aktionsprodukts durch den Kunden (Stockpiling). Die Verschiebung der Käufe in den Aktionszeitraum und damit verbunden der geringere Kauf des Artikels vor bzw. nach dem Aktionzeitraum (ohne dass sich die Verbrauchsgeschwindigkeit ändert) ist nur insoweit vorteilhaft, wie dadurch Geschäftssubstitution (aus Händlersicht) bzw. Markensubstitution (Herstellersicht) reduziert wird.
- Beim Substitutionseffekt können Hersteller und Händler zu unterschiedlichen Beurteilungen kommen. Ein Hersteller wird in dem Substitutionseffekt, also dem Umstand, dass Marke A durch Marke B ersetzt wird, geradezu das Ziel einer Sonderangebotsaktion sehen, während der Händler nicht unbedingt darin interessiert sein muss, einen niedrig kalkulierten Artikel zu Lasten eines höher kalkulierten Artikels zu verkaufen.
- Auch das Cherry-Picking will ein Händler nur bei noch positiven Handelsspannen fördern und wenn dadurch Kunden von Konkurrenten abgezogen werden können.

Sonderangebote lösen also positive Erfolgsbeiträge aus, wenn sie Nachfrager zu einem Geschäftswechsel anregen und diese dann auch Warenkörbe mit einem positiven Warenkorbdeckungsbeitrag erwerben und wenn insgesamt ein Mehrkonsum erzielt wird, der nicht durch den verminderten Einkauf von anderen Artikeln kompensiert wird. Aber auch ein Markenwechsel, der für einen Händler zunächst nicht als Erfolg anzusehen ist, kann ertragreich sein, wenn ein solcher Kauf die Bindung an das Handelsunternehmen stärkt (z. B. der Wechsel von einer Marke zur händlerspezifischen Eigenmarke).

Die Beurteilung einer Sonderangebotspolitik nach dem Primäreffekt wird also dadurch erschwert, dass keinesfalls die unmittelbaren Abverkaufsdaten (Umsatz, Bruttoertrag) als Indikatoren für die Vorteilhaftigkeit solcher Maßnahmen verwendet werden sollten. Selbst wenn sich beträchtliche Auswirkungen einer Aktion auf den Bruttoertrag zeigen würden, könnten diese zunächst positiv zu wertenden Ergebnisse durch negativ zu wertende Folgen aufgehoben werden, insbesondere den Hortungs- und den Substitutionseffekt. Außerdem fällt es nicht leicht, die einzelnen Teileffekte zu benennen (vgl. hierzu D. R. Bell, J. Chiang und V. Padmanabhan 1999 und K. Gedenk 2002).

7.3.2.1 Der Primäreffekt von Sonderangeboten

Mit dem Primäreffekt sind die unmittelbaren Auswirkungen eines Sonderangebotes auf den Absatz des betreffenden Artikels gemeint. Empirische Untersuchungen zum Primäreffekt sind zum einen darauf gerichtet, die Gesamthöhe des Primäreffektes sichtbar zu machen und dabei mögliche Unterschiede zu erklären (z. B. mit einzelnen Produkteigenschaften). Zum anderen gibt es Ansätze, die versuchen, die oben aufgeführten Teileffekte zu dekomponieren, also zu erkennen, inwieweit z. B. ein Mehrkonsum des aktionierten Produktes ausgelöst wird.

Geht das Sonderangebot mit einer Preisreduktion einher (was im Regelfall unterstellt werden kann), dann ist – unterstellt man eine monopolistische Marktsituation und sieht man von dem Sekundäreffekt ab – die Preisreduktion nur sinnvoll, wenn der Verlust aus dem Umstand, dass alle Mengeneinheiten zu einem verringerten Preis abgesetzt werden, durch den Absatzsteigerungseffekt ausgeglichen wird.

Zur Messung der Effektivität von (begleiteten) Preis-Promotions wird häufig auf sog. Scan*Pro Modelle zurückgegriffen. In diesen wird der erzielte Absatz an dem Absatz von Vorperioden ohne Sonderangebote relativiert. Dieses Modell hat folgende Struktur (vgl. zu weiteren Varianten H. J. van Heerde, P. S. Leeflang und D. R. Wittink 2000, 2001, 2002, M. Christen, S. Gupta, J. C. Porter, R. Staelin und D. R. Wittink 1997):

(13) $A_i = P_i^{BETA1} \cdot \beta_2^{DHZi} \cdot \beta_3^{HZi} \cdot \beta_4^{Di}$

wobei:

A_i = (Absatz von Marke i)/(Median der Absatzmenge von Marke i in Perioden ohne Sonderangebot),
P_i = Aktueller Verkaufspreis des Artikels i,
DHZ_i = Handzettelwerbung und Displayplatzierung für Artikel i (Dummy-Variable),
HZ_i = Handzettelwerbung für Artikel i (Dummy-Variable),
D_i = Displayplatzierung für Artikel i (Dummy-Variable).

Über die Zeit wurden mannigfaltige Erweiterungen vorgenommen, indem unterschiedliche Funktionstypen verwendet, unterschiedliche Operationalisierungen und Datensätze verwendet wurden und dem Problem der Heterogenität Rechnung getragen wurde, d. h. es wurde überprüft, ob es Personenkreise/Outlets mit unterschiedlicher Reaktion auf preispolitische Maßnahmen gibt. In einer Folgephase wendete sich die Aufmerksamkeit der Frage zu, welche Teileffekte mit Sonderangeboten erreicht werden können. Dabei wird nicht nur nach Primär- und Sekundäreffekt unterschieden, sondern insbesondere der Primäreffekt wird in weitere Untereffekte zerlegt.

Der Einfluss von Promotions auf den eigenen Absatz und den Absatz konkurrierender Marken, sowie die Verschiebung der Nachfrage über die Zeit sowie Kategoriewachstum wurde in verschiedenen Studien von H. van Heerde et al. (2004) empirisch untersucht. H. van Heerde et al. (2004) zeigen, wie sich bei einer 20 %igen Preisreduktion der Absatz der beworbenen Marke relativ zum Kategorieabsatz verändert (Spalte 1 in Abbildung 7.13). Führt man für die beworbene Marke im Promotionszeitraum eine Effektdekomposition auf, zeigt sich, wie der Absatzanstieg zustande kommt und kann die Vorteilhaftigkeit einer Promotion differenzierter beurteilen.

Wenn wir die Absatzsteigerung während des Promotionszeitraums selbst auf 100 % normieren, zeigt sich aus der Untersuchung, dass davon 35 % auf einen Absatzrückgang bei **anderen Marken** in der Kategorie zurückzuführen sind. 34 % davon sind auf einen Rückgang der Nachfrage nach dem **beworbenen Artikel** in den der Promotion **vor- und nachgelagerten Perioden** zurückzuführen. Die restlichen 32 % sind dann einer echten Steigerung des Absatzes (aus Kategoriesicht) durch die Promotion zuzuordnen; d. h. einer sog. Kategorieexpansion (vorteilhafter Effekt einer Promotion für den Händler).

Für den Hersteller ist die zeitliche Verlagerung der Käufe nur aus intertemporalen Substitutionsgesichtspunkten ein Vorteil. Die Effekte aus Markenwechseln sind jedoch (im Gegensatz zum Händler) für den werbenden Hersteller relevant. Wenn der Hersteller keine anderen Marken in der Kategorie anbietet, beläuft sich eine konservative Schätzung der vorteilhaften Effekte für den Hersteller im Durchschnitt auf 67 %. Der Absatzeffekt während der Promotion ist deutlich höher, wenn die Preisreduktion durch Begleitmaßnahmen unterstützt wird. Die stärkste Kategorieexpansion wurde bei Preisreduktionen erzielt, die von Flugblättern und Zweitplatzierungen begleitet wurden.

H. van Heerde et al. (2004) berichten zusätzlich zu den in der folgenden Abbildung dargestellten Auswirkungen einer 20 %igen Preisreduktion bei unterschiedlicher Promotionsunterstützung diese Auswirkungen für unterschiedlich hohe Preisreduktionen.

Art der Unterstützung	Eigener relat.[1] Absatzeffekt	Konkurrenz-marken	Perioden-verlagerung	Kategorie-expansion
Ohne	10 %	35 %	34 %	32 %
Flugblatt	23 %	32 %	48 %	21 %
Zweitplatzierung	24 %	39 %	19 %	42 %
Flugblatt+Zweitplatzierung	39 %	26 %	31 %	43 %

[1] Effekt einer 20% Preisreduktion auf den Absatz der beworbenen Marke relativ zum Kategorieabsatz.

Abb. 7.13: Dekomposition einer 20 %igen Preisreduktion (Quelle: H. van Heerde et al. 2004)

Die Verfügbarkeit von disaggregierten Daten zur Messung der Wirkung von Sonderangeboten nimmt durch den zunehmenden Einsatz von Kundenkarten sowie die weite Verbreitung von Scannerkassen zu. Auch stellen Marktforschungsinstitute entsprechen-de Datensätze aus ihren Haushaltpanels bereit. Meist werden multinomiale Logit-Modelle für die Auswertung solcher Datensätze herangezogen (siehe Kapitel 3 für eine Einführung). Auf Basis der Informationen, die über die Untersuchungsobjekte und ihre einzelnen Kaufentscheidungen (Kundenkartenbesitzer, Haushalte, Individuen) vorliegen, versucht man, die Stärke des Einflusses der berücksichtigten Variablen auf diese Entscheidung zu schätzen. Die unterschiedlichen Merkmale der untersuchten Alternativen (z. B. Preise, Artikel im Sonderangebot) bilden die unabhängigen Variablen. Ebenso ist es möglich, die Eigenschaften der betrachteten Entscheider (Markentreue, Preissensitivität) als Einflussfaktoren zu berücksichtigen. Einen State-Of-The-Art der Modelle, die Kaufzeitpunkts-, Marken- und Mengenwahl beschreiben, findet sich in der Dissertation von C. Ebling (2008).

7.3.2.2 Der Sekundäreffekt von Sonderangeboten

Sonderangebote sollen in vielen Fällen nicht nur Umsatz, Absatz und Bruttogewinn des preislich herausgestellten Artikels beleben, sondern auch den Absatz anderer Güter. H. Schmalen, H. Pechtl und W. Schweitzer (1996) trennen ihre Ausführungen danach, ob es sich um einen Substitutionseffekt oder um einen Verbundeffekt handelt. Unter einem Substitutionseffekt verstehen sie die „Verdrängungswirkung bei anderen Produkten“, unter einem Verbundeffekt die „Absatzsteigerung bei anderen Produkten“. Allerdings zeigt sich später, dass die Absatzsteigerung bei einem Produkt i nicht nur unmittelbar zu Lasten eines Produktes j gehen kann, sondern dass auch die Fälle zeitversetzter Substitution zu beachten sind, die auch den Fall einschließen, dass das Aktionsprodukt in späteren Perioden in vergleichsweise geringer Menge gekauft wird; wegen des Hortungseffekts geht also der Substitutionseffekt nicht nur zu Lasten anderer Produkte, sondern kann sich in späteren Perioden auch auf das eigene Produkt erstrecken.

Insgesamt kommen H. Schmalen, H. Pechtl und W. Schweitzer (1996) zu dem Ergebnis, dass Substitutionseffekte relativ schwach sind und, wenn sie überhaupt gemessen werden konnten, zu Lasten von Produkten mit „Billig- bzw. Sparimage“ gehen. Auch einen Verbundeffekt konnten sie nicht ausmachen, zumindest nicht in beachtenswerter Höhe. Interessante Aspekte der Messung von Promotionseffekten zwischen Kategorien finden sich in H. Hruschka, M. Lukanowicz und C. Buchta (1999).

7.3.3 Preisreduktionen bei Preisbündelung

Preisbündelung bedeutet, dass die Preise nicht mehr nur für einzelne Artikel festgelegt werden, sondern dass mehrere selbstständige Absatzleistungen zu einem neuen Angebot mit einem eigenen Preis zusammengeschnürt werden. Abbildung 7.14 zeigt diverse Beispiele von Preisbündelungen. Die Preisersparnis gegenüber dem Einzelkauf beider Produkte wird dabei deutlich hervorgehoben.

Insbesondere im Handel mit Hi-Fi-Produkten ist eine solche Preisstellung häufiger zu beobachten, so z. B. wenn sich die vom Hersteller empfohlenen Preise für fünf Teile auf 1894 € addieren, die Handelsunternehmung jedoch für das gesamte Paket nur 1499 € verlangt. Dem Kunden wird gesagt, er spare 395 €.

Mit diesem Beispiel soll nicht verdeutlicht werden, dass ein Händler unter den vom Hersteller empfohlenen Preisen bleiben kann, sondern dass für ein Leistungspaket ein Preis festgelegt wird, der unter der Summe der Einzelpreise bleibt. Es handelt sich bei der Preisbündelung auch nicht nur um einen Rabatt für größere Einkaufsbeträge, sondern um eine Preisstellungsmöglichkeit für bestimmte Situationen. Die besondere Wirkung dieser Preisstellung besteht darin, dass Kunden, denen ein einzelnes Teil vielleicht zu teuer wäre (im Beispiel vielleicht der CD-Player für 299 €), diesen dennoch kaufen, weil ihnen der Paketpreis hinreichend attraktiv erscheint. Insofern können mit Preisbündelungsmaßnahmen Zusatzkäufe ausgelöst werden, wenn die subjektiven Prohibitivpreise bei einzelnen Artikeln über den in Frage kommenden Preisen liegen. Dabei müssen jedoch bestimmte Bedingungen gegeben sein (vgl. A. Herrmann und H. H. Bauer

Abb. 7.14: Beispiele für Produktbündelung. (Quelle: http://www.handys.net/bestellen/handy-mit-roller/Handyvertrag-mit-Roller.html)

1996). So darf nicht generell erwartet werden, dass Umsatz und Gewinn eines Unternehmens steigen, wenn es Artikel bündelt und den Preis unterhalb der Summe der Einzelpreise festlegt. Vielmehr muss gelten, dass die Preise für einzelne Artikel über dem Betrag liegen, den ein Verbraucher zu verausgaben bereit ist, während sie für andere Artikel unter diesem Betrag liegen. Nicht ausgenutzte Preiszahlungsbereitschaften können dann von einem Artikel auf einen anderen übertragen werden. Preispolitisch ergeben sich mehrere Verfahrensweisen:

- Es gibt nur die Einzelpreisauszeichnung,
- es gibt sowohl Preise für einzelne Artikel als auch für Artikelbündel (gemischte Preisbündelung),
- bestimmte Artikel werden ausschließlich im Bündel verkauft.

Wie H. Simon (1992) gezeigt hat, ist es im Einzelfall nicht leicht zu entscheiden, welches Preissetzungsverfahren optimal ist. Die Anwendung setzt Kenntnisse der kundenspezifischen Zahlungsbereitschaften voraus, erfordert die Anwendung eines Optimierungsverfahrens und kann wettbewerbsrechtliche Probleme aufwerfen. Preisbündelung ist inzwischen in vielen Bereichen zu beobachten, bei Dienstleistungen (Flug plus Hotel), in Restaurants (Menüpreis), bei der Belegung von Anzeigen in mehreren Zeitschriften, im Handel (z. B. Preise für komplette Computeranlagen, Preise für Wagen mit einem Sonderausstattungspaket). Wahrscheinlich wird sie in weitere Bereiche Eingang finden.

Ein alter Traum des Fachhandels ist es, Preise zu entbündeln, d. h. die Beratung als Dienstleistung von dem Warengeschäft abzukoppeln. Dies wird immer dann gewünscht, wenn der Verbraucher sich im Fachhandel beraten lässt und dann die Ware an anderer Stelle ohne Beratung billiger erwirbt. Dies ist bisher nur stellenweise gelungen, z. B. dort, wo Kosmetik- oder Farb-(Typ-)beratung isoliert werden und dem Kunden ein eigener Pass mit den Beratungsergebnissen ausgestellt wird oder in jenen Möbelgeschäften, die die Transportleistung vom Warengeschäft getrennt haben.

Preisbündelung und Entkopplung stellen also gleichermaßen intelligente Formen der Preisstellung dar. Überhaupt ist dies eine preispolitische Herausforderung: Wie können Preissysteme intelligent und attraktiv gestaltet werden, sodass Cross-Selling und Up-Selling optimal stimuliert werden (siehe z. B. J.-Y. Kim et al. 2009, 2010)? Neben den Maßnahmen zur Preisbündelung und zur Preisentbündelung sollte auch an die sog. nichtlineare Preissetzung gedacht werden (z. B. Bonussysteme).

7.3.4 Die Wirkung von personenspezifischen Preisreduktionen (CRM)

Die Bedeutung von markenunspezifischen Händlercoupons, die für weite Sortimentsteile gelten, hat in den letzten 10 Jahren markant zugenommen. In Deutschland und Großbritannien sind Händlercoupons, insbesondere bei Loyalitätsprogrammen, mittlerweile stärker in Verwendung als Herstellercoupons (Deutsche Post, 2007; Valassis, 2008). Ein Beispiel für solche Händlercoupons ist etwa eine 10 %ige Preisreduktion auf einen oder mehrere Artikel freier Wahl. Das Ziel liegt in der Erhöhung der Besucherzahlen in den Geschäften, der Kundenbindung und der Erhöhung der Kundenprofitabilität. Allerdings bergen solche Promotionaktionen auch das Risiko, dass Konsumenten Artikel mit niedriger Profitabilität wählen oder ihr Einkaufsverhalten gar nicht anpassen.

S. Nies und M. Natter (2010) untersuchen die Attraktivität von alternativen Zielgruppen (Handelsmarkenkäufer und Markenkäufer) für solche markenunspezifischen Coupons. In einem Feldexperiment mit 28000 Konsumenten wurden dabei 14 Gruppen von Handelsmarken- bzw. Markenkäufern mit unterschiedlich hohen Couponwerten (5 %-10 %) angeschrieben oder erhielten keine Coupons (Vergleichsgruppe). Als handelsrelevante Kenngrößen wurden die Kaufwahrscheinlichkeit während der Promotion (als Indikator für die Auswirkungen auf den Geschäftsbesuch), die Warenkorbgröße und der Ertrag mit dem Konsumenten herangezogen. Die Studie zeigt, dass beide Gruppen (Handelsmarken- und Markenkäufer) durch die Promotion profitabler werden, dies jedoch unterschiedliche Ursachen hat: Im Handelsmarkensegment wird die höhere Profitabilität vor allem durch die ansteigende Besuchswahrscheinlichkeit getrieben, während bei den Markenkäufern durch die Promotion eine Verschiebung zu Artikeln mit höherer Spanne verzeichnet wird (also ein Up-Trading Effekt).

Die Studie zeigt auch, dass Handelsmarkenkäufer sensibler auf unattraktivere Couponhöhen reagieren als Markenkäufer; d. h., dass der Spielraum der Handelsunternehmen für die Reduktion der Couponhöhe im Segment der Handelsmarkenkäufer gering ist.

Die detaillierten Auswirkungen einer Veränderung der Couponhöhe auf Kennzahlen für die beiden potentiellen Zielgruppen finden sich in Abbildung 7.15.

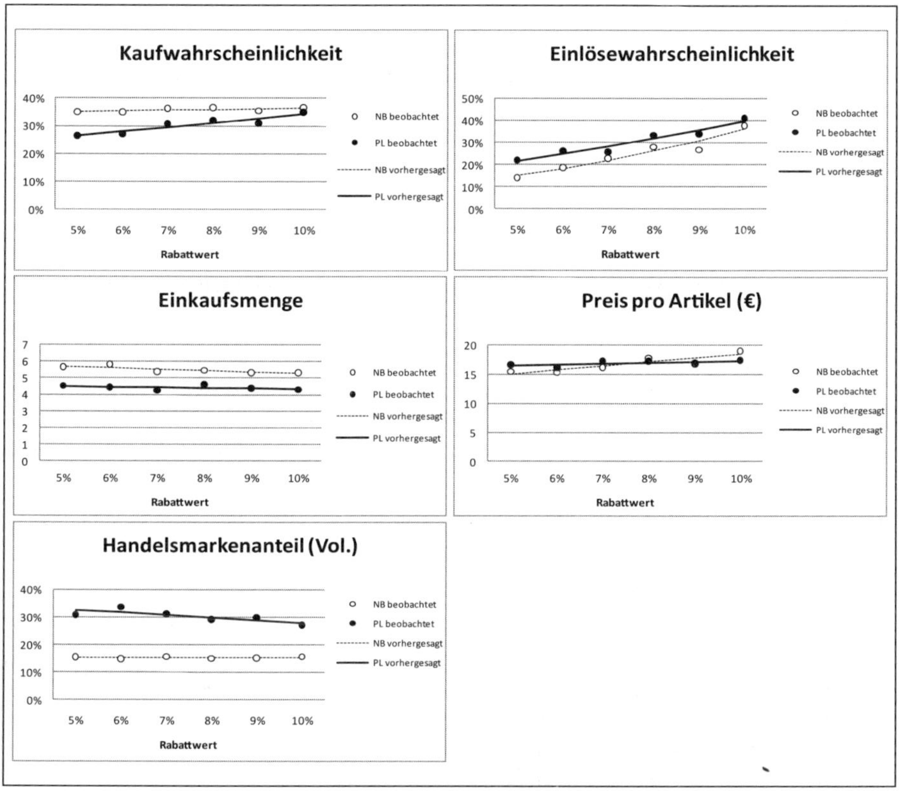

Abb. 7.15: Auswirkungen der Couponhöhe (5 %–10 %) auf Kaufwahrscheinlichkeit, Coupon-Einlösewahrscheinlichkeit, Artikelanzahl, Preis je Produkt und Eigenmarkenanteil für alternative Zielgruppen (Eigenmarkenkäufer vs. Markenkäufer).

7.3.5 Lebenszykluspreisgestaltung und Abverkauf (Markdown Pricing)

Bereits einleitend zu diesem Kapitel wurde darauf hingewiesen, dass viele Händler, insbesondere in der Modebranche, große Teile ihres Umsatzes in Abverkaufsperioden machen. Diese Händler haben oft kurze Verkaufsperioden, unsichere und nichtstationäre Nachfrage und das Problem, dass das Produkt zu Saisonsende kaum mehr einen Wert hat. Idealerweise sollten solche Händler kurze Zeiten zwischen Lieferung und Kundennachfrage haben (M. Mantrala und S. Rao 2001), unglücklicherweise ist es jedoch in vielen Fällen so, dass Lieferzeiten lange sind, meist sogar nur vor der Saison ein einziges Mal bestellt werden kann und später keine Reaktion im Sinne von Nachbestellungen mehr auf Nachfrageüberraschungen erfolgen können. Deswegen entspricht die gewinnoptimale Preisgestaltung ab dem Zeitpunkt der Bestellung in solchen Fällen tatsächlich einer Umsatzmaximierung (kein Restwert).

Die Schwierigkeit der Preisgestaltung in solchen Situationen liegt unter anderem darin, dass die vergangenen Absatzzahlen und Preise nicht geeignet sind, die Preiselastizität zu bestimmen. Dies hängt damit zusammen, dass die Preise vom Management gezielt gegen Saisonende abgesenkt werden um das Lager zu räumen. Niedrige Preise am Saisonende korrelieren daher oft positiv mit der niedrigeren Nachfrage zu Saisonende. Der Abverkauf hat ja den vollkommenen Stock-Out zum Ziel, wodurch Nachfrager mit einer geringeren Variantenvielfalt gegen Ende des Abverkaufs konfrontiert sind. Da die Anzahl der verschiedenen Preise über die gesamte Saison oft sehr gering ist (möglicherweise nur ein Regulär- und ein Abverkaufspreis), reicht die Information bzw. Varianz in den Daten nicht aus, um Preiseffekte von Angebotseffekten und Saisoneffekten zu trennen.

Ein recht aufwendiger, aber praktikabler Ansatz in einer solchen Situation scheint die subjektive Schätzung der Nachfrage durch Einkäufer zu sein (M. Mantrala und S. Rao 2001). Diese müssen für jeden Artikel versuchen, die erwarteten Absatzzahlen (sowie den zumindest bzw. maximal erwarteten Absatz) für Situationen ohne Preisreduktion sowie verschiedene Stufen der Preisreduktion für die verschiedenen Saisonperioden abzuschätzen.

Mit der daraus bestimmten Marktreaktionsfunktion und der Unsicherheit der Nachfrage kann die optimale Preisreduktion über die Zeit mit Hilfe der Stochastischen Dynamischen Programmierung bestimmt werden.

Auch **technologische Artikel** unterliegen häufig einer raschen Alterung, die dazu führt, dass sich der Preis rapide über die Zeit verändern muss, um das Produkt absetzen zu können. Aufgrund des Preisverfalls ist das Risiko von Fehlbeständen (Stock-Outs, negative Kundenzufriedenheit) mit dem Risiko von (Rest-)Lagerbeständen zu balancieren. Koordinationsprobleme aufgrund von Nachfrageschwankungen und Überreaktionen bei Bestellungen können zum sog. Bullwhip-Effekt führen.

Diese Problematik soll anhand eine Beispiels aus dem Bereich Mobiler Endgeräte erläutert werden. Der Markt Mobiler Endgeräte ist in Ländern wie Deutschland oder Österreich durch eine hohe Marktdynamik, kurze Lebenszyklen und starken Wettbewerb gekennzeichnet. Die Preisgestaltung erfolgt gemäß der technologischen Attraktivität eines Endgeräts zum jeweiligen Lebenszykluszeitpunkt; d. h. die Preise werden stufenweise gesenkt. Konsumenten erwarten auch solche Preissenkungen über die Zeit. Die Nachfrage wird daher besonders durch Abweichungen von diesen dynamischen Preiserwartungen bestimmt. Der Verfall des Wertes von Endgeräten, die längere Zeit auf Lager oder im Geschäft liegen, ist hoch. Die Preisgestaltung hat daher besondere Rücksicht auf Aspekte der Lagerkosten (Wertverfall) zu nehmen.

Aufgrund der Planungskomplexität werden in der Praxis von den Supply Chain-Partnern verschiedene Kennzahlen (KPIs) verwendet. Dazu zählen im Beispiel für mobile Endgeräte:

- Schwankungen der Bestellmengen vom Operator an den Lieferanten/Schwankung der Bestellmengen vom Verkaufskanal an die Operator (der sog. Bullwhip-Effekt),
- die Cash-to-Cycle-Time (Dauer von den Ausgaben für die Herstellung bis Geld aus dem Verkauf zurück ins Unternehmen fließt),
- die Clock Speed (Anzahl neuer Modelle die pro Monat auf den Markt kommen/ Anzahl der Produkte die pro Monat vom Markt genommen werden),

- die Anzahl der Tage, die ein Produkt im Fertiglager (Distributionszentrum) liegt,
- der Prozentsatz der Produkte ohne Qualitätsprobleme (z. B. falsche Software),
- der Prozentsatz der Lieferungen in der angeforderten Zeit,
- die Prognosegenauigkeit,
- der Lagerrestbestand als Prozentsatz des Lagerbestands,
- die Variantenanzahl,
- der Prozentsatz der planmäßig eingeführten Neuprodukte,
- die Lebenszyklusdauer,
- der Anteil der Stock Outs bei Bestellungen durch die Anzahl der Bestellungen, sowie
- die Lieferflexibilität (Dauer um 20 % ungeplante höhere Liefermengen langfristig herzustellen).

Aufgrund der Komplexität einer Preisgestaltung bei technologischen Gütern über den Lebenszyklus hinweg bieten sich zur Preis-Entscheidungsunterstützung und Kapazitätsplanung die relativ flexiblen Systems Dynamics Ansätze (Software Tools wie z. B. Ithink oder Tetrad unterstützen die Modellbildung) an. Mit Hilfe solcher Tools können empirische Daten durch subjektive Managementschätzungen ergänzt und bekannte Ablaufstrukturen (Rückkoppelungen, Engpässe) abgebildet werden.

Mit dem in Abbildung 7.16 dargestellten Modell untersuchten beispielsweise G. Reiner, M. Natter und W. Drechsler (2009) die Profitabilität von alternativen Lebenszyklus-Preisstrategien im Mobilfunkmarkt und optimierten den Service-Level. Dadurch können die Interaktionen zwischen Logistikkosten, Fehlmengen, Kundenzufriedenheit und Preisstrategie aufgezeigt werden. Zur Kalibrierung und Validierung des Modells wurden u. a. Befragungsdaten von Managern aus den verschiedenen Bereichen der Supply Chain verwendet. In dieser Befragung wurden die Manager über deren Abschätzung der Stärke der Zusammenhänge zwischen verschiedenen KPIs befragt.

Mit Hilfe dieses Modells wurden verschiedene Markdown-Strategien über mehrere Lebenszyklusgenerationen simuliert, um auch langfristige Auswirkungen auf die Kundenzufriedenheit und Kapazitäten zu untersuchen und die optimale Abverkaufs- und Lagerhaltungsstrategie zu bestimmen.

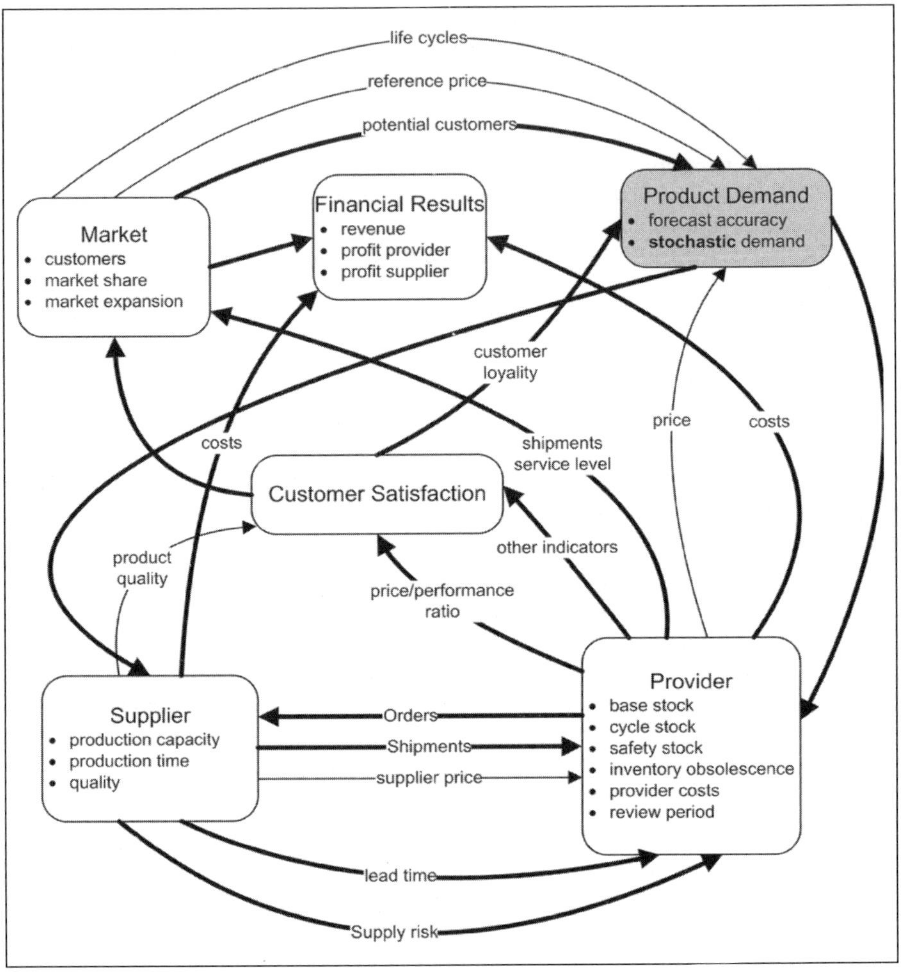

Abb. 7.16: System Dynamics Modell für die Preisgestaltung am Mobilfunkmarkt.

7.4 Revenue Management Systeme zur Preisgestaltung

Seitdem Scannerdaten zur Verfügung stehen, hat sich das Interesse verstärkt, anfallende Daten systematisch auszuwerten. Viele Handelsorganisationen haben in den letzten Jahren auch ihre Warenwirtschaftssysteme mit Analysesystemen (wie z. B. von SAP oder Oracle) verbunden und erste Erfahrungen mit Revenue Management Systemen gesammelt. Da sich solche Investitionen in Informationstechnologie auch wirtschaftlich rechnen sollen, sind Handelsunternehmen verstärkt bemüht, aus diesen Daten auch intelligente Marketing-Entscheidungen abzuleiten. Aufgrund der hohen Wirksamkeit von Preisentscheidungen, ist die datengestützte Preisgestaltung ein häufiger Startpunkt für solche Revenue Management Systeme.

Ein Revenue Management System sollte automatische Preis- und Werbevorschläge liefern. Dabei sollten (i) die Absatzwirkung von Preisen und Promotions, (ii) Lagerbestände (um z. B. Stock-Out-Situationen zu vermeiden), (iii) indirekte Margenbeiträge durch Subsitutions- und Verbundeffekte, (iv) die Preisoptik, sowie (v) die Preislagenbestückung und Eigenmarkenstrategien berücksichtigt werden. Zusätzlich sollten die Rückkoppelungen von Mengen auf Lieferbedingungen (EK) sowie die Marktpositionierung in der Zielformulierung indirekt berücksichtigt werden können.

Im Folgenden wird die Funktionsweise eines solchen Revenue Management Systems (RMS) dargestellt. Von den kommerziellen Anbietern werden meist allgemeine und spezifische Module (z. B. Markdown) angeboten. A. Montgomery (2005) gibt einen Überblick über solche Anbieter.

M. Natter et al. (2007) beschreiben ein RMS zur dynamischen Preisplanung. Das auf Wochendaten basierende Nachfragemodell berücksichtigt Preise, Referenzpreise, Saisonalität, Artikelverfügbarkeit, den Einsatz von Flugblättern und Rabatten. Das Modell optimiert nicht nur Preise basierend auf Preis- und Promotionsreaktionen der Konsumenten auf Einzelartikelebene, sondern berücksichtigt auch Verbundeffekte zwischen Artikeln und integriert die daraus abgeleitete Auswirkung auf das Zielsystem des betrachteten Händlers in das Preisoptimierungsmodell. Aufgrund der praktischen Anforderungen wurde eine Zielfunktion verwendet, die die längerfristige Strategie des Handelsunternehmens berücksichtigt.

Acht Preisrunden mit tausenden unterschiedlichen Artikeln wurden zur Evaluierung herangezogen. Unter Anwendung unterschiedlicher Vergleichswerte konnte dabei ein positiver Einfluss auf die Ziele des Unternehmens gezeigt werden. Das implementierte System steigerte den Bruttogewinn um durchschnittlich 8,1 %, den Umsatz um 2,1 %. Diese Zahlen liegen im Rahmen dessen, was kommerzielle Anbieter von Revenue Management Systemen an Verbesserungen erzielen.

Das Unternehmen operiert im Do-it-Yourself-(DIY-)Markt und bietet ein breites Sortiment von über 60000 SKUs an. Vor der Einführung wurden die Preise für die meisten Artikel nicht individuell analysiert und gesetzt, sondern durch Aufschlagkalkulation und Anpassung an ein sogenanntes Preisgitter (d. h. Preise, die der Preisoptik des Händlers entsprechen) ermittelt. Ein RMS für Einkäufer und Marketingmanager sollte die alten Preisfestlegungsprozesse ersetzen und auch damit verbundene Entscheidungen wie etwa Bestellungen unterstützen.

Die in Gleichung 6 beschriebene asymmetrische Modellierung von Referenzpreisadaptionen (r) fließt in Form der Differenz zwischen r und dem tatsächlichen Preis in die Nachfragefunktion ein, wobei positive (PRG = Positive Reference Price Gap) und negative Abweichungen (NRG = Negative Reference Price Gap) unterschiedlich stark gewichtet werden (siehe Gleichung 7). Reagieren Kunden stärker auf Preise unter dem Referenzpreis (vgl. E. Greenleaf 1995, D. Klapper et al. 2005), können HILO-Strategien (Sonderangebotsstrategien) gewinnoptimal sein.

Neben **Referenzpreiseffekten** bestimmen auch verschiedene andere Faktoren die Nachfrage von DIY-Kunden: Saisonalität spielt in vielen Kategorien, wie etwa Baumaterialien oder Gartenartikeln, eine wichtige Rolle. Zusätzlich lagen bei diesem Handelsunternehmen periodengenaue Regalbestände vor, sodass der Einfluss des Lagerstands (als Indikator für die tatsächliche Anzahl an Regalfläche) auf die Nachfrage modelliert werden konnte. Allerdings ist hier zu beachten, dass in einem über die Outlets aggregierten Modell eine Normierung über die jeweilige Anzahl an Outlets notwendig (*S/O*) ist. Flugblätter (*F*) wurden über eine Dummyvariable modelliert, die verschiedenen Rabattarten (*H*) in Form einer metrischen Variablen. Da es sich bei den Artikeln des Sortiments typischerweise um unregelmäßig oder einmalig verwendete Produkte handelt, wurde auf eine Modellierung von Lead- und Lag-Effekten (zeitlich verzögerte oder Warteeffekte) verzichtet. Die gesamte Marktreaktionsfunktion für jeden Artikel (SKU) berücksichtigt somit den Einfluss des Preises, des Referenzpreises, eines Trends, der Saisonalität, der Flugblätter/Handzettel, der Anzahl von Outlets, des mittleren Lagerstands je Outlet sowie Rabatte:

$$(14)\quad D^t = \beta_0 + \underbrace{\beta_1 VK^t}_{\text{preis}} + \underbrace{\beta_2 PRG^t + \beta_3 NRG^t}_{\text{referenz-preis}} + \underbrace{\beta_4 t}_{\text{trend}} + \underbrace{\beta_5 \sin\left(\frac{2t\pi}{z}\right) + \beta_6 \cos\left(\frac{2t\pi}{z}\right)}_{\text{saisonalität}} + \underbrace{\beta_7 O^t}_{\text{anzahl-outlets}} + \underbrace{\beta_8 \frac{S^t}{O^t}}_{\text{mittl.lagerst.}} + \underbrace{\beta_9 F^t}_{\text{flugblatt}} + \underbrace{\beta_{10} H^t}_{\text{rabatte}} + \gamma^t$$

wobei:
z = Anzahl der Saisonperioden (wöchentliche Daten: $z=52$),
D^t = Absatz in Woche t auf Artikelebene.

Gleichung (14) vernachlässigt sowohl komplementäre als auch substitutive Effekte zwischen den Artikeln. Bei einem so großen Sortiment erwies sich die Berücksichtigung von Verbundeffekten direkt in der Nachfragefunktion aufgrund der resultierenden Datenmengen als prohibitiv. Stattdessen berechnen die Autoren die artikelspezifischen Lifteffekte (Gewinnwirkung des Verbundeffekts aus dem Verkauf einer zusätzlichen Einheit des betrachteten Produkts), *L*, basierend auf Warenkorbdaten und berücksichtigen diese in der Gewinnfunktion. Die direkten und indirekten abgezinsten Deckungsbeiträge je Artikel über den Planungshorizont ($t=1,...,T$) hinweg, π berechnen sich dann folgendermaßen:

$$(15)\quad \pi = \sum_{t=1}^{T} D^t \left(VK^t - EK^t + L\right)(1+\rho)^{-\left(\frac{t}{z}\right)}$$

wobei:
D^t = Absatz für den jeweiligen Preispfad,
T = Planungshorizont von $T=52$ Wochen,
VK = Nettoverkaufspreis nach Rabatten (H^t) und Umsatzsteuern,
EK = variable Stückkosten des Handels,
$(1+\rho)^{-(t/z)}$ = Abzinsungsfaktor mit der exogen spezifizierten Zinsrate ρ.

Wenngleich die theoretische Anzahl möglicher Preisstrategien sehr hoch ist, reduzieren diverse Restriktionen diese Anzahl beträchtlich. Das vom Unternehmen verwendete Preisgitter berücksichtigt auch psychologische Effekte wie 9-er Endungen (vgl. K. Gedenk und H. Sattler 1999b). Im Gegensatz zur Analyse einzelner Marken – hier kann der Analyst die einzelnen Modelle inspizieren und seine Diagnose erstellen, erfordert die automatische Verwendung solcher Modelle zusätzliche Sicherheitsmaßnahmen. Die Reduktion des Risikos sollte in einem RMS durch den Einbau von Regeln erfolgen. Die Preisempfehlungen wurden in der ersten Phase beispielsweise auf einen Bereich auf –15 % bis +15 % des vorangehenden Preises je Runde beschränkt.

Berücksichtigung von Verbundeffekten: Auf Basis von Warenkorbdaten wird jedem Artikel ein indirekter Deckungsbeitrag („Lifteffekt", L_i) zugerechnet, wobei dieser je nachdem, ob überwiegend komplementäre bzw. substitutive Ausstrahlungseffekte auf das Sortiment vorliegen, positiv wie auch negativ sein kann. Dieser Lifteffekt entspricht der mengengewichteten Summe von Bruttogewinnen all jener Artikel, die im Mittel beim Kauf einer Einheit des betrachteten Artikels signifikant häufig zusätzlich generiert werden, bzw. auf die durch die Präsenz dieses Artikels im Warenkorb verzichtet werden muss. Der Ausgangspunkt besteht in der Analyse von gegenseitigen Abhängigkeiten zwischen Artikeln in Warenkorbdaten. Die jeweilige Anzahl der Warenkörbe, in denen zwei Artikel i und j gemeinsam nachgefragt werden, f_{ij}, wird durch die symmetrische Matrix F erfasst; diagonale Elemente f_{ii} repräsentieren Artikel i's Wahlhäufigkeit (s_i) in N Transaktionen. Positive (negative) Abweichungen von f_{ij} vom Fall stochastischer Unabhängigkeit (bei zwei Artikeln entspricht dies $s_i \times s_j/N$) weisen auf komplementäre (substitutive) Nachfragebeziehungen hin. Zur Aufdeckung asymmetrischer Lifteffekte verwendet das RMS als Basis die beiden bedingten Wahrscheinlichkeiten: $P(j|i) = f_{ij}/s_i$ und $P(j|\neg i) = (s_j\text{-}f_{ij})/(N\text{-}s_i)$. Der erste (zweite) Ausdruck bezeichnet die Wahrscheinlichkeit einen Artikel j zu wählen, gegeben, dass Artikel i (nicht) im Warenkorb ist. Die Differenz beider Wahrscheinlichkeiten liefert Hinweise auf die Existenz von (asymmetrischen) Verbundeffekten.

Bei Erfüllung der beiden Ungleichungen kann auf die Existenz komplementärer beziehungsweise substitutiver Verbundeffekte geschlossen werden:

(16) $\left(P(j|i) - P(j|\neg i)\right) > \xi_{ji}^{lower}$ (komplementär) und

(17) $\left(P(j|i) - P(j|\neg i)\right) < \xi_{ji}^{upper}$ (substitutiv),

wobei:

ξ_{ji} = kritischer Wert für positive (negative) Obergrenzen und stellt sicher, dass nur signifikante Effekte Berücksichtigung finden.

Zur Illustration der Berechnung der Lifteffekte zwischen i und j stellt Abbildung 7.17 zehn Warenkorbausschnitte (für die Produkte i und j) aus dem Beobachtungszeitraum dar. Artikel i hat bei gemeinsamen Käufen von i und j in der Vergangenheit einen mittleren Deckungsbeitrag (DB) von € 2,00 aufgewiesen, j einen DB von € 5,00 pro Stück. Aus den Warenkorbdaten berechnet sich eine Steigerung der Kaufwahrscheinlichkeit für j durch den Verkauf einer weiteren Einheit von i in der Höhe von Liftwahrscheinlichkeit (i→j) = $\left(P(j|i) - P(j|\neg i)\right)$ =4/7–1/3=23,81 %. Multipliziert mit dem erwarteten DB einer zusätzlichen Einheit j in der Höhe von € 5,00, ergibt sich ein DB-Lift (i->j) in der Höhe von € 5 x 0,2381=€ 1,19. In diesem Fall hebt auch ein Verkauf einer zusätzlichen Einheit von j die Wahrscheinlichkeit eines Verkaufs einer weiteren Einheit von i um 20 % und resultiert (bei einem DB für i in der Höhe von €2) in einem erwarteten DB-Lifteffekt von 0,40 € pro Stück; d. h. die Beziehung ist asymmetrisch und der Lifteffekt abhängig von den Deckungsbeiträgen der Artikel sowie der gegenseitigen Veränderung der Kaufwahrscheinlichkeiten.

Warenkorb	**i**	**j**	**j|i**	**j|not i**	**i|j**	**i|not j**
1	1	1	1	0	1	0
2	1	1	1	0	1	0
3	0	0	0	0	0	0
4	1	1	1	0	1	0
5	1	0	0	0	0	1
6	0	0	0	0	0	0
7	0	1	0	1	0	0
8	1	0	0	0	0	1
9	1	1	1	0	1	0
10	1	0	0	0	0	1
Summe	7	5	4	1	4	3
Wahrscheinlichkeit	7/10	5/10	4/7	1/3	4/5	3/5
	Lift Prob		DB			
DB-Lift (i->j)	0,2381	*	5,00 €	=	**1,19 €**	
DB-Lift (j->i)	0,2000	*	2,00 €	=	**0,40 €**	

Abb. 7.17: Berechnung des Lifteffekts (ohne Berücksichtigung der Mengen)

Um die endgültigen finanziellen Auswirkungen von Verbundeffekten zu bewerten, sind neben den Deckungsbeiträgen je Stück auch noch die Kaufmengen zu berücksichtigen und die Art der Beziehung (komplementär bzw. substitutiv); d. h. das Vorzeichen des Lifteffekts ist zu überprüfen (vgl. M. Natter et al. 2007). Bei substitutiven Effekten reduziert sich der Verlust einer Einheit, die weniger verkauft wird, auf die Differenz der beiden Deckungsbeiträge. Solange die beiden Artikel die gleichen DB aufweisen, ist der Händler indifferent bezüglich substitutiver Beziehungen (der Hersteller natürlich nicht solange nicht beide Artikel von ihm sind). Wenn jedoch ein lukrativerer Artikel nicht gekauft wird, weil ein anderer Artikel (mit geringerem DB) im Warenkorb landet, dann wird die reduzierte Wahrscheinlichkeit mit der Differenz der DB multipliziert. Eine substitutive Beziehung zweier Artikel kann aus Sicht des Händlers entsprechend auch dann positiv zu bewerten sein, wenn ein DB-unattraktiverer Artikel durch einen DB-lukrativeren substituiert wird.

Aus Mangel an Datenverfügbarkeit und der teilweisen schwierigen Vergleichbarkeit von Artikeln bei konkurrierenden Händlern unterbleibt im Rahmen des RMS häufig die modellmäßige Berücksichtigung von Konkurrenzpreisen und- Konkurrenzpromotions. Da eine solche vereinfachte Gewinnmaximierung wichtige Aspekte und Interdependenzen von Einflussfaktoren auf den Gewinn von Handelsunternehmen vernachlässigt, die sich in der Folge negativ auswirken können, sollte ein RMS die Gewichtung verschiedener (Ersatz-)Ziele ermöglichen. Da gewinnfördernde Preiserhöhungen in der Regel Nachfragemengen negativ beeinflussen, diese niedrigeren Mengen in der Folge wieder schlechtere Konditionen bei den Einkaufspreisen bedeuten können, dies aber nicht so detailliert modelliert wird, sollte auch der Absatz als Ersatzziel (ein höherer Absatz aufgrund niedriger Preise hat auch einen positiven Effekt auf den Kaufverbund, die Geschäftsbesuchswahrscheinlichkeit, die Preisgünstigkeit, die Lieferkonditionen und Lagerumschlagshäufigkeit sowie einen negativen Effekt auf Konkurrenzreaktionen, den DB, Markenwert und Referenzpreis) vorgegeben werden können. Da eine höhere Gewichtung der Absatzmenge zu aggressiveren Preisstrategien (vgl. M. Natter und H. Hruschka 1998) führt, sollte in der Regel kein zu hohes Gewicht auf diese Ersatzzielgröße gelegt werden.

Neben dem Absatz stellt vor allem der Umsatz eine relevante Ersatzzielgröße im Handel dar. Der Umsatz ist eine Zielgröße, die in stark umkämpften Märkten zur Marktanteilssicherung und zur Sicherung/Verbesserung der Einkaufskonditionen ersatzmäßig herangezogen wird.

Da aufgrund nicht verfügbarer Daten häufig auf eine vollständige Spezifikation der Gewinnfunktion und der Rückkoppelungen über Wettbewerbsreaktionen, Einstandskonditionen, etc. in RMS verzichtet werden muss, ist es also wichtig, die nicht direkt modellierten Effekte über eine Gewichtung der Absatz- und Umsatzgrößen zumindest indirekt abzubilden. Als Lösungsansatz bietet sich eine relative Gewichtung der Veränderungen von Bruttogewinnen (ω_1), Umsätzen (ω_2) und Absatzmengen (ω_3) als Zielfunktion (OBJective Function: OBJF) an (vgl. M. Natter et al. 2007):

$$(18)\quad \text{OBJF}: \max_{p}(\omega_1\Delta(\pi) + \omega_2\Delta(\text{VK}\cdot\text{D}) + \omega_3\Delta(\text{D})).$$

Diese gewichtete Zielfunktion kann für alle alternativen Preisanpassungsstrategien evaluiert werden. Jene Preisstrategie, für die *OBJF* maximal ist, wird dann als Lösung herangezogen. Die Gewichte sollten in Abstimmung mit dem Management festgelegt werden. Als konsensfähiger Ausgleich der unterschiedlichen Managementinteressen (kurzfristige Gewinnziele versus längerfristige Einkaufskonditionen) erhielt die Zielgröße Gewinn in dieser Implementierung die höchste Bedeutung ($\omega_1 = 0{,}7$) und Umsatz ($\omega_2 = 0{,}2$) sowie Nachfragemenge ($\omega_3 = 0{,}1$) dementsprechend geringere Gewichte.

Der Pfeil in Abbildung 7.18 illustriert die Auswirkung bei Anwendung dieser neuen Zielfunktion (*OBJF**). Wie leicht zu erkennen ist, macht sich der Ansatz das relativ flache Optimum der Gewinnfunktion zu Nutze. Ohne allzu weit vom Gewinnoptimum entfernt zu sein, führt der vergleichsweise niedrigere Preis nicht selten zu deutlichen Mengensteigerungen.

Ein wesentliches weiteres Qualitätskriterium eines RMS ist die Kongruenz mit dem Preisimage (vgl. M. Levy et al. 2004): Die Art und Weise, wie die Preise eines Anbieters von den Konsumenten wahrgenommen werden, soll durch die vom RMS ausgelösten Preisfluktuationen ja nicht negativ beeinflusst werden. Preisgünstigkeits-, Preiswürdigkeits- und Kundenzufriedenheitsdaten fließen typischerweise nur indirekt über die Modellierung von Referenzpreisen und die Ersatzziele (Absatzsteigerung) in die Modellierung und resultierenden Preisvorschläge eines RMS ein. Auswirkungen des Einsatzes eines RMS auf Preiswürdigkeitsurteile sollten daher bei einem längerfristigen Einsatz eines RMS immer wieder extern überprüft werden.

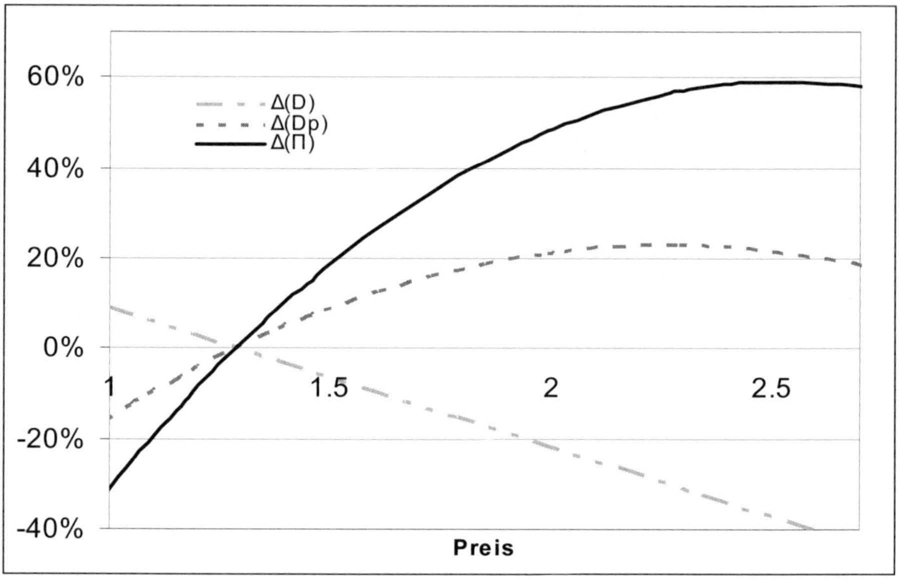

Abb. 7.18: Gewinn- und Umsatzoptimalität bei unterschiedlichen Preisen

Als Basis für die Bewertung dieses Aspekts konnte für die dargestellte Implementierung eines RMS eine vom Unternehmen jährlich durchgeführte Imagestudie im DIY-Sektor herangezogen werden: Während die im Rahmen der Studie Befragten zu annähernd gleichen Teilen glaubten, dass die Preise entweder gestiegen oder gefallen waren, gab die Mehrheit von 61 % regulären Kunden an, dass sie während des letzen Jahres keine signifikanten Preisveränderungen bemerkt hätten. Zusätzlich wurde in dieser Studie das Unternehmen mit den Top 5 Mitbewerbern verglichen. Auch ein Jahr nach Einführung des Systems wurde der Baumarkt (so wie im Jahr davor) mit dem zweitattraktivsten Preisimage eingeschätzt. Dieser Studie zu Folge scheinen daher auf dem RMS basierende Microstrategien auf kurze bis mittlere Sicht keinen negativen Einfluss auf das Preiswürdigkeitsurteil von Konsumenten zu haben.

In der Studie von V. Nijs et al. (2007) wurde zwar gezeigt, dass auch traditionelle Preisgestaltung nur beschränkt auf Konkurrenzpreise reagiert. Um die Problematik der Nichtberücksichtigung von Konkurrenzreaktionen zu begegnen, wurden beim betrachteten Unternehmen sehr umsatzstarke Artikel, welche potentiell im Fokus der Mitbewerber stehen und das Preiswürdigkeitsurteil potentiell stark beeinflussen, vom automatischen Pricing ausgenommen. Im Folgenden soll auf spezifische weitere Probleme solcher Revenue Management Systeme eingegangen werden:

1. Zunächst muss gewährleistet sein, dass die erklärenden Variablen (insbesondere der Absatzpreis) Varianz aufweisen (entweder im Zeitablauf oder in verschiedenen Ge-

schäften). Dies ist nicht generell gewährleistet. Insbesondere, wenn Geschäfte EDLP-Strategien verfolgen, kann dies ein flächendeckendes Problem sein.

2. Die Modellbildung kann behindert werden, wenn Daten über Preise oder Werte anderer absatzpolitischer Instrumente der Konkurrenten (z. B. Sonderplatzierungen) nicht verfügbar sind, diese aber einen starken Einfluss ausüben.
3. Die Preispolitik verfolgt häufig Ziele, wie z. B. den Abverkauf zum Saisonende. In solchen Fällen liegen keine exogenen Preise vor wodurch bei einfachen Regressionsansätzen Fehler bei der Abschätzung der Preiselastizität entstehen können. Hier kommen spezielle Module zum Einsatz.
4. Sortimente, die viele neue Produkte beinhalten oder Produkte mit kurzen Lebenszyklen können mit einfachen Regressionsanalytischen Methoden nicht ausgepreist werden.

Das Modell von A. Montgomery (1997) versucht beispielsweise mit Hilfe eines Bayesschen Schätzverfahren auch Elastizitäten für Artikel zu bestimmen, die keine oder kaum Schwankungen aufweisen und so die Anwendbarkeit solcher Ansätze auszuweiten.

Informationen über die Höhe der Preiselastizität sollten nicht nur die Findung eines geeigneten regulären Preises unterstützen, sondern können auch der Auswahl von geeigneten Sonderangebotsartikeln dienen. In der beschriebenen Implementierung erfolgte dies zuerst mit Hilfe eines einfachen dynamischen Scoringmodells basierend auf der Preis- und der Promotionselastizität, dem Saisonstatus des Artikels, der Absatzhöhe, dem Lifteffekt, sowie dem Lagerstand relativ zum durchschnittlichen Lagerstand. Die Auswahl von Artikeln für die Promotion ist allerdings durch methodischen Mehraufwand deutlich zu verbessern (siehe z. B. T. Reutterer et al 2006, Y. Boztug und T. Reutterer 2008).

7.5 Zusammenfassung

Die Preisgestaltung ist aus Sicht von Handelsbetrieben aufgrund der Vielzahl an zu bepreisenden Artikeln in meist zahlreichen Outlets eine enorme Herausforderung. Diese Aufgabe ist insbesondere durch die Wirkungen und Rückkoppelungen, die sich aufgrund von Konkurrenz(re)aktionen und Mengenreaktionen (Lieferantenkonditionen) ergeben, sowie die Marktdynamik (Saisonalität, Produktalterung) erschwert. Verbund- und Generalisierungseffekte verstärken die Problematik einer artikelindividuellen Preisoptimierung, da der Preis eines Artikels auch auf die Kaufwahrscheinlichkeit anderer Artikel im Sortiment wirkt als auch das Preiswürdigkeitsurteil des Einkaufs beeinflussen kann. Auf strategischer Ebene wird die Diskussion vielfach auf die Vor- und Nachteile verschiedener Preisformate (HILO, EDLP) verlagert. Die generelle Preispositionierung gibt die Rahmenbedingung für taktische und operative Preisentscheidungen vor.

In diesem Kapitel wurde sowohl auf verhaltenswissenschaftliche Ansätze zur Bewältigung des Preisfestlegungsproblems eingegangen als auch auf ökonometrische Ansätze, die auf Basis von Transaktionsdaten versuchen, optimale Preise festzulegen. Anhand von Beispielen zum Markdown-Management als auch zu einer Implementierung im Rahmen eines Revenue-Management Systems wurde dargestellt, wie reduzierte Modelle mit den komplexen Zusammenhängen umzugehen versuchen.

Internetadressen

- http://www.markant.de
- http://techtv.mit.edu/collections/isms:1135/videos/7478-baumax
- http://techtv.mit.edu/collections/isms:1135/videos/7476-cvs
- http://techtv.mit.edu/collections/isms:1134/videos/7435-telering
- http://techtv.mit.edu/collections/isms:1134/videos/7432-j-d-power-and-associates
- http://techtv.mit.edu/collections/isms:1133/videos/7128-national-academies-press
- http://www.idealo.de/

Aktivitäten

- Ein Unternehmen hat experimentiert und zu drei unterschiedlichen Preisen die Absatzmengen (für eine Zahnpastamarke) festgestellt. Die Werte sind in die folgende Abbildung eingetragen. Erstellen Sie ein zugehöriges Umsatzdiagramm. Welche Bruttoerträge ergeben sich bei einem Einkaufspreis von 2 €? Welchen Absatzpreis empfehlen Sie?

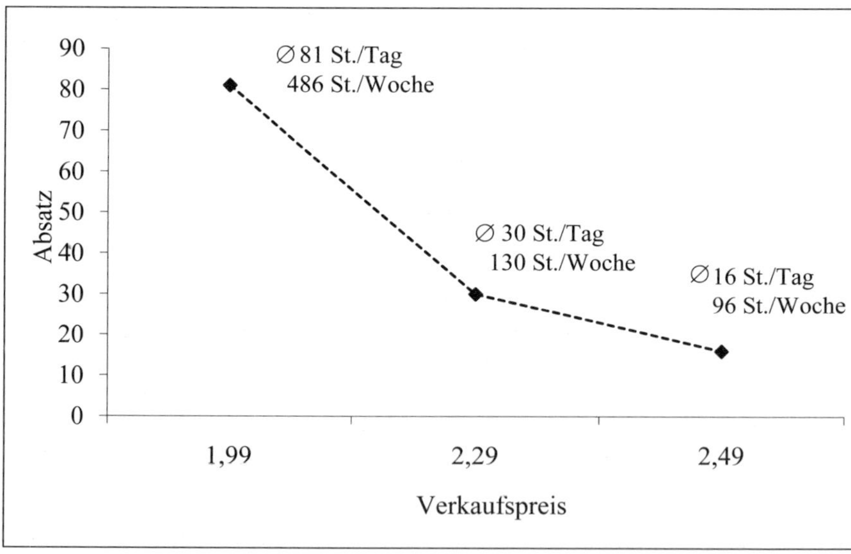

- Vergleichen Sie in zwei beliebigen Märkten, inwieweit sich in bestimmten Warengruppen (z. B. Zahnpasta) die Preislagenpolitik der Betriebe unterscheidet. Bilden Sie Preislagen, ordnen Sie die Angebote der Märkte ein und vergleichen Sie die Struktur.

Fragen zur Diskussion

- Scheinen Ihnen die statistischen Preisanalysen mit Absatzmengen (Umsatz) und preispolitischen Maßnahmen oder Erkenntnisse aus der verhaltenswissenschaftlichen Preisforschung (etwa zu den Preiskenntnissen, ihrem Preisinteresse, ihren Preisgünstigkeits- und Preiswürdigkeitsurteilen) die größere Hilfe für das Preismanagement in der Praxis?
- Sollten loyale Kunden oder Neukunden günstigere Preise erhalten?

8 Die Kommunikationspolitik

Zahlen des Instituts Nielsen Media Research GmbH/ZAW zum Brutto-Medienaufwand einzelner Branchen (ZAW 2010, S. 21 u. 187f.) belegen, dass der Handel ein „Werberiese" ist. Er trägt mit seinen Werbemaßnahmen einen bedeutenden Anteil zu den Einnahmen der Medien, insbesondere der Tageszeitungen, bei. Handelsorganisationen führen mit Brutto-Werbeinvestitionen von rund 3 Mrd. € in Deutschland die Liste aller werbenden Branchen an, es folgt der Versandhandel mit rund 1,7 Mrd. €; der Handel liegt also z. B. auch vor der Werbung für PKW (1,4 Mrd. €) oder Finanzdienstleistungen (367 Mill. €). Große Handelsorganisationen wie z. B. C&A geben allein schon mehr als 150 Mio. € pro Jahr aus. Durchschnittlich liegen die Kosten für Werbung im Fachhandel bei ca. 2 % vom Umsatz; die Angaben aus dem Betriebsvergleich des Instituts für Handelsforschung an der Universität zu Köln machen allerdings deutlich, dass diese Ausgaben sowohl nach Unternehmungen wie auch nach Branchen in einem weiten Bereich streuen (vgl. N. Sondermann 2003). Wie Abbildung 8.1 zeigt, nutzt der Handel insbesondere Tageszeitungen und das Fernsehen für seine Werbemaßnahmen, wie aber später noch gezeigt werden wird, gibt es darüber hinaus ein breites Spektrum an Werbemöglichkeiten. Hierbei ist insbesondere auch an die steigende Nutzung des Internet und die dortigen Kommunikationsmöglichkeiten zu denken (ZAW 2010, S. 328–350).

	2009	2008
Gesamtausgaben in Mio. €	2173,5	2003,9
Medienanteile in %		
Tageszeitungen	72	75
Fernsehen	16	14
Hörfunk	7	6
Plakate	3	3
Publikumszeitschriften	2	2

Abb. 8.1: Werbebudget der Handelsorganisationen nach ausgewählten Medien (Quelle: ZAW 2009, S. 189)

Alle Angaben zu den Werbeausgaben des Handels setzen voraus, dass sowohl die Begriffe „Handel" als auch „Werbung" oder „Kommunikation" hinreichend klar abgegrenzt sind. Versteht man unter Kommunikationspolitik einer Unternehmung alle Maßnahmen, mit denen Informationen an Mitglieder der Organisation oder an Außenstehende gezielt vermittelt werden, dann wird damit ein weiter Aufgabenbereich angesprochen. Eine Unternehmung will ja nicht nur Informationen an ihre Kunden streuen, sondern auch an Kapitalgeber (**Investor Relations**), an Lieferanten, an die Presse oder an politische Entscheidungsträger. Im Folgenden geht es dagegen „nur“ um die Informationspolitik gegenüber den Nachfragern nach den betrieblichen Leistungen; es kann deswegen auch von Werbung gesprochen werden, wiewohl dieser Begriff heute nicht mehr dem Zeitgeist entspricht, nachdem auch der früher verwendete Begriff der Reklame fast völlig untergegangen ist. Als Teil des Kommunikations-Mix einer Unternehmung wird die Werbung unterschiedlich weit abgegrenzt, wobei es vor allem um die Trennlinien zur Öffentlichkeitsarbeit (Public Relations), der Verkaufsförderung (Sales Promotion), der Präsentationspolitik (insbes. Verkaufsraumgestaltung), dem persönlichen Verkauf (Einsatz von Verkaufspersonal) und den vielfältigen Formen der nonverbalen Kommunikation (insbes. Corporate Design) geht. Hier sei Werbung so definiert:

> *Unter **Werbung** soll die Gestaltung der nichtpersonalen Kommunikation zwischen der Handelsunternehmung und den aktuellen und potenziellen Kunden unter Einschaltung bestimmter Werbeträger verstanden werden.*

Informationen, die vom Verkaufspersonal im direkten Gespräch an den Verbraucher gegeben werden, sollen als Problem des Personaleinsatzes („persönlicher Verkauf“, „personal selling“) behandelt werden. Der Zusatz „unter Einschaltung bestimmter Werbeträger“ soll die Möglichkeit eröffnen, nur bestimmte Methoden, mit denen Kommunikationsinhalte übermittelt werden können, ein- und andere auszuschließen. So werden die Gestaltung der Fassaden, die Architektur der Innenräume sowie die der Verkaufsmöbel nicht angesprochen, obwohl auch solche Gestaltungsbereiche als Kommunikation bezeichnet werden könnten, wie dies stellenweise unter dem Begriff „Corporate Identity“ gefordert wird (vgl. dazu Kapitel 10). Im Folgenden wird vielmehr nur an die Werbemaßnahmen gedacht, die sich aus der Kombination von Werbeträgern und Werbemitteln, wie sie in der Abbildung 8.2 angegeben sind, ergeben. Sie sind äußerst vielgestaltig, laufend kommen neue hinzu. So haben etwa ab 1998 insbesondere die Möglichkeiten, Nachfrager über das Internet anzusprechen, Beachtung gefunden.

Unter **Werbeträgern** werden dabei jene Organe verstanden, die als Personen oder Sachen zur Streuung der Werbemittel eingesetzt werden. Bei den **Werbemitteln** handelt es sich um die Darstellungsmöglichkeiten der Werbebotschaften, die wegen ihrer Vielgestaltigkeit und ihrer Dynamik schwer zu systematisieren sind. Obwohl nicht in allen Fällen zwischen Werbeträger und Werbemittel differenziert werden kann, ist es doch sinnvoll, zwischen beiden Begriffen zu unterscheiden, weil sich so Handlungsmöglichkeiten leichter erschließen lassen und weil in der Werbekontrolle zwischen einem Kontakt mit dem Werbeträger (z. B. der Tageszeitung) und dem Kontakt mit dem spezifischen Werbemittel (der Anzeige) unterschieden werden muss.

Die Bedeutung einzelner Werbeträger und Werbemittel unterscheidet sich auch nach der Branche. So nehmen im Lebensmittelhandel Anzeigen und Handzettel einen bedeutenden Platz ein, im Textil- und Möbelhandel werden häufig Prospekte eingesetzt, im Versandhandel kommt traditionell dem Katalog eine hohe Bedeutung zu.

Die für Werbung gewählte Definition ist auch bestimmend für die **Höhe der Werbeausgaben** und von zentraler Bedeutung, wenn die Höhe des Werbebudgets festgelegt werden soll oder wenn Werbeausgaben zwischen einzelnen Betrieben verglichen werden sollen. Dabei ist zu klären, ob

- nur die Sachausgaben für Werbung, wie Dekorationskosten, Inserate, Prospekte, Plakate oder auch
- die Sachausgaben für die Ausstattung der Verkaufsräume (z. B. Regale, Beleuchtung) oder auch
- die Beiträge für Werbegemeinschaften, Honorare für gelegentliche Werbehelfer oder auch
- die Gehälter für fest angestelltes Personal, das für werbende Aufgaben tätig ist (z. B. Dekorateure) oder auch
- die Gehälter des Verkaufspersonals oder auch
- Preisabschläge gegenüber einer früheren Kalkulation

als Werbeaufwand (Werbekosten) angesehen werden sollen.

Werbemittel / Werbeträger	Anzeigen (evtl. mit Coupon)	Prospekte und Werbezettel	Werbebriefe	Werbespots (einschl. Ansagen)	Plakate und Werbeschilder	Kataloge	Besondere Warenpräsentation	Schauwerbeveranstaltungen (z. B. Modeschauen)	Werbegeschenke	Leuchtwerbemittel	Lotteriespiele	Lautsprecherdurchsagen
Printmedien												
• Zeitungen	X	X									X	
• Anzeigenblätter	X	X									X	
• Publikumszeitschriften	X										X	
• Kundenzeitschriften	X	X									X	
• Sonstige Druckerzeugnisse (Adressbücher, Kataloge, usw.)	X										X	
FFF-Medien												
• Film- und Diavorführungen				X							X	
• Funk				X							X	
• Fernsehen				X							X	
Medien der Außenwerbung												
• Litfaßsäule					X							
• Verkehrsmittel		X			X					X		
• Leuchtwerbung					X					X		
• Banden- und Trikotwerbung					X					X		
Medien der Direktwerbung												
• Postalische Zustelldienste		X	X			X			X		X	
• Sonst. Verteilerorganisat.		X	X			X			X		X	
Verkaufsstelle als Medium												
• Schaufenster				X	X		X			X		
• Lautsprechersystem, Ladenfunk					X							X
• Verkaufsraum		X			X	X	X	X	X	X	X	
• Computer (Kiosksysteme)				X		X					X	
• Fernsehgeräte				X							X	

Werbeträger \ Werbemittel	Anzeigen (evtl. mit Coupon)	Prospekte und Werbezettel	Werbebriefe	Werbespots (einschl. Ansagen)	Plakate und Werbeschilder	Kataloge	Besondere Warenpräsentation	Schauwerbeveranstaltungen (z. B. Modeschauen)	Werbegeschenke	Leuchtwerbemittel	Lotteriespiele	Lautsprecherdurchsagen
Ware als Medium • Verpackung							X					
Internet als Medium • World Wide Web • E-Mail	X X		 X	X		X					X	

Abb. 8.2: Überblick über wichtige Werbemittel und Werbeträger

Die Handlungsmöglichkeiten der Handelswerbung werden durch mehrere **Vorschriften** eingeengt. Zu den wichtigsten zählen die folgenden Vorschriften (vgl. auch die anschauliche Darstellung bei D. Pflaum und H. Eisenmann 1988, S. 192–231 und eine aktuelle Übersicht über nationale und europäische Regelungen bei ZAW 2010, S. 116–126):

- Das Gesetz gegen unlauteren Wettbewerb (UWG), zuletzt 2009 geändert, soll sowohl die Konkurrenten als auch die Verbraucher vor unerlaubten Maßnahmen schützen. § 1 UWG enthält eine Generalklausel (es sollen keine Verstöße gegen die guten Sitten geduldet werden), § 3 UWG verbietet irreführende Werbung. Durch die Rechtsprechung sind Fallgruppen entwickelt worden.
- Bis 2001 waren in Deutschland auch die Zugabe-Verordnung und das Rabattgesetz von Bedeutung für die Gestaltung von Werbemaßnahmen.
- Bei Online-Werbung ist insbesondere auf die Bestimmungen des Datenschutzes zu achten.

Werbung wird häufig mit dem Einsatz anderer absatzpolitischer Instrumente kombiniert, z. B. mit Preissenkungen, mit besonderen personalpolitischen Aktionen wie Vorführungen mit sortimentspolitischen Maßnahmen, wie der Aufnahme neuer Produkte oder Zweit- bzw. Drittplatzierungen. Insofern ist es problematisch, die Werbung losgelöst von dem Einsatz der übrigen absatzpolitischen Instrumente zu planen.

8.1 Aktionsparameter, Ziele und Umweltgrößen der Werbeplanung

Nach dem Grundmodell der Entscheidungstheorie sind bei jedem Planungsproblem zumindest drei Fragen zu stellen: Welche Handlungsmöglichkeiten stehen zur Verfügung, auf welche Ziele sollen die Maßnahmen ausgerichtet werden und welche Umweltvariablen haben Einfluss auf die Zielerreichung?

Handlungsmöglichkeiten

Die zentralen Entscheidungen im Rahmen der Werbeplanung lassen sich drei Bereichen zuweisen:

1. **Werbebudgetplanung**: Es ist der Geldbetrag festzulegen, der innerhalb einer Periode für Werbemaßnahmen im definierten Sinn verausgabt werden soll (Höhe des Werbebudgets).
2. **Werbeaussage**: Wie sollen die Werbemaßnahmen nach Inhalt (Werbebotschaft) und Art der Darstellung (Copy) gestaltet sein? Dazu gehören insbesondere
   - Entscheidungen über die Auswahl des zu bewerbenden Objektes, also welche Artikel beworben werden sollen, ob einzelne Dienstleistungen herausgestellt werden sollen oder ob es sich um Werbung handeln soll, die von einzelnen Umsatzträgern losgelöst sein soll (firmenbezogene Werbung),
   - Entscheidungen über die Größe und Aufmachung (bei Anzeigen oder bei Prospekten z. B. hinsichtlich Farbgebung, Layout, Bebilderung).
3. **Eingesetzte Werbeträger**: Die Auswahl der Werbeträger wird auch als die Streuung der Werbung bezeichnet. Hier geht es zum einen in sachlicher Hinsicht um die Wahl der Werbeträgergruppe, ob also Tageszeitungen, Zeitschriften, Schaufenster, Plakatträger (z. B. Säulen, Anschlagstellen, Verkehrsmittel), Funk und Fernsehen, Kinos usw. für Werbezwecke eingesetzt werden sollen; innerhalb dieser Gruppen können weitere Auswahlprobleme anstehen. Zum anderen besteht ein Allokationsproblem in zeitlicher Hinsicht. Wie soll das Werbebudget im Zeitablauf verteilt werden – sollten die Werbeausgaben dem Umsatzverlauf folgen oder soll antizyklisch geworben werden?

Ziele

Ein zweiter wichtiger Bestandteil der Werbeplanung ist **die Formulierung von Zielen**, die mit der Werbung erreicht werden sollen (vgl. den Literaturüberblick bei G.-M. Weinberg 1970, S. 39–60 und K. Barth und H.-J. Theis 1991, S. 112–141). Die Ziele sind zwar von dem Planenden festzulegen, stellen aber trotzdem im Gegensatz zu den oben genannten Größen keine Aktionsparameter dar, weil zwar die Zielarten, nicht aber die Zielerreichungsgrade per Entscheidung fixiert werden können. Ob die Ziele in dem gewünschten Ausmaß erreicht werden, hängt zu einem Teil vom Verhalten Dritter (insbesondere der Nachfrager) ab. Einen Überblick über mögliche Ziele vermittelt Abbildung 8.3. Dort werden zunächst jene Handlungen der Verbraucher aufgeführt, die sich im Rechnungswesen der Unternehmung niederschlagen, also verschiedene Aspekte der Umsatzerzielung; dann jene Handlungen der Verbraucher, die nicht gleichzeitig Kaufakte darstellen, und schließlich die den Handlungen vorausgehenden Prädispositionen. Zwar ist es das Ziel der Handelsunternehmung, Waren und Dienstleistungen zu veräußern, die Frage lautet jedoch, inwieweit dazu die Institution in den Vorstellungen der Kunden profiliert werden kann. Das Spezifische der Handelswerbung lässt sich auch so angeben: Die Industrie bewirbt im Regelfall Produkte, der Handel bewirbt Verkaufsstellen (was durchaus über eine warenbezogene Werbung angestrebt werden kann).

In Abbildung 8.3 sind im dritten Teil stellvertretend drei der wichtigsten Konstrukte angeführt, mit denen im Rahmen der Konsumentenverhaltenstheorie Prädispositionen der Verbraucher abgebildet werden, das Wissen, der Affekt und die Handlungsabsicht der aktuellen und potenziellen Kunden. Alle Zielgrößen können sich auf unterschiedliche Personengruppen beziehen (z. B. Personen, die in der betreffenden Handelsunternehmung noch nie gekauft haben, Personen in der Altersklasse von ... bis ...), weswegen auch der Handel zu prüfen hat, nach welchen Merkmalen er seine Zielgruppen definiert.

Die Zielformulierungen sind jeweils um zeitliche Angaben zu ergänzen (also z. B. Erhöhung des Umsatzes um ...% in den folgenden 6 Monaten). Die Aufzählung einzelner Teilziele in 8.3 darf nicht zu dem Eindruck führen, dass alle Teilziele unabhängig voneinander oder als Alternativen anzusehen seien. Abbildung 8.3 gibt auch noch keinen Aufschluss darüber, unter welchen Bedingungen einzelnen Teilzielen eine besondere Bedeutung zukommt.

Zeitweilig wird beklagt, dass Werbemaßnahmen im Handel fast ausschließlich das Ziel haben, die Preisgünstigkeit eines Geschäftes herauszustellen, um so zu schnell eintretenden Umsatzzuwächsen zu kommen (vgl. z. B. H. Happel 1980, S. 12). Es fehle an Bemühungen, das Profil des Handelsbetriebes auf mittlere Sicht mit Hilfe von Werbung zu gestalten (vgl. auch Verlagsgruppe Bauer 1980). Pauschale Urteile über die mangelnde Eignung einer preisorientierten Werbung (in Gegenüberstellung zu einer Sortimentswerbung, einer atmosphärischen Artikelwerbung oder einer firmenbezogenen Werbung ohne Artikelbezug) sind aber voreilig, da die Bestimmungsfaktoren für die Wahl einer bestimmten Werbestrategie zu wenig berücksichtigt werden.

1. Zielgrößen, die sich auf ökonomische Erfolgsfaktoren beziehen Beispiele: Erhöhung des Umsatzes (bestimmter Artikel, bestimmter Abteilungen, eines bestimmten Hauses), Erhöhung des Marktanteils, Kundentreue im Verhaltenssinne steigern, Verkauf bestimmter Warenpartien (z. B. auslaufende Waren, vom Verderb bedrohte Waren), Gewinnung von Liquidität, Erhöhung des durchschnittlichen Kaufbetrages pro Kunde, Auslösung von ungeplanten Käufen (Impulskäufen).
2. Zielgrößen, die sich auf dem Kauf vorgelagerte Verhaltensweisen der Verbraucher beziehen Beispiele: Besuch der Verkaufsstelle (einzelner Abteilungen) – auch außerhalb des gewöhnlichen Besuchsrhythmus – oder Veranlassung eines Erstbesuchs, Einholen von Angeboten, Entgegennahme von Proben, Verhindern, dass ein Konkurrenzbetrieb aufgesucht wird, „Word-of-Mouth“ (WOM) auslösen.
3. Zielgrößen, die sich auf Prädispositionen der Verbraucher beziehen Beispiele: einen physischen Kontakt zwischen Verbraucher und Werbeträger herstellen, die Aufmerksamkeit des Verbrauchers erregen, das Wissen der Verbraucher erhöhen (, dass z. B. bestimmte Waren geführt werden, Kenntnisse von Preisen, Wissen um Serviceleistungen), die Einstellung (im Sinne von Affekt) der Verbraucher verändern (Image), Kundentreue im psychologischen Sinne steigern, Kaufabsichten ausbilden, z. B. ein bestimmtes Produkt zu kaufen oder eine bestehende Verkaufsstelle (u. U. erstmalig) aufzusuchen (z. B. Probekauf).

Abb. 8.3: Überblick über mögliche Zielgrößen der Werbeplanung

Umweltgrößen in der Werbeplanung

Das dritte Element der Werbeplanung stellen jene Faktoren dar, die den Erfolg der Werbung bestimmen, von der Unternehmung aber nicht, zumindest nicht in der Werbeplanung, festgelegt werden können oder nicht festgelegt werden sollen (sog. Umweltgrößen). Einen Überblick über sie vermittelt Abbildung 8.4. Im Mittelpunkt der Abbildung stehen die Faktoren, die die Verarbeitung der Werbestimuli im Verbraucher bestimmen.

Die Abbildung 8.4 verdeutlicht, dass bei der Werbeplanung einerseits auf interne Gegebenheiten geachtet werden muss (z. B. die Betriebsform) und andererseits kunden- und konkurrenzbezogene Aspekte zu berücksichtigen sind. In Abbildung 8.4 wird über Kästchen 6 auch darauf hingewiesen, dass die Werbeplanung in den Dienst der strategischen Planung gestellt werden soll, indem die zu formulierenden Werbeziele mit den strategischen Zielen der Unternehmung verknüpft werden. Als Hilfsmittel kann hierzu die Balanced Scorecard eingesetzt werden (vgl. Kapitel 2).

Die in Abbildung 8.4 dargestellten Zusammenhänge sind statischer Natur. Hier wird nur dargestellt, an welche Größen bei der Gestaltung von Werbemaßnahmen zu denken ist. Viele der in Abbildung 8.5 dargestellten Größen ändern sich im Zeitablauf, was zu einer

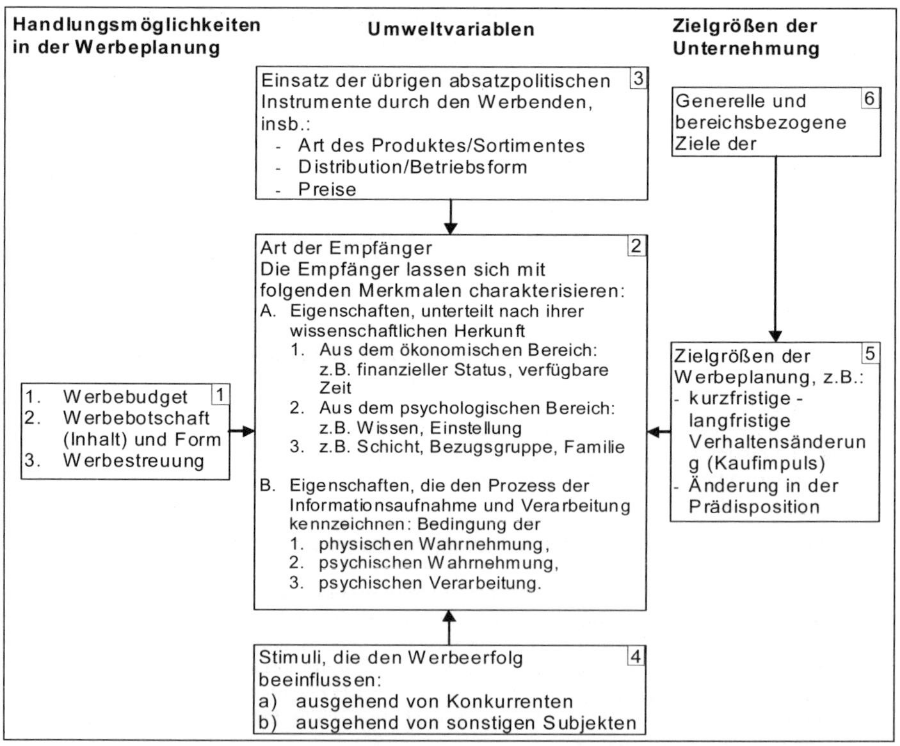

Abb. 8.4: Bestimmungsfaktoren des Werbeerfolges (Quelle: W. Leven und L. Müller-Hagedorn 1981)

Dynamik der Werbung in allen Entscheidungsbereichen führt, denn eine Handelsunternehmung hat sich mit ihren Werbemaßnahmen an Veränderungen in ihrem Umfeld anzupassen. Es ist immer lohnend zu fragen, welche Veränderungen (vielleicht sogar Trends) in einem bestimmten Feld zu beobachten sind. Das wird in Abbildung 8.5 konkretisiert, indem auf Entwicklungen im ökonomischen, im technologischen und im soziokulturellen System hingewiesen wird und indem die Folgen für die Werbung angedeutet werden.

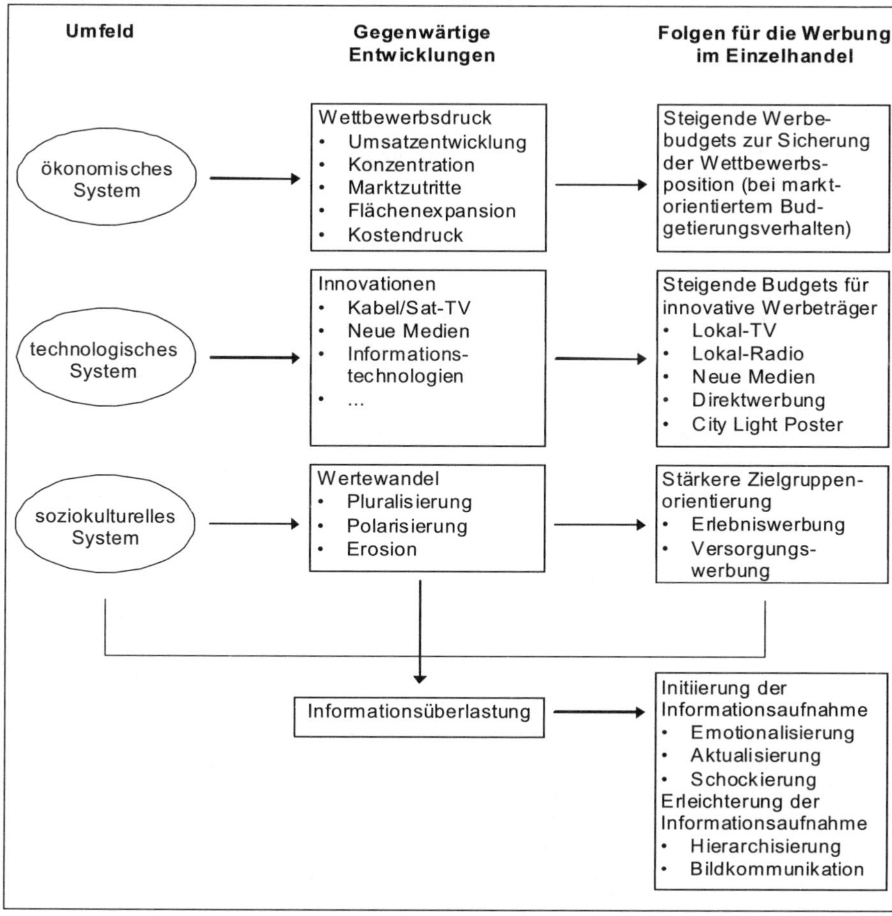

Abb. 8.5: Hypothesen zu Wirkungszusammenhängen zwischen Umfeldsystem und der Werbedynamik des Einzelhandels (Quelle: L. Müller-Hagedorn und S. Zielke 1999, S. 189)

Zur Werbeplanung im Handel liegen relativ wenige Beiträge vor (z. B. zur Werbung des Facheinzelhandels die umfangreiche Darstellung von K. Barth und H.-J. Theis 1991, eine Bestandserhebung, die auch als Lehrbuch zur Werbeplanung genutzt werden kann). Das ist vielleicht damit zu erklären, dass der Handel erst in den letzten Jahren diesem absatzpolitischen Instrument erhöhte Aufmerksamkeit schenkt, vielleicht auch damit, dass viele Aussagen aus der Konsumgüterwerbung übertragen werden können und mithin die dort gewonnenen Erkenntnisse auch für den Handel gelten (vgl. z. B. W. Kroeber-Riel und F.-R. Esch 2004). Andererseits hat sich die Medienlandschaft durch das Hinzukommen vieler neuer, auch regional belegbarer Titel und Sendeanstalten erheblich geändert. Zweifellos kann von einer wachsenden Bedeutung der Werbung im Handel gesprochen werden. Dies belegt u. a. auch die Beobachtung, dass nach den Langzeiterhebungen des Instituts für Handelsforschung in Köln die Werbekosten im Textilfachhandel der Bundesrepublik Deutschland von 1,4 % vom Umsatz in 1950 auf 3 % gestiegen sind, im Möbelfacheinzelhandel sogar von 1,2 % auf 3,8 % (L. Müller-Hagedorn und S. Zielke 1999, S. 191).

Vorgehen beim Aufstellen eines Werbeplanes

Um einen Kommunikationsplan für eine Handelsorganisation aufzustellen, empfiehlt es sich, in folgenden Schritten vorzugehen:

- Aufstellen von Werbezielen: Bei den vielen Gestaltungsmöglichkeiten für Werbemaßnahmen ist es gerade hier besonders wichtig, Ziele vorzugeben, um Auswahlkriterien an der Hand zu haben. Dabei kann es um Beiträge zur strategischen Positionierung des Unternehmens gehen (vgl. dazu Kapitel 2) oder um einzelne Ziele, die sich auf den Abverkauf oder einzelne Verhaltensweisen der Verbraucher beziehen und auf die Abbildung 8.3 Hinweise liefert. Da einzelne Unternehmungen sich in unterschiedlichen Situationen befinden, kann dies immer nur unternehmensindividuell geschehen. Dies veranschaulicht auch Abbildung 8.6, die zeigt, dass Karstadt keine Werbemaßnahmen durchführen muss, um seinen Bekanntheitsgrad zu steigern, sondern dass vielmehr die Steigerung des Stammkundenanteils als Werbeziel in Frage kommt.
- Festlegung eines Werbebudgets: Wie eingangs ausgeführt worden ist, geben die großen Handelsorganisationen teilweise mehr als 100 Mio. €/Jahr für Werbung aus; aber auch, wenn beispielsweise eine Apotheke hierfür nur 40.000 € im Jahr vorsieht, ist dies gemessen an dem Gewinn eines solchen mittelständischen Unternehmens ein großer Betrag und bedarf mithin sorgfältiger Überlegungen. Für die Festlegung eines Werbebudgets werden im Marketing grundsätzlich die folgenden Methoden vorgeschlagen: Nach der mikroökonomischen Methode ist abzuschätzen, wie sich voraussichtlich der Umsatz und daraus abgeleitet der Rohertrag bei unterschiedlich hohen Werbeausgaben entwickeln wird. Es wird jener Betrag gewählt, bei dem die Differenz zwischen zusätzlichen Roherträgen und zusätzlichen Kosten maximiert wird. Bei der konkurrenzorientierten Festlegung wird auf das Verhalten der Konkurrenz abgestellt. So ist es denkbar, dass jeweils gleiche Beträge verausgabt werden, wie dies auch die Konkurrenz tut, um dieser einen kommunikativen Wettbewerbsvorsprung zu verwehren; entsprechend wäre das Budget zu erhöhen, wenn der Konkurrent angegriffen werden soll. Bei der Ziel-Maßnahmen-Methode werden Sachziele vorgegeben (z. B. Steigerung des Bekanntheitsgrades einer Verkaufsstelle oder einzelner Abteilungen, Abverkauf von Restware) und es werden jene Mittel bereitgestellt, die notwendig sind, um diese Sachziele effizient zu erreichen.
- Aufteilung des Budgets: In vielen Fällen wird das für Werbung vorgesehene Budget nicht für eine einzelne Maßnahme ausgegeben, sondern ist auf vielfältige Aktivitäten aufzuteilen. Dabei geht es insbesondere um die folgenden Bereiche:

- Welchen Anteil am Budget sollen die einzelnen Regionen oder Verkaufsstellen erhalten?
- Soll das Budget für institutionenbezogene Werbung (Unternehmung oder einzelne Verkaufsstellen) oder für einzelne, zu bestimmende Warenbereiche verwendet werden?
- Welche Medien sollen genutzt werden?
- Soll die Werbung gleichmäßig über die einzelnen Perioden verteilt werden oder sollen einzelne Zeitabschnitte bevorzugt werden?

- Im Regelfall wird eine Gleichverteilung oder eine Verteilung nach dem Umsatz nicht sinnvoll sein, weil dabei zu wenig berücksichtigt wird, dass sich die erzielte Wirkung durch eine effizientere Allokation verbessern lässt. Zielgerichtete Allokationsentscheidungen setzen voraus, dass die Wirkung abgeschätzt wird, die mit alternativen Werbebeträgen erreicht werden kann. Deswegen wird im Abschnitt 8.2 ausführlicher auf Werbewirkungsanalysen eingegangen.
- Implementierung und Kontrolle: Am Beispiel der Prospektwerbung lässt sich gut veranschaulichen, dass zahlreiche Koordinationsaufgaben anfallen, um einen Werbeplan zu realisieren. Die zu bewerbenden Produkte müssen ausgewählt werden, mit den Herstellern ist eine Beteiligung abzustimmen (Finanzierung, Belieferung), die logistischen Voraussetzungen müssen gewährleistet sein, die Zusammenarbeit mit der gestaltenden Werbeagentur muss abgestimmt werden (z. B. Bildmaterial, vorzugebende Preise), eine Verteilerorganisation muss ausgewählt werden usw. Wichtig ist eine Werbekontrolle, weil sie Hinweise auf die Wirksamkeit einzelner Maßnahmen liefert.

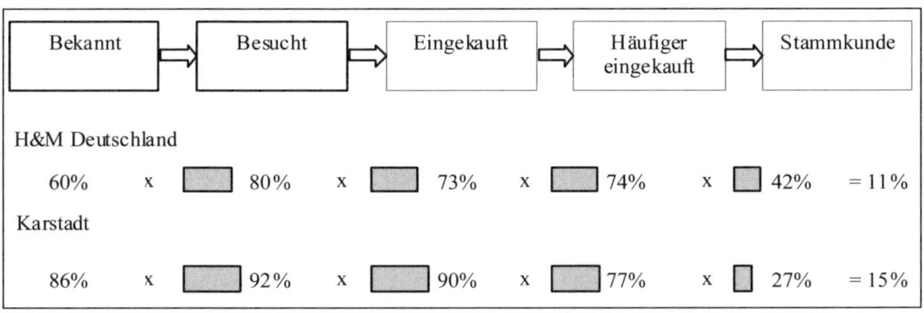

Abb. 8.6: Erfolg bei der Kundenbindung und bei ihren Vorstufen (Quelle: M. Kliger und S. Dembeck 2001, S. 6)

8.2 Zur Wirksamkeit von Werbemaßnahmen

Auch für die Planung der Werbeaktivitäten gilt, dass sie auf Vorstellungen über ihre Wirksamkeit beim Verbraucher aufbauen muss. Dabei lassen sich entsprechend dem oben dargestellten Katalog von möglichen Zielen **drei Typen von Untersuchungen** unterscheiden:

1. Untersuchungen, die zeigen, wie sich Werbemaßnahmen auf ökonomische Erfolgskategorien auswirken, z. B. den Umsatz, den Absatz, den Deckungsbeitrag, jeweils bei den beworbenen Produkten oder bei anderen Produkten des Sortiments (Verbundeffekte),
2. Untersuchungen, die zeigen, wie Werbemaßnahmen dem Kauf vorgelagerte Verhaltensweisen der Konsumenten bestimmen, z. B. das Aufsuchen einer Einkaufsstätte,
3. Untersuchungen, die zeigen, wie Werbemaßnahmen das Insystem der Verbraucher beeinflussen.

In der Literatur stehen Untersuchungen nach dem ersten Typ im Vordergrund. Von besonderer Bedeutung sind aber auch verhaltenswissenschaftliche Untersuchungen, die erklären, warum bestimmte Maßnahmen zu einem bestimmten Erfolg führen, andere dagegen nicht. Wirkungsanalysen sind nicht nur für die Werbeplanung von zentraler Bedeutung, sondern auch die Werbekontrolle erfordert, die Wirkung von Werbemaßnahmen abzuschätzen. Dies ist dadurch erschwert, dass der sich einstellende Erfolg nicht nur Ergebnis der durchgeführten Werbemaßnahme ist, sondern sich auf Grund zahlreicher weiterer Einflussfaktoren ergibt. Dazu zählen der Einsatz der übrigen absatzpolitischen Instrumente, die Maßnahmen der Konkurrenz, Einflüsse aus der sonstigen Umwelt, kurz alle Faktoren, die das Käuferverhalten beeinflussen. Es ist daher von besonderer Bedeutung, Techniken zu entwickeln, die den der Werbung zurechenbaren Effekt aufzeigen.

8.2.1 Einfache umsatzbezogene Analysen

Wenn es sich um artikelbezogene Werbemaßnahmen handelt (z. B. Anzeigen, in denen Artikel beworben werden), scheint es naheliegend, den Umsatz zu analysieren, der sich in einer bestimmten Zeitspanne nach dem Werbeimpuls bei diesen Artikeln einstellt. Aus den folgenden Gründen ist es jedoch problematisch, den mit den beworbenen Artikeln erzielten Umsatz als Werbeerfolg zu bezeichnen:

- Auch ohne die betreffende Werbemaßnahme wäre mit diesen Artikeln ein bestimmter Umsatz erzielt worden.
- Die Werbemaßnahme kann die Frequenz erhöht haben, was auch bei nicht beworbenen Artikeln zu Umsatzsteigerungen geführt hat.
- Die Werbemaßnahme kann den Umsatz bei anderen Produkten, insbesondere solchen, die als Substitute angesehen werden, geschmälert haben.
- Es ist unklar, über welchen Zeitraum nach Erscheinen der Werbemaßnahmen Umsätze der Maßnahme zugerechnet werden sollen.
- Wenn die Werbemaßnahme mit innerbetrieblichen Aktionen einhergeht, z. B. optischen Herausstellungen, ist unklar, welchen Beitrag die einzelnen Maßnahmen geleistet haben.
- Der nach erfolgter Werbung erzielte Umsatz kann zu bedeutenden Teilen durch Umweltvariablen, wie z. B. Maßnahmen von Konkurrenzbetrieben, kalendermäßigen Einflüssen, Wetterverhältnissen bestimmt sein, so dass es möglich ist, dass dieselbe Maßnahme zu anderen Zeiten eine vollkommen andere Wirkung zeigt.

Diese Gesichtspunkte zeigen die Schwierigkeiten einer Werbeerfolgsmessung und machen deutlich, dass der Umsatz als „Rohgröße" des Werbeerfolgs nur eingeschränkt geeignet ist und einzelner Relativierungen bedarf, um den Einfluss dritter Größen auf den Umsatz nach der Werbung zu isolieren.

E.-C. Greilich hat untersucht, wie sich 42 **Tageszeitungs-Anzeigen eines Kaufhauses** von der Mindestgröße einer 1/3 Seitenbelegung auf den Umsatz der betreffenden Abteilung ausgewirkt haben (E.-C. Greilich 1976). Das Verfahren läuft in fünf Schritten ab:

1. Es ist zu ermitteln, wie hoch der durchschnittliche Umsatz der Abteilung an den (zwei) der Insertion vorausgehenden Tagen ist. Bezeichnet x_{it} (t = -2, -1, 0, 1,...) den Umsatz der Abteilung i am Tag t, dann gilt:

$$\bar{x}_i = \frac{1}{2} \sum_{t=-2}^{-1} x_{it}$$

Mit t = 0 ist der Tag der Insertion gemeint.

2. Es ist zu ermitteln, wie hoch die relative Umsatzveränderung in der Abteilung i (xi^{rel}) an den einzelnen Tagen nach Erscheinen der Werbung ist.

$$x_{it}^{rel} = \frac{x_{it}}{\bar{x}_i} \cdot 100 \text{ für } \quad t = 1,2,3$$

Diese relative Umsatzveränderung muss nicht nur für einzelne Tage, sondern kann auch für einen Zeitraum (z. B. drei Tage) berechnet werden. Es ergibt sich dann:

$$\bar{x}_i^{rel} = \frac{1}{t^*} \cdot \sum_{t=0}^{t^*} \frac{x_{it}}{\bar{x}_i} \cdot 100$$

Durch die Relativierung wird der Absatz im Zeitraum vor der Werbemaßnahme als Bezugsgröße gewählt (baseline).

3. Es wird ermittelt, wie hoch der durchschnittliche Umsatz der gesamten Verkaufsstelle an den Tagen vor Einschaltung der Werbung war (entsprechend 1.). Es bezeichne x_{vt} den Umsatz in der gesamten Verkaufsstelle (V) am Tag t. Es gilt dann:

$$\bar{x}_V = \frac{1}{2} \sum_{t=-2}^{-1} x_{Vt}$$

4. Wird der unter 2. erläuterte Schritt auch auf den Umsatz der gesamten Verkaufsstelle angewendet, ergibt sich die prozentuale Umsatzveränderung, die nach Einschaltung der Werbung im Vergleich zu dem vor der Werbung erzielten durchschnittlichen Umsatz eingetreten ist:

$$x_{Vt}^{rel} = \frac{x_{Vt}}{\bar{x}_V} \cdot 100 \quad \text{für} \quad t = 1,2,3$$

Für den gesamten Zeitraum nach Einschaltung der Werbung gilt:

$$\bar{x}_V^{rel} = \frac{1}{t^*} \cdot \sum_{t=0}^{t^*} \frac{x_{Vt}}{\bar{x}_V} \cdot 100$$

Mit dieser Relativierung sollen jene Einflussgrößen ausgeschaltet werden, die insgesamt verkaufssteigernd und auf alle Abteilungen gewirkt haben.

5. Mit den in 2. und 4. ermittelten Werten lässt sich nun bestimmen, inwieweit die Umsatzveränderungen in den Abteilungen, deren Produkte beworben worden sind, günstiger sind als die Umsatzveränderungen der gesamten Verkaufsstelle.
   a) Für einen einzelnen Tag nach der Insertion:

   $$WE = x_{it}^{rel} - x_{Vt}^{rel} \quad \text{für} \quad t = 1,2,3$$

   WE = Werbeerfolg

   b) Für einen Zeitraum nach der Insertion:

   $$WE = \overline{x}_{i}^{rel} - \overline{x}_{V}^{rel}$$

Der Erfolg einer Werbemaßnahme wird danach umso höher ausgewiesen, je mehr die betreffende Abteilung ihren Umsatz im Vergleich zum Gesamtumsatz der Verkaufsstelle gesteigert hat, jeweils bezogen auf den vor der Insertion liegenden Zeitraum. Das Verfahren ist dadurch gekennzeichnet, dass der nach der Insertion erreichte Umsatz zweimal relativiert wird; erstens an dem Umsatz vor der Insertion und zweitens an dem Umsatz der gesamten Verkaufsstelle. In die **Beurteilung des Verfahrens** sind folgende Gesichtspunkte einzubeziehen:

1. Sicher wäre es falsch davon auszugehen, dass der nach der Insertion erzielte Umsatz auf die Werbemaßnahme zurückzuführen sei. Von daher ist die Differenz zum Umsatz der Vorperiode eine geeignetere Größe zur Messung des Werbeerfolges. Es könnte sich als zweckmäßiger erweisen, den Vergleichszeitraum zu verlängern oder die entsprechenden Tage der Vorwoche oder eines Vormonats als Vergleichsbasis heranzuziehen.
2. Nach obigem Ansatz bestimmt sich der Werbeerfolg auch dann, wenn einzelne Produkte beworben worden sind, auf Grund des Umsatzes der ganzen Abteilung und nicht nur auf Grund des Umsatzes der beworbenen Artikel. Es wird somit auch erfasst, dass einzelne Kunden durch die Anzeige veranlasst werden, die Verkaufsstelle aufzusuchen, aber dann doch einen anderen Artikel als den beworbenen kaufen. Zumindest zum Teil werden so die ausgelösten substituierbaren oder komplementären Verkäufe miterfasst. Andererseits kann sich der Umsatz nicht beworbener Artikel der Abteilung auch unabhängig von der durchgeführten Werbemaßnahme verändern.
3. Durch die Relativierung am gesamten Umsatz der Verkaufsstelle wird die Wirkung genereller Einflussfaktoren ausgeschaltet, z. B. allgemeiner Umsatzrückgang wegen sinkender Kaufbereitschaft oder schlechten Wetters. Fraglich ist allerdings, ob diese Faktoren sich auf alle Abteilungen gleichermaßen auswirken. So kann es z. B. sein, dass sich der Umsatz nicht beworbener Abteilungen auf Grund irgendwelcher Faktoren besonders günstig entwickelt, was zur Folge hat, dass sich die Umsatzsteigerung der beworbenen Abteilung geringfügiger ausnimmt. Ob aber der Umsatz der beworbenen Abteilung auch ohne Werbung in gleichem Maße wie der Umsatz der übrigen Abteilung gestiegen wäre, muss offen bleiben.

Hauptkennzeichen dieses Verfahrens ist, dass einem Werbeimpuls (Erscheinen einer Anzeige) ein Umsatzbetrag als Werbeerfolg zugerechnet wird. Bei dem Schalten einer Anzeige handelt es sich um eine dichotome bzw. 0–1-Variable (Anzeige erscheint oder erscheint nicht). Komplexere Ansätze beziehen auch kontinuierlich veränderbare Variablen mit ein und dehnen die Anzahl der unabhängigen Variablen aus.

Als Vorstufe zu einer Werbeerfolgskontrolle können Techniken angesehen werden, mit deren Hilfe die **Kundenfrequenz** allgemein oder in räumlicher Hinsicht differenziert bzw. der Umsatz relativ einfach erfasst werden können. Neben reinen Zählgeräten erlauben moderne Kassen- und EDV-Systeme, Daten aus Befragungen an der Kasse ohne aufwändige Prozeduren festzuhalten und auszuwerten. So kann entweder eine Stichprobe von Kunden an der Kasse von der Kassiererin nach dem Herkunftsort gefragt werden (Stadtteil, Postzustellbereich, Ort), der entsprechend codiert mit dem Abrechnungsbetrag in die Kasse eingegeben wird, oder die Identität des Kunden wird über eine Kundenkarte festgestellt.

In Verbindung mit Informationen über die Zahl der Bewohner, Haushalte und Kaufkraftquoten der einzelnen Bezirke lassen sich in Tabellen und Karten die folgenden Angaben ausweisen:

- die Zahl der Kunden aus einzelnen Gebieten: absolut und insgesamt, differenziert nach Warengruppen oder Zeiten des Einkaufs, relativiert an der Bevölkerungszahl des betreffenden Gebietes;
- die Höhe des Umsatzes mit Kunden aus einzelnen Gebieten: absolut und relativiert, wobei als Bezugsgrößen die im Gebiet vorhandene Kaufkraft in Frage kommt.

Abbildung 8.7 verdeutlicht die **Möglichkeiten der kartografischen Darstellung**. Die Informationen lassen sich heranziehen, um zu entscheiden, inwieweit die Bewerbung bestimmter Regionen sinnvoll ist.

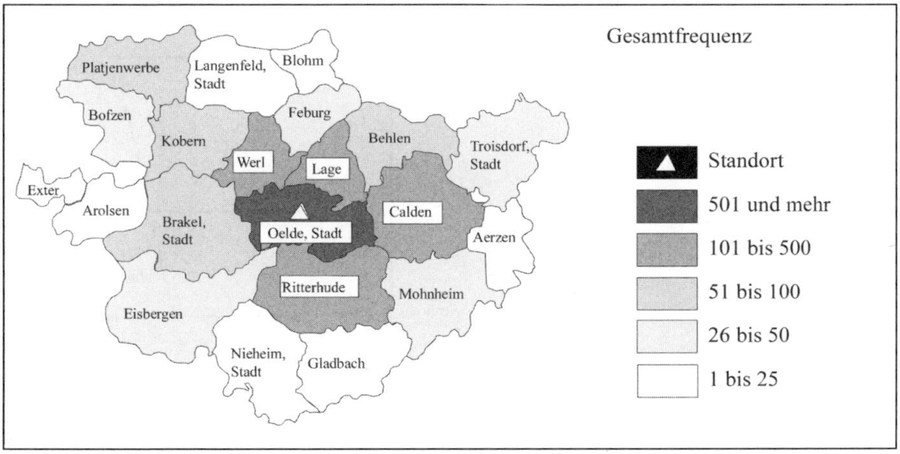

Abb. 8.7: Werbekontrolle anhand einer Kundenfrequenzanalyse (fiktives Beispiel)

Den Kosten der Werbung (z. B. für Herstellung und Streuung von Prospekten) lässt sich der auf Grund des ermittelten Stichprobenwertes geschätzte Gesamtumsatz (bzw. Deckungsbeitrag) mit Kunden aus dem betreffenden Gebiet gegenüberstellen. Allerdings gilt auch für dieses Verfahren, dass die sich ergebenden Erfolgskennzahlen (Frequenz, Umsatz) jeweils nur für die realisierte Politik gelten. Liegt den ermittelten Werten beispielsweise eine Politik zu Grunde, bei der alle regionalen Bezirke alle vier Wochen mit einem Prospekt beworben wurden, dann setzt eine planvolle Werbepolitik voraus, dass Vorstellungen über den Erfolg bei intensiverer und schwächerer Bewerbung entwickelt würden (Response-Funktionen). Erst auf einer solchen Basis kann sinnvoll entschieden werden, mit welcher Intensität einzelne Regionen beworben werden sollen. Das Instrument der Response-Funktionen wird im folgenden Abschnitt angesprochen.

8.2.2 Varianz- und regressionsanalytische Untersuchungen

Bei Stimulus-Response-Untersuchungen wird – wenn möglich – experimentell untersucht, wie sich Veränderungen des geforderten Preises, des Regalraumes (einschließlich spezieller Displays) und die Bewerbung über Zeitungsanzeigen auf den Absatz der ausgewählten Artikeln auswirken. Man erwartet, dass eine Werbemaßnahme grundsätzlich die Absatzmenge des beworbenen Artikels ansteigen lässt und dass eventuell die Absatzmenge bei einem niedrigen Preis noch mehr steigt als bei einem höheren Preis. Empirisch bestätigt sich dies allerdings nicht generell. Zum einen konnte nicht in allen Fällen eine negativ geneigte Preis-Absatz-Funktion beobachtet werden, zum anderen bewirkte Werbung nicht generell eine erhöhte Absatzmenge (z. B. J.B. Wilkinson, C.H. Paksoy und J.B. Mason 1981 und 1982).

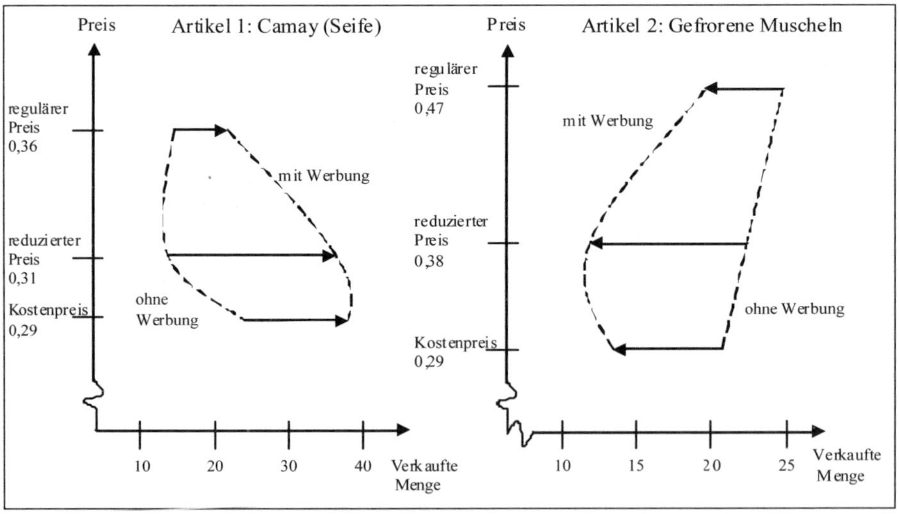

Abb. 8.8: Einfluss von Zeitungswerbung auf den Absatz zweier Artikel bei drei Preisniveaus

Abbildung 8.8 zeigt zum einen wie sich die Anzeigenwerbung bei dem Artikel „Camay" (Seife) bei drei verschiedenen Preisniveaus auswirkte, zum anderen, dass bei „gefrorene Muscheln" sogar ein Absatzrückgang zu beobachten war. Die Untersuchung lieferte auch die folgenden, zum Teil erstaunlichen Ergebnisse:

- Anzeigenwerbung steigert den Absatz nicht umso mehr, je niedriger der Preis ist.
- Der Absatz von ähnlichen Artikeln geht nur in geringem Maß zurück.
- Erweiterungen des Regalraumes für einen Artikel wirken sich negativ oder nur schwach positiv auf den Absatz aus (siehe auch R. C. Curhan 1973).
- Dagegen stieg die Absatzmenge deutlich, wenn spezielles Displaymaterial eingesetzt wurde.

Die Messung kombinierter Effekte von Werbemaßnahmen ist auch das Anliegen verschiedener Marktforschungsinstitute. So wird nach dem **Preis-Promotion-Modell** von Nielsen (H. Milde 1986, S. 94–97) untersucht, wie sich neben dem Preis der Einsatz von Zeitungswerbung, Handzettelwerbung und Displayplatzierung auf den Absatz eines Artikels auswirkt (siehe Kapitel 7 für weiterführende Modelle dieser Art), also:

$$A_i = f(p_i; WZ_i; WHZ_i, D_i)$$

mit A_i = Absatz von Artikel i (i = 1,2,3,...I),
p_i = Verkaufspreis von Artikel i,
WZ_i = Zeitungswerbung für Artikel i (Dummy-Variable),
WHZ_i = Handzettelwerbung für Artikel i (Dummy-Variable),
D_i = Displayplatzierung für Artikel i.

B. Heidel (1990, S. 267ff.) hat auf die Gefahr der Multikollinearität hingewiesen.

Für die Theorie ist es nicht nur interessant, die empirisch ermittelten Elastizitäten solcher Studien zur Kenntnis zu nehmen, sondern auch die Frage aufzuwerfen, **warum sich bestimmte empirische Regelmäßigkeiten zeigen**. So könnte z. B. erwartet werden, dass die Preiselastizität

- umso größer ist, je leichter Substitute erhältlich sind,
- davon abhängt, welchen Anteil des Einkommens Konsumenten für eine Einheit des Gutes verausgaben müssen,
- davon abhängt, wie haltbar das Produkt ist und
- davon abhängt, welche Gewohnheiten sich beim Einkauf eingebürgert haben.

So könnte es sein, dass die Seife „Camay" gewohnheitsmäßig gekauft wird und deshalb große Preisreduktionen notwendig sind, den Kauf anzuregen, und dass trotz Preissenkung der Absatz an tiefgefrorenen Muscheln nicht gestiegen ist, weil für die Lagerung spezieller Kühlraum benötigt wird. Es erscheint lohnend, mit Hilfe von empirischen Studien und über die explizite Formulierung von Hypothesen, die den Verlauf von Absatz-Funktionen prognostizieren, zu Klassen von Wirkungsbeziehungen vorzustoßen.

Die Abhängigkeit des Werbeerfolgs von Category-Eigenschaften

C. Narasimhan, S. A. Neslin und S. H. Sen (1996) sind der Frage nachgegangen, von welchen Faktoren die Werbeelastizität in einzelnen Categories abhängt. Marktstudien in den USA (durch Information Resources Inc. (IRI), ein amerikanisches Marktforschungsunternehmen) hatten ergeben, dass eine vorübergehende Preissenkung, begleitet durch Hinweise im Werbezettel, den Absatz des beworbenen Toilettenpapiers im Durchschnitt um 440,5 % steigert; dieselbe Werbung bei Nudeln führt zu einer Steigerung von 198,1 %, während bei einem Deodorant der Absatz nur um 102,0 % stieg. Die Autoren fragen, inwieweit diese Streuung im Erfolg auf die Zugehörigkeit zu bestimmten Produktkategorien bzw. auf bestimmte Eigenschaften der beworbenen Artikel zurückzuführen ist und führen damit ähnliche Untersuchungen aus früherer Zeit fort (P. Fader und L. M. Lodish 1990; J. S. Raju 1992 und R. N. Bolton 1989). Es werden drei verschiedene Formen des werblichen Auftritts untersucht,

- der Artikel wird mit einem bestimmten Preis in der wöchentlichen Werbung erwähnt (featured price cut),
- die Preissenkung für einen Artikel geht mit einer bestimmten Präsentation des Artikels im Regal einher (displayed price cut),
- Preissenkungen ohne werbliche Unterstützung (pure price cut).

Unter Preissenkungen verstehen die Autoren Reduktionen des Preises gegenüber dem gewöhnlichen Verkaufspreis (in der Untersuchung beliefen sich die Reduktionen generell auf 15 %).

Um den Einfluss einzelner Produkteigenschaften überprüfen zu können, fragen die Autoren, wie die betreffende Produkteigenschaft sich auf jede von vier möglichen Folgen einer Werbemaßnahme auswirken kann (C. Narasimhan, S. A. Neslin, S. K. Sen 1996, S. 17–30). Bei diesen vier möglichen Folgen handelt es sich um

- den Markenwechsel,
- den Wechsel der Einkaufsstätte,
- das Erschließen neuer Nachfrager (category expansion),
- die Forcierung des Einkaufs (durch Vorziehen von Einkäufen mit entsprechender Bevorratung oder durch den Einkauf größerer Mengen).

Charakteristika der Artikelgruppe	Auswirkung auf Komponenten einer Werbewirkung				
	Markenwechsel	Wechsel der Einkaufsstätte	Erschließen neuer Nachfrager	Forcierung des Einkaufs	Netto-Effekt der Werbewirkung
Penetrationsgrad der Artikelgruppe	+*	+	+		+**
Einkaufszyklus	-			-	-
Preis	+/-	+/-		+/-	?
Markenbedeutung	+/-				?
Anzahl von Marken	+/-				?
Bedeutung von Impulskäufen			+		+
Eignung für eine Bevorratung				+	+

* Ein gesteigerter Penetrationsgrad in einer Artikelgruppe sollte die Wahrscheinlichkeit eines Markenwechsels während einer Werbeaktion erhöhen.

** Der Netto-Effekt der Werbewirkung, der sich aus den ersten vier Spalten ergibt, besteht darin, dass für Artikelgruppen mit einem höheren Penetrationsgrad eine längere Markenwerbewirkung existieren sollte.

Abb. 8.9: Gedanklicher Rahmen zur Ableitung von Hypothesen zur Werbewirkung (Quelle: in Anlehnung an C. Narasimhan, S. A. Neslin, S. K. Sen 1996, S. 20)

Die vermuteten Wirkungen einzelner Produkteigenschaften auf die möglichen Folgen im Verhalten von Konsumenten sind im Einzelnen in Abbildung 8.9 angegeben und schlagen sich in Hypothesen der folgenden Art nieder:

Je größer der Penetrationsgrad einer Artikelgruppe ist, desto eher können mit Preis- und Werbemaßnahmen neue Nachfrager gewonnen werden.

Zur Überprüfung der Hypothesen wurden Scannerdaten aus einem Handelspanel herangezogen, ergänzt um Angaben aus einer zusätzlichen Verbraucherbefragung zum Impulskaufverhalten und der Bevorratung der insgesamt 108 untersuchten Artikelgruppen. Die Regressionsanalysen enthalten als abhängige Variablen die Werbeelastizitäten der 108 Artikelgruppen, wobei nach den drei oben angeführten Werbearten differenziert wurde, und als unabhängige Variablen die sieben Produkteigenschaften. Die Ergebnisse der Regressionsanalysen sind in Abbildung 8.10 dargestellt.

Abgesehen von dem Ergebnis, dass Preissenkungen, die mit Displaymaßnahmen einhergehen, den Absatz um 292,87 % steigerten, jene, die mit Hinweisen in Werbezetteln einhergingen, um 161,12 % und jene, die auf eine werbliche Unterstützung der 15 %igen Preissenkung verzichteten, nur um 33,88 %, bestätigten sich die folgenden **Hypothesen**:

- *Je größer die Penetration einer Artikelgruppe ist (d. h. je größer der Anteil der Haushalte ist, die die betreffende Category mindestens einmal innerhalb eines Jahres gekauft haben), desto größer ist die Werbeelastizität, wobei diese Aussage für alle drei Varianten der Kombination von Preissenkung und Werbemaßnahme gilt.*
- *Längere Einkaufsintervalle gehen mit geringeren Elastizitäten einher.*
- *Die Bereitschaft, ein Produkt zu bevorraten, führt zu höheren Werbeelastizitäten.*

Die Untersuchung zeigt, wie Scannerdaten genutzt werden können, um Hinweise auf Elastizitäten abzuleiten und deren Varianz zu erklären.

A: Rohdaten						
	Abhängige Variablen					
	Elastizität der direkt am Regal gezeigten Preissenkung		Elastizität der wöchentlich beworbenen Preissenkung		Elastizität der nicht beworbenen Preissenkung	
Variable	Koeffizient	p-Wert	Koeffizient	p-Wert	Koeffizient	p-Wert
Penetrationsgrad Artikelgruppe (%)	0,609	0,257	0,828	0,003	0,073	0,058
Einkaufszyklus (Tage)	-1,85	0,008	-0,651	0,065	-0,35	0,494
Preis ($)	-27,85	0,009	-4,84	0,363	1,98	0,013
Markenbedeutung (%)	-0,80	0,249	-0,21	0,552	-0,07	0,167
Anzahl von Marken	-0,393	0,296	-0,508	0,009	-0,064	0,024

A: Rohdaten						
	Abhängige Variablen					
	Elastizität der direkt am Regal gezeigten Preissenkung		Elastizität der wöchentlich beworbenen Preissenkung		Elastizität der nicht beworbenen Preissenkung	
Variable	Koeffizient	p-Wert	Koeffizient	p-Wert	Koeffizient	p-Wert
Bedeutung von Impulskäufen	8,56	0,738	9,48	0,468	2,28	0,239
Eignung für eine Bevorratung	40,18	0,151	41,77	0,004	3,44	0,103
Konstante	460,8	0,000	190,80	0,000	31,7	0,000
R^2	0,231		0,285		0,195	
F-Statistik (7/100)	4,29	0,000	5,7	0,000	3,46	0,002

B: Standardisierte Koeffizienten			
Variable	Abhängige Variablen		
	Elastizität der direkt am Regal gezeigten Preissenkung	Elastizität der wöchentlich beworbenen Preissenkung	Elastizität der nicht beworbenen Preissenkung
Penetrationsgrad Artikelgruppe (%)	0,1300	0,4302	0,2713
Einkaufszyklus (Tage)	-0,3104	-0,2654	-0,0973
Preis ($)	-0,2455	-0,1038	0,2875
Markenbedeutung (%)	-0,0919	-0,0642	-0,1368
Anzahl von Marken	-0,1154	-0,3632	-0,3111
Bedeutung von Impulskäufen	0,0282	0,0761	0,1236
Eignung für eine Bevorratung	0,1111	0,2808	0,1564

Abb. 8.10: Ergebnisse von Regressionsanalysen (Quelle: in Anlehnung an C. Narasimhan, S. A. Neslin, S. K. Sen 1996, S. 25)

Weitere Aspekte

SR-Analysen sind, wie auch D. Vakratsas und T. Ambler (1999) in ihrem Übersichtsartikel verdeutlichen, zu einem bedeutenden Forschungszweig innerhalb der Theorie der Werbung geworden. SR-Modell beziehen häufig die Werbemaßnahmen, preispolitische Aspekte und verkaufsfördernde Maßnahmen auf den Umsatz, auf Absatzzahlen oder auf

Marktanteile. Sie bedienen sich dabei der Regressionsanalyse oder der Logit-Modelle. Bei diesen sog. Market-Response-Modellen kann zwischen solchen unterschieden werden, die sich aggregierter Daten bedienen (z. B. D. M. Hanssens, L. J. Parsons und R. L. Schultz 2001; F. S. Zufryden 1987) und solchen, die auf Individualdaten zurückgreifen (z. B. J. Deighton, C. Henderson und S. A. Neslin 1994; J. H. Pedrick und F. S. Zufryden 1991; G. J. Tellis 1988; R. S. Winer 1991).

Besondere Aufmerksamkeit hat die Frage gefunden, inwieweit sich **Langzeitwirkungen** feststellen lassen. So ist es denkbar, dass eine einzelne Werbemaßnahme zu wiederholten Käufen führt. G. Assmus, J. U. Farley und D. Lehmann (1984) kommen zu dem Schluss, dass 90 % der Werbewirkung nach drei bis 15 Monaten verklungen sind, R. S. Winer (1980) stellt keinen dauerhaften Effekt auf die Konsumrate fest; er ermittelte lediglich eine vorübergehende Wirkung über 16 Wochen für eine Marke und 32 Wochen für eine andere Marke. C. F. Mela, S. Gupta und D. R. Lehmann (1997) weisen darauf hin, dass Werbemaßnahmen dazu führen, dass die Verbraucher weniger preissensitiv reagieren und das Segment der Markenwechsler verkleinern. Promotions dagegen lassen Verbraucher preissensitiver werden.

Es wurde auch der Frage nachgegangen, inwieweit der Neuigkeitsgrad des Produktes einen Einfluss auf die Werbewirkung hat. So stellten L. M. Lodish et al. (1995) fest, dass erhöhte Werbeausgaben den Absatz etablierter Marken nur in 33 % der Fälle, dagegen in 55 % den Absatz neuer Marken steigerten. Das deutet darauf hin, dass die Werbeelastizitäten von der Lebenszyklusphase des Produktes abhängen und es bedeutsam sein kann zu analysieren, inwieweit neue Kunden angezogen werden bzw. alte Kunden gebunden werden.

Einige Studien vergleichen die Wirkung klassischer Werbung und verkaufsfördernder Maßnahmen (Promotions). Die Elastizitäten für Werbemaßnahmen wurden häufig in einem Bereich von 0 bis 0,2 ermittelt (G. Assmus, J. U. Farley und D. Lehmann 1984; L. M. Lodish et al. 1995). Die Werte für verkaufsfördernde Maßnahmen lagen darüber.

In Bezug auf die Häufigkeit der Kontakte wurde festgestellt, dass die optimale Zahl der Kontakte innerhalb eines Verbrauchszyklus häufig bei drei liegt (M. J. Naples 1979).

Die Ausführungen machen deutlich, dass über eine empirische Forschung allgemeine Aussagen zur Wirkung von Werbemaßnahmen gefunden werden sollen. D. Vakratsas und T. Ambler kommen zu folgenden **Ergebnissen**:

- Werbeelastizitäten sind bei kurzfristiger Betrachtung klein und nehmen während des Lebenszyklus des Produktes ab.
- Bei häufig gekauften Konsumgütern lässt die Werbewirkung weiterer Kontakte bei bekannten Marken schnell nach. Eine geringe Kontaktzahl (eine bis drei Erinnerungen je Kaufintervall) genügt bei etablierten Marken.

Einige Ergebnisse bisheriger Untersuchungen enthält auch Abbildung 8.11. Die Untersuchungen machen deutlich, dass überprüft werden soll, inwieweit sich bestimmte Hypothesen zur Wirkung von Werbemaßnahmen empirisch bestätigen. Trotz der Vielfalt der Gegebenheiten scheinen Verallgemeinerungen möglich zu sein.

Werbeelastizitäten bei kurzfristiger Betrachtung	1. Werbeelastizitäten liegen zwischen 0 und 0,2.	Assmus, Farley und Lehmann 1984; Lodish et al. 1995
	2. Werbeelastizitäten für Gebrauchsgüter sind höher als für Verbrauchsgüter.	Leone und Schultz 1980; Sethuraman und Tellis 1991
	3. Die Elastizitäten von Promotions sind bis zu 20 mal höher als die von Werbemaßnahmen.	Lodish et al. 1995; Sethuraman und Tellis 1991
Wirkungsfunktionen, Reichweite und Häufigkeit	4. Die Grenzerträge der Werbung nehmen ab; der erste Kontakt beeinflusst die Umsätze bei kurzfristiger Betrachtung am stärksten.	Deighton, Henderson und Neslin 1994; Jones 1995 ; Pedrick und Zufryden 1991; Tellis 1988
	5. Bei häufig gekauften Gütern genügen drei Kontakte.	Naples 1979; Pedrick und Zufryden 1991, 1993

Abb. 8.11: Ergebnisse aus empirischen SR-Analysen zur Wirksamkeit von Werbemaßnahmen

8.2.3 Verhaltenswissenschaftliche Untersuchungen

Die Frage, ob sich die Ausgaben für Werbung lohnen oder ob sie als Verschwendung anzusehen sind, hat die Wissenschaft angespornt, zu erkennen, welche Faktoren eine Werbewirkung beeinflussen, um so bessere Werbepläne erstellen zu können. Bereits vor 100 Jahren entstand die **Formel AIDA**, mit der zum Ausdruck gebracht werden sollte, dass ein Umworbener über mehrere Stufen hinweg zum gewünschten Werbeerfolg geführt werden soll, indem nämlich seine Aufmerksamkeit erregt werden soll (Attention), indem sein Interesse geweckt werden soll (Interest), indem der Wunsch aktiviert werden soll, das umworbene Produkt zu besitzen (Desire), und indem schließlich ein Kauf ausgelöst werden soll (Action). In dieser Tradition steht auch das sehr bekannt gewordene Modell von R. J. Lavidge und G. A. Steiner (1961), das die durchlaufenen Stufen mit dem verhaltenswissenschaftlich begründeten Einstellungskonstrukt verknüpft. Danach ist bei Werbemaßnahmen zu unterscheiden, ob sie Veränderungen

- im kognitiven Bereich (Markenkenntnis, Einkaufsstättenkenntnis),
- im affektiven Bereich (ein Für-Gut-Befinden, Präferenzen),
- im konativen Bereich (Verhaltensabsichten)

anstreben; insgesamt handelt es sich um die drei Facetten, die häufig dem Einstellungskonstrukt zugeschrieben werden.

Aus diesen Grundmodellen, auch mit dem Namen „Stufenmodelle" oder „hierarchy of effects" belegt, sind zahlreiche weitere Modelle abgeleitet worden. D. Vakratsas und T. Ambler (1999) ordnen diese Modelle mit Hilfe des in Abbildung 8.12 dargestellten Rahmens.

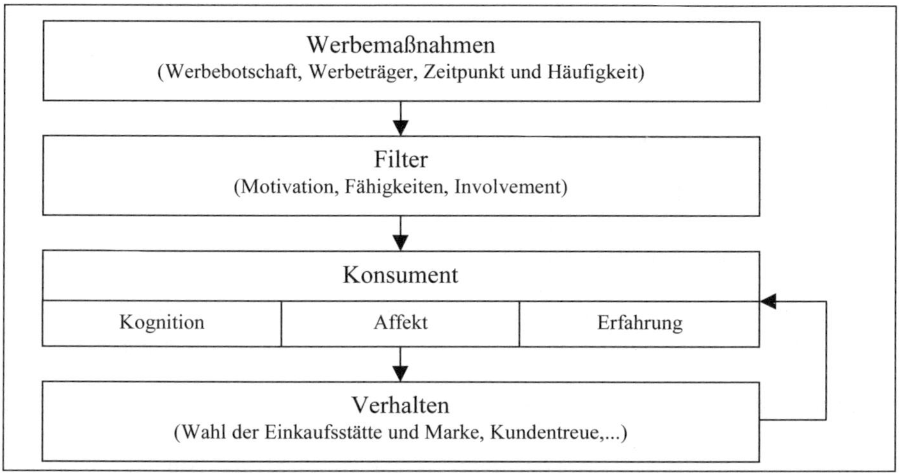

Abb. 8.12: Ein Rahmen für Untersuchungen zur Werbewirkung (Quelle: in Anlehnung an D. Vakratsas und T. Ambler 1999)

Die Abbildung verdeutlicht, dass die Werbemaßnahmen und das im Markt beobachtbare Verhalten zwar die beiden primär interessierenden Pole darstellen, dass Werbung aber auch Reaktionen im Insystem des Verbrauchers auslöst, vor allem auf der kognitiven und der affektiven Ebene. In vielen Fällen ist der Verbraucher aber „kein unbeschriebenes Blatt“, denn sein Verhalten wird auch durch eigene Erfahrungen gesteuert. Die individuelle Reaktion eines Verbrauchers auf Werbung wird des Weiteren durch Faktoren, wie Motivation, die Fähigkeit, Informationen aufzunehmen und zu verarbeiten, und durch das Involvement beeinflusst. Solche Faktoren werden in Abbildung 8.12 als Filter bezeichnet. Mit diesen Bausteinen entwickeln D. Vakratsas und T. Ambler eine Taxonomie von Werbewirkungsmodellen, und zwar

- **Marktreaktionsmodelle** (Market Response Models): Bei diesem Modelltyp werden typischerweise Werbemaßnahmen, Preise und Verkaufsförderungs-maßnahmen direkt mit den beobachtbaren Reaktionen im Markt, also insbesondere Absatz, Umsatz, Marktanteil, in Beziehung gesetzt, wie das in Abschnitt 8.2.2 beschrieben wurde.
- **Kognitive Informationsmodelle:** Diese Modelle gehen von vorgegebenen Präferenzen der Nachfrager aus (Bedeutung einzelner Objekteigenschaften) und unterstellen, dass der Verbraucher seine Entscheidung rational trifft, aus der Werbung Informationen entnimmt und seine Suchkosten reduziert. Bei den zu bewerbenden Objekten werden Such-, Erfahrungs- und Glaubenseigenschaften unterschieden (P. Nelson 1974; R. Weiber und J. Adler 2000). Nach der Ökonomie der **Informationstheorie** (G. Stigler 1961; L. G. Telser 1964) erhöht Werbung die Preissensitivität, weil sie die Suche des Verbrauchers erleichtert; nach der **Marktmachttheorie** (W. S. Comanor und T. A. Wilson 1974; 1979) reduzieren Werbemaßnahmen die Preissensitivität, weil das hohe Qualitätsniveau der beworbenen Objekte und die Unterschiede zu anderen Angeboten in das Bewusstsein gerückt werden. Das Gedankengut der kognitiven Informationstheorie findet sich auch in Gestaltungsregeln für die Werbung, so insbesondere in der Forderung nach einer Unique Selling Pro-

position (**USP**, einzigartiger Verkaufsanspruch, vgl. R. Reeves 1961), also der einzigartigen Positionierung und ihrer Kommunikation.

- **Affektive Modelle:** Ansätze dieser Art stellen auf die affektiven Reaktionen ab. Einige Autoren betonen die Bedeutung des wiederholten Kontaktes mit Werbemaßnahmen, um dem Verbraucher das beworbene Objekt vertraut werden zu lassen (z. B. R. B. Zajonc und H. Markus 1982; H. Steffenhagen 1976). Danach kommt es auf den wiederholten Kontakt mit dem Werbemittel mehr an als auf die Verarbeitung von Informationen, um positive affektive Reaktionen auszulösen. Dabei wird einerseits betont, dass ein bestimmter Schwellenwert von Kontakten überschritten werden muss, um positive Reaktionen auszulösen (wear-in), andererseits, dass bei einer zu großen Anzahl von Kontakten negative Reaktionen eintreten. In den empirischen Arbeiten hat sich allerdings gezeigt, dass es schwer fällt nachzuweisen, dass keine kognitiven Vorgänge ablaufen.
- **Stufenmodelle (Persuasive Hierarchy Models)**: Stufenmodelle gehen von einer Abfolge von Effekten aus, wobei die jeweils früheren Effekte die notwendige Voraussetzung für das Erreichen nachfolgender Effekte darstellen. Auf das Modell von Lavidge und Steiner war bereits hingewiesen worden, in dem schon die Abfolge Kognition → Affekt → Verhalten angelegt ist, weswegen diese Modelle auch als CA-Modelle (**Cognition-Affection-Modelle**) bezeichnet werden. Als Einflussgrößen auf diese Wirkungskette sind insbesondere das Involvement und die Einstellung gegenüber den Werbeträgern untersucht worden (M. Burke und J. Edell 1989; J. T. Cacioppo und R. E. Petty 1985; S. B. MacKenzie und R. J. Lutz 1989; A. G. Sawyer und D. J. Howard 1991). Zu den bekannten Modellen dieser Klasse zählen das **Elaboration Likelihood Model** – ELM (R. E. Petty und J. T. Cacioppo 1981; 1996), nach dem je nach Involvement Werbeimpulse unterschiedlich verarbeitet werden, und das MacInnis and Jaworski-Modell (D. J. MacInnis und B. J. Jaworski 1989). Der Umstand, dass das Involvement unterschiedlich hoch sein kann, wird als bestimmend für den Werbeauftritt angesehen. So wurde beispielsweise empfohlen, bei hoch involvierten Konsumenten auf eine hohe Kontaktzahl zu verzichten, während für niedrig involvierte Konsumenten empfohlen wurde, über variierende Werbemaßnahmen die Bekanntheit auf einem hohen Niveau zu halten.
- **Low-Involvement Stufenmodelle:** Als Alternative zu den persuasiven Stufenmodellen ist eine Wirkungskette vorgeschlagen worden, nach der im Anschluss an eine kognitive Phase, in der der Konsument in einem Zustand niedrigen Involvements das beworbene Objekt wahrnimmt, er das Objekt ausprobiert (experience) und sich anschließend ein affektives Urteil bildet (abgekürzt CEA-Phasenmodell – **Cognition-Experience-Affection-Phasenmodell**). Dem Ausprobieren kommt also eine entscheidende Bedeutung zu.
- **Integrative Modelle:** In dieser Modellklasse werden in Abhängigkeit von den Umständen, unter denen die Werbung erfolgt, unterschiedliche Stufenfolgen unterstellt. So können z. B. die Produktkategorie und der Grad des Involvements die Wirkungsfolge bestimmen. Dieser Modellklasse werden das FCB-Gitter-Modell (benannt nach Foote, Cone and Belding Advertising, einer an der Entwicklung beteiligten Werbeagentur, vgl. R. Vaughn 1980; 1986) und das Information Integration Response Modell – IIRM (R. E. Smith und W. R. Swinyard 1982) zugerechnet.
- **Hierarchiefreie Modelle:** Bei diesen Modellen wird keine bestimmte Reihenfolge der verschiedenen Wirkungsstufen unterstellt. Häufig werden die Wirkungszusam-

menhänge der Modelle nicht näher spezifiziert und auch keine Hinweise auf die Messung der Effekte gegeben. Diese Kategorie fasst Untersuchungen zusammen, die in den Bereichen Anthropologie, Literaturkritik oder der Neurologie ihren Ursprung haben.

Die Modelle sind in Abbildung 8.13 zusammengefasst dargestellt.

Modelle	**Reihenfolge der Effekte**
Marktreaktionsmodelle	Keine zwischenzeitlichen Werbeeffekte berücksichtigt
Kognitive Informationsmodelle	„Denken“
Affektive Modelle	„Fühlen“
Stufenmodelle	„Denken“ → „Fühlen“ → „Handeln“
Low-Involvement Stufenmodelle	„Denken“ → „Handeln“ → „Fühlen“
Integrative Modelle	Keine feste Hierarchie, ist abhängig vom Produkt und vom Involvement
Hierarchiefreie Modelle	Keine bestimmte Reihenfolge der Wirkungsstufen

Abb. 8.13: Überblick über die Modelle zur Wirkung von Werbemaßnahmen (Quelle: in Anlehnung an D. Vakratsas u. T. Ambler 1999)

8.3 Die Gestaltung von Werbemitteln

Nach einem Überblick über Probleme der Gestaltung von Werbemaßnahmen wird auf Werbemittel, die für den Handel besonders wichtig sind, eingegangen.

8.3.1 Überblick über Probleme bei der Gestaltung von Werbemitteln

Die Probleme der Gestaltung von Werbemitteln lassen sich zwei Gruppen zuweisen:

1. Bei der Formulierung der Werbebotschaft geht es um die Inhalte der Werbung **(what to say)**;
2. die formalen Probleme bei der Darstellung der Werbebotschaft beziehen sich auf die Art und Weise, wie die Werbebotschaft vermittelt werden soll **(how to say)**.

Besonders die Aspekte der Gestaltung müssen nach einzelnen Werbemitteln differenziert behandelt werden. Sie sind also für Anzeigen anders anzugehen als für TV-Spots oder für die Schaufenstergestaltung. Auf diese formalen Probleme kann hier nur in ausgewählter Form eingegangen werden, weil erstens viele Aussagen der Werbelehre über die Gestaltung von Werbematerial auch für den Handel gelten und weil zweitens nur ein relativ geringer Anteil bisheriger Untersuchungen sich mit den spezifischen Gegebenheiten des Handels beschäftigt. In Deutschland hat sich insbesondere Kroeber-Riel mit den Bestimmungsfaktoren für wirksame Werbung beschäftigt (vgl. W. Kroeber-Riel und P. Weinberg 2003 sowie W. Kroeber-Riel und F.-R. Esch 2004). Ein wichtiger Ausgangspunkt für seine Überlegungen stellte das Phänomen der **Informationsüberlastung** dar. Als Informationsüberlastung wird der Teil des Informationsangebotes bezeichnet, der von einem Rezipienten nicht beachtet wird. Mit sinkender Aufmerksamkeit, die der Rezipient einem Werbemittel entgegenbringt, wird eine aktivierende Werbemittelgestaltung immer wichtiger. Die erforderlichen **Konsequenzen für die Gestaltung von Werbung** fasst W. Kroeber-Riel (1988) wie folgt zusammen:

- Es ist ein Wandel von informierender über emotionaler zu aktualisierender Werbung zu fordern.
- Text ist durch Bildkommunikation zu ersetzen.
- Werbemittel sind hierarchisch zu gliedern.

Diesen Regeln lässt sich noch hinzufügen:

- Die Wiedererkennung soll über die Konstanz einzelner Elemente verbessert werden.
- Einzelne Kommunikationsmaßnahmen sollen aufeinander abgestimmt sein, damit eine einheitliche Corporate Identity erreicht wird.

Auf die verhaltenswissenschaftliche Begründung solcher Regeln und auf entsprechende empirische Belegung kann hier nicht eingegangen werden. Für alle Sektoren der Handelswerbung sind Gestaltungsregeln formuliert worden (vgl. z. B. D. Pflaum und H. Eisenmann 1988 oder K. Barth und H. J. Theis 1991, S. 204–357), aber nicht immer können diese Regeln hinreichend verhaltenstheoretisch begründet werden.

Als mögliche Werbebotschaften bieten sich an (vgl. auch L. Müller-Hagedorn und S. Zielke 1999, S. 196–200):

1. Unter einer **Firmenwerbung** versteht man Hinweise auf die Existenz einer Unternehmung ohne Bezug auf einzelne Artikel. Die Werbung des Handels stellt in dem meisten Fällen ausgewählte Teile des Sortiments dar. Dennoch hat es auch Versuche gegeben, andere Formen der Werbung zu entwickeln. So erregte Benetton großes Aufsehen, weil es über seine Plakatwerbung dramatische Zeitereignisse, wie Aids, ölverschmutzte Wasservögel, Kriegsgräber, einer ökonomischen Zwecksetzung unterwarf. Produktwerbung wurde vollständig durch Firmenwerbung ersetzt. Das Unternehmen wollte sich als Unternehmen vorstellen, das die Dinge beim Namen nannte (M. Kriegeskorte 1995; H. Sabel und C. Weiser 2000, S. 279f.).
2. Die **leistungsorientierte Werbung** liefert vor allem Hinweise auf einzelne Leistungen einer Unternehmung (Leistungswerbung), so auf
   - Dienstleistungen,
   - Sortimentsbreite bzw. -tiefe,
   - Service,
   - Vorhandensein einzelner Artikel etc.

   Da der Handelsbetrieb Waren und Dienstleistungen anbietet, ist es naheliegend, beide Bereiche in den Mittelpunkt zu stellen. Das kann in zwei Varianten geschehen, zum einen mit vorwiegend informatorischer Absicht, zum anderen als atmosphärische Artikelwerbung, in der sich das Angebot in einem Kontext darstellt, der sich in Wertegefüge und Lebensstil des jeweiligen Zeitabschnittes einfügt. Die Theorie des Wertewandels steht somit im Hintergrund einer solchen Werbung.

3. Die **preisorientierte Werbung** liefert vor allem Hinweise auf günstige Konditionen (Preiswerbung). Sie wird häufig kritisiert, weil sie einfallslos und wenig zielführend sei. Zum einen ist anzumerken, dass auch Preiswerbung immer wieder in unterschiedlichen Varianten auftritt, zum anderen ist der Vorwurf, sie sei ökonomisch nicht sinnvoll, kaum belegt. L. Müller-Hagedorn, M. Schuckel, K. Helnerus (2005, S. 36) zeigen die hohe Akzeptanz dieser Werbung bei den Nachfragern.

Die Vielfalt möglicher Werbeaussagen wirft die Frage auf, nach welchen Gesichtspunkten ausgewählt werden soll. Allgemein gilt auch hier, dass eine Werbebotschaft nur im Hinblick auf die vorgegebenen **Ziele** und unter Berücksichtigung der Umweltsituation ausgewählt werden kann.

Besondere Aufmerksamkeit gilt auch hier den Prädispositionen der aktuellen und potenziellen Nachfrager (zur besonderen Bedeutung der Einstellungen der Konsumenten bzw. des sog. einzigartigen Nutzens für den Verbraucher (einzigartiger Verkaufsanspruch, USP) für die Wahl einer Werbebotschaft vgl. W. Leven und L. Müller-Hagedorn 1981). Die Wahl einer Werbebotschaft wird sich an den Zielen der Werbung ausrichten. Über sie wird die Werbeplanung mit der Marketingplanung verknüpft, wobei als Hilfsmittel die Balanced Scorecard verwendet werden kann.

8.3.2 Formale Probleme bei der Gestaltung von Anzeigen und Prospekten

Anzeigen in Zeitungen und Prospekte werden häufig als ein für den Handel besonders wichtiges Werbemittel angesehen, wobei jedoch zwischen Betriebsgrößen und Branchen starke Unterschiede zu beobachten sind. Sie sind oft wesentlicher Bestandteil der Sonderangebotspolitik. Jede Anzeige lässt sich in formaler Hinsicht durch eine Vielzahl von Merkmalen kennzeichnen. Hierzu gehören die Größe der Anzeige, die Anzahl der in der Anzeige erwähnten Artikel, die Anzahl der Abbildungen, die verwendete Schriftgröße für den Firmennamen und die übrigen Angaben, die Anzahl der verwendeten Farben und schließlich die Verwendung eines Slogans.

Abbildungen

Insgesamt ist in der Prospektwerbung (Flyer) ein Trading-up zu beobachten. Dies äußert sich auch in dem Umstand, dass die Produkte zunehmend mit Abbildungen in einer Anzeige oder einem Prospekt beworben werden. Während Weinberg noch 1970 berichtet, dass nahezu in jeder dritten Einzelhandelsanzeige auf die Angabe von gegenständlichen Werbeexponaten verzichtet wurde (Firmenwerbung) und dass bei dem Rest der Anzeigen die Tendenz offensichtlich ist, für ein zahlenmäßig stark beschränktes Artikelangebot ohne Abbildungen zu werben, hat heute die Produktwerbung und damit verbunden der Bildanteil zugenommen.

Die Unterschiede zwischen Anzeigen von 2010 und der Zeit um 1970 sind frappierend. Dies veranschaulicht die Gegenüberstellung von Aldi-Anzeigen in Abbildung 8.14 (vgl. Neumann et al. 1973, S .124).

W. Kroeber-Riel und F.-R. Esch rechtfertigen den steigenden Bildanteil in der Werbung mit der schnellen Aufnahme und Verarbeitung solcher Reize und sprechen bildhaft von den „Bildern als den schnellen Schüssen ins Gehirn“ (W. Kroeber-Riel und F.-R. Esch 2004, S. 153).

Abb. 8.14: Steigender Bildanteil im Zeitablauf: ALDI 1970 versus ALDI 2010

Die Zahl der beworbenen Artikel

Häufig werden 10 bis 19 Artikel in einem Werbemittel herausgestellt, in der Lebensmittelwerbung durchschnittlich 39, es finden sich aber auch Prospekte mit mehr als 100 Artikeln (L. Müller-Hagedorn, M. Schuckel und K. Helnerus 2005; L. Müller-Hagedorn, K. Helnerus und K. Allexi 2007). In Bezug auf die optimale Zahl von Artikeln in einem Werbemittel könnte maßgeblich sein, inwieweit die Verbraucher ihr Urteil über die Preisgünstigkeit eines Artikels auf andere Artikel oder die Verkaufsstelle insgesamt übertragen. Je geringer die Generalisierungsneigung, desto notwendiger wird es für einen Betrieb sein, zahlreiche Artikel in einer Anzeige aufzuführen. Von J. Leigh (1984) und J. Leigh und A. Menon (1987) wurde der Einfluss der Anzahl beworbener Artikel auf den Werbeerfolg von Einzelhandelsanzeigen analysiert. J. Leigh untersuchte Anzeigen mit 5, 8 sowie 11 Artikeln und ermittelte, dass sich mit steigender Anzahl beworbener Artikel die Bewertung der Anzeige hinsichtlich verschiedener Kriterien verbessert. Betrachtet man jedoch die übliche Handelswerbung, so fällt auf, dass meistens deutlich mehr als 11 Artikel beworben werden, insbesondere wenn es sich um Prospekte handelt. Die Wirkung einer unterschiedlichen Anzahl von beworbenen Artikeln ist nicht leicht einzuschätzen, weil mit steigender Anzahl einerseits das Interesse an der gesamten Anzeige wachsen kann, andererseits die Aufmerksamkeit abnehmen kann. Müller-Hagedorn u. a. (2007) haben die Wirkung von Prospekten mit 8, 16, 32, 64 und 128 Artikel auf mehrere Wirkungsgrößen getestet, so

- auf die Anzahl erinnerter Marken,
- auf den Informationsgehalt, den die Befragten dem Prospekt zugeordnet haben,
- den Eindruck, inwieweit in einem solchen Geschäft seinen Bedarf decken kann,
- auf die Besuchsabsicht.

Eine von Müller-Hagedorn u. a. (2007) untersuchte Hypothese lautet:

Mit steigender Anzahl beworbener Artikel erhöht sich die Anzahl erinnerter Artikel.

L. Müller-Hagedorn, M. Schuckel, K. Helnerus (2005) und L. Müller-Hagedorn, K. Helnerus und K. Allexi (2007) haben diese und weitere Hypothesen getestet. Sie führten dazu ein Experiment durch, in dem einzelnen Gruppen von befragten Personen je ein Prospekt, aber in unterschiedlicher Gestaltung (nach Anzahl der Produkte, nach Größe der Abbildungen, nach Preislage) vorgelegt wurde. Zwei der Prospekte mit unterschiedlicher Abbildungsgröße, aber sonst gleichen Eigenschaften sind in Abbildung 8.15 dargestellt.

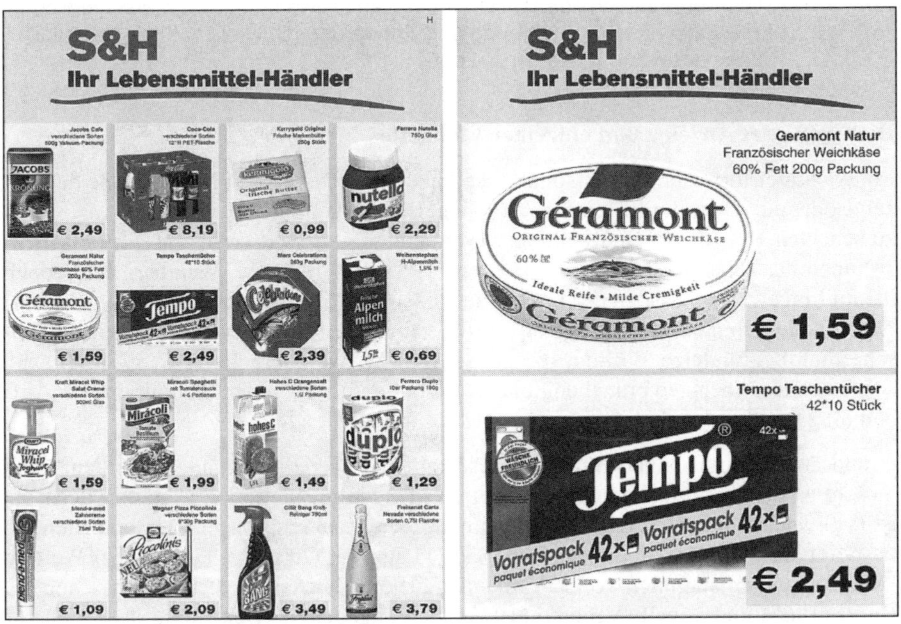

Abb. 8.15: Experimental-Prospekte mit unterschiedlicher Artikelzahl

Über einzelne **Ergebnisse** unterrichtet Abbildung 8.16. Wahrnehmung und Erinnerung variieren in Abhängigkeit von der Anzahl beworbener Artikel. Beispielsweise sinkt der Anteil wahrgenommener Artikel um 9,95 Prozentpunkte, wenn die Anzahl der Artikel im Prospekt von 8 auf 16 erhöht wird. Erkennbar ist zudem, dass sich die Anzahl erinnerter Artikel mit der Anzahl beworbener Artikel nur geringfügig ändert, da selbst eine Steigerung der Anzahl beworbener Artikel von 32 auf 64 Artikel die Anzahl erinnerter Artikel lediglich um 1,017 Stück erhöht. Diese Effekte führen dazu, dass sich der Anteil erinnerter Artikel enorm verringert, wenn die Zahl beworbener Artikel steigt.

Die Studie zeigt, dass eine größere Anzahl beworbener Artikel von den Konsumenten stets positiver empfunden wird und sich eine Erhöhung insbesondere dann auswirkt, wenn die Artikelzahl nicht im üblichen Bereich liegt. Nach ihrer Studie scheint bei 100 Artikeln jedoch ein Maximum erreicht zu sein.

	16 Artikel im Vergleich zu 8 Artikeln (μ_{16}- μ_{8})	**32 Artikel im Vergleich zu 16 Artikeln (μ_{32}- μ_{16})**	**64 Artikel im Vergleich zu 32 Artikeln (μ_{64}- μ_{32})**
Anteil wahrgenommener Artikel	-9,9 %-Punkte ***	-4,4 %-Punkte **	-3,9 %-Punkte
Anzahl erinnerter Artikel	-0,09 St.	+0,46 St.**	+1,02 St.***
Ausmaß der Bedarfsdeckung	2,83/3,41***	3,37/3,64*	3,79/3,95

(Zweiseitiger Signifikanztest: * signifikant zum Niveau von 10 %, ** signifikant zum Niveau von 5 %, ***signifikant zum Niveau von 1 %)

Abb. 8.16: Mittelwertunterschiede zwischen der Handelswerbung mit unterschiedlicher Artikelanzahl – Wahrnehmung und Erinnerung (Quelle: L. Müller-Hagedorn, M. Schuckel und K. Helnerus 2005, S. 51)

Die Größe der Anzeige und einzelner Elemente

Ein wichtiger formaler Gesichtspunkt der Anzeigengestaltung ist in der Größe der Anzeige oder einzelner ihrer Elemente zu sehen. Bei der Wahl der Größe einer Anzeige ist zu beachten, dass der Beeindruckungswert in einem positiven Verhältnis zum Flächenvolumen der Anzeige steht (K. C. Behrens 1963, S. 80). G. M. Weinberg hat jedoch darauf hingewiesen, dass in der Praxis die Anzeigengröße mehr mit Blick auf die Werbepolitik des Konkurrenten festgelegt wird als auf der Grundlage von verhaltenswissenschaftlich begründeten Wirkungsprognosen (G.-M. Weinberg 1970, S. 178–181). So seien sich die Anzeigen branchengleicher Betriebe im Stil, in der Technik und im Aufbau oft zwillingshaft ähnlich.

Grundsätzlich kann von der Gültigkeit des **Weber-Gesetzes** ausgegangen werden. Nach diesem ist die Empfindungswirkung bei einer Person umso größer, je stärker der Reiz ist (vgl. auch Kapitel 7). Der Zusammenhang konnte in empirischen Untersuchungen bestätigt werden (vgl. H. Jacobi 1963, S. 111 und G. Gutjahr 1974, S. 28). Weitere Untersuchungen stammen von J. Yamanaka (1962), H. Assael, J. H. Kofron und W. Burgi (1967) und von R. Valiente (1973). Die angegebene Beziehung lässt sich für zahlreiche Varianten testen.

So hat W. Leven untersucht, ob die Firmenbezeichnung in einer Zeitungsanzeige umso schneller erkannt wird, je größer der Firmenname in dieser Anzeige angegeben ist. Dabei maß er die **Größe des Firmennamens** nicht absolut, sondern relativ, indem er seine Größe zur Höhe der Schrift, die nicht Namen ist, in Beziehung setzte (W. Leven 1982). Er stellte fest, dass tendenziell der Name der werbenden Firma umso schneller erkannt wird, je größer der Firmenname (relativ zur übrigen Schrift der Anzeige) gedruckt wird.

Dass der Wirkungszuwachs umso weniger ansteigt, je größer die Anzeige ist (in Tageszeitungen), belegen auch die Daten aus Untersuchungen der Regionalpresse (vgl. Regionalpresse 1979, S. 15). Es muss bei der Analyse der Ergebnisse, die auch in Abbildung 8.17 wiedergegeben sind, beachtet werden, dass die verwendeten Werbewirkungsmaße natürlich nicht alle Aspekte der Werbewirkung erfasst haben (z. B. die Zeitdauer, über die die Werbeaussage erinnert wird; den Gefallen, den der Betrachter verspürt hat; der Anstoß zur Handlung).

In bisherigen werbewissenschaftlichen Studien konnte häufig nachgewiesen werden, dass sich eine Vergrößerung des Werbemittels oder der Abbildungen positiv auf den Werbeerfolg auswirkt (T. Andresen 1987, S. 56f. und 143f.; W. Kroeber-Riel und F. R. Esch 2004, S. 205f.). So zeigen z. B. A. M. Abernethy und D. N. Laband (2002 und 2004), dass die Werbewirkung von Anzeigen in den Gelben Seiten mit der Größe der Anzeige steigt.

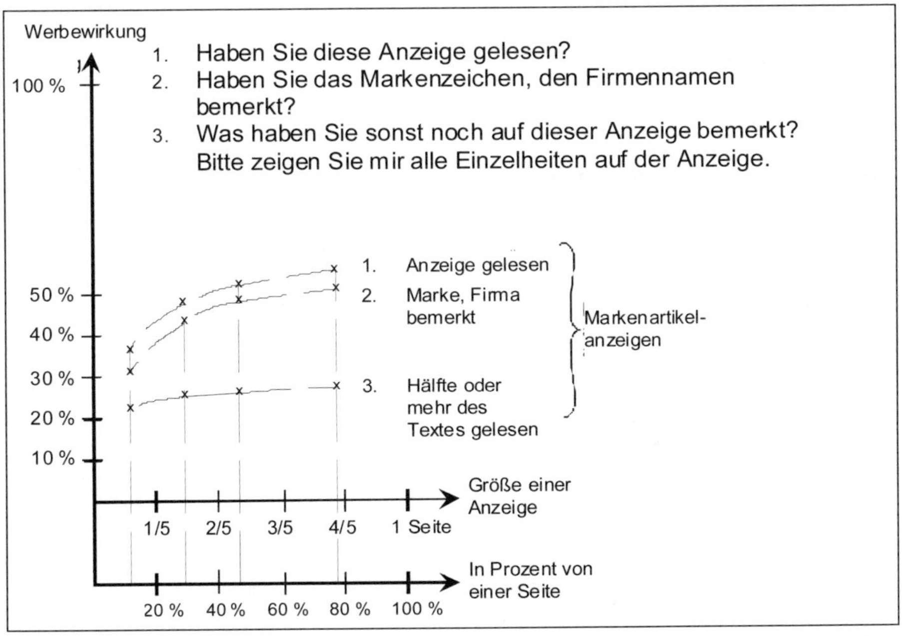

Abb. 8.17: Werbewirkung in Abhängigkeit von der Größe der Anzeige in einer Tageszeitung (Quelle: Regionalpresse 1979, S. 15)

L. Müller-Hagedorn, M. Schuckel und K. Helnerus (2005) haben auch untersucht, wie sich die **Abbildungsgröße der beworbenen Produkte** in Handelsprospekten auf mehrere abhängige Größen auswirkt. Beispielhaft seien zwei Hypothesen angeführt, zu denen sie auch, wie Abbildung 8.18 ausweist, signifikante Ergebnisse erhalten haben.

Bei einer mittleren Abbildungsgröße wird der Prospekt als informativer empfunden als bei großen oder kleinen Abbildungen.

Bei einer mittleren Abbildungsgröße ergibt sich eine positivere Einstellung zu dem Werbemittel als bei großen oder kleinen Abbildungen.

Die Autoren begründen die nicht-linearen Wirkungsverläufe mit dem Zusammenwirken von verschiedenen Effekten, zum einen, dass mit größeren Abbildungen zusätzliche Details sichtbar werden, zum anderen dass bei größeren Abbildungen eine größere Fläche abgesucht werden muss, was die Informationsaufnahme erschwert.

	1/16-Seite im Vergleich zu 1/32-Seite ($\mu_{1/16}$- $\mu_{1/32}$)	**1/8-Seite im Vergleich zu 1/16-Seite ($\mu_{1/8}$- $\mu_{1/16}$)**	**1/4-Seite im Vergleich zu 1/8-Seite ($\mu_{1/4}$- $\mu_{1/8}$)**	**1/2-Seite im Vergleich zu 1/4-Seite ($\mu_{1/2}$- $\mu_{1/4}$)**
Produktorientierte Werbeziele				
Einstellung Produkt	0,26*	0,42***	-0,21	-0,05
Kaufabsicht Produkt	0,14	0,09	-0,03	-0,04
Anteil wahrgenommener Artikel	0,13***	0,04	-0,03	0,00
Anzahl erinnerter Marken	0,57**	1,11***	-0,20	0,02
Werbemittelorientierte Werbeziele				
Informationsgehalt	0,32*	0,19	-0,64***	-0,47***
Unterhaltungswert	0,35**	-0,01	-0,49**	0,02
Einstellung Prospekt	0,61***	0,25	-0,41**	-0,35*
Bereitschaft zu künftiger Beachtung	0,68***	0,15	0,02	-0,14
Geschäftsorientierte Werbeziele				
Lust	0,47***	0,12	-0,18	-0,27*
Einstellung Geschäft	0,16	0,22*	-0,19	-0,06

(Zweiseitiger Signifikanztest: * signifikant zum Niveau von 10 %, ** signifikant zum Niveau von 5 %, *** signifikant zum Niveau von 1 %)

Abb. 8.18: Mittelwertunterschiede zwischen den Werbemitteln mit unterschiedlichen Abbildungsgrößen

Man muss davon ausgehen, dass neben der Abbildungsgröße der beworbenen Produkte, weitere Variablen die Wirkung von Handelswerbung beeinflussen können. Denkbare Einflussgrößen sind in Abbildung 8.19 aufgelistet.

8.3.3 Die Gestaltung von Katalogen und Web-Seiten

Kataloge sind nicht nur im Versandhandel, sondern auch im stationären Handel ein Mittel der Kommunikation zwischen Handel und Verbraucher. Daneben setzen Großhandelsunternehmungen und auch die Industrie Kataloge ein, um ihre Produkte zu verkaufen bzw. bekannt zu machen. So stellen Kataloge in vielen Bereichen ein wichtiges Marketinginstrument dar. Wie bei den übrigen Werbemitteln geht es auch beim Einsatz von Katalogen darum, den Geldbetrag festzulegen, der für Erstellung und Verteilung des Katalogs vorgesehen sein soll (Werbebudget), den Inhalt und die Aufmachung des Katalogs festzulegen (Message und Copy) sowie seine Streuung zu planen, wozu einerseits die Häufigkeit des Katalogwechsels zählt bzw. die Zeitabstände zwischen zwei Katalogen, andererseits die Auswahl der Empfänger (zu Katalogtypen und zur Geschichte des Katalogs vgl. J. Hensen 1999, S. 363–398; zur Gestaltung von Katalogen vor dem Hintergrund verhaltenswissenschaftlicher Theorien vgl. F.-R. Esch 1999, S. 315–343; praxisorientierte Regeln stellt R. K. Bidmon 1999, S. 346–362 dar).

Gestaltungsparameter der Anzeigengestaltung	**Maße für die Werbewirkung**
• Größe der Anzeige • Anzahl der verwendeten Farben • Art des beworbenen Produktes	• Anzeige gesehen • Marke/Firma bemerkt • Hälfte und mehr des Textes gelesen
in Abhängigkeit von: • dem Typ des Werbenden: Markenartikelhersteller oder Einzelhandelsbetrieb, • der Intensität der Nutzung des Umfeldes, • der Lesezeit (für die ganze Zeitung), • den Verbrauchsgewohnheiten des Lesers (Kenner bzw. Verwender einer Marke, Kenner bzw. Kunde eines Geschäftes), • dem Geschlecht des Lesers, • der Platzierung (z. B. rechte oder linke Seite der Zeitung), Ausmaß der Alleinstellung (z. B. allein neben Text, neben anderen Anzeigen), • dem Ausmaß der Bebilderung des Umfeldes, • der Umfeldsparte (z. B. Politik, Wirtschaft, Sport, Anzeigenteil).	

Abb. 8.19: Mögliche Beziehungen zwischen Werbewirkung, Gestaltung der Anzeige und einzelnen Umweltgrößen

Im Folgenden wird nur auf die Frage, **welche Artikel in den Katalog aufgenommen werden** sollten und wie viel Platz den einzelnen Artikeln zur Verfügung gestellt werden sollte, näher eingegangen (vgl. dazu M. A. Johnson, A. A. Zoltners und P. Sinka 1979). Dabei ist an folgende Aktionsparameter der Kataloggestaltung zu denken:

- Die Anzahl der Seiten, die einem Artikel oder einer Artikelgruppe zur Verfügung gestellt werden. Planungseinheit kann also ein einzelner Artikel oder eine Artikelgruppe sein; im Folgenden wird abkürzend nur von dem Artikel gesprochen;
- die Anzahl der farbig gestalteten Seiten, die einem Artikel zugeteilt werden;
- die Höhe des Preises, mit dem der Artikel in den Katalog aufgenommen wird.

Bei einem vorgegebenen Katalogumfang besteht das Problem darin, die begrenzt zur Verfügung stehenden Seiten so auf die einzelnen Artikel aufzuteilen, dass der Erfolg maximiert wird. Es handelt sich um ein so genanntes **Allokationsproblem**. Zu seiner Lösung ist es notwendig, eine Responsefunktion zu schätzen. Die Verfasser ziehen dazu die von J. D. C. Little empfohlene **Decision-Calculus**-Methode heran, nach der der Umsatz für ausgewählte Maßnahmen abzuschätzen ist, und zwar für den Fall, dass

- einem Artikel so viel Katalograum wie im letzten Jahr oder wie einem vergleichbaren Artikel zugewiesen wird,
- der Katalograum verdoppelt wird,
- der Katalograum so groß ist, dass keine nennenswerte Umsatzsteigerung erzielt werden könnte, wenn der zugewiesene Katalograum noch mehr erweitert würde (J. D. C. Little 1977).

Das Modell macht einen zentralen ökonomischen Grundgedanken, dass nämlich begrenzt zur Verfügung stehende Faktoren den Verwendungsmöglichkeiten mit dem relativ höchsten Nutzen zugeführt werden sollen, für die Katalogplanung nutzbar. Bei der **Beurteilung** des Verfahrens sind folgende Punkte zu beachten:

1. Der „Nutzen" wird im erwarteten Deckungsbeitrag gesehen. Es ist aber denkbar, dass einzelne Artikel in den Katalog aufgenommen werden, um ein bestimmtes Image zu schaffen oder um die Aufmerksamkeit zu wecken.
2. Es werden keine Verbundbeziehungen zwischen den einzelnen Artikeln berücksichtigt.
3. Das Modell stellt hohe Anforderungen an die Prognosefähigkeit. Dem Prognostizierenden wird keine Hilfe an die Hand gegeben abzuschätzen, wie groß der voraussichtliche Umsatz bei einzelnen Strategien sein wird.

Insgesamt handelt es sich jedoch um ein wertvolles (Ex-Post-)Analyse- und Planungsinstrument.

In neuerer Zeit erhält die elektronische Variante des papiernen Katalogs verstärkte Aufmerksamkeit, die **Website**.

> *„Mit Website bezeichnet man die Gesamtheit aller Informationsangebote und Anwendungen, die auf den Webseiten einer Internet-Adresse (URL) hinterlegt sind" (J. Frühschütz 2000, S. 134; so auch E-Commerce-Center Handel, Hrsg., S. 80).*

Aus ökonomischer Sicht sind jene Gestaltungsmerkmale einer Website von besonderer Bedeutung, die das Verhalten der Angesprochenen beeinflussen. Dabei empfiehlt es sich vor allen Dingen, den Verhaltensweisen und Erwartungen der Nachfrager gerecht zu werden. Um dies einzulösen, kann auf die Phasen des Kaufentscheidungsprozesses rekurriert werden, der häufig wie in Abbildung 8.20 eingeteilt wird.

Dieses Phasenschema kann Hinweise liefern, welche Phasen in besonderer Weise unterstützt werden sollen. Aus der Sicht eines Anbieters geht es darum, die folgenden Schritte einer Transaktion mit dem Kunden zu unterstützen:

- Kontakt mit dem Kunden herstellen,
- Kontakt zum Kunden halten,
- Informationen zum Angebot vermitteln,
- angenehme Emotionen und Vertrauen vermitteln,
- Kundenbindung aufbauen.

Aus jeder Transaktionsphase resultieren Anforderungen an die Gestaltung der Website (F.-R. Esch, T. Langner und P. Jungen 1999; L. Müller-Hagedorn und R. Wierich 2002).

Die geforderten Kriterien stimmen teilweise mit generellen Anforderungen für jede Kommunikationspolitik überein (z. B. unverkennbarer, individueller Auftritt, Übereinstimmung mit der Corporate Identity, Abstimmung mit anderen Kommunikationsinstrumenten, zum Teil regionenspezifische Informationen), zum Teil sind die Anforderungen medienspezifisch:

- Darstellung der Informationen in einer Art und Weise, die den individuellen Bedürfnissen der Nutzer entspricht,
- Hilfsfunktionen,
- Auffindbarkeit im WWW-Angebot (insbesondere über markante WWW-Adressen, Eintrag in Suchdienste),
- Links mit eindeutig verständlichen Inhalten.

Bewusstwerden eines Mangels
↓
Suche nach Informationen
↓
Vergleich der Alternativen
↓
Treffen einer Entscheidung
↓
Beurteilung der Entscheidung

Abb. 8.20: Phasen eines Kaufentscheidungsprozesses

Die Seitengestaltung im WWW kann nicht nur durch Befragung kontrolliert werden, es bieten sich darüber hinaus websitespezifische Kontrollverfahren, so

- die Auswertung von Nutzungsprotokollen und
- die Server-Strukturanalyse.

Bei der Auswertung von Nutzungsprotokollen werden die Zugriffe auf den WWW-Server ausgewertet. Für jeden Zugriff finden sich folgende Angaben (A. Mevenkamp und M. Kerner 1999, S. 225):

- WWW-Adresse der abgerufenen Seite,
- Datum und Uhrzeit des Abrufs,
- Internet-Adresse des anfordernden Rechners,
- Statuscode (Seite wurde übertragen, ist im Browser-Cache vorhanden, ist nicht auf dem Server vorhanden, anfordernder Rechner ist nicht autorisiert, die Seite zu erhalten).

Inzwischen liegen praxisorientierte Ratgeber für die Website-Gestaltung vor. So hat das E-Commerce-Center Handel in Köln (2010) Checklisten entwickelt, in denen auf gestalterische und inhaltliche Anforderungen sowie auf technische, organisatorische und rechtliche Anforderungen detailliert eingegangen wird.

8.3.4 Die Schaufenstergestaltung

Das Schaufenster ist ein spezifisches Kommunikationsinstrument des Handels, von dem insbesondere Fachgeschäfte, Waren- und Kaufhäuser Gebrauch machen, nicht oder kaum dagegen Verbrauchermärkte, Fachmärkte und Discounter. Abgesehen von den Typologien, mit denen Dekorationsstile erfasst werden (z. B. Stapelfenster, Phantasiefenster, Anlassfenster, bedarfsorientierte Fenster) und den Untersuchungen, die die Wirkung einzelner Gestaltungselemente betrachten, z. B. des Lichtes (vgl. dazu den Überblick bei D. Pflaum und H. Eisenmann 1988, S. 55–68), gibt es auch einige ökonomische Untersuchungen i. e. S.:

- Schon E. Schmalenbach (1947, S. 68–69) hat sein System der pretialen Wirtschaftslenkung an der Anekdote erläutert, nach der Tietz ihm berichtet hat, wie die Abteilungsleiter in seinen Warenhäusern um die Zuteilung von Schaufenstern kämpfen und sich stets benachteiligt fühlen. Schmalenbach hat ihm damals vorgeschlagen, die Schaufenster an die Abteilungsleiter zu versteigern, um so jeden Abteilungsleiter zu zwingen, den erhofften Nutzen zu quantifizieren und den Kosten gegenüberzustellen.
- H. Schmalen (1983 und 1985) hat in einem Modell die Entscheidungssituation abgebildet, dass im Betrieb eine vorhandene Fläche entweder als Schaufenster oder in der Form des sog. Durchsichtsfensters als Verkaufsraum genutzt werden kann.
- R. Nötzel (1988) untersuchte die Werbewirksamkeit von Schaufenstern, indem er die Erinnerungswerte von Passanten erhob.

Des Weiteren bieten z. B. L. M. Bauer (1997) und G. Galle (1999) zahlreiche Hilfestellungen für die Schaufenstergestaltung in der Praxis. Wie für die anderen Kommunikationsinstrumente ist auch für die Schaufenstergestaltung eine Vorgehensweise zu entwickeln, die sich an den übergeordneten Zielen orientiert und die Reaktionsweisen der angesprochenen Zielgruppen in Rechnung stellt.

8.4 Die Streuplanung

Im Rahmen der Streuplanung sind **drei Entscheidungen** zu treffen:

1. **Welche** Werbeträger sollen herangezogen werden?
2. **Wie viele** Einschaltungen sollen in einem Medium bzw. in einer Medienkombination erfolgen?
3. In welchen **zeitlichen** Abständen sollen Werbemaßnahmen durchgeführt werden?

In Abschnitt 8.4.1 wenden wir uns zunächst den ersten beiden Problemen zu, im Abschnitt 8.4.2 dem dritten Problem.

8.4.1 Zur Auswahl einzelner Werbeträger

Der Erfolg einer Einschaltung in einem Medium wird zunächst mit Hilfe von **Kontaktmaßzahlen** zum Ausdruck gebracht (physische Kontakte). Diese Maßzahlen erfassen, wie viele Personen mit dem Werbeträger so in Berührung gekommen sind, dass sie die Chance hatten, das Werbemittel wahrzunehmen. Im Rahmen von Media-Analysen werden für einige Werbeträger entsprechende Zahlen zur Verfügung gestellt (vgl. z. B. Berichtsbände der Arbeitsgemeinschaft Media-Analyse e. V. und der Media-Micro-Census GmbH und die IVW-Verbreitungsanalyse Tageszeitungen [VA], die über die Verkaufsauflage der deutschen Tagespresse informiert, wobei diese Angaben nach Kreisen und Gemeinden aufgegliedert werden. Auch für den Handel, der häufig ein eng begrenztes räumliches Gebiet bewirbt, ist es wichtig zu wissen, wie die **Reichweite** (das ist die Zahl der mindestens einmal mit einer Werbemaßnahme erreichten Personen) sich bei unterschiedlichen Einschaltungen entwickelt. Je nach dem Raum, der abgedeckt werden soll, stehen unterschiedliche Werbeträger zur Verfügung. Zur Analyse der Reichweite eines Mediums gehören folgende Fragen:

1. Wie häufig (z. B. an wie viel aufeinanderfolgenden Tagen) muss eine Anzeige geschaltet werden (in einer Zeitung oder in einer Kombination von Medien), damit eine bestimmte Zielgruppe mindestens einmal (zweimal,...) mit dieser Anzeige erreicht wird?
2. Wie viele Personen der Zielgruppe werden mit einem bestimmten Einschaltplan mindestens einmal (zweimal,...) erreicht?

Sind die **Nutzungswahrscheinlichkeiten** für die einzelnen Medien bekannt, dann können diese Fragen mit Hilfe einer geeigneten Verteilungsfunktion beantwortet werden. J. E. Teel und W. O. Bearden (1980) empfehlen für die Verhältnisse im Handel das Beta-Pascal-Modell.

Ein Kontakt mit einem Werbeträger bedeutet noch nicht, dass auch ein Kontakt mit dem Werbemittel stattgefunden hat. So ist es denkbar, dass ein Leser eine Tageszeitung durchgeblättert, eine bestimmte Anzeige jedoch nicht wahrgenommen hat. Es wird deshalb zwischen **Werbeträgerkontakten** und **Werbemittelkontakten** unterschieden. Für den Vergleich der Medien stehen nur eingeschränkt Angaben über die Werbemittelkontakte zur Verfügung.

Reichweitendaten stellen nicht die einzige Planungsgrundlage für den Vergleich einzelner Werbeträger dar. Für Tageszeitungen hat M. A. Jolson einen Satz von fünf Größen vorgeschlagen, mit deren Hilfe bei der Mediaselektion verschiedene **Zeitungen** miteinander verglichen werden können (vgl. M. A. Jolson 1979). Zumindest teilweise müssen diese Daten jedoch durch eigene Erhebungen beschafft werden. Es handelt sich um

1. die Zahl der Abonnenten einer Zeitung,
2. die Zahl der Leser einer Zeitung („Leser“ kann sich auf den Nutzungsgrad beziehen, z. B. diejenigen, die von 6 Ausgaben mindestens 5 lesen, und auf unterschiedliche

Gegenstandsbereiche, zum Ersten die Zeitung allgemein, zum Zweiten aber auch die Anzeigen der werbenden Unternehmung),
3. das Verhältnis der Zahl der Leser zur Zahl der Abonnenten,
4. die Bedeutung, die eine Zeitung für die Entscheidung, die zuletzt besuchte Verkaufsstelle aufzusuchen, nach Meinung der Leser hatte,
5. das Ausmaß, in dem die Zielgruppe der Unternehmung und die Leserschaft einer Zeitung bezüglich einer Reihe von Merkmalen übereinstimmen.

Die erste Messgröße (die Zahl der Abonnenten) gibt dann keinen korrekten Aufschluss über die physischen Kontakte, wenn ein Exemplar von mehreren Personen gelesen wird oder wenn diese Zeitung von Personen gelesen wird, die keinen Einfluss auf das Einkaufsgeschehen nehmen. Die zweite Messgröße entspricht der bekannten Leserschaftsgröße „Leser pro Ausgabe". Bei der dritten Größe handelt es sich nur um einen Quotienten aus den beiden ersten Größen. Die vierte Zahl versucht, die psychische Werbewirkung zu erfassen. Ob die Messung, so wie von M. A. Jolson vorgeschlagen, valide und reliabel vorgenommen wird, muss dahingestellt bleiben. Auf jeden Fall ist es wichtig, die Eignung einzelner Werbeträger nicht nur anhand der physischen Kontakte festzustellen, sondern auch ihre Bedeutung für die Steuerung des Verhaltens zu erfassen. Die letzte Messgröße macht darauf aufmerksam, dass es nicht auf die gesamte Leserschaft eines Mediums ankommt, sondern nur auf jenen Teil, der zur Zielgruppe der Unternehmung gehört. Diese Größe ist besonders bedeutsam, weil sie das Augenmerk darauf richtet, dass es nicht nur auf die Zahl der mit einer Werbemaßnahme erreichten Personen ankommt, sondern auch auf deren Struktur. So empfiehlt beispielsweise H.-J. Wilche – gestützt auf die Beobachtung, dass Kunden eines inserierenden Geschäftes eine Einzelhandelsanzeige um nahezu 50 % mehr beachten als Nicht-Kunden – Anzeigen zu verwenden, um den vorhandenen Kundenstand zu erhalten, dagegen andere Werbemittel, wie beispielsweise Werbebriefe oder Handzettel, dann einzusetzen, wenn erst ein Kundenstamm aufgebaut werden soll (H.-J. Wilche 1978, S. 100).

Für Informationsangebote im WWW müssen die traditionellen Erfolgsgrößen angepasst werden (A. Mevenkamp und M. Kerner 1999). Dies gilt für Reichweitenberechnungen, die Berechnung der Kontaktdauer, die Menge der tatsächlich übermittelten Informationen, den Weg des Nutzers durch das Informationsangebot (Web-Tracking) und die Clicks (sie geben an, wie oft einem Link auf einer Seite gefolgt wurde).

Aufgabe der Streuplanung ist es auch, die **Werbewirkung unterschiedlicher Werbeträger zu vergleichen** (Inter-Media-Vergleich). Der Vergleich ist nicht nur deshalb erschwert, weil nicht für alle Medien ähnliche Daten zur Verfügung stehen (z. B. Reichweiten-Daten), sondern auch weil eine Reihe von qualitativen Faktoren die Güte eines Mediums bestimmen. So wird z. B. für Zeitungen angeführt, dass sie sehr viel eher eine Verbindung von Produkt und Verkaufsstelle herstellen können als dies derzeit dem Rundfunk oder dem Fernsehen möglich ist.

Medien müssen also in einer Reihe von Wirkungsebenen, die im Folgenden noch einmal zusammengestellt sind, verglichen werden:

1. Ebene: **Medien-Kontakt** (Reichweite, Quantuplikation, Kontaktverteilung).
2. Ebene: **Werbemittel-Kontakt**: Die Chance, dass ein Werbemittel in einem Werbeträger wahrgenommen wird, hängt vor allem davon ab, wie diese Medien

vom Verbraucher genutzt werden (z. B. aufmerksam gelesen, nur durchgeblättert) und welche Möglichkeiten der Darstellung das Medium bietet.

3. Ebene: Die Stärke und die Art der von einer Werbemaßnahme **ausgelösten Wirkung:** Da einzelne Medien für unterschiedlich glaubwürdig gehalten werden, sie die Werbebotschaft unterschiedlich darstellen können und sie zu unterschiedlichen Tageszeiten genutzt werden, ist es plausibel, dass sie eine unterschiedliche Werbewirkung entfalten können. Sie können in unterschiedlichem Maße die Erinnerung, das Wiedererkennen, Anmutungen, Einstellungen und die Kaufbereitschaft beeinflussen.

In der Praxis begnügt man sich oft damit, diese Wirkungskette rudimentär abzubilden (z. B. durch Angabe der erreichten Personen, eventuell gewichtet mit einem werbemittelspezifischen Wirkungsfaktor).

Wie in Abschnitt 8.1 gezeigt worden ist, stehen den Handelsunternehmen durch die Kombination der verschiedenen Werbemittel mit den verschiedenen Werbeträgern zahlreiche Möglichkeiten für werbliche Aktivitäten zur Verfügung. Sie sind zu einem **Werbeplan** zusammenzustellen. Es werden jene Werbemaßnahmen in den Werbeplan eingestellt, die eine hohe Zielerreichung erwarten lassen. Die Stärke der Wirkungsketten vom Werbeträgerkontakt über den Werbemittelkontakt bis zur psychischen oder ökonomischen Wirkung ist nicht leicht zu erkennen, zumal sie nicht generell gelten wird, sondern von zahlreichen betriebsspezifischen Bestimmungsfaktoren (z. B. Art der Zielgruppe, Aktivitäten anderer Anbieter) abhängen wird.

Es hat Versuche gegeben, das Verhalten der Unternehmungen empirisch zu ermitteln und dabei den Einfluss einzelner Variablen zu erkennen. K. S. Fam und B. Merrilees haben empirisch überprüft, ob sich bestätigen lässt, dass die **Eignung einzelner Werbemaßnahmen im Urteil von Handelsunternehmungen** von bestimmten Variablen abhängt und dass das Werbebudget dieser Handelsunternehmungen proportional zu diesen Eignungsurteilen aufgeteilt wird (K. S. Fam und B. Merrilees 1996). Die Vielzahl der möglichen Werbepläne ersetzen sie durch vier Typen von Werbemaßnahmen:

- In-Store-Promotion-Maßnahmen (Plakate, Regalstopper, Displays u.Ä.),
- Mass Media Advertising (vor allem in Zeitungen, Magazinen, TV, Radio),
- Direct-Mail-Aktionen und Sales Promotion (Flyer, Werbezettel, Werbebriefe, Preislisten oder Kataloge, Spiele, Coupons),
- Einsatz von Verkaufspersonal.

Die von den Händlern subjektiv wahrgenommene Eignung dieser vier Werbemaßnahmen (P_i) wird in Abhängigkeit von 6 Faktoren gesehen:

$$P_i = F(T, CH, STRAT_j, COLL, MAS, RD_k)$$

wobei:

T = Werbeintensität des Unternehmens (angegebenen in Geldeinheiten für die gesamten Werbeausgaben in Relation zu den Personalkosten),

CH = Zugehörigkeit des Betriebs zu einer Filialorganisation (Dummy-Variable),

$STRAT_j$ = Bedeutung, die den drei Strategien Niedrig-/Mittel-/Hochpreis-strategie zugeordnet wird,

COLL = Neigung zu Kollektivismus,

MAS = Neigung zu Maskulinität und
RD_k = Verkaufsregion, in der der Betrieb tätig ist.

Zum Zweiten formulieren die Verfasser die Hypothese, dass die subjektiv wahrgenommene Eignung der einzelnen Werbemaßnahmen bestimmend ist für den Anteil des jeweiligen Werbemittels am gesamten Werbebudget, also:

$S_i = f(P_i)$,

wobei:
S_i = Anteil des Werbemittels im Werbebudget.

Die erste Hypothese schließt Aussagen zum Einfluss zahlreicher Größen auf die wahrgenommene Eignung einzelner Werbemaßnahmen ein, u. a.:

- Die Werbeintensität eines Betriebes (Anzahl der Geldeinheiten, die für Werbemaßnahmen insgesamt verausgabt werden (Advertising + Promotions = A&P), im Verhältnis zu den Personalkosten) hängt insbesondere davon ab, wie die Massenwerbung und die Verkaufsförderung eingeschätzt werden.
- Die Zugehörigkeit eines Betriebes zu einer Filialorganisation führt tendenziell zu einer positiven Einstellung gegenüber Massenwerbung.
- Es besteht eine positive Beziehung zwischen einer Hochpreisstrategie in Verbindung mit einem hohen Serviceniveau und dem Urteil über die Eignung der Massenwerbung.

Die Hypothesen wurden durchweg bestätigt. Dennoch ist der Erkenntniswert solcher Untersuchungen nur begrenzt. Zwar bilden die beiden Gleichungen des Modells die sinnvolle Aussage ab, dass das Werbebudget entsprechend der Eignung der einzelnen Werbemittel auf diese aufgeteilt werden sollte, aber ob zur Aufteilung die erfragten Eignungsurteile herangezogen werden sollten, erscheint bei der Heterogenität der befragten Betriebe fraglich. Insofern kann mit der Studie zwar das Werbeverhalten der befragten Betriebe relativ gut (R^2 zwischen 0,57 und 0,64) erklärt werden, aber für zu treffende Entscheidungen können die Ergebnisse kaum verwendet werden. Die Eignung eines Werbemittels wird nämlich über die in den Hypothesen genannten Größen hinaus von weiteren Faktoren abhängen: So werden sich beispielsweise die Kosten für einzelne Werbemittel unterscheiden, die Informationsflut und damit der Werbedruck können in einzelnen Regionen oder Branchen unterschiedlich sein usw. Aufschlussreich an der Studie ist aber, dass mit den Hypothesen darauf aufmerksam gemacht wird, dass das Werbeverhalten von einzelnen situativen Größen abhängt. Teilweise erscheinen die Aussagen naheliegend, teilweise wird aber darauf aufmerksam gemacht, dass die Effizienz der Werbung auch von der Größe der Unternehmung (Anzahl der Filialen) oder vom Handelssystem abhängt (so wurde beispielsweise auch untersucht, ob Franchiseorganisationen genug werben, vgl. S. C. Michael 1999).

8.4.2 Die Streuung der Werbemittel in zeitlicher Hinsicht

Als **Planungszeitraum** kommen unterschiedliche Zeitabschnitte in Frage. So ist zu entscheiden, wie das Werbebudget über das Jahr zu verteilen ist, wie intensiv die einzelnen Wochen eines Monats am Werbebudget partizipieren sollen und schließlich an welchen Wochentagen die Werbemaßnahmen erfolgen sollen. Unabhängig vom zu Grunde gelegten Planungszeitraum lassen sich **Muster der Zeitplanung** angeben (vgl. P. Kotler und F. Bliemel 2001, S. 976–981):

1. Der **Fall der konzentrierten Werbung**: Konzentration der Werbeausgaben auf einen Teilabschnitt des Planungszeitraumes (also z. B. auf einen Tag in der Woche, auf eine Woche innerhalb eines Monats, auf einen Monat innerhalb des Jahres).
2. Der **Fall der kontinuierlichen Werbung**: In allen Teilperioden wird geworben, wobei die Werbung entweder in allen Perioden gleich hoch ist, auf- und abschwillt, ständig ansteigt oder ständig abfällt.
3. Der **Fall der intermittierenden Werbung**: Phasen mit und ohne Werbung lösen sich ab.

In Abbildung 8.21 sind exemplarisch die Werbeausgaben zweier Verbrauchermärkte dargestellt. In den Daten ist nur erfasst, wie viele Anzeigen in der an dem betreffenden Ort maßgebenden Tageszeitung platziert wurden und wie hoch die dafür verausgabten Kosten waren (Höhe x Zahl der Spalten x Geldbetrag, also ohne Rabatte und Mehrwertsteuer).

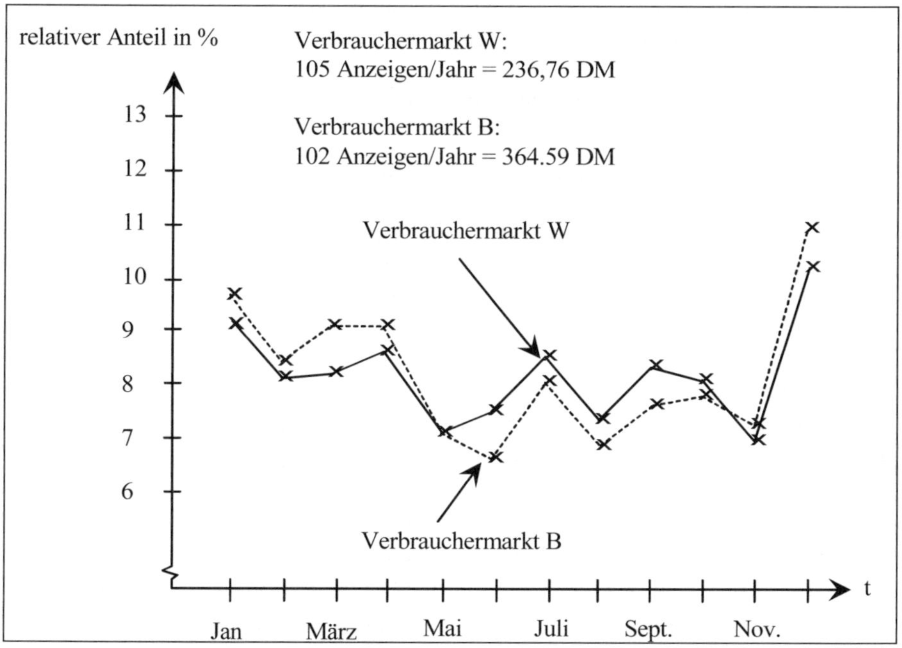

Abb. 8.21: Die Anzeigenwerbung zweier Verbrauchermärkte innerhalb eines Jahres

Abbildung 8.21 verdeutlicht dreierlei:

1. Beide Betriebe, die in Konkurrenz zueinander stehen, sind über das ganze Jahr hinweg mit Anzeigen in der Tageszeitung vertreten.
2. Die Anzeigen sind unterschiedlich groß.
3. Die beiden Betriebe verfolgen eine weitgehend gleiche Politik bezüglich der Aufteilung der Ausgaben über das Jahr.

H. Hörschgen hat gezeigt, dass der Brutto-Werbeumsatz für Anzeigen-, Funk- und Fernsehwerbung über viele Jahre hinweg (allerdings über die Unternehmungen aggregiert) das gleiche Muster zeigt: Ein Hoch im März, April und Mai, dann das Sommerloch im Juni, Juli und August und schließlich das zweite Hoch im Oktober, November und Dezember (vgl. H. Hörschgen 1967, S. 12f.). Empirische Auswertungen des Werbeverhaltens von Handelsunternehmungen zeigen deutliche Unterschiede in der Bevorzugung einzelner Monate, einzelner Wochen in einem Monat und einzelner Wochentage.

Die Alternativen der Werbestreuung lassen sich auch im Hinblick auf das Ausmaß, in dem zyklisch und antizyklisch geworben wird, darstellen. Welche Faktoren bestimmen nun die zeitliche Streuung der Werbung? Ist es richtig, dass – so wie es empirisch häufig beobachtet werden kann – im Jahresablauf prozyklisch geworben wird und dass der größte Teil der Werbeaktivitäten im Einzelhandel vor die umsatzstärksten Zeiten gelegt wird? Es lassen sich **drei Gruppen von Einflussfaktoren** benennen:

1. Die von der werbenden Unternehmung angestrebten Ziele.
2. Faktoren, die das Verhalten der Nachfrager bestimmen (Nachfrageseite): Die Gestaltung der restlichen Aktionsparameter im Bereich der Werbung und sonstige Faktoren, die das Verhalten der Verbraucher beeinflussen (z. B. Werbung von Herstellern und Konkurrenten).
3. Faktoren, die das Entscheidungsfeld der Unternehmung kennzeichnen (Auslastung von Kapazitäten, Rabatte bei Lieferanten usw.).

Zu (1): Die Ziele **der Unternehmung** als Bestimmungsfaktor für die Entscheidung über die zeitliche Streuung der Werbung: Dieser Sachverhalt soll an Beispielen verdeutlicht werden. Besteht das Werbeziel darin, häufig wechselnde Artikel abzuverkaufen, muss die Werbung in zeitlicher Hinsicht relativ stark gestreut werden. Kommt es dagegen darauf an, ein bestimmtes Qualitätsimage aufzubauen oder zu erhalten, kann eine zeitlich kompaktere Werbung vorteilhaft sein. Wie gedrängt bzw. gestreut die Werbung sein soll, hängt vor allem davon ab, wie schnell die Werbebotschaft erlernt bzw. vergessen wird. Darauf wird unten ausführlicher eingegangen werden.

Zu (2a): Die **Gestaltung der restlichen Aktionsparameter** im Bereich der Werbung als Bestimmungsfaktor für die Entscheidung über die zeitliche Streuung der Werbung: Hier geht es vor allem um die Frage, wie ein begrenzt zur Verfügung stehendes Budget partitioniert werden soll. Bei allzu kleinvolumigen Werbemaßnahmen kann die Gefahr bestehen, dass sie vom Verbraucher nicht wahrgenommen werden. Auch der zu vermittelnde Werbeinhalt kann es erfordern, bestimmte Mindestgrößen zu realisieren.

Zu (2b): Sonstige **Faktoren**, die das Verhalten der Verbraucher beeinflussen, als Bestimmungsfaktoren für die Entscheidung über die zeitliche Streuung der Werbung: Besonders H. Hörschgen hat aufgezeigt, dass die Nachfrage der Verbraucher Schwankungen unterliegen kann, die entweder einmaliger Art (Strukturveränderungen) sein können oder die periodischer Art sind (Konjunktureinflüsse, Saisonschwankungen). Er fragt, welche Faktoren diese Schwankungen auslösen und wann es sinnvoll ist, den Versuch zu unternehmen, diesen Schwankungen entgegenzuwirken bzw. sie auszunutzen (H. Hörschgen 1967). So werden die Schwankungen teilweise durch Veränderungen in den Bedürfnissen ausgelöst, die ihrerseits selbst wieder durch Veränderungen in der Natur gesteuert werden (Hitze im Sommer Durst Nachfrage nach Erfrischungsgetränken) oder sie hängen von künstlichen Faktoren ab, z. B. der Abfolge von Festen oder von bestimmten Konsumgewohnheiten. Schwankungen können auch durch die Verfügbarkeit von finanziellen Mitteln (z. B. Weihnachtsgeld, Zinszahlungen) oder durch die Verfügbarkeit von Zeit ausgelöst werden.

Wesentlich für die Entscheidung, wann geworben werden soll, ist auch, welche Chancen für einen Werbenden bestehen, einen physischen und psychischen Kontakt herzustellen. Die **Chancen für einen physischen Kontakt** sind nicht gleichmäßig über das Jahr verteilt. Dies gilt für die Nutzung der Anschlagflächen, des Rundfunks, des Fernsehens, der Kinowerbung, der Zeitschriften, in relativ geringem Maß für Zeitungen. So werden beispielsweise im Winter Fernsehgeräte häufiger als im Sommer eingeschaltet. Die einzelnen Medien werden also im Jahresablauf unterschiedlich genutzt. Darüber hinaus kann es aber notwendig sein, die Kontaktchancen zu unterschiedlichen Zeitpunkten verschieden zu gewichten, weil sich ihre **psychische Wirkung** unterscheidet. Es ist aber auch zu beachten, dass die Medien in einzelnen Zeitabschnitten unterschiedlich stark belegt sind. Es gibt Zeitabschnitte, in denen eine Werbemaßnahme in relativ viele Konkurrenzmaßnahmen eingebettet ist, während sie in anderen Zeitabschnitten eine Alleinstellung hat. Ob auf **Konkurrenzwerbung** mit eigenen Maßnahmen geantwortet werden sollte (was häufig zu beobachten ist) oder ob auf andere Zeiträume ausgewichen werden sollte, ist eine schwer zu beantwortende Frage. Ein besonders wichtiger Punkt bei der Entscheidung über die zeitliche Streuung der Werbung kann für einen Handelsbetrieb schließlich sein, wann **der Hersteller** sich mit seiner Werbung an den Verbraucher wendet. Bestimmend für die Planung der Werbemaßnahmen in zeitlicher Hinsicht ist weiterhin, welche **Zeitspannen zwischen dem Kontakt mit der Werbemaßnahme und der Kaufhandlung** liegen können. H.-J. Wilche (1978, S. 100) berichtet, dass Kaufentschlüsse meist einen Tag nach dem Erscheinen einer Anzeige realisiert werden, ohne jedoch näher darzulegen, bei welchen Produktgruppen dies beobachtet wurde.

Schließlich ist zu prüfen, inwieweit die Wirkung eines Werbekontaktes von **zeitlich vorausgehenden Werbekontakten** und von **parallel erfolgenden Werbekontakten konkurrierender Betriebe** abhängt (Lernen) und wie die Wirkung im Zeitablauf nachlässt. So kann es sein, dass mehrere Werbekontakte notwendig sind, um eine Kaufabsicht auszubilden. Eine frühe Untersuchung zu dem Problem, ob konzentriert oder zeitlich gestreut geworben werden sollte und wie sich dies auf die Recall-Werte auswirkt, stammt von H. A. Zielske (1959). Er verglich 13 Werbeimpulse in 13 aufeinander folgenden Wochen mit 13 Werbeimpulsen, die gleichmäßig über das Jahr verstreut waren. E. C. Strong (1977) hat versucht, einzelne Bestimmungsfaktoren der zeitlichen Streuung der Werbung in ein Optimierungsmodell einzubeziehen. Sein **Modell** hat folgende Kennzeichen:

1. Aktionsparameter: Wie sollte eine vorgegebene Anzahl von Anzeigen (hier 13) auf die 52 Wochen eines Jahres aufgeteilt werden?
2. Zielgröße: Als Erfolgskriterium wird die ungestützte Erinnerung an die Anzeige, einschließlich der korrekten Erinnerung des Werbeträgers verwendet. Es wird also gefragt, welcher Streuplan die höchsten Erinnerungswerte über das Jahr hinweg liefert. Die Erinnerungswerte werden mit der erwarteten Nachfrage gewichtet.
3. Das Optimierungsverfahren ist so angelegt, dass anhand eines vorliegenden Streuplanes bestimmt wird, welche Einschaltung am wenigsten zur durchschnittlichen

Erinnerung beiträgt. Es wird geprüft, ob es nicht eine Einschaltung gibt, mit der sich ein höherer Wert erzielen lässt.

4. Es werden drei Situationen untersucht:
   - Die Nachfrage weist keine Schwankungen über das Jahr hinweg auf,
   - es gibt im Jahresablauf eine Nachfragespitze (nur auf diesen Fall wird im Folgenden eingegangen),
   - es gibt im Jahresablauf zwei Nachfragespitzen.

Das Bemühen von E. C. Strong, die zeitliche Werbeplanung einem Optimierungsprozess zu unterwerfen, ist höchst bemerkenswert. Bei der **Würdigung des Ergebnisses** müssen jedoch folgende Punkte beachtet werden:

1. Das Modell berücksichtigt nur Werbemaßnahmen in einem Medium (Print-Werbung). Es wird außerdem nur eine Anzeige pro Woche zugelassen.
2. Es wird davon ausgegangen, dass die Erinnerungsquote zu Beginn des Planungszeitraumes null beträgt. Dies ist allerdings kein grundsätzlicher Mangel des Modells, die Feststellung bezieht sich auf das Beispiel. Leicht ließe sich den Berechnungen ein anderes Ausgangsniveau zu Grunde legen.
3. Mit Hilfe des Modells werden Erinnerungswerte maximiert. Diese Erinnerungswerte werden zwar mit den erwarteten Verkaufszahlen gewichtet, jedoch wird dabei ein linearer Zusammenhang unterstellt. Inwieweit eine solche Annahme gerechtfertigt ist, bleibt offen.
4. Maßnahmen der Konkurrenz bleiben unbeachtet.
5. Die Saisonalität der Nachfrage, von der als Datum ausgegangen wird, kann das Ergebnis vergangener Werbemaßnahmen sein.

Hauptaussagen des Strongschen Modells sind, dass Werbeanzeigen zeitlich zusammengerückt werden sollten, weil Ketten von Anzeigen einen synergetischen Effekt entfalten.

8.5 Zusammenfassung

Handelsorganisationen geben beträchtliche Geldbeträge für Werbung aus. Sie zählen in der gesamten Wirtschaft zu den Spitzenreitern. Gelegentlich sind Prospektschlachten zu beobachten (z. B. zwischen Möbelhäusern) oder Duelle in der Fernsehwerbung (z. B. unter Baumärkten). Das legt es nahe, die zentralen Fragen der Werbung sorgfältig zu planen. Dazu zählen die Festlegung eines Werbebudgets und seine Aufteilung auf einzelne Werbeobjekte, die Gestaltung der Werbemaßnahmen (z. B. die Prospekt- bzw. Flyergestaltung) und die Streuung in sachlicher und zeitlicher Hinsicht.

Entscheidungen zur Werbung haben vielfältige Einflussfaktoren zu berücksichtigen. Intern kommt es auf die Abstimmung mit dem Positionierungskonzept an, extern gilt es die Konkurrenzaktivitäten und wie generell im Marketing die Reaktionen der Nachfrager zu berücksichtigen. Mit SR-Analysen können Abverkaufsdaten ausgewertet werden, um Hinweise auf die Wirksamkeit von Werbemaßnahmen zu erhalten, verhaltenswissenschaftliche Erkenntnisse liefern wichtige Erfolgsgrößen im Vorfeld des Verkaufs (z. B. Beachtung, Bekanntheit, Image, Kauf- bzw. Besuchsabsichtabsicht).

Internet-Adressen

- Zur Entwicklung der Online-Nutzung und zur Unterscheidung einzelner Online-Werbeformen(OVK Online-Report 2009/II): www.ovk.de
- Online-verband: www.bitkom.org
- Informationen über Werbung in Deutschland durch den Zentralverband der deutschen Wirtschaft: www.zaw.de
- Zur Gestaltung einer Website: www.ecc-handel.de und www.ec-net.de

Aktivitäten

- Ermitteln Sie für ein bestimmtes Handelsunternehmen, welche der in Abbildung 8.2 dargestellten Werbemöglichkeiten von ihm genutzt werden.
- Recherchieren Sie im Internet, inwieweit einzelne Handelsorganisationen Gegenstand von Diskussionen unter Konsumenten sind z. B. IKEA oder Schlecker.
- Besorgen Sie sich die Prospekte (Flyer) von Lebensmittelhändlern und vergleichen Sie diese. Erstellen sie eine Übersicht, aus der die wesentlichen Merkmale hervorgehen.

Fragen zur Diskussion

- Welche der in Abbildung 8.5 angesprochenen Entwicklungen scheinen Ihnen für die künftige Kommunikation von Handelsbetrieben besonders relevant?
- Wie beurteilen Sie einzelne Ihnen vorliegende Prospekte (Flyer)? Begründen Sie Ihre Beurteilung?
- Zeigen Sie Zusammenhänge zwischen der Zielgruppe eines Unternehmens und den in Frage kommenden Medien auf! Welche Medien kommen Ihrer Meinung nach für eine Apotheke und welche für H&M in Frage?

9 Der Einsatz von Verkaufspersonal

Wenn Handelsbetriebe den Einsatz von Personal im Verkaufsbereich planen, rücken sofort zwei Sachverhalte in den Mittelpunkt des Interesses: Zum Ersten, wie hoch **die Kosten** für den Personaleinsatz sind und ob sie reduziert werden können, zum Zweiten, inwieweit die **Beratung durch das Personal** und so die Wettbewerbsposition verbessert werden kann. Den Personalkosten kommt im Handel eine herausragende Bedeutung zu, weil im Regelfall keine Kostenart – abgesehen von den Wareneinstandskosten – mehr zu Buche schlägt. Dies gilt, obwohl natürlich nicht die gesamten Personalkosten eines Handelsbetriebes auf den Verkaufsbereich entfallen und obwohl verschiedene diskontierende Betriebsformen durch die Einführung einer weitgehenden Selbstbedienung die Personalkosten stark gesenkt haben. Für viele Betriebe im Groß- und Einzelhandel gilt, dass die Personalkosten in Prozent vom Umsatz im Jahr zwischen 10 und 30 % liegen; dies zeigen Betriebsvergleiche (detailliert nach Groß- und Einzelhandel werden solche Zahlen durch das Institut für Handelsforschung in Köln erhoben). Im Folgenden wird zunächst ein Überblick über Ansatzpunkte für eine kundengerichtete Personalpolitik gegeben, dann wird auf wichtige Managementprobleme eingegangen, und zwar

- auf die Frage, in welchem Ausmaß Bedienungssysteme durch ein Selbstbedienungssystem oder Zwischenformen ersetzt werden können,
- wie der Personaleinsatz im Verkaufsbereich zu planen ist und
- wie die Qualität der Beratung im Verkauf gesichert werden kann.

9.1 Überblick über Ansatzpunkte für eine kundengerichtete Personalpolitik

Die betriebliche Personalpolitik (vgl. z. B. H. Drumm 2008) umfasst zahlreiche Handlungsbereiche; im Folgenden interessieren nur jene Aktionsfelder der Personalpolitik, die für das Marketing der Handelsbetriebe relevant sind. Dazu gehören:

1. Die **Wahl eines Bedienungssystems:** Es ist festzulegen, welches Bedienungssystem realisiert werden soll bzw. welcher Stellenwert einer Beratung durch Personal eingeräumt werden soll. Dabei ist auch zu klären, inwieweit Leistungen, die bislang durch Personal erbracht werden, durch die Kunden, die Lieferanten, durch sonstige, der Unternehmung nicht angehörende Personen (Dienstleister) oder durch Betriebsmittel erbracht werden sollen. Es ist ein Bedienungssystem festzulegen, das in vielen Schattierungen von der Selbstbedienung bis zur Fremdbedienung reichen kann. Hierauf wird in Abschnitt 9.2 eingegangen.
2. **Die Beschäftigungspolitik:** Es geht um die Frage, wie viele Mitarbeiter im Verkauf (Vertrieb) tätig sein sollten, wobei sich folgende Aspekte unterscheiden lassen:

- Der quantitative Aspekt: Dabei ist an die Personalbedarfsplanung, die Personalbeschaffungs- und Personalfreisetzungsplanung als Facetten der Personalbestandsplanung zu denken.
- Der zeitliche Aspekt: Hierbei geht es einmal um Entscheidungen über zeitpunktbezogene Größen, wie z. B. den Zeitpunkt des täglichen Arbeitsbeginns, zum anderen um zeitraumbezogene Größen, wie die Länge der täglichen Beschäftigungszeit und damit das Verhältnis von Vollzeit- zu Teilzeitkräften. Wegen der langen Ladenöffnungszeiten und den Schwankungen im Kundenstrom ist die Arbeitszeitgestaltung, die sog. Personaleinsatzplanung, ein für den Handel schwer zu beherrschendes Instrument. Auf die Probleme der Personaleinsatzplanung wird in Abschnitt 9.3 eingegangen.
- Der qualitative Aspekt: Welches Personal soll beschäftigt werden? Dabei kann nach vielerlei Eigenschaften aus dem physischen, geistigen oder sozialen Bereich unterschieden werden, z. B. nach der Berufserfahrung oder der Ausbildung.

3. Besonders wichtig ist aber **das Verhalten des Verkaufspersonals** im Umgang mit dem Kunden. Entsprechende Maßnahmen erfordern es, die Erfolgsbedingungen eines Verkaufsgespräches zu verstehen und dieses kundengerecht zu steuern (vgl. hierzu Abschnitt 9.4). Solche Erkenntnisse sind auch die Basis für jene Ausbildungsmaßnahmen, die auf eine Verbesserung der Beratung des Kunden zielen.
4. Die **Entgeltpolitik:** Neben der Lohnhöhe und den einzelnen Lohnbestandteilen geht es im Handel um die Ausgestaltung eines leistungsorientierten Entlohnungssystems. Für die dabei festzulegenden Prämien können unterschiedliche Bezugsgrößen gewählt werden (z. B. Umsatz, Bruttoertrag), die Prämien können gestaffelt werden, und es lassen sich Gruppen- und Einzelprämien einführen (vgl. den Überblick bei M. Lerchenmüller 1998, S. 398–406 und die Dissertation von C. Rafflenbeul-Schaub 2003).

Neben der Beschäftigungs-, der Politik der Beeinflussung des Verhaltens des Verkaufspersonals und der Entgeltpolitik gibt es weitere personalpolitische Instrumente, wie das Führungskonzept bzw. den Führungsstil, die betriebliche Sozialleistungspolitik und die Erfolgs- und Vermögensbeteiligungspolitik, die Politik der Aufgabenverteilung, die Gestaltung der Arbeitsbedingungen und die Personalwerbung. Diese sind aber überwiegend nicht handelsspezifisch, so dass auf sie nicht eingegangen werden soll.

9.2 Die Entscheidung über das Bedienungssystem

Historisch gesehen dominierte im Groß- und Einzelhandel bis zum Ende des zweiten Weltkrieges das Bedienungssystem; erst ab etwa 1950 wurden die ersten **Selbstbedienungsläden** eingerichtet. Existierten 1952 in West-Deutschland gerade 98 Selbstbedienungsläden, so waren es im Jahre 1957 bereits 1600. Dem Lebensmittelhandel kam eine Vorreiterrolle zu; in einem stürmischen Wandlungsprozess waren bis etwa

1980 mehr als 80 % der Geschäfte im Lebensmitteleinzelhandel vom Bedienungs- auf das Selbstbedienungsprinzip umgestellt. Andere Branchen folgten in mehr oder weniger starker Intensität. Zu Recht kann das Selbstbedienungsprinzip als die größte Neuerung im Handel in der zweiten Hälfte des 20. Jahrhunderts bezeichnet werden. Im Einzelhandel ist sie offenkundig, aber eine analoge Entwicklung gilt auch für den Großhandel, insbesondere mit der Betriebsform des Cash-and-Carry-Großhandels. Die Verstärkung der Selbstbedienung ging mit zahlreichen anderen Veränderungen einher, so der Vergrößerung der Präsentationsflächen, einer ausführlicheren Produktbeschreibung (vorwiegend durch die Industrie), Geräte (z. B. Leergutrücknahmeautomaten, Selbstbedienungskassen) und dem Einsatz medialer Systeme (z. B. Küchenplaner, Felgen für PKW's).

Heute dominiert das Selbstbedienungsprinzip in vielen Bereichen des Handels. Dennoch besteht für viele Betriebe weiterhin Entscheidungsbedarf:

- Fachgeschäfte setzen auch heute in vielen Fällen auf eine gute Beratung, weil sie hierüber einen Wettbewerbsvorteil aufbauen wollen. Wie M. R. Wenzlitschke (1997) gezeigt hat, entwickelten sich in der Vergangenheit die Personalkosten stetig nach oben, wobei sie oft stärker anstiegen als der Umsatz, so dass die Frage immer drängender wurde, unter welchen Bedingungen eine vom Verkäufer getragene Beratung noch wirtschaftlich sein kann. In welchen Bereichen kann sich der Fachhandel, zu dessen Kennzeichen ja die Beratung durch Personal gehört, noch behaupten, und in welchen Bereichen werden weniger verkaufspersonalintensive Betriebsformen an Bedeutung gewinnen? In manchen Bereichen des Handels stellt sich weniger die Frage nach dem Wechsel der Betriebsform als vielmehr die Frage, inwieweit in einzelnen Abteilungen auf Selbstbedienung umgestellt werden kann (z. B. Ersatz oder Ergänzung einer Bedienungstheke für Fleisch und Wurstwaren durch ein Angebot in Selbstbedienung).
- Oft steht nicht der grundsätzliche Wechsel des Bedienungssystems an, sondern es ist darüber zu befinden, mit welcher Intensität die Beratungsfunktion wahrgenommen werden soll; entweder indem nach Zwischenformen zwischen Bedienung und Selbstbedienung Ausschau gehalten wird oder indem die Zahl der vorhandenen Verkaufskräfte gesteuert wird. Dies betrifft den operativen Teil des Einsatzes von Verkaufskräften, der im Folgenden im Vordergrund steht. Bei einem weitgreifenderen Wechsel wird man von einem Wechsel der Betriebsform sprechen, z. B. bei einem Wechsel von einer Drogerie (mit Bedienung) zu einem Drogeriemarkt (mit weitgehender Selbstbedienung); dies entspricht dann einer Entscheidung über das Beratungssystem aus strategischer Sicht.

In Bezug auf die Bedienungsform werden folgende Varianten unterschieden:

1. Das **Selbstbedienungssystem:** Es erfolgt so gut wie keine Beratung mehr durch das Verkaufspersonal, die Ware wird vom Kunden entnommen und transportiert, der Kunde kommt nur an den Checkout-Kassen mit Personal des Geschäftes in Berührung.
2. Das **Vorwahlsystem:** Der Kunde erhält die Möglichkeit, die Ware auch ohne Verkäufer zu begutachten. Bei Bedarf kann sich der Kunde aber beraten lassen. Andere Tätigkeiten (z. B. das Holen ähnlicher Artikel, das Schreiben von Kassenzetteln, das Verpacken der Ware) werden vom Personal ausgeführt. Bei der so genannten **Inten-**

siv-Vorwahl als einer besonderen Art der Vorwahl werden die für diese Verkaufsform notwendigen Voraussetzungen wie Aufmachung und Präsentation der Ware und Kassenorganisation noch eingehender auf das Bedienungssystem abgestellt.
3. Das **Bedienungssystem:** Das Personal führt Tätigkeiten zur Beratung und zur Bedienung (im engeren Sinn) des Kunden aus.

Die Entscheidung für eines der Systeme stellt ein schwieriges und wichtiges betriebspolitisches Problem dar, weil mit ihr eine Reihe kostenwirksamer Maßnahmen einhergehen und weil das Bedienungssystem für den Kunden einen wichtigen Faktor bei der Wahl der Einkaufsstätte darstellen kann. Die Schwierigkeit der Entscheidung, die vor allem aus dem Konflikt zwischen Kosten- und Erlöswirkung resultiert, kommt in den Titeln zweier, wenn inzwischen auch schon älterer Studien zum Ausdruck:

- „Mehr Mut zu weniger Beratung" (B. Conz 1976),
- „Mehr Erfolg durch Bedienung?", eine Studie, die im Titel zwar das Fragezeichen setzt, im Einzelnen aber viele Hinweise liefert, in welchen Bereichen sich Beratung auszahlt (H. v. Herder 1980). Diese Fragen gelten auch heute.

Zu den kostenwirksamen Folgen zählt insbesondere die Einrichtung eines für Vorwahl und Selbstbedienung geeigneten Verkaufsraumes und die Verwendung geeigneter Verpackungen. Dies zeigt, dass die Entscheidung über das Bedienungssystem gleichzeitig Entscheidungen über den Einsatz von Sachkapital einschließt. Selbstbedienung erfordert im Regelfall größere Präsentationsflächen und den Einsatz alternativer Beratungssysteme (z. B. geeignete Regalsysteme, eventuell Informationssysteme auf Videobasis, PoS-Radio, PoS-TV, interaktive Kiosk-Systeme; vgl. hierzu auch B. Swoboda 1996a und 1996b). Die Präsentationspolitik als Teil der Verkaufsraumgestaltung gewinnt an Bedeutung. Schwieriger als die Prognose der Kostenwirkungen ist zu beurteilen, wie die Verbraucher auf eine Einsparung von Personal reagieren werden.

Der radikale Wechsel des Bedienungssystems geht mit einem Wechsel der Betriebsform einher. Von daher handelt es sich um die Beurteilung verschiedener Betriebsformen, wobei es insbesondere darum geht, die Höhe des Teilnutzens zu erkennen, der von der Beratung ausgeht. Geht es dagegen „nur" um Entscheidungen über die Zahl der einzusetzenden Personen, handelt es sich um eine Entscheidung über den Servicegrad. Ob im Verkaufsbereich zu viel Personal eingesetzt ist, kann mit Hilfe von Ergebnissen aus dem Betriebsvergleich oder durch Beobachtung festgestellt werden. Abbildung 9.1 stellt die Personalkosten einzelner Betriebe ihren jeweiligen Umsätzen gegenüber. Es wird deutlich, dass einzelne Betriebe einen höheren Personaleinsatz als andere Betriebe realisieren. Das kann Analysen zu der Frage, ob der Personaleinsatz zu hoch ist, veranlassen. Solche Analysen werden durch Daten aus Betriebsvergleichen (Benchmarking) ermöglicht (vgl. hierzu Müller-Hagedorn, Toporowski und Zielke 2011, Kap. 30). Aus Abbildung 9.1 ist deutlich zu erkennen, dass einzelne Betriebe im jeweils oberen Teil über der Regressionsfunktion deutlich höhere Personalkosten haben als andere Betriebe mit dem gleichen Umsatz.

Aber auch Beobachtungen zur Personalauslastung vermitteln Hinweise auf Überkapazitäten. Daten, die von B. Conz (1976) in 11 verschiedenen Geschäften bzw. Abteilungen erhoben worden sind (im Drogerie-, Textil-, Rundfunk/Fernseh- und Möbeleinzelhandel), offenbarten, dass auf **Tätigkeiten mit Kundenkontakt**, die Kerntätigkeit geschulter Verkaufskräfte, in den Geschäften aller Branchen weniger als die Hälfte der Arbeitszeit entfällt; auf die **Zeit für Pausen und Reserve** entfallen 20–30 % der Arbeitszeit. Auch in den Spitzenzeiten der Kundenfrequenz entfallen höchstens 50 % der Arbeitszeit auf Tätigkeiten mit Kundenkontakt.

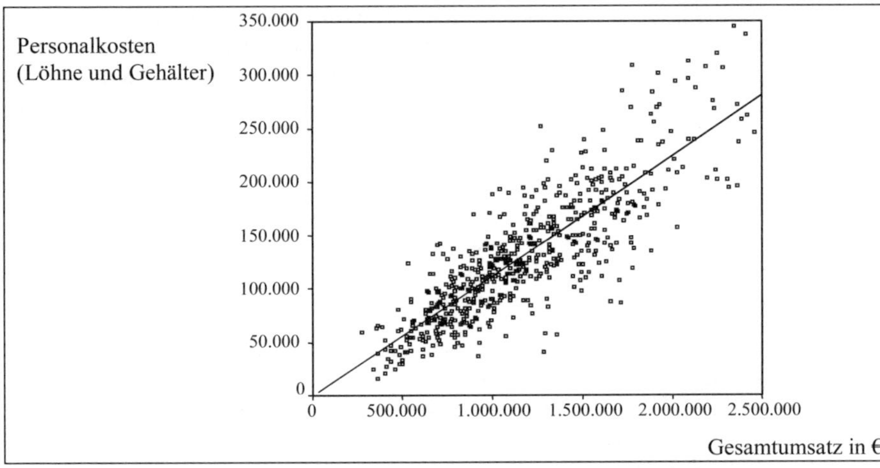

Abb. 9.1: Ergebnisse aus dem Betriebsvergleich zum Einsatz von Personal (Quelle: Institut für Handelsforschung an der Universität zu Köln)

Es ist relativ leicht festzustellen, ob in einem Betrieb nicht ausgelastete Personalkapazitäten vorgehalten werden. Schwieriger ist zu beurteilen, wie sich ein unterschiedlich hoher Servicegrad auswirkt. In vielen Betrieben ist der Einsatz von Verkaufspersonal in der Zwischenzeit stark reduziert worden. Das hat dazu geführt, dass sich Wartezeiten für Kunden ergeben können, wenn sie beraten werden wollen, dass die Verkaufsgespräche abgekürzt werden oder dass mehrere Kunden parallel bedient werden. Hierin sind Einschränkungen im Servicegrad zu sehen. Es stellt sich die Frage, ob sich eine eingehendere Beratung durch einen Einzelhandelsbetrieb auch in besseren ökonomischen Erfolgen (z. B. Umsatz, Deckungsbeitrag, Zahl der Käufer im Verhältnis zur Zahl der die Verkaufsstelle betretenden Kunden) niederschlägt. Das Problem wird im Folgenden zunächst mit Hilfe eines mikroökonomischen Modells strukturiert, dann wird auf die verhaltenswissenschaftliche Forschung verwiesen.

Strukturierung mit Hilfe eines mikroökonomischen Modells

Das Problem, einen sinnvollen Servicegrad festzustellen, lässt sich in eine Wirkungskette übersetzen: Je mehr Personal zur Verfügung steht, umso besser können die Kunden beraten werden, je besser sie beraten werden, desto größer die Wahrscheinlichkeit eines Kaufs, je mehr Käufer, umso höher der Deckungsbeitrag. Allerdings werden sich diese Beziehungen nach den individuellen Verhältnissen unterscheiden. Abbildung 9.2 erhebt keinen Anspruch auf generelle Zusammenhänge, sondern will das Problem vielmehr nur veranschaulichen.

So gibt es Betriebe, die mit relativ wenig Beratung eine hohe Käuferquote erzielen. Dies wird für Geschäfte in unterschiedlichen Branchen differieren, aber für jeden Betrieb sind Vorstellungen zu entwickeln, in welchem Verhältnis die in Abbildung 9.2 genannten Größen zueinander stehen. Es ist Anliegen des in Abbildung 9.3 dargestellten **Entscheidungsmodells zum Personaleinsatz im Verkaufsbereich,** solche Beziehungen miteinander zu verknüpfen.

Branche	Besucherfrequenz	Anzahl Käufer	Käufer mit Personalkontakt	Käufer mit Beratung
Drogerieabteilung	100	66	21	4
Drogerie	100	87	82	39
Textil	100	26	13	7
Rundfunk	100	50	45	27
Möbel	100	18	18	18

Abb. 9.2: Strukturzahlen (in % der Besucherfrequenz; Quelle: B. Conz 1976)

Ausgangspunkt ist die im zweiten Quadranten angegebene Größe „Einsatz von Personal". Sie gilt es zu optimieren. Dabei ist zu ermitteln, wie sich eine unterschiedlich hohe Ausstattung einer Abteilung oder einer Verkaufsstelle mit Personal auf den Umsatz auswirkt. Die Antwort erfolgt in mehreren Schritten. Zunächst ist dargestellt, wie viele Kunden mit einem unterschiedlich hohen Personaleinsatz beraten werden können bzw. wie groß die Zahl der Kunden ist, die nicht in der von ihnen erwarteten Zeit beraten werden können. Es wird gefragt, wie viele Kunden zusätzlich beraten werden, wenn der Personalbestand um eine Einheit erhöht wird. Um diese Wirkung darzustellen, wurde eine degressive Funktion gewählt, weil bei relativ geringem Personaleinsatz die Bedienungszeiten kürzer sind als bei hohem Personaleinsatz. Auch bei hohem Personaleinsatz wird es immer eine Reihe von Personen geben, die nicht bedient werden, teils weil sie sich ohne Beratung über das Angebot informieren wollen, teils weil sie sich selbst bedienen. Mit geringer werdendem Personaleinsatz nimmt die Zahl dieser Personen immer mehr zu. Zusammengefasst ergeben die beiden Kundengruppen die Zahl der Personen, die eine Verkaufseinheit (Abteilung bzw. Geschäft) betreten.

Im ersten Quadranten ist dargestellt, dass im Regelfall nicht alle Kunden, die eine Verkaufseinheit betreten, auch kaufen werden. In der Abbildung wird davon ausgegangen, dass mit steigender Zahl potenzieller Kunden auch die Zahl der Käufer steigt, wobei dies jedoch davon abhängt, ob diese Personen bedient worden sind (Linienzug a)) oder nicht (Linienzug b)). In der Abbildung ist der Anteil der Käufer bei den Personen, die beraten werden, größer als bei den Kunden, die nicht beraten werden. Das konkrete Verhältnis wird stark durch die Art der Warendarbietung und die Erklärungsbedürftigkeit der Ware bestimmt.

Im vierten Quadranten ist abgebildet, wie groß bei den beiden Käufergruppen die aus den Umsätzen resultierenden Deckungsbeiträge sein werden. In der Abbildung ist angenommen, dass Käufer, die sich beraten lassen, für eine größere Summe kaufen werden als Käufer, die ohne Beratung kaufen. Dahinter steht die Annahme, dass Güter, die in Beratung verkauft werden, im Durchschnitt höherpreisig sind oder dass das Beratungsgespräch zu Zusatzverkäufen führt.

Addiert man die Deckungsbeiträge aus beiden Kundengruppen, ergibt sich der Deckungsbeitrag, wie er im dritten Quadranten eingetragen ist. Aus dem Vergleich von Deckungsbeitrag und Kosten bei alternativ hohem Personaleinsatz lässt sich das **Optimum** bestimmen, das in Abbildung 9.3 besonders markiert ist.

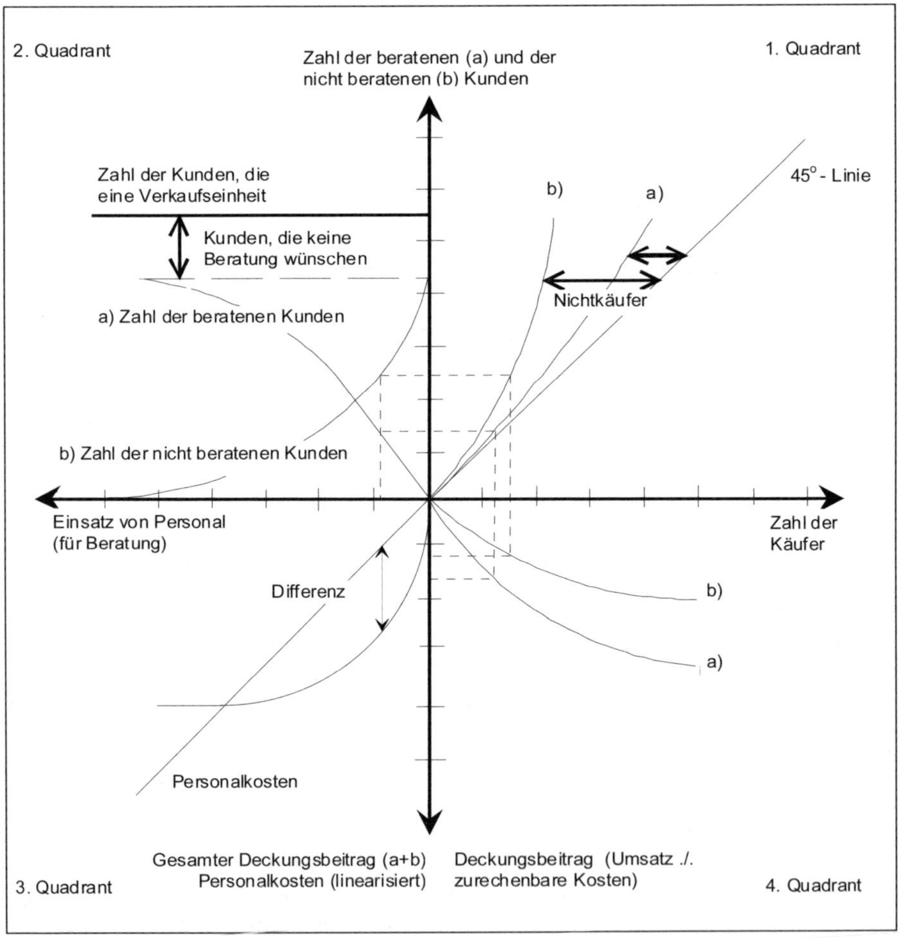

Abb. 9.3: Wirkungen eines unterschiedlich hohen Personaleinsatzes

Kern dieses Entscheidungsmodells ist die im dritten Quadranten aus den übrigen drei Quadranten abgeleitete Personalwirkfunktion, eine spezielle Absatzfunktion, die zeigt, wie sich Variationen in der Personalpolitik (hier Höhe des Personaleinsatzes) auf die

Zielgrößen der Unternehmung auswirken. In dem Modell werden die Kosten für den Personaleinsatz dem Umsatz der Verkaufsstelle nicht direkt gegenüber gestellt, sondern es wird eine Kette folgender **Wirkungen** dargestellt:

- Der Einsatz von Personal bestimmt den Umfang der personellen Beratungs- und Bedienungskapazität bzw.: Je mehr Personal eingesetzt wird, desto größer ist die Zahl der bedienten Kunden.
- Sowohl Kunden, die bedient werden, als auch Kunden, die nicht bedient werden, kaufen, jedoch zu unterschiedlichen Anteilen.
- Die Einkaufsbeträge der beiden Gruppen unterscheiden sich.

Das Modell macht deutlich, wie Entscheidungen über das Ausmaß des Personaleinsatzes im Verkaufsbereich Überlegungen erfordern, wie sich dieser Einsatz auf die Bedienung der Kunden und auf deren Kaufverhalten auswirkt. Im Einzelnen ist es durch folgende **Annahmen** gekennzeichnet:

- Der Personaleinsatz wird als eine zu optimierende Größe gesehen; Ziel ist die Maximierung des Gewinns.
- Es wird berücksichtigt, dass es Kunden geben kann, die grundsätzlich keinen Kontakt mit einem Verkäufer wünschen.
- Beratung kann die Wahrscheinlichkeit, dass es zu einem Kauf kommt, erhöhen.

Insofern wird die Problemstellung strukturiert; der Versuch, die genannten Beziehungen zu quantifizieren, wirft jedoch eine Reihe von **Problemen** auf:

- Lassen sich eindeutige Beziehungen der dargestellten Art ermitteln, oder streuen die Werte so stark, dass kein Zusammenhang zwischen den Variablen hergestellt werden kann?
- In dem Modell ist nicht erfasst, dass die Beratung von unterschiedlicher Qualität sein kann (verkürzte Beratungszeiten bei starkem Kundenandrang).
- Das Modell ist nur für eine Zeiteinheit formuliert, die Personalplanung muss sich jedoch über mehrere Perioden, für die jeweils andere Bedingungen gelten, erstrecken.

Verhaltenswissenschaftliche Untersuchungen

Die für eine Optimierung benötigten Funktionsverläufe können mit Hilfe von **Querschnitts- oder Zeitreihenanalysen** ermittelt werden, ersatzweise mit Hilfe von **Plausibilitätsüberlegungen**. Letzteres schlägt die Brücke zu Ansätzen aus der Konsumentenverhaltenstheorie, mit denen erklärt werden soll, inwieweit Kunden vorhandenes Personal in Anspruch nehmen möchten oder inwieweit sie auch ohne Bedienung zu kaufen bereit sind (z. B. weil sie wissen, welche Marke sie kaufen wollen, weil sie das Risiko eines Fehlkaufs bei einem Kauf ohne Beratung als gering ansehen, weil sie sich von dem Gespräch mit dem Verkäufer wenig erhoffen). Die Verhaltenstheorie versucht den Stellenwert der persönlichen Beratung im Kaufentscheidungsprozess über Hypothesen darzustellen, die die Wahrnehmung und Beurteilung der Interaktion mit dem Verkaufspersonal mit ökonomischen Größen verknüpfen. So werden in dem Modell von Reynolds und Beatty (1999) u. a. folgende **Hypothesen** getestet:

Je positiver die sozialen und funktionalen Vorteile aus dem Umgang mit Verkaufspersonal wahrgenommen werden, desto größer ist die Zufriedenheit mit der betreffenden Verkaufsperson.

Zufriedenheit mit einer Verkaufsperson geht mit Zufriedenheit mit der Unternehmung einher.

Die Zufriedenheit mit einer Verkaufsperson ist positiv mit der Loyalität zu dieser Verkaufsperson wie auch der Treue zum Unternehmen (Share of Purchases) assoziiert.

Loyalität mit einer Verkaufsperson geht mit Loyalität zur Unternehmung einher.

Mit den Hypothesen soll der Beitrag des Verkaufspersonals zur Kundentreue theoretisch begründet und empirisch nachgewiesen werden. Dies macht auch Abbildung 9.4 deutlich, die außerdem die Stärke der Beziehungen zwischen den einzelnen Größen ausweist.

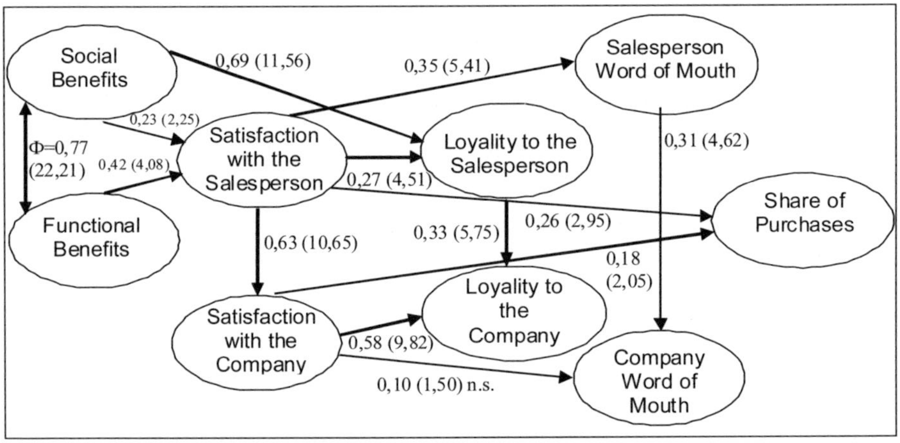

Abb. 9.4: Empirische Ergebnisse zum Beitrag des Verkaufspersonals zur Kundentreue (Quelle: K. E. Reynolds und S. E. Beatty 1999, S. 22)

Mit dem Modell wurde ermittelt, dass die Zufriedenheit des Kunden mit dem Verkaufspersonal unmittelbar und mittelbar (über die Zufriedenheit mit dem Geschäft) das Ausmaß der Ausgaben in dem betreffenden Geschäft bestimmt. Außerdem wird die Geschäftstreue positiv beeinflusst. Aktionsparameter der betrieblichen Personalpolitik sind in diesem Modell allerdings nicht enthalten.

Auf verhaltenswissenschaftliche Modelle wird in Abschnitt 9.4 noch vertiefend eingegangen.

9.3 Die Personaleinsatzplanung im Verkaufsbereich

Wenn festgelegt ist, mit welcher Personalintensität grundsätzlich im Verkaufsbereich gearbeitet werden soll (z. B. über Vorgaben für die Größe „Personalkosten in Prozent vom Umsatz") und somit der Personalbedarf ermittelt ist, müssen konkrete Personaleinsatzpläne erstellt werden. Bei einer Personaleinsatzplanung (PEP), d. h. wie die einzelnen Mitarbeiter im Zeitablauf eingesetzt werden sollten, lassen sich folgende Elemente unterscheiden:

1. die Aktionsparameter der Personaleinsatzplanung,
2. die Umweltvariablen einer Personaleinsatzplanung,
3. die Ziele einer Personaleinsatzplanung und
4. die Verfahren zum Aufstellen eines Personaleinsatzplanes.

Im Handelsunternehmen ist die Planung des Personaleinsatzes im Vergleich zum Industriebetrieb durch zwei Tatbestände erschwert:

1. Ein Teil der von einem Handelsunternehmen zu erstellenden Leistungen lässt sich **nicht lagern**, so dass Nachfrageschwankungen nicht durch Läger aufgefangen werden können; dies gilt für das Bedienungspersonal. Personalleistungen können im Handelsbetrieb nur teilweise gelagert werden, z. B. wenn für Warenvorräte im Verkaufsbereich so viel Raum zur Verfügung gestellt werden kann, dass ein Nachsortieren oder ein Zurückgreifen auf ein Reservelager auch in Spitzenzeiten entfällt oder wenn durch eine besondere Warendarbietung dem Käufer eine Vorwahl ermöglicht wird. Hier wird sichtbar, dass in einer langfristigen Planung Substitutionsbeziehungen zwischen Personal und anderen Faktoren erwogen werden müssen.
2. Während sich in der industriellen Fertigung der benötigte Faktoreinsatz bei den direkten Faktoren häufig über Rezepturen und bei den Potenzialfaktoren über Verbrauchsfunktionen, die technisch feststellbar sind, ermitteln lässt, steht der Personalplaner im Verkaufsbereich vor besonderen Schwierigkeiten, wenn er die Höhe von **Produktionskoeffizienten** angeben soll (hier also: Personaleinsatz/Output-Einheit). Dies hat seine Ursache auch darin, dass der Einfluss einzelner Umweltvariablen schwieriger als im Industriebetrieb zu quantifizieren ist (z. B. Erwartungen der Nachfrager).

9.3.1 Die Aktionsparameter der Personaleinsatzplanung

Allgemein besteht die Aufgabe einer **Personaleinsatzplanung** darin festzulegen, welche Personen in einzelnen Zeitabschnitten tätig sein sollen. Im Einzelnen geht es um die folgenden Aspekte:

1. Entscheidungen über die Höhe des Personalbestandes und damit über die Zahl der einzustellenden bzw. zu entlassenden Personen. Dies können Vollzeitbeschäftigte,

Teilzeitbeschäftigte und Aushilfen sein. Teilzeitbeschäftigte werden seit einiger Zeit in großem Umfang im Handel beschäftigt. Oft liegt ihre Beschäftigungsdauer zwischen 60 und 100 Stunden im Monat, bei Aushilfen liegt sie zwischen 25 und 60 Stunden. Teilzeitkräfte werden auf Dauer, aber mit kürzerer Tages- bzw. Wochenarbeitszeit als Vollbeschäftigte eingesetzt. Aushilfen werden nur vorübergehend beschäftigt, in der Regel mit der gleichen Tages- bzw. Wochenarbeitszeit wie Vollzeitbeschäftigte. Die Leistung von Teilzeitkräften wird im Vergleich zu der von Vollbeschäftigten höher eingeschätzt, die Krankheitsquote und die Fluktuationsrate niedriger.
2. Entscheidungen über den Einsatzort (Abteilung) der Personen. Damit wird darauf hingewiesen, dass Personen unter Umständen in mehreren Abteilungen eingesetzt werden können.
3. Entscheidungen über den täglichen Arbeitsbeginn und das Arbeitsende der beschäftigten Personen.
4. Entscheidungen über den Zeitpunkt des Pausenbeginns (generelle oder fallweise Festlegung der Pausen innerhalb des gesetzlichen Rahmens).
5. Entscheidungen über den Zeitpunkt des Urlaubs (Jahresurlaub, Sonderurlaube, z. B. für Jugendliche, Schwerbeschädigte, Mitarbeiter, die unter vom Gewerbeaufsichtsamt anerkannt schwierigen Bedingungen arbeiten).
6. Entscheidungen, in welchem Zeitraum bestimmte Tätigkeiten auszuführen sind. Dabei ist festzulegen, ob sich die Verkaufskräfte zu bestimmten Zeiten nur der reinen Verkaufstätigkeit widmen bzw. ob sie Nebentätigkeiten nur zu bestimmten Zeiten ausführen sollen.
7. Entscheidungen über den Umfang der von Verkaufskräften auszuführenden Arbeiten. Es geht hierbei darum zu entscheiden, ob bestimmte Tätigkeiten (z. B. Auffüllen von Ware, Preisauszeichnung, innerbetrieblicher Warentransport) von speziellen Kräften ausgeführt werden sollen.

Die verschiedenen Aktionsparameter werden häufig zu bestimmten **Arbeitszeitmodellen** zusammengefasst:

- Bei **Gleitzeitmodellen** können die Mitarbeiter Anfang und Ende ihrer Arbeitszeit in bestimmten Grenzen frei wählen, ausgenommen sind die Kernarbeitszeiten.
- Nach dem **Baukastensystem** können die Arbeitnehmer bestimmte zeitliche Module „buchen“.
- Bei **rollierenden Systemen** teilen sich mehrere Arbeitnehmer verschiedene Arbeitsplätze, z. B. 6 Mitarbeiter für fünf Arbeitsplätze, so dass an jedem von 6 Ladenöffnungstagen ein Mitarbeiter freigestellt werden kann. Der freie Tag „rolliert“.
- Bei **Arbeitszeitkonten** können sehr flexible Lösungen zur Verwendung von angefallenen Überstunden vorgesehen werden (E. Mente 1998; R. Füeg 1997).
- Bei der **KAPOVAZ** (kapazitätsorientierte variable Arbeitszeit) wird bei unbefristeten Arbeitsverhältnissen dem Arbeitgeber das Recht eingeräumt, Lage und Dauer der wöchentlichen, monatlichen oder jährlichen Arbeitszeit an den Personalbedarf anzupassen.

Nach einer Untersuchung der BBE-Unternehmensberatung (Hrsg., 1980) sehen die meisten Betriebe ein Verhältnis von 2:1 für Vollzeitbeschäftigte zu Teilzeitkräften als die optimale Mischung an. Solche beschreibenden Erhebungen informieren zwar über

Gegebenheiten und Ansichten der Praxis, können aber schnell überholt sein, lassen es als fraglich erscheinen, inwieweit beobachtete Verhältnisse auf einen einzelnen Betrieb übertragbar sind und sie erscheinen oft nur in geringem Maße in der Lage, Beziehungen zwischen einzelnen Größen aufzudecken (z. B. zwischen Erfolg eines Unternehmens und Personalstruktur). Im Folgenden geht es darum, in allgemeiner Form darzustellen, mit welchen Verfahren eine Personaleinsatzplanung erstellt werden kann.

Bei der Personaleinsatzplanung sind die Betriebe in ihrem Handeln durch eine Vielzahl von rechtlichen Vorschriften eingeengt. Dazu zählen das Arbeitszeitgesetz, in dem sich u. a. in § 4 Regelungen zur Pausengestaltung finden, das Gesetz über Teilzeitarbeit und befristete Arbeitsverhältnisse, in dem Regelungen zur „Arbeit auf Abruf", die auch als kapazitätsorientierte variable Arbeitszeit – KAPOVAZ – bezeichnet wird, enthalten sind, sowie Tarifverträge, Betriebsvereinbarungen und der Einzelarbeitsvertrag (vgl. E. Richter 1999).

9.3.2 Umweltvariablen und Ziele einer Personaleinsatzplanung

Eine Personaleinsatzplanung im Verkaufsbereich ist nicht nur deshalb schwierig, weil die Ladenöffnungszeiten weit von den Arbeitszeiten einzelner Mitarbeiter abweichen, sondern insbesondere auch deshalb, weil der **Umfang des zu bewältigenden Arbeitsanfalls** Schwankungen unterworfen und nicht mit Sicherheit vorhersagbar ist. Die Schwankungen lassen sich auf verschiedene Umstände zurückführen:

- Die Zahl der Kunden schwankt, und zwar von Monat zu Monat, von Tag zu Tag und von Stunde zu Stunde,
- Nachfrager betreten die Verkaufsräume in unregelmäßigen Abständen.
- das Personal wird nicht von allen Personen im gleichen Ausmaß in Anspruch genommen,
- es muss prognostiziert werden, inwieweit Kunden bereit sind zu warten.

Abbildung 9.5 verdeutlicht das für den Handel typische Problem der Schwankungen des Umsatzes und der Kundenzahl im Tagesablauf.

Angaben zur **Kundenfrequenz** gehören zu den Grundlagen jeder Personaleinsatzplanung. Sie werden deshalb in vielen Betrieben gesammelt und als Basis für die auf die Zukunft ausgerichtete Planung verwendet. Empirische Erhebungen zeigen, dass zwischen Umsatz und Kundenzustrom hohe Korrelationen bestehen. Somit können die in der Praxis meist als Prognosegrößen verwandten Umsatzzahlen als Basis der Personalplanung dienen.

Ein Tatbestand, der die Personaleinsatzplanung besonders erschwert, ist darin zu sehen, dass schwer abzuschätzen ist, wie Kunden reagieren, wenn sie **Wartezeiten** in Kauf nehmen müssen. Würden alle Kunden so lange warten, bis Bedienungspersonal frei ist, bestünde für das Unternehmen kein Problem zu entscheiden, inwieweit die Personalkapazitäten einem Spitzenbedarf angepasst werden sollen. Es bräuchte lediglich ermittelt zu werden, wie groß der Arbeitsanfall auf Grund zuströmender Kunden insgesamt ist und welcher Personaleinsatz zu dessen Bewältigung notwendig ist. Es ist jedoch zu vermuten, dass Kunden, die die Abteilung betreten haben, diese wieder verlassen, wenn sie zu lange auf Bedienung warten müssen. Wichtige Fragen lauten: Woran messen Kunden den Servicegrad? Wie reagieren Kunden auf ein bestimmtes Serviceniveau? Inwieweit ist Service mit anderen Leistungen substituierbar? Einige Unternehmen messen explizit die Zufriedenheit des Kunden mit dem Ablauf des Verkaufsgesprächs, wozu auch die Wartezeit gezählt werden kann. So werden einzelne Sachverhalte (wie z. B. das Engagement des Verkäufers, seine Freundlichkeit, seine Kompetenz) zu seiner Gesamtzufriedenheit in Beziehung gesetzt, diese wiederum zu der Absicht, auch in Zukunft Einkäufe in diesem Geschäft tätigen zu wollen und zur Höhe des Umsatzes (M. Schuckel und C. Hußmann 2000).

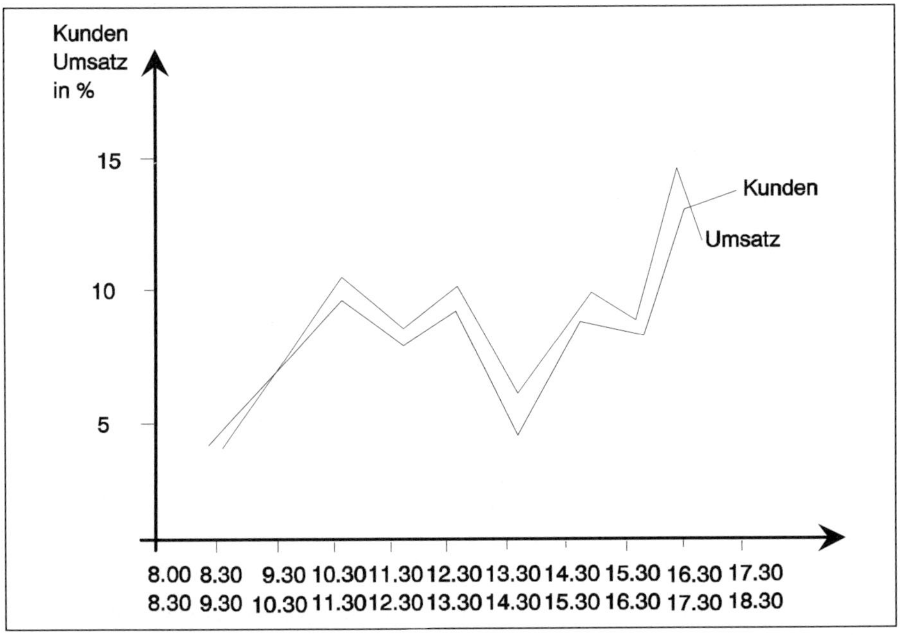

Abb. 9.5: Typische Schwankungen bei den stündlichen Umsatz- und Kundenfrequenzen in einer Schreibwarenabteilung (Quelle: BAG, 1972, S. 19)

Die Personaleinsatzplanung wird in erster Linie darauf zielen, bei einem bestimmten Serviceniveau die Kosten für den Personaleinsatz zu minimieren. Bei der Bedeutung, die den Personalkosten im Handel zukommt, wird es im Regelfall nicht tragbar sein, über größere Zeiträume hinweg Personal einzuplanen, das nicht im Kundenkontakt oder in der Arbeit mit der Ware eingesetzt werden kann. Die Unternehmen, denen es nicht gelingt, den Personaleinsatz am Kundenstrom auszurichten, wird ein Wettbewerbsnachteil zugeschrieben.

Von besonderer Bedeutung für die Personaleinsatzplanung sind aber auch die Präferenzen der Arbeitnehmer für einzelne Regelungen (Arbeitsbeginn, Zeitdauer, Abrufbarkeit usw.), weil Mitarbeiterzufriedenheit wiederum als wichtiger Bestimmungsfaktor für das Erreichen von Kundenzufriedenheit gesehen wird (C. Homburg und R. Stock 2001).

9.3.3 Verfahren der Personaleinsatzplanung

In der Praxis kommen bei der Personaleinsatzplanung **zwei Verfahren** zum Einsatz (vgl. BAG, Hrsg., 1972, S. 10–13):

1. Personaleinsatzplanung **auf Grund von Globalkennziffern:** Durch einen Vergleich von vergangenen Umsätzen und eingesetztem Personal ergibt sich eine Kennziffer „Umsatz je Personalstunde“ (Pro-Kopf-Leistung), die nach erfolgter Umsatzprognose zur Personalbemessung herangezogen wird. Werden Ausfallzeiten (z. B. Krankheit, Schulung usw.) eliminiert, wird von der Netto-pro-Kopf-Leistung gesprochen.
2. Personaleinsatzplanung **auf Grund von Werten, die in Arbeitsstudien gemessen wurden**, insbesondere mit Hilfe des Multi-Moment-Verfahrens. Bei einem Multi-Moment-Verfahren werden Personen zu zufälligen Zeitpunkten beobachtet, und es wird festgehalten, welche Tätigkeit sie im Moment der Beobachtung ausführen. Aus der so gewonnenen Stichprobe wird auf den Anteil der einzelnen Tätigkeit an der gesamten Arbeitszeit hochgerechnet (zu Einzelheiten vgl. L. Müller-Hagedorn, W. Toporowski und S. Zielke, 2011, Kap. 25).

In Abbildung 9.6 finden sich Angaben aus einer Beobachtung, bei der ermittelt wurde, welche Bedienzeiten beim Verkauf von Schuhen in Fachgeschäften anfallen (vgl. L. Müller-Hagedorn, A. Kaapke und H. Eisenmann 1997). Die Angaben können dazu verwendet werden, Kosten und Deckungsbeiträge einzelner Artikelgruppen zu ermitteln.

	Damen	Herren	Kinder
Bis 26 € (50 DM)	9,27 min	7,46 min	10,9 min
Über 26 € bis 61 € (über 50 bis 120 DM)	14,86 min	12,34 min	16,56 min
Über 61 € (120 DM)	21,18 min	19,12 min	k. A.

Abb. 9.6: Bedienzeiten in einem Fachgeschäft für Schuhe

In der Theorie werden darüber hinaus mathematische Modelle zur Personaleinsatzplanung diskutiert. Ein Mittel, der Personalkostenbelastung entgegenzuwirken, besteht darin, den Personaleinsatz den Schwankungen des Kundenstromes anzupassen. Solche Modelle sind vorwiegend darauf ausgerichtet, bei Einhaltung eines vorgegebenen Serviceniveaus die Kosten zu minimieren; insofern handelt es sich nicht um Marketingmodelle im engeren Sinne. Die Kostenersparnis lässt sich über den Einsatz von Teilzeitkräften, mit einem günstigen Pausenplan oder gestaffelten Anfangszeiten ermöglichen (vgl. H. Kossbiel 1992; J. Weber 1997; K. Haase 1999). Es existieren auch zahlreiche Softwarelösungen verschiedener Anbieter. Gegenüber den theoretischen Modellen tritt bei ihnen der Optimierungsanspruch der Softwarelösungen zurück (vgl. zu Anbietern und wesentlichen Funktionen der Programme W. Brecht 1999a, 1999b; Handelsblatt Fachverlag, Hrsg., k@sse plus, o. J.; o. V., Software zur Personaleinsatzplanung, 1998).

9.4 Die Steuerung des Verkaufsgesprächs

Wenn sich eine Handelsunternehmung entschieden hat, mit Hilfe von Verkaufspersonal Beratungsdienstleistungen zu erbringen, dann muss sie auch den sinnvollen Einsatz anstreben. Anders ausgedrückt: Die **Qualität des Verkaufsgesprächs** ist sicher zu stellen. Diese kann eine Unternehmung auf verschiedene Weise beeinflussen:

- Durch die Auswahl der Personen, die im Verkauf eingesetzt werden,
- durch die Schulung des Verkaufspersonals,
- durch ein Anreizlohnsystem oder andere Mittel der Motivation,
- durch den Führungsstil bzw. die Unternehmenskultur und
- durch Kontrollen.

Da Beratung eine Dienstleistung darstellt, können die zentralen Dienstleistungsdimensionen heran gezogen werden, um die Verkaufssituation zu analysieren und zu optimieren. Danach müssen geeignete Ressourcen bereit gestellt werden, der Prozess der Dienstleistungsproduktion muss optimiert werden, und es müssen geeignete Ziel- bzw. Ergebnisgrößen ausgewählt werden.

Ältere Untersuchungen zur Optimierung des Verkaufsgesprächs richteten ihre Aufmerksamkeit vor allem auf **Eigenschaften des Verkäufers**, z. B. sein Alter, sein Erscheinungsbild, seine Aggressivität, seinen Optimismus oder seine Redegewandtheit. Einen Überblick über ältere Untersuchungen bis 1972 liefert ein Artikel von H. L. Davis und A. J. Silk (1972). In diesen Problembereich gehört auch die Auswahl folgender Schriften: die sowohl theoretisch als auch empirisch interessante Arbeit von R. Schoch (1969), R. Olshavsky (1973), A. G. Woodside und W. J. Davenport (1974), M. P. Holbrook und J. O'Shaugnessy (1976), N. Capon und R. Hulber (1976), P. H. Reingen und A. G. Woodside (Hrsg., 1981) sowie A. Bänsch (1998).

In der Folge wurde nicht nur auf das passende Verhältnis von Verkäufer zu Käufer geachtet, sondern es wurde der **Prozess der Beratung** zwischen Verkäufer und Käufer beachtet, ebenso wie die Frage, welche Faktoren das Verhalten dieser beiden Personen steuern (ein Überblick über neuere Literatur ist der Dissertation von P. Schuchert-Güler 2001, und dem Beitrag von A. Haas 2005 zu entnehmen).

Knappe Hinweise darauf, wie dieser Verhaltensprozess analysiert werden kann, enthält Abbildung 9.7. In der mittleren Spalte werden einzelne Phasen unterschieden, die beim Zusammenwirken von Verkäufer und Käufer unterschieden werden können, wobei sich eine Vorkauf-Phase, eine Kauf-Phase und eine Nach-Kauf-Phase unterscheiden lässt (in Anlehnung an das käuferverhaltenstheoretische Modell von J. Engel, R. Blackwell und P. W. Miniard 2001). Im rechten Teil der Abbildung sind einzelne Fragen aufgeführt, die dazu dienen, verschiedene Aspekte des Verhaltens von Konsumenten bei der Inanspruchnahme von Verkaufspersonal aufzudecken. So wird z. B. gefragt, wann ein Kunde den Kontakt zu einem Verkäufer sucht bzw. wann er andere Informationsquellen bevorzugt (vgl. hierzu den von H. Raffée und G. Silberer 1981 hrsg. Reader sowie H. Meffert 1979). Es sind weiterhin einige mögliche Faktoren aufgeführt, die das Verhalten des Konsumenten bestimmen können, z. B. seine Meinung darüber, welchen Nutzen ihm ein Gespräch mit einem Verkäufer bringt oder welche Bindung er damit eingeht (vgl. hierzu H. P. Hummel 1975, insbes. 4. Kapitel).

<table>
<tr><td colspan="2">Verkäufer</td><td rowspan="2">Phasen der Interaktion zwischen Verkäufer und Käufer</td><td colspan="2">Käufer</td></tr>
<tr><td>Bestimmungsfaktoren für das Verhalten des Verkäufers in einzelnen Phasen (Beispiele)</td><td>Mögliche Aktivitäten des Verkäufers</td><td>Fragestellung zum Verhalten des Käufers</td><td>Bestimmungsfaktoren für das Verhalten des Käufers in einzelnen Phasen (Beispiele)</td></tr>
<tr><td rowspan="5">Individualpsychologische Faktoren:
• Neigung zur Kommunikation
• Motivation
• Wahrnehmung des Kunden
• Kenntnisse
• Verkaufs- oder Kunden-orientierung

Einflüsse aus der Umgebung:
• Arbeitsbelastung
• Aufgabenzuweisung nach Organisationsplan
• Ziele der Organisation</td><td>Gegebenenfalls Ansprache des Kunden, Begrüßung</td><td>Kontakt</td><td>Wann sucht ein Konsument den Kontakt zum Verkaufspersonal?</td><td rowspan="5">Individualpsychologische Faktoren:
• Einstellung gegenüber der personalen Beratung
• Wahrnehmung des Verkäufers (z. B. dessen Glaubwürdigkeit)
• Bedeutung, die dem Kauf zugerechnet wird
• empfundenes Risiko

Einflüsse aus der persönlichen und sachlichen Umwelt:
• Einflussnahme von Familienangehörigen
• Verfügbarkeit von finanziellen Mitteln</td></tr>
<tr><td>Fragen zur Klärung der Bedürfnislage</td><td>Bedürfnisermittlung</td><td>Wie konkret ist der Kaufwunsch bereits ausgeformt? (Der Kunde hat z. B. die Warengruppe, die Produktgruppe, den Artikel festgelegt)</td></tr>
<tr><td>Darstellung einzelner Merkmale</td><td>Beurteilung einzelner Güter</td><td>Wie bildet sich der Kunde ein Urteil über alternative Artikel?</td></tr>
<tr><td>Anregung und Abwicklung des Kaufs und u. U. Angebot von Zusatzartikeln</td><td>Kauf</td><td>Unter welchen Umständen entschließt sich der Kunde zum Kauf?</td></tr>
<tr><td>Bestätigung der Vorteilhaftigkeit des Kaufs, Hinweise auf künftige Kontakte</td><td>Nach-Kauf-Phase</td><td>Wie beurteilt der Kunde den getätigten Kauf?</td></tr>
</table>

Abb. 9.7: Bestimmungsfaktoren für das Verhalten von Verkäufern und Käufern in einzelnen Phasen ihrer Interaktion

Es ist jedoch nicht nur das Verhalten des Kunden, sondern auch das des Verkäufers zu untersuchen. Die Abbildung 9.7 verdeutlicht im linken Teil, welche Aktivitäten der Verkäufer im Verkaufsgespräch erbringen kann.

Das dritte wichtige Element bei der Optimierung des Verkaufsgesprächs sind die zu erreichenden Ziele. Neben den von einem Verkäufer erreichten Umsatz bzw. Rohertrag, sind dies die Zufriedenheit des Käufers mit dem Verkäufer und dem Geschäft, die Intensität der Kundenbindung und die Weiterempfehlungsabsicht.

Theorien zum Erfolg der Beratung von Kunden durch Verkaufspersonal formulieren Hypothesen, in denen unterschiedliche Erfolgsgrößen als abhängig von unterschiedlichen Bestimmungsfaktoren gesehen werden. Das sei an einigen Beispielen verdeutlicht. Als Beispiele für eine Hypothese, bei der auf Eigenschaften des Verkäufers Bezug genommen wird:

Je mehr sich Verkäufer und Käufer ähneln, desto eher kommt es zu einem Kauf.

Evans testete diese Hypothese bei Agenten von Lebensversicherungsgesellschaften (F. B. Evans 1963). Als Beispiel für eine Hypothese, die auf das Verhalten des Verkäufers abstellt:

Bevor auf den Preis für ein Produkt eingegangen wird, hat der Verkäufer die Vorteile des Produktes zu demonstrieren und sich beim Käufer rückzuversichern, dass diesem das Produkt zusagt. Eine solche Vorgehensweise führt häufig zu Kaufabschlüssen.

Als Beispiel für eine Hypothese, bei der auf die individuelle Situation des Kunden abgestellt wird:

Verkaufsgespräche können häufig mit einem Kauf abgeschlossen werden, wenn der Verkäufer nach der Begrüßung des Kunden zunächst die Bedürfnisse des Kunden ermittelt.

Als Beispiel für eine Hypothese, mit der auf die strukturelle Ähnlichkeit auf Käufer- und Verkäuferseite abgestellt wird:

Junge Käufer werden lieber von jungen Verkäufern bedient.

Als Beispiel für eine Hypothese, mit der auf die organisatorischen und personellen Voraussetzungen abgestellt wird:

Je höher die Mitarbeiterzufriedenheit, desto höher ist auch die Kundenzufriedenheit (vgl. z. B. J. Zentes, Hrsg., 1997; T. Schwetje 1999; H. Meffert und T. Schwetje 2000; C. Homburg und R. Stock 2001).

In der Transaktionsanalyse wird schließlich das Verhalten beider aufeinander bezogen (zur Anwendung der Transaktionsanalyse auf den persönlichen Verkauf vgl. U. Hansen und H. S. Schulze 1990).

Die Ausführungen machen deutlich, dass eine erfolgreiche Beratung, also ein Verkaufsgespräch, das einerseits den Kunden zufriedenstellt und das andererseits mit ökonomischem Erfolg einhergeht, von zahlreichen Bestimmungsfaktoren (Erfolgsfaktoren) abhängt. Sie hat Schuckel in einem übersichtlichen Modell zusammengeführt (M. Schuckel 1999a und 1999b). Das Modell ist in Abbildung 9.8 dargestellt.

Ein integrierendes Modell: Beratung als Dienstleistungsprozess

Das Modell rückt die Qualität der Bedienung in den Mittelpunkt. In Abbildung 9.8 wird das Verkaufsgespräch als Interaktion von Verkäufer (Verkaufspersonal) und Kunde dargestellt. In Übereinstimmung mit der Diskussion um die Qualität von Dienstleistungen werden drei Dimensionen der **Bedienungsqualität** unterschieden:

- Die **Potenzialqualität** stellt darauf ab, welche Kenntnisse und Fähigkeiten Verkäufer und Käufer in das Verkaufsgespräch einbringen, darüber hinaus aber auch die räumliche und technische Ausstattung.
- Die **Prozessqualität** stellt auf die Interaktion zwischen Verkäufer und Käufer ab, also auf die wechselseitige Beziehung mindestens zweier Personen. Sie erfasst die Güte des Leitungserstellungsprozesses, also das „Wie“ einer Leistung.

- Die Bedienungsqualität kann auch als das Ergebnis des Bedienungsprozesses gesehen werden (**Ergebnisqualität**). Sie stellt ein Urteil über das „Was“ einer Leistung dar.

Die drei Komponenten der Bedienungsqualität sind untereinander verknüpft: Die Potenzialqualität beeinflusst die Prozessqualität, welche wiederum die Ergebnisqualität bestimmt. Die Potenzialqualität des Verkäufers hängt von der Fachkompetenz und von der Sozialkompetenz ab, die beim Verkäufer als die Fähigkeit verstanden wird, sich den Bedürfnissen und Erwartungen des Kunden anpassen zu können. Der Kunde reagiert auf die Verhaltensweisen des Personals und beeinflusst somit Verlauf und Ergebnis der Bedienungsqualität.

Das Modell ist – abgesehen von den drei Qualitätsdimensionen – durch weitere Variablengruppen gekennzeichnet, und zwar

- die Erwartungen der Kunden,
- die Bereitschaft der Kunden für eine qualifizierte Beratung mehr zu bezahlen,
- Kennzeichen der Situation.

Die Ergebnisqualität ergibt sich aus dem Vergleich von Erwartungen und den aktuellen Wahrnehmungen. Die Erwartungen des Kunden werden als zentrale Schlüsselgrößen angesehen; entsprechend dem Kano-Modell werden Basisanforderungen, Leistungsanforderungen und Begeisterungsanforderungen unterschieden. Inwieweit die Ist-Leistung des Bedienungspersonals bzw. die vom Kunden wahrgenommene Leistung den Erwartungen entspricht, hängt davon ab,

- inwieweit das Verkaufspersonal die Erwartungen des Kunden korrekt wahrnimmt (Gap 1),
- inwieweit das Verkaufspersonal diesen Erwartungen entsprechend Verhaltenspläne entwirft (Gap 2),
- inwieweit es dem Verkaufspersonal gelingt, die Verhaltensabsichten in das erforderliche Verhalten umzusetzen (Gap 3).

Steht das Verhalten nicht im Einklang mit dem Einsatz der übrigen absatzpolitischen Instrumente, kann sich auch diese Abweichung (Gap 4) negativ auf die vom Kunden wahrgenommene Bedienungsleistung auswirken.

Der Bedienungsprozess ist auch von **situativen Faktoren** abhängig. Als Kaufsituation wird die Gesamtheit der räumlich-zeitlichen äußeren Bedingungen bezeichnet, die sich mittelbar durch die außermenschliche (sachliche) und das allgemeine soziale Beziehungsgefüge, unmittelbar durch die an den Handelnden gerichteten Verhaltenserwartungen der Handlungspartner ergeben. Schuckel hebt insbesondere Merkmale der Ware hervor, die das vom Kunden empfundene **Kaufrisiko** und die Möglichkeiten der Qualitätsbeurteilung beeinflussen. Das vom Kunden wahrgenommene Risiko bestimmt mit der Bedeutung des Kaufs für den Kunden das **Involvement** bzw. das Ausmaß der kognitiven Steuerung des Kaufentscheidungsprozesses. Als Beispiel für Güter mit einem hohen Ausmaß an kognitiver Steuerung führt er PKW, Fotoartikel und Computer sowie Rundfunk- und Fernsehgeräte an, als Güter mit geringer kognitiver Steuerung Lebensmittel und Bücher bzw. Zeitschriften. Die kognitive Steuerung wirkt sich auf den Beratungsbedarf des Kunden aus. Daneben beeinflussen die Präferenzstrukturen des Kunden die Bedeutung der Beratung.

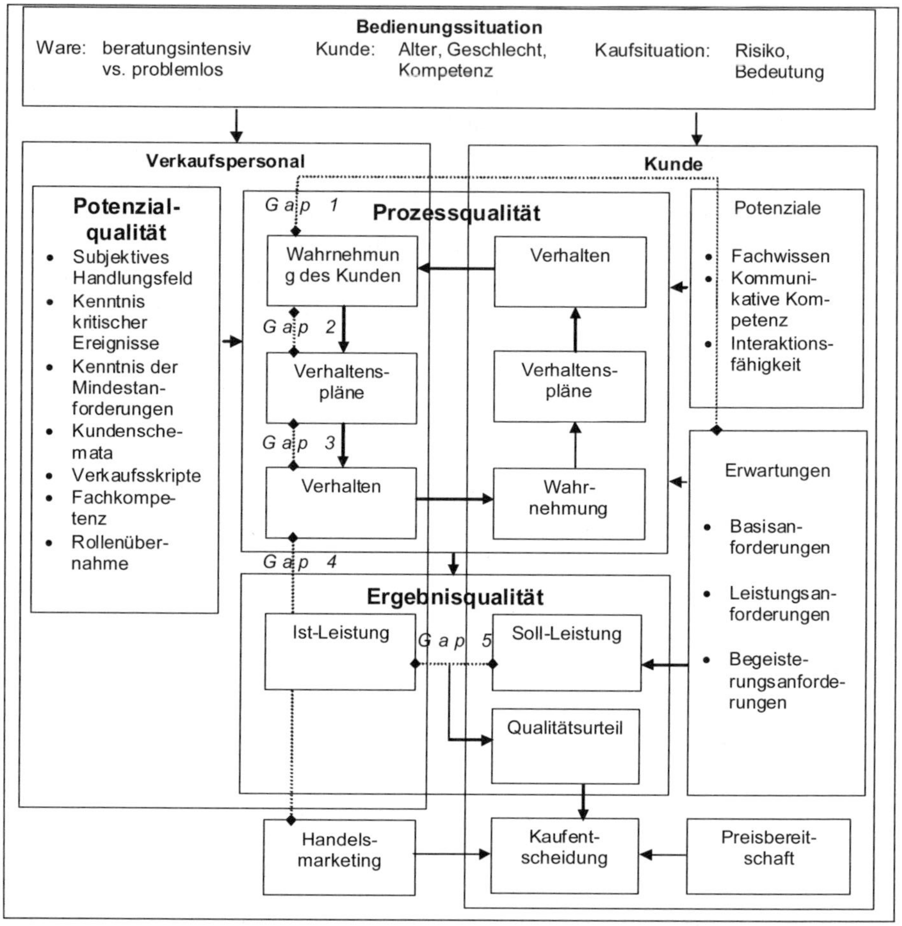

Abb. 9.8: Gesamtmodell zur Bedienungsinteraktion (Quelle: M. Schuckel 1999a, S. 144)

Die Bedeutung, die der Kunde der Beratung zumisst, tritt neben die Bereitschaft, für ein Produkt mehr zu bezahlen (**Preisbereitschaft**), wenn er dafür eine qualifizierte Beratung erhält. Nur wenn der Kunde einen entsprechend höheren Preis für die in Anspruch genommene Beratungsleistung zu bezahlen bereit ist, können die mit dem Personaleinsatz verbundenen Kosten gedeckt werden. Das Schema lässt sich in 16 Hypothesen übersetzen, die einer empirischen Überprüfung unterzogen wurden. Beispielhaft seien folgende **Hypothesen**, die sich bewährt haben, genannt:

- *Je höher das Risiko, je höher die Bedeutung des Kaufs, je höher die Komplexität, je weniger ausgeprägt die Präferenzstrukturen und je geringer die Kompetenz des Kunden, umso höher ist dessen Preisbereitschaft (für gute Beratung einen höheren Preis zu entrichten).*
- *Die Wahrnehmung der Kauf- bzw. Bedienungssituation unterscheidet sich je nach Geschlecht und Alter der Kunden.*

- *Merkmale der sozio-emotionalen Ebene können als Begeisterungsfaktoren eingeordnet werden.*
- *Je niedriger die fachlichen Kenntnisse des Kunden, umso bedeutender ist die Beratung durch Verkaufspersonal.*
- *Bei extensiven Kaufentscheidungen sind die Erwartungen an fachliche bzw. sachzielbezogene Fähigkeiten des Verkaufspersonals höher als in limitierten oder habitualisierten Kaufsituationen.*
- *Je höher das empfundene Risiko und je geringer die Kompetenz des Kunden, desto höher ist die Preisbereitschaft.*

Mit dem Modell liegt ein Rahmen vor, in den wichtige Gesichtspunkte für den Erfolg einer auf Beratung abzielenden Politik eingeordnet sind. So wird deutlich, dass Qualitätsmessungen auf drei Dimensionen anzusiedeln sind und dass unter einem ökonomischen Blickwinkel die Preisbereitschaft der Nachfrager besondere Beachtung verdient.

Die Erkenntnisse aus der Theorie zur Interaktion von Verkaufspersonal und Kunden dienen auch **zur Fundierung von Ausbildungsprogrammen**. So geht beispielsweise aus der Beschreibung des Trainingskonzeptes „Mandev" (Manpower-Development-System) hervor, dass auch diesem Programm zur Einübung eines Verkaufsprozesses ein Verhaltensmodell zu Grunde liegt, das dem von J. Engel, R. Blackwell und P.W. Miniard (2001) ähnelt (vgl. L. Poth 1981). Die Erkenntnisse der Verhaltensforschung sind darüber hinaus aber auch **für die Auswahl von Verkaufskräften** hilfreich.

Studien zu einzelnen Aspekten

Es ist bereits oben drauf hingewiesen worden, dass der Erfolg eines Verkaufsgesprächs unterschiedlich definiert werden kann und dass er von zahlreichen Faktoren abhängig ist. Neuere Entwicklungen greifen nicht nur einzelne Faktoren auf, sondern versuchen, die verschiedenen Beziehungen in Strukturgleichungssystemen abzubilden. Im Folgenden wird auf einige Ansätze eingegangen.

1. Verkaufs- oder Kundenorientierung?

Untersuchungen zum Verkaufsgespräch lösten lange Zeit den Eindruck aus, dass es ihnen darum ginge, Techniken ausfindig zu machen, mit denen der Nachfrager zum Abschluss gebracht werden kann, ob er das nun will oder nicht. Kaufwiderstände sollen gebrochen werden. Diese Diskussion läuft parallel zu der allgemeineren Diskussion im Marketing, ob dort eine Verkaufs- oder eine Kundenorientierung vorherrschen solle. Bei Saxe und Weitz (1982) findet sich diese Polarität in den Begriffen „Selling orientation" und „Customer orientation", kurz SOCO. Bei einem verkaufsorientierten Vorgehen steht das Ziel im Vordergrund, den Auftrag zu erhalten und/oder an jeden Nachfrager soviel wie möglich zu verkaufen. Bei einem kundenorientierten Vorgehen spielen dagegen die Bedürfnisse und Wünsche des Kunden eine besondere Rolle. Beide Denkweisen können bei einem Verkäufer anzutreffen sein. Boles, Babin, Brashear und Brooks (2001) haben die SOCO-Orientierung der Verkaufspersonen von Saxe und Weitz im Einzelhandel verwendet (vgl. dazu auch Brown et al., 1991, Dunlap et al., 1988) und wie folgt gemessen:

Kundenorientierung • Ich versuche, den Kunden mehr über Informationen als über Druck zu beeinflussen. • Ich biete das Produkt an, das für das Problem des Kunden am besten geeignet ist. • Ich beantworte Fragen des Kunden so korrekt, wie es mir möglich ist. • Ich versuche, dem Kunden jenes Produkt vorzustellen, das sein Problem am besten löst.
Verkaufsorientierung • Ich versuche eher, soviel wie möglich zu verkaufen als einen Nachfrager zufrieden zu stellen. • Auch wenn ich nicht sicher bin, dass ein Produkt für einen Nachfrager das richtige ist, werde ich versuchen, mit Druck den Kauf herbei zu führen. • Ich wähle die anzubietenden Produkte mehr danach aus, von welchem Produkt ich den Nachfrager eher überzeugen kann, als danach, was ihm langfristig am meisten nutzen wird. • Ich verwende mehr Zeit darauf, den Kunden zum Kauf zu überreden, als seine Bedürfnisse zu erkennen. • Es ist unausweichlich, die Wahrheit etwas zu dehnen, wenn dem Nachfrager ein Produkt vorgestellt wird.

Abb. 9.9: Kundenorientierung vs. Verkaufsorientierung

Solche Messungen werfen die Frage nach der Dimensionalität des interessierenden Konstrukts und nach der Validität der Messung auf. Die Autoren entschieden sich nach einer Faktorenanalyse für zwei Dimensionen (und nicht für eine Dimension mit zwei Polen), wie das auch die Tabelle deutlich macht. Mit dem 2-Dimensionen-Modell ließen sich auch bessere Fit-Werte erreichen als mit einem Modell, in dem SOCO nur über eine Dimension abgebildet wird. Über das Messverfahren hinaus interessieren zwei Sachverhalte:

- Sind jene Verkäufer erfolgreicher, die stärker kundenorientiert oder verkaufsorientiert sind als andere?
- Wie kann die Kunden- oder Verkaufsorientierung der Verkaufspersonen durch das Unternehmen beeinflusst werden?

Boles, Babin, Brashear und Brooks (2001) untersuchen drei Größen, mit denen die Orientierung des Verkaufspersonals im Einzelhandel beeinflusst werden kann: die Kundenorientierung der Unternehmung, die Zentralisierung des Unternehmens und die Unterstützung, die Verkaufspersonen aus ihrer betrieblichen Umwelt erfahren. Die Autoren untersuchen also, inwieweit **organisatorische Gegebenheiten** auf das Verhalten ihrer Verkaufspersonen auswirken. Die Kundenorientierung des Unternehmens wird über fünf Items erfasst: „Meine Unternehmung hält es für wichtig, dass Kundenwert geschaffen wird, dass die Bedürfnisse des Kunden verstanden werden, dass die zentralen Bestimmungsfaktoren der Kundenzufriedenheit erfüllt werden, dass auch nach dem Kauf Service zur Verfügung steht, dass die Kundenzufriedenheit gemessen wird. Die Struktur des Modells geht aus Abbildung 9.10 hervor.

Mit dem Modell konnte nachgewiesen werden, dass die Kundenorientierung der Einzelhandelsunternehmungen in einem positiven Verhältnis zur Kundenorientierung des Verkaufspersonals steht. Damit weisen sie darauf hin, dass ein kundengerechter Auftritt einer Unternehmung an organisatorische und personelle Voraussetzungen gebunden ist. Die interne Unternehmenskultur erweist sich im Hinblick auf die externe Marketingpolitik als wichtig (zum Überblick über die Marktorientierung einer Unternehmung vgl. A.H.Kirca, S. Jayachandran und W. O. Bearden 2005; R. Stock 2003) auch konnte belegt werden, dass sich eine Kundenorientierung positiv auf den Erfolg auswirkt, wobei allerdings zu beachten ist, dass der Erfolg als subjektive Wahrnehmung der einzelnen Verkaufspersonen gemessen wurde.

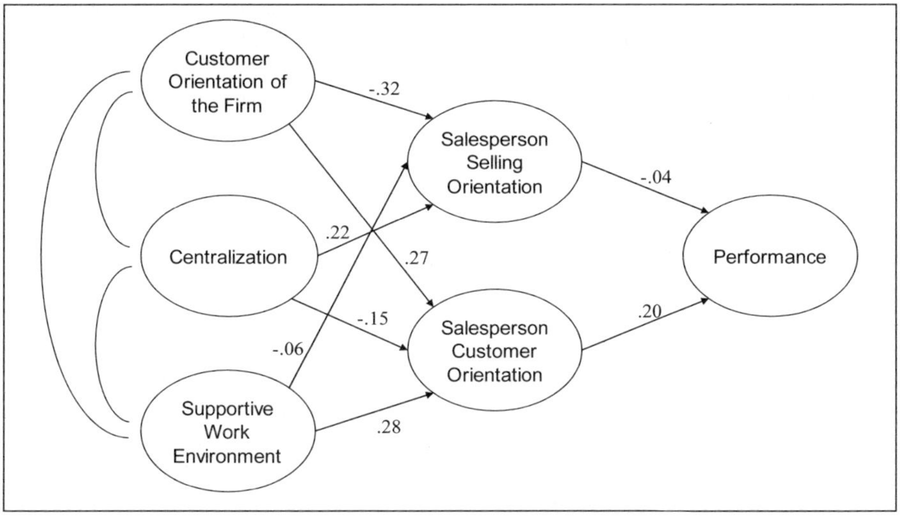

Abb. 9.10: Ein Modell zur Kunden- und Verkaufsorientierung (Quelle: J. S. Boles et al. 2001)

2. Zur Struktur kundenorientierter Verkaufsgespräche

Wenn kundenorientiertes Verhalten des Verkaufspersonals sich positiv auf die Ziele des Unternehmens auswirkt, dann ist näher zu konkretisieren, worin Kundenorientierung sich äußert. Haas (2005) bettet diese Fragestellung in die Informationsökonomie ein und sieht die Inanspruchnahme von Beratung als Strategie zur Reduktion der empfundenen Unsicherheit. Um sie zu reduzieren, kann der Verkäufer Screening- oder Signaling-Aktivitäten durchführen. Der Verkäufer besitzt einen Informationsvorsprung in Bezug auf Produkteigenschaften, aber ein Informationsdefizit in Bezug auf die kundenseitigen Bedürfnisse und Lebensbedingungen des Kunden. Drei **Hypothesen** bilden den Kern des Modells:

Die Vermittlung von Auswahlinformationen, von Produktinformationen und die Gewinnung von Kundeninformationen haben jeweils einen positiven Einfluss auf die Beratungszufriedenheit.

Daneben berücksichtigt er noch moderierende Effekt, d. h. die jeweiligen Wirkungen sind abhängig von kundenbezogenen Größen (Alter und Geschlecht) und von geschäftsbezogenen Größen (Art der Produktpräsentation und Produktauswahl). Haas ließ verschiedene Mystery Shooper 26 Geschäfte aufsuchen und in 60 Verkaufsgesprächen die Beobachtungen festhalten, wie ihr Wunsch, sich über Waschmaschinen informieren zu lassen, behandelt wurde. Rund 40 % der Varianz in der Beratungszufriedenheit konnte mit verschiedenen Modellen erklärt werden. Es zeigt sich, dass vor allem die Vermittlung von Produktinformationen und von Kundeninformationen einen Einfluss auf die Beratungszufriedenheit haben. Bei weiblichen Kunden erwiesen sich Auswahlinformationen als zielführend, während dies bei männlichen Kunden nicht der Fall war. Die Untersuchung von Haas hat den Vorteil, dass sie das Verkaufsgespräch aus den Augen potenzieller Kunden analysiert, wenn auch einschränkend darauf hin gewiesen werden muss, dass es sich dabei um instruierte Mystery Shopper gehandelt hat. Immerhin leitet die Studie zu einer vertieften Auseinandersetzung mit den Erwartungen und Bedürfnissen der Kunden an (zu einem Überblick über die vorliegende Forschung hierzu vgl. auch Haas, A. 2008).

9.5 Zusammenfassung

Bei der Einsatzplanung des Personals im Verkaufsbereich sind insbesondere die Kosten für den Personaleinsatz dem Kundennutzen durch Beratung durch das Personal gegenüberzustellen. Für viele Betriebe im Groß- und Einzelhandel gilt, dass die Personalkosten in Prozent vom Umsatz im Jahr zwischen 10 und 30 % liegen und daher die Aufmerksamkeit des Managements auf sich ziehen. Die betriebliche Personalpolitik umfasst zahlreiche Handlungsbereiche, wie die Wahl eine Bedienungssystems, einer geeigneten Beschäftigungs- und Entgeltpolitik, sowie Fragen der Gestaltung des Umgangs des Verkaufspersonals mit den Kunden. In diesem Kapitel sind wir auf Ansätze zur Gestaltung des Verkaufsgesprächs sowie auf verschiedene verhaltenswissenschaftliche Untersuchungen diesbezüglich eingegangen.

Internetadressen

- Statistisches Bundesamt: www.destatis.de (Lohnentwicklung, Personalkosten)
- www.handelsdaten.de

Aktivitäten

- Untersuchen Sie Werbeslogans bekannter Handelsunternehmen, inwieweit dort personalwirtschaftliche Tatbestände oder Leistungen angesprochen werden und vergleichen Sie dies mit den Gegebenheiten bei Banken oder Versicherungen.
- Recherchieren Sie im Internet, welche Unternehmungen Servicequalität messen lassen.
- Erstellen Sie eine Übersicht, welche Angebote im Internet zu dem Stichwort „Servicequalität im Handel" vorzufinden sind und welche Rolle personalwirtschaftliche Aspekte dabei spielen.
- Erkundigen Sie sich in Ihrem Umfeld, ob es unliebsame Erfahrungen mit Personal im Handel gegeben hat und von welcher Art diese negativen Erfahren waren? Gab es auch Anlass zu Begeisterung, und wodurch wurde sie ausgelöst?

Fragen zur Diskussion

- Halten Sie eine Verkaufs- oder eine Kundenorientierung für ein Handelsunternehmen für zielführender?
- Ist Servicequalität im Handel messbar und welche Faktoren sollten dabei berücksichtigt werden?
- Welche Faktoren fördern und welche bremsen eine Übernahme von Beratungsleistungen im Handel durch Personal?

10 Die Gestaltung des Verkaufsraums

Der Verkaufsraum zählt zu den absatzpolitischen Instrumenten im Handel, weil mit seiner Gestaltung das Einkaufsverhalten der Nachfrager wesentlich beeinflusst werden kann. Dies gilt insbesondere für den stationären Einzelhandel. In einer Zeit, in der häufig beklagt wird, dass eine Differenzierung über die angebotenen Waren kaum zu realisieren sei, wird umso intensiver eine erlebnisorientierte Verkaufsraumgestaltung empfohlen. Aber: Die Möglichkeiten zur Gestaltung eines Verkaufsraumes sind äußerst vielgestaltig und können hohe Kosten auslösen, nicht nur wegen der benötigten Fläche, sondern weil auch die Einbauten hohe Investitionen erfordern können. Dies wirft die Frage auf, welche Möglichkeiten sich anbieten, einen Verkaufsraum zu gestalten, welche Wirkungen zu erwarten sind und wie dieses Instrument ökonomisch zu beurteilen ist.

Da eine Unternehmung über die Gestaltung der Fassade und des Verkaufsraumes mit ihren Kunden kommuniziert, könnte die Verkaufsraumgestaltung auch als spezielles Kommunikationsinstrument gesehen werden. Aber es zeigt sich, dass trotz mancher Gemeinsamkeiten doch andere Aktionsparameter zu betrachten und unterschiedliche Kundenreaktionen in Rechnung zu stellen sind. Insofern soll auch nicht davon gesprochen werden, dass es sich bei dem Katalog eines Versandhändlers oder den Webseiten eines Online-Händlers um deren Verkaufsraum handele; hier gelten in stärkerem Maße die Aussagen zur Gestaltung von Werbemaßnahmen. Dennoch gibt es Gemeinsamkeiten, so die Frage, wie Artikel zu Platzierungseinheiten zu bündeln sind oder inwieweit Suchkäufe erleichtert bzw. Impulskäufe angeregt werden sollen. Unter Verkaufsraum werden im Folgenden also nur die Räumlichkeiten verstanden, die dem Nachfrager zugänglich sind und in denen die Transaktion vorbereitet oder abgewickelt wird. Die damit verbundenen Planungsprobleme werden näher in Abschnitt 10.1 erläutert. Das bedeutet aber nicht, dass auch die Gestaltung von virtuellen Verkaufsräumen ein interessantes Forschungsfeld darstellt (S. Diehl 2000; D. Smith, K. Sivukumar 2004).

10.1 Aktionsparameter, Ziele und Umweltgrößen der Verkaufsraumgestaltung

Auch Entscheidungen über die Gestaltung des Verkaufsraums lassen sich durch Aktionsparameter, Ziele und Umweltgrößen charakterisieren. Im Hinblick auf die Aktionsparameter lassen sich folgende **Gestaltungsbereiche** unterscheiden:

1. Entscheidungen über die **Gestaltung der Einkaufsatmosphäre:**
   Die Einkaufsatmosphäre wird nach P. Kotler (1973/74) als Marketing-Tool beschrieben, indem durch die Gestaltung der Ladenumwelt spezifische emotionale Reaktionen ausgelöst werden sollen, die zu höheren Kaufwahrscheinlichkeiten bei den

Kunden führen. Die Einkaufsatmosphäre soll nach P. Kotler den Seh-, Hör-, Riech- und Tastsinn ansprechen. Die konkreten Gestaltungsparameter können sich dabei zum einen

- auf die gegenständliche Gestaltung des Verkaufsraums, beispielsweise die Auswahl und Anordnung von Warenträgern und Dekorationsmitteln beziehen,
- die im Verkaufsraum verwendeten Farben (vgl. J. A. Bellizzi, A. E. Crowley und R. W. Hasti 1983; A. E. Crowley 1993),
- die Beleuchtung (vgl. C. S. Areni und D. Kim 1994),
- Hintergrundmusik (vgl. R. E. Milliman 1982; E. Bost 1987; G. Schmitz und A. Bühlmann 1998) und
- Düfte (vgl. A. Stöhr 1998; P. Fitzgerald Bone und P. Scholder Ellen 1999)

beziehen. Die Gestaltung der Einkaufsatmosphäre kann sich an verschiedenen Präsentationslooks (U. Dodt 1980) oder Erlebniswerten, wie Jugendlichkeit, Rustikalität oder Avantgarde (P. Weinberg 1986 und 1992) orientieren.

2. Entscheidungen über die **Bildung und Anordnung von Platzierungseinheiten:** Artikel müssen im Verkaufsraum nach bestimmten Kriterien zu (Platzierungs-) Einheiten zusammengefasst werden. Hierzu kann eine Vielzahl von Kriterien herangezogen werden, beispielsweise die materielle Ähnlichkeit (Fruchtsaftgetränke), der Verwendungsverbund („Alles für das Kind") oder die Qualitätsstufe bzw. Preislage.
3. Entscheidungen über die **Zuteilung von Flächen- und Regalkapazitäten:**

Den gebildeten Platzierungseinheiten müssen Regal- und Flächenkapazitäten zugeteilt werden. Hierbei ist sowohl ein qualitativer als auch ein quantitativer Aspekt zu beachten. Während sich der quantitative Aspekt auf das Ausmaß der zugeteilten Kapazitäten (Quadratmeter Verkaufsfläche, Regalmeter) bezieht, bezeichnet die qualitative Komponente unterschiedliche akquisitorische Wertigkeiten bestimmter Bereiche des Verkaufsraums oder einzelner Orte im Regal. So wird das Erdgeschoss eines mehrgeschossigen Verkaufsgebäudes im Regelfall als hochwertiger angesehen als die oberen Stockwerke; aber auch innerhalb eines Geschosses gibt es Flächen unterschiedlicher Wertigkeit.

Die genannten Aktionsparameter sind auch in der mittleren Spalte von Abbildung 10.1 aufgeführt. Teilweise wird auch von Layout (Aufteilung des Raumes auf verschiedene Funktionszonen und Anordnung dieser Funktionszonen), von Space Utilisation (Zuordnung von Raumeinheiten zu den Sortimentseinheiten), von Interior Design (Gestaltung der Raumelemente) und von den Atmospherical Surroundings gesprochen, womit die Gestaltung der atmosphärischen Umfeldelemente gemeint ist (A. Gröppel 1991 unter Anlehnung an R. Baumgartner 1981).

Ob Verkaufsräume sinnvoll gestaltet sind, kann überprüft werden, indem die Auswirkungen auf die als wichtig angesehenen **Ziele** ermittelt werden. Unter ökonomischen Gesichtspunkten geht es bei den übergeordneten Zielen einerseits um die Kosten der Einrichtung und Bewirtschaftung der Räume, andererseits um die induzierten Erlöswirkungen bzw. im Vorfeld dazu um die Kundenorientierung. Insbesondere die nachfragebezogenen Ziele können weiter konkretisiert werden. Sie können sich auf Größen im Insystem der Verbraucher (emotionale Reaktionen oder die Kundenzufriedenheit), auf beobachtbares Kundenverhalten (Verweildauer im Geschäft, begangene Laufwege, Anzahl ungeplanter Käufe) oder auf unmittelbar ökonomische Größen (Deckungsbeitrag, direkte Produkt-Rentabilität) beziehen.

Besonders die auf das Insystem bezogenen Wirkungen verdienen Beachtung. Hier sind die Größen Lust, Erregung und Dominanz zu erwähnen, die in dem in Abschnitt 10.2 näher dargestellten Modell von A. Mehrabian und J. A. Russell eine bedeutende Rolle spielen; daneben sind die von S. Zielke (2002) hervorgehobenen Größen von Bedeutung. S. Zielke weist auf die folgenden Ansprüche von Verbrauchern in Bezug auf die Gestaltung eines Verkaufsraumes hin:

- in Bezug auf die **Sucheffizienz**: Waren, die der Verbraucher kaufen will, sollen leicht auffindbar sein;
- in Bezug auf die **Entscheidungseffizienz**: wenn der Kauf Entscheidungen verlangt (auf der Grundlage von Vergleichen), so sollen diese leicht durchführbar sein;
- in Bezug auf **Wahrnehmung** und Erinnerung: der Kunde wird auf ihn interessierende Artikel, die er nicht sucht, aufmerksam gemacht;
- in Bezug auf die **emotionale Stimulation**: Der Kunde genießt die Verkaufsraumgestaltung.

Teilweise können zwischen den Zielgrößen konfliktäre Beziehungen bestehen, die sich jedoch über die Festlegung von Category-Rollen (vgl. Kapitel 5) bewältigen lassen. So kann die Kundenzufriedenheit in SB-Warenhäusern und Supermärkten über eine suchfreundliche Platzierung von Artikeln gesteigert werden (vgl. hierzu auch P. A. Titus und P. B. Everett 1995; F.-R. Esch und E. Thelen 1997). Gleichzeitig kann eine solche Platzierung aber auch dazu führen, dass Kunden ihre Einkäufe schneller erledigen und damit weniger ungeplante Kaufmöglichkeiten wahrnehmen. Somit kann ein Zielkonflikt zwischen der Platzierungszufriedenheit und dem Auslösen ungeplanter Käufe bestehen (vgl. S. Zielke 2002).

Ob und inwieweit die einzelnen Gestaltungsparameter zur Zielerreichung beitragen, kann von einer Vielzahl von **Umweltgrößen** abhängen, die sich wie folgt systematisieren lassen:

- innerbetriebliche Bestimmungsfaktoren (insbesondere das strategische Konzept sowie Restriktionen in Bezug auf Raum, Personal, Liquidität und Ware),
- das Verhalten der Kunden,
- das Verhalten der Konkurrenten,
- das Verhalten der Lieferanten,
- gesetzliche Regelungen.

Die Verkaufsraumgestaltung muss sich natürlich in das Marketingkonzept der Unternehmung einfügen. Durch die Wahl einer Zielgruppe, durch die Sortimentspolitik und durch den Einsatz der übrigen absatzpolitischen Instrumente werden wichtige Rahmenbedingungen festgelegt. In der Forderung nach einer **Corporate Identity (CI)** kommt das Bestreben zum Ausdruck, Elemente des äußeren Erscheinungsbildes einer Handelsunternehmung (Gebäudefassade, Schaufenster, Personal, Verkaufsraumgestaltung, Werbemittel) aufeinander abzustimmen. Der Begriff Corporate Identity kann nach K. Birkigt und M. M. Stadler (2000, S. 18) wie folgt definiert werden:

„In der wirtschaftlichen Praxis ist [...] Corporate Identity die strategisch geplante und operativ eingesetzte Selbstdarstellung und Verhaltensweise eines Unternehmens nach innen und außen auf Basis einer festgelegten Unternehmensphilosophie, einer langfristigen Unternehmenszielsetzung und eines definierten (Soll-) Images – mit dem Willen,

alle Handlungsinstrumente des Unternehmens in einheitlichem Rahmen nach innen und außen zur Darstellung zu bringen.“

Von besonderer Bedeutung sind Kenntnisse über das Verhalten der Kunden. Hier ist zu fragen, welche Ansprüche Kunden an die Verkaufsraumgestaltung stellen und wie sie auf unterschiedliche Ausprägungen der Gestaltungsparameter reagieren. Abbildung 10.1. fasst wichtige Aktionsparameter, Ziele und relevante Umwelteinflüsse der Verkaufsraumgestaltung noch einmal zusammen. Empirische Analysen, die bestimmten Arten der Ladengestaltung und Warenpräsentation die Ergebnisse auf der Verhaltensebene gegenüberstellen, entsprechen dem SR-Forschungsansatz; wird dagegen auch untersucht, wie Konsumenten eine Verkaufsstelle beurteilen, inwieweit sie sich in ihr wohlfühlen, entspricht dies der SOR-Methode.

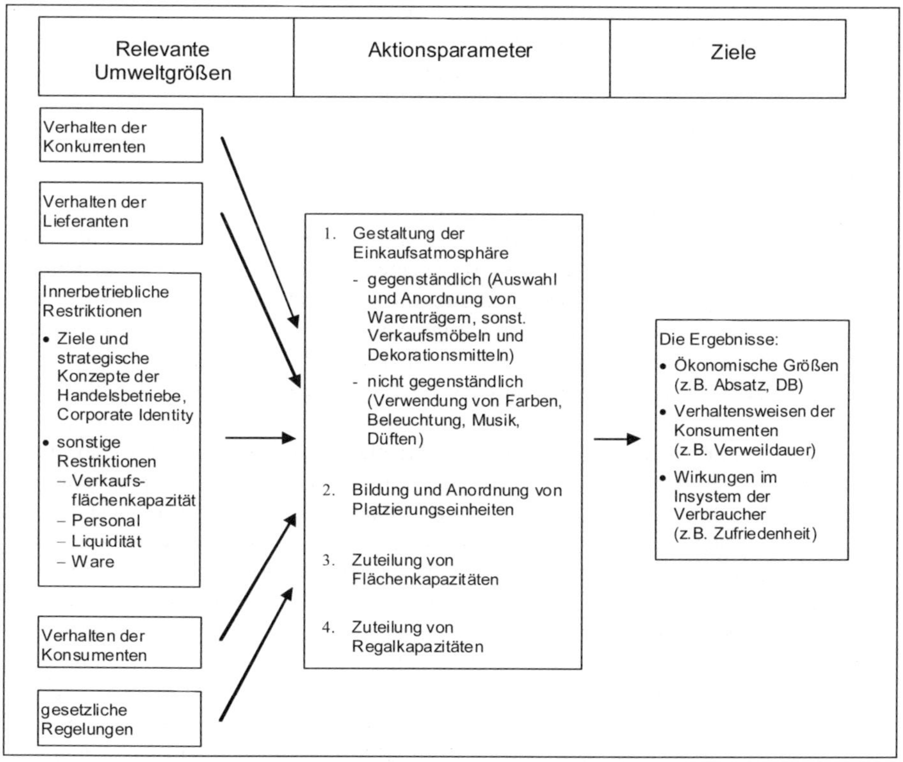

Abb. 10.1: Aktionsparameter, Ziele und Umweltgrößen der Verkaufsraumgestaltung (B. Heidel und L. Müller-Hagedorn 1989, S. 20)

10.2 Entscheidungen über die Gestaltung der Einkaufsatmosphäre

Seit P. Kotlers Beitrag im Journal of Retailing (1973/74) ist der Einfluss der Einkaufsatmosphäre auf das Insystem der Kunden sowie deren Verhalten Gegenstand einer Vielzahl verhaltenswissenschaftlicher Untersuchungen gewesen. In der deutschsprachigen Literatur wird häufig auch von erlebnisorientierter Verkaufsraumgestaltung gesprochen. Zentrale Fragen beziehen sich auf die Alternativen der Ladenraumgestaltung und auf deren Wirkung.

Welche Formen der Ladengestaltung sind denkbar? Der Einzelhandel präsentiert sich in entwickelten Ländern in einer erstaunlichen Vielfalt. Dies gilt nicht nur für die traditionellen Warenhäuser, die in vielen Städten zu den touristischen Etappenzielen gehören, sondern auch für viele Fachgeschäfte. Um die Vielfalt der Gestaltungsmöglichkeiten losgelöst von der fast unendlichen Vielfalt der konkreten Erscheinungsformen zu erfassen, gibt es zunächst zwei Möglichkeiten:

1. Nach dem **elementaristischen Ansatz** wird die Gestaltung in ihre einzelnen Elemente aufgelöst. U. Koppelmann systematisiert diese Ansatzpunkte, indem er u. a. auf die Vielfalt der verwendeten Stoffe (Metalle, Nichtmetalle, organische Naturstoffe), die Formgebung (Erscheinungsformen, Formelemente, Formproportionen, Formdimensionen, Formkonturen, Formstrukturen), die Farbwahl (nach Farbphysik, Farbphysiologie, Farbparameter, der zugehörigen Sprache, Farbsystem), die Zeichenwahl, die Oberflächengestaltung, die Funktionsprinzipienwahl, die Konstruktionsprinzipienwahl und die Produktteilewahl hinweist (U. Koppelmann 2001, S. 359–429). Schon diese Aufzählung lässt die Vielfalt der Gestaltungsmöglichkeiten erahnen.
2. Nach dem **kombinativen (integrierten) Ansatz** werden Bündel von Gestaltungsparametern, die in einem interpretierbaren Zusammenhang stehen, betrachtet (U. Koppelmann 2001, S. 431–447). Da jedes Objekt eine Vielzahl von Gestaltungsmerkmalen aufweist, lassen sich bei simultaner Betrachtung mehrerer Merkmale typologisierende Stile ermitteln. Einem Stil werden dabei Erscheinungsformen zugerechnet, die sich zwar untereinander unterscheiden, die sich aber doch in bestimmten Merkmalen ähnlicher sind als denjenigen, die einem anderen Stil zugerechnet werden. Art und Anzahl der Stile ergeben sich aus der Wahl der verwendeten Merkmale und dem Clusteralgorithmus. So hat z. B. E. Küthe (1980) einen Katalog von Verkaufsstellenlooks erstellt. Er unterscheidet dort u. a. den Avantgarde-Look, den Antik-Look, den Nobel-Look usw. U. Dodt (1980) fasst noch einmal verschiedene Looks anhand von zentralen Dimensionen zusammen und kommt so zu den Dimensionen Natur (mit Natur-, Rustikal- und Exotik-Look), Artifizielles (mit Improvisations-, Pop- und Formalästhetik-Look), Modernität (mit Future-, Technik- und Transparenz-Look), Tradition (mit Englisch- und Western-Look) und Wert (mit Discount- Nobel- und Usual-Look).

Alternativen der Verkaufsraumgestaltung können aber auch auf einer noch abstrakteren Ebene diskutiert werden, indem nicht die konkreten Erscheinungsformen, sondern die Prinzipien, nach denen die Erscheinungsformen gestaltet werden, thematisiert werden.

Dies führt zur dritten Möglichkeit, die hier als prinzipienorientierter Ansatz bezeichnet werden soll.

3. Nach dem **prinzipienorientierten Ansatz** werden Regeln aufgelistet, nach denen die Alternativen zu gestalten sind. Vorbilder für dieses Vorgehen finden sich in der Erfolgsfaktorenforschung, wo Prinzipien wie Flexibilität, Primat des Handelns und andere Regeln diskutiert werden, die selbst keine unternehmerischen Aktionen darstellen, aber auf solche angewendet werden können. Eine solche Vorgehensweise ist auch möglich, wenn Alternativen der Verkaufsraumgestaltung zu diskutieren sind. L. Müller-Hagedorn und B. Seifert (2005) haben hierzu den Ansatz nach Feng Shui herangezogen, ihn in handhabbare Regeln übersetzt und ihn am Beispiel einer Buchhandlung auf seine Wirkungen untersucht. Darüber wird im Rahmen des weiter unter dargestellten Mehrabian-Russel-Modelles noch näher berichtet.

Wirkungsanalysen können auch in Bezug auf die Ladenraumgestaltung nach dem SR- oder dem SOR-Modell durchgeführt werden.

10.2.1 SR-Analysen

Gestützt auf die relativ allgemeine Vermutung, dass preisdominante Marketingstrategien für den deutschen Einzelhandel an Attraktivität verloren haben und mithin eine **erlebnisbetonte Ladengestaltung** erfolgreich sein müsse, vergleichen H. Diller und M. Kusterer (1986) zwei Buchhandlungen und zwei Hifi-Geschäfte, von denen jeweils ein Geschäft als „erlebnisorientiert“ angesehen wird.

	Verweildauer	Anzahl Produktkontakte	Käuferanteil in Prozent	Anzahl der durchschnittl. gekauften Produkte
Buchhandlung:				
• erlebnisorientiert	16,7	12,02	42,3	1,44
• nicht erlebnisorientiert	8,5	5,11	34,5	1,22
Hifi-Geschäft:				
• erlebnisorientiert	22,9	15,62	51,0	1,58
• nicht erlebnisorientiert	18,5	8,5	5,2	1,36

Abb. 10.2: Vergleich erlebnisorientierter und nicht erlebnisorientierter Verkaufsstellen nach einer Studie von H. Diller und M. Kusterer (1986)

Die Unterschiede in den Leistungswerten sind beträchtlich (vgl. Abbildung 10.2), und man ist geneigt, die Erlebnisbetonung als wirksames Instrument einzuschätzen. Folgendes muss jedoch beachtet werden:

1. Zur endgültigen Beurteilung der Sachkonzepte müssen auch die Kosten mit einbezogen werden.
2. Es ist zwischen kurzfristigem und langfristigem Erfolg zu unterscheiden. Wenn die Erlebnisorientierung auf Überraschungen aufbaut, kann die Anziehungskraft schnell nachlassen.

3. Wichtig ist auch zu wissen, inwieweit ein Konzept breite Schichten der potenziellen Käufer oder nur eine kleine Gruppe anspricht; dies ist eng mit der Frage verbunden, warum Konsumenten eine bestimmte Ladengestaltung besser als eine andere beurteilen.

Der Studie von H. Diller und M. Kusterer folgten im deutschen Sprachraum stärker verhaltenswissenschaftlich orientierte Arbeiten von E. Bost sowie von P. Weinberg und A. Gröppel (E. Bost 1987; P. Weinberg 1986 und 1992; P. Weinberg und A. Gröppel 1988; A. Gröppel 1989 und 1991).

10.2.2 Beiträge aus der Umweltpsychologie

Im englischen Sprachraum legten R. J. Donovan und J. R. Rossiter (1982) den Grundstein für die verhaltenswissenschaftliche Analyse erlebnisorientierter Verkaufsräume. Die Studie von R. J. Donovan und J. R. Rossiter nimmt deshalb eine exponierte Stellung ein, weil die Autoren erstmalig das umweltpsychologische Modell von A. Mehrabian und J. A. Russell (1974) auf Probleme der Verkaufsraumgestaltung anwenden. A. Mehrabian und J. A. Russell verfolgen die zentrale Idee, dass bestimmte Umgebungen bei Menschen bestimmte emotionale Reaktionen auslösen; sie sind dafür verantwortlich, dass ein Mensch diese Umwelten meidet oder sich ihnen annähert. Auch der Verkaufsraum kann als Teil der Umwelt gesehen werden, der wie andere Umwelten mit Hilfe der sog. **Informationsrate** charakterisiert werden kann. Darunter verstehen A. Mehrabian und J. A. Russell die Menge an Informationen, die pro Zeiteinheit in der Umwelt enthalten sind oder die wahrgenommen werden. Die Informationsrate kennzeichnet somit die Reizstärke einer Umwelt und wird durch Itempaare, wie abwechslungsreich-redundant, komplex-einfach oder neuartig-vertraut, gemessen. Alle Itempaare lassen sich hierbei in der Regel auf die Dimensionen Neuartigkeit und Komplexität zurückführen. Erstere meint, wie gut eine Person die Umgebung kennt bzw. wie gut sie vorhersagen kann, was geschehen wird, die Komplexität bezieht sich auf die Anzahl der in der Umwelt vorhandenen Elemente, Merkmale oder Veränderungen.

Die Informationsrate bewirkt emotionale Reaktionen, die sich durch die Dimensionen **Erregung, Lust und Dominanz** beschreiben lassen. Lust beschreibt Gefühle wie Glück, Vergnügen, Befriedigung oder „sich einfach wohl fühlen“, Erregung bedeutet, wie aktiv, angeregt, aufgeregt, überdreht man ist, und Dominanz meint das Gefühl der Überlegenheit, das Gefühl, eine Situation unter Kontrolle zu haben und sich frei entscheiden zu können. Die unmittelbarste Beziehung besteht hierbei zwischen der Informationsrate und der Erregungsdimension, die in Kombination mit Lust und Dominanz zu einer Annäherungs- oder Meidungsreaktion gegenüber der Umwelt führt. So bewirkt eine Erhöhung der Erregung in lustbetonten Umwelten ein Annäherungsverhalten, während eine starke Erregung in unlustbetonten Umwelten zu Meidungsreaktionen führt.

Die Stärke des Zusammenhangs zwischen Informationsrate und emotionaler Reaktion kann individuell unterschiedlich sein. Während **Reizabschirmer** das Reizvolumen der Umwelt durch eine strukturiertere Wahrnehmung reduzieren können und deshalb auch weniger stark erregbar sind, ist bei **Nichtabschirmern** das Gegenteil der Fall. Einen Überblick über das Modell von A. Mehrabian und J. A. Russell gibt Abbildung 10.3.

R. J. Donovan und J. R. Rossiter, die das Modell erstmals auf Ladenumwelten anwendeten, konnten zeigen, dass sich die Lustdimension positiv auf das Annäherungsverhalten der Probanden auswirkte, während von der Erregungsdimension nur in angenehm empfundenen Umwelten ein positiver Einfluss ausging. Für unangenehm empfundene Umwelten konnten sie in einer späteren Studie einen negativen Effekt der Erregung auf das Annäherungsverhalten nachweisen (zusammen mit G. Marcoolyn und A. Nesdale 1994). Sie empfehlen deshalb, in angenehm empfundenen Umwelten die Erregung durch eine helle Beleuchtung oder aktivierende Musik zu erhöhen, während in Ladenumwelten, die nicht als angenehm empfunden werden (in Discount- oder Kleinpreisgeschäften), die Erregung der Kunden entsprechend abzusenken ist.

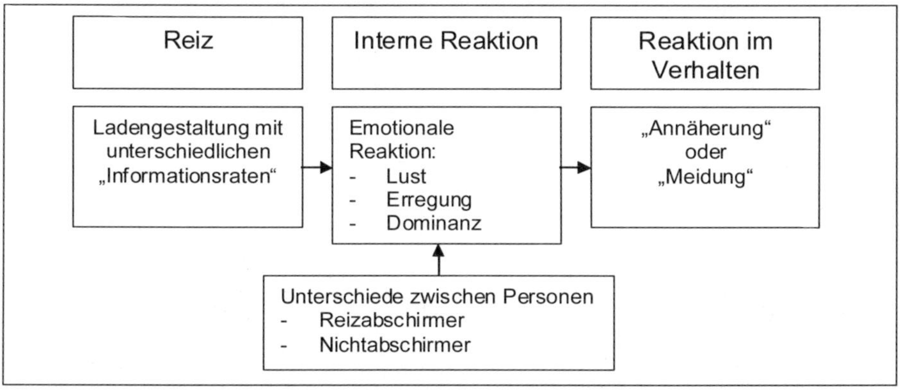

Abb. 10.3: Die Verwendung des Modells von A. Mehrabian und J. A. Russell zum Test erlebnisorientierter Ladenkonzepte

In Bezug auf die Messung und Operationalisierung der emotionalen Reaktionen (einige Autoren sprechen auch von Stimmung) existieren in der Literatur unterschiedliche Varianten. Üblicherweise wird ein semantisches Differenzial gewählt, aus dem mit Hilfe der Faktorenanalyse die verschiedenen Stimmungsdimensionen extrahiert werden. In Abbildung 10.4 ist das Ergebnis der Faktorenanalyse aus der Studie von R. J. Donovan und J. R. Rossiter dargestellt. Es ist zu erkennen, dass die verwendeten Items auf drei Faktoren laden, die in der Tat mit den Begriffen Lust, Erregung und Dominanz umschrieben werden können.

Während R. J. Donovan und J. R. Rossiter die emotionalen Reaktionen nur zu einem Zeitpunkt gemessen haben, empfehlen E. Bost (1987) sowie auch K. Spies, F. Hesse und K. Loesch (1997) auch die Stimmung vor Betreten des Verkaufsraums zu messen und die Stimmungsänderung als intervenierende Variable zu betrachten. Bei A. Gröppel (1991) findet sich der Hinweis, anstatt verbaler Skalen Bilderskalen zur Messung der emotionalen Reaktionen zu verwenden.

Neben der Frage, wie sich Stimmungen oder Stimmungsänderungen messen lassen, interessiert auch, wie das Annäherungs- und Meidungsverhalten operationalisiert werden kann. E. Bost operationalisiert die Annäherungs- und Meidungsreaktionen sowohl durch hypothetische Konstrukte als auch durch beobachtbares Verhalten, wie aus Abbildung 10.5 deutlich wird. Die Liste der von E. Bost untersuchten abhängigen Variablen ist allerdings nur beispielhaft zu verstehen. Weitere mögliche abhängige Variablen sind die Preisakzeptanz (D. Grewal und J. Baker 1994) oder der wahrgenommene utilitaristische und hedonistische „Wert" eines Einkaufs (B. J. Babin, W. R. Darden und M. Griffin 1994; B. J. Babin und W. R. Darden 1995).

Items	Faktor 1	Faktor 2	Faktor 3
Contented-Depressed	0,87	–	–
Happy-Unhappy	0,85	–	–
Satisfied-Unsatisfied	0,81	–	–
Pleased-Annoyed	0,76	–	–
Relaxed-Bored	0,71	–	–
Important-Insignificant	0,68	–	–
Free-Restricted	0,63	–	–
Hopeful-Despairing	0,52	–	0,33
Stimulated-Relaxed	–	0,79	–
Excited-Calm	–	0,77	–
Jittery-Dull	–	0,74	–
Aroused-Unaroused	–	0,73	–
Frenzied-Sluggish	–	0,70	-0,35
Overcrowded-Uncrowded	–	0,67	–
Wide-awake-Sleepy	0,48	0,51	–
Controlling-Controlled	–	-0,32	0,75
Dominant-Submissive	–	–	0,54
Influencial-Influenced	–	–	0,53
Erklärter Varianzanteil	33,1 %	23,2 %	8,1 %

* Faktorladungen kleiner als 0,3 werden nicht angezeigt.

Abb. 10.4: Die Extraktion der emotionalen Basisdimensionen in der Studie von R. J. Donovan und J. R. Rossiter*

Beurteilung und Wahrnehmung des Geschäfts	Beobachtbares Verhalten
• Anzahl positiver und negativer Aussagen zur äußeren Ladenumwelt (gedankliche Reaktionen), • Zufriedenheit mit der Qualität früher gekaufter Artikel, • Wahrnehmung von Sortiments- und Preisleistungen, • Globalzufriedenheit mit dem Geschäft.	• Durchschnittliche Einkaufszeit, • Durchschnittliche Einkaufssumme, • Durchschnittliche Artikelanzahl, • Durchschnittliche Einkaufszeit pro Artikel, • Anzahl von Risikokäufen (Erstkäufe bestimmter Artikel), • Realisation ungeplanter Käufe bzw. Nicht-Realisation geplanter Käufe.

Abb. 10.5: Die Operationalisierung von Annäherungs- und Meidungsreaktionen in der Untersuchung von E. Bost

L. Müller-Hagedorn hat das Mehrabian-Russell-Modell mehrfach verwendet, um die Bevorzugung bestimmter Einkaufsstätten zu erklären. In einer Studie zu den Präferenzen von **Shopping-Center-Besuchern** wurde der Frage nachgegangen, ob die Wiederbesuchsabsicht eher über Einstellungen (rationale) oder eher über das mit dem Besuch empfundene Lustempfinden (emotional) gesteuert wird (L. Müller-Hagedorn/M. Schuckel und C. Viehöver 2004, S. 141–162). Zwei **Hypothesen** standen im Mittelpunkt:

Je positiver die (affektive) Einstellung (gegenüber einem Shopping-Center), umso höher ist die Wiederbesuchsabsicht.

Je höher das mit dem Besuch eines Shopping-Centers verbundene Lustempfinden, desto größer ist die Besuchsabsicht.

Mit beiden Variablen konnten allerdings nur sehr geringe Anteile der Varianz erklärt werden. Es konnte aber gezeigt werden, dass die einzelnen Shopping-Center in der Vielfalt, der Ordnung und der Neuartigkeit als den drei zentralen Dimensionen der Informationsrate deutlich unterschiedlich erlebt werden. Außerdem ergaben sich Hinweise, dass das Verhalten einiger Gruppen mehr durch Einstellungen, das anderer mehr durch Emotionen gesteuert wird.

Sehr gut hat sich das Mehrabian-Russell-Modell dagegen bewährt, um die Wiederbesuchsabsicht, die Höhe verausgabter Beträge oder das Wohlbefinden in zwei unterschiedlich gestalteten **Buchhandlungen** zu erklären (L. Müller-Hagedorn und B. Seifert, 2005).

Bei der einen Buchhandlung handelte es sich um eine traditionell gestaltete Buchhandlung, bei der anderen um eine nach Feng-Shui-Regeln gestaltete (vgl. hierzu auch die Abbildung 10.7 und Abbildung 10.8). Die **Ergebnisse** lassen sich in folgende Kurzform bringen:

- Ladenwelten werden als unterschiedlich komplex empfunden. Die nach Feng Shui gestaltete und näher untersuchte Buchhandlung wurde nicht so „komplex" eingestuft wie ihre Vergleichsbuchhandlung.
- Die Komplexität erweist sich als bedeutende Einflussvariable auf die durch den Ladenbesuch ausgelösten Emotionen Lust und Erregung.
- Lustempfinden und Erregungsniveau besitzen einen deutlichen Einfluss auf die Einstellungen und Verhaltensweisen. Mit einem hohen Lustempfinden und einem mittleren Erregungsniveau gehen positive Reaktionen auf das Geschäft einher, insbesondere auf die Wiederbesuchsabsicht, die Besuchshäufigkeit und die Verweildauer. Dies belegt auch Abbildung 10.6.

			Lust		**Erregung**	
	korr. R^2	Sig.	Beta	Sig.	Beta	Sig.
Einkaufsbetrag in €	0,125	0,01	0,336	0,01	-0,123	0,201
Ungeplanter Einkaufsbetrag in €	0,140	0,00	0,388	0,00	-0,040	0,674
Gesamturteil	0,499	0,00	0,691	0,00	-0,091	0,211
Wiederbesuchsabsicht	0,474	0,00	0,692	0,00	-0,019	0,803

Abb. 10.6: Zusammenhänge zwischen Wohlbefinden und Verhalten

Abb. 10.7: Buchhandlung Gondrom – Lesezone mit Wasserbassin (Photo: L. Müller-Hagedorn)

Abb. 10.8: Buchhandlung Gondrom – Aquarien in der Kassenzone (Photo: L. Müller-Hagedorn)

Die Zusammenhänge, die sich als bedeutsam erwiesen haben, sind auch in Abbildung 10.9 hervorgehoben. Die vorliegende Erhebung wurde zwar mit einer relativ kleinen Stichprobe durchgeführt, aber dennoch zeigten sich einige bemerkenswerte signifikante Ergebnisse. Die Ergebnisse deuten auf eine starke Wirkung der Ladengestaltung hin.

Ordnung und Komplexität des Geschäftsumfeldes stehen auch im Mittelpunkt der Untersuchung von S. Gilboa und A. Rafaeli (2003). Sie untersuchten mit Hilfe von vorgelegten Fotos, in welchem Ausmaß Komplexität und Ordnung auf die Emotionen und in der Folge auf das Näherungs- und Meidungsverhalten wirken. Auch nach ihren Ergebnissen geht Komplexität mit einem Meidungsverhalten einher, während Ordnung positiv wirkt. Entsprechendes gilt für das Empfinden von Lust.

Insgesamt stellt das Modell von A. Mehrabian und J. A. Russell einen bewährten Rahmen dar, um Wirkungen der Einkaufsatmosphäre zu messen. Dies belegt auch die Häufigkeit, mit der es in empirischen Studien verwendet wurde (z. B. M. J. Bitner 1992; A. S. Mattila und J. Wirtz 2001; A. S. Mattila, J. Wirtz und R. L. P. Tan 2000; L. N. Moye und D. H. Kincade 2002).

Allerdings ist das Modell in seiner Grundform auch mit **Problemen** verbunden. So ist beispielsweise kritisiert worden, dass die Einkaufsatmosphäre durch die Informationsrate nur auf einem globalen Niveau erfasst wird, was die Ableitung bestimmter Gestaltungsinstrumente erschwert (J. Baker, D. Grewal und M. Levy 1992). E. Bost weist darauf hin, dass neben der Informationsrate auch die Orientierungsfreundlichkeit der Ladenumwelt einen Einfluss auf die Stimmung hat. Er begründet dies (unter Bezug auf D. E. Berlyne 1971) mit dem Streben der Kunden nach einem mittleren Aktivierungsniveau, dem sowohl durch aktivierende als auch durch deaktivierende Reize Rechnung getragen werden kann. Auch sollte beachtet werden, dass die Informationsrate in empirischen Untersuchungen häufig als subjektive Größe durch ein semantisches Differenzial gemessen wird, so dass sich die Frage nach objektiven Ursachen für eine hohe oder niedrige Informationsrate stellt. Ein weiteres Problem liegt in der Kausalität der angenommenen Zusammenhänge zwischen der Stimmung und den Annäherungs- bzw. Meidungsreaktionen. Werden diese Reaktionen beispielsweise durch die Beurteilung des Geschäfts operationalisiert, ist ein positiver Einfluss der Stimmung auf die Geschäftsbeurteilung ebenso denkbar, wie eine positive Geschäftsbeurteilung die Stimmung der Kunden anheben kann. Schließlich soll noch darauf hingewiesen werden, dass sich die Dominanzdimension in empirischen Untersuchungen häufig nicht bewähren konnte (vgl. J. A. Russell und G. Pratt 1980).

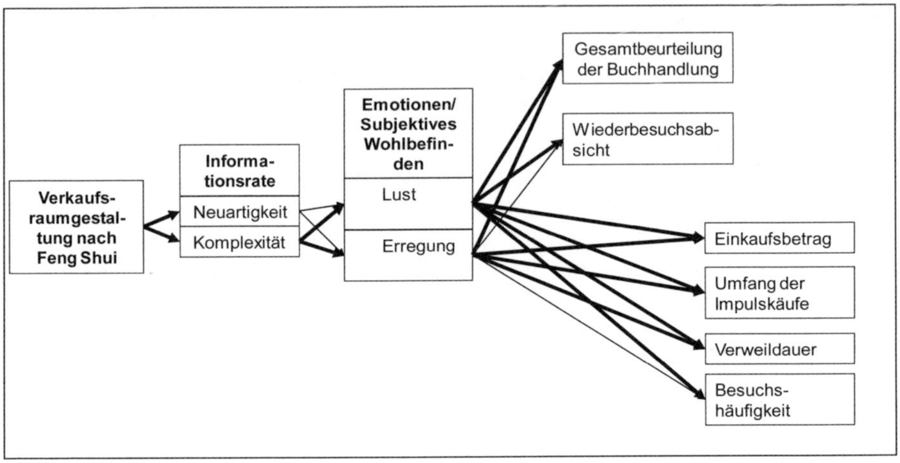

Abb. 10.9: Die empirischen Ergebnisse im graphischen Überblick (die signifikanten Zusammenhänge sind durch fettgedruckte Pfeile gekennzeichnet)

10.2.3 Beiträge aus der „positiven" Psychologie

Pieper (2009) hat sich an Überlegungen der „positiven" Psychologie, die sich mit der Analyse positiver psychologischer Phänomene beschäftigt, orientiert. Sein Ansatz geht auf den aus Ungarn stammenden amerikanischen Psychologen Mihaly Csikszentmihalyi zurück, der sich seit 1963 mit dem Thema Freude beschäftigt (Csikszentmihalyi, M. 1995, S. 7). Er ging der Frage nach, wann sich Menschen am glücklichsten fühlen (Csikszentmihalyi, M., 2004, S. 13). Dieser Ansatz ist mittlerweile auch in verschiedenen betriebswirtschaftlichen Zusammenhängen getestet worden, so zur Erklärung impulsiver Kaufentscheidungen (J.-F. Engelhardt, K. Weihe und J. Wandt, 2004), beim Eventmarketing (J. Drengner und C. Zanger 2002) und insbesondere für Tätigkeiten im Internet (T. P. Novak, D. L. Hoffman und Y.-F. Yung 2000; S. Diehl 2002; D. N. Smith und K. Sivakumar 2004).

Csikszentmihalyi beschreibt **Flow** als einen dynamischen Zustand des holistischen Gefühls beim völligen Aufgehen in einer Tätigkeit (Csikszentmihalyi, M., 2005, S. 58 f.). Handeln wird dabei als ein einheitliches „Fließen" von einem Augenblick zum nächsten erlebt und es wird kaum eine Trennung zwischen der eigenen Person und der Umwelt, zwischen Stimulus und Reaktion oder zwischen Vergangenheit, Gegenwart und Zukunft verspürt (Csikszentmihalyi, M., 2005, S. 58 f.); es wird auch vom **Flow-Ansatz** gesprochen. Pieper modifiziert den von Csikszentmihalyi übernommenen Katalog von Voraussetzungen, der gegeben sein sollte, damit sich das mit dem Flow verbundene Glückgefühl einstellt, so, dass er auch auf den Einkauf in einem Einzelhandelsgeschäft passt. Er fragt, inwieweit Größen wie „Neues", „Sozialer Kontakt" usw (jeweils mit mehreren Indikatoren gemessen, sowohl bei Käufern in einem Geschäft wie auch bei Nicht-Käufern einen Beitrag zur Freude am Einkaufen leisten. Dabei zeigt sich, dass bei Käufern „Neues", gemessen mit „außergewöhnlichem Ambiente", „außergewöhnliche Produkte", „Inspiration", „Neues entdecken", „probieren", „Überraschung" signifikante Beiträge zur **Erlebnisqualität** in einem Geschäft geleistet werden können, während von „Aufgeräumtheit", „Orientierung" und „Übersichtlichkeit" nur geringe Wirkungen ausgingen (O. Pieper, 2009, S. 200).

10.3 Entscheidungen über die Bildung und Anordnung von Platzierungseinheiten

Im Rahmen der Verkaufsraumgestaltung ist festzulegen, welche Artikel gemeinsam platziert werden sollen, welche Anteile der Verkaufsflächen ihnen zugewiesen werden sollen und wie die Waren innerhalb von Regalen platziert werden sollen.

10.3.1 Die Bildung von Platzierungsgruppen

Die Menge der Artikel, die in räumlicher Nähe zueinander platziert werden sollen, werden als Platzierungseinheiten bzw. -gruppen bezeichnet. Die einzelnen Artikel lassen sich nach verschiedenen Kriterien zu Platzierungsgruppen zusammenfassen und anordnen (vgl. die Kataloge zur Typologisierung von Waren bei H. Knoblich 1969), so nach der stofflichen Substanz der Produkte, der Preislage, Herstellern, Verwendungszwecken oder dem Kaufverbund von Artikeln. Je nachdem, in welcher Reihenfolge diese Kriterien herangezogen werden, um Sortimente in Platzierungsgruppen aufzugliedern, ergeben sich andere Abteilungs- und Regalstrukturen. So ist z. B. in vielen Textilgeschäften zu beobachten, dass die Waren in jeweiligen Marken-Shops präsentiert werden. Die Bildung von Platzierungsgruppen steht in enger Verbindung zur Bildung von Categories und Sub-Categories (vgl. hierzu Kapitel 5). Dort war auf die Verbraucherorientierung hingewiesen worden.

Die Frage, ob ein Sortiment endverbraucherorientiert gegliedert ist, kann in vielen Fällen jedoch nur mit Schwierigkeiten ad hoc beantwortet werden. Hierzu muss einerseits bekannt sein, welche Ansprüche die Kunden an eine Sortimentsgliederung stellen und andererseits, wie diesen Ansprüchen durch die Bildung und Anordnung von Platzierungseinheiten entsprochen werden kann. Die **Ansprüche der Kunden** und die aus ihnen abgeleiteten Regalgestaltungsprinzipien können vielfältig sein (vgl. hierzu S. Zielke 2001 und 2002):

1. Die Anordnung von Platzierungsgruppen kann den **physischen Suchaufwand**, d. h. die vom Kunden zurückzulegenden Laufwege im Verkaufsraum reduzieren, indem häufig gemeinsam gekaufte Artikel in räumlicher Nähe zueinander platziert werden.
2. Die Sortimentsgliederung kann aber auch an dem **psychischen Suchaufwand** der Kunden ansetzen. Hierunter wird der kognitive Aufwand verstanden, der erforderlich ist, um einen oder mehrere gesuchte Artikel im Verkaufsraum zu finden. Dieser Aufwand kann reduziert werden, indem solche Artikel gemeinsam platziert werden,

die in den kognitiven Strukturen der Kunden stark miteinander assoziiert sind und deshalb als zusammengehörig erachtet werden.
3. Nachdem Kunden eine gesuchte Platzierungseinheit gefunden haben, müssen sie unter Umständen eine **Auswahlentscheidung** treffen. Der hierzu erforderliche Aufwand kann erleichtert werden, indem Artikel, die in starkem Maße als Substitute angesehen werden, in einer gemeinsamen Platzierungsgruppe zusammengefasst werden. Machen Kunden Gebrauch von hierarchischen Entscheidungsheuristiken, indem sie beim Kauf von Wein erst die Farbe, dann das Anbaugebiet, die Rebsorte und als letztes schließlich den Preis heranziehen, können die Regalstrukturen an diese Heuristiken angepasst werden.
4. Schließlich kann dem **Wunsch nach Stimulation** nachgekommen werden, indem häufig gemeinsam gekaufte oder verwendete Artikel zu Sortimentseinheiten zusammengefasst werden.

Die aus den unterschiedlichen Ansprüchen abgeleiteten Gestaltungsprinzipien können zu teilweise widersprüchlichen Ergebnissen führen. So könnte aus der Beobachtung, dass Bier und Windeln häufig gemeinsam gekauft werden, unter Hinweis auf die Einkaufserleichterung abgeleitet werden, Bier und Windeln gemeinsam zu platzieren. Dies würde vielleicht den Aufwand der Kunden reduzieren, weil sie beim Kauf des einen Artikels (Windeln) an den Kauf des anderen Artikels (Bier) erinnert werden und diesen Artikel auch ohne weitere Wegstrecken vorfinden, aber ein solches Platzierungssystem liefe den Vorstellungen der meisten Verbraucher entgegen. Dieses verdeutlicht, dass es erforderlich ist, die Vorstellungen der Verbraucher zu erkennen und Prioritäten für die unterschiedlichen Regalgestaltungsprinzipien festzulegen. S. Zielke (2002) empfiehlt für SB-Warenhäuser und Verbrauchermärkte, die Sortimentsgliederung an den kognitiven Strukturen der Verbraucher auszurichten, wobei er sich auf folgende Argumente stützt:

- Die Entlastung von Suchprozessen wird in SB-Warenhäusern und Verbrauchermärkten von den Kunden für bedeutsamer erachtet als die Entlastung von Entscheidungsprozessen oder die Anregung zu zusätzlichen Kaufmöglichkeiten.
- Das Platzierungswissen der Kunden ist in SB-Warenhäusern und Verbrauchermärkten häufig gering, wie Untersuchungen von R. Sommer und S. Aitkens (1982) sowie F.-R. Esch und P. Billen (1996) zeigen.
- Entscheidungsheuristiken und Einkaufsverbünde sind weder homogen noch stabil. Sie können sich sowohl bei unterschiedlichen Personen als auch bei einer Person in Abhängigkeit von situativen Faktoren unterscheiden.

Die Analyse von Suchprozessen kann an beobachtetem Suchverhalten ansetzen. Hierbei bedient man sich der Protokollanalyse (Methode des lauten Denkens während einer Suchaufgabe; vgl. R. H. King 1969 oder P. A. Titus und P. B. Everett 1995), der Blickaufzeichnung (W. Leven 1992) oder der Antwortzeitanalyse, bei der die Zeit gemessen wird, die ein Proband zur Lösung einer Suchaufgabe benötigt (P. Kinateder 1989; W. Leven 1992; S. Geister 1997).

Eine andere Methode setzt an Ähnlichkeits- bzw. Zusammengehörigkeitsvorstellungen oder an Begriffsassoziationen in den kognitiven Strukturen der Kunden an. Zusammengehörigkeitsvorstellungen werden mit Hilfe von Sortierverfahren ermittelt, bei denen Probanden gebeten werden, verschiedene Testartikel nach Maßgabe ihrer Zusammengehörigkeit zu sortieren. Begriffsassoziationen werden gemessen, indem Probanden möglichst viele zu einem Oberbegriff, bspw. zu einem Warenbereich, gehörige Artikel nennen sollen. Aus den Sortierergebnissen bzw. aus der Reihenfolge der assoziierten Artikel lassen sich Distanzmatrizen berechnen, aus denen mit Hilfe von multidimensionaler Skalierung und Clusteranalyse Sortimentsstrukturen abgeleitet werden (P. Kinateder 1989; A. Mollá, J. M. Múgica und M. J. Yagüe 1998; S. Zielke 2001 und 2002). Dies sei im Folgenden an einem Beispiel veranschaulicht.

Versuchspersonen wurde die Aufgabe gestellt, innerhalb von 90 Sekunden möglichst viele Artikel zu nennen, die in einer Schreibwarenabteilung gekauft werden können. Dieser Erhebungstechnik liegt die Hypothese zu Grunde, dass die subjektiv empfundene Zusammengehörigkeit von Artikeln sich in der Reihenfolge spiegelt, mit der die Artikel genannt werden. Jede Versuchsperson zählt die Artikel in einer bestimmten Rangfolge auf; aus ihr lässt sich für jede einzelne Versuchsperson und für jede Artikelkombination die Distanz ermitteln, die zwischen den Rangplätzen für die einzelnen Artikel liegt. Auf der Grundlage der Matrix der für alle Versuchspersonen durchschnittlichen Distanzen lässt sich eine multidimensionale Skalierung errechnen, die die ursprünglichen Distanzen in einem niedrig dimensionierten Raum darstellt (vgl. auch die Ausführungen zur Bildung von Categories im Kapitel 5; weitere Details der Erhebung und der Auswertung finden sich bei S. Zielke 2002).

10.3.2 Die Zuteilung von Flächenkapazitäten

Im stationären Handel müssen den anzubietenden Warengruppen (Categories) Flächen zugewiesen werden. In einem solchen Flächenplan ist der Umfang der Fläche und der jeweilige Standort festzulegen. Bei der Verteilung der Flächenkapazitäten auf die einzelnen Platzierungseinheiten ist zunächst danach zu fragen, welche Wirkungen eine bestimmte Kapazitätsverteilung auf verschiedene Zielgrößen, beispielsweise den Absatz oder den Marktanteil einer Platzierungseinheit, aber auch auf Sichtkontakte, Wegkontakte oder Handlingkosten hat. Die Kapazitätsverteilung kann sich dabei auf die Zuordnung verschiedener Raumarten beziehen.

Die Bemessung der zuzuteilenden Verkaufsfläche ist auf das Engste mit der Sortimentspolitik verknüpft, denn tendenziell wächst der Raumbedarf mit der Sortimentstiefe. Die Auswirkungen verschieden großzügiger Raumzuweisungen werden sich in vielen Fällen nur abschätzen lassen. Hierfür kommt das sog. Decision-Calculus-Verfahren in Frage, nach dem Experten angeben sollen, um wie viel der Umsatz voraussichtlich ansteigt, wenn die Fläche gegenüber einer bestimmten Bezugsgröße um beispielsweise 10 % ausgedehnt wird bzw. wenn die Fläche um 10 % reduziert wird. Die Schätzungen werden als Punkte einer Response-Funktion gesehen, die den Umsatz der Sortimentseinheit mit der zugewiesenen Fläche verknüpft. Es versteht sich, dass bei solchen Schätzungen von Flächen einer definierten Qualität ausgegangen werden muss. Abbildung 10.10 zeigt die Grundidee einer flächenbezogenen Response-Funktion am Beispiel von zwei Warengruppen, auf die eine beschränkt verfügbare Fläche von 100 qm aufgeteilt werden soll: Die Flächeneinheiten sind jeweils jener Verwendung zuzuführen, bei der der Grenzertrag am höchsten ist.

Qm (1)	DB WG 1 (in 1000 €) (2)	Anstieg (in 1000 €) (3)	DB WG 2 (in 1000 €) (4)	Anstieg (in 1000 €) (5)
0	**0**	**0**	**0**	**0**
10	**42**	**42 (1.)**	**40**	**40 (4.)**
20	**84**	**42 (2.)**	**75**	**35 (6.)**
30	**126**	**42 (3.)**	**105**	**30 (8.)**
40	**165**	**39 (5.)**	**125**	**20 (10.)**
50	**199**	**34 (7.)**	134	9
60	**227**	**28 (9.)**	142	8
70	242	15	149	7
80	250	8	154	5
90	254	4	158	4
100	256	2	160	2

Abb. 10.10: Verwendung der knappen Fläche entsprechend dem Grenzertrag

Die Abbildung zeigt zunächst in den Spalten (2) und (4), wie nach Meinung der Experten der Deckungsbeitrag der beiden Warengruppen ansteigt, wenn ihnen alternativ große Flächen zugewiesen werden. In den Spalten (3) und (5) wird dann sukzessive die vorhandene Fläche auf die beiden Warengruppen aufgeteilt: Die ersten 30 qm werden Warengruppe 1 zugeteilt, im Schritt 4 erhält Warengrupe 2 die ersten 10 qm. Die Zuweisung erfolgt jeweils dort, wo der marginale Anstieg jeweils am höchsten ist.

Diese Orientierung an ökonomischen Zielgrößen lässt sich durch Überlegungen ergänzen, die auf interne Prinzipien des Handelsbetriebes und interne Reaktionen der Nachfrager explizit Bezug nehmen. Wenn z. B. festgelegt worden ist, dass eine Warengruppe zur Profilierung des Geschäftes dienen soll, dann ergeben sich Folgerungen für die Sortimentstiefe und die Art der Präsentation. Aus beidem folgt ein bestimmter Flächenbedarf.

Es ist zu prüfen, inwieweit aus den erleichterten Suchprozessen auch ein entsprechender Kundenbindungsnutzen resultiert. Ein hoher Bindungsnutzen wird insbesondere in solchen Branchen oder Betriebsformen erwartet werden können, in denen Versorgungsmotive gegenüber hedonistischen Einkaufsmotiven dominieren. In anderen Branchen, beispielsweise im Textileinzelhandel, in denen auch hedonistischen Einkaufsmotiven ein gewisser Stellenwert zukommt, können sich andere Gliederungsprinzipien als sinnvoll erweisen. Dies können beispielsweise kontextbezogene Präsentationskonzepte (A. Gröppel 1991 und 1992) oder Shop-Systeme (K. Medla 1987) sein.

10.3.3 Entscheidungen über die Zuteilung von Regalflächen

Schließlich geht es um die Regalgestaltung. Besondere Aufmerksamkeit hat die Frage gefunden, wie die Anzahl der Facings eines Artikels auf den Umsatz und die Regalpflegekosten wirkt. Einige Studien haben den Einfluss des Regalortes auf Absatz und Umsatz untersucht.

Einen Überblick über Untersuchungen zur Regalgestaltung geben W. Höller (1987), B. Heidel (1990) oder S. Zielke (2002). Auch wenn die **Ergebnisse** einiger Untersuchungen widersprüchlich sind, hat sich tendenziell gezeigt, dass

- Regalorte in Greif- und Sichthöhe eine besonders hohe Wertigkeit aufweisen,
- zwischen zugeteilten Frontstücken einer Platzierungseinheit und deren Absatz ein positiver, aber degressiv steigender Zusammenhang besteht,
- Platzierungseinheiten unterschiedlich stark auf veränderte Kapazitätsverteilungen reagieren.
- Zur Beurteilung der Gliederungsmethoden sollte zunächst geprüft werden, inwieweit sie tatsächlich zu Sortimentsstrukturen führen, die das Zurechtfinden der Kunden unterstützen. P. Kinateder (1989) konnte diesbezüglich zeigen, dass eine auf der Basis von Sortierexperimenten ermittelte Sortimentsstruktur für die Kategorie Süßgebäck tatsächlich dazu führte, dass sich Kunden in der Abteilung besser zurechtfanden. Allerdings gingen von der neuen Sortimentsstruktur keine direkten Umsatzeffekte aus.

Im Gegensatz zu den vorwiegend nach dem SR-Paradigma angelegten Untersuchungen hat S. Zielke (2002) einen stärker verhaltenswissenschaftlich orientierten Zugang gewählt, indem er erst untersucht hat, wie sich die Zuteilung von Regalkapazitäten auf die zur Suche von Artikeln benötigte Zeit (Suchzeit) sowie auf die Wahrscheinlichkeit, dass Artikel ohne Suche wahrgenommen werden (Wahrnehmungswahrscheinlichkeit), auswirkt. Hierbei konnte empirisch gezeigt werden, dass mit zunehmender Sichtfläche einer Platzierungseinheit die Suchzeit sinkt und die Wahrnehmungswahrscheinlichkeit ansteigt. Gleichzeitig führt die sinkende Suchzeit nach einem Artikel dazu, dass die Wahrscheinlichkeit, dass andere Artikel wahrgenommen werden, abnimmt. Mit Hilfe der Wahrnehmungswahrscheinlichkeiten lassen sich Absatzeffekte unterschiedlicher Platzierungsalternativen erklären. Inwieweit eine erhöhte Wahrnehmungswahrschein-lichkeit zu einer Absatzsteigerung führt, hängt dabei u. a. davon ab, inwieweit die Kunden eine Kaufabsicht für die wahrgenommenen Artikel entwickeln und inwieweit sie bereit sind, die für die Artikel verlangten Preise zu bezahlen.

S. Zielke schlägt auf der Grundlage dieser Ergebnisse am Beispiel von Büroartikeln ein Regallayout vor, das die folgenden Bereiche enthält:

- Artikel zum Schreiben: mit Schreibgeräten, Hilfsmitteln und Schreibmaterial, wie Blocks und Hefte,
- Artikel zum Ordnen, wie Ordner, Schnellhefter und Locher,

- Artikel zum Versenden, wie Briefpapier, Briefumschläge, Karten, Druckerpapier und Papier.

Das Wissen um die Zusammenhänge zwischen Platzierungsparametern und Zielgrößen der Warenplatzierung bildet die Grundlage zur Ermittlung optimaler Kapazitätsverteilungen.

Zur **Optimierung** stehen unterschiedliche Verfahren zur Verfügung, die in der Literatur üblicherweise in die Kategorien Daumenregeln, kennzahlorientierte Verfahren, marginalanalytische Verfahren, Methoden der mathematischen Programmierung und heuristische Verfahren eingeordnet werden (vgl. K. Barth 1975; H. Müller 1982; W. Höller 1987; B. Heidel 1990). S. Zielke (2002) verwendet eine alternative Systematik, auf die im Folgenden näher eingegangen werden soll.

Unter der Kategorie „Daumenregeln“ lassen sich kennzahlorientierte Verfahren und Platzierungsheuristiken zusammenfassen. Bei kennzahlorientierten Verfahren wird Verkaufs- oder Regalfläche proportional zu einer Kennzahl, bspw. dem Umsatz- oder Absatzanteil einer Platzierungseinheit, zugewiesen. Teilweise werden hierbei auch mehrere unterschiedliche Kennzahlen zu einer „Superkennzahl“ verknüpft, wobei sich allerdings die Frage nach einer geeigneten Verknüpfungsregel stellt.

Viele der in der Praxis verbreiteten **Computerprogramme** (sog. Spacemanagementprogramme) basieren auf solchen kennzahlorientierten Verfahren. Bekannt sind Spaceman von AC Nielsen, Apollo im Vertrieb von Picturebox und Programme der Firma Intactix (vgl. hierzu den tabellarischen Überblick bei D. Möhlenbruch und C. Meier 1993 sowie die Ausführungen bei T. Günther und R. Mattmüller 1993; A. Kunz 1994; S. Zielke 1999).

Abbildung 10.11 vermittelt einen Eindruck von der Struktur eines Spacemanagementsystems. Eines der zentralen Probleme dieser Systeme ist darin zu sehen, dass den Artikeln Regalkapazitäten auf Grund ihrer historischen Performance zugewiesen werden, wobei die tatsächlichen Wirkungszusammenhänge zwischen Platzierung und Performance unberücksichtigt bleiben.

Eingabedaten	• Artikeldaten (Performance, Abmessungen), Warenträgerdaten (Abmessungen), historische Planogramme • Wirkungen von Marktentwicklungen und geplanten Verkaufsförderungsaktionen • Prioritäten für Frontstücke und Wirkung von Duplikationen (Listing substitutiver Artikel) • Minimum-/Maximum-Restriktionen (unter Berücksichtigung von Bestandsanforderungen) • Repräsentationsanforderungen (Mindestanzahl von Listings in einer Warengruppe)
Optimierungs-variable	• Anzahl der Frontstücke
Optimierungs-kriterien	• Performance-Index (gebildet aus gewichteten Kennzahlen unter Berücksichtigung von Trends und geplanten Promotions) • Minimum/Maximumrestriktionen, Repräsentationsanforderungen

Optimierungs-regel	• Berücksichtigung der Minimumrestriktionen • Berücksichtigung der Repräsentationsanforderungen • Zuteilung von Facings nach Maßgabe des Performance-Index (dabei Korrektur der Index-Werte auf Basis von Frontstückprioritäten und Wirkungen von Duplikationen) • Berücksichtigung der Maximumrestriktionen
Ausgabedaten	• Listingmatrix • Planogramm

Abb. 10.11: Die Struktur eines modernen Spacemanagementsystems (Quelle: S. Zielke 2002)

Kennzahlenorientierte Modelle basieren darauf, dass die Verkaufs- oder Regalfläche aufgrund einer einfachen Kennzahl (z. B. Umsatz- oder Absatzanteil) oder einer Kombination von **Kennzahlen** (z. B. Anteil des Deckungsbeitrages, Lagerumschlag, ROI) vergeben wird. Bei einigen Verfahren werden mehrere Kennzahlen multiplikativ miteinander verknüpft (Müller, H.: 1982, S. 198–203. Die Verwendung von Kennzahlen zur Vergabe von Regal-Verkaufsfläche bringt die folgenden Probleme mit sich (Vgl. Müller, H., 1982, S. 203):

- Bei Kennzahlenverfahren bleiben dynamische Aspekte unberücksichtigt.
- Bei Kennzahlenverfahren wird die Multivalenz (unterschiedliche Wertigkeit einzelner Regalzonen) der Regale außer Acht gelassen, wobei allerdings nicht sicher ist, ob solche Multivalenzen tatsächlich in allen Fällen bestehen.
- Kostenaspekte wie Nachfüll- und Fehlmengenkosten bleiben unberücksichtigt, es sei denn, sie werden geschlüsselt, eine Vorgehensweise, die aber zu ungenauen Ergebnissen führt.
- Verbundeffekte zwischen Artikeln bzw. zwischen Warenbereichen bleiben ausgeblendet.
- Regionale und lokale Unterschiede in den Verkaufsstellen erschweren die Übertragbarkeit von Kennzahlen.

Kennzahlenverfahren wurden schon in den 50er Jahren in den USA entwickelt (vgl. z. B. die Foodtown-Studie 1955, die Super Valu-Studie 1957, die *Dillon*-Studie 1959 und die Studie von *McKinsey* 1963). Kennzahlenverfahren erfreuen sich aber nach wie vor großer Beliebtheit und haben Eingang in Planungssysteme gefunden.

Auch bei **Platzierungsheuristiken** werden Faustregeln herangezogen, bspw. dass Impulsartikel mit hohem Bekanntheitsgrad bei der Platzierung bevorzugt werden sollen (vgl. K. Barth 1975; H. Müller 1982).

Die dritte Kategorie von Verfahren geht von einem formalen **Modell** aus und sucht auf der Basis analytischer Überlegungen nach einer optimalen Lösung. Dieser Verfahrensklasse sind Varianten der mathematischen Programmierung und der Marginalanalyse zuzurechnen. Analytische Verfahren werden von E. E. Anderson (1979), H. J. Wieland (1977 und 1979), P. Hansen und H. Heinsbroek (1979), M. Corstjens und P. Doyle (1981 und 1983), F. S. Zufryden (1986), A. Bultez et al. (1988 und 1989), J. Preston und A. Mercer (1990) sowie M.-H. Yang und W.-C. Chen (1999) herangezogen.

Während bei analytischen Verfahren eine optimale Lösung berechnet wird, gehen enumerative Verfahren bereits von konkreten Lösungen aus, denen jeweils Werte des Zielkriteriums zugeordnet sind. Bei vollständiger Enumeration werden für alle möglichen Lösungen Zielfunktionswerte ermittelt und anschließend wird die optimale Lösung ausgewählt. Bei unvollständiger Enumeration werden ausgehend von einer Startlösung nach bestimmten Regeln zufallsgesteuert neue Lösungen ermittelt, die jeweils auf ihren Zielerreichungsgrad hin überprüft werden. Zu diesen Verfahren zählen insbesondere naturadaptive Ansätze, wie evolutionäre Algorithmen (T. L. Urban 1998; S. Zielke 2002) und Simulated Annealing (N. Borin et al. 1994; 1995).

Hybride Verfahren haben sowohl enumerativen als auch analytischen Charakter. Bei diesen Verfahren wird jeder Platzierungsalternative eines Artikels ein Zielfunktionswert zugeordnet. Die Auswahl der Platzierungsalternativen der einzelnen Artikel erfolgt unter Beachtung der Raumrestriktion anschließend auf der Basis analytischer Überlegungen. Zu den hybriden Verfahren sind beispielsweise die Ansätze von B. Heidel (1990) und X. Drèze, S. J. Hoch und M. E. Purk (1994) zu zählen.

Es stellt sich die Frage, wie die unterschiedlichen Verfahren zu bewerten sind. Zu den Daumenregeln sind zwar einfach handhabbar sind, führen aber in der Regel zu suboptimalen Lösungen. Die analytischen Verfahren erlauben zwar die Ermittlung optimaler Lösungen, jedoch bestehen bei komplexen Platzierungsproblemen Zweifel am effizienten Einsatz dieser Verfahren. Die enumerativen Verfahren sind dagegen sehr gut bei komplexen Platzierungsproblemen einsetzbar, führen aber nicht zwangsläufig zur optimalen, sondern häufig nur zu einer „guten“ Lösung. S. Zielke (2002) hat gezeigt, wie mit Hilfe evolutionärer Algorithmen wahlweise der Deckungsbeitrag eines Regals maximiert oder die durchschnittliche Suchzeit nach Artikeln minimiert werden kann.

10.4 Zusammenfassung

Die Ladengestaltung gehört ohne Zweifel zu den Marketinginstrumenten des Handels, wiewohl die Vielzahl ihrer Ausgestaltungsmöglichkeiten und die Schwierigkeiten zu messen, wie Konsumenten hierauf reagieren, eine Planung erschweren. Hier wurden vier Bereiche unterschieden: die Gestaltung der Einkaufsatmosphäre, die Bildung von Platzierungseinheiten, die Zuweisung von (knappem) Verkaufsraum zu den Platzierungseinheiten und die Regalgestaltung im Selbstbedienungshandel.

Zur Beurteilung, inwieweit es durch die Ladengestaltung gelungen ist, eine verkaufsfördernde Atmosphäre zu erzeugen, wurde auf das Mehrabian-Russel-Modell verwiesen. Dort wie gefragt, inwieweit ein Verkaufslokal Lust, Erregung (und Dominanz) erzeugen kann. Es gibt inzwischen viele Hinweise, dass es sich dabei um wichtige intervenierende Variablen handelt, zumindest bei Lust und Erregung. Ergänzend wurde auch das Flow-Konzept vorgestellt.

Der Verkaufsraum wird im Handel immer als nur begrenzt zur Verfügung stehende Ressource empfunden. Es ist hilfreich, sich bei der Aufteilung des Verkaufsraums auf einzelne Warengruppen des alten ökonomischen Prinzips zu erinnern, dass knappe Ressourcen dort eingesetzt werden sollen, wo sie den größten Nutzen stiften.

Ähnliche Überlegungen gelten auch für die Regalbelegung. Obwohl inzwischen computergestützte Planungshilfen eingesetzt werden, bleibt es doch unvermeidbar, Kriterien für die Zuweisung zu formulieren. Dabei dominieren kennzahlengestützte Verfahren.

Internetadressen

- Das EHI Retail Institute e. V. gibt die Zeitschrift stores + shops heraus und veranstaltet Messen zur Ladengestaltung: www.ehi.org

Aktivitäten

- Erstellen Sie jeweils einen Plan der Verkaufsräume (in ungefährer Maßstäblichkeit) von
  - Aldi und Lidl (Lebensmitteldiscounter),
  - Schlecker und DM (Drogeriemärkte).
- Wo gibt es Unterschiede in der Ladengestaltung? Erstellen Sie jeweils vergleichende Steckbriefe.
- Machen Sie eine Kurzumfrage bei Ihren Bekannten, in welchen Geschäften diese schon einmal „Lust" beim Einkauf erlebt haben? Gibt es Geschäfte, die relativ häufig genannt werden, gibt es Geschäfte, die nie genannt werden, obwohl dort gekauft wurde?
- Gestalten Sie anhand der Daten der folgenden Fallstudie ein Nudelregal: L. Müller-Hagedorn, L., Jedrowiak, J., Mirza, O.: Regionale Differenzen in der Bedürfnisstruktur bei der Implementierung von Category Management, in: L. Müller-Hagedorn und R. Mesch (Hrsg.): Efficient Consumer Response in der Praxis, Frankfurt a. M. 2006, S. 133–175.

Fragen zur Diskussion

- Ist das Mehrabian-Russel-Modell möglicherweise für den Erlebnishandel von Interesse, nicht aber für den sog. Versorgungshandel?
- Welchen Kennzahlen würden Sie bei der Zuteilung von Regalkapazitäten auf einzelne Artikel den Vorrang geben?

Abkürzungsverzeichnis

asw	Absatzwirtschaft. Zeitschrift für Marketing
BAG	Bundesarbeitsgemeinschaft der Mittel- und Großbetriebe, aufgegangen in HDE
BBE	Betriebswirtschaftliche Beratungsstelle für den Einzelhandel
CCG	Centrale für Coorganisation, heute GS1 (Global Standards)
DBW	Die Betriebswirtschaft
EAN	Europäische Artikelnummer
ECR	Efficient Consumer Response
EDLP	Every day low prices (Dauerniedrigpreispolitik)
EPC	Electronic Product Code
EHI	EuroHandelsinstitut, heute EHI Retail Institute e. V.
FfH	Forschungsstelle für den Handel, Berlin
FMCG	Fast Moving Consumer Goods
HBR	Harvard Business Review
HDE	Hauptverband des Deutschen Einzelhandels
Hilo	ständiger Wechsel von hohen (high) und niedrigen (low) Preisen
HWA	Handwörterbuch der Absatzwirtschaft
HWB	Handwörterbuch der Betriebswirtschaft
IfH	Institut für Handelsforschung an der Universität zu Köln
JoAR	Journal of Advertising Research
JoB	Journal of Business
JoCR	Journal of Consumer Research
JoM	Journal of Marketing
JoMR	Journal of Marketing Research
JoR	Journal of Retailing
KPI	Key Performance Indicator
o.J.	ohne Jahresangabe
o.O.	ohne Ortsangabe
o.V.	ohne Verfasser
RGH	Rationalisierungsgemeinschaft des Handels, aufgegangen in EHI
RMS	Revenue Management System
SKU	Stock Keeping Unit
WiSt	Wirtschaftswissenschaftliches Studium (Zeitschrift)
WISU	Das Wirtschaftsstudium (Zeitschrift)
ZfB	Zeitschrift für Betriebswirtschaft
ZfbF	Zeitschrift für betriebswirtschaftliche Forschung
ZFP	(Marketing) – Zeitschrift für Forschung und Praxis
ZV + ZV	Zeitschrift des „Zeitungsverlag und Zeitschriften- Verlag“

Literaturverzeichnis

Aaker, D. A.: Building Strong Brands, London (2002).

Aaker, J. L.: Dimensions of Brand Personality, in: JoMR, Jg. 34 (1997), S. 347–357.

Abell, D. F.: Defining the Business. The Starting Point of Strategic Planning, Engelwood Cliffs, N.J. (1980).

Abernethy, A. M./Laband, D. N.: The Impact of Trademarks and Advertisement Size on Yellow Page Call Rates, in: JoAR, Jg. 44 (2004), S. 119–125.

Abernethy, A. M./Laband, D. N.: The Customer Pulling Power of Different-sized Yellow Pages Advertisements, in: JoAR, Jg. 42 (2002), S. 66–72.

Ackermann, J.: Branding aus der Perspektive eines Lebensmittelhandelsunternehmens, in: Tomczak, T. (Hrsg.): Store Branding. Der Handel als Marke, Wiesbaden (2000), S. 51–62.

Adam, D.: Les Reactions du Consommateur devant le Prix. Paris 1985. Übersetzt in: Taylor, B./ Wills, G., (Hrsg.): Pricing Strategy, London (1969), S. 75–88.

Agrawal, R./Imielinski, T./Swami, A.: Mining Association Rules between Sets of Items in Large Databases, in: Proceedings of the 1993 ACM SIGMOD Conference, Washington DC, USA, May (1993).

Agrawal, R./Mannila, H./Srikant, R. et al.: Fast Discovery of Association Rules, in: Fayyad, U. M./ Piatetsky-Shapiro, G./Smyth, P. et al. (Hrsg.): Advances in Knowledge Discovery and Data Mining, Menlo Park, Californien (1996).

Ahlert, D./Kenning, P./Schneider, D.: Markenmanagement im Handel. Strategien – Konzepte – Praxisbeispiele, Wiesbaden (2000).

Albaum, G./Golden, L. L./Zimmer, M. R.: The Numerical Comparative Scale: An Economical Format for Retail Measurement, in: JoR, Jg. 63 (1987), S. 393–410.

Arnett, D. B./Laverie, D. A./Meiers, A.: Developing parsimonious retailer equity indexes using partial least squares analysis: a method and applications, in: JoR, Jg. 79 (2003), S. 161–170.

Anderson, E. E.: An Analysis of Retail Display Space: Theory and Methods, in: JoB, Jg. 52 (1979), S. 103–118.

Anderson, E. T./Simester, D. I.: Effects of $9 Price Endings on Retail Sales: Evidence from Field Experiments, in: Quantitative Marketing and Economics, Jg. 1 (2003), S. 93–110.

Andresen, T.: Anzeigenkontakt und Informationsüberschuss, Nürnberg (1987).

Ansoff, H. I.: Management-Strategie, München (1966).

Ansoff, H. I.: Strategies for Diversification, in: HBR, Jg. 35 (1957), S. 113–124.

Applebaum, W.: Methods for Determining Store Trade Areas, Market Penetration and Potential Sales, in: JoMR, Jg. 3 (1966), S. 127–141.

Areni, C. S./Kim, D.: The Influence of In-Store Lighting on Consumers' Examination of Merchandise in a Wine Store, in: International Journal of Research in Marketing, Jg. 11 (1994), S. 117–125.

Arnold, S./Ma, S./Tigert, D. J.: A Comparative Analysis of Determinant Attributes in Retail Store Selection. In H. Keith Hunt Ed., Advances in Consumer Research, Vol. V, Proceedings of Eighth Annual Conference of the Association for Consumer Research (1978), S. 663–667.

Arnold, S. J./Oum, T. H./Tigert, D. J.: Determining Attributes in Retail Patronage: Seasonal, Temporal, Regional, and International Comparisons, in: JoMR, Jg. 20 (1983), S. 149–157.

Ashdown, M./Schaller, J.: Geographische Informationssysteme und ihre Anwendung in MAB-Projekten, Ökosystemforschung und Umweltbeobachtung, MAB Mitteilungen– Schriftenreihe des Deutschen Nationalkomitees für das UNESCO Programm„ Der Mensch und die Biosphäre", Bonn (1990).

Assael, H./Kofron, J. H./Burgi, W.: Advertising Performance as a Function of Print Ad Characteristics, in: JoAR, Jg. 7 (1967), S. 20–26.

Assmus, G./Farley, J. U./Lehmann, D.: How Advertising affects Sales: Meta Analysis of Econometric Results, in: JoMR, Jg. 21 (1984), S. 65–74.

Ausschuss für Begriffsdefinitionen aus der Handels- und Absatzwirtschaft (Hrsg.): Katalog E. Begriffsdefinitionen aus der Handels- und Absatzwirtschaft, 4. Aufl., Köln (1995).

Ausschuss für Definitionen zu Handel und Distribution (Hrsg., 2006): Katalog E. Definitionen zu Handel und Distribution, 5. Ausgabe, Köln (2006).

Axel Springer AG/Bauer Media Group (Hrsg.): Verbraucher Analyse. Codeplan, Hamburg (2009).

Babin, B. J./Darden, W. R.: Consumer Self-Regulation in a Retail Environment, in: JoR, Jg. 71 (1995), S. 47–70.

Babin, B. J./Darden, W. R./Griffin, M.: Work and/or Fun: Measuring Hedonic and Utilitarian Shopping Value, in: JoCR, Jg. 20 (1994), S. 644–656.

Backhaus, K. et al.: Multivariate Analysemethoden: Eine anwendungsorientierte Einführung, 11. Aufl., Berlin (2006).

Bänsch, A.: Verkaufspsychologie und Verkaufstechnik, 7. Aufl., München-Wien (1998).

BAG (Hrsg.): Standortfragen des Handels, 5. Aufl., Köln (1995).

BAG (Hrsg.): Raumökonomie – Ein Handbuch für Planung, Umbau und Erweiterung von Geschäftsflächen im Einzelhandel, Köln (1979).

BAG (Hrsg.): Personaleinsatz im Einzelhandel, Köln o. J. (wahrscheinlich 1972).

Baker, J./Grewal, D./Levy, M.: An Experimental Approach to Making Retail Store Environmental Decisions, in: JoR, Jg. 68 (1992), S. 445–460.

Baker, J./Parasuraman, A./Grewal, D./Voss, G. B.: The Influence of Multiple Store Environment Cues on Perceived Merchandise Value and Patronage, in: JoM, Jg. 66 (2002), S. 120–141.

Baker, R. G. V.: What Underpins the Gravity Coefficient in Space-Time Modelling Aggregate Consumer Trip Behaviour to Shopping Centres?, in Reggiani, A. (Hrsg.): Spatial Economic Science, Berlin, Heildeberg, NY, (2000), S. 279–302.

Bald, C.: RFID in der Wertschöpfungskette von Konsumgütern, in: Handel im Fokus, Jg. 56 (2004), S. 90–104.

Ballwieser, W.: Shareholder Value als Element von Corporate Governance, in: Zeitschrift für betriebswirtschaftliche Forschung, Jg. 61 (2009), H. 2, S. 93 101.

Banning, T. E.: Lebensstilorientierte Marketing-Theorien, Heidelberg (1987).

Bartelme, N.: Geoinformatik, Modelle, Strukturen, Funktionen, Berlin, Heidelberg, New York (1995).

Barth, K.: Rentable Sortimente – Zufall oder Ergebnis operabler Entscheidungstechniken?, Sonderheft der Mitteilungen des Instituts für Handelsforschung Nr. 26, Göttingen (1980).

Barth, K.: Die Warenpräsentation in Einzelhandelsunternehmungen, in: Mitteilungen des IfH, Jg. 27 (1975), S. 93–97.

Barth, K./Hartmann, M./Schröder, H.: Betriebswirtschaftslehre des Handels, 5. Aufl., Wiesbaden (2002).

Barth, K./Theis, H. J.: Werbung des Facheinzelhandels, Wiesbaden (1991).

Bauer, H. H.: Die Entscheidung des Handels über die Aufnahme neuer Produkte. Eine verhaltenstheoretische Analyse, Berlin (1980).

Bauer, M.: Kaufkraftziffern, in: MB- Research, Internationale Markdaten, URL: http://www.mb-research.de, Abrufdatum: 01.08.2006.

Baumgartner, B./Steiner, W. J.: Are consumers heterogenous in their preference for odd an even prices?, Intern. J. of Research in Marketing, Vol. 24, (2007) S. 312–323.

Baumgartner, R.: Ladenerneuerung (Store Modernization), St. Gallen (1981).

BBE-Unternehmensberatung GmbH (Hrsg.): Die Mittel zur Optimierung des Personalbeitrages und der Arbeitsproduktivität durch Einsatz von Teilzeit- und Aushilfskräften, Köln o. J. (wahrscheinlich 1980).

Bea, F. X./Haas, J.: Strategisches Management, 4. Aufl., Stuttgart (2005).

Beck, A.: Die Einkaufsstättenwahl von Konsumenten unter transaktionstheoretischen Gesichtspunkten – Theoretische Grundlagen und empirische Überprüfung mittels der Adaptiven Conjointanalyse, Diss. Passau, (2004).

Beckmann, G.: Tageszeitungswerbung des Lebensmittel-Einzelhandels muss erweitert werden, in: ZV + ZV, Jg. 66 (1969), Nr. 23, 2b.

Behrens, K. C.: Der Standort der Handelsbetriebe, in: Behrens, K.C. (Hrsg.): Der Standort der Betriebe, Bd. 2, Köln-Opladen (1965).

Behrens, K. C.: Absatzwerbung, Wiesbaden (1963).

Behrens, K. C.: Allgemeine Standortbestimmungslehre, in: Behrens, K.C. (Hrsg.): Der Standort der Betriebe, Bd. 1, Köln-Opladen (1961).

Bell, D. R./Chiang, J./Padmanabhan, V.: The Decomposition of Promotional Response: An Empirical Generalization, in: Marketing Science, Jg. 18 (1999), S. 504–526.

Bell, D. R./Lattin, J. M.: Shopping Behavior and Consumer Preference for Store Price Format: Why „Large Basket" Shoppers Prefer EDLP, in: Marketing Science, Jg. 17 (1998), S. 66–88.

Bellizzi, J.A./Crowley, A.E./Hasti, R.W.: The Effects of Colour in Store Design, in: JoR, Jg. 59 (1983), S. 21–45.

Berekoven, L.: Erfolgreiches Einzelhandelsmarketing. Grundlagen und Entscheidungshilfen, 2. Aufl., München (1995).

Berman, B./Thelen, S.: A Guide to Developing and Managing a Well-Integrated Multi-Channel Retail Strategy, in: International Journal of Retail & Distribution Management, Jg. 32 (2004), S. 147156.

Bettman, J. R.: An Information Processing Theory to Consumer Choice (1979), Reading, MA.

Bidmon, R. K.: Die Rolle von Bildern und Headlines bei der Gestaltung von Katalogen, in: Mattmüller, R. (Hrsg.): Versandhandelsmarketing – Vom Katalog zum Internet, Frankfurt am Main (1999), S. 345–362.

Bienert, M. L.: Standortmanagement – Methoden und Konzepte für Handels- und Dienstleistungsunternehmen, Wiesbaden (1996).

Bijmolt, T. H. A./van Heerde, H. J./Pieters, R. G. M.: New empirical generalizations on the determinants of price elasticity. JoMR, 42 (2005), S. 141–156.

Bill, R.: Grundlagen der Geo- Informationssysteme, 4. Aufl., Heidelberg (1999).

Billen, P./Weiber, R. : Multi-Channel-Marketing. Die informationsökonomische Perspektive, in: Wirtz, W. B. (Hrsg.): Handbuch Multi-Channel-Marketing, Wiesbaden, (2007), S. 33–80.

Birkigt, K./St Bellizzi, J.A./Crowley, A.E./Hasti, R.W.: The Effects of Colour in Store Design, in: JoR, Jg. 59 (1983), S. 21–45.

Bitner, M. J.: Servicescapes. The Impact of Physical Surroundings on Customers and Employees, in: JoM, Jg. 56 (1992), S. 57–71.

Bitz, M.: Zeithorizonte bei der Investitions- und Finanzplanung, in: ZfB, Jg. 48 (1978), S. 175–193.

Blackwell, R. D./Miniard, P. W/Engel, J. F.: Consumer Behavior, 9. Aufl., Forth Worth u. a. (2001).

Bloemer, J./De Ruyter, K.: On the Relationship between Store Image, Store Satisfaction and Store Loyality, in: European JoM, Jg. 32 (1998), S. 499–513.

Blotevogel, H. H.: Handwörterbuch der Raumordnung , 2. Aufl., Hannover (2004).

Boatwright, P./Nunes, J. C.: Reducing Assortment: An Attribute-Based Approach, in: JoM, Jg. 65 (2001), S. 50–63 (Zu dem Aufsatz gibt es einen Korrekturhinweis der Autoren).

Böcker, F.: Die Bestimmung der Kaufverbundenheit von Produkten, Berlin (1978).

Böcker, F.: Die Analyse des Kaufverbunds – Ein Ansatz zur bedarfsorientierten Warentypologie, in: ZfbF, Jg. 27 (1975), S. 290–306.

Böcker, F.: Die Analyse des Sortimentsverbunds – Eine empirische Untersuchung, in: Blume, E. B./Ulrich, W. (Hrsg.): Perspektiven des Marketing im Handel, Freiburg/Schweiz (1974), S. 55–81.

Böcker, F./Merkle, E.: Die Analyse des Sortimentsverbunds, in: Böcker, F./Dichtl, E. (Hrsg.): Erfolgskontrolle im Marketing, Berlin (1975a), S. 179–191.

Böcker, F./Merkle, E.: Mantel kauft Bluse – Analyse des Sortimentsverbunds, in: Rationeller Handel, Jg. 1 (1975b), S. 14–20.

Bökemann, D. : Theorie der Raumplanung. Regionalwissenschaftliche Grundlagen für die Stadt-, Regional- und Landesplanung, München, Wien, Oldenburg (1984).

Boles, J. S./Babin, B. J./Brashear, T. G./Brooks, C: An examination of the relationships between retail work environments, salesperson selling orientation-customer orientation and job performance, in: Journal of Marketing Theory & Practice, Jg. 9 (2001), S. 1–15.

Bolton, R. N.: The Relationship Between Market Characteristics and Promotional Price Elasticities, in: Marketing Science, Jg. 8 (1989), S. 153–169.

Bordemann, H. G.: Analyse von Verbundbeziehungen zwischen Sortimentsteilen im Einzelhandel. Ein Ansatz zur Erfassung und empirischen Bestimmung von Verbundbeziehungen auf der Basis von automatischen Warenwirtschaftssystemen im Einzelhandel, Duisburg (1986).

Borin, N./Farris, P.: A Sensitivity Analysis of Retailer Shelf Management Models, in: JoR, Jg. 71 (1995), S. 153–171.

Borin, N./Farris, P. W./Freeland, J. R.: A Model for Determining Retail Product Category Assortment and Shelf Space Allocation, in: Decision Sciences, Jg. 25 (1994), S. 359–384.

Bost, E.: Ladenatmosphäre und Konsumentenverhalten, Heidelberg (1987).

Boztug, Y./Reutterer, T.: A Combined Approach for Segment-Specific Analysis of Market Basket Data, by European Journal of Operational Research, 187 (1), (2008), 294–312.

Brauer, K. M.: Die Ermittlung der optimalen Warengruppenstruktur einer Filiale in Lebensmittelfilialbetrieben, in: Gümbel, R./Brauer, K. M./Liebmann, H.-P. et al. (Hrsg.): Unternehmensforschung im Handel, Rüschlikon-Zürich (1969), S. 100–119.

Brecht, Winfried: Computerunterstützte Optimierung, in: Personalwirtschaft, Jg. 26 (1999a), Sonderheft 10, S. 23–32.

Brecht, Winfried: Wie Dienstzeiten am besten geplant werden, in: Harvard Business Manager, Jg. 21 (1999b), S. 101–107.

Briesch, R. A./Krishnamurthi, L./Mazumdar, T./Raj, S. P.: A Comparative Analysis of Reference Price Models. J. Consumer Res. 24(September) (1997) 202–214.

Broniarczyk, S. M./Hoyer, W. D./McAlister, L.: Consumers‘ Perceptions of the Assortment Offered in a Grocery Category: The Impact of Item Reduction, in: JoMR, Jg. 35 (1998), S. 166–176.

Brown, F. E.: Price Image versus Price Reality, in: JoMR, Jg. 6 (1969), S. 185–191.

Brown, G./Widing, R. II/Coulter, R.: Customer evaluation of salespeople utilizing the SOCO scale: A replication, extension, and application, in: Journal of the Academy of Marketing Science, Jg. 19 (1991), S. 347–351.

Brown, S.: The wheel of retailing: Past and future. In: Hollander, St. c./Rassuli, K.M. (Hrsg.): Marketing, vol. II, Cambridge, (1993), S. 143–149.

Brown, S.: The Wheel of Retailing: Post and Future, in: JoR, Jg. 66 (1990), S. 143–149.

Bürkler, A.: Kennzahlensysteme als Führungsinstrument. Ein Lösungsvorschlag für den gewerblichen Detailhandel in der Schweiz, Diss. Zürich (1977).

Büttner, H.: Die segmentorientierte Marketingplanung im Einzelhandelsbetrieb, Göttingen (1986).

Bultez, A./Gijsbrechts, E./Naert, P. et al.: Asymmetric Cannibalism in Retail Assortments, in: JoR, Jg. 65 (1989), S. 153–192.

Bultez, A./Naert, P.: SH.A.R.P.: Shelf Allocation for Retailers’ Profit, in: Marketing Science, Jg. 7 (1988), S. 211–231.

Burda community Network (Hrsg.): Methodenband 2010 der Typologie der Wünsche. Die Arbeitsgrundlage: Eine Übersicht über alle Fragestellungen, Analysemodelle und Methoden der TdW (2010).

Burke, M./Edell, J.: The Impact of Feelings on Ad-Based Affect and Cognition, in: JoMR, Jg. 26 (1989), S. 69–83.

Cacioppo, J. T./Petty, R. E.: Central and Peripheral Routes to Persuasion: The Role of Message Repetition, in: Mitchell, A. A./Alwitt, L. F. (Hrsg.): Psychological Processes and Advertising Effects, Hillsdale (NJ) (1985), S. 91–112.

Capon, N./Hulber, J. R.: Interpersonal Interaction and Persuasion Processes: An Overview, in: Advances in Consumer Research, Jg. 3 (1976), S. 405–406.

Centrale für Coorganisation (CCG) (Hrsg.): Der Weg zum erfolgreichen Category Management. Anwendungsempfehlungen I. o. O. (Köln), o. J. (Stand 1.5.2002).

Chmielewicz, K.: Forschungskonzeptionen der Wirtschaftswissenschaft, 3. Aufl., Stuttgart (1994).

Christaller, W.: Die zentralen Orte in Süddeutschland: eine ökonomisch-geographische Untersuchung über die Gesetzmäßigkeit der Verbreitung und Entwicklung der Siedlungen mit städtischen Funktionen, Jena (1933).

Christen, M./Gupta, S./Porter, J. C./Staelin, R./Witting, D.R.: Using Market-Level Data to Understand Promotion Effects in a Nonlinear Model, in: JoMR, Jg. 34 (1997), S. 322–334.

Clark, C. G.: The Conditions of Economic Progress, 3. Aufl., London-New York (1957).

Clarke, G. P.: Einleitung, in: Heinritz G. (Hrsg.): Die Analyse von Standorten und Einzugsbereichen, Passau (1999).

Collins, A. M./Loftus, E. F.: A Spreading-Activation Theory of Semantic Processing, in: Psychological Review, Jg. 82 (1975), S. 407–428.

Comanor, W. S./Wilson, T. A.: The Effects of Advertising on Competition: A Survey, in: Journal of Economic Literature, Jg. 17 (1979), S. 453–476.

Comanor, W. S./Wilson, T. A.: Advertising and Market Power, Cambridge (MA) (1974).

Converse, P. D.: New Laws of Retail Gravitation, in: JoM, Jg. 14 (1949), S. 379–390.

Conz, B.: Mehr Mut zu weniger Beratung. Verkaufsanalyse in vier Einzelhandelsbranchen, Köln (1976).

Cornelius, B./Wagner, U./Natter, M.: Managerial applicability of graphical formats to support positioning decisions, in: Journal für Betriebswirtschaft, Jg. 60 (2010), S. 167–201.

Corstjens, M./Doyle, P.: A Dynamic Model for Strategically Allocating Retail Space, in: Journal of the Operational Research Society, Jg. 34 (1983), S. 943–951.

Corstjens, M./Doyle, P.: A Model for Optimizing Retail Space Allocations, in: Management Science, Jg. 27 (1981), S. 822–833.

Craig, C. S./Ghosh, A./McLafferty, S.: Models of the Retail Location Process. A Review, in: JoR, Jg. 60 (1984), S. 5–36.

Crowley, A. E.: The Two-Dimensional Impact of Colour on Shopping, in: Marketing Letters, Jg. 4 (1993), S. 59–69.

Csikszentmihalyi, Mihaly: Das Flow-Erlebnis, 9. Aufl., Stuttgart (2005).

Csikszentmihalyi, Mihaly: Flow, Stuttgart (2004).

Csikszentmihalyi, Mihaly: Dem Sinn des Lebens eine Zukunft, Stuttgart (1995).

Curhan, R. C.: Shelf Space Allocation and Profit Maximization in Mass Retailing, in: JoM, Jg. 37 (1973), S. 54–60.

Dach, C.: Vorteile einer Multi-Channel-Strategie. Eine nüchterne Betrachtung, Köln (2002).

Daroczi, Z.: Geokodierung von Kundenadressen – der Schlüssel zum erfolgreichen Geomarketing, dargestellt am Beispiel Österreich, Geo-Informations-Systeme, Zeitschrift für raumbezogene Information und Entscheidungen, Jg. 11(1998), S. 20–23.

Davidson, W. R./Bates, A. D./Bass, J. S.: The Retail Life Cycle, in: HBR, Jg. 54 (1976), S. 89–96.

Davis, H. L./Silk, A. J.: Interaction and Influence Process in Personal Selling, in: Sloan Management Review, Jg. 13 (1972), S. 54–76.

Decker, R./Monien, K.: Market basket analysis with neural gas networks and self-organising maps, in: Journal of Targeting, Measurement & Analysis for Marketing, Jg. 11 (2003), S. 373–387.

Decker, R./Schimmelpfennig H.: Alternative Ansätze zur datengestützten Verbundmessung im Electronic Retailing, in: Ahlert, D.; Olbrich, R.; Schröder H. (Hrsg.): Jahrbuch Handelsmanagement 2002 – Electronic Retailing, Frankfurt am Main (2002), 193–212.

Deighton, J./Henderson, C./Neslin, S. A.: The Effects of Advertising and Brand Switching and Repeat Purchasing, in: JoMR, Jg. 31 (1994), S. 28–43.

Deppisch, C. G.: Dienstleistungsqualität im Handel, Wiesbaden (1997).

Deutsch, P.: Die Betriebsformen des Einzelhandels, Stuttgart (1968).

Deutsche Post: Direktmarketing Deutschland 2007 [Direct marketing Germany 2007], (2007), Available from https://www.efiliale.de/dmshop/popup_application/popup_dm_shop_studie 19.html

Dhar, S./Hoch, S/Kumar, N.: Effective category management depends on the role of the category, in: JoR, Jg. 77 (2001), S. 165–184.

Diamantopoulos, A.: Export performance measurement: reflective versus formative indicators, in: International Marketing Review, Jg. 16 (1999), S. 444–457.

Diamantopoulos, A./Winklhofer, H. M.: Index Construction with Formative Indicators: An Alternative to Scale Development, in: JoMR, Jg. 38 (2001), S. 269–277.

Dichtl, E.: Die Ansiedlung von großflächigen Betrieben des Einzelhandels im Spannungsfeld von Mittelstands- und Verbrauchspolitik, in: Dichtl, E./Schenke, W.-R. (Hrsg.): Einzelhandel und Baunutzungsverordnung, Heidelberg (1988), S. 117–137.

Dichtl, E./Lingenfelder, M. (Hrsg.): Meilensteine im deutschen Handel. Erfolgsstrategien – gestern, heute und morgen, Frankfurt am Main (1999).

Dickson, P.R./Sawyer, A.G.: The Price Knowledge and Search of Supermarket Shoppers, in: JoM, Jg. 54 (1990), S. 42–53.

Diehl, S.: Erlebnisorientiertes Internetmarketing: Analyse, Konzeption und Umsetzung von Internetshops aus verhaltenswissenschaftlicher Perspektive, Wiesbaden (2002).

Diehl, S.: Verhaltenswirksame virtuelle Ladengestaltung, Arbeitspapier No. 26, in: Reihe Konsum und Verhalten, Forschungsgruppe Konsum und Verhalten, Saarbrücken (2000).

Diller, H.: Preispolitik, 3. Aufl., Stuttgart-Berlin-Köln (2000).

Diller, H.: Kundenbindung als Marketingziel, in: Marketing ZFP, Jg. 18 (1996), S. 81–94.

Diller, H.: Zielgruppen für den Erlebnishandel. Eine empirische Studie, in: Trommsdorff, V. (Hrsg.): Handelsforschung 1990. Internationalisierung im Handel, Wiesbaden (1990), S. 139–156.

Diller, H.: Das Preisinteresse von Konsumenten, in: ZfbF, Jg. 34 (1982a), S. 315–334.

Diller, H.: Die Wirkung von Hervorhebungen in der Preiswerbung des Lebensmitteleinzelhandels – Ergebnisse eines Feldexperimentes, in: FfH Mitteilungen, Jg. 23 (1982b), S. 1–10.

Diller, H.: Verkäufe unter Einstandspreisen, in: Marketing ZFP, Jg. 1 (1979), S. 7–12.

Diller, H.: Das Preisbewusstsein der Verbraucher und seine Forderung durch Bereitstellung nach Verbraucherinformation, Habilitationsschrift, Mannheim (1978).

Diller, H./Brielmaier, A.: Die Wirkungen gebrochener und runder Preise. Ergebnisse eines Feldexperimentes im Drogeriewarensektor, in: ZfbF, Jg. 48 (1996), S. 695–710.

Diller, H./Goerdt, T.: Einflussfaktoren der Kundenbindung im Lebensmitteleinzelhandel. Ergebnisse von Panelanalysen für Güter des täglichen Bedarfs, in: Trommsdorff, V. (Hrsg.): Handelsforschung 1999/2000. Verhalten im Handel und gegenüber dem Handel, Wiesbaden (2000), S. 163–194.

Diller, H./Herrmann, A.: Preiswahrnehmung und Preispolitik, Wiesbaden (2003).

Diller, H./Kusterer, M.: Erlebnisorientierte Ladengestaltung im Einzelhandel – Eine empirische Studie, in: Trommsdorf, V. (Hrsg.): Handelsforschung 1986, Heidelberg (1986), S.105–123.

Dobler, B./Jacobs, S.: Ziele, Formen und Erfolge einer Diversifikationsstrategie im Handel, Arbeitspapier Nr. 76 des Instituts für Marketing an der Universität Mannheim, Mannheim (1989).

Dobbelstein, T.: Die Nutzung probabilistischer Potenzialmodelle zur verkufsstellenspezifischen Marktpotenzialprognose, in: Marketing ZFP, 26 (2004), S. 121–140.

Dodt, U.: Produktpräsentation – Mittel der Verkaufsförderung im Marketing, Köln (1980).

Döhrn, R.: Zeit zum Konsumieren oder Konsum für den Zeitvertreib. Zum Einfluss der Zeitallokation auf die Konsumnachfrage, in: RWI-Mitteilungen, Jg. 37./38 (1986/87), S. 103–125.

Dornhoff, R. J./Tatham, R. C.: Congruence between Personal Image and Store Image, in: Journal of the Market Research Society, Jg. 14 (1972), S. 45–52.

Donovan, R. J./Rossiter, J. R./Marcoolyn, G./Nesdale, A.: Store Atmosphere and Purchasing Behavior, in: JoR, Jg. 70 (1994), S. 283–294.

Donovan, R.J./Rossiter, J. R.: Store Atmosphere: An Environmental Psychology Approach, in: JoR, Jg. 58 (1982), S.34–57.

Draganska, Michaela/Klapper, Daniel/Villas-Boas, Sofia: A Larger Slice or a Larger Pie: An Empirical Investigation of Bargaining Power in the Distribution Channel, Marketing Science, Vol. 29 (1), (2010), 57–74.

Drechsler, W./Natter, M.: Price Charts provided by online Shopbots cause Customers to wait for better Prices in: Proceedings of the 37th Conference of the European Marketing Academy (EMAC), Brighton (2008).

Dreesmann, A. C. R.: Patterns of Evolution in Retailing, in: JoR, Jg. 44 (1968), S. 64–81.

Drengner, J./Zanger, C.: Die Eignung des Flow-Ansatzes zur Erklärung der Erlebnisvermittlung im Eventmarketing, Technische Universität Chemnitz (2002).

Drexel, G.: Strategische Planung im Einzelhandel. Konzept, Methodik und Erfahrungen aus der Praxis, in: Die Unternehmung, Jg. 37 (1983), S. 182–202.

Drexel, G.: Strategische Unternehmungsführung im Handel, Berlin-New York (1981).

Drèze, X./Hoch, S. J./Purk, M. E.: Shelf Management and Space Elasticity, in: JoR, Jg. 70 (1994), S. 301–326.

Drumm, H.J.: Personalwirtschaft, 6. Aufl., Berlin (2008)

Dunlap, B. J./Dotson, M. J./Chambers, T. M.: Perceptions of real-estate brokers and buyers: A sales-orientation customer orientation approach, in: Journal of Business Research; Jg. 17 (1988), S. 175–187.

Ebling, C.: Dynamische Aspekte im Kaufverhalten. Die Determinanten von Kaufzeitpunkt, Marken- und Mengenwahl, Gabler (2008).

Ebling, C./Klapper, D.: Modeling whether, what and how much to buy the right way: An empirical analysis with implications for model building, in: Review of Managerial Science, im Druck (2010).

E-Commerce-Center Handel (Hrsg.): Website-Gestaltung für kleine und mittlere Unternehmen, Köln (2010).

E-Commerce-Center Handel, Köln: Vertrauen im Online-Handel. Ein Leitfaden für kleine und mittelständische Unternehmen, Köln (2009).

Eckhardt, K.: Sonderangebotspolitik in Warenhandelsbetrieben. Eine empirische Studie, Wiesbaden (1976).

Eckardt, K.: Die Analyse der „Kaufaktspannen“ in einem Cash & Carry Markt. Ein Ansatz der multiplen Marktsegmentierung, in: ZfbF, Jg. 29 (1977), S. 333–345.

ECR Europe (Hrsg.): Category Management Best Practices Report, o. O. 1997.

Eickhoff, M.: Erfolgsforschung im Bekleidungseinzelhandel. Eine empirische Analyse erfolgreicher Unternehmen im deutschen und US-amerikanischen Facheinzelhandel mit Oberbekleidung, Frankfurt am Main (1997).

Eisenbarth, A.: Bedeutung und Problematik des Sonderangebots im Einzelhandel, Diss. München (1968).

Ellickson, P. B., S. Misra, Supermarket Pricing Strategies, Marketing Science Jg. 27 (2008), S. 811–828.

Emerson, R.M.: Power-dependence relations, in: American Sociological Review, 27. Jg. (1962), S. 31–41.

Engel, E.: Die Productions- und Consumtionsverhältnisse des Königreichs Sachsens, in: Bull. Inst. Int. Statistique, Jg. 9 (1895), S. 1–54.

Engelhardt, J.-F./Weihe, K./Wandt, J./et al.: Erklärung impulsiver Kaufentscheidungen: Eine theoretische Fundierung auf Grundlage der Flow-Theorie, in: Wiedmann, Kl.-P. (Hrsg.): Fundierung

des Marketing: Verhaltenswissenschaftliche Erkenntnisse als Grundlage einer angewandten Marketingforschung, Wiesbaden (2004), S. 319–339.
Engelhardt, W. H./Plinke, W.: Marketing. Elemente der Marketing-Entscheidung. Kurseinheit 2: Produktpolitik, Sortimentspolitik und Finanzierungsleistung, Lehrbrief 0140/1/02/S1 der Fernuniversität-Gesamthochschule Hagen.
Eppil, M./Shilling, J. M.: How Critical Is a Good Location to a Regional Shopping Center? in: The Journal of Real Estate Research, 12 (1996), S. 459–468.
Esch, F.-R.: Strategien und Techniken zur wirksamen Gestaltung von Versandhandelskatalogen, in: Mattmüller, R. (Hrsg.): Versandhandelsmarketing – Vom Katalog zum Internet, Frankfurt am Main (1999), S. 315–343.
Esch, F.-R./Billen, P.: Förderung der Mental Convenience beim Einkauf durch Cognitive Maps und kundenorientierte Produktgruppierungen, in: Trommsdorff, V. (Hrsg.): Handelsforschung 1996/97. Positionierung des Handels, Wiesbaden (1996), S. 317–337.
Esch, F.-R./Langner, T./Jungen, P.: Sozialtechnische Gestaltung virtueller Warenhäuser, in: Mattmüller, R. (Hrsg.): Versandhandelsmarketing – Vom Katalog zum Internet, Frankfurt am Main (1999), S. 399–426.
Esch, F.-R./Thelen, E.: Ein konzeptionelles Modell zum Suchverhalten von Kunden in Einzelhandelsunternehmen, in: Tromsdorff, V. (Hrsg.): Handelsforschung 1997/98. Kundenorientierung im Handel, Wiesbaden (1997), S. 297–314.
Esser, W.: Die Wertkette als Instrument der strategischen Analyse, in: Rieckhof, H.-C. (Hrsg.): Strategieentwicklung. Konzepte und Erfahrungen, Stuttgart (1989).
Evans, F. B.: Selling as a Dyadic Relationship, in: American Behavioral Scientist, Jg. 6 (1963), S. 76–79.
Evanschitzky, H./Kenning, P./Vogel, V.: Consumer price knowledge in the German retail market, in: Journal of Product & Brand Management, Jg. 13 (2004), S. 390–405.
Fader, P. S./Lodish, L. M.: A Cross-Category Analysis of Category Structure and Promotional Activity for Grocery Products, in: JoM, Jg. 54 (1990), S. 52–65.
Falk, B./Wolf, J.: Handelsbetriebslehre, 10. Aufl., Landsberg (1991).
Fam, K. S./Merrilees, B.: A promotion mix budgeting model for retailing, in: The International Review of Retail, Distribution and Consumer Research, Jg. 6 (1996), S. 373–394.
Feix, C.: Geo Business Intelligence für Unternehmensentscheidungen – Geodaten als Basis für die Berechnung komplexer Algorithmen, Vermessung Brandenburg, Jg. 1 (2008), S. 23–36.
Feix, C.: Bedeutung von 'Geo Business Intelligence' und Geomarketing zur Entscheidungsunterstützung unternehmerischer Planungsprozesse im Kontext wirtschaftlicher Liberalisierung, Freie Universität Berlin (2007).
Feld, C.: Category Management im Handel, Arbeitspapier Nr. 8 des Seminars für Allgemeine Betriebswirtschaftslehre, Handel und Distribution an der Universität zu Köln, Köln (1996).
Feller, M.: Informationen über das Kaufverhalten als Grundlage zur Steuerung von Categories im Lebensmittel-Einzelhandel, in: Ahlert, D./Olbrich, R./Schröder, H. (Hrsg.): Jahrbuch Handelsmanagement 2001 – Vertikales Marketing und Markenführung im Zeichen von Category Management, Frankfurt am Main (2001), S. 202–232.
Finck, G.: Versorgungszufriedenheit, Berlin (1990).
Fitzgerald Bone, P./Scholder Ellen, P.: Scents in the Marketplace: Explaining a Fraction of Olfaction, in JoR, Jg. 75 (1999), S.243–262.
Flaig, B. B./Meyer, T./Ueltzhöffer, J.: Alltagsästhetik und politische Kultur. Zur ästhetischen Dimension politischer Bildung und politischer Kommunikation, 2. Aufl., Bonn (1994).
Fornell, C./Cha, J.: Partial Least Squares, in: Bagozzi, R. P. (Hrsg.): Advanced Methods of Marketing Research, Cambridge (1994), S. 52–78.
Fouilhé, P.: Evaluation Subjective des Prix, in: Revue Francaise de Sociologie, Jg. 1 (1960), S.163–172; übersetzt in: Taylor, B./Wills, G. (Hrsg.): Pricing Strategy, London (1969), S. 89–97.
Frechen, J.: Positionierung von Warenhäusern, Frankfurt am Main (1998).

Freter, H. W.: Interpretation und Aussagewert mehrdimensionaler Einstellungsmodelle im Marketing, in: Meffert, H./Steffenhagen, H./Freter, H. (Hrsg.) unter Mitarbeit von Bruhn, M.: Konsumentenverhalten und Information, Wiesbaden (1979), S. 163–184.

Froböse, M.: Mikrographische Segmentierung von Einzelhandelsmärkten, Wiesbaden (1995).

Fröhling, O./Haiber, T.: Kaufverbünde entschlüsselt?, in: Controlling, Jg. 9 (1997), S. 424–427.

Frühling J./Steingrube W.: Hinweise zur Konzeption, Gestaltung und Interpretation von Karten. In: P. Leiberich (Hrsg): Business Mapping im Marketing, Heidelberg, (1997).

Frühschütz, J.: E-Commerce Lexikon, Frankfurt am Main (2000).

Füeg, R.: Flexible Arbeitszeitmodelle. Anstöße für die Firmen in der Nordwestschweiz, Basel (1997).

Gabor, A./Granger, C. W. J./Sowter, A.: Comments on „Psychophysics of Prices“, in: JoMR, Jg. 8 (1971), S. 251–252.

Galbraith, J.K.: Economics as a System of Beliefs, in: American Economic Review 60 (1970), S. 469–478.

Galle, G.: Warenpräsentation im Textileinzelhandel – Schaufenster- und Verkaufsraumgestaltung, BTE Fachdokumentation, Köln (1999).

Gardner, D.: Is there a generalized Price-Quality-Relationship?, in: JoMR, Jg. 8 (1971), S. 241–243.

Gardner, D.: An experimental Investigation of Price-Quality-Relationship, in: JoR, Jg. 46 (1970), S. 25–41.

Gedenk, K.: Verkaufsförderung, Wiesbaden (2002).

Gedenk, K./Sattler, H.: Preisschwellen und Deckungsbeitrag – Verschenkt der Handel große Potentiale?, in: ZfbF, Jg. 51 (1999a), S. 33–59.

Gedenk, K./Sattler, H.: The Impact of Price Thresholds on Profit Contribution – Should retailers Set 9-Ending Prices?, in: JoR, Jg. 75 (1999b), S. 33–57.

Geisthövel, M.: Werbung und Verkaufsförderung für den Supermarkt, in: Selbstbedienung- Dynamik im Handel, Jg. 23 (1979), S. 17–28.

Geister, S.: Kreuzblock versus Produktblock, in: EHI (Hrsg.): Flächenmanagement. Ein Baustein des Category Management, Köln (1997), S. 50–55.

Gentia Software (Hrsg.): Automatisierung der Balanced Scorecard, Manuskript, Frankfurt am Main (1998).

Gerstung, F.. Die Servicepolitik als Instrument des Handelsmarketing, Göttingen (1978).

Gerth, E.: Ziele und Zielkriterien des Handelsbetriebes in der neueren Entwicklung, in: Der Markt, Jg. 8 (1969), S. 50–56.

Geßner, H.-J.: Einzelhandel und Stadtentwicklung. Zur Funktionalität regionaler Handelsstrukturen, in: Trommsdorff, V. (Hrsg.): Handelsforschung 1988, Heidelberg (1988), S. 3–25.

Ghosh, A.: Retail Management, 2. Aufl., Fort Worth (1994).

Ghosh, A.: Retail Management, Fort Worth (1990).

Giessler, P.: Zur Gefährdung des Leistungswettbewerbs durch Marktmacht, in: BAG-Nachrichten, Jg. 17 (1977), S. 11–12.

Gijsbrechts, E./Campo, K./Nisol, P.: Beyond Promotion-Based Store Switching: Antecedents and Consequences of Systematic Multiple-Store Shopping, entER Discussion Paper (Int. r. no. 2005–76). (2005).

Gilboa, S./Rafaeli, A.: Store environment, emotions and approach behavior: applying environmental aesthetics to retailing, in International Review of Retail, Distribution & Consumer Research, Jg. 13 (2003), S.195–211.

Girard, T./Korgaonkar, P./Silverblatt, R.: Relationship of the type of Product, Shopping orientations, and Demographics with preference for shopping on the Internet, in: Journal of Business and Psychology, Jg. 18 (2003), S. 101–120.

Glöckner-Holme, I.: Betriebsformen-Marketing im Einzelhandel, Augsburg (1988).

Goerdt, T.: Die Marken- und Einkaufsstättentreue der Konsumenten als Bestimmungsfaktoren des vertikalen Beziehungsmarketing. Theoretische Grundlegung und empirische Analysen für das Category Management, Nürnberg (1999).

Green, H. A. J.: Consumer Theory, London (1976).
Greenleaf, E. A.: The Impact of Reference Price Effects on the Profitability of Price Promotions. Marketing Sci. Jg. 14(1) (1995), S. 82–104.
Greilich, E.-C.: Messung des Anzeigen-Werberfolges im Einzelhandel, in: Der Marktforscher, Jg. 20 (1976), S. 14–18.
Grewal, D./Baker, J.: Do Retail Store Environmental Factors Affect Consumers' Price Acceptability? An Empirical Examination, in: International Journal of Research in Marketing, Jg. 11 (1994), S. 107–115.
Gröppel, A.: Erlebnishandel und Verbundpräsentation, in: Thexis, Jg. 9 (1992), S. 16–21.
Gröppel, A.: Erlebnisstrategien im Einzelhandel, Heidelberg (1991).
Gröppel, A.: Erlebnisbetontes Handelsmarketing, in: Trommsdorff, V. (Hrsg.): Handelsforschung 1990. Internationalisierung im Handel, Heidelberg (1989), S. 121–137.
Gröppel-Klein, A.: Handelsmarkenstrategien aus Konsumentensicht, in: Esch, Fr.-R. (Hrsg.): Moderne Markenführung, 3. Aufl., Wiesbaden (2001), S. 939–959.
Gröppel-Klein, A.: Wettbewerbsstrategien im Einzelhandel. Chancen und Risiken von Preisführerschaft und Differenzierung, Wiesbaden (1998).
Grüger, M.: Die Vertikalisierung der Textilwirtschaft durch Handelsmarken-Produktdesignteams, Shop-in-Shop- und Concession-Konzepte. Überlegungen zur Variation der Arbeitsteilung zwischen Bekleidungsindustrie und Handel. Diss. Köln (2007).
Grunert, K. G.: Kognitive Strukturen von Konsumenten und ihre Veränderung durch Marketingkommunikation. Theorie und Messverfahren, in: Marketing ZFP, Jg. 13 (1991), S. 11–22.
Grunert, K. G.: Kognitive Strukturen in der Konsumforschung. Entwicklung und Erprobung eines Verfahrens zur offenen Erhebung assoziativer Netzwerke, Heidelberg (1990).
Gümbel, R.: Die Abbildung von Standortwahlproblemen einer Filialunternehmung in einem polyselektiven Standortmodell, in: Gümbel, R./Brauer, K. M./Liebmann, K.-P./Müller-Hagedorn, L. (Hrsg.): Unternehmensforschung im Handel, Rüschlikon-Zürich (1969), S. 195–223.
Gümbel, R.: Die Sortimentspolitik in den Betrieben des Wareneinzelhandels, Köln-Opladen (1963).
Gümbel, R./Brauer, K. M.: Neue Methoden der Erfolgskontrolle und Planung in Lebensmittelfilialunternehmungen. Deckungsbeitragsrechnung und mathematische Hilfsmittel, in: Gümbel, R./ Brauer, K. M./Liebmann, H.-P. et al. (Hrsg.): Unternehmungsforschung im Handel, Rüschlikon-Zürich (1969), S. 23–52.
Günther, T./Mattmüller, R.: Möglichkeiten und Grenzen der Regaloptimierung im Handel, in: Marketing ZFP, Jg. 15 (1993), S. 77–86.
Gustafsson, A. (Hrsg.): Conjoint Measurement, Berlin (2003).
Gutenberg, E.: Grundlagen der Betriebswirtschaftslehre, Bd. 2: Der Absatz, 17. Aufl. Berlin u. a. (1984).
Gutjahr, G.: Markt- und Werbepsychologie, Stuttgart u. a. (1972).
Haas, A.: Kundenorientierung von Mitarbeitern: Forschungsstand und –perspektiven, in: ZfB, 78. Jg. (2008), S. 1061–1100.
Haas, A.: Signaling-Wirkung der persönlichen Beratung: Eine informationsökonomische Betrachtung und empirische Analyse im Handel, erscheint in ZfbF (2005).
Haase, K.: Modellgestützte Personaleinssatzplanung im Einzelhandel, in: ZfB, Jg. 69, (1999), S. 233–244.
Handelsblatt Fachverlag (Hrsg.): k@sse plus: Leser-Service: Kasse und Warenwirtschaft, Düsseldorf o. J.
Hansen, P./Heinsbroek, H.: Product Selection and Space Allocation in Supermarkets, in: European Journal of Operational Research, Jg. 3 (1979), S. 474–484.
Hansen, R./Deutscher, T.: An empirical invetigation fo atribute importance in retail store selection, in: Journal of Retailing, vol 53 (1977), S. 59–72.
Hansen, U.: Absatz- und Beschaffungsmarketing des Einzelhandels, 2. Aufl., Göttingen (1990).
Hansen, U./Algermissen, J.: Handelsbetriebslehre, Band 2, Göttingen (1979).

Hansen, U./Schulze, H. S.: Transaktionsanalyse und persönlicher Verkauf, in: Jahrbuch der Absatz- und Verbrauchsforschung, Jg. 36 (1990), S. 4–26.
Hanssens, D. M./Parsons, L. J./Schultz, R. L.: Market Response Models: Econometric and Time Series Analysis, 2. Aufl., Boston (2001).
Happel, H.: Werbung für den Einzelhandel, 3. Aufl., Frankfurt am Main (1998).
Happel, H.: Anzeigen wirken nicht automatisch, in: Selbstbedienung – Dynamik im Handel, Jg. 24 (1980), S. 12.
Hartmann, M.: Gravitationsmodelle als Verfahren der Standortanalyse im Einzelhandel, in: Statistik Regional Electronic Paper, Jg. 2 (2005).
Hartmann, P. H.: Lebensstilforschung. Darstellung, Kritik und Weiterentwicklung, Köln (1999).
Hartmann, R.: Strategische Marketingplanung im Einzelhandel. Kritische Analyse spezifischer Planungsinstrumente, Wiesbaden (1992).
Hax, H.: Unternehmensethik – fragwürdiges Ordnungselement in der Marktwirtschaft?, in: Zeitschrift für betriebswirtschaftliche Forschung, Jg. 47 (1995), H. 2, S. 180–181.
Hax, H.: Unternehmensethik – Ordnungselement der Marktwirtschaft?, in: Zeitschrift für betriebswirtschaftliche Forschung, Jg. 45 (1993), H. 9, S. 769–779.
Hecheltjen, P.: Die Schätzung von Konsumfunktionen privater Haushalte aus Querschnittsdaten, in: Allgemeines Statistisches Archiv, Jg. 58 (1974), S. 333–367.
Heemeyer, H.: Psychologische Marktforschung im Einzelhandel. Entwicklung und Text einer operationalen Befragungs- und Auswertungskonzeption, Wiesbaden (1981).
Heidel, B.: Scannerdaten im Einzelhandelsmarketing, Wiesbaden (1990).
Heidel, B./Müller-Hagedorn, L.: Plazierungspolitik nach dem Verbundkonzept im stationären Einzelhandel – Eine Wirkungsanalyse, in: Marketing ZFP, Jg. 11 (1989), S.19–26.
Heinemann, G.: Betriebstypenprofilierung und Erlebnishandel, Wiesbaden (1989).
Heinemann, M.: Einkaufsstättenwahl und Firmentreue der Konsumenten, Wiesbaden (1976).
Heinritz, G./Klein, K..E./Popp, M.: Geographische Handelsforschung, Stuttgart (2003).
Helnerus, K.: Die Eignung des Category Management-Konzepts der CCG für die Sortimentsplanung, in: Handel im Fokus, Jg. 55 (2003), S. 240–260.
Hensel-Börner, S.: Validität computergestützter hybrider Conjoint-Analysen, Wiesbaden (2000).
Hensen, J.: Kataloge im Wandel der Zeit – Ein historischer Abriss, in: Mattmüller, R. (Hrsg.): Versandhandelsmarketing – Vom Katalog zum Internet, Frankfurt am Main (1999), S. 363–398.
Hentschel, B.: Die Messung wahrgenommener Dienstleistungsqualität mit SERVQUAL. Eine kritische Auseinandersetzung, in: Marketing ZFP, Jg. 12 (1990), S. 230–240.
Heppenberg, M./Köttgen, M. H.: Die Änderung des §11 III BauNutzVO, in: Neue Juristische Wochenschrift, Jg. 20 (1987), S. 1534–1535.
Herder, H. v.: Mehr Erfolg durch Bedienung? Trends, Kosten, Ergebnisse, Köln (1980).
Herrmann, A./Bauer, H. H.: Ein Ansatz zur Preisbündelung auf der Basis der „Prospect"-Theorie, in ZfbF, Jg. 48 (1996), S. 675–694.
Herter, Einführung in das Geomarketing, in Handbuch Geomareketing, M. Herter/R. Mühlbauer (Hrsg.), Heideberg (2008).
Hettich, S./Hippner, H./Wilde, K.: Assoziationsanalyse, in: WISU, Jg. 29 (2000), S. 970–978.
Hildebrandt, L.: Erfolgsfaktorenforschung im Handel, in: Trommsdorff, V. (Hrsg.): Handelsforschung 1986, Heidelberg (1986), S. 37–52.
Hildebrandt, L./Trommsdorff, V.: Anwendungen der Erfolgsfaktorenforschung im Handel, in: Trommsdorff, V. (Hrsg.): Handelsforschung 1989. Grundsatzfragen, Wiesbaden (1989), S. 15–26.
Hinterhuber, H. H.: Strategische Unternehmungsführung, Bd. 1, Strategisches Denken, 6. Aufl., Berlin-New York (1996).
Hoch, S. J./Drèze, X./Purk, M. E.: EDLP, Hi-Lo, and margin arithmetic, in: JoM, Jg. 58 (1994), S. 16–27.

Höller, W.: Warenpräsentation. Theoretische Grundlagen und empirische Analyse im Lebensmitteleinzelhandel, Diss. Essen (1987).

Hörschgen, H.: Der zeitliche Einsatz der Werbung, Stuttgart (1967).

Holbrook, M. P./O'Shaugnessy, J.: Influence Processes in Interpersonal Persuasion, in: Advances in Consumer Research, Jg. 3 (1976), S. 364–369Hollander, S. C.: The Wheel of Retailing, in: JoM, Jg. 25 (1960), S. 37–42.

Homburg, C.: Kundenbindung im Handel: Ziele und Instrumente, in: Beisheim, O. (Hrsg.): Distribution im Aufbruch. Bestandsaufnahme und Perspektiven, München (1999), S. 873–890.

Homburg, C./Krohmer H.: Marketingmanagement. Strategie – Instrumente – Umsetzung – Unternehmensführung, Wiesbaden (2003).

Homburg, C./Stock, R.: Der Zusammenhang zwischen Mitarbeiter- und Kundenzufriedenheit: eine dyadische Analyse, in: ZfB, Jg. 71 (2001), S. 789–805.

Horstmann, R.: Führt Kundenzufriedenheit zu Kundenbindung?, in: asw, Jg. 41 (1998), S. 90–98.

Hruschka, H.: Bestimmung der Kaufverbundenheit mit Hilfe eines probabilistischen Meßmodells, in: ZfbF, Jg. 43 (1991a), S. 418–434.

Hruschka, H.: Einsatz künstlicher neuronaler Netzwerke zur Datenanalyse im Marketing, in: Marketing-ZFP, Jg. 13 (1991b), S. 217–225.

Hruschka, H./Lukanowicz, M./Buchta, C.: Cross-Category Sales Promotion Effects. Journal of Retailing and Consumer Services, Vol. 6 (2) (1999) S. 99–105.

Hudetz, K./van Baal, S.: Die Bedeutung von Online-Shops in Multi-Channel-Unternehmen. Eine Analyse aus Konsumentensicht, in: Schuckel, M./Toporowski, W. (Hrsg.): Theoretische Fundierung und praktische Relevanz der Handelsforschung, Wiesbaden (2007), S. 557576.

Huff, D. L./Batsell, R. R.: Conceptual and Operational Problems with Market Share Models of Consumer Spatial Behavior, in Advances of Conumer Research, Jg. 2 (1976), S. 165–172.

Huff, D. L.: Defining and Estimating a Trading Area, in: JoM, Jg. 28 (1964), S. 34–38.

Hummel, H. P.: Marktkommunikation und Verbraucherverhalten, Frankfurt am Main-Zürich (1975).

Hupp, O./Petke, R.: Brand Performance Measurement mit dem Brand Assessment System (BASS), in: Bliemel, F./Eggert, A./Fassott, G./Henseler, J. (Hrsg.): Handbuch PLS-Pfadmodellierung. Methoden, Anwendung, Praxisbeispiele, Stuttgart (2005).

Hupp, O./Schuster, H.: Imagegestützte Positionierung von Einkaufsstätten als Ansatzpunkt zu einer Verbesserung der Wettbewerbsfähigkeit des Lebensmittel-Einzelhandels in Deutschland, in: Jahrbuch der Absatz- und Verbrauchsforschung, Jg. 46 (2000), S. 351–370.

Jacob, H.: Zur Standortwahl der Unternehmungen, in: Alewell, K. (Hrsg.): Beiträge zur Morphologie von erwerbswirtschaftlichen Unternehmungen und Genossenschaften. Festschrift zum 65. Geburtstag von R. Henzler, Wiesbaden (1967), S. 233–293.

Jacobi, H.: Werbepsychologie, Wiesbaden (1963).

Jacoby, J./Olson, J.C.: Consumer Response to Price: An Attitudinal, Information Processing Perspective, in: Wind, Y./Greenberg, B. (Hrsg.): Moving Ahead with Attitude Research, Chicago (1977).

Jain, A. K./Mahajan, V.: Evaluating the Competitive Environment in Retailing Using Multiplicative Competitive Interactive Model, in: Sheth, J.N. (Hrsg.): Research in Marketing, 2. Aufl. Greenwich (1979), S. 217–235.

James, D.L./Durand, R.M./Dreves, R.A.: The Use of Multi-attribute Attitude Models in a Store Image Study, in: Journal of Retailing, Jg. 52 (1976), S. 23–32.

Jaspert, F.: Beweggründe und Ansatzpunkte für eine Sortimentsbeschränkung in Handelsbetrieben, in: Distributionspolitik. Festgabe für E. Sundhoff zum 75. Geburtstag, Sonderheft der Mitteilungen des Instituts für Handelsforschung Nr. 35, Göttingen (1987).

Johnson, M.: From understanding consumer behavior to testing category strategies, in: Journal of the Market Research Society, Jg. 41 (1999), S. 259–288.

Johnson, M./Pinnington, D.: Supporting the Category Management Challenge: How Research can Contribute, in: Journal of the Market Research Society, Jg. 40 (1998), S. 33–54.

Johnson M./Zoltners, A. A./Sinka, P.: An Allocation Model for Catalog Space Planning, in: Management Science, Jg. 25 (1979), S. 29–34.

Jolson, M. A.: How a Retailer Compared Newspapers, in: JoAR, Jg. 19 (1979), S. 19–34.

Jones, J. P.: When Ads Work, New York (1995).

Jones K./Simmons, J. W.: Retail Environment, London (1990).

Kaapke, A.: Der Jahresbetriebsvergleich der Einzelhandelsfachgeschäfte 1999, in: Mitteilungen des IfH, Jg. 52 (2000), S. 225–245.

Kalka, R.: Marketingerfolgsfaktoren im Facheinzelhandel, Wiesbaden (1996).

Kall, D.: Werbeetat- und Werbemix-Planung im Handel, Wiesbaden (1996).

Kaplan, R. S./Norton, D. P.: The balanced scorecard, Boston (1996).

Kaplan R. S., Norton D. P.: The Balanced Scorecard – Measures that drive performance, HBR, Jg. 70 (1992), S. 71–79.

Kappas, M.: Geographische Informationssysteme, Braunschweig (2001).

Kaufman-Scarborough, C./Lindquist, J. D.: E-Shopping in a Multiple Channel Environment, in: Journal of Consumer Marketing, Jg. 19 (2002), S. 333350.

Kelly, R. F./Stephenson, R.: The Semantic Differential: An Information Source of Designing Retailing Patronage Appeals, in: JoM, Jg. 31 (1967), S. 43–47.

Kim, J.Y./Natter, M./Spann, M.: „Kish – Where Customers Pay As THEY Wish“, Review of Marketing Science, (2010). Im Erscheinen.

Kim, J.Y./Natter, M./Spann, M.: „Pay-What-You-Want – A New Participative Pricing Mechanism“, Journal of Marketing, Vol. 73 (1) (2009), S. 44–58.

Kinateder, P.: Optimierung von Regalbelegungsplänen in Supermärkten, in: Marketing ZFP, Jg. 11. (1989), S. 86–92.

King, R. H.: A Study of the Problem of Building a Model to Simulate the Cognitive Processes of a Shopper in a Supermarket, in: Haines, G. H. (Hrsg.): Consumer Behavior. Learning Models of Purchasing, New York-London (1969), S. 22–67.

Kirca A. H/Jayachandran, S./Bearden, W. O.: Market Orientation: A Meta-Analytic Review and Assessment of Its Antecedents and Impact on Performance, in: JoM, Jg. 69 (2005), S. 24–41.

Klapper, D.: Einflußgrößen von regulären Preiselastizitäten, Preisaktionselastizitäten und Kreuzpreiselastizitäten, OR Spectrum, Vol. 22 (1) (2000), S. 135–157.

Klapper, D./Ebling, C./Temme, J.: Another Look at Loss Aversion in Brand Choice Data: Can we Characterize the Loss Averse Consumer, International Journal of Research in Marketing, No. 22 (2005), S. 239–254.

Klein, R.: Methodologische Untersuchungen zur Analyse und Prognose von Allokationsstrukturen mittels Interaktionsmodellen, Osnabrück (1993).

Kleining, G./Prester, H.-G.: Familien-Lebenswelten. Eine neue Marktsegmentation von Haushalten, in: Jahrbuch der Absatz- und Verbrauchsforschung, Jg. 45 (1999), S. 4–25.

Kliger, M./Tweraser, S: Wie aus Handelsketten starke Marken werden, in: McKinsey & Company (Hrsg.): akzente 18, Dezember (2000), S. 10–15.

Knee, D./Walters, D.: Strategy in Retailing. Theory and Application, Oxford (1985).

Knoblich, H.: Betriebswirtschaftliche Warentypologie. Grundlagen und Anwendungen, Köln-Opladen (1969).

Knoll, L./Wenger, E.: Shareholder-/Stakeholder-Ansatz, in: R. Köhler/H. U. Küpper/Pfingsten, A. (Hrsg.): Handwörterbuch der Betriebswirtschaft, Stuttgart (2007), S. 16141623.

Köhler, F. W.: Die „Dynamik der Betriebsformen des Handels“. Bestandsaufnahme und Modellerweiterung, in: Marketing ZFP, Jg. 12 (1990), S. 59–64.

Köhler, R.: Beiträge zum Marketing-Management. Planung, Organisation, Controlling, 3. Aufl., Stuttgart (1993).

Köhler, R.: Grundprobleme der strategischen Marketingplanung, in: Geist, M. N./Köhler, R. (Hrsg.): Die Führung des Betriebes, Stuttgart (1981), S. 261–291.

Koelmeijer, K./Oppewal, H.: Assessing the Effects of Assortment and Ambience: A Choice Experimental Approach, in: JoR, Jg. 75 (1999), S. 319–345.

Kopalle, P. K./Rao, A. G./Assuncao, J. L.: Asymmetric Reference Price Effects and Dynamic Pricing Policies. Marketing Sci. 15(1) (1996), S. 60–85.

Koppelmann, U.: Produktmarketing, 6. Aufl., Berlin u. a. (2001).

Kossbiel, H.: Personalbereitstellungsplanung bei Arbeitszeitflexibilisierung, in: ZfB, Jg. 62 (1992), S. 175–198.

Kotler, P.: Atmospherics as a Marketing Tool, in: JoR, Jg. 49 (1973/74), S.48–64.

Kotler, P.: Marketing Decision Making: A Model Building Approach, NY (1971).

Kotler, P./Bliemel, F.: Marketing-Management. Analyse, Planung und Verwirklichung, 10. Aufl., Stuttgart (2001).

Kracklauer A./Mills Q./Seiffert D./Leyk M./Rübke S.: Was dem Handel aus der Krise hilft, in: Harvard Business Manager (2002), S. 98–106.

Kraft, M./Mantrala, M.K. (Hrsg.): Retailing in the 21st Century, Berlin (2006).

Kreilkamp, E.: Strategisches Management und Marketing, Berlin-New York (1987).

Kriegeskorte, M.: 100 Jahre Werbung im Wandel, Köln (1995).

Kroeber-Riel, W.: Kommunikation im Zeitalter der Informationsüberlastung, in: Marketing ZFP, Jg. 10 (1988), S. 182–189

Kroeber-Riel, W./Weinberg, P.: Konflikte in Absatzwegen als Folgen inkonsistenter Präferenzen von Herstellern und Händlern, in: ZfB, Jg. 42 (1972), S. 525–544.

Kroeber-Riel, W./Esch, F.-R.: Strategie und Technik der Werbung, 6. Aufl., Stuttgart-Berlin-Köln (2004).

Kroeber-Riel, W./Weinberg, P./Gröppel-Klein, A.: Konsumentenverhalten, 9. Aufl., München (2009).

Kroeber-Riel, W./Weinberg, P.: Konsumentenverhalten, 8. Aufl., München (2003).

Krulis-Randa, J. S./Ergenzinger, R. (Hrsg.): Entwicklung zum strategischen Denken im Handel. Theoretische Überlegungen und praktische Beispiele, Bern-Stuttgart (1990).

Kube, C.: Erfolgsfaktoren in Filialsystemen. Diagnose und Umsetzung im strategischen Controlling, Wiesbaden (1991).

Küsters, U.: Data Mining Methoden – Einordnung und Überblick, in: Hippner, H. et al. (Hrsg.): Handbuch Data Mining im Marketing – Knowledge Discovery in Marketing Databases, Wiesbaden (2001), S. 127–162.

Küthe, E: Einzelhandelsmarketing, Stuttgart (1980).

Kunkel, J. H./Berry, L. L.: A Behavioral Conception of Retail Image, in: JoM, Jg. 32 (1968), S. 21–27.

Kunz, A.: Regaloptimierung im Handel. Eine kritische Analyse EDV-gestützter Verfahren, Arbeitspapier Nr. 39 der Schriftenreihe Schwerpunkt Marketing an der Universität Augsburg, 2. Aufl., Augsburg (1994).

Lackes, R./Mack, D.: Neuronale Netze in der Unternehmensplanung, München (2000).

Lademann, R. P.: Zum Einfluss von Verkaufsfläche und Standort auf die Einkaufswahrscheinlichkeit, in Theoretische Fundierung und praktische Relevanz der Handelsforschung, Schuckel M./ Toporowski, W. (Hrsg.), Wiesbaden (2007), S. 145–162.

Lademann, R.P.: Nachfragemacht von Handelsunternehmen. Analyse der Begriffs- Erklärungs- und Rechtstatsachenprobleme, Göttingen (1986).

Lakshmanan, T. R./Hansen, W. G.: A Retail Market Potential Model, in: Journal of the American Institute of Planners, Jg. 31 (1965) S. 134–143.

Lal, R./Rao, R.: Supermarket competition: The case of every day low pricing, in: Marketing Science, Jg. 16 (1997), S. 60–80.

Lambert, Z. V.: Price and Choice Behavior, in: JoMR, Jg. 9 (1972), S. 35–40.

Lambrecht, A./Seim, K./Skiera, B.: Does Uncertainty Matter? Consumer Behavior under Three-Part Tariffs“, Marketing Science, Vol. 26(5) (2007), S. 698–710.

Lambrecht, A./Skiera, B.: Paying Too Much and Being Happy About It: Existence, Causes and Consequences of Tariff-Choice Biases, Journal of Marketing Research, Vol. 18 (2) May (2006).

Lausberg, I.C.: Kundenpräferenzen für neue Angebotsformen im Einzelhandel – eine Analyse am Beispiel von Factory Outlet Centern, Diss. Essen (2002).

Lavidge, R. J./Steiner, G. A.: A Model for predictive Measurement of Advertising Effectiveness, in: JoM, Jg. 25 (1961), S. 59–62.

Lee, M.L./Pace, R. K.: Spatial Distribution of Retail Sales, in The Journal of Real Estate Finance and Economics, Jg. 31 (2005).

Leigh, J. H.: Recall and Recognition Performance for Umbrella Print Advertisements, in: Journal of Advertising, Jg. 13 (1984), S. 5–18.

Leigh, J. H./Menon, A.: Audience Involvement Effects on the Information Processing of Umbrella Print Advertisements, in: Journal of Advertising, Jg. 16 (1987), S. 3–12.

Lenzen, W.: Die Beurteilung von Preisen durch Konsumenten. Eine empirische Studie zur Verarbeitung von Preisinformationen des Lebensmitteleinzelhandels, Frankfurt am Main-Thun (1984).

Lenzen, W.: Preisgünstigkeit als hypothetisches Konstrukt – Ergebnisse einer empirischen Untersuchung, in: ZfbF, Jg. 35 (1983), S. 952–962.

Leone, R. P./Schultz, R. L.: A Study of Marketing Generalizations, in: JoM, Jg. 44 (1980), S. 10–18.

Lerchenmüller, M.: Handelsbetriebslehre, 3. Aufl., Ludwigshafen (1998), S. 398–406.

Leven, W.: Warenpräsentation im Einzelhandel. Dargestellt am Beispiel der Zeitungs- und Zeitschriftenpräsentation, in: Marketing ZFP, Jg. 14 (1992), S. 13–22.

Leven, W.: Die Wiedererkennenszeit von Anzeigen in Tageszeitungen, in: Interview und Analyse, Jg. 9 (1982), S. 368–372.

Leven, W.: Das Konstrukt „Soziale Schicht“ zur Erklärung der Betriebstypenpräferenz von Konsumenten, in: ZfB, Jg. 49 (1979), S. 18–38.

Leven, W./Müller-Hagedorn, L.: Die einstellungsbezogene Werbebotschaft, in: Marketing ZFP Jg. 3 (1981), S. 11–26.

Levy, M./Grewal, D./Kopalle, P. K./Hess, J. D.: Emerging trends in retail pricing practice: implications for research, Journal of Retailing 80 (2004), S. xiii–xxi.

Levy, M./Weitz, B. A.: Retailing Management, 7. Aufl., Boston u. a. (2009).

Lieberich, P. Business Mapping im Marketing, Heidelberg (1997).

Liebmann, H.-P.: Die Standortwahl als Entscheidungsproblem. Ein Beitrag zur Standortbestimmung von Produktions- und Handelsbetrieben, Würzburg-Wien (1971).

Lien, G.L./Kotler, Ph.: Marketing Decision Making – A Model Building Approach, New York (1983).

Lilien, G. L./Rao, A. G.: A Model for Allocating Retail Outlet Building Resources across Market Areas, in: Operations Research, Jg. 24 (1974), S. 1–7.

Lindquist, J.D.: Meaning of Image: A Survey of Empirical Hypothetical Evidence, in: Journal of Retailing, Jg. 50 (1974–75), S. 29–38.

Lingenfelder M./Kreipl, Cl.: Efficient Consumer Response, in: Albers, S./Herrmann, A. (Hrsg.): Handbuch Produktmanagement. Strategieentwicklung – Produktplanung – Organisation – Kontrolle, 3. Aufl., Wiesbaden (2007), S. 887–914.

Little, J. D. C.: Modelle und Manager. Das Konzept des Decision Calculus, in: Köhler, R./Zimmermann, H. J. (Hrsg.): Entscheidungshilfen im Marketing, Stuttgart (1977), S. 122–147.

Lodish, L. M. et al.: How Advertising Works: A Meta-Analysis of 389 Real World Split Cable TV Advertising Experiments, in: JoMR, Jg. 32 (1995), S. 125–139.

Löffler, G.: Markgebiet und Einzugsbereich- mathematisch-statistische Modellansätze zu ihrer Abgrenzung, in Heinritz, G. (Hrsg.): Die Analyse von Standorten und Einzugsbereichen. Methodische Grundlagen der Geographischen Handelsforschung, Passau (1999), S. 45–64.

Longley P./Clarke, G.P.: GIS for Business and Service Planning, Geoinformation, Cambrige (1995).

Lord, D. J./Lundregan, J.: A Market-Area Approach to Determining Optimum Store Size, in: The International Review of Retail, Distribution and Consumer Research, Jg. 9 (1999), S. 339–348.

Louviere, J. J./Gaeth, G. J.: Decomposing the Determinants of Retail Facility Choice Using the Method of Hierarchical Information Integration: A Supermarket Illustration, in: JoR, Jg. 63 (1987), S. 25–48.

Luce, R. D. : Individual Choice Behavior: A Theoretical Analysis, New York (1959).

Luckenbach, H.: Theorie des Haushalts, Göttingen (1975).

Lukanowicz, M./Buchta, C.: Auswirkungen von absatzpolitischen Maßnahmen auf den Sortimentsverbund, Forschungsbericht Nr. 296 des Instituts für höhere Studien, Wien (1992).

MacInnis, D. J./Jaworski, B. J.: Information Processing from Advertisements: Toward an Integrative Framework, in: JoM, Jg. 53 (1989), S. 1–23.

Macintosh, G./Lockshin, L. S.: Retail Relationships and Store Loyalty: A Multi-Level Perspective, in: International Journal of Research in Marketing, Jg. 14 (1997), S. 487–497.

MacKenzie, S. B./Lutz, R. J.: An Empirical Examination of the Structural Antecedents of Attitude Toward the Ad in an Advertising Pretest Context, in: JoM, Jg. 53 (1989), S. 48–65.

Magnus, K.-H./Nienaber, A.-M./Schewe, G./Thonemann, U.: Eine Überdosis an Kooperation vermeiden! Empirische Erkenntnisse zum Erfolg der Supply-Chain-Organisation, in: ZfbF, Jg.60 (2008), S. 241.

Mahajan, V./Sharma, S./Kerin, R. A.: Assessing Market Penetration Opportunities and Saturation Potential for Multi-Store, Multi-Market Retailers, in: JoR, Jg. 64 (1988), S. 315–333.

Mantrala, M./Rao, S.: A decision-support system that helps retailers decide order quantities and markdowns for fashion goods. Interfaces 31 (3) (2001): S. 146–65.

Marks, R. B.: Operationalizing the Concept of Store Image, in: JoR, Jg. 52 (1976), S. 37–46.

Marquardt, J.: Verkäufe unter Einstandspreis aus betriebswirtschaftlicher und wettbewerbsrechtlicher Sicht, Arbeitsbericht Nr. 23 des Instituts für Unternehmensführung und Unternehmensforschung, Ruhr-Universität Bochum, Februar (1982).

Martin D./Longely, P.: Data sources and their geographical integration, in: Longely, P./Clarke, G. (Hrsg.): GIS for Business and service planning, Cambridge (1995), S. 15–47.

Marzen, W.: Die „Dynamik der Betriebsformen des Handels“ aus heutiger Sicht. Eine kritische Bestandsaufnahme, in: Marketing ZFP, Jg. 8 (1986), S. 279–285.

Mattila A. S./Wirtz, J.: Congruency of scent and music as a driver of in-store evaluations and behavior, in: JoR; Jg. 77 (2001), S. 273–289.

Mattila, A. S./Wirtz, J./Tan, R. L. P.: The Moderating Role of Target-Arousal on the Impact of Affect on Satisfaction – An Examination in the Context of Service Experiences, in: JoR, Jg. 76 (2000), S. 347–365.

Mattmüller, R./Tunder, R.: Strategisches Handelsmanagement, München (2004).

May, E. G.: Image Evaluation of a Department Store, Marketing Science Institute, o. O., (1971).

McGee, J.: Retailer Strategies in the U.K., in: Johnson, G. (Hrsg.): Business Strategies and Retailing, Chichester u. a. (1987), S. 89–106.

McNair, M.: Trends in Large Scale Retailing, in: HBR, Jg. 10 (1931), S. 30–39.

McNair, M.P./May, E.G.: The next revolution of the retailing wheel, in: Harvard Business Review Jg. 56 (1978.), S. 81–91.

Medla, K.: Shop-in-the-Shop. Konzept der Angebotspräsentation im Einzelhandel, München (1987).

Meffert, H.: Marketing. Grundlagen marktorientierter Unternehmensführung. Konzepte – Instrumente – Praxisbeispiele, 9. Aufl., Wiesbaden (2000).

Meffert, H.: Die Beurteilung und Nutzung von Informationsquellen beim Kauf von Konsumgütern, in: Meffert, H./Steffenhagen, H./Freter, H. (Hrsg.): Konsumentenverhalten und Information, Wiesbaden (1979), S. 39–65.

Meffert, H./Schwetje, T.: Einfluss der Mitarbeiterzufriedenheit auf die Kundenzufriedenheit im Handel. Eine theoretische und empirische Analyse am Beispiel des Warenhauses, in: Trommsdorff, V. (Hrsg.): Handelsforschung 1999/00. Verhalten im Handel und gegenüber dem Handel, Wiesbaden (2000), S. 109–140.

Mehrabian, A./Russell, J. A.: An Approach to Environmental Psychology, Cambridge/Mass. (1974).

Mela, C. F./Gupta, S./Lehmann, D. R.: The Long-Term Impact of Promotion and Advertising on Consumer Brand Choice, in: JoMR, Jg. 34 (1997), S. 248–261.

Mente, E.: Neue Rahmenbedingungen für die Flexibilisierung der Arbeitszeit durch das ArbZG, Aachen (1998.)

Merkle, E.: Die Erfassung und Nutzung von Informationen über den Sortimentsverbund in Handelsbetrieben, Berlin (1981).

Messinger, P. R./Narasimhan, Ch.: A Model of Retail Formats Based on Consumers' Economizing on Shopping Time, in: Marketing Science, Jg. 16 (1997), S. 1–23.

Metro Group (Hrsg.): Nachhaltigkeitsbericht 2007, Düsseldorf (2007).

Mevenkamp, A./Kerner, M.: Akzeptanzorientierte Gestaltung von WWW-Informationsangeboten, in: Fritz, W. (Hrsg.): Internet-Marketing, Stuttgart (1999), S. 217–257.

Michael, S. C.: Do Franchised Chains Advertise Enough?, in: JoR, Jg. 75 (1999), S. 461–478.

Milde, H.: Aus der Praxis der Scanning-Forschung; Auswirkungen von Aktionen auf den Absatz eines Produktes (Preis-Promotion-Modell), in: Marktforschung, Jg. 30 (1986), S. 94–97.

Milliman, R. E.: Using Background Music to Affect the Behaviour of Supermarket Shoppers, in: JoM, Jg. 46 (1982), S. 86–91.

Möbel Franz (Hrsg.): Einrichten '92 . Katalog, o.O. (1992).

Möhlenbruch, D.: Kundenorientierung durch Category Management – Kritische Analyse eines Kooperationsmodells zwischen Industrie und Handel, in: Trommsdorff, V. (Hrsg.): Handelsforschung 1997/98 – Kundenorientierung im Handel, Wiesbaden (1997), S. 113–133.

Möhlenbruch, D.: Sortimentspolitik im Einzelhandel. Planung und Steuerung, Wiesbaden (1994).

Möhlenbruch, D./Meier, C.: Leistungsfähigkeit und Grenzen von Spacemanagementsystemen, in: Trommsdorff, V. (Hrsg.): Handelsforschung 1993/94. Systeme im Handel, Wiesbaden (1993), S. 183–198.

Mohr, L. A./Webb, D. J./Harris, K. E.: Do Consumers Expect Companies to be socially responsible? The Impact of Corporate Social Responsibility on Buying Behavior, in: Journal of Consumer Affairs, Jg. 35, (2001), S. 4572.

Mollá A./Múgica J.M./Yagüe J.: Category Management and Consumer Choice, in: International Review of Retail, Distribution and Consumer Research, Jg. 8 (1998), S. 225–241.

Monopolkommission (Hrsg.): Marktstruktur und Wettbewerb im Handel, Sondergutachten 23, Bonn (1994).

Monopolkommission (Hrsg.): Missbräuche der Nachfragemacht und Möglichkeiten zu ihrer Kontrolle im Rahmen des Gesetzes gegen Wettbewerbsbeschränkungen, Sondergutachten Nr. 7, Baden-Baden (1977).

Monroe, K. B.: The Influence of Price Differences and Brand Preferences, in: JoCR, Jg. 3 (1976), S. 42–49.

Montgomery, A. L.: Creating Micro-Marketing Pricing Strategies Using Supermarket Scanner Data, Marketing Science, 16 (1997), S. 315–337.

Moser, D.: Neue Betriebsformen im Einzelhandel. Eine Untersuchung der Entstehungsursachen und Entwicklungsdeterminanten, Frankfurt am Main-Zürich (1974).

Moye, L. N./Kincade, D. H.: Influence of usage situations and consumer shopping orientations on the importance of the retail store environment, in: Int. Rev. of Retail, Distribution and Consumer Research, Jg. 12 (2002), S.59–79.

Müller, H.: Empirische Untersuchung zur Messung der Preiswahrnehmung mittels Pricesensitivity-Meter, Marketing ZfP 31 (3) (2009), S. 171–182.

Müller, H.: Die Warenplazierung als absatzpolitisches Instrument im Selbstbedienungseinzelhandel, Göttingen (1982).

Müller, W.: Eventmarketing: Grundlagen – Rahmenbedingungen – Konzepte – Zielgruppe – Zukunft, Norderstedt (2002).

Müller-Hagedorn, L.: Steuerung der Preispolitik im Handel, in: Handel im Fokus, Jg. 56 (2004), S. 171–181.

Müller-Hagedorn, L.: Kundenbindung mit System, in: Müller-Hagedorn, L. (Hrsg.): Kundenbindung im Handel, 2. Aufl., Frankfurt am Main (2001), S. 11–45.

Müller-Hagedorn, L. (Hrsg.): Zukunftsperspektiven des E-Commerce im Handel, Frankfurt am Main (2000).

Müller-Hagedorn, L.: Der Handel, Stuttgart-Berlin-Köln (1998a).

Müller-Hagedorn, L.: Erfolgsbedingungen für den Fachhandel, in: Mitteilungen des Instituts für Handelsforschung an der Universität zu Köln, Jg. 50 (1998b), S. 137–148.

Müller-Hagedorn, L.: Zur Wettbewerbsfähigkeit des Großhandels, in: Mitteilungen des Instituts für Handelsforschung an der Universität zu Köln, Jg. 49 (1997), S. 253–261.

Müller-Hagedorn, L.: Die Dynamik der Betriebsformen. Zum 80. Geburtstag von Prof. Dr. Robert Nieschlag, in: Marketing ZFP, Jg. 7 (1985), S. 21–26.

Müller-Hagedorn, L.: Die Erklärung von Käuferverhalten mit Hilfe des Lebenszykluskonzeptes, in: WiSt, Jg. 13. (1984a), S. 561–569.

Müller-Hagedorn, L.: Wann beurteilt der Verbraucher einen Preis als „günstig"? in: Planung und Analyse, Jg. 11 (1984b), S. 62–66.

Müller-Hagedorn, L.: Wahrnehmung und Verarbeitung von Preisen durch Verbraucher – Ein theoretischer Rahmen, in: ZfbF, Jg. 35 (1983b), S. 939–951.

Müller-Hagedorn, L.: Bevorzugte Betriebsformen des Einzelhandels und das Lebenszykluskonzept, in: ZfbF, Jg. 30 (1978a), S. 106–124.

Müller-Hagedorn, L.: Das Problem des Nachfrage-Verbundes in erweiterter Sicht, in: ZfbF, Jg. 30 (1978b), S. 181–193.

Müller-Hagedorn, L./Büchel, D.: Zur Steuerung einer Handelsunternehmung mit der Balanced Scorecard, in: Mitteilungen des Instituts für Handelsforschung an der Universität Köln, Jg. 51 (1999), S.157–168.

Müller-Hagedorn, L./Dach, C./Spork, S. et al.: Vertikales Marketing. Trends in der Praxis und Schwerpunkte der theoretischen Diskussion, in: Marketing ZFP, Jg. 21 (1999), S. 61–74.

Müller-Hagedorn, L./Divé, W.: Miete und Raumkosten in der Kostenrechnung, in: Selbstbedienung und Supermarkt, Jg. 14 (1970), S. 39–45.

Müller-Hagedorn, L./Heidel, B.: Die Sortimentstiefe als absatzpolitisches Instrument, in: ZfbF, Jg. 38 (1986), S. 39–63.

Müller-Hagedorn, L./Helnerus, K./Allexi, K.: Prospektgestaltung: Abbildungsgröße, Artikelanzahl und Abbildungsgestaltung, in: transfer. Werbeforschung und Praxis, Nr. 4 (Dezember) (2007), S. 20–34.

Müller-Hagedorn, L./Kaapke, A./Eisenmann, H.: Sortimentspolitik, Preiskalkulation und Personaleinsatz im Schuhfacheinzelhandel, in Miteilungen des IfH, Jg. 49 (1997), S. 129–136.

Müller-Hagedorn, L./Leven, W.: Bevorzugte Betriebstypen des Einzelhandels, in: Trierer Beiträge, Sonderheft 1, Trier (1977).

Müller-Hagedorn, L./Preißner, M.: Zur Beurteilung von Dauertiefpreisen und Aktionspreisen aus Konsumentensicht, in: Handel im Fokus, Jg. 58 (2006), Heft I, S. 5–20

Müller-Hagedorn, L./Schuckel, M./Helnerus, K.: Zur Gestaltung von Handelswerbung – Die Auswirkungen von Art und Anzahl der Artikel sowie der Abbildungsgröße. Arbeitspapiere des Seminars für Allgemeine Betriebswirtschaftslehre, Handel und Distribution Nr. 14, Köln (2005).

Müller-Hagedorn, L./Schuckel, M.: Prognose des Umsatzes neuer Einkaufszentren mit Hilfe des Modells von Huff, in: Das Wirtschaftsstudium: wisu, Jg. 24 (1995a), S. 514–518.

Müller-Hagedorn, L./Schuckel, M.: Prognose des Umsatzes neuer Einkaufszentren mit Hilfe des Modells von Huff, in: Das Wirtschaftsstudium: wisu, Jg. 24 (1995b), S. 597–604.

Müller-Hagedorn, L./Schuckel, M./Viehöver, C.: Kognitiv und/oder emotional gesteuertes Verhalten untersucht am Beispiel von Shopping-Center Besuchern, in: Bauer, H. und Huber, F. (Hrsg.): Strategien und Trends im Handelsmanagement, München (2004), S. 141–162.

Müller-Hagedorn, L./Seifert, B.: Ladengestaltung mit Feng Shui?, in: Fröhlich-Glantschnig, E. (Hrsg.): Marketing im Perspektivenwechsel, Berlin (2005), S. 287–315.
Müller-Hagedorn, L./Toporowski, W.: Kostenrechnung in Handelsbetrieben, in: Freidank, C.-C./ Götze, U./Huch, B. et al. (Hrsg.): Kostenmanagement, Berlin-Heidelberg (1997), S. 445–477.
Müller-Hagedorn, L/Toporowski, W./Zielke, St.: Der Handel, 2. Aufl., Stuttgart-Berlin-Köln, (2011).
Müller-Hagedorn, L./Urban, B./Urban, Th.: Moderne Verfahren zur Ermittlung der Bedeutung einzelner Standortfaktoren, in: DHI – Deutsches Handelsinstitut (Hrsg.): Standortpolitik des Einzelhandels, Köln (1991), S. 100–105.
Müller-Hagedorn, L./Wierich, R.: Preisschwellen bei auf 9-endenden Preisen? Eine Analyse des Preisgünstigkeitsurteils, Arbeitspapier Nr. 15 des Seminars für Allgemeine Betriebswirtschaftslehre, Handel und Distribution der Universität zu Köln, Köln (2005).
Müller-Hagedorn, L./Wierich, R.: Der Nutzen des Internets für den stationären Einzelhandel, in: Gabriel, R./Hoppe, U. (Hrsg.): Electronic Business. Theoretische Aspekte und Anwendungen in der betrieblichen Praxis, Heidelberg (2002), S. 107–132.
Müller-Hagedorn, L./Zielke, S.: Category Management, in: Albers, S./Herrmann, A. (Hrsg.): Handbuch Produktmanagement. Strategieentwicklung – Produktplanung – Organisation – Kontrolle, 3. Aufl., Wiesbaden (2007), S. 915–939.
Müller-Hagedorn, L./Zielke, S.: Werbedynamik im Handel: Von der Reklame zur Kommunikation, in: Dichtl, E./Lingenfelder, M. (Hrsg.): Meilensteine im deutschen Handel, Frankfurt am Main (1999), S. 181–205.
Müller-Hagedorn, L./Zielke, S.: Das Preissetzungsverhalten von Handelsbetrieben im Zuge der Währungsumstellung auf den Euro, in: ZfbF, Jg. 50 (1998), S. 946–965.
Müller-Stewens, G.: Strategische Suchfeldanalyse. Die Identifikation neuer Geschäfte zur Überwindung struktureller Stagnation, 2. Aufl., Wiesbaden (1990).
Nakanishi, M./Cooper, L. G.: Parameter Estimation for a Multiplicative Competitive Interaction Model- Least Squares Approach, in: JoM, Jg. 11 (1974), S. 303–311.
Naples, M. J.: Effective Frequency: The Relationship Between Frequency and Advertising Effectiveness, New York (1979).
Naranaya, C.: Graphic Positioning Scale: An Economical Instrument for Surveys, in: JoMR, Jg. 14 (1977), S. 118–122.
Narasimhan, C./Neslin, S.A./Sen, S.K.: Promotional Elasticities and Category Characteristics, in: JoM, Jg. 60 (1996), S. 17–30.
Natter, M./Buchta, C.: Measuring Demand Interdependencies by Neural Networks, Forschungsbericht Nr. 336 des Instituts für höhere Studien, Wien (1993).
Natter, M./Hruschka, H.: Evaluation of Aggressive Competitive Pricing Strategies, Marketing Letters, Vol. 9 (4) (1998), S. 337–347.
Natter, M./Mild, A./Wagner, U./Taudes, A.: Planning new tariffs at tele.ring – the application and impact of an integrated segmentation, targeting and positioning tool, Marketing Science, Vol. 27 (July-August) (2008), S. 600–609.
Natter, M./Reutterer, T./Mild, A./Taudes, A.: An Assortment-Wide Decision-Support System for Dynamic Pricing and Promotion Planning in DIY Retailing, Marketing Science, Vol 26, Nr. 4 (2007), S. 576–583.
Nauer, E.: Standortwahl und Standortpolitik im Einzelhandel. Methoden der Unternehmungs- und Geschäftsflächenplanung, Bern-Stuttgart (1970).
Nelson, P.: Advertising as Information, in: Journal of Political Economy, Jg. 82 (1974), S. 729–754.
Nelson, P.: Information and Consumer Behavior, in: Journal of Political Economy, Jg. 78 (1970), S. 311–329.
Neumann, E. W./Sprang, K./Hattemer, K (Hrsg).: Werbung in Deutschland, 73. Jahrbuch der deutschen Werbung, Düsseldorf-Wien (1973).
Nielsen Company (Germany) GmbH: Universen 2009, Frankfurt am Main (2009).

Nies, S.: Private Label Management, Dissertation, Goethe Universität, Frankfurt am Main (2009).

Nies, S./Natter, M.: Are Private Label Users Attractive Targets for Retailer Coupons?, erscheint in International Journal of Research in Marketing, (2010).

Nieschlag, R.: Die Dynamik der Betriebsformen im Handel, Essen (1954).

Nieschlag, R./Kuhn, G.: Binnenhandel und Binnenhandelspolitik, 3. Aufl., Berlin-München (1980).

Nijs, V.R./Srinivasan, S./Pauwels, K.: Retail-Price Drivers and Retailer Profits, Marketing Science, 26 (4) (2007), S. 473–487.

Nötzel, R.: Zur Beachtung der Werbewirksamkeit von Schaufenstern, in: Planung und Analyse, Jg. 15 (1988), S. 201–205.

Novak, Th./Hoffmann, D./Yung, Y.-F.: Measuring the Customer Experience in Online Environments: A Structural Modeling approach, in: Marketing Science, vol 19, Jg. (2000), H. 1 (Winter), S. 22–42.

Okoruwa, A. A./Nourse, H. O./Terza J.V.: Estimating Sales for Retail Centers: An Application of the Poisson Gravity Model, in: The Journal of Real Estate Research, S. Jg. 9 (1994) 85–97.

Olbrich, G./Quick, M./Schweikart J.: Computerkartographie – Eine Einführung in das Desktop-Mapping am PC, 2.Aufl., Berlin, Heidelberg, New York (1996).

Olshavsky, R. W.: Customer-Salesman Interaction in Appliance Retailing, in: JoMR, Jg. 10 (1973), S. 208–212.

Oppewal, H.: Conjoint Experiments and Retail Planning. Modelling Consumer Choice of Shopping Centre and Retailer Reactive Behaviour, Eindhoven (1995).

Otter, T/Allenby, G./van Zandt, T.: „An Integrated Model of Choice and Response Time", JoMR, Jg. 45 (2008), S. 593–607.

Otter, T./Frühwirth-Schnatter, S./Tüchler, R.: Capturing consumer heterogeneity in metric conjoint analysis using Bayesian mixture models, International Journal of Research in Marketing, Jg. 21 (2004), S. 285–297.

Oxenfeldt, A. R.: How Housewives Form Price Impressions, in: JoAR, Jg. 8 (1968), S. 9–17.

Ozimec, A.-M./Natter, M./Reutterer, T.: GIS-Based Marketing Decisions: Effects of Alternative Visualizations on Decision Quality, erscheint in JoM, Jg. (November) (2010).

Ozimec, A.-M./Natter, M./Reutterer, T.: Alternative Representations of Spatial Marketing Problems: Improving Visual Assessment with Cartograms, working paper, Goethe Universität Frankfurt am Main (2008).

Pan, Y./Zinkhan, G .M.: Determinants of retail patronage: A meta-analytical perspective, in: Journal of Retailing, Jg. 82 (2006), S. 229–243.

Parasuraman, A./Berry, L. L./Zeithaml, V. A.: Refinement and Reassessment of the SERVQUAL Scale, in: JoR, Jg. 67 (1991), S. 420–450.

Parasuraman, A./Zeithaml, V. A./Berry, L. L.: SERVQUAL: A Multiple-Item Scale for Measuring Consumer Perceptions of Service Quality, in: JoR, Jg. 64 (1988), S. 12–37.

Parfitt, J. H./Collins B. J. K.: Use of Consumer Panels for Brand-Share Prediction, in: JoMR, Jg. 5 (1968), S. 131–145.

Parr, J.B.: The Low of Retail Gravitation, in Environment and Planning, Jg. 29 (1997).

Patt, P.-J.: Strategische Erfolgsfaktoren im Einzelhandel. Eine empirische Analyse am Beispiel des Bekleidungsfachhandels, Frankfurt am Main (1987).

Pechtl, H.: Preispolitik, Stuttgart (2005).

Pechtl, H.: Profiling intrinsic deal proneness for HILO and EDLP price promotion strategies, in: Journal of Retailing & Consumer Services, Jg. 11 (2004), S. 223–233.

Pedrick, J. H./Zufryden, F. S.: Measuring the Competitive effects of Advertising Media Plans, in: JoAR, Jg. 33 (1993), S. 11–20.

Pedrick, J. H./Zufryden, F. S.: Evaluating the Impact of Advertising Media Plans: A Model of Consumer Purchase Dynamics Using Single-Source Data, in: Marketing Science, Jg. 10 (1991), S. 111–130.

Petty, R. E./Cacioppo, J. T: Attitudes and Persuasion: Classic and Contemporary Approaches, Dubuque, IA (1996).

Petty, R. E./Cacioppo, J. T.: Issues Involvement as a Moderator of the Effects on Attitude of Advertising Content and Context, in: Advances in Consumer Research, Jg. 8 (1981), S. 20–24.

Pieper, O.: Erlebnisqualität im Einzelhandel, Frankfurt am Main (2009).

Pflaum, D./Eisenmann, H.: Einführung in die Handelswerbung, Stuttgart (1988).

Popkowski Leszcyc, P.T.L./Sinha, A./Sahgal, A.: The effect of multi-purpose shopping on pricing and location strategy for grocery stores, in: JoR, Jg. 80 (2004), S. 85–99.

Popper, K. R.: Logik der Forschung, 10. Aufl., Tübingen (1994).

Porter, M. E.: Wettbewerbsvorteile. Spitzenleistungen erreichen und behaupten, 6. Aufl., Frankfurt am Main (2000).

Porter, M. E.: Wettbewerbsstrategie. Methoden zur Analyse von Branchen und Konkurrenten, 10. Aufl., Frankfurt am Main (1999).

Poth, L.: Verkaufspersonal lernt Powerplay, in: asw, Jg. 24. (1981), S. 64–74.

Potucek, V.: Die „Dynamik der Betriebsformen des Handels“ – aus heutiger Sicht, Kritik einer Kritik, in: Marketing ZFP, Jg. 9 (1987), S. 289–292.

Pümpin, C.: Strategische Erfolgspositionen. Methodik der dynamischen strategischen Unternehmensführung, Bern-Stuttgart (1992).

Purper, G./Weinberg, P.: Betriebsformen des Einzelhandels: ein Wechsel von der Anbieter- zur Konsumentenperspektive, in: Schuckel, M./Toporowski, W.: Theoretische Fundierung und praktische Relevanz der Handelsforschung, Wiesbaden (2007), S. 127–142.

Raffée, H.: Grundfragen und Ansätze des strategischen Marketing, in: Raffée, H./Wiedmann, K.-P. (Hrsg.): Strategisches Marketing, 2. Aufl., Stuttgart (1989), S. 3–33.

Raffée, H.: Preisuntergrenzen, in: Tietz, B. (Hrsg.): HWA, Stuttgart (1974), Sp. 434–455.

Raffée, H./Silberer, G. (Hrsg.): Informationsverhalten der Konsumenten, Wiesbaden (1981).

Rafflenbeul-Schaub, C.: Die Wahl der Lohnform für Verkäufer im Einzelhandel: Eine theoretische und empirische Analyse, Köln (2003).

Raju, J. S.: The Effect of Price Promotions on Variability in Product Category Sales, in: Marketing Science, Jg. 11 (1992), S. 207–220.

Recht, P./Zeisel, S.: Unterstützung von verbundorientierten Sortimentsentscheidungen durch eine Sortimentserfolgsrechnung, in: ZfbF, Jg. 50 (1998), S. 462–478.

Reeves, R.: Reality in Advertising, New York (1961).

Regionalpresse-Arbeitsgemeinschaft regionaler Abonnementzeitungen, Frankfurt am Main (1979).

Reilly, W. J.: Methods for the Study of Retail Relationships. Studies of Marketing, No. 4, Bureau of Business Research, University of Texas at Austin, Austin 1959, Nachdruck des Bandes „Research Monograph“ No. 4, Austin (1929).

Reiner, G./Natter, M./Drechsler, W.: Life Cycle Profit – Reducing Supply Risks by Integrated Demand Management“, Technology Analysis and Strategic Management, 21(5) (2009), S. 653–655.

Reingen, P. H./Woodside A. G. (Hrsg.): Buyer-Seller Interactions: Empirical Research and Normative Issues, Chicago, Ill. (1981).

Reutterer, T.: Bestandsaufnahme und aktuelle Entwicklungen bei der Segmentierungsanalyse von Produktmärkten, in: JFB, Jg. 53 (2003), S. 52–7.

Reutterer, T./Hahsler, M./Hornik, K.: Data Mining und Marketing am Beispiel der explorativen Warenkorbanalyse, in: Marketing – Zeitschrift für Forschung und Praxis (ZFP), Jg. 29 (3) (2007), S. 163–179, 2007.

Reutterer, T./Mild, A.,/Natter, M./Taudes, A.: A dynamic segmentation approach for targeting and customizing direct marketing campaigns. Journal of Interactive Marketing, 20(3–4) (2006), S. 43–57.

Reymann, D.: Wettbewerbsanalysen für kleine und mittlere Unternehmen (KMUs) – Theoretische Grundlagen und praktische Anwendung am Beispiel gartenbaulicher Betriebe, Geisenheim (2009).

Reynolds, K. E./Beatty, S. E.: Customer Benefits and Company Consequences of Customer-Salesperson Relationships in Retailing, in JoR, Jg. 75 (1999), S. 11–32.

Richter, E.: Rechtliche Rahmenbedingungen bei der Realisierung von Teilzeitarbeit, in: Gutmann, Joachim (Hrsg.): Arbeitszeitmodelle, Stuttgart (1999), S. 55–77.

Rosenberg, M. J.: Cognitive Structure and Attitudinal Affect, in: Journal of Abnormal and Social Psychology, Jg. 53 (1956), S. 367–372.

Rusche, T.: Strategisches Sortimentsmanagement im Handel, Münster-Hamburg (1990).

Russell, J. A./Pratt, G.: A Description of the Affective Quality Attributed to Environments, in: Journal of Personality and Social Psychology, Jg. 38 (1980), S. 311–322.

Russi, D. P.: Elemente einer strategischen Planung im Großhandel. Eine kritische Untersuchung strategischer Planungsansätze, Bergisch Gladbach-Köln (1993).

Sabel, H./Weiser, C.: Dynamik im Marketing. Umfeld – Strategie – Struktur – Kultur, 3. Aufl., Wiesbaden (2000).

Saurer, H./Behr, F.-J.: Geographische Informationssysteme, Eine Einführung, Darmstadt (1997).

Sawyer, A. G./Howard, D. J.: Effects of Omitting Conclusions in Advertisements to Involved and Uninvolved Audiences, in: JoMR, Jg. 28 (1991), S. 467–474.

Saxe, R./Weitz, B. A.: The SOCO Scale: A Measure of the Customer Orientation of Salespeople, in JoMR, Jg. 19 (1982), S.343–351.

Schäfer, E.: Absatzwirtschaft, 3. Aufl., Stuttgart 1981.

Schaffer, S./Green, P.E.: Cluster-based market segmentation: Some alternative comparisons of alternative approaches, in: Journal of the Market Research Society, Jg. 40 (1998), S. 155–163.

Scharf, A.: Konkurrierende Produkte aus Konsumentensicht – Erfassung und räumliche Darstellung unter besonderer Berücksichtigung der Korrespondenzanalyse, Frankfurt am Main (1991).

Schenk, H.-O.: Der Preisvergleich, Stuttgart (1981).

Schermer, F.F.: Lernen und Gedächtnis, 4. Aufl., Stuttgart (2006).

Schmalen, H: Preispolitik, 2. Aufl., Stuttgart-Jena (1995).

Schmalen, H.: Schaufensterwerbung – theoretische und empirische Analyse, in: DBW, Jg. 45 (1985), S. 703–709.

Schmalen, H.: Zur Effizienz der Schaufensterwerbung, in: Jahrbuch der Absatz- und Verbrauchsforschung, Jg. 29 (1983), S. 67–80.

Schmalen, H./Pechtl, H./Schweitzer, W.: Sonderangebotspolitik im Einzelhandel – Eine empirische Analyse der Wirkungseffekte von Sonderangeboten auf Grund von Scanner-Daten, DFG-Forschungsbericht, Stuttgart (1996).

Schmalenbach, E.: Pretiale Wirtschaftslenkung, Band 2: Die optimale Geltungszahl, Bremen (1947).

Schmid, F.: Positionierungsstrategien im Einzelhandel, Frankfurt am Main (1996).

Schmitt, D.: Der Einsatz der Balanced Scorecard in einem mittelständischen Großhandelsunternehmen, in: Handel im Fokus, Jg. 55 (2003), S. 8–23.

Schmitz, G./Bühlmann, A.: Die Wirkung der Musik im Laden: Theoretische Grundlagen und empirische Befunde, in: GFK Jahrbuch der Absatz- und Verbrauchsforschung, Jg. 44 (1998), S. 130–150.

Schmitz, C. A./Kölzer, B.: Einkaufsverhalten im Handel. Ansätze zu einer kundenorientierten Handelsmarketingplanung, München (1996).

Schnedlitz, P./Kotzab, H./Cerha, C.: Betriebstypenspezifische Einkaufsstättenwahl und Nahversorgungsproblematik – Ergebnisse empirischer Studien, in: Trommsdorff, V. (Hrsg.): Handelsforschung 2000. Verhalten im Handel und gegenüber dem Handel, Wiesbaden (2000), S. 195–212.

Schnedlitz, P./Reutterer, T./Joos, W.: Data-Mining und Sortimentsverbundanalyse im Einzelhandel, in: Hippner, H. et al. (Hrsg.): Handbuch Data-Mining im Marketing – Knowledge Discovery in Marketing Databases, Wiesbaden (2001), S. 951–970.

Schneider, K.-H.: Die Preisstellung unter Einstandspreis im Einzelhandel, Berlin (1982).

Schobert, R.: TV AG – Ein Fallbeispiel zur Bestimmung von Präferenzwerten mit Hilfe von Idealpunktmodellen, in: WiSt, Jg. 8 (1979) S. 40–45.

Schoch, R.: Der Verkaufsvorgang als sozialer Interaktionsprozeß, Winterthur (1969).

Schöler, K.: Das Marktgebiet im Einzelhandel, Berlin 1981.

Schramm-Klein, H.: Multi-Channel-Retailing. Verhaltenswissenschaftliche Analyse der Wirkung von Mehrkanalsystemen im Handel, Wiesbaden (2003).

Schröder, H.: Multichannel-Retailing. Marketing in Mehrkanalsystemen des Einzelhandels, Berlin u. a. (2005).

Schröder, H.: Sortimentserfolgsrechnungen im Handel – Warum das Conjoint Profit-Modell nicht hält, was es verspricht, und was es zu tun gilt, in: Die Unternehmung, Jg. 58 (2004), S. 477–492.

Schröder, H.: Erfolgsfaktorenforschung im Handel. Stand der Forschung und kritische Würdigung der Ergebnisse, in: Marketing ZFP, Jg. 16 (1994), S. 89–105.

Schröder, H./Bohlmann, A.: Kaufrisiken und Risikoreduktionsmaßnahmen der Kunden von Multichannel-Retailern. In: Wirtz, B. (Hrsg.): Multi-Channel-Marketing. Gabler, Wiesbaden (2007), S. 103–123.

Schröder, H./Feller, M.: Wieviel Consumer Insight hat der Handel?, in: Dynamik im Handel, Jg. 43 (1999), S. 46–48.

Schröder, H./Feller, M./Rödl, A.: Leistungen des Controlling für eine kundenorientierte Sortimentsgestaltung im Lebensmittel-Einzelhandel, in: Krey, A. (Hrsg.): Handelscontrolling. Neue Ansätze aus Theorie und Praxis zur Steuerung von Handelsunternehmen, 2. Aufl., Hamburg (2003), S. 145–199.

Schröder, H./Rödl, A.: Category-Management – Kooperative Sortimentspolitik, in: Zentes, J. (Hrsg.): Handbuch Handel. Strategien – Perspektiven – Internationaler Wettbewerb, Wiesbaden (2006), S. 566–595.

Schröder, H./Zaharia, S.: Informations- und Entscheidungsverhalten der Kunden von Multichannel-Retailern, in: Wirtz, B. (Hrsg.): Multi-Channel-Marketing. Wiesbaden (2006), S. 81101.

Schuchert-Güler, P.: Kundenwünsche im persönlichen Verkauf. Eine empirische Analyse der Eindrucksbildung als Erfolgsfaktor, Wiesbaden (2001).

Schuckel, M.: Bedienungsqualität im Einzelhandel, Stuttgart (1999a).

Schuckel, M.: Bedienungsqualität im Einzelhandel – Kundenerwartungen als Maßstab für die Bedienungsleistung, in: Mitteilungen des IfH, Jg. 51 (1999b), S. 173–182.

Schuckel, M./Hußmann, C.: Neue Instrumente zur Messung der Kundenzufriedenheit, in: Mitteilungen des IfH, Jg. 52 (2000), S. 177–188.

Schuckel, M./Sondermann, N.: Besucherstruktur und Besucherverhalten in der Innenstadt – eine Längsschnittanalyse der BAG-Untersuchungen 1976–1996, in: Mitteilungen des IfH, Jg. 50 (1998), S. 25–38.

Schuckel M./Sondermann N./Pangels R.: Zur Entwicklung des innerstädtischen Einzelhandels – Zukunft ohne PKW-Kunden? Ergebnisse der BAG-Untersuchung Kundenverkehr 2004, in: Handel im Fokus, Jg. 57 (2005), S. 79–94.

Schürmann, C.: Schöne heile Einkaufswelt. Eine Methode zur Abschätzung der wohnstandörtlichen Versorgungsqualität, Dortmund (1999).

Schüssler, F.: Geomarketing: Anwendungen Geographischer Informationssysteme im Einzelhandel, Marburg, zugl.: Giessen, Univ. Diss., (2000).

Schwetje, T.: Kundenzufriedenheit und Arbeitszufriedenheit bei Dienstleistungen. Operationalisierung und Erklärung der Beziehungen am Beispiel des Handels, Wiesbaden (1999).

Seifert, D.: Efficient Consumer Response, 3. Aufl., München-Mering (2004).

Seifert, D.: Collaborative Planning Forecasting and Replenishment, Bonn (2002).

Seifert, D.: Efficient Consumer Response. Category Management, Supply Chain Management und CPFR als neue Strategieansätze, München (2001).

Sen, S./Bhattacharya, C.B.: Does Doing Good Always Lead to Doing Better? Consumer Rections to Corporate Social Responsibility Concerned, in: Journal of Marketing Research, Jg. 38 (2001), H. 2, S. 225–243.

Sethuraman, R./Tellis, G. J.: An Analysis of the Trade-Off Between Advertising and Price Discounting, in: JoMR, Jg. 28 (1991), S. 160–174.

Severin, V./Louviere, J. J./Finn, A.: The stability of retail shopping choices over time and across countries, in: JoR, Jg. 77 (2001), S. 185–202.

Seyffert, R.: Wirtschaftslehre des Handels, 5. Aufl., Opladen (1972).

Shankar, V./Bolton, R.: An Empirical Analysis of Determinants of Retailer Pricing Strategy, Marketing Sci. 23(1) (2004), S. 28–49.

Shapiro, B.: Price as a Communicator of Quality. An Experiment, Diss. (unveröffentlicht), Havard University (1970).

Sherma, S./Achabal, D. D.: STENCOM: An Analytical Model for Marketing Control, in: JoM, Jg. 46 (1982), S. 104–113.

Silberer, G.: Die Bedeutung und Messung von Kauferlebnissen im Handel, in: Trommsdorff, V. (Hrsg.): Handelsforschung 1989. Grundsatzfragen, Wiesbaden (1989), S. 59–76.

Silberer, G: Einstellungen und Werthaltungen, in: Irle, M. (Hrsg.): Marktpsychologie als Sozialwissenschaft, Göttingen (1983), S. 533–625.

Simkin, L. P./Doyle, P./Saunders, J.: How retailers put site selection techniques into operation, in Retail and Distribution Management, Jg. 13 (1985a), S. 21–26.

Simkin, L. P./Doyle, P./Saunders, J.: UK retail store location assessment, in Journal of the Market Research Society, Jg. 27 (1985b), S. 95–108.

Simon, H.: Preisbündelung, in: ZfB, Jg. 62 (1992), S. 1213–1235.

Simon, H./Dolan, R. J.: Profit durch Power Pricing, Frankfurt am Main (1997).

Simon, H./Fassnacht, M: Preismanagement, 3. Aufl., Wiesbaden (2009).

Simon, H./Tacke, G./Woscidlo, B.: Mit einfallsreicher Preispolitik die Kunden binden, in: Harvard Business Manager, (1998), S. 94–103.

Sirohi, N./McLaughlin, E. W./Wittink, D. R.: A Model of Consumer Perceptions and Store Loyalty Intentions for a Supermarket Retailer, in: JoR, Jg. 74 (1998), S. 223–245.

Sivadas, E./Baker-Prewitt, J. L.: An Examination of the Relationship between Service Quality, Customer Satisfaction and Store Loyalty, in: International Journal of Retail & Distribution Management, Jg. 28 (2000), S. 73–82.

Smith, D. N./Sivakumar, K.: Flow and Internet shopping behavior, in Journal of Business Research, Jg. (2004), H. 57, S. 1199 -1208.

Smith, R. E./Swinyard, W. R.: Information Response Models: An Integrated Approach, in: JoMR, Jg. 20 (1982), S. 257–267.

Sommer, R./Aitkens, S.: Mental Mapping of Two Supermarkets, in: JoCR, Jg. 9 (1982), S. 211–215.

Sondermann, N.: Ergebnisse des Jahresbetriebsvergleichs im Einzelhandel für das Jahr 2002, in: Handel im Fokus, Jg. 55 (2003), S. 271–281.

Speer, F.: Category Managment. Vom verbraucherorientierten Ansatz zum Equity Managment, in: Ahlert, D./Borchert, S.: Prozessmanagement im vertikalen Marketing. Efficient Consumer Response (ECR) in Konsumgüternetzwerken, Berlin u. a. (2000), S. 219–240.

Spies, K./Hesse, F./Loesch, K.: Store Atmosphere, Mood and Purchasing Behavior, in: International Journal of Research in Marketing, Jg. 14 (1997), S. 1–17.

Stahl, P.: Verbundwirkungen im Sortiment. Ein Beitrag zur Erfassung und Messung von Verbundwirkungen im Sortiment von Handelsbetrieben, Diss. Münster 1977.Stanley, T. J./Sewall, A.: Image Inputs to a Probabilistic Model: Predicting Retail Potential, in: Journal of Marketing, Jg. 40 (1976), S. 48–53.

Statistisches Bundesamt (Hrsg.): Gliederung der Klassifikation der Wirtschaftszweige, Ausgabe 2008 (WZ 2008), Wiesbaden (2008).
Steffenhagen, H.: Markenbekanntheit als Werbeziel – Theorie und Operationalisierung, in: ZfB (1976), S. 715–734.
Steinmann, H./Löhr, A.: Unternehmensethik als Ordnungselement in der Marktwirtschaft, in: Zeitschrift für betriebswirtschaftliche Forschung, Jg. 47 (1995), H. 2, S. 143–174.
Stigler, G.: The Economics of Information, in: Journal of Political Economy, Jg. 69 (1961), S. 213–225.
Stock, R.: Der Zusammenhang zwischen Mitarbeiter- und Kundenzufriedenheit: direkte, indirekte und moderierende Effekte, 2. Aufl., Wiesbaden (2003).
Stoetzel, J.: Les Aspects psycho-sociaux du Prix; in: Reynaud, P.L. (Hrsg.): La psychologie economique, Paris (1954), S. 183–188.
Stöhr, A.: Air-Design als Erfolgsfaktor im Handel. Modellgestützte Erfolgsbeurteilung und strategische Empfehlungen, Wiesbaden (1998).
Streissler, E./Streissler, M. (Hrsg): Konsum und Nachfrage, Köln-Berlin (1966).
Streissler, M.: Theorie der Haushalte, Stuttgart (1974).
Strong, E. C.: The Spacing and Timing of Advertising. Concentrating Ads in Flights produced greater Effect per Ad, in: JoAR, Jg. 17 (1977), S. 25–31.
Swoboda, B.: Messung von Einkaufsstättenpräferenzen auf Basis der Conjoint-Analyse, in: DBW, Jg. 60 (2000), S. 146–166.
Swoboda, B.: Interaktive Medien am Point of Sale. Eine verhaltenswissenschaftliche Analyse der Wirkung multimedialer Systeme, Wiesbaden (1996a).
Swoboda, B.: Wirkungen interaktiver Selbstinformationsmedien am PoS. Strukturelle Analyse und empirische Befunde, in: Marketing-ZFP, Jg. 18 (1996b), S. 253–266.
Swoboda, , B., Morschett, D., Forscht, T., Retail Branding, in: Effizienz in der Markenführung, Hrsg. Von Dirk-Mario Boltz und Wilfried Leven, Hamburg (2004).
TdW Intermedia GmbH & Co. KG (Hrsg.): Typologie der Wünsche 2000/01, Offenburg (2000).
Teel, J. E./Bearden, W. O.: A Media Planning Algorithm For Retail Advertisers, in: JoR, Jg. 56 (1980), S. 23–39.
Tellis, G. J.: Advertising Exposure, Loyalty and Brand Purchase: A Two-Stage Model, in: JoMR, Jg. 15 (1988), S. 134–144.
Telser, L. G.: Advertising and Competition, in: Journal of Political Economy, Jg. 72 (1964), S. 537–562.
Tietz, B.: Der Handelsbetrieb, 2. Aufl., München (1993).
Tietz, B.: Warum die City und die grüne Wiese nicht ohneeinander existieren können, in: Marketing ZFP, Jg. 11 (1989), S. 77–85.
Tietz, B.: Die Standort- und Geschäftsflächenplanung im Einzelhandel. Ein Beitrag zur regionalen Handelsforschung, Zürich (1969).
Titus, P.A./Everett, P.B.: The Consumer Retail Search Process: A Conceptual Model and Research Agenda, in: Journal of the Academy of Marketing Science, Jg. 23 (1995), S. 106–119.
Train, K. : Discrete Choice Models with simulation, Cambridge (2009).
Train, K.: Discrete Choice Methods with Simulation, Cambridge (2003).
Trommsdorff, V.: Konsumentenverhalten, 7. Aufl., Stuttgart (2009).
Trommsdorff, V.: Die Messung von Produktimages für das Marketing, Köln u. a. (1975).
Urban, T. L.: An Inventory-Theoretic Approach to Product Assortment and Shelf-Space Allocation, in: JoR, Jg. 74 (1998), S. 15–35.
Valassis: Valassis reveals key findings of 2008 coupon report. Available from http://www.valassis.co.uk.
Vakratsas, D./Ambler, T.: How Advertising Works: What do we really know?, in: JoM, Jg. 63 (1999), S. 26–43.
Valiente, R.: Mechanical Correlates of Ad Recognitions, in: JoAR, Jg. 13 (1973), S. 13–18.

van Baal, S.: Der Wert des Internets im Rahmen des Multi-Channel-Vertriebs, in: Mitteilungen des IfH, Jg. 56 (2004). Jg., S. 182196.
van Baal, S./Hudetz, K.: Wechelswirkungen im Multi-Channel-Betrieb. Empirische Ergebnisse und Erkenntnisse zum Konsumentenverhalten in Mehrkanalsystemen des Handels, Köln (2006).
van Baal, S./Hudetz, K.: Informationswege zwischen Internet und stationärem Handel: Ein Blick auf das Verhalten der Verbraucher, in: Die Betriebswirtschaft, Jg. 46 (2005), S. 2328.
van Baal, S./Hudetz, K.: Multi-Channel-Effekte im Handel. Empirische Ergebnisse zu den Wechselwirkungen zwischen stationärem Geschäft und Internet, Köln (2004).
van Heerde, H./Leeflang, P.S.H./Wittink, D.: Decomposing the Sales Promotion Bump with Store Data, Marketing Science, 23(3) (2004), S. 317–334.
Van Heerde, H.J./Leeflang, P.S./Wittink, D.R.: How Promotions Work: SCAN*PRO-Based Evolutionary Model Building, in: Schmalenbach Business Review, Jg. 54 (2002), S. 198–220.
Van Heerde, H.J./Leeflang, P.S./Wittink, D.R.: Semiparametric Analysis to Estimate the Deal Effect Curve, in: JoMR, Jg. 38 (2001), S. 197–215.
Van Heerde, H.J./Leeflang, P.S./Wittink, D.R.: The Estimation of Pre- and Postpromotion Dips with Store-Level Scanner Data, in: JoMR, Jg. 37 (2000), S. 383–395.
Van Westendorp, P. H.: „NSS Price Sensitivity Meter (PSM) – A New Approach to Study Consumer Perception of Prices“, in: Proceedings of the 29th ESOMAR Congress, S. 139–167, Amsterdam (1976).
Vanhuele, M./Laurent, G./Drèze, X.: Consumers' Immediate Memory for Prices, Journal of Consumer Research, 33 (2) (2006), S. 163–72.
Vaughn, R.: How Advertising Works: A Planning Model Revisited, in: JoAR, Jg. 26 (1986), S. 57–66.
Vaughn, R.: How Advertising Works: A Planning Model, in: JoAR, Jg. 20 (1980), S. 27–33.
Venkatesan, R./Kumar, V./Ravishanker, N.: Multichannel Shopping: Causes and Consequences, in: Journal of Marketing, Jg. 71 (2007), S. 114132.
Venkatesan, R./Mehta, K./Bapna, R.: Do market characteristics impact the relationship between retailer characteristics and online prices? Journal of Retailing, Jg. 83 (2007), S. 309–324.
Verlagsgruppe Bauer (Hrsg.): Podiumsdiskussion: Hersteller und Handel – Partner der Werbung, o. O. (1980).
Villiger, R.: Einzelhandel – Planung, Steuerung und Kontrolle des Warenbestandes. Ein Handbuch der erfolgreichen Sortimentsbewirtschaftung, Bern-Stuttgart (1981).
Viswanathan, M./Childers, T. L.: Understanding how Product Attributes Influence Product Categorization: Development and Validation of Fuzzy Set-Based Measures of Gradedness in Product Categories, in: JoMR, Jg. 36 (1999), S. 75–94.
Völckner, F./Sattler, H.: Separating Negative and Positive Effects of Price with Choice-Based-Conjoint Analyses, Marketing: Journal of Research and Management, Vol. 1 (1) (2005), S. 1–13.
Voeth, M.: Nutzenmessung in der Kaufverhaltensforschung, Wiesbaden (2000).
Von der Heydt, A.: Efficient Consumer Response, 2. Aufl., Frankfurt am Main (1997).
Wahle, P.: Erfolgsdeterminanten im Einzelhandel. Empirische Analyse strategischer Erfolgsdeterminanten, unter besonderer Berücksichtigung des Radio- und Fernsehfacheinzelhandels, Frankfurt am Main (1991).
Weber, B.: Eine statistische Analyse der Abhängigkeiten des Kundenaufkommens von Standorteinflüssen bei Einzelhandelsgeschäften – dargestellt an ausgewählten Apotheken der Stadt Münster. Diss. Münster (1979).
Wedel, M./Kamakura, W.: Market Segmentation – Conceptual and Methodological Foundations, 2. Aufl., Boston (2000).
Wehrle, F.: Strategische Marketingplanung in Warenhäusern, 2. Aufl., Frankfurt am Main (1984).
Weiber, R./Adler, J.: Internationales Business-to-Business-Marketing, in: Kleinaltenkamp, M./Plinke, W. (Hrsg.): Strategisches Business-to-Business Marketing, Berlin-Heidelberg-New York u. a. (2000), S. 321–429.

Weiber, R./Adler, J.: Informationsökonomisch begründete Typologisierung von Kaufprozessen, in: Zeitschrift für betriebswirtschaftliche Forschung, Jg. 47 (1995a), S. 43–65.

Weiber, R./Adler, J.: Positionierung von Kaufprozessen im informationsökonomischen Dreieck. Operationalisierung und verhaltenswissenschaftliche Prüfung, in: Zeitschrift für betriebswirtschaftliche Forschung, Jg. 47 (1995b), S. 99–123.

Weinberg, G.-M.: Werbung im Einzelhandel – Ein Beitrag zu offenen Fragen der Werbeforschung, Diss. Berlin (1970).

Weinberg, P.: Erlebnismarketing, München (1992).

Weinberg, P.: Erlebnisorientierte Einkaufsstättengestaltung im Einzelhandel, in: Marketing ZFP, Jg. 8 (1986), S.97–102.

Weinberg, P./Gröppel, A.: Formen und Wirkungen erlebnisorientierter Kommunikation, in: Marketing ZFP, Jg. 10 (1988), S.190–197.

Weinberg, P./Terlutter, R.: Verhaltenswissenschaftliche Aspekte der Kundenbindung, in: Bruhn, M./ Homburg, C. (Hrsg.): Handbuch Kundenbindungsmanagement, 5. Aufl., Wiesbaden (2005), S. 41–65.

Weitzel, G.: Der Lebensmittelhandel in Bayern. Strukturbild und Entwicklungstrends, in: ifo-Studien zur Handels- und Dienstleistungsfragen, Heft 35 (1989).

Wells, W. D./Gabor, G.: Life Circle in Marketing Research, in: JoMR, Jg. 3 (1966), S. 255–263. Deutsche Übersetzung, in: Specht, K. G. und Wiswede, G. (Hrsg.): Marketing-Soziologie, Berlin (1976), S. 153–172.

Wenzlitschke, M. R.: Der Anstieg der Personalkosten und seine Folgen für den Facheinzelhandel, in: Mitteilungen des IfH, Jg. 48 (1997), S. 31–38

Wenzlitschke, M. R.: Der Anstieg der Personalkosten und seine Folgen für den Facheinzelhandel, in: Müller-Hagedorn, L. (Hrsg.): Trends im Handel. Analysen und Fakten zur aktuellen Situation im Handel, Frankfurt am Main (1996).

Welzel, K.: Marketing im Einzelhandel. Dargestellt am Beispiel des Einsatzes von Sonderangeboten, Wiesbaden (1974).

Wicht, J./Hopp, A./Arminger, G..: Aufbau, Durchführung und Leistungsmessung eines CFPFR-Pilotprojekts im Handel, in ZfbF, Jg. 60 (2008), S. 214.

Wilche, H.-J.: Der Handel gibt viel Geld für Werbung aus: Geht's vielleicht auch billiger?, in: Lebensmittelzeitung, Jg. 30 (1978), S. 98–101.

Wieland, H. J.: Computergestützte Regalplanung – Aspekte und Möglichkeiten durch elektronische Kassensysteme, in: Elektronische Rechenanlagen, Jg. 21 (1979), S. 147–151.

Wieland, H. J.: Wenn Datenkassen Artikel plazieren, in: Rationeller Handel, Jg. 20 (1977), S. 59–61.

Wild, J.: Grundlagen der Unternehmensplanung, Reinbek (1974).

Wilkie, W. L.; Pessemier, E. A.: Issues in Marketing's Use of Multi-Attribute Attitude Models, in: JoMR, Jg. 10 (1973), S. 428–441.

Wilkinson, J. B./Mason, J. B./Paksoy, C. H.: Assessing the Impact of Short-Term Supermarket Strategy Variables, in: JoMR, Jg. 19 (1982), S. 72–86.

Wilkinson, J. B./Packsoy, C. H/Mason, J. B.: A Demand Analysis of Newspaper Advertising and Changes in Space Allocation, in: JoR, Jg. 57 (1981), S. 30–48.

Winer, R. S.: A Multi-Stage Model of Choice Incorporating Reference Prices, Marketing Letters, Jg. 1 (1) (1989), S. 27–36.

Winer, R. S.: Estimation of a Longitudinal Model to Decompose the Effects of an Advertising Stimulus on Family Consumption, in: Management Science, Jg. 26 (1980), S. 471–482.

Winkler, R./Küssner, M.: Verkaufsflächenentwicklung im Lebensmitteleinzelhandel und § 11 Abs. 3 Baunutzungsverordnung, in: Handel im Fokus, Jg. 54 (2002), S. 84–93.

Wirtz, K.: Bericht über die Ergebnisse des Betriebsvergleichs der Apotheken im Jahre 1999, in: Mitteilungen des IfH, Jg. 53 (2001), S. 53–55.

Wiswede, G.: Soziologie des Verbraucherverhaltens, Stuttgart (1972).

Wittink, D.R./Addona, M. J./Hawkes, W. J./Porter, J. C.: Scan*Pro: A Model to Measure Short Term Effects for Promotional Activities on Brand Sales, Based on Store Level Scanner Data, Working Paper, Cornell University, Johnson Graduate School of Management, (1987).

Wolf, J.: Markt- und Imageforschung im Handel, Grafenau-Stuttgart (1981).

Woll, A.: Der Wettbewerb im Einzelhandel. Zur Dynamik der modernen Betriebsformen, Berlin (1964).

Woodside, A. G./Davenport, W. J. jun.: The Effect of Salesman Similarity and Expertise on Consumer Purchasing Behavior, in: JoMR, Jg. 11 (1974), S. 198–202.

Wurth, R.: Die Bewertung der Filialstandorte von Einzelhandels-Filialunternehmungen, Köln-Opladen (1970).

Yamanaka, J.: The Prediction of Ad Readership Scores, in: JoAR, Jg. 2 (1962), S. 18–23.

Yang, M.-H./Chen, W.-C.: A Study on Shelf Space Allocation and Management, in: International Journal of Production Economics, Jg. 60–61 (1999), S. 309–317.

Zajonc, R. B./Markus, H.: Affective and Cognitive Factors in Preferences, in: JoCR, Jg. 9 (1982), S. 123–131.

Zeisel, S.: Efficient Pricing und Efficient Assortment Planning für große Handels- und Dienstleistungssortimente, Münster (1999).

Zeithaml, V.: Issues in Conceptualizing and Measuring Consumer Response to Price, in: Advances in Consumer Research, Jg. 11 (1984), S. 612–616.

Zeithaml, V.: Consumer Response to In-Store Price Information Environments, in: JCR, Jg. 8 (1982), S. 357–369.

Zentes, J. (Hrsg.): Mitarbeiterzufriedenheit = Kundenzufriedenheit – Eine Wechselbeziehung, Ergebnisse des 6. CPC TrendForums, Mainz (1997).

Zentes, J./Schramm-Klein, H.: Corporate Social Responsibility von Handelsunternehmen, in: Schröder, H./Olbrich, R./Kenning, P./Evanschintzky, H. (Hrsg.): Distribution und Handel in Theorie und Praxis, Wiesbaden (2009), S. 91–114.

Zentralverband der deutschen Werbewirtschaft – ZAW (Hrsg.): Werbung in Deutschland 2010, Berlin (2010).

Ziehe, N.: Einzelhandel und Verkehrspolitik. Eine empirische Analyse der Bedeutung von Erreichbarkeit und Attraktivität für die Zentrenwahl der Verbraucher, Stuttgart (1998).

Zielke, S.: Kundenorientierte Warenplatzierung, Modelle und Methoden für das Category Management, Stuttgart (2002).

Zielke, S.: Kundengerechte Sortimentsgliederungen am Point of Sale, Ansätze zur Erhebung kognitiver Strukturen als Richtgrößen für Warenplatzierung und Category Management, in: Marketing ZFP, Jg. 23 (2001), S. 100–116.

Zielke, S.: Kundenorientierte Warenplazierung, Arbeitspapier Nr. 10 des Seminars für Allgemeine Betriebswirtschaftslehre, Handel und Distribution an der Universität zu Köln, Köln (1999).

Zielke, S./Preißner, M./Wierich, R.: Neue Betriebsformen im Automobilhandel, in: Handel im Fokus, Jg. 54 (2002), S. 128–143.

Zimmermann, M.: Standortplanung für Dienstleistungsunternehmen – Das Beispiel multifunktionaler Sportanlagen, Wiesbaden (2002).

Zipf, G. K.: The P1P2/D Hypothesis: On the Intercity Movement of Persons, in: American Sociological Review, Jg. 11 (1946), S. 677–686.

Zufryden, F. S.: A Model for Relating Advertising Media Exposures to Purchase Incidence Behavior Patterns, in: Management Science, Jg. 33 (1987), S. 1253–1266.

Zufryden, F. S.: A Dynamic Programming Approach for Product Selection and Supermarket Shelf-Space Allocation, in: Journal of the Operational Research Society, Jg. 37 (1986), S. 413–422.

Stichwortverzeichnis

A

Abbildungsgröße 396
Acht-Schritte-Prozess 231, 232
Agenturhandel 21
Aktionspreise 344, 346
Amoroso-Robinson-Relation 321
Analog-Methode 190
Angebotsmacht der Industrie 100
Arbeitsstudien 423
Arbeitszeitkonten 420
Artikel 237, 238
Assimilations-Kontrast-Theorie 330
Assoziationskoeffizienten 284
Ausgleich, kalkulatorischer 286
Automatenverkauf 158

B

Balanced Scorecard 79, 269
Baunutzungsverord 167
Bedarf 31, 48
Bedarfsdeckungsrate 280
Bedienungsqualität 426
Bedienungssystem 410, 413
Bedürfnisse 31, 48
behavioral pricing 324
Beratung 410, 412
Beratungszufriedenheit 431
Beschäftigungspolitik 410
Betriebsformen 39, 88, 89, 91
– Dynamik der 153
– des Einzelhandels 158
– Wahl der 104
Betriebstyp 88, 92
Betriebstypenmarke 148
Betriebsvergleich 97
Brand Potential Index 134, 150
Breaking point 198
Bruttoertrag 272
Bruttonutzen 274, 275, 276
Brutto-Rentabilität 273
Business-to-Business 18

C

Categories 232, 234, 238
Category-Bewertung 233
Category Development Index 260
Category-Leistungsanalyse 233
Category Management 231, 238
Category Management-Prozess 232
Category-Planumsetzung 233
Category Specialist 159
Category-Strategien 233, 259
Category-Taktiken 233
Category-Überprüfung 234
Checklist-Methode 183
Close-out retailer 159
Cluster-Analyse 303
Code of conduct 33
Collaborative Planning 234
Commodity Approach 20
Confidence 304
Conjoint-Analyse 132
Conjoint-Profit-Modell 287
Convenience 138
Copy 370
Corporate Compliance 33
Corporate Identity (CI) 367, 436
Corporate Social Responsibility 34

D

Data-Mining 284, 303
Dauerniedrigpreise 344
Dauerniedrigpreispolitik 310
Dauertiefpreise 344
Daumenregel 181
Decision-Calculus-Methode 398, 449
Deckungsbeitrag 273
Deckungsbeitragsrechnung 246
Department Store 159
Dienstleistungen 20
Dienstleistungsqualität 133
Differenzierungsstrategie 64
Direkte Produktprofitabilität (DPP) 274, 275
Direktverkauf 158
Direktvermarktung 17
Direktvertrieb 18

Discountmärkte 158
Discount Store 159
Discrete choice 129
Disintermediation 37
Diskriminierung 335
Distributionswege 16
Diversifikation 68
Drugstore 159

E

EDLP 310, 344
Efficient Consumer Response 38
Efficient Replenishment 233
Eigenhandel 21
Eigenschaften von Betriebsformen 136
Eindrucksbewertungsfunktion 115
Eindrucksreaktionsfunktion 115
Einkaufsatmosphäre 434
Einkaufshäufigkeit 280
Einkaufsmotive 182
Einkaufspreis 307
Einkaufsstätte, bevorzugte 139
Einkaufsstättenwahl 137, 183
Einstandspreis 307
Einstellungen 112, 126, 147
Einstellungsmodelle, multiattributive 117
Einzelhandel
– Formen des 91
– institutioneller 17
Einzelhandelserlasse 165
Einzelhandelsgravitation 196
Einzugsgebiet 174, 176
Electronic Retailing 158
Engel-Kurven 103
Engelsches Gesetz 103
Entgeltpolitik 411
Erfahrungseigenschaften 146
Erfolgsfaktoren 84
Ergänzungskategorie 257
Ergebnisqualität 427, 428
Erlebnisorientierung 65
Erlebnisqualität 447
EV-Hypothese 116
Exklusionsthese 37
Extreme Value Retailer 159

F

Fachmärkte 158
Fach- und Spezialgeschäfte 158
Flow 446
Forecasting and Replenishment (CPFR) 234
Format 88
Fraud 33
Freude 446
Functional Benefit Model 150

G

Gebrauchsgüter 20
Gemeinkosten 247
Generalisierung 335
Geodaten 221
Geographische Informationssysteme (GIS) 175, 217
Geschäftstreue 135
Gewinn 75
Glattpreise 341
Gleitzeitmodelle 420
Gravitationsmodelle 196
– deterministische 196
– probabilistische 199
Großhandel 17
Gütesiegel 147
GWB 316

H

Handelsfunktionen 19
Handelsmarketing 23
Handelsspanne 307, 308
Handelsunternehmung 22
HILO 310, 344
Huff 200
Hypermarché 159
Hypermarket 159

I

Idealpunktmodell 119, 124
Idealvektor 124
Idealvorstellungen 121
Image 113
Impuls-/Saisonkategorie 257
Information Monitoring Methode 241
Informationsökonomik 146
Informationsrate 440
Informationsüberlastung 390

Instrumente, absatzpolitische 25, 26
Intensiv-Vorwahl 412
Inter-Media-Vergleich 402
Involvement 147
Isopräferenzlinien 124

K

Kano-Modell 427
KAPOVAZ 420
Kartogramm 226
Kataloge 397
Kaufentscheidungsprozess 399
Käuferreichweite 280
Kaufhäuser 158
Kaufkraftdaten 224
Kaufkraftwanderungsanalyse 168
Kaufkraftziffern 223
Kaufverbund 282
Kaufverbundenheit 284
Kausalmodell 134
Kennzahlen 245, 254
Kennzahlenpyramiden 277
Kennzahlen zur Sortimentsbeurteilung 271
Kleinzentren 166
Kommissionshandel 21
Kommunikationspolitik 366
Konsistenztheorien 335
Konsonanz 336
Konsum 103
Konsumtheorie 103
Kontaktmaßzahlen 401
Korrespondenzanalyse 150
Kostenstruktur 97, 99
Kreismethode 178
Kriterien 127
Kundenbindung 30
Kundenfrequenz 421
Kundenkontakt 413
Kundenorientierung 429, 430, 431
Kundenverkehrsanalyse 164
Kundenwert 31

L

Ladengestaltung 439
Ladenraumgestaltung 438
Lagerumschlag 274
Layout 435
Lebensmittelhandwerk 17
Lebensphasen 107
Lebenswelten 57, 111
Lebenszykluskonzept 56, 106
Lebenszykluskurve 93
Logit-Modell 129, 209
LOHAS 34, 59
Loyalität 418

M

Markdown Pricing 353
Markenattraktivität 134
Markenprägnanz 149
Markenstärke 151
Marketing 25, 29, 31, 35, 38
– transaktionsorientiertes 29
– vertikales 23
Marketing-Mix-Elemente 25
Marketingplanung, strategische 44
Marketingstrategie 47
Marketingziele, strategische 78
Markt 48
Marktabdeckung 61, 280
Marktanteile 126
Marktdurchdringung 67
Marktentwicklung 68
Marktgrenzen 198
Marktpotentiale 102
Marktsegmente 105
Marktsegmentierung 50
Marktspezialisierung 60
Marktvolumen 48, 102, 280
Medien-Kontakt 402
Mehrkanalsystem 143
Mehrkanalvertrieb 140, 141
Mehrzweckeinkäufe 208
Mehrzweck-Einkäufe 212
Mengenrabatt 311
Mittelzentren 166
Modelle
– multiattributive 129
– reflektive 134
– umweltpsychologische 440
Multi-Channeling 140
Multi-Channel Retailing 141
Multi-Channel-Systeme 145
Multidimensionalen Skalierung 303
Multiple-store shopping 214
Multiplicative Competitive Interaction Modell 204

N

Nachfragemacht des Handels 100
Nachfrageverbund 255, 282
Nachhaltigkeit 32
Nachhaltigkeitsbericht 35
Nearest-Center-Hypothese 181
Netto-Rentabilität 274
Netz
– primäres 164
– sekundäres 164
Netzwerke, neuronale 285
Nominalgüter 20
Non-Food-Bereich 17
Nutzungsprotokolle 399
Nutzungswahrscheinlichkeiten 401

O

Oberzentren 166
Off-Price-Store (-Center) 159
Online-Kanäle 142
Online-Käufer 143
Online-Shop 146
Orte, zentrale 165

P

Parfitt-Collins-Modell 254
Personaleinsatzplanung (PEP) 411, 419, 423
Personalwirkfunktion 416
Pflichtkategorie 257
Pick-Strategie 61
Platzierungseinheiten 435
Platzierungsgruppen 447
Portfolios 275
Positionierung 120
Potenzialqualität 426, 428
Präferenz 338
Präferenzwert 124
Preis-Absatz-Funktion 321
Preisachtsamkeit 326
Preisbündelung 350
Preisdifferenzierung 311
Preise
– akzeptable 339
rundc 341
Preiselastizitäten 320, 321, 323
Preisforschung, verhaltenswissenschaftliche 324
Preisführerschaft 63
Preisgünstigkeit einer Artikelgruppe 334
Preisgünstigkeitsurteile 329, 333
Preisinformationen, Suche nach 326
Preiskenntnisse 328
Preislagenbestückung 310
Preis-Leistungs-Verhältnis 337
Preisoptik 312, 341
Preisplanung, strategische 309
Preispolitik 39, 306, 307
Preis-Promotions 344, 346
Preisreduktionen 346
Preisrisiko 21
Preisschwellen 339
– absolute 339
– relative 339, 340
Preissetzung, nichtlineare 311
Preisurteile 335
Preisvergleich 327
Preiswürdigkeit 337
Preiszahlungsbereitschaften 351
Produktentwicklung 68
Profilierungskategorie 257
Profilmethode 186
Prozesse 72
Prozesskette 72
Prozessqualität 426, 428
Prozessverfolgungstechniken 240
Pure player 140

Q

Qualität der Bedienung 426

R

Rangreihenverfahren 187
Rating-Systeme 147
Reaktionen, emotionale 440
Referenzpreis 330
Referenzpreismodell 332
Regalgestaltung 451
Reichweite 254, 401
Reilly 196
Reizgeneralisation 335
Relationship Basis Model 150
Retailer Equity Index 151
Revenue Management Systeme 309, 356
Rollen 233, 256, 298
Rosenberg-Modell 118
Rule of Thumb 181

S

SB-Warenhäuser 158
Scannerdaten 383
Scan*Pro Modelle 348
Schaufenster 400
Schicht, soziale 107
Scoring-Methode 189
Screening 146
Selbstbedienungssystem 412
Self-Expression-Model 150
Servicegrad 413
SERVQUAL-Modell 134
Shareholder Value 76
Signaling 146
Sinus-Milieus 59
Smart Shopper 306
Sonderangebote 344, 346
Sonderangebotspolitik 310
Sortiment 235, 236, 237, 263
Sortimentsbreite 264
Sortimentscontrolling 245
Sortimentsdynamik 298
Sortimentspolitik 39, 263
Sortimentspyramide 235
Sortimentsreduktionen 293
Sortimentstiefe 264, 289, 295
Sortimentstiefe-Absatz-Funktionen 291
Sortimentsvariation 266
Sortimentsverbund 255
Spacemanagement-programme 452
Space Utilisation 435
Spanne 272
Specialty Store 159
Stammkäuferanteil 280
Stammkunden 30
Standortlagen 163
Standortpolitik 39
Stimulus-Organismus-Response-Ansatz 66
Stock Keeping Unit 238
Store Brand 148
Strategisches Dreieck 46
Streckendistanzmethode 179
Streuplanung 400
Strukturgleichungsmodelle 134
Sucheigenschaften 146
Supercenter 160
Supermarkt 91, 158
Support 303
Sustainability 32
SWOT-Analyse 84
System Dynamics Modell 356
Systeme, rollierende 420

T

Tanimoto-Koeffizient 301, 303
Tarif, zweiteiliger 311
Teilnutzenwerte 132
Teilzeitbeschäftigte 420
Trade Marketing 23
Trading-down 155
Trading-up 155
Trends 373
TV Home Shopping 158
Typologien 60

U

Umsatzentwicklung 272
Umsatzgüter 20
Umschlagsgeschwindigkeit 274
Umschlagshäufigkeit 272
Unique Selling Proposition 151
UWG 369

V

Verbraucheranalyse 59
Verbrauchermärkte 158
Verbundbeziehungen 255, 300
Verbundkoeffizienten 300
Verkäufer 424
Verkaufsgespräch 424, 425
Verkaufsorientierung 429, 430
Verkaufspersonal 411
Verkaufsraumgestaltung 434, 437
Verkaufssyndikat 22
Verlagstypologien 59
Versandhandel 158
Vertrauen 147
Vertrauenseigenschaften 146
Vertriebsgesellschaft, werksgebundene 21
Vierfeldertafel 300
Vollkostenrechnung 246
Vorwahlsystem 412

W

Wahrnehmung 326
Warenart 237
Warenbereich 237
Wareneingangskalkulation 307
Warengattung 237
Warengruppe 237
Warenhäuser 158
Warenkorbbezug 280
Warenkorbdaten 283
Webersches Gesetz 340
Web-Seiten 397
Website 398
– der Gestaltung 147, 400
Werbeaussage 370
Werbebotschaft 370, 389, 390
Werbebudget 374
Werbebudgetplanung 370
Werbeelastizitäten 381, 386
Werbeerfolgsmessung 377
Werbemittel 367, 369
Werbemittelkontakte 401, 402
Werbeplan 374, 403
Werbeträger 367, 369, 370, 401
Werbeträgerkontakte 401
Werbewirkung 382, 403
Werbeziele 374
Werbung 367
– intermittierende 405
– kontinuierliche 405
– konzentrierte 405
– im Fachhandel 366
Wertkette 71, 73
Wettbewerbsvorteil 46, 71
Wheel of Retailing 153
Wiederkaufrate 254, 280

Z

Zahlungsbereitschaften 340
Zahlungsverfahren 147
Zeitdistanzmethode 179
Zentralisierung des Einkaufs 271
Zielen 74
Zielgruppen 55
Zielsysteme 78
Zone 175
Zufriedenheit 418